化学工业出版社"十四五"普通高等教育规划教材

Modern Molecular Biology

现代分子生物学
重点解析及习题集

王海鸥　牛　琳　主编

化学工业出版社
·北京·

内容简介

《现代分子生物学重点解析及习题集》作为由朱玉贤等编著的经典教材《现代分子生物学》（第五版）的配套教辅，帮助学生更好地掌握和深入理解教材内容，辅助学生学习分子生物学课程以及日后的考研复习。本书每节均包括重点解析、名词解释、课后习题、拓展习题四个板块的内容，以帮助学生在预习和复习过程中快速掌握基础知识、明确答题要点。

本书可供本科院校生物科学、生物技术等相关专业本科生使用，可作为研究生入学考试的辅导书，也可供对分子生物学感兴趣的读者阅读。

图书在版编目（CIP）数据

现代分子生物学重点解析及习题集 / 王海鸥，牛琳主编. -- 北京 ：化学工业出版社，2025．7. --（化学工业出版社"十四五"普通高等教育规划教材）.
ISBN 978-7-122-47825-2

Ⅰ. Q7

中国国家版本馆CIP数据核字第2025HD3332号

责任编辑：李建丽　王　婧　傅四周　杨　菁　　　　　　装帧设计：张　辉
责任校对：宋　玮

出版发行：化学工业出版社（北京市东城区青年湖南街13号　邮政编码100011）
印　　装：高教社（天津）印务有限公司
787mm×1092mm　1/16　印张24　字数604千字　　2025年8月北京第1版第1次印刷

购书咨询：010-64518888　　　　　　　　　　　售后服务：010-64518899
网　　址：http://www.cip.com.cn
凡购买本书，如有缺损质量问题，本社销售中心负责调换。

定　　价：80.00元

现代分子生物学
重点解析及习题集

前　言
PREFACE

本书是《现代分子生物学》（第5版，朱玉贤等）的配套教辅，集教材重要知识点辅导与考试（本科生期末考试、研究生入学考试）解析与强化练习于一体。综合分析与总结各章节的要点、重难点，并针对各章节内容配套相应习题。在习题的编写和设计过程中，不局限于课本基础知识的问答，而是尽量设计有启发性、开放性的问题，以启发学生对教学知识点的探究和培养思考过程为目的，实现培养具有自主探究能力和国际化视野的高级研究型人才的教学目标。

本书各章由以下四个部分组成：

重点解析——结合《现代分子生物学》（第5版）的内容，对各章节的重要内容及相互联系进行梳理与总结，帮助学生更有效地掌握教材内容；

名词解释——筛选出各章节重点名词，详细解析；

课后习题——按照各章课后习题顺序给出参考答案，供学生们参考学习；

拓展习题——根据各章节具体内容，围绕具体知识点精选习题，并就有关知识的前沿动态进行分析与解答。

本书力争体现以下几个特点。

科学性：以国内权威教材为蓝本，解释规范，解答合理，分析科学。

系统性：对教材各章节内容进行梳理，对课后习题进行详细解答，便于学生自学。

前沿性：能指导学生了解分子生物学的研究前沿和动态。

指导性：能使学生学懂分子生物学。

本书第一～三章由王海鸥编写，第四章由王海鸥和白倩编写，第五、第六章由牛琳编写，第七～九章由王海鸥编写，第十章由王海鸥和张文晓编写，第十一章由王海鸥、牛琳和李倩编写，全书由王海鸥统稿。

本书得到北京科技大学教材建设经费资助，也获得了北京科技大学教务处的全程支持。

本书编写过程中参考了多部国内分子生物学的著作以及科研院所、高等院校分子生物学研究生入学考试试题，在此表示衷心感谢！本教材可供高等院校生物相关专业、医学相关专业的本科生学习分子生物学课程及准备研究生入学考试使用，也可供相关课程授课教师参考使用。

王海鸥

2025.1

目 录
CONTENTS

现代分子生物学
重点解析及习题集

第一章

绪论

现代分子生物学
重点解析及习题集

第一节　引言

一、重点解析

分子生物学是从分子水平研究生物结构、组织和功能的一门学科。分子生物学的诞生和发展为人类认识生命现象带来了前所未有的机会，也为人类利用和改造生物创造了极为光明的前景。在近半个世纪中它是生命科学范围发展最为迅速的一个前沿领域，推动着整个生命科学的发展。至今分子生物学仍在迅速发展中，新成果、新技术不断涌现。科学研究是推动分子生物学发展的动力，1901～2018 年自然科学领域的诺贝尔奖获得者大概有 605 名，其中有 1/3 的诺贝尔奖获得者涉及生物化学和分子生物学。

19 世纪后期到 20 世纪 50 年代初，是现代分子生物学诞生的准备和酝酿阶段。恩格斯提出的 19 世纪自然科学三大发现中的"生物进化论"和"细胞学说"为分子生物学的诞生创造了条件。

1. 进化论

1859 年，英国生物学家达尔文出版了以"物竞天择，适者生存"为主要思想的《物种起源》一书，确立了进化论的概念，并提出了遗传因子的概念。

2. 细胞学说

1）细胞的发现

17 世纪末，荷兰的列文虎克用自制的世界上第一架光学显微镜，首次发现了单细胞生物。同时代的胡克提出了细胞的概念。

2）细胞学说的建立

19 世纪中叶，德国植物学家施莱登和动物学家施旺提出细胞学说。其基本内容为：

（1）一切动植物都是由细胞发育而来，并由细胞和细胞产物所构成；

（2）每个细胞作为一个相对独立的单位，既有它"自己的"生命，又对与其他细胞共同组成的整体的生命有所助益；

（3）新的细胞可以通过已存在的细胞繁殖产生。

3. 经典生物化学和遗传学

（1）19 世纪中叶到 20 世纪初，是早期生物化学的大发展阶段，发现了组成蛋白质的 20 种氨基酸，著名生物化学家 Fisher 还证明了连接相邻氨基酸的肽键的形成。细胞的其他组分如脂类、糖类和核酸也相继被科学家所发现和分离出来。

（2）19 世纪中叶到 20 世纪初，孟德尔（奥地利）发现并提出遗传学规律：分离和自由组合规律。摩尔根（美）提出遗传学第三定律：连锁交换定律，将基因和染色体联系起来。并在孟德尔遗传学基础上提出基因学说。

4. DNA 的发现
1）肺炎链球菌转化实验
① 1928 年，英国科学家格里菲斯等人通过肺炎链球菌转化感染小鼠实验提出"转化因子"。
② 1944 年，艾弗里证实 DNA 是遗传物质。
2）噬菌体侵染实验
1952 年，Hershey 和 Chase 通过噬菌体侵染细菌实验证明 DNA 是遗传物质。

二、名词解释

1. 细胞学说
一切动植物都是由细胞发育而来，并由细胞和细胞产物所构成；每个细胞作为一个相对独立的单位，既有它"自己的"生命，又对与其他细胞共同组成的整体的生命有所助益；新的细胞可以通过已存在的细胞繁殖产生。

2. 基因
是指产生一条多肽链或功能 RNA 分子所必需的全部核苷酸序列，基因的本质是 DNA 分子上具有编码功能的一个片段。基因是遗传的基本单位，按功能可分为结构基因和调节基因，其中结构基因是指可被转录为 mRNA，并被翻译成蛋白质多肽链的 DNA 序列；调节基因是指可控制结构基因表达的 DNA 序列。

3. 染色质
染色体在细胞分裂间期所表现的形态，呈纤细的丝状结构，含有许多基因的自主复制核酸分子。

4. 肽键
蛋白质中前一氨基酸的 α-羧基与后一氨基酸的 α-氨基脱水形成的酰胺键。

5. 无义序列
DNA 中不含基因的片段，无遗传效应。

6. 同位素标记法
同位素可用于追踪物质的运行和变化规律。借助同位素原子可研究有机反应的历程。即同位素用于追踪物质运行和变化过程时，叫做示踪元素，用示踪元素标记的化合物，其化学性质不变。科学家通过追踪示踪元素标记的化合物，可以弄清化学反应的详细过程。这种科学研究方法叫做同位素标记法，同位素标记法也叫同位素示踪法。

三、课后习题

课后习题及答案

四、拓展习题

(一)填空题

1. 1859 年达尔文的_____提出了进化论学说，提出了"物竞天择，适者生存"的生物进化论观点。

【答案】《物种起源》。

【解析】1859 年，英国科学家达尔文在《物种起源》一书中，提出了"进化论"思想。

2. 达尔文认为，生物最初是由非生物发展起来的，现存的各种生物拥有共同的祖先，生命通过_____、_____和_____，逐步由低级到高级进化。

【答案】变异；遗传；自然选择。

【解析】1859 年，英国科学家达尔文在他的科学巨著《物种起源》一书中，提出了"进化论"思想，指出一切物种的变异是由大自然的环境和生物群体的生存竞争造成的，并能在生物体的世代遗传中体现出来。

3. 达尔文关于_____的学说及其唯物主义的_____理论，是生物科学史上最伟大的创举之一，具有不可磨灭的贡献。

【答案】生物进化；物种起源。

【解析】1859 年，《物种起源》面世，首次系统地、科学地阐述了地球上各种生物不断进化的事实，提出了"进化论"学说。

4. 证明 DNA 是遗传物质的经典实验是 Avery 的_____和 Hershey、Chase 的_____。

【答案】肺炎链球菌在小鼠体内的毒性实验；T2 噬菌体感染大肠杆菌实验。

【解析】肺炎链球菌转化感染小鼠实验，得出转化因子是 DNA 的结论；Hershey 和 Chase 的噬菌体侵染细菌实验，进一步得出 DNA 是遗传物质的载体的结论。

5. 基因的分子生物学定义是_____。

【答案】基因是产生一条多肽链或功能 RNA 分子所必需的全部核苷酸序列。

【解析】根据现代分子生物学的知识分析基因应该包含编码产生蛋白质或 RNA 的部分和参与调控的部分。

6. 证明 DNA 是遗传物质的两个关键实验是_____和_____，这两个实验中主要的论点证据是_____。

【答案】肺炎链球菌在小鼠体内的毒性实验；T2 噬菌体感染大肠杆菌实验；生物体吸收了外源的 DNA 改变了其遗传性状。

【解析】这两次实验分别独立证明了是 DNA 而不是蛋白质决定生物性状的遗传物质。

7. 动植物细胞的基本单元是细胞，这是 19 世纪自然科学三大发现之一的"_____"的核心。

【答案】细胞学说。

【解析】19 世纪中叶，德国植物学家施莱登和动物学家施旺共同创立了生物科学的基础理论——细胞学说。

8. _____和_____相结合产生了作为主要实验科学之一的现代生物学。而以研究动植物遗传变化规律为目标的_____和以分离纯化鉴定细胞内涵物质为目标的_____则是这一学科的两大支柱。

【答案】进化论和细胞学说；遗传学；生物化学。

【解析】进化论和细胞学说相结合产生了作为主要实验科学之一的现代生物学。而以研究动、植物遗传变化规律为目标的遗传学和以分离纯化鉴定细胞内涵物质为目标的生物化学则是这一学科的两大支柱。

9. 著名生物化学家 Fisher 论证了连接相邻氨基酸的_____的形成。

【答案】肽键。

【解析】19 世纪中叶到 20 世纪初，是早期生物化学的大发展阶段，组成蛋白质的 20 种基本氨基酸被相继发现，著名生物化学家 Fisher 还论证了连接相邻氨基酸的肽键的形成。

10. 1865 年孟德尔发表了《植物杂交实验》一文，阐述了生物遗传的两条基本规律：_____和_____。

【答案】基因分离；基因自由组合规律。

【解析】孟德尔在 1865 年发表了《植物杂交实验》论文，首次提出分离和独立分配两个遗传基本规律。

11. 1910 年遗传学家摩尔根提出了_____主导位于同一染色体上距离较近两个基因的遗传规律。

【答案】连锁。

【解析】1910 年摩尔根创立了连锁遗传规律并证实了基因在染色体上以直线方式排列，确立了遗传的染色体理论。

12. 1944 年艾弗里发现，当溶液中乙醇的含量达到 90% 时，有纤维状物质析出，此纤维状物质被证实是_____。

【答案】DNA。

【解析】DNA 具有不溶于乙醇溶液的物理性质。

13. 富兰克林、威尔金斯、沃森和克里克发现了_____，其中富兰克林通过 X 射线衍射得到了_____，威尔金斯据此计算得出_____位于外侧而碱基位于内侧，沃森和克里克最终提出了_____。

【答案】DNA 的结构；DNA 的图像；磷酸根；DNA 的双螺旋结构。

【解析】1962 年，克里克、沃森与威尔金斯，因研究 DNA 双螺旋结构模型的成果，共同荣获诺贝尔生理学或医学奖。富兰克林用 X 射线证实 DNA 是双螺旋结构的。

（二）选择题

1.（单选）英国生物学家达尔文在哪本书上提出了进化论的概念。（   ）

A. 物种分类　　　　B. 物种起源　　　　C. 物种形成　　　　D. 物种多样性

【答案】B

【解析】1859 年，《物种起源》面世，首次系统地、科学地阐述了地球上各种生物不断进化的事实，提出了"进化论"学说。

2.（多选）19 世纪自然科学三大发现之一的"细胞学说"是由哪些科学家创立的。（   ）

A. 列文虎克　　　　B. 施莱登　　　　C. 施旺　　　　D. 虎克

【答案】B、C

【解析】19 世纪中叶，德国植物学家施莱登和动物学家施旺共同创立了生物科学的基础理论——细胞学说。

3.（单选）第一次提出用"基因"代表遗传学最基本单位的科学家是（　　）。

　　A.达尔文　　　　　　B.孟德尔　　　　　　C.摩尔根　　　　　　D.约翰逊

【答案】D

【解析】1909 年，约翰逊首次提出了基因的概念，用以替代孟德尔提出的遗传因子。

4.（单选）1865 年发表了《植物杂交实验》论文。首次提出分离和独立分配两个遗传基本规律，认为性状遗传是受细胞里的遗传因子控制的，并被称为遗传学之父，该人是谁（　　）。

　　A.施旺　　　　　　　B.达尔文　　　　　　C.孟德尔　　　　　　D.摩尔根

【答案】C

【解析】孟德尔认为性状遗传是受细胞里的遗传因子控制的，并被称为遗传学之父。

5.（单选）首次用实验证明基因就是 DNA 分子的是（　　）。

　　A.格里菲斯　　　　　B.艾弗里　　　　　　C.赫尔希　　　　　　D.查尔斯

【答案】B

【解析】微生物学家艾弗里和他的同事发现来自 S 型肺炎链球菌的 DNA 可吸附在无毒的 R 型肺炎链球菌上，并将其转化为 S 型肺炎链球菌，如果提取出其 DNA 并用 DNase 处理，转化则不会发生。

6.（单选）1953 年沃森和克里克提出（　　）。

　　A.DNA 是双螺旋结构　　　　　　　　B.DNA 复制是半保留的

　　C.三个连续的核苷酸代表一个遗传密码　　D.遗传物质通常是 DNA 而非 RNA

【答案】A

【解析】1953 年，沃森和克里克通过物理模型构建法构建了 DNA 分子双螺旋结构模型。

7.（单选）下列有关基因的叙述，错误的是（　　）。

　　A.蛋白质是基因表达的唯一产物　　　　B.基因是 DNA 链上具有编码功能的片段

　　C.基因也可以是 RNA　　　　　　　　　D.基因突变不一定导致其表达产物改变结构

【答案】A

【解析】基因表达的产物是多肽链或功能 RNA 分子。

8.（单选）下列各项中，还未获得诺贝尔奖的是（　　）。

　　A.DNA 双螺旋模型　　B.PCR 仪的发明　　C.RNA 干扰技术　　D.DNA 甲基化

【答案】D

【解析】A 项，1962 年，Watson（美）和 Crick（英）因为在 1953 年提出 DNA 的反向平行双螺旋模型而与 Wilkins 共获诺贝尔生理学或医学奖。B 项，1993 年，Mullis 由于发明 PCR 仪而与加拿大学者 Smith（第一个设计基因定点突变）共享诺贝尔化学奖。C 项，2006 年，美国科学家 Fire 和 Mello 揭示控制遗传信息流动的机制——RNA 干扰而获诺贝尔生理学或医学奖。

9.（单选）证明 DNA 是遗传物质的两个关键性实验是：肺炎球菌在小鼠体内的毒性和 T2 噬菌体感染大肠杆菌。这两个实验中主要的论点证据是（　　）。

　　A.从被感染的生物体内重新分离得到 DNA 作为疾病的致病剂

　　B.DNA 突变导致毒性丧失

　　C.生物体吸收的外源 DNA（而并非蛋白质）改变了其遗传潜能

　　D.DNA 是不能在生物体间转移的，因此它一定是一种非常保守的分子

【答案】C

【解析】微生物学家 Avery 和他的同事发现来自于 S 型肺炎链球菌的 DNA 可吸附在无毒的 R 型肺炎链球菌上，并将其转化为 S 型肺炎链球菌，如果提取出其 DNA 并用 DNase 处理，转化则不会发生。科学家 Hershey 和他的学生 Chase 从事的噬菌体侵染细菌的实验中，噬菌体将 DNA 全部注入细菌细胞内，其蛋白质外壳则留在细胞外面；进入细菌体内的 DNA，能利用细菌的物质合成噬菌体自身的 DNA 和蛋白质，并组装成与亲代完全相同的子代噬菌体。两个实验共同的论点证据即是生物体是由于吸收了 DNA，而非其他物质，改变了其遗传潜能。

10.（单选）"达尔文将物竞天择说应用到了物种的变异上，并且掌握了足够的证据说服了全球的科学家，因此他取得了成功。"下列有关达尔文进化论的评述正确的是（   ）。

① 继承发展了普朗克的早期进化论思想

② 揭示了自然界进化的基本规则

③ 论证了人类社会由低级到高级的发展规律

④ 沉重打击了"上帝创世说"

A.①②③④   B.①②④   C.②④   D.①④

【答案】C

【解析】达尔文进化论继承发展了拉马克的早期进化论思想，同时也揭示了自然界生物由低级到高级的发展规律，马克思主义才准确揭示人类社会的发展规律，所以①③两项说法错误不符合达尔文进化论的史实特征，②④两项说法正确符合史实和题意要求，故答案选 C。

11.（单选）目前，自然科学的领头学科是（   ）。

A. 化学科学   B. 生命科学   C. 物理科学   D. 分子生物学

【答案】B

【解析】生命科学是 21 世纪自然科学领域无可争议的领头学科，在可预见的将来，生命科学仍将是自然科学中最活跃、最前沿、最亟待发展的领域。

12.（单选）以下选项中哪一个不是生命科学在十九世纪的重大发现？（   ）

A. 细胞学说   B. 进化论   C.DNA 的双螺旋结构   D. 染色质

【答案】C

【解析】恩格斯称赞的"19 世纪最重大的三项自然科学发现"是细胞学说、能量守恒定律和进化论。1879 年，德国解剖学家弗莱明用一种人工合成的红色染料染细胞，看到了细胞核内的丝状物质，他给这些着色很深的结构取名"染色质"，希腊文的意思是"颜色"。

13.（单选）现代生物学是以下哪两个学科结合产生的？（   ）

A. 进化论和细胞学说   B. 遗传学和生物化学

C. 遗传学和细胞学说   D. 进化论和生物化学

【答案】A

【解析】进化论说明了所有物种在进化上的共同起源，细胞学说论证了整个生物界细胞在结构上的统一性。

14.（单选）孟德尔揭示出了基因的分离定律和自由组合定律，他获得成功的主要原因有（   ）。

① 选取豌豆作实验材料

② 科学地设计实验程序

③ 应用统计学方法对实验结果进行分析

④ 选用了从一对相对性状到多对相对性状的研究方法

A.①②③④　　　　B.①②④　　　　C.②③④　　　　D.①③④

【答案】A

【解析】①孟德尔选择的豌豆属于具有稳定品种的自花授粉植物，容易栽种，容易逐一分离计数，这为他发现遗传规律提供了有利的条件，故①正确；②孟德尔获得成功的原因之一是科学地设计试验程序，即提出问题→作出假说→演绎推理→实验验证→得出结论，故②正确；③应用统计学方法对实验结果进行分析，是孟德尔获得成功的又一个重要因素，故③正确；④由单因子到多因子的科学思路（即先研究1对相对性状，再研究多对相对性状）是孟德尔获得成功的原因之一，故④正确。

15.（单选）艾弗里和同事用R型和S型肺炎双球菌进行实验，结果如表1-1所示。从表1-1可知（　　）。

表1-1　艾弗里实验组成

实验组号	接种菌型	加入S型菌物质	培养皿长菌情况
①	R	蛋白质	R
②	R	荚膜多糖	R
③	R	DNA	R，S
④	R	DNA（经DNA酶处理）	R

A.①不能证明S型菌的蛋白质不是转化因子

B.②说明S型菌的荚膜多糖有酶活性

C.③和④说明S型菌的DNA是转化因子

D.①~④说明DNA是主要的遗传物质

【答案】C

【解析】A中的蛋白质和B中荚膜多糖，都证明蛋白质和荚膜多糖不是性质转化的决定因素；C、③和④形成对照，说明DNA是S型菌的转化因子，C正确；D、①~④说明DNA是遗传物质，但不能说明DNA是主要的遗传物质，D错误。

16.（单选）遗传学家摩尔根用哪种材料进行实验，证明了基因位于染色体上。（　　）

A.大肠杆菌　　　B.果蝇　　　C.小白鼠　　　D.猴子

【答案】B

【解析】果蝇作为遗传学实验材料的优点有：易饲养、繁殖快、后代多。

17.（单选）孟德尔的著名论文《植物杂交实验》中阐述了他通过豌豆杂交实验所发现的规律，以下哪项不是其中发现。（　　）

A.遗传规律　　　　　　　B.基因连锁遗传规律

C.基因分离定律　　　　　D.自由组合定律

【答案】B

【解析】孟德尔是"现代遗传学之父"，是遗传学的奠基人。1865年他通过豌豆实验，发现了遗传规律、基因分离定律及自由组合定律。"基因连锁遗传规律"是摩尔根在遗传学领域的一大贡献，它和孟德尔的基因分离定律、自由组合定律一道，被称为遗传学三大定律。

18.（单选）DNA分子中包含了许多的基因，基因的作用有（　　）。

A.承载生物遗传信息　　　　　B.控制生物的性状

C. 将遗传信息传递给后代　　　　　　　D. 以上都是

【答案】D

【解析】基因是遗传信息的载体；基因有控制遗传性状和活性调节的功能；基因通过复制把遗传信息传递给后代。

（三）判断题

1. DNA 是生物界唯一的遗传物质。（　　）

【答案】错误

【解析】DNA 是绝大多数生物的遗传物质。

2. Kornberg 因发现 DNA 合成中负责复制的主酶而获得 1959 年诺贝尔奖。（　　）

【答案】错误

【解析】1959 年，Kornberg 实现了 DNA 分子在细菌细胞和试管内的复制，和 Severo Ochoa 分享了当年的诺贝尔生理学或医学奖。

3. 1860 年，伟大的英国生物学家达尔文出版了著名的《物种起源》一书。（　　）

【答案】错误

【解析】1859 年，伟大的英国生物学家达尔文出版了著名的《物种起源》一书。

4. 首先建立细胞学说的是英国动物学家施旺和植物学家施莱登。（　　）

【答案】错误

【解析】首先建立细胞学说的是德国动物学家施旺和植物学家施莱登。

5. 著名生物学家 Fisher 论证了连接相邻氨基酸的"肽键"的形成。（　　）

【答案】正确

【解析】19 世纪中叶到 20 世纪初，组成蛋白质的 20 种基本氨基酸被相继发现，著名生物化学家 Fisher 还论证了连接相邻氨基酸的"肽键"。

6. 首先用实验证明基因就是 DNA 分子的是美国冷泉港实验室的科学家 Hershey 和他的学生 Chase。（　　）

【答案】错误

【解析】首先用实验证明基因就是 DNA 分子的是 Avery。

7. Watson 和 Crick 在 1953 年提出了 DNA 反向平行双螺旋结构模型，9 年后他们与通过 X 射线衍射证实该模型的 Wilkins 分享了诺贝尔生理学或医学奖。（　　）

【答案】正确

【解析】1962 年，Watson（美）和 Crick（英）因为在 1953 年提出 DNA 的反向平行双螺旋模型而与 Wilkins 共获诺贝尔生理学或医学奖。

（四）问答题

1. Avery 怎样证实遗传物质是 DNA 而不是蛋白质和其他物质的？

【答案】微生物学家 Avery 和他的同事发现来自 S 型肺炎链球菌的 DNA 可吸附在无毒的 R 型肺炎链球菌上，并将其转化为 S 型肺炎链球菌，如果提取出其 DNA 并用 DNase 处理，转化则不会发生。

2. 1952 年 Hershey 和 Chase 通过噬菌体感染实验证实遗传物质是 DNA 而不是蛋白质。简述此实验的内容。

【答案】实验的内容具体如下：首先用放射性同位素 ^{35}S 标记了一部分噬菌体的蛋白质，

并用放射性同位素 ^{32}P 标记了另一部分噬菌体的 DNA，因为硫只存在于 T2 噬菌体的蛋白质，99% 的磷存在于 DNA。然后，用被标记的 T2 噬菌体分别去侵染细菌，当噬菌体在细菌体内大量增殖时，对被标记物质进行测试（检测放射性）。测试的结果表明，噬菌体的蛋白质没有进入细菌内部，而是留在细菌的外部，噬菌体的 DNA 进入了细菌体内，可见，噬菌体在细菌内的增殖是在噬菌体 DNA 的作用下完成的。

3. 哪几种经典实验证明了 DNA 是遗传物质？

【答案】1952 年 Hershey 和 Chase 通过噬菌体感染实验证实遗传物质是 DNA 而不是蛋白质。

4. 老师在课堂上说，摩尔根的连锁遗传规律与孟德尔的遗传性状独立分离规律是背道而驰的，你能用现代分子生物学的理论解释这一现象吗？

【答案】当所研究的两个基因分别位于不同染色体上时，杂交后代按照独立分离规律分离，当所研究的基因位于同一染色体上且距离较近时，杂交后代的分类规律符合连锁遗传规律。而当所研究的基因位于同一染色体上，而且距离较远时，杂交后代的分离可能介于独立分离规律和连锁遗传规律之间，就是连锁互换规律。

5. 简述细胞学说的具体内容。

【答案】①细胞是有机体，一切动植物都是由细胞发育而来，并由细胞和细胞产物所构成。②所有细胞在结构和组成上基本相似。③新细胞是由已存在的细胞分裂而来。④生物的疾病是因为其细胞机能失常。⑤细胞是生物体结构和功能的基本单位。⑥生物体是通过细胞的活动来反映其功能的。⑦细胞是一个相对独立的单位，既有它自己的生命，又对与其他细胞共同组成的整体生命起作用。

6. 生物化学的使命是什么？

【答案】分析细胞的组成成分和弄清这些物质与细胞内生命现象的联系。

7. 简述孟德尔总结出的两条基本规律。

【答案】统一规律——当两种不同植物杂交时，它们的下一代可能和亲本之一完全相同。分离规律——不同植物品种杂交后的 F1 种子再进行杂交或自交时，下一代会按照一定的比例发生分离，因而具有不同的形式。

8. 简述著名的格里菲思死菌复活之谜。

【答案】1928 年，英国细菌学家格里菲思（1879—1941）以 R 型和 S 型菌株作为实验材料进行遗传物质的实验，他将活的、无毒的 R 型（无荚膜，菌落粗糙型）肺炎双球菌或加热杀死的有毒的 S 型肺炎双球菌注入小白鼠体内，结果小白鼠安然无恙；将活的、有毒的 S 型（有荚膜，菌落光滑型）肺炎双球菌或将大量经加热杀死的有毒的 S 型肺炎双球菌和少量无毒、活的 R 型肺炎双球菌混合后分别注射到小白鼠体内，结果小白鼠患病死亡，并从小白鼠体内分离出活的 S 型菌。格里菲思称这一现象为转化作用。

9. 请你描述两个经典实验来证明遗传物质是 DNA 而不是蛋白质。

【答案】证明 DNA 是遗传信息携带者的经典实验是肺炎链球菌转化感染小鼠实验和 T2 噬菌体侵染细菌实验。具体实验内容如下：

（1）肺炎链球菌转化感染小鼠实验。

1928 年，格里菲思发现，将加热杀死的 S 型细菌和活的无毒的 R 型细菌共同注射到小鼠中，很多小鼠因败血症而死亡，解剖后发现死鼠体内有活的 S 型细菌存在。1944 年，Avery 等人进一步利用肺炎链球菌的转化实验，对 S 型菌株分别进行不同酶降解处理并与 R 型菌株混合培养，测定菌株从 R 型转化为 S 型的能力，结果发现 RNA 和蛋白质发生降解后其转化能力不受影响，DNA 酶处理后则几乎完全丧失转化能力。从而证明了转化因子是 DNA。

（2）T2 噬菌体侵染细菌实验。

1952 年，Hershey 和 Chase 进行了噬菌体侵染细菌实验：将细菌分别在含有 ^{35}S 标记的氨基酸和 ^{32}P 标记核苷酸的培养基中培养，细菌中的子代噬菌体就相应含有 ^{35}S 标记的蛋白质和 ^{32}P 标记的核酸。分别用这些被标记的噬菌体侵染未标记的细菌，培养一段时间后离心检测细菌裂解释放的子代噬菌体放射性（此时噬菌体初期侵染的蛋白质外壳在上清液中，而含有子代噬菌体的菌体在沉淀中），结果发现子代噬菌体中几乎不含有 ^{35}S 标记的蛋白质，但含有 ^{32}P 标记。T2 噬菌体中仅含有 DNA 和蛋白质，因此证明噬菌体传代过程中的遗传物质是 DNA 而非蛋白质。

10. 简述达尔文、列文虎克、施莱登和施旺在分子生物学研究中的贡献。

【答案】达尔文提出了进化论，改变了人们对神创论的固有认识；列文虎克制作了世界上第一台显微镜，并看到了微生物；施莱登和施旺创立了细胞学说。

11. 简述摩尔根的研究发现。

【答案】摩尔根通过研究果蝇的眼睛颜色遗传，发现控制眼睛颜色的基因与性别相关，即伴性遗传，进一步支持了遗传定律。

12. 简述基因学说的建立过程。

【答案】格里菲思通过实验发现 S 型肺炎双球菌可以使小鼠致死，而 R 型肺炎双球菌则不能；艾弗里将 S 型菌加热杀死后与 R 型菌一同侵染小鼠，从致死的小鼠中分离出了活的 S 型菌，认为 S 型菌中含有某种转化因子；Hershey 和 Chase 通过噬菌体侵染细菌的实验，发现 DNA 是遗传物质；沃森和克里克提出 DNA 双螺旋模型，使人们对基因的理解有了具体实质性的内容。

13. 简述沃森和克里克的主要成就。

【答案】沃森和克里克通过对富兰克林和威尔金斯的研究成果进行进一步研究，提出了 DNA 的双螺旋模型，并获得了诺贝尔奖。

第二节　分子生物学简史

一、重点解析

1. 分子生物学的概念

分子生物学是研究核酸、蛋白质等生物大分子的形态、结构特征及其重要性、规律性和相互关系的科学。

2. 遗传信息传递的中心法则

1954 年 Crick 提出了中心法则，来解释遗传信息传递的规律，揭示了 DNA、RNA 和蛋白质之间的关系。之后，随着对科学的认识，又对中心法则进行了两次大的修正。主要包含如下内容：DNA 是自身复制的模板，DNA 通过转录作用将遗传信息传递给中间物质 RNA，RNA 再通过翻译作用，将遗传信息表达成蛋白质。某些病毒的 RNA 可以自我复制及在反转录酶的作用下合成 DNA（图 1-1）。朊病毒蛋白还可以实现自我复制，而不经过核酸过程。

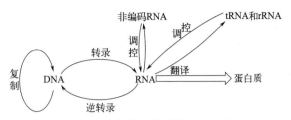

图 1-1 遗传信息传递的中心法则

二、名词解释

1.分子生物学

分子生物学是从分子水平研究生物结构、组织和功能的一门学科，以核酸、蛋白质等生物大分子的结构、形态及其在遗传信息和细胞信息传递中的作用和功能为研究对象。

2.中心法则

1954 年 Crick 提出了中心法则，来解释遗传信息传递的规律，揭示了 DNA、RNA 和蛋白质之间的关系。DNA 是自身复制的模板，DNA 通过转录作用将遗传信息传递给 RNA，最后 RNA 通过翻译作用将遗传信息表达成蛋白质。某些病毒的 RNA 通过逆转录作用合成 DNA，朊病毒还可实现自我复制，不经过核酸过程。

3.DNA 连接酶

是生物体内重要的酶，催化的反应在 DNA 的复制和修复过程起着重要的作用。

4.信使 RNA（mRNA）

由 DNA 的一条链作为模板转录而来的、携带遗传信息的能指导蛋白质合成的一类单链核糖核酸。

5.半保留复制

DNA 在进行复制的时候链间氢键断裂，双链解旋分开，每条链作为模板在其上合成互补链，经过一系列酶（DNA 聚合酶、解旋酶、连接酶等）的作用生成两个新的 DNA 分子。子代 DNA 分子中的一条链来自亲代 DNA，另一条链是新合成的，这种方式称半保留复制。

三、拓展习题

（一）填空题

1. 1962 年的诺贝尔生理学或医学奖授予了沃森和克里克，表彰他们在 1953 年提出的

_____。

【答案】DNA 反向平行双螺旋模型。

【解析】1962 年，Watson（美）和 Crick（英）因为在 1953 年提出 DNA 的反向平行双螺旋模型而与 Wilkins 共获诺贝尔生理学或医学奖。

2. 1965 年，法国科学家 Jacob 和 Monod 由于提出并证实了_____作为调节细菌细胞代谢的分子机制而获得诺贝尔生理学或医学奖。

【答案】操纵子。

【解析】在大肠杆菌的乳糖系统操纵子中，β-半乳糖苷酶，半乳糖苷透过酶，半乳糖苷乙酰基转酰酶的结构基因分别排列在质粒上，结构基因上游有操纵序列和启动子，这就是操

纵子（乳糖操纵子）的结构模式。

3. 1968 年，美国科学家尼伦伯格由于在破译_____方面的贡献而获得诺贝尔生理学或医学奖。

【答案】DNA 遗传密码。

【解析】1961 年，尼伦伯格在无细胞系统环境下，把一条只由尿嘧啶（U）组成的 RNA 转译成一条只有苯丙氨酸（Phe）的多肽，由此破解了首个密码子（UUU-Phe）。1968 年，科拉纳、霍利和尼伦伯格分享了诺贝尔生理学或医学奖。

4. 1980 年，Sanger 因设计出一种测定_____的方法而获得诺贝尔化学奖。

【答案】DNA 分子内核苷酸序列。

【解析】英国科学家 Sanger 通过向 DNA 复制体系中加入能够终止新链延伸的某种脱氧核苷酸类似物，从而得到各种不同长度的脱氧核苷酸链，再通过电泳呈带（按分子量大小排列），从而读出对应碱基的位置。

5. 1983 年，美国科学家 McClintock 由于在发现_____方面的贡献而获得诺贝尔生理学或医学奖。

【答案】可移动的遗传因子。

【解析】转座因子又称可移动的遗传因子。转座因子最早由美国科学家 Barbara McClintock 于 1956 年在玉米染色体中发现，并于 1984 年被授予诺贝尔医学或生理学奖。

6. 1993 年，美国科学家 Roberts 和 Sharp 由于在_____方面的贡献而获得诺贝尔生理学或医学奖。

【答案】断裂基因。

【解析】在 20 世纪 70 年代以前，人们一直认为遗传物质是双链 DNA，且 DNA 上排列的基因是连续的。Robert 和 Sharp 彻底改变了这一观念，他们以 DNA 排列序列同包括人在内的高等动物很接近的腺病毒作为研究对象。结果发现它们的基因在 DNA 上的排列是由一些不相关的片段隔开，是不连续的。

7. Avery（1944 年）关于强致病光滑型 S 肺炎链球菌_____导致无毒株粗糙型的细菌发生遗传转化的实验，Meselon 和 Stahl（1958 年）关于_____的实验，Crick 于 1954 年提出的_____，Yanofsky 和 Brener（1961 年）关于_____的设想都对分子生物学的发展起了重大作用。

【答案】DNA；DNA 半保留复制；遗传信息传递规律（中心法则）；遗传密码三联子。

【解析】以上四次重要的研究成果或设想为后来分子生物学的发展做出了巨大的贡献。

8. 20 世纪 60 年代，我国科学家实现了人工合成有生物学活性的_____。

【答案】结晶牛胰岛素。

【解析】1965 年 9 月，我国科学家首先在世界上成功地实现了人工合成具有生物学活性的蛋白质——结晶牛胰岛素。结晶牛胰岛素的人工合成是生命科学上的重要成果。

9. 1993 年，美国科学家 Mullis 由于_____的贡献而获得诺贝尔化学奖。

【答案】发明 PCR 仪。

【解析】1993 年，Mullis 由于发明 PCR 仪而与加拿大学者 Smith 共享诺贝尔化学奖。

10. 分子生物学是研究_____、_____等生物大分子的功能、形态结构特征及其重要性和规律性的科学。

【答案】核酸；蛋白质。

【解析】分子生物学是研究核酸、蛋白质等生物大分子的功能、形态结构特征及其重要性和规律性的科学。

11. 发现乳糖操纵子而获得诺贝尔奖的两位科学家是＿＿＿＿＿和＿＿＿＿＿。

【答案】Jacob；Monod。

【解析】1965 年，法国科学家 Jacob 和 Monod 由于提出并证实了操纵子作为调节细菌细胞代谢的分子机制而与 Iwoff 分享了诺贝尔生理学或医学奖。

12. 在分子生物学发展史上，两次获得诺贝尔奖的科学家是英国著名的＿＿＿＿＿，他的两项贡献分别是＿＿＿＿＿和＿＿＿＿＿。

【答案】Sanger；蛋白质序列分析；DNA 序列分析法。

【解析】1980 年，Sanger 因设计出一种测定 DNA 分子内核苷酸序列的方法，而与 Gilbrt 和 Berg 分享了诺贝尔化学奖。此外，Sanger 还由于测定了牛胰岛素的一级结构而获得 1958 年诺贝尔化学奖。

（二）选择题

1.（多选）中心法则是指（ ）。

A. DNA 复制　　　　B. DNA 修复　　　　C. 转录　　　　D. 翻译

【答案】A、C、D

【解析】中心法则如图 1-1 所示。

2.（单选）提出并发现了可移动的遗传因子的科学家是（ ）。

A. Cesar Milstein　B. Barbara McClintock　C. George Kohler　D. Niel Jerne

【答案】B

【解析】转座因子又称可移动的遗传因子。转座因子最早由美国科学家 Barbara McClintock 于 1956 年在玉米染色体中发现。

3.（单选）因设计出测定 DNA 分子内核苷酸序列的方法及测定了牛胰岛素的一级结构，而两次获得诺贝尔化学奖的科学家是（ ）。

A. Paul Berg　　　B. Walter Gilbert　　C. Frederick Sanger　D. Linus Carl Pauling

【答案】C

【解析】1980 年，Sanger 因设计出一种测定 DNA 分子内核苷酸序列的方法，而与 Gilbert 和 Berg 分享了诺贝尔化学奖，Sanger 还由于测定了牛胰岛素的一级结构而获得 1958 年诺贝尔化学奖。

4.（多选）提出并证实了操纵子作为调节细菌细胞代谢的分子机制的是（ ）。

A. Francois Jacob　　　　　　　B. Andre Lwoff

C. Jacques-Lucien Monod　　　　D. Severo Ochoa

【答案】A、C

【解析】1961 年雅各布（F. Jacob）和莫诺德（J. Monod）根据对该系统的研究而提出了著名的操纵子学说。在大肠杆菌的乳糖系统操纵子中，β-半乳糖苷酶、半乳糖苷透过酶、半乳糖苷乙酰基转酰酶的结构基因分别排列在质粒上，结构基因上游有操纵序列和启动子，这就是操纵子（乳糖操纵子）的结构模式。

5.（多选）因发现核酶而共享诺贝尔化学奖的科学家是（ ）。

A. Harold E. Varmus　B. Sidney Altman　C. Michael Bishop　D. Thomas Cech

【答案】B、D

【解析】1989 年美国科学家奥尔特曼（S. Altman）和切赫（T. R. Cech）由于发现某些 RNA（核糖核酸）具有酶的催化功能（称为核酶）而共享诺贝尔化学奖。

（三）判断题

1. 研究生物大分子空间立体构型的先驱是 Kendrew 和 Perutz，他们利用 X 射线衍射技术解析了肌红蛋白及血红蛋白的三维结构。（　　）

【答案】正确

【解析】Kendrew 和 Perutz 论证了这些蛋白质在输送分子氧过程中的特殊作用，成为研究生物大分子空间立体构型的先驱。

2. 1953 年，Singer 利用纸电泳及层析技术首次阐明胰岛素的一级结构，开创了蛋白质序列分析的先河。（　　）

【答案】正确

【解析】Sanger 由于测定了牛胰岛素的一级结构而获得 1958 年诺贝尔化学奖。

3. Kendrew 和 Perutz 利用 γ 射线衍射技术解析了血红蛋白的三维结构。（　　）

【答案】错误

【解析】1958 年，Kendrew 和 Perutz 用 X 射线衍射技术，测定了肌红蛋白和血红蛋白的三维结构。

4. Temin、Dulbecc 和 Baltimor 由于发现逆转录酶而获得诺贝尔奖。（　　）

【答案】正确

【解析】1975 年由美国科学家 Temin、Dulbecco、Baltimore 分别于动物致癌 RNA 病毒中发现的，他们并因此获得 1975 年度诺贝尔生理学或医学奖。

5. Crick 于 1954 年提出遗传信息传递规律。（　　）

【答案】正确

【解析】Crick 于 1954 年提出了遗传信息传递的规律，DNA 是合成 RNA 的模板，RNA 又是合成蛋白质的模板，称之为中心法则。

6. 真核生物基因表达的调控可以发生在各种不同的水平上。（　　）

【答案】正确

【解析】真核生物基因表达的调控远比原核生物复杂，可以发生在 DNA 水平、转录水平、转录后的修饰、翻译水平和翻译后的修饰等多种不同层次。

7. 美国科学家 Kornberg 和他儿子由于破译 DNA 遗传密码，获得了 1968 年诺贝尔生理学或医学奖。（　　）

【答案】错误

【解析】1965 年，美国科学家 Kornberg 和同事成功完成生物学遗传密码的破解，并因此于 1968 年分享了诺贝尔生理学或医学奖。

8. 美国科学家 Fire 和 Mello 由于阐明了 T 淋巴细胞的免疫机制而分享了 1996 年的诺贝尔生理学或医学奖。（　　）

【答案】错误

【解析】1996 年，澳大利亚科学家 Doherty 和瑞士科学家 Zinkernagel 由于阐明了 T 淋巴细胞的免疫机制而分享了当年的诺贝尔生理学或医学奖。

9. 原核基因在结构上的不连续性是近 10 年来生物学上的重大发现之一。（　　）

【答案】错误

【解析】真核基因在结构上的不连续性是近 10 年来生物学上的重大发现之一。

（四）问答题

1. 简述中心法则的主要内容。

【答案】1954 年 Crick 提出了中心法则来解释遗传信息传递的规律，揭示了 DNA、RNA 和蛋白质之间的关系。主要包含如下内容：DNA 是自身复制的模板，DNA 通过转录作用将遗传信息传递给中间物质 RNA，RNA 再通过翻译作用，将遗传信息表达成蛋白质。某些病毒的 RNA 可以自我复制及在反转录酶的作用下合成 DNA。朊病毒蛋白还可以实现自我复制，而不经过核酸过程。

2. 请简述 DNA 遗传规律的发现历程。

【答案】（1）Griffith 的小鼠实验，发现肺炎链球菌可导致小鼠死亡。

（2）Avery 等人关于强致病性光滑型（S 型）肺炎链球菌导致无毒株粗糙型（R 型）细菌发生遗传转化的实验。

（3）Meselson 和 Stahl 关于 DNA 半保留复制的实验。

（4）Crick 提出中心法则，及后来发现某些病毒的 RNA 可以自我复制及在反转录酶的作用下合成 DNA。朊病毒蛋白还可以实现自我复制，而不经过核酸过程。

3. 请简述 1996 年发现的 T 淋巴细胞免疫机制的主要内容。

【答案】白细胞只有同时识别入侵病原物和与之相伴的主要组织不相容抗原，才能准确识别受病原侵害的细胞并将其清除掉。

4. 请列举我国科学家在分子生物学领域的成就（至少三项）。

【答案】（1）人工全合成有生物学活性的结晶牛胰岛素。

（2）解出三方二锌猪胰岛素的晶体结构。

（3）参与人类基因组计划。

5. Sanger 在 DNA 研究领域做出了什么重大贡献？

【答案】设计出了第一代 DNA 分子测序法，成为分子生物学最重要的研究手段之一。

6. Sanger 曾在 1958 年、1980 年两度获得诺贝尔奖，请写出他获奖的研究项目。

【答案】1958 年测定了牛胰岛素的一级结构，1980 年设计出一种测定 DNA 分子内核苷酸序列的方法。

7. 美国科学家 Altman 获 1989 年诺贝尔化学奖，他的研究项目是什么？

【答案】发现某些 RNA 具有酶的功能。

8. 1997 年，美国科学家 Prusiner 获得诺贝尔生理学或医学奖，他的发现是什么？

【答案】1997 年，美国科学家 Prusiner 因发现朊病毒而获得诺贝尔生理学或医学奖。

9. 2009 年第 100 届诺贝尔生理学或医学奖由两位女科学家布莱克本、格雷德同时获得，她们的研究项目是什么？

【答案】揭示了端粒和端粒酶在保护染色体免遭降解方面的作用。

10. 简述中心法则的发展过程。

【答案】（1）1953 年，DNA 双螺旋结构发现。

（2）1965 年，科学家发现 RNA 可复制。

（3）1970 年，科学家发现逆转录酶。

（4）1982 年，科学家发现疯牛病是由一种结构异常的蛋白质引起的疾病。

11. 简述分子生物学的研究对象，并举例说明。

【答案】分子生物学是研究核酸、蛋白质等所有生物大分子的形态、结构特征及其重要性、规律关系和相互关系的科学。举例：双螺旋结构的发现（DNA）、逆转录病毒的发现（RNA）等。

12. 简述 Sanger 测序的方法。

【答案】Sanger 测序法是根据核苷酸在某一固定的点开始，随机在某一个特定的碱基处终止，并且在每个碱基后面进行荧光标记，产生以 A、T、C、G 结束的四组不同长度的一系列核苷酸，然后在尿素变性的 PAGE 胶上电泳进行检测，从而获得可见 DNA 碱基序列的一种方法。

13. 列举一项近十年的诺贝尔奖中的分子生物学方面的研究。

【答案】例如：法国的 Emmanuelle Charpentier 和美国的 Jennifer A. Doudna 两位科学家获 2020 年诺贝尔化学奖，他们发现了新型基因编辑技术——CRISPR/Cas9 基因剪刀。2023 年诺贝尔生理学或医学奖率先揭晓，科学家卡塔林·卡里科（Katalin Karikó）和德鲁·魏斯曼（Drew Weissman）获奖，以表彰他们在核苷碱基修饰方面的发现，这些发现使针对新冠病毒感染的有效信使核糖核酸（mRNA）疫苗的开发成为可能。

第三节　分子生物学主要研究内容

一、重点解析

现代分子生物学研究内容主要包括：DNA 重组技术；基因表达调控研究；结构分子生物学；基因与基因组的结构与功能及生物信息学；DNA 的复制、转录和翻译。

重组 DNA 技术又称基因工程，是指按照人类的意愿将供体生物体的基因与载体在外进行拼接重组，然后转入受体生物内，使受体细胞产生新的稳定遗传性状并表达出新产物的技术。

基因表达调控是生物体内基因表达的调节控制，使细胞中基因表达的过程在时间、空间上处于有序状态，并对环境条件的变化作出反应的复杂过程。

结构分子生物学：就是研究生物大分子特定的空间结构及结构的运动变化与其生物学功能关系的科学。它包括结构的测定、结构运动变化规律的探索及结构与功能相互关系的建立 3 个主要研究方向。传统上最常见的研究三维结构及其运动规律的手段是 X 射线衍射的晶体学（又称蛋白质晶体学），或是用二维或多维核磁共振研究液相结构。现在，更多的科学家在采用冷冻电子显微镜技术研究生物大分子的空间结构。

结构基因组与功能基因组的内容同属于基因组研究：结构基因组学以全基因组测序为目标，功能基因组学以基因功能鉴定为目标。结构基因组学代表基因组分析的早期阶段，以建立生物体高分辨率遗传、物理和转录图谱为主。功能基因组学代表基因分析的新阶段，是利用结构基因组学提供的信息系统地研究基因功能，它以高通量、大规模实验方法以及统计与计算机分析为特征。

二、名词解释

1. 重组 DNA 技术

重组 DNA 技术又称基因工程，是指按照人类的意愿将供体生物体的基因与载体在体外进行拼接重组，然后转入受体生物内，使受体细胞的产生新的稳定遗传性状并表达出新产物的技术。

2. 转录因子

是一群能与基因 5′ 端上游特定序列专一结合，从而保证目的基因以特定的强度在特定的时间与空间表达的蛋白质分子。

3. 基因表达调控

是生物体内基因表达的调节控制，使细胞中基因表达的过程在时间、空间上处于有序状态，并对环境条件的变化作出反应的复杂过程。

4. 信号转导

是指外部信号通过细胞膜上的受体蛋白传到细胞内部，并激发诸如离子通透性、细胞形状或其他细胞功能方面的应答过程。研究认为，信号转导之所以能引起细胞功能的改变，主要是由于信号最后活化了某些蛋白质分子，使之发生构型变化，从而直接作用于靶位点，打开或关闭某些基因。

5. 结构分子生物学

就是研究生物大分子特定的空间结构及结构的运动变化与其生物学功能关系的科学。它包括结构的测定、结构运动变化规律的探索及结构与功能相互关系的建立 3 个主要研究方向。传统上最常见的研究三维结构及其运动规律的手段是 X 射线衍射的晶体学（又称蛋白质晶体学），或是用二维或多维核磁共振研究液相结构。现在，更多的科学家在采用冷冻电子显微镜技术研究生物大分子的空间结构。

6. 结构基因组与功能基因组

这两方面的内容同属于基因组研究。结构基因组学以全基因组测序为目标，功能基因组学以基因功能鉴定为目标。结构基因组学代表基因组分析的早期阶段，以建立生物体高分辨率遗传、物理和转录图谱为主。功能基因组学代表基因分析的新阶段，是利用结构基因组学提供的信息系统地研究基因功能，它以高通量、大规模实验方法以及统计与计算机分析为特征。

7. 生物信息学

是利用统计或机器学习等数据科学领域的方法对生物数据进行分析和解释，从静态（结构和功能，细胞内的定位等）和动态（调控，转运等）两个方面来研究生物过程的科学，是在基因组研究带来大量数据的背景下诞生的。

三、课后习题

课后习题及答案

四、拓展习题

（一）填空题

1. 分子生物学研究内容主要包括以下四个方面：＿＿＿＿＿＿＿＿、＿＿＿＿＿＿＿、＿＿＿＿＿＿＿和＿＿＿＿＿＿＿＿。

【答案】重组 DNA 技术；基因表达调控研究；生物大分子结构功能研究；基因组、功能基因组与生物信息学研究。

【解析】重组 DNA 技术（基因工程），基因表达调控，生物大分子结构和功能研究，基因组、功能基因组与生物信息学研究四个方向是现代分子生物学研究主要内容。

2. 某一特定生物体所拥有的＿＿＿＿＿＿和＿＿＿＿＿＿＿决定了它的属性。

【答案】核酸；蛋白质分子。

【解析】某一特定生物体所拥有的核酸及蛋白质分子决定了它的属性。

3.＿＿＿＿＿＿、＿＿＿＿＿＿及＿＿＿＿＿＿等酶的发现与应用是重组 DNA 技术得以建立的关键。

【答案】限制性内切酶；DNA 连接酶；其他工具酶。

【解析】限制性内切酶、DNA 连接酶和其他工具酶的发现使人们直接对 DNA 操作成为现实。

4. 基因表达的实质是＿＿＿＿＿＿＿＿＿＿＿＿＿。

【答案】遗传信息的转录和翻译。

【解析】基因表达的实质是 DNA 分子将遗传信息反映到蛋白质分子上，从而控制蛋白质的合成过程，包括转录和翻译两个生物学过程。

5. 生物学上的重大发现之一是 Roberts 和 Sharp 发现真核基因在结构上的＿＿＿＿＿＿。

【答案】不连续性。

【解析】真核基因在结构上的不连续性是生物学上的重大发现之一。

6. 一个生物大分子必须具备的两个前提：拥有＿＿＿＿＿＿＿＿；在发挥生物学功能的过程中存在＿＿＿＿＿＿和＿＿＿＿＿的变化。

【答案】特定的空间结构（三维结构）；结构；构象。

【解析】一个生物大分子在发挥生物功能时必须具备两个前提：①它拥有特定的空间结构（三维结构），②结构和构象的变化。

（二）选择题

1.（多选）现代分子生物学研究包括（　　　）。

A. 重组 DNA 技术　　　　　　　　　　B. 基因表达调控
C. 生物大分子的结构功能　　　　　　　D. 基因组、功能基因组与生物信息学

【答案】A、B、C、D

【解析】DNA 重组技术（基因工程），基因表达调控，生物大分子结构和功能研究，基因组、功能基因组与生物信息学研究四个方向是现代分子生物学研究主要内容。

2.（单选）在分子生物学领域，DNA 重组又称（　　　）。

A. 酶工程　　　　　B. 蛋白质工程　　　　　C. 细胞工程　　　　　D. 基因工程

【答案】D

【解析】在分子生物学领域，基因工程又称基因拼接技术或 DNA 重组技术。

3.（单选）以下哪个选项不是 DNA 重组技术的基本工具（　　　）。

A. 限制性内切酶　　　B. DNA 水解酶　　　C. DNA 连接酶　　　D. 载体

【答案】B

【解析】DNA 水解酶为一类可以将组成 DNA 分子的脱氧核糖核苷酸之间的连接（3′,5′-磷酸二酯键）打开的酶。

4.（单选）基因表达调控主要发生在（　　　）。

A. 复制水平　　　　　B. 转录水平　　　　C. 加工包装水平　　　D. 翻译水平

【答案】B

【解析】尽管基因表达调控可发生在遗传信息传递的任何环节，但发生在转录水平，尤其是转录起始水平的调节，对基因表达起着至关重要的作用。

5.（单选）关于生物大分子结构功能研究的说法，以下正确的是（　　　）。

A. 生物大分子结构功能研究是研究生物大分子特定的空间结构及结构的运动变化及其生物学功能关系的学科

B. 结构分子生物学的研究方向包括结构测定、结构运动变化规律和结构与功能关系的建立

C. 结构分子生物学的研究手段有物理和化学手段，包括 X 射线衍射的晶体学、化学合成等

D. 以上全对

【答案】D

【解析】结构分子生物学是研究生物大分子特定的空间结构及结构的运动变化与其生物学功能关系的科学。它包括结构的测定、结构运动变化规律的探索及结构与功能相互关系的建立 3 个主要研究方向。传统上最常见的研究三维结构及其运动规律的手段是 X 射线衍射的晶体学（又称蛋白质晶体学），或是用二维或多维核磁共振研究液相结构。

6.（单选）人类基因组计划研究的对象是（　　　）。

A. 人类 23 对染色体的形态和功能　　　　B. 人类 46 个 DNA 分子的结构和功能

C. 人类全部基因所包含的遗传信息　　　　D. 人类所有细胞的遗传信息

【答案】C

【解析】人类基因组计划旨在为 30 多亿个碱基对构成的人类基因组精确测序。

7.（多选题）重组 DNA 技术可用于下列哪些研究（　　　　）。

A. 生产激素、抗生素、酶类及抗体

B. 改良农作物的抗病、抗逆、抗虫性，提高产量

C. 定向改造某些生物的基因组结构

D. 对转录因子的克隆与分析

【答案】A、B、C、D

【解析】重组 DNA 技术可用于多种科学研究工作，例如生产激素、抗生素、酶类及抗体；改良农作物的抗病、抗逆、抗虫性，提高产量；定向改造某些生物的基因组结构；对转录因子的克隆与分析。

8.（多选）随着基因组测序的完成，科学家在基因组计划的基础上提出了哪些后续计划（　　　　）。

A. 蛋白质组计划　　　B. 后基因组计划　　　C. 功能基因组计划　　D. 转录组计划

【答案】A、B、C

【解析】人类基因组计划完成之后，科学家制定了蛋白质组计划又称为后基因组计划和功能基因组计划，旨在快速、高效、大规模鉴定基因的产物和功能。

（三）判断题

1. 分子生物学的研究内容包括重组 DNA 技术，基因表达调控研究，生物大分子结构和功能研究，基因组、功能基因组与生物信息学的研究。（　　　）

【答案】正确

【解析】重组 DNA 技术（基因工程），基因表达调控研究，生物大分子结构和功能研究，

基因组、功能基因组与生物信息学研究四个方向是现代分子生物学研究主要内容。

2. 基因重组可以指DNA的体外重组技术，也可以表示同源染色体间发生的基因交换。（ ）

【答案】正确

【解析】基因重组法在遗传工程中通常是指体外重组DNA的方法。是将不同生物种类、株系的遗传物质在体外进行剪裁、拼接，重新组合在一起；然后转入受体细胞内，进行无性繁殖，并使目的基因在受体中表达，产生出人类所需要的物质或生物种类，以达到定向改变生物性状的目的。另外有发生在同源序列间的同源重组，也称基因重组。

3. 真核生物基因表达调控研究的主要方面有：信号传导研究、转录因子研究、RNA剪接研究。（ ）

【答案】正确

【解析】真核生物基因表达调控的三个水平：①信号传导研究；②转录因子研究；③RNA剪接研究。

4. 生物大分子结构功能研究又称结构分子生物学，它不利用物理手段，依赖生物方式去测定结构、研究结构运动变化规律、结构与功能关系的建立。（ ）

【答案】错误

【解析】生物大分子结构功能研究又称结构分子生物学，它利用物理手段X射线衍射晶体、冷冻电镜等，依赖生物方式去测定结构、研究结构运动变化规律、结构与功能关系的建立。

5. 人类基因组计划与曼哈顿原子弹计划、阿波罗计划并称为三大科学计划，是人类科学史上的又一个伟大工程，被誉为生命科学的"登月计划"。中国在人类基因组计划中完成了绝大部分的测序工作。（ ）

【答案】错误

【解析】我国承担的工作区域，位于人类3号染色体短臂上。由于这一区域约占人类基因组的1%，因此简称为"1%项目"。

6. 所有生物体中的有机大分子都是以碳原子为核心。（ ）

【答案】正确

【解析】所有生物体中的有机大分子都是以碳原子为核心，并以共价键的形式与氢、氧、氮及磷以不同方式构成的。

7. 构成生物体各类有机大分子的单体在不同生物中都是相同的。（ ）

【答案】正确

【解析】构成生物体各类有机大分子的单体在不同生物中都是相同的（无物种特异性）。

8. 生物体内一切有机大分子的构成都遵循共同的规则。（ ）

【答案】正确

【解析】生物体内一切有机大分子的构成都遵循共同的规则。

9. 某一特定生物体所拥有的核酸及蛋白质分子决定了它的属性。（ ）

【答案】正确

【解析】某一特定生物体所拥有的核酸及蛋白质分子执行特定的生理功能，决定了它的属性。

10. 转录因子与基因3′端结合。（ ）

【答案】错误

【解析】转录因子与基因5′端的结合序列结合。

11. 真核生物基因表达的调控可以发生在各种不同的水平上。（ ）

【答案】正确

【解析】真核生物基因表达的调控远比原核生物复杂，可以发生在 DNA 水平、转录水平、转录后的修饰、翻译水平和翻译后的修饰等多种不同层次。

（四）问答题

1. 简述分子生物学的主要研究内容。

【答案】①重组 DNA 技术（基因工程）；②基因表达调控（核酸生物学）；③生物大分子结构功能（结构分子生物学）；④基因组、功能基因组与生物信息学研究。

2. 简述分子生物学的基本研究原理。

【答案】①构成生物体有机大分子的单体在不同生物中都是相同的；②生物体内一切有机大分子的生物合成都遵循着各自特定的规则；③某一特定生物体所拥有的核酸及蛋白质分子决定了它的属性。

3. 简述重组 DNA 技术。

【答案】重组 DNA 技术是核酸化学、蛋白质化学、酶工程及微生物学、遗传学、细胞学长期深入研究的结晶，而限制性内切酶、DNA 连接酶及其他工具酶的发现与应用则是这一技术得以建立的关键。这是 20 世纪 70 年代初兴起的技术科学，目的是将不同 DNA 片段（如某个基因或基因的一部分）按照人们的设计定向连接起来，在特定的受体细胞中与载体同时复制并得到表达，产生影响受体细胞的新的遗传性状。

4. 简述基因表达调控研究。

【答案】蛋白质分子控制了细胞的一切代谢活动，而决定蛋白质结构和合成时序的信息都由核酸（主要是脱氧核糖核酸）分子编码，所以，基因表达实质上就是遗传信息的转录和翻译过程。在个体生长发育过程中生物遗传信息的表达，按一定的时序发生变化（时序调节），并随着内外环境的变化而不断加以修正（环境调控）。基因表达调控主要发生在转录水平或翻译水平。原核生物的基因组和染色体结构都比真核生物简单，转录和翻译在同一时间和空间内发生，基因表达的调控主要发生在转录水平。真核生物有细胞核结构转录和翻译过程，在时间和空间上都被分隔开，且在转录、翻译时都有复杂的信息加工，其基因表达的调控可以发生在各种不同的水平。表达调控主要表现在信号传导、转录因子研究和 RNA 剪辑方面。

5. 简述结构分子生物学研究内容。

【答案】研究三维结构及其运动规律，研究生物大分子特定的空间结构及结构的运动变化与其生物学功能的关系。它包括结构的测定，结构运动变化规律的探索及结构与功能相互关系的建立三个主要研究方向。

6. 请简述分子生物学的三条基本原理的产生过程及其内容。

【答案】现代生物学研究发现，所有生物体中的有机大分子都是以碳原子为核心，并以共价键的形式与氢、氧、氮及磷等以不同方式构成的。不仅如此，一切生物体中的各类有机大分子都是由完全相同的单体，如蛋白质分子中的 20 种氨基酸、DNA 及 RNA 中的 8 种碱基所组合而成的，由此产生了分子生物学的三条基本原理：①构成生物体各类有机大分子的单体在不同生物中都是相同的；②生物体内一切有机大分子的构成都遵循共同的原则；③某一特定生物体所拥有的核酸及蛋白质分子决定了它的属性。

7. 请简述重组 DNA 技术的应用前景。

【答案】重组 DNA 技术具有广阔的应用前景。首先，它可被用于大量生产某些在正常细胞代谢中产量很低的多肽，如激素、抗生素、酶类及抗体等，提高产量，降低成本；其次，它可用于定向改造某些生物的基因组结构，使它们所具备的特殊经济价值或功能得以成百上千地提高；最后，它还可以被用来进行基础研究。

8. 请简述原核生物和真核生物基因表达调控水平的不同点。

【答案】原核生物和真核生物的基因组结构和特点不同，因此它们的基因表达调控的水平也不同。①原核生物的基因表达调控比真核生物简单，转录与翻译相偶联，基因表达调控主要发生在转录水平；②真核生物的基因表达在空间和时间上具有特异性，基因表达调控可以发生在 DNA 水平、转录水平、转录后水平、翻译水平和翻译后水平等多种不同层次。

9. 请简述生物信息学的概念。

【答案】生物信息学是一门新的交叉学科，它以核酸、蛋白质等生物大分子数据为主要对象，数理科学、信息科学和计算机科学为主要手段，以计算机网络为主要研究环境，以计算机软件为主要研究工具，构建各种类型的专用、专门、专业数据库，研究开发面向生物学家的新一代计算机软件，对原始数据进行存储、管理、注释和加工，使之成为具有明确生物意义的生物信息，并通过对生物信息的查询、搜索、比较和分析，从中获取基因编码、基因调控、核酸和蛋白质结构功能及其相互关系等理性知识。

10. 简述人类基因组计划完成的社会意义。

【答案】（1）极大地促进生命科学领域一系列基础研究的发展，阐明基因的结构与功能关系，生命的起源和进化，细胞发育、生长、分化的分子机理，疾病发生的机理等，为人类自身疾病的诊断和治疗提供依据，为医药产业带来翻天覆地的变化。

（2）促进生命科学与信息科学、材料科学与高新技术产业相结合，刺激相关学科与技术领域的发展，带动一批新兴的高技术产业发展。

（3）基因组研究中发展起来的技术、数据库及生物学资源，还将推动对农业、畜牧业（转基因动植物）、能源、环境等相关产业的发展，改变人类社会生产、生活和环境的面貌，把人类带入更佳的生存状态。

第四节　展望

一、重点解析

21 世纪分子生物学的发展趋势主要包括：功能基因组学、蛋白质组学、生物信息学、信号跨膜转导等研究。分子生物学、细胞生物学和神经生物学，被认为是当代生物学研究的三大主题，分子生物学的全面渗透推动了细胞生物学和神经生物学的发展。分子生物学研究技术的发展几乎改变了科学家对膜内外信号的转导、离子通道的分子结构功能特性及转运方式的认识。

二、课后习题

课后习题及答案

三、拓展习题

（一）填空题

1. 细胞是_____的基本单位，是_____的基本单位，是_____的基本单位，是_____的基本单位。

【答案】构成有机体；代谢与功能；生长与发育；遗传。

【解析】细胞是生命活动的基本单位，细胞是构成有机体的基本单位（病毒除外）。细胞具有独立的、有序的自控代谢体系，是代谢与功能的基本单位。细胞是有机体生长与发育的基本单位。细胞是遗传的基本单位，具有遗传全能性。

2. 大量分子水平的实验证明，_____在动植物个体发育过程中发挥了举足轻重的作用。

【答案】非编码 RNA。

【解析】非编码 RNA 是由基因组转录而成的不编码蛋白质的 RNA 分子。非编码 RNA 除了在转录和转录后水平上发挥作用外，还在基因表达的表观遗传学调控中发挥重要作用。

3. 由于_____的进步，科学家已经可能从已灭绝生物的化石里提取极为微量的 DNA 分子，并进行深入的研究，以此确证这些生物在进化树上的地位。

【答案】核酸技术。

【解析】科学家已经可能从已灭绝的化石里提取极为微量的 DNA 分子并进行序列的比对研究，以此确证这些生物在进化树上的地位。

4. 以_____、_____、_____以及_____等不同层次组学的最新成果为基础的系统生物学是研究系统生物学中所有组成成分的变化规律以及在特定遗传环境下相互关系的学科。

【答案】基因组学；转录组学；蛋白质组学；代谢组学。

【解析】基因组学研究的主要是基因组 DNA，使用方法目前以二代测序为主，将基因组拆成小片段后再用生物信息学算法进行迭代组装。当然这仅仅是第一步，随后还有烦琐的基因注释等数据分析工作。转录组学研究的是某个时间点的 mRNA 总和，可以用芯片，也可以用测序。蛋白质组学针对的是全体蛋白质，主要以 2D-Gel 和质谱为主，分为 top-down 和 bottom-up 分析方法。理念和基因组类似，将蛋白质用特定的物料化学手段分解成小肽段，再通过质量反推蛋白质序列，最后进行搜索，标识已知未知的蛋白质序列。

（二）选择题

1. （单选）（　　）不是当代生物学研究的三大主题。

A. 分子生物学　　　　B. 细胞生物学　　　　C. 神经生物学　　　　D. 微生物学

【答案】D

【解析】分子生物学、细胞生物学和神经生物学已成为当代生物学研究的三大主题。

2. （单选）除极少数生物体外，（　　）是地球上亿万生灵所共有的遗传密码。

A. 脱氧核糖核酸　　　B. 核糖核酸　　　　　C. 蛋白质　　　　　　D. ATP

【答案】A

【解析】脱氧核糖核酸是遗传信息的载体。

3. （单选）（　　）是分子生物学发展以来受影响最大的学科。

A. 细胞生物学　　　　B. 遗传学　　　　　　C. 生物化学　　　　　D. 发育生物学

【答案】B

【解析】遗传学是分子生物学发展以来受影响最大的学科。

4.（单选）反映不同生命活动中更为本质的（　　　）序列间比较，已被大量运用于分类和进化研究。

A. 核酸、蛋白质　　　B. 核酸、脂质　　　C. 蛋白质、脂质　　　D. 核酸、多糖

【答案】A

【解析】分子生物学技术的进步澄清了许多蛋白质和核酸序列。用电子计算机快速比较及处理序列资料，不仅可获得一些用其他方法难以发掘的结论，而且对于研究生物进化和起源，建立新的方法有重要作用。

5.（单选）生命活动的一致性决定了 21 世纪的生物学是真正的（　　　），是生物学范围内所有学科在分子水平上的统一。

A. 生理学　　　　　B. 生物物理学　　　　C. 系统生物学　　　　D. 分子生物学

【答案】C

【解析】生命活动的一致性决定了 21 世纪的生物学将是真正的系统生物学，是生物学范围内所有学科在分子水平上的统一。

（三）问答题

1. 当代生物学研究的三大主题是什么？

【答案】分子生物学、细胞生物学和神经生物学是当代生物学研究的三大主题。

2. 哪个传统的生物学科受到分子生物学影响最大？近 20 年内谁的实验得到分子水平上的解释？

【答案】遗传学是分子生物学发展以来受到影响最大的学科。孟德尔著名的皱皮豌豆和圆形豌豆子代分离实验以及由此得到的遗传规律，在近 20 年内得到分子水平上的解释。

3. 哪个学科已成为人类了解、阐明和改造自然界的重要武器之一？

【答案】分子遗传学已成为人类了解、阐明和改造自然界的重要武器之一。由于分子生物学的知识和研究技术在遗传学研究中的应用越来越多，遗传学原理正在被分子水平的实验所证实或摒弃，许多遗传病已经得到了控制或治愈，许多经典遗传学无法解决的问题和无法破译的奥秘，也相继被攻克了。

4. 哪两个研究方向是生物学中最古老的领域？并且这两个方向是怎么样受到分子生物学的影响而焕发新生。

【答案】分类和进化研究是生物学中最古老的领域。过去研究分类和进化，主要依靠生物体的形态并赋予生理特征，来探讨生物间亲缘关系的远近。现在反映在不同设计活动中，更为本质的核酸、蛋白质序列间的比较已被大量用于分类和进化的研究。由于核酸技术的进步，科学家已经能够从灭绝生物的化石中提取极为微量的 DNA 分子，并进行深入的研究，以此确证这些生物在进化树上的地位。

5. 简述分子生物学的发展是如何影响发育生物学的研究。

【答案】人们早就知道个体生长发育所需的全部信息都在储存的 DNA 序列中，如果受精卵的遗传信息不能够按照一定的时空顺序表达，个体发育规律就会被打乱，高度有序的生物世界就不复存在。大量分子水平的实验证实非编码 RNA（包括 miRNA 和 siRNA）在动植物个体发育过程中发挥了举足轻重的作用。

6. 什么决定了 21 世纪的生物学是真正的系统生物学？

【答案】生命活动的一致性决定了 21 世纪的生物学是真正的系统生物学，是生物学范畴内所有学科在分子水平上的统一。以基因组学、转录组学、蛋白质组学以及代谢组学等不同层次"组学"的最新成果为基础的系统生物学是研究生物系统中所有组成成分的变化规律，以及在特定遗传或环境条件下相互关系的学科。

7. 简述分子生物学在中医药学方面的前景。

【答案】中医药学及其理论已有数千年历史，其基础理论主要阐述人体生理、病理、病因及疾病的预防、治疗原则等内容。分子生物学是一门从分子水平探讨生命现象及其规律的学科。20 世纪 50 年代以来，分子生物学在生命科学领域中发挥了极其重要的作用，推动着生命科学中其他学科的发展。而以分子生物学方法来研究中医药，来阐明两者之间的内在联系，使两者有机地结合起来，各取所长，这样才能加快中医药学走向世界的步伐。

8. 生物化学与分子生物学的实际应用有哪些？

【答案】生物化学与分子生物学在社会各个领域，都有着十分广泛的应用。通过对生物高分子结构及功能的深入研究，能够对免疫与细胞的通信、激素作用、肌肉收缩、神经传导、光合作用、遗传信息传递、能量转换、生物体物质代谢等进行阐述。在实际应用中，生物化学与分子生物学的应用非常广泛，涉及医学生化、农业生化、工业生化、国防、生物膜能量转换、基因工程，以及抗菌、抗炎、抗癌药物、人体器官克隆、亲子鉴定等诸多领域。因此，除了和生物化学与分子生物学关系密切的领域之外，在环境保护、世界食品供应、人口控制等生态学、分类学方面的社会性问题中，生物化学与分子生物学都能够发挥良好的作用。

9. 分子生物学的未来发展前景如何？

【答案】分子生物学作为一门新兴的学科。它的迅速发展及其在整个生命科学领域的广泛渗透和应用，促使人们对生物学等生命科学的认识从细胞水平进入分子水平。在农业、畜牧、林业、微生物等领域发展十分迅速，如转基因动植物等。在医学领域，为医学诊断、治疗及新疫苗、新药物研制等开辟了新的途径，使医学科学中原有的学科发生分化组合，医学分子生物学等新的学科分支不断产生，使医学科学发生了深刻的变革，不认识到这一点就很难跟上科学发展的步伐。分子生物学的发展为人类认识生命现象带来了前所未有的机会，也为人类利用和改造生物创造了极为广阔的前景。

10. 分子生物学在微观生物学上的应用有哪些？

【答案】预测微生物学是食品微生物学的重要组成部分，其本质在于利用数学模型描述特定环境条件下微生物的生长和死亡规律。预测微生物模型既能应用于预测食品的货架期，控制腐败菌的滋生，又有助于完善食品微生物风险评估体系，减少致病菌的患病风险，对保障食品安全和改善公共卫生状况具有十分重要的意义。

11. 请简述关于分子生物学方面的诺贝尔奖成果。

【答案】①詹姆斯·杜威·沃森（James Dewey Watson）、弗朗西斯·哈里·康普顿·克里克（Francis Harry Compton Crick）和莫里斯·休·弗雷德里克·威尔金斯（Maurice Hugh Frederick Wilkins)3 人因阐明脱氧核糖核酸的分子结构而获得 1962 年诺贝尔生理学或医学奖。沃森和克里克提出了 DNA 的反向平行双螺旋模型。威尔金斯通过对 DNA 分子的 X 射线衍射证实了沃森和克里克的 DNA 模型。DNA 双螺旋结构的提出，揭开了生物遗传信息传递的奥秘。②染色体端粒酶的发现。③ DNA 和 RNA 聚合酶的结构。

脱氧核糖核酸简称 DNA，控制了生物的遗传性状（也有以核糖核酸 RNA 作为遗传物质的，如部分病毒和类病毒）。无论是 DNA 或 RNA 都以核苷酸为基本结构单位，由多个单核苷酸通过 3′, 5′-磷酸二酯键连接形成链状的生物大分子。

第一节　染色体

遗传物质的主要载体是染色体。染色体包含 DNA 和蛋白质两大部分。DNA 只有包装成为染色体，才能够保证其稳定性。同一物种内每条染色体携带的 DNA 量是一定的，但不同染色体或不同物种之间变化很大。

一、重点解析

原核细胞染色体上的蛋白质含量和结合方式与真核细胞不同；一般只有一条染色体且大都带有单拷贝基因，只有少数基因（如 rRNA 基因）以多拷贝的形式存在；整个染色体 DNA 几乎全部由功能基因与调控系列所组成；几乎每个基因序列都与它所编码的蛋白质序列成线性对应状态。

1. 重要的基本概念

1）染色质和染色体

染色质与染色体是在细胞周期不同的功能阶段可以相互转变的形态结构。它们具有基本相同的化学组成，但包装程度不同，构象不同。

染色质：指间期细胞核内由 DNA、组蛋白、非组蛋白及少量 RNA 组成的线性复合结构，是间期细胞遗传物质存在的形式。

染色体：指细胞在有丝分裂或减数分裂过程中，由染色质聚缩而成的棒状结构。

2）基因组

定义：细胞或生物体中，一套完整单体的遗传物质的总和；或指原核生物染色体、质粒；真核生物的单倍体染色体组、细胞器；病毒中所含有的一整套基因。基因组大小通常随物种的复杂性的增加而增加。

2. 真核细胞染色体的组成

在细胞核内的染色体间期主要以染色质形式存在，只有在细胞分裂期才能看到染色体的存在。真核细胞染色体包括蛋白质（组蛋白和非组蛋白）和DNA两大部分，蛋白质（包括组蛋白和非组蛋白）与DNA完全融合在一起且它们的质量比约为2∶1。

作为遗传物质的染色体具有的特征：分子结构稳定；能够自我复制；指导蛋白质合成；产生可遗传的变异。

1）蛋白质

（1）组蛋白。组蛋白是染色体的结构蛋白，它与DNA组成核小体。通常可以用2mol/L的NaCl或0.25mol/L的HCl/H_2SO_4处理使组蛋白与DNA分开。组蛋白分为H_1、H_2A、H_2B、H_3及H_4。组蛋白都含有大量的赖氨酸和精氨酸。H_3、H_4富含精氨酸，H_1富含赖氨酸；H_2A、H_2B介于两者之间。组蛋白的一般特性：进化上的极端保守性；无组织特异性；肽链上氨基酸分布的不对称性；组蛋白的修饰作用；富含赖氨酸的组蛋白H_5。

（2）非组蛋白。非组蛋白有20～100种，常见约有15～20种。分子量$1.5×10^4$～$1.8×10^5$。包括：酶类、收缩大蛋白、骨架蛋白、核孔复合物蛋白、肌动蛋白、肌球蛋白、微管蛋白、原肌蛋白等。DNA结合蛋白为DNA复制和转录有关的酶。

非组蛋白具有组织特异性、种属特异性。同一个体不同的组织，基因表达的差异与非组蛋白的特异性有关。不同物种，组蛋白存在保守性。而非组蛋白存在很大的差异，反映物种的多样性。

几类常见的非组蛋白有：① HMG蛋白，是一类能用低盐（0.35mol/L NaCl）溶液抽提、能溶于2%的三氯乙酸、分子量较低的非组蛋白，分子量都在$3.0×10^4$以下。可能与DNA超螺旋有关。DNA结合蛋白，2mol/L NaCl和5mol/L尿素才能与DNA解离。这些蛋白分子量较低，约占非组蛋白的20%，染色质的8%。② A24非组蛋白，0.2mol/L H_2SO_4从鼠肝中分离，这种蛋白质的溶解性质与组蛋白相似。它的C端与H_2A相同，但它有两个N端，一个N端与H_2A相同，另一个N端与泛素相同，目前功能不详。

2）真核生物基因组DNA

（1）首先区别两个概念。基因密度：每1Mb基因组DNA上所含有的平均基因数目。基因组的大小：一种生物蛋白体染色体中DNA的总长度。

基因密度是复杂度相近，但是基因组大小迥异的物种之间的主要区别。基因密度越高，生物复杂性越低。与原核生物相比，真核生物不但基因密度低而且变异相对较多。真核生物中基因密度随着生物复杂性的增加而降低，主要是由基因长度、调控序列的长度增加、基因内部的内含子、基因间隔序列造成的。例如人类的基因组由多种类型的DNA序列组成，绝大多数序列不编码蛋白质，包括许多显而易见的丧失功能的基因区段突变基因、基因片段及假基因。

（2）C值和C值反常。C值：一种生物单倍体基因组DNA的总量。一般高等生物的C值大于低等生物的C值。C值反常：主要指真核生物中DNA含量反常的现象。如C值不随生物的进化程度和复杂性增加，亲缘关系密切的生物C值相差大，高等真核生物具有比遗传高得多的C值。

（3）真核生物的DNA序列类型。

① 不重复序列：在单倍体基因组里，这些序列一般只有一个或几个拷贝，它占DNA总量的40%～80%。不重复序列长约750～2000bp，相当于一个结构基因的长度。

② 中度重复序列：这类重复序列的重复次数在 $10 \sim 10^4$ 之间，占总 DNA 的 10% ～ 40%。各种 rRNA、tRNA 及组蛋白基因等都属于这一类。

③ 高度重复序列：卫星 DNA 这类 DNA 只在真核生物中发现，占基因组的 10% ～ 60%，由 6 ～ 100 个碱基组成，在 DNA 链上串联重复几百万次。由于碱基的组成不同，在 CsCl 密度梯度离心中易与其他 DNA 分开，形成含量较大的主峰及高度重复序列小峰，后者又称卫星区带（峰）。

④ 在基因组 DNA 序列中还分布假基因序列。假基因是基因组中与编码基因序列非常相似的非功能性基因组 DNA 序列，一般情况都不被转录，且没有明确生理意义。假基因与正常基因结构相似，但丧失正常功能的 DNA 序列，往往存在于真核生物的多基因家族中，常用 ψ 表示。根据其来源可分为：保留了间隔序列的复制假基因（如珠蛋白假基因家族）和缺少间隔序列的已加工假基因。大多数假基因本身存在多种遗传缺陷。包括：可读框中的无义突变；非 3 的整数倍的核苷酸插入或缺失导致阅读框移码；控制基因转录或剪接的调控区的缺失突变，这些缺陷引起基因功能的损失发生在转录水平和 / 或翻译水平。

3）染色体和核小体

核小体结构存在的证据：

（1）染色质 DNA 的 T_m 值比自由 DNA 高，说明在染色质中 DNA 极可能与蛋白质分子相互作用。

（2）在染色质状态下，由 DNA 聚合酶和 RNA 聚合酶催化的 DNA 复制和转录活性大大低于在自由 DNA 中的反应。

（3）DNA 酶Ⅰ（DNase Ⅰ）对染色质 DNA 的消化远远慢于对纯 DNA 的作用。

（4）铺展染色质的电镜观察，未经处理的染色质自然结构为 30nm 的纤丝，经盐溶液处理后解聚的染色质呈现 10nm 串珠状结构。

（5）用非特异性微球菌核酸酶消化染色质，部分酶解片段分析结果，得到一系列片段，均为 200bp 基本单位的倍数。

（6）应用 X 射线衍射、中子散射和电镜三维重建技术研究，发现核小体颗粒是直径为 11nm、高 6.0nm 的扁圆柱体，具有二分对称性，核心组蛋白的构成是先形成 $H_3 \cdot H_4$ 四聚体，然后再与两个 H_2A、H_2B 异二聚体结合形成八聚体。

（7）SV40 微小染色体分析与电镜观察，染色质片段的球形颗粒长度 200bp，直径 10nm。

3. 染色体包装的多级螺旋模型

1）核小体的结构

核心由组蛋白（H_2A、H_2B、H_3、H_4 各两分子）八聚体构成；DNA 分子（146bp）以左手方式环绕核心 1.75 圈；1 分子 H_1 在核小体的外面稳定 DNA。每个核小体中含有 200bp 左右的 DNA，缠绕 DNA 为 146bp，其余为连接 DNA。

2）染色体的形成过程

DNA $\xrightarrow{\text{压缩7倍}}$ 核小体 $\xrightarrow{\text{压缩6倍}}$ 螺线管 $\xrightarrow{\text{压缩40倍}}$ 超螺线管 $\xrightarrow{\text{压缩5倍}}$ 染色单体

（1）一级结构：核小体。

（2）二级结构：螺线管。

（3）三级结构：超螺线管。

（4）四级结构：染色单体。

4.真核生物基因组的结构特点

（1）真核基因组庞大，一般远大于原核生物的基因组。

（2）真核基因组存在大量的重复序列。

（3）真核基因组的大部分为非编码序列，占整个基因序列的 90% 以上，该特点是真核生物与细菌和病毒之间主要的区别。

（4）真核基因组的转录产物是单顺反子。

（5）真核基因是断裂基因，有内含子结构。

（6）真核基因组存在大量的顺式作用元件，包括启动子、增强子、沉默子等。

（7）真核基因组存在大量的 DNA 多态性。

（8）真核基因组具有端粒结构。

5.原核生物基因组

原核生物基因组很小，只有一个染色体，且 DNA 含量少。细菌 DNA 为双股螺旋形式的闭环 DNA，存在于拟核中，又称染色体。此外细菌的质粒，真核生物的线粒体，高等植物的叶绿体等也含有 DNA 和功能基因，这些 DNA 被称为染色体外遗传因子。

原核生物 DNA 的结构特点有：

（1）结构简练，大多数基因用来编码蛋白质，且通常以单拷贝的形式存在。

（2）存在转录单元，且转录产物为多顺反子 mRNA。

（3）有重叠基因：同一段 DNA 携带两种不同蛋白质的信息。

二、名词解释

1.染色质

指间期细胞核内由 DNA、组蛋白、非组蛋白及少量 RNA 组成的线性复合结构，是间期细胞遗传物质存在的形式。

2.染色体

指细胞在有丝分裂或减数分裂过程中，由染色质聚缩而成的棒状结构。

3.基因

产生一条多肽链或功能 RNA 所需的全部核苷酸序列。它包括编码区的间断切割序列。

4.基因组

细胞或生物体中，一套完整单体的遗传物质的总和；或指原核生物染色体、质粒；真核生物的单倍体染色体组、细胞器；病毒中所含有的一整套基因。

5.基因组学

着眼于研究并解析生物体整个基因组的所有遗传信息的学科。

6.组蛋白

是染色体的结构蛋白，它与 DNA 组成核小体。

7.非组蛋白

酶类、收缩大蛋白、骨架蛋白、核孔复合物蛋白、肌动蛋白、肌球蛋白、微管蛋白、原肌蛋白等。

8.HMG 蛋白

是一类与 DNA 超螺旋有关，能用低盐（0.35mol/L NaCl）溶液抽提、能溶于 2% 的三氯

> 乙酸、分子量较低的非组蛋白，分子量都在 3.0×10^4 以下。

9. DNA 结合蛋白

为 DNA 复制和转录有关的酶。2mol/L NaCl 和 5mol/L 尿素才能与 DNA 解离。这些蛋白质分子量较低，约占非组蛋白的 20%，染色质的 8%。

10. A24 非组蛋白

用 0.2mol/L H_2SO_4 从鼠肝中分离，这种蛋白质的溶解性质与组蛋白相似。它的 C 端与 H_2A 相同，但它有两个 N 端，一个 N 端与 H_2A 相同，另一个 N 端与泛素相同，目前功能不详。

11. 基因密度

每 Mb 基因组 DNA 上所含有的平均基因数目。

12. 基因组的大小

一种生物蛋白体染色体中 DNA 的总长度。

13. C 值

一种生物单倍体基因组 DNA 的总量。一般高等生物的 C 值大于低等生物的 C 值。

14. C 值反常

又称 C 值谬误，是指物种的 C 值与生物结构或组成的复杂性或生物在进化上所处地位的高低不一致的现象，即 C 值与其进化复杂性之间无严格对应关系。在真核生物中，C 值一般是随生物进化而增加的，高等生物的 C 值一般大于低等生物，而某些两栖类的 C 值与种系进化的复杂程度不一致，甚至比哺乳动物还大。这是因为真核生物中不编码蛋白质的序列很多，发生变异的概率增加，因此基因组大小会出现很大的变化，在长期的进化过程中，基因组的大小不能完全代表生物进化程度。

15. 不重复序列

在单倍体基因组里，这些序列一般只有一个或几个拷贝，它占 DNA 总量的 40% ～ 80%。不重复序列长约 750 ～ 2000bp，相当于一个结构基因的长度。

16. 中度重复序列

这类重复序列的重复次数在 10 ～ 10^4 之间，占总 DNA 的 10% ～ 40%。各种 rRNA、tRNA 及组蛋白基因等都属于这一类。

17. 高度重复序列

这类 DNA 只在真核生物中发现，占基因组的 10% ～ 60%，由 6 ～ 100 个碱基组成，在 DNA 链上串联重复几百万次。

18. 卫星 DNA

真核细胞 DNA 的一部分是不被转录的异染色质成分，其碱基组成与主体 DNA 不同，因而可用密度梯度离心沉降平衡技术将它与主体蛋白质分离。卫星 DNA 是一类高度重复序列 DNA。在真核生物中，某些 DNA 组分和主要的 DNA 部分在碱基组成上明显不同，并在 CsCl 梯度离心中形成一个或多个和含有主要 DNA 组分带明显不同的卫星带。这些在卫星带中的 DNA 即被称为卫星 DNA。从染色体上得到的卫星 DNA 比主要 DNA 组分或是轻（富含 A+T）或是重（富含 G+C）。

19. 核小体

核小体是染色体的基本结构单位，由 DNA 和组蛋白构成。其结构特点表现为：①每个核小体单位包括 200bp 左右的 DNA 和一个组蛋白八聚体以及一个分子的组蛋白 H_1。②组蛋白八聚体由 H_2A、H_2B、H_3 和 H_4 各两个分子所形成，是构成核小体的核心颗粒。③有 146bp

的 DNA 分子直接以左手方向盘绕在八聚体颗粒的表面，其余的 DNA 片段连接相邻的核小体。④一分子组蛋白 H_1 与 DNA 结合，锁住核小体 DNA 的进出口，从而稳定了核小体的结构。

20. 转录单元

原核生物 DNA 序列中功能相关的 RNA 和蛋白质基因，往往从其在基因组的一个或几个特定部位形成功能单位。

21. 重叠基因

具有部分共用核苷酸序列的基因，即同一段 DNA 携带了两种或两种以上不同蛋白质的编码信息。重叠的序列可以是调控基因，也可以是结构基因部分。

22. 同源重组

是指发生在非姐妹染色单体之间或同一染色体上含有同源序列的 DNA 分子之间或分子之内的重新组合方式。它是最基本的 DNA 重组方式。可利用同源重组进行基因打靶，将遗传改变引入靶生物体。可将外源性目的基因定位导入受体细胞的染色体上，通过与该座位的同源序列交换，使外源性 DNA 片段取代原位点上的缺陷基因，达到修复缺陷基因的目的。

23. 多顺反子

是指在原核生物细胞中几种不同的 mRNA 连在一起，相互之间由一段短的不编码蛋白质的间隔序列所隔开的 mRNA 分子。多顺反子出现于原核生物，功能相关的基因串联在一起，转录在一条 mRNA 链上，然后再翻译成各种蛋白质。一个 mRNA 分子编码多个多肽链，这些多肽链对应的 DNA 片段则位于同一转录单位内，共用同一对起点和终点；有些 mRNA 的编码区可生成多个不同的蛋白质。

24. 端粒

是真核生物线性基因组 DNA 末端的一种特殊结构，它是一段 DNA 序列和蛋白质形成的复合体。其蛋白质序列相当保守，一般由多个短核苷酸串联在一起构成。

25. 端粒酶

是指由蛋白质和 RNA 两部分组成的一种反转录酶。端粒酶能够以自身含有的 RNA 作为模板序列，指导合成染色体末端的端粒 DNA 的重复序列片段，从而避免子链的端粒序列的缩短，所以能增强体外细胞的增殖能力，无限分裂。在正常的体细胞中，端粒酶处于失活状态，在肿瘤中被重新激活，端粒酶可能参与恶性转化。

三、课后习题

课后习题及答案

四、拓展习题

（一）填空题

1. 染色体组分主要包括_____和_____两大部分，此外还有部分_____。

【答案】DNA；蛋白质；RNA。

【解析】染色体主要由 DNA 和两种蛋白质（组蛋白和非组蛋白），以及部分正在转录的 RNA 构成。

2. 染色体位于真核细胞核的_____内，是极细微的线性构造，因为它控制了生命遗传，所以人们又称之为"_____"。

【答案】核仁；生命之线。

【解析】苏珊（英）所著《基因与遗传工程》一书中，介绍了染色体位于细胞核核仁内，且储存遗传信息，因此被称为"生命之线"。

3. 染色体上的蛋白质主要包括_____和_____两种类型。

【答案】组蛋白；非组蛋白。

【解析】染色体的蛋白质为组蛋白和非组蛋白。组蛋白的功能是参与维持 DNA 的空间三维结构，协助形成 DNA 的高级空间结构；非组蛋白参与 DNA 的调控，维持它的生理功能。

4. 真核细胞染色体的特征：①分子结构_____；②能够_____，使亲代、子代之间保持连续性；③能够指导_____的合成，从而控制整个生命过程；④能够产生_____的变异。

【答案】相对稳定；自我复制；蛋白质；可遗传。

【解析】真核细胞染色体的特征：①分子结构相对稳定；②能够自我复制，使亲代、子代之间保持连续性；③能够指导蛋白质的合成，从而控制整个生命过程；④能够产生可遗传的变异。

5. 核小体是由_____各两个分子合成的异八聚体和由大约 200bp DNA 组成的。

【答案】H_2A、H_2B、H_3、H_4。

【解析】组蛋白 H_2A、H_2B、H_3 和 H_4 被称为核心组蛋白，是构成核小体的核心。

6. 真核细胞染色体上的组蛋白成分根据凝胶电泳性质，通常分为_____等5种。组蛋白的一般特性主要包括：_____；_____；_____；_____；_____。

【答案】H_1、H_2A、H_2B、H_3、H_4；①进化上的极端保守性；②无组织特异性；③肽链上氨基酸的分布不对称性；④组蛋白的修饰作用；⑤富含赖氨酸的组蛋白 H_5。

【解析】存在五个主要的组蛋白家族：H_1、H_2A、H_2B、H_3、H_4。组蛋白 H_2A、H_2B、H_3 和 H_4 被称为核心组蛋白，而组蛋白 H_1 被称为连接组蛋白。组蛋白的一般特性主要包括：①进化上的极端保守性；②无组织特异性；③肽链上氨基酸的分布不对称性；④组蛋白的修饰作用；⑤富含赖氨酸的组蛋白 H_5。

7. 基因密度是指_____DNA 上所含有的平均基因数目。一般来说，基因密度越高，生物的复杂性_____。

【答案】每 Mb 基因组；越低。

【解析】基因密度是指每 Mb 基因组 DNA 上所含有的平均基因数目。一般来说，基因密度越高，生物的复杂性越低。

8. 真核细胞的 DNA 序列大致上可分为不重复序列、中度重复序列和高度重复序列，其中不重复序列一般指的是一些_____，高度重复序列一般指的是_____。

【答案】结构基因；卫星 DNA。

【解析】不重复序列在基因组中只出现一次或数次，大部分的结构基因属于这类序列，编码各种不同功能的蛋白质。卫星 DNA 属于重复序列的重复单位一般由 2 ～ 10bp 组成，且成串排列。

9. 真核生物的基因组 DNA 序列最大特点是含有许多重复序列，按对 DNA 的动力学研究和其复制拷贝数可分为_____、_____和_____ 3 类。

【答案】不重复序列；中度重复序列；高度重复序列。

【解析】根据 DNA 复性动力学研究，真核生物的 DNA 序列可以分为 3 类：①不重复序列：在单倍体基因组中，一般只有一个或几个拷贝，占 DNA 总量的 40% ～ 80%，在复性动力学中对应于慢复性组分；②中度重复序列：重复次数为 10 ～ 10^4，占 DNA 总量的 10% ～ 40%，在复性动力学中对应于中间复性组分；③高度重复序列（卫星 DNA）：由 6 ～ 100 个碱基组成，在 DNA 链上串联重复成千上万次，占基因组的 10% ～ 60%，在复性动力学中对应于快复性组分。

10. 从基因组的结构组织来看，原核细胞 DNA 的特点为_____、_____和_____。

【答案】结构简练；存在转录单元；有重叠基因。

【解析】原核细胞基因组很小，大多只有一条染色体，且 DNA 含量少。DNA 结构特点是结构简练、存在转录单元和有重叠基因。

11. 原核 DNA 分子的绝大部分是用来编码_____的，只有非常小的一部分不转录，这些不转录的 DNA 通常是控制_____的序列。

【答案】蛋白质；基因表达。

【解析】原核 DNA 分子的绝大部分是用来编码蛋白质的，只有非常小的一部分不转录，这与真核 DNA 的冗余现象不同。不转录的 DNA 通常是控制基因表达的调控序列。

12. 原核生物 DNA 分子序列中的功能相关的 RNA 和蛋白质基因，往往丛集在基因组的一个或几个特定部位，形成功能单位或_____，它们可被一起转录为含多个 mRNA 的分子，叫_____。

【答案】转录单元；多顺反子 mRNA。

【解析】原核生物 DNA 序列中功能相关的 RNA 和蛋白质基因，往往丛集在基因组的一个或几个特定部位，形成功能单位或转录单元，它们可被一起转录为含多个 mRNA 的分子，称为多顺反子 mRNA。

13. 一些细菌和动物病毒中有重叠基因，即_____。

【答案】同一段 DNA 能携带两种不同的蛋白质信息。

【解析】重叠基因是同一段 DNA 能携带两种不同的蛋白质信息。主要有以下几种情况：①一个基因完全在另一个基因里面；②部分重叠；③两个基因只有一个碱基对重合。

14. 基因重叠可能是生物进化过程中_____的结果。

【答案】自然选择。

【解析】重叠基因存在的意义主要是提高基因利用率。

15. 真核基因组的大部分为_____，占整个基因组序列的_____以上，该特点是真核生物与细菌和病毒之间的最主要的区别。

【答案】非编码序列；90%。

【解析】真核基因组存在大量的重复序列。真核基因组的大部分为非编码序列，占整个基因组序列的 90% 以上，该特点是真核生物与细菌和病毒之间的最主要的区别。

（二）选择题

1.（单选）以下哪种组蛋白不属于核小体的核心组蛋白？（   ）

A. H_1 B. H_2A C. H_2B D. H_3

【答案】A

【解析】核心由组蛋白（H_2A、H_2B、H_3、H_4 各两分子）八聚体构成，1 分子 H_1 在核小体的外面稳定 DNA。

2.（单选）真核生物染色体组装的结构层次（从低级到高级）是（   ）。

A. 染色质纤维→核小体→组蛋白八聚体→染色体环

B. 核小体→组蛋白八聚体→染色体环→染色质纤维

C. 组蛋白八聚体→核小体→染色质纤维→染色体环

D. 核小体→组蛋白八聚体→染色质纤维→染色体环

【答案】C

【解析】组蛋白组盘装八聚体 DNA 缠绕其上，成为核小体颗粒，两个颗粒之间经过 DNA 连接，形成外径 10nm 的纤维状串珠，称为核小体串珠纤维，是染色体一级结构。核小体串珠纤维在酶的作用下形成每圈 6 个核小体，外径 30nm 的螺旋结构（螺线管）。螺旋结构再次螺旋化，超螺线管（或者说微带），形成绊环，即线性的螺线管形成的放射状环。绊环在非组蛋白上缠绕即形成了显微镜下可见的染色体结构。

3.（单选）端粒酶是一种蛋白质-RNA 复合物，其中 RNA 起（   ）。

A. 催化作用   B. 延伸作用   C. 模板作用   D. 引物作用

【答案】C

【解析】端粒酶是能够利用自身携带的 RNA 链作为模板，以反转录的方式催化合成模板后随链 5′ 端 DNA 片段或外加重复单位，以维持端粒一定的长度，从而防止染色体的短缺损伤。

4.（多选）下列描述真核生物基因组特点正确的是（   ）。

A. 基因组较大   B. 具有多个复制起点   C. 具有操纵子结构

D. 转录产物为单顺反子   E. 含有断裂基因

【答案】A、B、D、E

【解析】真菌基因组基本上没有操纵子结构。

5.（多选）真核细胞染色体的组蛋白具有如下特性：（   ）

A. 进化上的极端保守性

B. 无组织特异性

C. 肽链上氨基酸分布的不对称性

D. 组蛋白富含精氨酸和赖氨酸，可以发生多种翻译后修饰作用

【答案】A、B、C、D

【解析】组蛋白的特性有：①进化上的极端保守性；②无组织特异性；③肽链上氨基酸的分布不对称性；④组蛋白的修饰作用；⑤富含赖氨酸的组蛋白 H_5。

6.（多选）下列哪些属于真核生物基因组的结构特点。（   ）

A. 真核基因组的大部分为非编码序列   B. 真核基因是断裂基因，有内含子结构

C. 真核基因组的转录产物为多顺反子   D. 真核基因组具有端粒结构

【答案】A、B、D

【解析】真核生物的基因组特点是含有大量的非编码序列，且基因结构为由外显子和内含子间隔分布的断裂基因结构。

7.（多选）下列哪些基因以典型的串联形式存在于真核生物基因组？（　　）

A. 蛋清蛋白基因　　　B. 组蛋白基因　　　C. rRNA 基因　　　D. 血红蛋白基因

【答案】B、C

【解析】蛋清蛋白基因和血红蛋白基因等结构基因属于单拷贝基因。组蛋白基因和 rRNA 基因等基因属于中度重复序列并在 DNA 链上串联重复。

（三）判断题

1. 原核生物的 mRNA 通常是多顺反子，并且通常转录和翻译是同步的。（　　）

【答案】正确

【解析】原核生物的 mRNA 通常是顺反子结构而且在转录完成之前便可启动蛋白质的翻译。

2. 高等生物基因组中含有大量的不编码蛋白质的序列，因此基因组的大小与其进化程度并不一一对应。（　　）

【答案】正确

【解析】真核生物的单倍体基因组的 DNA 总量称为 C 值，对每种生物来说是恒定的。真核生物中存在 C 值反常现象，即物种的 C 值与生物结构或组成的复杂性或生物在进化上所处地位的高低不一致现象。这是因为真核生物中不编码蛋白质的序列很多，发生变异的概率增加，因此基因组大小会出现很大的变化，在长期的进化过程中，基因组的大小不能完全代表生物进化程度。

3. 遗传物质的主要载体是染色体。亲代能够将自己的遗传物质 DNA 以染色体的形式传给子代，保持了物种的稳定性和连续性。（　　）

【答案】正确

【解析】染色体是真核细胞在有丝分裂或减数分裂时遗传物质存在的特定形式，是间期细胞染色质结构紧密包装的结果，是染色质的高级结构，仅在细胞分裂时才出现。

4. 染色体的特征有：分子结构相对稳定，能够自我复制，指导蛋白质的合成，能够产生可遗传变异。（　　）

【答案】正确

【解析】染色体是真核细胞在有丝分裂或减数分裂时遗传物质存在的特定形式，是间期细胞染色质结构紧密包装的结果，是染色质的高级结构，仅在细胞分裂时才出现。

5. 真核细胞的染色体中，DNA 与蛋白质完全融合在一起，其蛋白质与相应 DNA 的质量比为 2∶1。（　　）

【答案】正确

【解析】在真核细胞染色体中，DNA 与蛋白质紧密结合，蛋白质在维持染色体结构中起着重要作用。蛋白质与相应 DNA 的质量之比约为 2∶1。

6. 染色体上的蛋白主要包括组蛋白和非组蛋白。组蛋白是染色体的结构蛋白，与 DNA 组成核小体。（　　）

【答案】正确

【解析】在真核细胞染色体中，组蛋白在维持染色体结构中起着重要作用。存在五个主要的组蛋白家族：H_1、H_2A、H_2B、H_3、H_4。组蛋白 H_2A、H_2B、H_3 和 H_4 被称为核心组蛋白，而组蛋白 H_1 被称为连接组蛋白。

7. 核小体是指由 H_2A、H_2B、H_3、H_4 各两分子生成的八聚体和大约 200bp 的 DNA 组成的。H_1 在核小体外面（分子压缩 7 倍）。（　　）

【答案】正确

【解析】核心由组蛋白（H_2A、H_2B、H_3、H_4 各两分子）八聚体构成，1 分子 H_1 在核小体的外面稳定 DNA。200bp 的 DNA 完全舒展时长约 68nm，却被压缩在 10nm 的核小体中，分子收缩 7 倍。

8. 因为组蛋白 H_4 在所有物种中都是一样的，可以预期该蛋白质基因在不同物种中也是一样的。（　　）

【答案】错误

【解析】由于遗传密码的简并性，导致同一氨基酸有不同的密码子，因此不同物种组蛋白 H_4 基因的核苷酸序列变化可能较大。

9. 组蛋白进化上的保守性较差，即不同种生物组蛋白的氨基酸组成是差异明显的。（　　）

【答案】错误

【解析】组蛋白进化上的极端保守性，即不同种生物组蛋白的氨基酸组成是十分相似的。

10. 真核生物基因组 DNA 存在大量的重复序列和基因组的大部分为非编码序列，占整个基因序列的 90% 以上，该特点是真核生物与细菌和病毒之间主要的区别。（　　）

【答案】正确

【解析】真核生物的基因组特点是含有大量的重复序列和非编码序列，且基因结构为由外显子和内含子间隔分布的断裂基因结构。

11. 一种生物单倍体基因组 DNA 的总量称为 C 值，高等生物的 C 值一般小于低等生物。（　　）

【答案】错误

【解析】C 值往往与种系的进化复杂性不一致，即基因组大小与遗传复杂性之间没有必然的联系。即 C 值反常现象。

12. 原核基因组的特点：①结构简练；②存在转录单元；③有重叠基因。（　　）

【答案】正确

【解析】原核细胞基因组很小，大多只有一条染色体，且 DNA 含量少。DNA 结构特点是结构简练、存在转录单元和有重叠基因。

13. 质粒不能在宿主细胞中独立自主地进行复制。（　　）

【答案】错误

【解析】质粒具有复制起始原点，能在宿主细胞中独立自主地进行复制。

（四）问答题

1. 什么是卫星 DNA？

【答案】卫星 DNA 是一类高度重复序列 DNA。在真核生物中，某些 DNA 组分和主要的 DNA 部分在碱基组成上明显不同，并在 CsCl 梯度离心中形成一个或多个和含有主要 DNA 组分带明显不同的卫星带。这些在卫星带中的 DNA 即被称为卫星 DNA。从染色体上得到的卫星 DNA 的主要 DNA 组分或是轻（富含 A+T）或是重（富含 G+C）。

2. 染色体具备哪些作为遗传物质的特征？

【答案】①分子结构相对稳定；②能够自我复制，使亲代、子代之间保持连续；③能指导蛋白质的合成，从而控制生命过程；④能产生可遗传的变异。

3. 简述真核细胞内核小体的结构特点。

【答案】核小体是由 H_2A、H_2B、H_3、H_4 各两分子生成的八聚体和由大约 200bp DNA 组成的。八聚体在中间，DNA 分子盘绕在外，而 H_1 则在核小体的外面，每个核小体只有一个 H_1。核小体串联起来形成染色质细丝。

4. 请列举三项实验证据来说明为什么染色质中 DNA 与蛋白质是相互作用的。

【答案】（1）染色质 DNA 的 T_m 值比自由 DNA 高，说明在染色质中 DNA 极可能与蛋白质分子相互作用。

（2）DNA 酶Ⅰ对染色质 DNA 的消化远远慢于对纯 DNA 的作用。

（3）在染色质状态下，由 DNA 聚合酶和 RNA 聚合酶催化的 DNA 复制和转录活性大大低于在自由 DNA 中的反应。

5. 简述核小体的结构特点。

【答案】核小体是染色体的基本结构单位，由 DNA 和组蛋白构成。由几种组蛋白：每一种组蛋白各两个分子，形成一个组蛋白八聚体，约 200bp 的 DNA 分子盘绕在组蛋白八聚体构成的核心结构外面，形成了一个核小体。这时染色质的压缩包装，即 DNA 由伸展状态压缩了近 6 倍。200bp DNA 为平均长度；不同组织、不同类型的细胞，以及同一细胞里染色体的不同区段中，盘绕在组蛋白八聚体核心外面的 DNA 长度是不同的。在这 200bp 中，146bp 是直接盘绕在组蛋白八聚体核心外面，这些 DNA 不易被核酸酶消化，其余的 DNA 是用于连接下一个核小体。连接相邻 2 个核小体的 DNA 分子上结合了另一种组蛋白 H_1。组蛋白 H_1 包含了一组密切相关的蛋白质，其数量相当于核心组蛋白的一半，所以很容易从染色质中抽提出来。所有的 H_1 被除去后也不会影响到核小体的结构，这表明 H_1 是位于蛋白质核心之外的。

6. 原核生物 DNA 具有哪些不同于真核生物的特征？

【答案】①结构简练，非编码序列极少；②存在转录单元，其转录产物为多顺反子；③有重叠基因，从而编码完全不同的蛋白质。

7. 假基因的形成机制和特点。

【答案】假基因与正常基因相似，但丧失正常功能的 DNA 序列，往往存在于真核生物的多基因家族中，常用 ψ 表示。假基因是基因组中与编码基因序列非常相似的非功能性基因组 DNA 拷贝，一般情况都不被转录，且没有明确生理意义。根据其来源可分为：保留了间隔序列的复制假基因（如珠蛋白假基因家族）和缺少间隔序列的已加工假基因（返座假基因）。

（1）假基因的形成机制。①复制——非加工假基因（复制假基因）。非加工假基因通过 DNA 复制产生的。基因组 DNA 重复或染色体不均等交换过程中基因编码区或调控区发生突变（如碱基置换、插入或缺失），导致复制后的基因丧失正常功能而成为假基因。重复假基因的产生机制为 DNA 水平上的片段重复。②返座——已加工假基因（返座假基因）。返座假基因起源于反转录转座作用。mRNA 转录本反转录成 cDNA 后重新整合到基因组，由于插入位点不合适或序列发生突变而失去正常功能，这样形成的假基因称为加工假基因或返座假基因。

（2）假基因的特点。大多数假基因本身存在多种遗传缺陷。包括：可读框中的无义突变；非 3 整数倍的核苷酸插入或缺失导致阅读框移码；控制基因转录或剪接的调控区的缺失突变，这些缺陷引起基因功能的损失发生在转录水平和 / 或翻译水平。

复制假基因的特点：常位于其起源功能基因附近；与功能基因有非常相似的结构；含有内含子；目前发现细菌和真核生物中均存在复制假基因。

已加工假基因的特点：两末端一般存在短的正向重复序列；3′ 末端有 poly(A) 尾；终止密码子提前出现；产生移码突变；缺乏内含子和启动子；目前只有真核生物发现已加工假基因，且形成过程多与 RNA 聚合酶 II 有关。

第二节　DNA 结构

DNA 的遗传作用与它的分子结构密切相关。

一、重点解析

1. DNA 一级结构

DNA 一级结构是指 4 种核苷酸的连接及其排列顺序，表示了该 DNA 分子的化学构成。脱氧核苷酸 DNA 的组成单位，一个核苷酸＝一个磷酸＋一个脱氧核糖＋一个碱基。

DNA 有四种碱基：嘌呤环为双环结构，嘧啶环为单环结构，碱基对等宽。A—T 形成两个氢键，G—C 碱基配对形成三个氢键。

腺嘌呤——Adenine——A

胞嘧啶——Cytosine——C

鸟嘌呤——Guanine——G

胸腺嘧啶——Thymine——T

DNA 不仅具有严格的化学组成，还具有特殊的空间结构核苷酸序列，对 DNA 高级结构的形成有很大影响，DNA 一级结构决定其高级结构，高级结构又决定和影响着一级结构的功能。B-DNA 中多 G—C 区易形成左手 DNA（Z-DNA），而反向重复的 DNA 片段容易出现发夹结构。

2. DNA 二级结构

DNA 分子是由两条互相平行的脱氧核苷酸长链盘绕而成；DNA 分子中的脱氧核糖和磷酸交替排列，排在外侧，构成基本骨架，碱基对通过氢键配对排列在内侧。

双螺旋具有多形性。

1）右手螺旋

B 型 DNA（右手双螺旋 DNA）；活性最高的 DNA 构象；此模型所描述的是 DNA 钠盐在较高湿度下的结构，是 B 型双螺旋，称之为 B-DNA。B-DNA 钠盐结构含水量较高，是大多数 DNA 在细胞中的构象。它是由两条反向平行的多核苷酸链围绕同一个中心轴构成的右手螺旋结构。链间有螺旋型的凹槽，其中一个较浅叫小沟，一个较深叫大沟。DNA 螺旋上沟的特征在其信息表达过程中起关键作用。调控蛋白都是通过氢键从而识别 DNA 上的遗传信息的。大沟所带的遗传信息比小沟多。沟的宽窄和深浅也直接影响到调控蛋白对 DNA 信息的识别。

A 型 DNA 是 B 型 DNA 的重要变构形式，仍有活性；A 构象：钠、钾或铯作反离子，相对湿度 75%，DNA 分子的 X 射线衍射图。碱基对与中心轴的倾角发生改变，螺旋宽而短。脱水 DNA 中，DNA-RNA 杂交分子中。

两种右手螺旋的 DNA 的区别是 A-DNA 碱基对倾斜大，并偏向双螺旋的边缘，因此具有一个狭、深的大沟和宽、浅的小沟，B-DNA 中，碱基对倾斜角小，螺旋轴穿过碱基对，其大沟宽、深，小沟狭、深。

2）左手螺旋

Z 型 DNA 是左手螺旋，是 B 型 DNA 的另一种变构形式，活性明显降低。细胞 DNA 分子中确实存在 Z-DNA 区。细胞内有一些因素可以促使 B-DNA 转变为 Z-DNA。胞嘧啶第五位碳原子的甲基化，在甲基周围形成局部的疏水区。这一区域扩伸到 B-DNA 的大沟中，使 B-DNA 不稳定而转变为 Z-DNA。Z-DNA 中大沟消失，小沟狭而深，使调控蛋白识别方式也发生变化。

3. DNA 双链的变性和复性

（1）DNA 的变性：当 DNA 溶液温度接近沸点或者 pH 较高时互补，两条链就可以分开被称为变性。

（2）DNA 双链复性：当变性的 DNA 的溶液缓慢降温时，DNA 的互补链可以重新聚合。

（3）增色效应：当 DNA 溶液温度升高到接近水的沸点，使 260nm 处的吸光度明显增加。

（4）减色效应：双螺旋 DNA 中的碱基堆积降低了对紫外线的吸收能力，使 260nm 处的吸光度明显下降。

（5）T_m：吸光度增加到最大值一半时的温度称之为 DNA 的熔点。DNA 的熔点取决于 G+C 的含量、溶液中的盐浓度和 DNA 的均一性。

4. DNA 的高级结构

（1）DNA 的三级结构是指在二级结构上进一步扭曲盘绕而形成更复杂的特定空间结构，包括超螺旋、线性 DNA 双链中扭结、多重螺旋等。其中，超螺旋结构是 DNA 高级结构的一种最主要形式。

（2）超螺旋结构分为正超螺旋与负超螺旋。正超螺旋（右手超螺旋）DNA 过度缠绕双螺旋形成的超螺旋为正超螺旋。负超螺旋（左手超螺旋）DNA 双螺旋松开形成的超螺旋为负超螺旋，生物体内绝大多数环状 DNA 以负超螺旋的形式存在。

（3）超螺旋计算公式：$L = W + T$，其中，L 为连接数；W 为超螺旋数；T 为双螺旋的盘绕数。

二、名词解释

1. DNA 一级结构

是指 4 种核苷酸的连接及其排列顺序，表示了该 DNA 分子的化学构成。

2. DNA 的变性

当 DNA 溶液温度接近沸点或者 pH 较高时，互补两条链就可以分开，被称为 DNA 的变性。

3. DNA 二级结构

分子是由两条互相平行的脱氧核苷酸长链盘绕而成；DNA 分子中的脱氧核糖和磷酸交替排列，排在外侧，构成基本骨架，碱基对通过氢键配对排列在内侧。

4. B 型 DNA（右手双螺旋 DNA）

是活性最高的 DNA 构象；此模型所描述的是 DNA 钠盐在较高湿度下的结构，B 型双螺旋称之为 B-DNA。B-DNA 钠盐结构含水量较高，是大多数 DNA 在细胞中的构象。是由两条反向平行的多核苷酸链围绕同一个中心轴构成的右手螺旋结构。

5. A 型 DNA

是 B 型 DNA 的重要变构形式，仍有活性；A 构象：钠、钾或铯作反离子，相对湿度 75%，DNA 分子的 X 射线衍射图。碱基对与中心轴的倾角发生改变，螺旋宽而短。

6. Z 型 DNA

是左手螺旋，是 B 型 DNA 的另一种变构形式，活性明显降低。Z-DNA 中大沟消失，小沟狭而深，使调控蛋白识别方式也发生变化。

7. DNA 双链复性

当变性的 DNA 溶液缓慢降温时，DNA 的互补链又可以重新聚合。

8. 增色效应

当 DNA 溶液温度升高到接近水的沸点，使 260nm 处的吸光度明显增加。

9. 减色效应

双螺旋 DNA 中的碱基堆积降低了对紫外线的吸收能力，使 260nm 处的吸光度明显下降。

10. 解链温度（T_m）

核酸在 260nm 处的吸光度增加到最大值一半时的温度称为 DNA 的熔点，它是 DNA 的一个重要的特征常数。DNA 的熔点取决于 G+C 的含量、溶液中的盐浓度和 DNA 的均一性。

11. 碱基翻出

是指碱基从双螺旋中翻转出来的现象，有时单个的碱基会从双螺旋中突出，从而使碱基处于酶的催化部位，使碱基甲基化或除去受损的碱基。碱基翻出现象说明 DNA 是有弹性的。

三、课后习题

课后习题及答案

四、拓展习题

（一）填空题

1. DNA 又称脱氧核糖核酸，是一种高分子化合物，其基本单位是＿＿＿＿。

【答案】脱氧核苷酸。

【解析】脱氧核苷酸 DNA 的基本单位，是一类由嘌呤或嘧啶碱基、脱氧核糖以及磷酸三种物质组成的小分子化合物。

2. 核苷酸通过＿＿＿＿键连接形成核酸分子，核苷酸中的碱基使核苷酸与核酸＿＿＿附近具有最大的紫外吸收值。

【答案】磷酸二酯；260nm。

【解析】许多单核苷酸彼此以磷酸二酯键连接成多核苷酸。核苷酸及其衍生物的分子结构中的嘌呤、嘧啶碱基具有共轭双键系统，能够强烈吸收 250～280nm 波长的紫外光。核酸（DNA/RNA）的最大紫外吸收值在 260nm 处。

3. 在所有的 DNA 分子中，磷酸和脱氧核糖是永远不变的，而含氮碱基是可变的，主要有四种，即_____、_____、_____和_____。

【答案】腺嘌呤（A）；鸟嘌呤（G）；胞嘧啶（C）；胸腺嘧啶（T）。

【解析】生物多样性是由脱氧核苷酸中四种碱基——腺嘌呤（A）、胸腺嘧啶（T）、胞嘧啶（C）和鸟嘌呤（G）排列顺序的不同决定的。四种碱基沿着 DNA 长链排列在内侧，其排列顺序储存着遗传信息。

4. DNA 通常以_____形式存在，绝大多数 DNA 分子都由两条碱基互补的单链构成，只有少数生物，如某些噬菌体或病毒是以单链形式存在的。

【答案】线性或环状。

【解析】原核生物中 DNA 以环状存在；真核生物中，线性 DNA 和组蛋白结合成染色质存在于细胞核的核基质中，少量 DNA 以环状存在于叶绿体和线粒体中；病毒的 DNA 位于蛋白质外壳内，为线状裸露结构，甚至是以单链形式存在。

5. DNA 的一级结构，就是指_____，表示该 DNA 分子的化学构成。从 DNA 的分子结构可以看出，碱基在长链中的排列顺序是千变万化的。

【答案】四种核苷酸的连接和排列顺序。

【解析】生物多样性的是由脱氧核苷酸中四种碱基——腺嘌呤（A）、胸腺嘧啶（T）、胞嘧啶（C）和鸟嘌呤（G）排列顺序的不同决定的。

6. 组成 DNA 分子的碱基虽然只有四种，它们的配对方式也只有_____、_____两种，但是，由于碱基可以以任何顺序排列，构成了 DNA 分子的多样性。

【答案】A 与 T；C 与 G。

【解析】在脱氧核糖核酸分子中，在主链内侧连接着碱基，但一条链上的碱基必须与另一条链上的碱基以相对应的方式存在，即腺嘌呤对应胸腺嘧啶、鸟嘌呤对应胞嘧啶。

7. DNA 的二级结构是指_____。

【答案】两条多核苷酸链反向平行盘绕所生成的双螺旋结构。

【解析】两条多核苷酸链以相同的旋转绕同一个公共轴形成右手双螺旋，螺旋的直径为 2.0nm；两条多核苷酸链是反向平行的，两条多核苷酸链的糖—磷酸骨架位于双螺旋外侧，碱基平面位于链的内侧；相邻碱基对之间的轴向距离为 0.34nm，每个螺旋的轴距为 3.4nm。

8. DNA 的二级结构分两大类：一类是右手螺旋，如_____，另一类是左手螺旋，如_____。

【答案】A-DNA、B-DNA、C-DNA、D-DNA 等；Z-DNA。

【解析】DNA 的二级结构分为两大类：一类是右手螺旋，如 A-DNA、B-DNA、C-DNA、D-DNA 等；另一类是左手双螺旋，如 Z-DNA。

9. 沃森和克里克于 1953 年发现的 DNA 双螺旋模型在二级结构上属于_____。

【答案】B-DNA 构象。

【解析】沃森与克里克所发现的双螺旋，是被称为 B 型的水结合型 DNA，在细胞中最为常见。

10. 在加热 DNA 使其解旋的过程中，科学家将溶液里吸光度值增加到最大值一半时的

温度用_____表示，它的大小主要由_____、_____以及_____
控制。

【答案】T_m；DNA 中 G+C 的含量；溶液中离子强度；DNA 的均一性。

【解析】T_m 即解链温度，即 DNA 分子的熔点，在 DNA 分子热变性中，随着温度的升高，当温度达到一定值时，双链开始打开然后有一个迅速的解链，成为无规线团，变性的温度区间很窄，把双链 DNA 解开一半时所需的温度称为该 DNA 的熔点。它的大小主要由 DNA 中 G+C 的含量，溶液中离子强度以及 DNA 的均一性控制。

11. 常见的 DNA 三种构象中，A-DNA 常见于相对湿度 75% 以下，常存在于_____。B-DNA 是常见于_____，相邻碱基平面之间相距 0.34nm，一个周期约有 10 个碱基。而 Z-DNA 一个周期约有 12 个碱基，且该结构与_____有关。

【答案】DNA 转录以及 RNA 组成的双链中；细胞中的构象；转录的发生 / 活化。

【解析】生物体中可见的只有 A-DNA、B-DNA 与 Z-DNA。三种主要构象中以 B 型 DNA 为细胞中最常见的类型，A 型 DNA 在细胞中则可能为 DNA 与 RNA 混合而成的产物，Z 型 DNA 可能参与转录作用的调控。

12. DNA 的高级结构包括_____、_____、_____等。

【答案】超螺旋；线性双链中的扭结；多重螺旋。

【解析】DNA 的高级结构是 DNA 双螺旋进一步扭曲、盘旋形成的更加复杂的 DNA 的超级结构，包括超螺旋、线性双链中的扭结、多重螺旋等。

13. _____ 是 DNA 高级结构的主要形式之一。

【答案】超螺旋结构。

【解析】超螺旋结构是 DNA 高级结构的主要形式之一，还有线性双链中的扭结、多重螺旋等超级结构。

14. 天然状态下细菌质粒 DNA 以_____超螺旋为主。

【答案】负。

【解析】生物体内以负超螺旋为主，原核生物的质粒 DNA 是共价封闭的环状双螺旋，这种环状双螺旋结构再螺旋化后形成超螺旋结构，超螺旋方向与双螺旋方向相反，使螺旋变松者，形成负超螺旋。

15. 在电场作用下，相同分子量的超螺旋 DNA 比线性 DNA 迁移率_____，线性 DNA 比开环的 DNA 迁移率_____，以此可以判断质粒结构是否被破坏。

【答案】大；大。

【解析】在电场作用下，相同分子量的超螺旋 DNA 迁移率 > 线性 DNA 迁移率 > 开环的 DNA 迁移率。DNA 在超螺旋后，改变了自身的拓扑结构，在电泳的作用下，其可更快速地移动至正极。

16. DNA 分子的变化可以用一个数学公式来表示：_____。

【答案】$L=T+W$。

【解析】L 是两条链交叉的次数，只要不发生链的断裂，L 是一个常量。T 为双螺旋的盘绕数，W 为超螺旋数，它们是变量。

（二）选择题

1.（单选）无论 DNA 或 RNA，下列哪个物质为其基本结构单位，通过 3′,5′-磷酸二酯键

连接形成链状的生物大分子。（　　）

　　A. 核酸　　　　　　　　B. 核苷酸　　　　　　　　C. 核苷　　　　　　　　D. 碱基

【答案】B

【解析】脱氧核苷酸 DNA 的基本单位，是一类由嘌呤或嘧啶碱基、脱氧核糖以及磷酸三种物质组成的小分子化合物。

2.（单选）某双链 DNA 分子中腺嘌呤的含量是 15%，则胞嘧啶的含量应为（　　）。

　　A. 15%　　　　　　　B. 30%　　　　　　　C. 35%　　　　　　　D. 42.5%

【答案】C

【解析】根据双链 DNA 分子中，A=T，C=G，A+T+C+G=100%。由题意可知，A=15%，则 T=15%，则 C=G=(100%−15%−15%)÷2=35%。

3.（多选）以下哪一项不是维持 DNA 双螺旋结构的稳定性的因素？（　　）

　　A. 碱基对之间的氢键　　　　　　　　B. 双螺旋内的疏水作用

　　C. 二硫键　　　　　　　　　　　　　D. 碱基堆积力

【答案】C

【解析】A、B、D 三项，DNA 双螺旋结构是 DNA 的二级结构，主要靠氢键、疏水作用和碱基堆积力维持稳定性；C 项，二硫键主要是维持蛋白质的稳定性，DNA 不含二硫键。

4.（单选）在一段 DNA 复制时，序列 5′-TAGA-3′ 合成下列哪种互补结构？（　　）

　　A. 5′-TCTA-3′　　　B. 5′-ATCT-3′　　　C. 5′-UCUA-3′　　　D. 3′-TCTA-5′

【答案】A

【解析】DNA 两条链的序列方向都是 5′ → 3′。

5.（单选）假定一负超螺旋的 L=20，T=23，W=−3。问大肠杆菌拓扑异构酶Ⅰ作用一次后的 L、T、W 值分别是多少？（　　）

　　A. L=21，T=23，W=−2　　　　　　　B. L=22，T=23，W=−1

　　C. L=19，T=23，W=−4　　　　　　　D. L=18，T=23，W=−5

【答案】A

【解析】超螺旋的缠绕数与链间螺旋数的关系可用公式表示为：L=T+W，其中，L 为连接数，T 为双螺旋的缠绕数，W 为超螺旋数。大肠杆菌中拓扑异构酶Ⅰ催化的结果是：切断一个链，超螺旋 DNA 增加一个连接数，减少一个负超螺旋。

6.（单选）在核酸分子中核苷酸之间的连接方式是（　　）。

　　A. 2′-3′ 磷酸二酯键　　B. 2′-5′ 磷酸二酯键　　C. 3′-5′ 磷酸二酯键　　D. 糖苷键

【答案】C

【解析】核酸是由核苷酸以 3′-5′ 磷酸二酯键彼此连接起来的生物大分子。

7.（单选）下列哪一项对于 DNA 作为遗传物质是不重要的？（　　）

　　A. DNA 分子双链且序列互补

　　B. DNA 分子的长度可以非常长，可以长到将整个基因组的信息都包含在一条 DNA 分子上

　　C. DNA 可以与 RNA 形成碱基互补

　　D. DNA 聚合酶有 3′ → 5′ 的校读功能

【答案】B

【解析】A 项，DNA 分子双链且序列互补能保证稳定地传递给后代。B 项，作为遗传物质，DNA 要有贮存巨大遗传信息的能力，但不需要全部包含于一条 DNA 分子上。C 项，DNA

需要通过转录和翻译得到蛋白质，与 RNA 形成碱基互补可以实现转录。D 项，DNA 在复制时，会出现碱基错配，因此要求 DNA 聚合酶具有校对功能，来保证亲代和子代 DNA 之间的稳定性。

8.（单选）某双链 DNA 样品，含 20 摩尔百分比的腺嘌呤，其鸟嘌呤的摩尔百分比应为（   ）。

A. 30　　　　　　　B. 20　　　　　　　C. 50　　　　　　　D. 10

【答案】A

【解析】在 DNA 分子中存在碱基互补配对原则即 A—T、G—C 配对，因此 A 与 T 均为 20 摩尔百分比，C 与 G 均为 30 摩尔百分比。

9.（单选）核酸的共价结构就是核酸的（   ）。

A. 一级结构　　　　B. 二级结构　　　　C. 三级结构　　　　D. 四级结构

【答案】A

【解析】DNA 的一级结构是指四种核苷酸共价键连接及排列顺序，表示该 DNA 分子的化学构成。

10.（单选）某核酸具有如下的碱基组成：A=15%，G=38%，C=20%，T=26%，它可能是下列哪一种核酸？（   ）

A. 双链 DNA　　　　B. tRNA　　　　　C. 单链 RNA　　　　D. 单链 DNA

【答案】D

【解析】根据碱基的类型分析为 DNA，根据碱基含量判断为单链，如果是双链 DNA 中的 A 与 T 及 G 与 C 含量一致。（   ）

11.（单选）在下列哪一波长下 DNA 的紫外吸收值最大。（   ）

A. 280nm　　　　　B. 260nm　　　　　C. 230nm　　　　　D. 210nm

【答案】B

【解析】DNA 在 260nm 的紫外吸收值最大。

12.（多选）T_m 值是 DNA 的一个重要的特征常数，其大小主要与下列因素有关（   ）。

A. 溶液中的离子强度　　　　　　　　B. 溶液中的 pH

C. DNA 中 G+C 的含量　　　　　　　D. DNA 的均一性

【答案】A、B、C、D

【解析】T_m 值是 DNA 的一个重要的特征常数，其大小主要与下列因素有关：溶液中的离子强度、溶液中的 pH、DNA 中 G+C 的含量和 DNA 的均一性。

（三）判断题

1. 具有回文序列的单链核酸可形成发卡结构。（   ）

【答案】正确

【解析】具有回文结构的单链 DNA 或 RNA 可形成发卡结构。

2. 核酸中的核糖有两类：β-D-2-脱氧核糖和 β-D-核糖。核酸就是根据所含核糖种类不同而为脱氧核糖核酸（DNA）和核糖核酸（RNA）。（   ）

【答案】正确

【解析】核酸的分类就是根据所含糖的不同而分为核糖核酸（RNA）、脱氧核糖核酸（DNA）。

3. 组成 DNA 分子的碱基只有四种，即腺嘌呤（A）、鸟嘌呤（G）、尿嘧啶（U）和胞嘧啶（C）。（　　）

【答案】错误

【解析】DNA 中碱基应为胸腺嘧啶（T），尿嘧啶为 RNA 的碱基。

4. 一段长度 200bp 的 DNA，具有 4^{200} 种可能的序列组合形式。（　　）

【答案】正确

【解析】200bp，每个碱基对有 4 种：A—T、T—A、C—G、G—C，所以是 4^{200} 种组合方式。

5. DNA（只写出一条链的序列）TTCAAGAGACTT 序列比 GGACCTCTCAGG 序列解链温度高。（　　）

【答案】错误

【解析】GC 碱基对含量越高所需的解链温度越高。

6. 在高盐和低温条件下由 DNA 单链杂交形成的双螺旋表现出几乎完全的互补性，这一过程可看作是一个复性（退火）反应。（　　）

【答案】错误

【解析】降低温度、pH 和增加盐浓度可促使 DNA 复性（退火）。

7. DNA 分子整体都具有强的负电性，因此没有极性。（　　）

【答案】错误

【解析】由于暴露出带有负电荷的磷酸残基，DNA 是较强的极性分子。

8. 染色质 DNA 的 T_m 值比自由 DNA 低。（　　）

【答案】错误

【解析】染色质 DNA 的 T_m 值比自由 DNA 高，说明在染色质中 DNA 极可能与蛋白质相互作用。

（四）问答题

1. 向 DNA 溶液中加入无水乙醇和盐会使 DNA 形成沉淀，请解释原因。

【答案】加入无水乙醇和盐使 DNA 形成沉淀的原因是：

（1）DNA 溶液中 DNA 以水合状态稳定存在，乙醇可以任意比和水相混溶，故当加入乙醇时，乙醇会夺去 DNA 周围的水分子，使 DNA 失水而易于聚合。乙醇与 DNA 不发生化学反应，是理想的沉淀剂。

（2）在 pH 为 8 左右的溶液中，DNA 分子是带负电荷的，加一定浓度的盐（如 NaAc 或 NaCl 等），使 Na^+ 中和 DNA 分子上的负电荷，减少 DNA 分子之间的同性电荷相斥力，易于互相聚合而形成 DNA 钠盐沉淀。但是，盐浓度不够会造成 DNA 沉淀不完全，而盐浓度太高，沉淀的 DNA 中会残留过多的盐杂质，影响后续反应。

2. 简述 DNA 的一级结构特征。

【答案】DNA 一级结构即是指四种核苷酸的链接与排列顺序，表示该 DNA 分子的化学构成。其特点为 DNA 分子由两条相互平行的脱氧核苷酸长链盘绕而成，DNA 分子中的脱氧核糖和磷酸交替连接，排在外侧，构成基本骨架，碱基排列在内侧，两条链上的碱基通过氢键相组合，形成碱基对，它的组成有一定的规律。这就是嘌呤与嘧啶配对（A 与 T，G 与 C 配对）。碱基之间的这种一一对应的关系叫碱基互补配对原则。碱基可以以任何顺序排列，因此构成了 DNA 分子的多样性。

3. 简述 DNA 的二级结构特征。

【答案】DNA 的二级结构是指两条多核苷酸链反向平行盘绕所生成双螺旋盘绕结构。DNA 的二级结构分为两大类：一类是右手螺旋，如 A-DNA、B-DNA、C-DNA、D-DNA 等；另一类是左手双螺旋，如 Z-DNA。沃森与克里克所发现的双螺旋，是称为 B 型的水结合型 DNA，在细胞中最为常见。也有的 DNA 为单链，一般见于原核生物，如大肠杆菌噬菌体 φX174、G4、M13 等。有的 DNA 为环形，有的 DNA 为线形。

4. 简述 DNA 的三级结构特征。

【答案】DNA 的三级结构主要是指双螺旋进一步扭曲盘绕所形成的特定空间结构，超螺旋结构是其主要形式。

5. 什么是 DNA 的 T_m 值？

【答案】DNA 的熔解温度，是指 DNA 在加热变性的过程中，紫外光吸收值达到最大值的一半时的温度。或者说核酸分子内一半的双螺旋结构被破坏时的温度，也称为 DNA 的解链温度。

6. T_m 值受哪些因素的影响？

【答案】DNA 的均一性；DNA 分子中 CG 碱基对的含量；DNA 溶解的离子强度；核酸分子的长度。

7. 简述 DNA 双螺旋结构的主要特征。

【答案】（1）两条反平行的多核苷酸链绕同一中心轴相缠绕，形成右手双股螺旋，一条 5′ → 3′，另一条 3′ → 5′。

（2）嘌呤与嘧啶碱位于双螺旋的内侧，磷酸与脱氧核糖在外侧。磷酸与脱氧核糖彼此通过 3′,5′-磷酸二酯键相连接，构成 DNA 分子的骨架，大沟宽 1.2nm，深 0.85nm；小沟宽 0.6nm，深 0.75nm。

（3）螺旋平均直径 2nm，每圈螺旋含 10 个核苷酸，碱基堆积距离为 0.34nm。

（4）两条核苷酸链，依靠彼此碱基间形成的氢键结合在一起。碱基平面垂直于螺旋轴。A=T、G≡C。碱基互补原则具有极重要的生物学意义，DNA 的复制、转录、反转录等的分子基础都是碱基互补。

第三节 DNA 复制

双链 DNA 的复制是一个非常复杂的过程，在复制的起始、延伸和终止三个阶段，无论是原核生物还是真核生物都需要多种酶和蛋白质的协同参与。DNA 复制均涉及拓扑异构酶、解旋酶、单链结合蛋白、引物合成酶、DNA 聚合酶及连接酶等和蛋白质参与。

一、重点解析

1. DNA 的半保留复制机理

1）DNA 的半保留复制

Watson 和 Crick 提出 DNA 半保留复制假设，DNA 在复制过程中，碱基对间的氢键首先断裂，双螺旋的 DNA 分子解螺旋后，两条链分别作为模板，按照碱基互补配对原则，在

DNA 聚合酶的作用下合成新的互补链，形成的子代 DNA 分子的一条链来自亲代 DNA，另一条链是新合成的，这种 DNA 复制方式称为 DNA 的半保留复制。

2）DNA 半保留复制的证明实验

1958 年，Meselson 和 Stahl 用 CsCl 密度梯度离心法研究了经 ^{15}N 标记的 3 代大肠杆菌 DNA，首次证明了 DNA 的半保留复制机制。

2. DNA 复制的一些基本概念

1）复制子与复制叉

复制子：作为 DNA 复制独立的基本单位的一段片段，含复制起点和终点。

原核基因组中只含有一个复制子。细菌染色体本身就是最大的复制子。在唯一的原点起始就会引起整个基因组的复制。真核生物的染色体基因组都包括很多复制子。

复制叉：复制时双链 DNA 要解开两股链分别进行，所以复制起点呈叉子的形式。

2）复制起始点

复制起始点：复制子中的复制起始的固定位点，富含 AT 序列，有利于 DNA 复制启动时双链的解开。常用 ori 或 o 表示。

3）复制终点

复制终点：控制复制终止的固定位点。

4）复制的方向

单向复制：从一个复制起始点开始，只有一个复制叉在移动。例如，质粒 ColE1 的复制完全是单向的。双向复制：复制起始于一个位点，但向两侧分别形成复制叉，向相反方向移动；或以不对称的双向方式进行，如大肠杆菌染色体 DNA 的复制，复制眼、真核生物的染色体 DNA 复制也是双向等速方式复制。相向复制：从两个起始点分别起始两条链的复制，这种模式虽然有两个复制叉的生长端，但在每个复制叉中只有一条链作为模板合成 DNA。实验结果表明，无论是真核生物还是原核生物，DNA 的复制方向主要是从固定起始位点以双向等速复制方式进行的。

5）复制的速度

真核生物的基因组比原核生物大，其染色体具有高级的结构，复制时需要解开核小体，复制后又重新形成核小体，即复制移动速度为 3000bp/min。真核生物染色体 DNA 上有多个复制起始点，可进行多复制子的同步复制。细菌的复制速度比真核生物快，可以达到 50000bp/min。

6）冈崎片段与半不连续复制

冈崎片段：日本学者冈崎用 ^{3}H 脱氧胸苷短时间标记后提取 DNA，得到不少平均长度为 1～2 kb 的片段，真核生物为 150～200bp，被后人称为冈崎片段。用 DNA 连接酶温度敏感突变株进行实验，在连接酶不起作用的温度下，有大量小片段积累，说明复制过程中至少有一条链首先合成较短的片段，然后再生成大分子 DNA。

半不连续复制：前导链的连续复制和后随链的不连续复制在生物界是普遍存在的，因此称为 DNA 的半不连续复制。

7）DNA 聚合酶的作用机制

DNA 的合成是在 DNA 聚合酶的催化下完成。DNA 聚合酶有三个结构域：三维结构类似于一直半握的右手，其三个结构域分别被称为拇指、手指和手掌。DNA 底物位于右手的裂缝中，新合成的 DNA 与手掌相连，DNA 催化位点位于手指和拇指指尖的裂缝中。手掌域含有催化的基本元件，由一个 β 折叠构成，还负责检查最新加入的核苷酸碱基配对的准确性。手指域对催化也很重要，手指域的几个残基可与引入的 dNTP 结合，当正确的碱基配对形成时，手指域包围 dNTP，使引入的核苷酸和金属离子密切接触，促进催化反应。手指域还能够和模板区结合，使模板产生弯曲，仅使催化引物后的第一个模板暴露，避免在下一个核苷酸添加时造成对模板碱基选择的混淆。拇指域与最新合成的 DNA 相互作用，一是维持引物以及活性部位的正确位置，二是促进 DNA 聚合酶与其底物之间的紧密连接，有助于添加更多的 dNTP。

DNA 的合成速度是由 DNA 酶的延伸能力决定的，所谓延伸能力是指每次聚合酶与模板—引物结合时所添加的核苷酸的平均数。DNA 聚合酶已完全包围的 DNA 的"滑动夹"蛋白之间的相互作用可以提高延伸能力，校正外切核酸酶具有校正新合成 DNA 的能力。

8）滑动 DNA 夹

滑动 DNA 夹极大地增加了 DNA 聚合酶的延伸能力，与滑动夹的结合使得 DNA 聚合酶在复制叉上具有高延伸能力。滑动夹是由多个相同的蛋白质亚基组成"油炸圈饼"形状的结构。聚合酶与滑动 DNA 夹在复制叉处形成复合体，在 DNA 合成时沿着 DNA 模板高效地滑动，保持聚合酶与 DNA 的紧密接触，从而大大增加了 DNA 聚合酶的延伸能力。

二、名词解释

1. DNA 的半保留复制

Watson 和 Crick 提出 DNA 半保留复制假设，DNA 在复制过程中，碱基对间的氢键首先断裂，双螺旋的 DNA 分子解螺旋后，两条链分别作为模板，按照碱基互补配对原则，在 DNA 聚合酶的作用下合成新的互补链，形成的子代 DNA 分子的一条链来自亲代 DNA，另一条链是新合成的，这种 DNA 复制方式称为 DNA 的半保留复制。

2. 复制子

作为 DNA 复制独立的基本单位的一段片段，含复制起点和终点。

3. 复制叉

复制时双链 DNA 要解开两股链分别进行，所以复制起点呈叉子的形式。

4. 复制起始点

复制子中的复制起始的固定位点，富含 AT 序列，有利于 DNA 复制启动时双链的解开。常用 ori 或 o 表示。

5. 复制终点

控制复制终止的固定位点。

6. 单向复制

从一个复制起始点开始，只有一个复制叉在移动，如质粒 ColE1 的复制完全是单向的。

7. 双向复制

复制起始于一个位点，但向两侧分别形成复制叉，向相反方向移动。

8. 相向复制

从两个起始点分别起始两条链的复制，这种模式虽然有两个复制叉的生长端，但在每个复制叉中只有一条链作为模板合成 DNA。实验结果表明，无论是真核生物还是原核生物，DNA 的复制方向主要是从固定起始位点以双向等速复制方式进行的。

9. 冈崎片段

是指在 DNA 半不连续复制中，沿着后随链的模板链合成的短 DNA 片段，能被连接形成一条完整的 DNA 链（后随链）。冈崎片段的长度在真核与原核生物中存在差别，真核生物的冈崎片段长度约为 100～200bp，而原核生物的冈崎片段长度约为 1000～2000bp。

10. 半不连续复制

前导链的连续复制和后随链的不连续复制在生物界是普遍存在的，因此称为 DNA 的半不连续复制。

11. DNA 聚合酶的三个结构域

三维结构类似于一直半握的右手，其三个结构域分别被称为拇指、手指和手掌。DNA 底物位于右手的裂缝中，新合成的 DNA 与手掌相连，DNA 催化位点位于手指和拇指指尖的裂缝中形成滑动 DNA 夹，极大地增加了 DNA 聚合酶的延伸能力。

12. 滑动 DNA 夹

由多个相同的蛋白质亚基组成"油炸圈饼"形状的结构。聚合酶与滑动 DNA 夹在复制叉处形成复合体，在 DNA 合成时沿着 DNA 模板高效地滑动，保持聚合酶与 DNA 的紧密接触，从而大大增加了 DNA 聚合酶的延伸能力。

三、课后习题

课后习题及答案

四、拓展习题

（一）填空题

1. 遗传信息的载体是_____，这种载体的（双链）结构对于维持遗传物质的稳定性和复制的准确性都极为重要。

【答案】DNA。

【解析】DNA 的双链结构中腺嘌呤（A）与胸腺嘧啶（T）配对、鸟嘌呤（G）与胞嘧啶（C）配对，对于维持稳定和复制非常必要。以其中的一条链为模板，按照碱基互补配对合成出另一条链。

2. 染色体 DNA 的自我复制主要是通过_____来实现的，是以一个亲代分子为模板合成子代链的过程。

【答案】半保留复制。

【解析】DNA 的双链以每条链为模板，按照碱基互补配对各自合成出另一条链，组成两个 DNA 分子。

3. 1958 年 Meselson 和 Stahl 研究了经过_____标记的 3 个世代的大肠杆菌 DNA，首次证明了 DNA 的半保留复制。

【答案】^{15}N。

【解析】Meselson-Stahl 的 DNA 半保留复制证实试验：Meselson 和 Stahl 用 ^{15}N 标记 3 个世代的大肠杆菌 DNA，然后将这种 DNA 分离出来，进行氯化铯密度梯度离心分离 DNA，最后用紫外-可见分光光度法测定 DNA 含量。

4. 在实验中，用普通含 ^{14}N 氮源的培养基培养 ^{15}N 标记过的大肠杆菌，经过一代以后，出现的 DNA 形式为（^{14}N-^{15}N），两代后，出现的 DNA 形式为＿＿＿＿＿＿＿＿＿，比例为＿＿＿＿＿＿。（以 ^{14}N-^{15}N、^{14}N-^{14}N、^{15}N-^{15}N 的形式填写）

【答案】^{14}N-^{15}N 和 ^{14}N-^{14}N；1：1。

【解析】亲代大肠杆菌（含 ^{15}N）转移到含 ^{14}N 的培养基上繁殖一代后，由于 DNA 复制属于半保留复制，形成的 2 个 DNA 分子中均为 ^{14}N-^{15}N 链，故全部位于中带位置，第二代分别形成比例为 1：1 的 ^{14}N-^{15}N 和 ^{14}N-^{14}N 的 DNA 分子。

5. 实验证明 DNA 的半保留复制时，采用＿＿＿＿＿＿＿＿的方法使不同形式的 DNA 形成位置不同的区带，验证了半保留模型。

【答案】氯化铯密度梯度离心。

【解析】Meselson-Stahl 的 DNA 半保留复制证实试验：Meselson 和 Stahl 用 ^{15}N 标记 3 个世代的大肠杆菌 DNA，然后将这种 DNA 分离出来，进行氯化铯密度梯度离心分离 DNA。

6. 染色体中正在复制的活性区呈"Y"形结构，称为＿＿＿＿＿＿＿。

【答案】DNA 复制叉。

【解析】复制叉是指 DNA 复制时在 DNA 链上通过解旋、解链和 SSB 蛋白的结合等过程形成的"Y"形或叉形结构。

7. Meselson-Stahl 的 DNA 半保留复制证实试验中，区别不同 DNA 用＿＿＿＿＿＿方法，分离不同 DNA 用＿＿＿＿＿＿＿＿方法，测定 DNA 含量用＿＿＿＿＿＿＿＿方法。

【答案】同位素示踪；氯化铯密度梯度离心；紫外-可见分光光度。

【解析】Meselson-Stahl 的 DNA 半保留复制证实试验：Meselson 和 Stahl 用 ^{15}N 标记 3 个世代的大肠杆菌 DNA，然后将这种 DNA 分离出来，进行氯化铯密度梯度离心分离 DNA，最后用紫外-可见分光光度法测定 DNA 含量。

8. 一般把生物体内能＿＿＿＿＿＿＿＿的单位称为复制子。

【答案】独立进行复制。

【解析】DNA 中能独立进行复制的单位称为复制子，它复制时从一个 DNA 复制起点开始，最终由这个起点起始的复制叉完成的片段。

9. 无论是真核生物还是原核生物，DNA 的复制方向主要是从＿＿＿＿＿＿以＿＿＿＿＿＿复制方式进行的。

【答案】固定起始位点；双向等速。

【解析】通常，细菌、病毒和线粒体的 DNA 分子都是作为单个复制子完成复制的，而真核生物基因组可以同时在多个复制起始点上进行双向复制，也就是说它们的基因组包含多个复制子。实验结果表明，无论是原核生物还是真核生物，DNA 的复制主要是从固定的起始点以双向等速的复制方式进行的。

10. 前导链的＿＿＿＿＿＿＿＿复制与后随链的＿＿＿＿＿＿＿＿复制在生物界是＿＿＿＿＿＿＿存在的。

【答案】连续；不连续；普遍。

【解析】前导链的连续复制和后随链的不连续复制在生物界是有普遍性的，因而被称为双螺旋的半不连续复制。

11. DNA 聚合酶包括 3 个结构域，分别被称为_____。

【答案】拇指、手指和手掌。

【解析】DNA 聚合酶的 3 个结构域：①手掌域；②手指域；③拇指域。

12. DNA 聚合酶与_____相互作用可提高延伸能力。

【答案】滑动 DNA 夹。

【解析】滑动 DNA 夹与 DNA 聚合酶结合后可提高延伸能力。

13. 染色体 DNA 的自我复制主要是通过_____来实现的，是一个
_____的过程。

【答案】半保留复制；以亲代 DNA 分子为模板合成子代 DNA 链。

【解析】染色体 DNA 以半保留复制的方式的自我复制来实现的，DNA 的双链以每条链为模板，按照碱基互补配对各自合成出另一条链，组成两个 DNA 分子。

14. 一般把生物体内能独立复制的单位称为_____。

【答案】复制子。

【解析】一般把生物体的复制单位称为复制子。一个复制子只含有一个复制起始点。

15. _____决定复制的起始与否。

【答案】复制子水平调控。

【解析】复制子水平调控决定复制的起始与否。

16. 复制起始频率的直接调控因子是_____和_____。

【答案】蛋白质；RNA。

【解析】复制起始频率的直接调控因子是蛋白质和 RNA。

17. DNA 复制方向一般分为_____、_____和_____。

【答案】单向复制；双向复制；相向复制。

【解析】DNA 复制方向：①从一个起始点向一个方向进行，通常称为单向复制；②从一个起始点向两个方向进行，称为双向复制；③从两个起始点开始为相向复制。

（二）判断题

1. DNA 最普遍的复制方向是单向复制。（   ）

【答案】错误

【解析】无论是原核生物还是真核生物，DNA 复制主要是从固定的起始位点以双向等速的复制方向进行，即 DNA 最普遍的复制方向是双向复制。

2. 真核生物每条染色体上同原核生物一样只有一个复制起始点。（   ）

【答案】错误

【解析】真核生物每条染色体上有多个复制起始点。

3. 以一条亲代 DNA（3′ → 5′）为模板时，子代链合成方向 5′ → 3′，以另一条亲代 DNA 链 5′ → 3′ 为模板时，子代链合成方向 3′ → 5′。（   ）

【答案】错误

【解析】所有已知 DNA 聚合酶的合成方向都是 5′ → 3′，所以 DNA 的复制方向只能是 5′ → 3′。

4. 在 DNA 合成终止阶段由 DNA 聚合酶Ⅱ切除引物。（   ）

【答案】错误

【解析】DNA 聚合酶Ⅱ的生理功能主要起修复 DNA 的作用。

5. DNA 解旋酶作用的化学键为氢键。（　　　）

【答案】正确

【解析】双链 DNA 的两条链间以氢键的相互连接起来，所以解旋酶是把 DNA 的双链解开，解开的是氢键。

6. 冈崎片段是指在 DNA 半不连续复制中产生的长 1000 ～ 2000bp 的 DNA 片段，能被连接形成一条完整的 DNA 片段。（　　　）

【答案】正确

【解析】滞后链的复制过程由相对较短的 DNA 核苷酸序列（真核生物中大约有 150 ～ 200bp）的冈崎片段，通过 DNA 连接酶连接在一起。

7. 冈崎片段的合成需要 RNA 引物。（　　　）

【答案】正确

【解析】所有的 DNA 合成都需要合成一段 RNA 后从 5′ 羟基进行。

8. 所有 DNA 聚合酶都从 3′ 羟基端起始 DNA 合成的。（　　　）

【答案】错误

【解析】所有核酸的合成方向都是按照 5′ → 3′ 方向进行。

9. 基因组 DNA 复制时，先导链的引物是 DNA，后随链的引物是 RNA。（　　　）

【答案】错误

【解析】无论是前导链还是后随链都需要 RNA 引物引发复制。

10. 半保留复制是指子代分子的一条链来自亲代 DNA，另一条链则是新合成的。（　　　）

【答案】正确

【解析】染色体 DNA 以半保留复制的方式来实现自我复制，DNA 的双链以每条链为模板，按照碱基互补配对各自合成出另一条链，组成两个 DNA 分子。

11. 真核生物一个复制子在任何一个细胞周期内可多次复制。（　　　）

【答案】错误

【解析】单独复制的一个 DNA 单元被称为一个复制子。它是一个可移动的单元。一个复制子在任何一个细胞周期内只复制一次。

12. DNA 的复制是连续的。（　　　）

【答案】错误

【解析】DNA 复制过程中前导链的复制是连续的，而另一条链，即后随链的复制是中断的，不连续的。

（三）问答题

1. DNA 以何种方式进行复制？

【答案】双链 DNA 的复制都是以半保留复制方式进行，线性 DNA 进行双向复制时，由于已知 DNA 聚合酶和 RNA 聚合酶都只能从 5′ 向 3′ 移动，所以复制叉呈现"眼形"。环状 DNA 的复制可呈现 θ 形、滚环形和 D 环形几种。

2. 简述原核生物 DNA 的复制特点。

【答案】（1）原核只有一个起始位点。

（2）原核复制起始位点可以连续开始新的复制，特别是快速繁殖的细胞。

（3）原核的 DNA 聚合酶Ⅲ复制时形成二聚体复合物。

（4）原核的 DNA 聚合酶Ⅰ具有 5′-3′ 外切酶活性。

3. 什么是冈崎片段？

【答案】DNA 复制过程中，2 条新生链都只能从 5′ 端向 3′ 端延伸，前导链连续合成，后随链分段合成，这些分段合成的新生 DNA 片段称冈崎片段，细菌冈崎片段长度为 1000 ~ 2000bp，真核生物冈崎片段长度为 150 ~ 200bp。在连续合成的前导链中，U-糖苷酶和 AP 内切酶也会在错配碱基 U 处切断前导链，任何一种 DNA 聚合酶合成方向都是从 5′ → 3′ 方向延伸，而 DNA 模板链是反向平行的双链，这样在一条链上，DNA 合成方向和复制移动方向相同（前导链），而在另一条模板上却是相反的（后随链）。

第四节　原核生物和真核生物 DNA 复制的特点

一、重点解析

1. 原核生物 DNA 复制的特点

复制起始区的结构特点是：富含 AT 序列，这可能和双链易于解开起始复制有关；含有 3 个 13bp 的串联重复保守序列，以及 4 个由 9bp 的保守序列（TTATCCACA）组成的能结合 DnaA 的起始结合位点。

DNA 双螺旋的解旋过程是在体内 oriC 位点的复制起始以形成一个复合物开始，这个复合物有：DnaA、DnaB、DnaC、HU 和 SSB。将环状超螺旋模板转换成一个新形式，它们是一种延伸的解旋双链。20 个 DnaA 蛋白识别大肠杆菌的 oriC，与 oriC 上的 4 个 9bp 的保守序列结合，形成起始复合物，此过程消耗 ATP。HU 蛋白与 DNA 结合，使 3 个 13bp 的串联重复保守序列变性形成开链复合物，消耗 ATP。解链酶 DnaB 在 DnaC 帮助下进入解链区，使双螺旋解开成单链，置换出 DnaA 蛋白。SSB 蛋白与 DNA 单链结合，稳定单链。此外，解链中还需 DNA 拓扑异构酶。

（1）DNA 解链酶：催化 DNA 双链的解链过程。DNA 解链酶能通过水解 ATP 获得能量来解开双链 DNA。大部分 DNA 解链酶可沿后随（滞后）链模板 5′ → 3′ 方向并随着复制叉的前进而移动，只有一种解链 Rep 蛋白是沿前导链 3′ → 5′ 模板方向移动。

（2）单链 DNA 结合蛋白（SSB）：以四聚体形式存在于复制叉处，只保持单链的存在，并不能起解链作用。在原核中 SSB 与 DNA 结合表现出协同效应。SSB 之间的相互作用；第一个 SSB 和 DNA 的结合改变了 DNA 的结构。

（3）DNA 拓扑异构酶：消除 DNA 双链的超螺旋堆积。

复制的引发。目前已知所有的 DNA 聚合酶都只能延长已存在的 DNA 链，而不能合成 DNA 链。复制时往往先有 RNA 聚合酶在 DNA 模板上合成一段 RNA 引物，再由 DNA 聚合酶从 RNA 的 3′ 端开始合成新的 DNA 链。前导链的引发过程简单，只需由引发酶合成一段 RNA 引物，DNA 聚合酶就能合成新的链。在后随链上的引发由引发体完成。引发体包括 7 种蛋白质组成的移动复合体：n，n′，n″，DnaB，DnaC，DnaI 和引发酶。在后随链上每 1000 ~ 2000nt，合成 RNA 引物，再由 DNA 聚合酶Ⅲ合成 DNA，直到遇到下一个引物合成冈崎片段为止。由 RNase H 降解 RNA 引物并由 DNA 聚合酶Ⅰ将缺口补齐，再由 DNA 连接酶将两个冈崎片段连在一起形成大分子。

复制的延伸。RNA 引物合成后，在 DNA 聚合酶Ⅲ全酶的异二聚体的催化下，前导链和后随链（突环结构）上延伸同时进行。DNA 聚合酶Ⅰ的 5′ → 3′ 的核酸外切酶活性除去滞后链上的 RNA 引物，聚合酶同时填平空缺。DNA 连接酶把冈崎片段连接。

复制的终止。单向复制的环状 DNA，其复制的终点即起点。双向复制的两个复制叉最终在复制的终止点处相遇停止复制。

大肠杆菌中有 DNA 聚合酶Ⅰ、DNA 聚合酶Ⅱ、DNA 聚合酶Ⅲ、DNA 聚合酶Ⅳ、DNA 聚合酶Ⅴ。DNA 聚合酶的共同特点是：需要提供合成模板；不能起始新的 DNA 链，必须要有引物提供 3′-OH；合成的方向都是 5′ → 3′；除聚合 DNA 外还有其它功能。

DNA 聚合酶Ⅰ的功能：DNA 聚合酶Ⅰ不是复制大肠杆菌染色体的主要聚合酶，它有 5′ → 3′ 核酸外切酶活性，保证了 DNA 复制的准确性。它也可用来除去冈崎片段 5′ 端 RNA 引物，使冈崎片段间缺口消失，保证连接酶将片段连接起来。还有 3′ → 5′ 外切活性和 5′ → 3′ 外切活性。

DNA 聚合酶Ⅱ的功能：DNA 聚合酶Ⅱ的活性很低，若以每分钟酶促核苷酸掺入 DNA 的转化率计算，只有 DNA 聚合酶Ⅰ的 5%，所以其也不是复制中主要的酶。目前认为 DNA 聚合酶Ⅱ的生理功能主要是起修复 DNA 的作用。5′ → 3′ 聚合功能，但活性弱；3′ → 5′ 外切活性，可起校正作用。

DNA 多聚酶Ⅲ的功能：DNA 聚合酶Ⅲ包含 7 种不同的亚单位和 9 个亚基，其生物活性形式为二聚体。它的聚合活性较强，为 DNA 聚合酶Ⅰ的 15 倍，聚合酶Ⅱ的 300 倍。它能在引物的 3′-OH 上以每分钟约 5 万个核苷酸的速率延长新生的 DNA 链，是大肠杆菌 DNA 复制中链延长反应的主导聚合酶。5′ → 3′ 聚合功能，3′ → 5′ 外切活性。

DNA 聚合酶Ⅳ和 DNA 聚合酶Ⅴ分别由 *dinB* 和 *umuD′*$_2$*C* 基因编码，主要在 DNA 修复和跨损伤合成过程中发挥功能。

原核生物的 DNA 复制调控。原核生物的 DNA 复制的调控主要发生在起始阶段。DNA 链的延伸速度几乎是恒定的，复制叉的数量不同。

2. 真核生物 DNA 的复制特点

在特定的细胞周期中的 S 期完成复制；真核生物的染色体 DNA 有多个复制子；复制子相对较小，为 40 ～ 100bp。真核生物只有在完成复制以后才能重新开始复制，原核生物的 DNA 的复制起点上可以连续开始新的 DNA 复制。

现已分离出真核生物 DNA 的复制子是酿酒酵母的复制起始点，称为 ARS，长约 150bp，包括数个复制起始必需的保守区。后来在其他真核生物中也发现类似于酵母 ARS 元件的序列，共同特征是具有一个称为 A 区的 11 个 A—T 碱基对的保守序列。

起始点识别复合物（ORC）与复制器中的 11bp 保守序列结合；然后招募 Cdc6、Cdt1、MCM2 ～ 7 复合体，形成 pre-RC，发生于细胞周期 G1 期。S 期 pre-RC 的激酶 CDK 和 DdK 激活 pre-RC，引发 DNA 复制。起始复合物的组装和激活分属于细胞周期的两个时期，保证整个细胞周期染色体 DNA 只复制一次。CDK 具有双功能，除了激活 pre-RC 外，它还参与抑制新的 pre-RC 合成。

真核生物有 15 种以上的 DNA 聚合酶，哺乳动物主要有 5 种 DNA 聚合酶，α、β、γ、δ 及 ε。它们的基本特性相似于大肠杆菌 DNA 聚合酶，其主要活性是催化 dNTP 的 5′ → 3′ 聚合活性。

DNA 聚合酶 α 主要参与引物合成。

DNA 聚合酶 β 活性水平稳定，主要在 DNA 损伤的修复中起作用。

DNA 聚合酶 δ 是主要负责 DNA 复制的酶。

DNA 聚合酶 ε 的主要功能可能是在去掉 RNA 引物后把缺口补全。

DNA 聚合酶 γ 在线粒体 DNA 的复制中发挥作用。

真核细胞 DNA 的复制调控。受到细胞生活周期水平（决定细胞是在 G_1 期还是进入 S 期）、染色体水平和复制子水平（决定是否进行复制的起始）三个水平的调控。

3. 端粒酶与 DNA 末端复制

由于所有的新 DNA 合成启动都需要一个引物，这使线性 DNA 染色体末端的复制成为难题，称为末端复制问题。染色体末端时，可能没有足够的空间去合成新的 RNA 引物，导致后随链 DNA 上 3′ 端形成一小段单 DNA 链，在下一轮复制中这个区域将被丢失，两个产物中的一个将会逐步变短。细胞主要通过两种方法来解决末端复制问题：如一些细菌和噬菌体，用蛋白质代替 RNA 作为染色体末端的最后一个冈崎片段的引物；真核生物细胞利用端粒酶（RNA 和蛋白质）来延伸染色体 3′ 末端，利用自身的 RNA 直接作为引物，并精确调控该片段合成长度。

二、名词解释

1. 复制子

单独复制的一个 DNA 单元被称为一个复制子。它是一个可移动的单位，一个复制子在任何一个细胞周期只能复制一次。

2. 复制叉

复制时，双链 DNA 要解开成两股链分别进行 DNA 合成，所以复制起点呈叉子形状，被称为复制叉。

3. 复制起始点

DNA 链上独特的具有起始 DNA 复制功能的碱基序列。

4. 冈崎片段

是在 DNA 半不连续复制中产生的长度为 1000 ~ 2000 个碱基的短的 DNA 片段，能被连接形成一条完整的 DNA 链。

5. 双向复制

DNA 复制时，以复制起始点为中心，向两个方向进行的复制。

6. 单链 DNA 结合蛋白

又称 DNA 结合蛋白（SSB），是 DNA 复制所必需的酶。DNA 解旋后，DNA 分子只要碱基配对，就有结合成双链的趋向。SSB 结合于螺旋酶沿复制叉方向向前推进产生的单链区，防止新形成的单链 DNA 重新配对形成双链 DNA 或被核酸酶降解的蛋白质。SSB 作用时表现协同效应，保证 SSB 在下游区段的继续结合。它不像聚合酶那样沿着复制方向向前移动，而是不停地结合、脱离。

7. 引发体

引发体由 6 种蛋白质 n、n′、n″、DnaB、DnaC 和 DnaI 共同组成，只有当引发前体把这 6 种蛋白质合在一起并与引发酶进一步组装后形成引发体，才能发挥其功效。后随链的引发过程往往由引发体来完成。

8. 引发酶

依赖于 DNA 的 RNA 聚合酶，其功能是在 DNA 复制过程中合成 RNA 引物。

9. 前导链

在 DNA 复制过程中，与复制叉运动方向相同连续合成的链被称为前导链。

10. 后随链

与复制叉移动的方向相反，通过不连续的 5′→3′ 聚合合成的新的 DNA 链，又称滞后链。

11. ARS

酿酒酵母的复制起始点，称为 ARS，长约 150bp，包括数个复制起始必需的保守区。

12. ORC

真核生物的 DNA 复制时的起始点识别复合物，可以识别复制起始序列。

13. pre-RC

起始点识别复合物（ORC）与复制器中的 11bp 保守序列结合；然后招募 Cdc6、Cdt1、MCM2～7 复合体，形成 pre-RC。

14. 端粒酶

是一种特殊的位于染色体端粒部位的酶，包含 RNA 和蛋白质。

三、课后习题

课后习题及答案

四、拓展习题

（一）填空题

1. DNA 后随链合成的起始需要一段短的＿＿＿＿＿＿＿，它是由＿＿＿＿＿酶以核糖核酸为底物合成的。

【答案】RNA 引物；引发。

【解析】后随链开始 DNA 合成时，需要一段 RNA 引物引发复制。引发酶是 *dnaG* 基因的产物，是 RNA 聚合酶，仅用于合成 DNA 复制所需的一小段 RNA。

2. 天然染色体末端不能与其他染色体断裂片段发生连接，这是因为天然染色体的末端存在＿＿＿＿＿＿结构。

【答案】端粒。

【解析】端粒是真核生物线性基因组 DNA 末端的一种特殊结构，是一段 DNA 序列和蛋白质形成的复合体，具有保护线性 DNA 的完整复制、保护染色体末端和决定细胞寿命等功能。

3. 大肠杆菌 DNA 聚合酶＿＿＿＿＿的生理功能主要起修复 DNA 的作用。

【答案】Ⅱ。

【解析】DNA 聚合酶 Ⅱ 具有 5′→3′ 方向聚合酶活性，但酶活性很低；其 3′→5′ 核酸可起校正作用。目前认为 DNA 聚合酶Ⅱ的生理功能主要是起修复 DNA 的作用。

4. 大肠杆菌主要含有 5 种 DNA 聚合酶，其中＿＿＿＿＿＿＿＿是大肠杆菌 DNA 复制中链延长反应的主导聚合酶。

【答案】DNA 聚合酶Ⅲ。

【解析】DNA 聚合酶Ⅲ包含有 7 种不同的亚单位和 9 个亚基，其生物活性形式为二聚体。它的聚合活性较强。它能在引物的 3'-OH 上以每分钟约 5 万个核苷酸的速率延长新生的 DNA 链，是大肠杆菌 DNA 复制中链延长反应的主导聚合酶。

5. 参与原核生物 DNA 复制起始和引发过程的重要的酶的蛋白质可能有：＿＿＿＿＿＿、＿＿＿＿＿＿、＿＿＿＿＿和＿＿＿＿＿。

【答案】DNA 解链酶；单链 DNA 结合蛋白（SSB）；DNA 拓扑异构酶；引发（物）酶。

【解析】DNA 解链酶 DnaB 在 DnaC 帮助下进入解链区，使双螺旋解开成单链。SSB 蛋白与 DNA 单链结合，稳定单链。此外，解链中还需 DNA 拓扑异构酶。复制的引发过程先有引发酶在 DNA 模板上合成一段 RNA 引物，再由 DNA 聚合酶从 RNA 的 3' 端开始合成新的 DNA 链。

6. 原核生物 DNA 链的延伸需要的酶有：＿＿＿＿＿＿、＿＿＿＿＿＿、＿＿＿＿＿和＿＿＿＿＿。

【答案】DNA 聚合酶Ⅲ；引物酶；DNA 聚合酶Ⅰ；DNA 连接酶。

【解析】在 DNA 聚合酶Ⅲ全酶的异二聚体的催化下，前导链和后随（滞后）链（突环结构）上延伸同时进行。引物酶合成 RNA 引物，DNA 聚合酶Ⅰ的 5'→3' 的核酸外切酶活性除去后随（滞后）链上的 RNA 引物，聚合酶同时填平空缺。DNA 连接酶把冈崎片段连接。

7. 大部分 DNA 解链酶沿＿＿＿＿＿＿＿＿方向并随着复制叉的前进而移动，只有另一种解链 Rep 蛋白是沿＿＿＿＿＿＿＿＿方向移动。

【答案】后随（滞后）链模板 5'→3'；前导链 3'→5' 模板。

【解析】大部分 DNA 解链酶可沿后随（滞后）链模板 5'→3' 方向并随着复制叉的前进而移动，只有一种解链 Rep 蛋白是沿前导链 3'→5' 模板方向移动。

8. 真核生物的 DNA 聚合酶需要＿＿＿＿＿激活，聚合时必须有＿＿＿＿＿和具有 3'-OH 末端的＿＿＿＿＿，链的延伸方向是＿＿＿＿＿。

【答案】Mg^{2+}；模板链；引物链；5'→3'。

【解析】真核生物 DNA 聚合酶是 DNA 复制的重要作用酶。它是以 DNA 为复制模板，以引物的 3'-OH，脱氧核苷三磷酸为底物，受 Mg^{2+} 激活从 DNA 由 5'→3' 复制的酶。

9. 真核生物 DNA 聚合酶 α 的功能主要是＿＿＿＿＿，即能＿＿＿＿＿前导链和后随链的合成。

【答案】引物合成；起始。

【解析】DNA 聚合酶 α 定位于细胞核，参与 DNA 的复制引发和合成 RNA 引物，不具有 5'→3' 外切酶活性。

10. DNA 聚合酶 α＿＿＿＿＿3'→5' 核酸外切酶活性；＿＿＿＿＿5'→3' 核酸外切酶活性。

【答案】不具有；不具有。

【解析】DNA 聚合酶 α 不具有 5'→3' 及 3'→5' 外切酶活性。

11. DNA 聚合酶 γ 在＿＿＿＿＿DNA 的复制中发挥作用。

【答案】线粒体。

【解析】DNA 聚合酶 γ 定位于线粒体，参与线粒体中 DNA 的复制，不具有 5′ → 3′ 外切酶活性，但具有 3′ → 5′ 外切酶活性。

12. 以_____为模板的复制不存在末端复制问题。

【答案】前导链。

【解析】前导链的复制不存在末端复制问题。

13. 细胞主要通过两种方法解决末端复制问题：①_____，
②_____。

【答案】用蛋白质代替 RNA 作为染色体末端最后一个冈崎片段的引物；利用端粒酶延伸染色体 3′ 端，解决末端复制问题。

【解析】细菌和病毒的线性染色体用蛋白质代替 RNA 作为染色体末端最后一个冈崎片段的引物；大多数真核细胞利用端粒酶延伸染色体 3′ 端，解决末端复制问题。

14. 端粒酶是一种特殊的酶，由_____和_____组成。

【答案】蛋白质；RNA。

【解析】端粒酶是一种特殊的 DNA 聚合酶，来维持端粒的长度，由蛋白质和 RNA 组成。

15. 端粒酶以自身 RNA 为模板延长_____。

【答案】染色体突出的 3′ 端。

【解析】端粒酶以自身 RNA 为模板延长染色体突出的 3′ 端。

16. 单链 DNA 结合蛋白是 DNA 复制过程中在_____与_____结合的蛋白质。防止_____，使复制得以进行。

【答案】DNA 分叉处；单链 DNA；已解链的双链还原、退火。

【解析】结合于螺旋酶沿复制叉方向向前推进产生的单链区，防止新形成的单链 DNA 重新配对形成双链 DNA 或被核酸酶降解的蛋白质。

17. 真核细胞的生活周期可分为____个时期，分别是_____，其中____为有丝分裂准备期。

【答案】4；G_1、S、G_2 和 M 期；G_2；

【解析】真核细胞的生活周期可分为 G_1、S、G_2 和 M 期，G_2 为有丝分裂准备期。

18. 真核细胞中 DNA 复制有 3 个水平的调控，分别是_____、_____、_____。

【答案】细胞周期水平调控；染色体水平调控；复制子水平调控。

【解析】细胞周期水平调控、染色体水平调控和复制子水平调控是真核细胞中 DNA 复制的 3 个水平的调控。

19. 促细胞分裂剂、致癌剂、外科切除等都可诱发细胞由____期进入____期。

【答案】G_1；S。

【解析】促细胞分裂剂、致癌剂、外科切除等都可诱发细胞由 G_1 期进入 S 期。

20. 决定复制的起始与否这种调控从单细胞生物到高等生物是_____的，此外，真核生物复制起始还包括转录活化、复制起始物的合成和_____等阶段，许多参与复制起始蛋白的功能与原核生物中_____。

【答案】高度保守；引物合成；相类似。

【解析】决定复制的起始与否这种调控从单细胞生物到复杂的高等生物是高度保守的，原核生物的复制由序列高度保守的复制调节蛋白与复制起始点相互作用启动复制。而真核生物复制起始序列也是高度保守。

21. 研究发现，酵母复制起始受_____，也受 α 因子和 *cdc* 基因调控。

【答案】时序调控。

【解析】酵母复制起始受时序调控，也受 α 因子和 *cdc* 基因调控。

22. DNA 复制包括_____三个阶段。

【答案】复制的起始、延伸和终止。

【解析】DNA 复制包括复制的起始、延伸和终止三个阶段。

23. 复制起始点的共同特点是含有_____序列，它可能有利于 DNA 复制启动时双链的解开。

【答案】丰富的 AT。

【解析】DNA 复制是从 DNA 分子上的特定部位开始的，这一富含 AT 的部位叫做复制起始点。

24. 从复制起始点到终止点的区域为_____。

【答案】一个复制子。

【解析】DNA 中能独立进行复制的单位称为复制子，包括一个复制起始点和一个复制终点。

25. _____是真核生物基因组 DNA 末端的一种特殊结构，它是一段 DNA 序列和蛋白质形成的复合体。

【答案】端粒。

【解析】端粒是真核生物线性基因组 DNA 末端的一种特殊结构，是一段 DNA 序列和蛋白质形成的复合体，具有保护线性 DNA 的完整复制、保护染色体末端和决定细胞的寿命等功能。

26. _____能利用自身携带的 RNA 链作为模板，以_____为原料，以_____的方式催化合成模板后随链 5′ 端 DNA 片段或外加重复单位（如人染色体端粒为 TTAGGG），以维持端粒一定的长度，从而防止染色体的短缺损伤。

【答案】端粒酶；dNTP；反转录。

【解析】端粒是真核生物线性基因组 DNA 末端的一种特殊结构，是一段 DNA 序列和蛋白质形成的复合体，具有保护线性 DNA 的完整复制、保护染色体末端和决定细胞的寿命等功能。

27. _____决定细胞停留在 G_1 期还是进入 S 期。

【答案】细胞周期水平调控。

【解析】细胞周期水平调控决定细胞停留在 G_1 期还是进入 S 期。

28. _____决定不同染色体或同一染色体不同部位的复制子按一定顺序在 S 期起始复制。

【答案】染色体水平调控。

【解析】染色体水平调控决定不同染色体或同一染色体不同部位的复制子按一定顺序在 S 期起始复制。

（二）选择题

1. （单选）真核生物 DNA 复制的特点有（　　　）

A. 在染色体可以有多个复制起点　　　　B. 复制是双向进行的

C. 复制是半不连续的　　　　　　　　　　　　D. 以上说法均正确

【答案】D

【解析】真核生物每条染色质可以有多个复制起始点。真核生物的染色体在全部完成复制之前，各个复制起始点上 DNA 的复制不能再开始。

2.（单选）前复制复合体 pre-RC 作用于哪一时期？（　　）

A. G_1 期　　　　　　　B. S 期　　　　　　　C. G_2 期　　　　　　　D. M 期

【答案】A

【解析】由 4 个独立的蛋白质组成的前复制复合体 pre-RC 的形成介导了复制器的选择，复制器的选择主要指对复制起始的序列进行识别发生在 G_1 期。

3.（单选）RNA 引物去除后，冈崎片段之间通过反应连接起来，该反应催化的酶是（　　）。

A. DNA 引发酶　　　B. DNA 聚合酶　　　C. DNA 连接酶　　　D. DNA 解旋酶

【答案】C

【解析】DNA 连接酶可将 DNA 复制过程中合成的较短的冈崎片段，连接成大的 DNA 分子。

4.（单选）复制过程中，复制叉不断地移动，以下哪一种酶可以消除未解链部分的 DNA 正超螺旋的堆积？（　　）

A. DNA 解链酶　　　B. DNA 拓扑异构酶　　C. DNA 聚合酶Ⅲ　　D. DNA 聚合酶Ⅰ

【答案】B

【解析】DNA 拓扑异构酶可以消除解链造成的正超螺旋的堆积，消除阻碍解链继续进行的这种压力，使复制得以延伸。

5.（单选）在真核生物细胞中，以下哪一种酶负责染色体末端的复制？（　　）

A. DNA 聚合酶Ⅰ　　B. 端粒酶　　　　　C. DNA 引发酶　　　D. RNA 聚合酶

【答案】B

【解析】真核生物细胞利用端粒酶（RNA 和蛋白质）来延伸染色体 3′ 末端，利用自身的 RNA 直接作为引物，并精确调控该片段合成长度。

6.（单选）除下列哪种酶外，皆可参加 DNA 的复制过程？（　　）

A. DNA 聚合酶　　　B. 引发酶　　　　　C. 连接酶　　　　　D. 水解酶

【答案】D

【解析】A 项，DNA 聚合酶负责合成子链 DNA。B 项，引发酶是合成 RNA 引物，引发 DNA 的合成。C 项，连接酶将小的冈崎片段连接成大的 DNA 分子。

7.（单选）端粒酶是一种蛋白质-RNA 复合物，其中 RNA 起（　　）。

A. 催化作用　　　　B. 延伸作用　　　　C. 模板作用　　　　D. 引物作用

【答案】C

【解析】端粒酶能够利用自身携带的 RNA 链为模板，以反转录的方式催化合成模板后随链 5′ 端 DNA 片段或外加重复单位，以维持端粒一定的长度，从而防止染色体的短缺损伤。

8.（单选）识别大肠杆菌 DNA 复制起始区的蛋白质是（　　）。

A. DnaA 蛋白　　　B. DnaB 蛋白　　　C. DnaC 蛋白　　　D. DnaG 蛋白

【答案】A

【解析】复制起始点（oriC）含有 4 个 9bp 的保守序列和 3 个 13bp 的串联重复序列。DNA 复制起始时，DnaA 蛋白与 oriC 的 4 个 9bp 的保守序列相结合形成多聚体，在与 ATP 的共同作用下使 3 个 13bp 的串联重复序列变性，形成开链。

9.（单选）在一个复制叉中，以下哪一种蛋白质的数量最多（　　）。

A. DNA 拓扑异构酶　　B. 引发酶　　　　C. SSB　　　　　　　D. DNA 解旋酶

【答案】C

【解析】单链 DNA 结合蛋白（SSB），以四聚体形式存在于复制叉处，SSB 与 DNA 单链结合，稳定单链。

10.（多选）真核生物 DNA 的复制特点为（　　）

A. 每个细胞周期只精确地复制一次

B. 复制的起始需要在前复制复合体 pre-RC 的指导下进行

C. 需要细胞周期蛋白依赖性激酶调控前复制复合体的形成和激活

D. 染色体在完成复制之前，各个复制起始点上的复制可以连续开始

【答案】A、B、C

【解析】真核生物只有在完成复制以后才能重新开始复制，起始点识别复合物（ORC）与复制器中的 11bp 保守序列结合；然后招募 Cdc6、Cdt1、MCM2～7 复合体，形成 pre-RC，发生于细胞周期 G_1 期。S 期 pre-RC 的激酶 CDK 和 DdK 激活 pre-RC，引发 DNA 复制。起始复合物的组装和激活分属于细胞周期的两个时期，保证整个细胞周期染色体 DNA 只复制一次。

11.（多选）下列有关大肠杆菌 DNA 聚合酶 I 的描述正确是（　　）。

A. 其功能之一是切掉 RNA 引物，并填补其留下的空隙

B. 是唯一参与大肠杆菌 DNA 复制的聚合酶

C. 具有 $3' \rightarrow 5'$ 外切核酸酶活性

D. 具有 $5' \rightarrow 3'$ 外切核酸酶活性

【答案】A、C、D

【解析】DNA 聚合酶 I 不是复制大肠杆菌染色体的主要聚合酶，它有 $3' \rightarrow 5'$ 核酸外切核酸酶活性，保证了 DNA 复制的准确性。它也可用来除去冈崎片段 5′ 端 RNA 引物，使冈崎片段间缺口消失，保证连接酶将片段连接起来。它还有 $5' \rightarrow 3'$ 外切核酸酶活性。

12.（多选）真核细胞中 DNA 复制由下列哪些调控（　　）。

A. 细胞周期水平调控　　　　　　　　B. 染色体水平调控

C. 复制子水平调控　　　　　　　　　D. 核苷酸聚合水平调控

【答案】A、B、C

【解析】真核细胞中 DNA 复制受到细胞周期水平（决定细胞是在 G_1 期还是进入 S 期）、染色体水平和复制子水平（决定是否进行复制的起始）三个水平的调控。

（三）判断题

1. 大肠杆菌 DNA 聚合酶 I 只参与修复，不参与复制。（　　）

【答案】错

【解析】大肠杆菌 DNA 聚合酶 I 既可合成 DNA 链，又能降解 DNA，保证了 DNA 复制的准确性；也可用于除去冈崎片段 5′ 端 RNA 引物，保证连接酶将片段连接起来。

2. DNA 的复制需要 DNA 聚合酶和 RNA 聚合酶。（　　）

【答案】正确

【解析】DNA 聚合酶具有 5′ → 3′ 方向聚合酶活性，只能延长已存在的 DNA 链，而不能从头合成 DNA 链。因此 DNA 复制时，需要 RNA 引物引发复制，即先由 RNA 聚合酶在 DNA 模板上合成一段 RNA 引物，再由 DNA 聚合酶从 RNA 引物的 3′ 端开始合成新的 DNA 链。

3. DNA 聚合酶Ⅲ是大肠杆菌 DNA 复制中链延长反应的主导聚合酶。（　　　）

【答案】正确

【解析】DNA 聚合酶Ⅲ是大肠杆菌 DNA 复制中链延长反应的主导聚合酶。它既有 5′ → 3′ 方向聚合酶活性，又有 3′ → 5′ 外切核酸酶活性。

4. DNA 聚合酶Ⅰ具有 5′ → 3′ 核酸外切酶活性，被用来切除引物。（　　　）

【答案】正确

【解析】DNA 聚合酶Ⅰ不是复制大肠杆菌染色体的主要聚合酶，它有 3′ → 5′ 核酸外切酶活性，保证了 DNA 复制的准确性。它也可用来除去冈崎片段 5′ 端 RNA 引物，使冈崎片段间缺口消失，保证连接酶将片段连接起来。它还有 5′ → 3′ 外切核酸酶活性。

5. 自主复制序列（ARS）是指酵母 DNA 复制的起点，包括数个复制起点必需的保守区。（　　　）

【答案】正确

【解析】自主复制序列（ARS）是在真核生物中发现的一类能启动 DNA 复制的序列，含有一个 AT 富集区。

6. 真核生物复制起始点富含 AT 区。（　　　）

【答案】正确

【解析】自主复制序列（ARS）是真核生物里富含 AT 碱基的复制起始点，没有特定的碱基序列。

7. 真核细胞的 DNA 聚合酶和细菌 DNA 聚合酶基本性质相同，均以 dNTP 为底物，不需 Mg^{2+} 激活。（　　　）

【答案】错误

【解析】需 Mg^{2+} 激活。

8. DNA 复制的调控主要发生在起始阶段，即一旦复制开始它将连续进行直至整个基因组复制完毕。（　　　）

【答案】错误

【解析】大肠杆菌染色体 DNA 的复制主要发生在起始阶段，一旦开始复制，如没有外力就可以一直复制下去直到完成。但对于真核细胞，DNA 的复制只发生在 S 期。

9. DNApol Ⅲ活性形式为二聚体，既有 DNA 聚合酶Ⅰ、Ⅱ、Ⅲ方向聚合酶活性，也有 3′ → 5′ 聚合酶活性。（　　　）

【答案】错误

【解析】DNA 聚合酶只能催化 5′ → 3′ 合成方向。

（四）问答题

1. 请简要描述半保留复制的机制？

【答案】DNA 的半保留复制是指在 DNA 复制过程中，双螺旋的 DNA 分子解螺旋后，分别作为模板，按照碱基互补配对原则，在 DNA 聚合酶的作用下合成新的互补链，形成的子代 DNA 分子的一条链来自亲代 DNA，另一条链是新合成的一种 DNA 复制方式。

2. 请简要描述冈崎片段？

【答案】冈崎片段是指在 DNA 半不连续复制中，沿着后随链的模板链合成的短 DNA 片段，能被连接形成一条完整的 DNA 链（后随链）。冈崎片段的长度在真核与原核生物中存在差别，真核生物的冈崎片段长度约为 100～200bp，而原核生物的冈崎片段长度约为 1000～2000bp。

3. 什么是 single-strand DNA binding protein？它的作用是什么？

【答案】（1）single-strand DNA binding protein 是单链 DNA 结合蛋白（SSB），又称 DNA 结合蛋白，是一种在远低于解链温度时使双链 DNA 分开，并牢牢地结合在单链 DNA 上的蛋白质。

（2）SSB 蛋白的作用是保证被解链酶解开的单链在复制完成前能保持单链结构，它以四聚体形式存在于复制叉处，待单链复制完成后才离开，重新进入循环。SSB 可以保持单链的存在，并没有解链的作用。

4. 请定义拓扑异构酶？它的作用是什么？它的分类如何？

【答案】（1）拓扑异构酶是指能改变 DNA 分子拓扑性质的酶，该酶通过改变封闭环状 DNA 分子的拓扑连环数或超螺旋数来改变 DNA 的拓扑性质。

（2）拓扑异构酶能够消除解链造成的正超螺旋的堆积，消除阻碍解链继续进行的压力，使复制得以延伸。

（3）该酶分为两类：①Ⅰ型拓扑异构酶在 DNA 双链上的一条链上引入缺口；②Ⅱ型拓扑异构酶在 DNA 双链上引入短暂的缺口，然后打通和再封闭，以改变 DNA 的拓扑状态。

5. 什么是 ARS 序列，它的作用是什么？

【答案】（1）ARS 即 autonomously replicating sequence，中文名称是自主复制序列，它是在真核生物中发现的一类能启动 DNA 复制的序列，含有一个 AT 富集保守序列。

（2）ARS 是染色体正常起始复制所必需的。

6. 大肠杆菌有几种聚合酶？简述大肠杆菌的 DNA 聚合酶的催化活性和基本生物功能。

【答案】（1）大肠杆菌 DNA 聚合酶最早在 *Escherichia coli* 中发现，到目前为止已确定有 5 种类型，分别为 DNA 聚合酶Ⅰ、DNA 聚合酶Ⅱ、DNA 聚合酶Ⅲ、DNA 聚合酶Ⅳ和 DNA 聚合酶Ⅴ，都与 DNA 链的延长有关。

（2）其中 DNA 聚合酶Ⅰ、DNA 聚合酶Ⅱ、DNA 聚合酶Ⅲ研究的比较明确。DNA 聚合酶Ⅰ是 1956 年由 Arthur Komberg 在 *E. coli* 中首先发现，是一种多功能酶，有三个不同的活性中心：①$5' \rightarrow 3'$ 聚合酶活性催化 DNA 链的延伸，主要用于填补 DNA 上的空隙或是切除 RNA 引物后留下的空隙；②$3' \rightarrow 5'$ 外切酶活性能识别和切除 DNA 3' 端在聚合作用中错误配对的核苷酸，起到校读作用；③$5' \rightarrow 3'$ 外切酶活性主要用于切除 5' 引物或受损伤的 DNA。此酶缺陷的突变株仍能生存，表明 DNA 聚合酶Ⅰ不是 DNA 复制的主要聚合酶。DNA 聚合酶Ⅱ是一种多酶复合体，有 $5' \rightarrow 3'$ 聚合酶活性中心和 $3' \rightarrow 5'$ 外切酶活性中心，但没有 $5' \rightarrow 3'$ 外切酶活性中心。其催化 $5' \rightarrow 3'$ 方向合成反应的活性只有 DNA 聚合酶Ⅰ的 5%。因该酶缺陷的 *E. coli* 突变株的 DNA 复制都正常，所以也不是 DNA 复制的主要聚合酶，可能是在 DNA 的损伤修复中起到一定的作用。DNA 聚合酶Ⅲ是一种多酶复合体，全酶由 α、β、γ、δ、ε、θ、τ、χ 和 ψ 中共 10 种亚基构成，其中 α、ε 和 θ 亚基构成全酶的核心。α 亚基含 $5' \rightarrow 3'$ 聚合酶活性中心，ε 亚基含 $3' \rightarrow 5'$ 外切酶活性中心，θ 亚基可能起装配作用，其他亚基各有不同作用。DNA 聚合酶Ⅲ活性最高，在 DNA 复制链的延长上起着主导作用，是催化 DNA 复制合成的主要酶。DNA 聚合酶Ⅳ和Ⅴ发现于 1999 年，主要参与 DNA 修复。

7. 说出参与 DNA 复制的物质及其功能。

【答案】DNA 复制的物质包括：模板、底物、多种酶类。

（1）模板为解开成单链的两条 DNA 母链。

（2）底物即 dATP、dGTP、dCTP 和 dTTP（总称 dNTP），是合成 DNA 的原料。

（3）多种酶类：① DNA 聚合酶。原核细胞：以大肠杆菌为例，已发现 DNA 聚合酶Ⅰ、DNA 聚合酶Ⅱ和 DNA 聚合酶Ⅲ，都是多功能酶，既有 5′→3′ 聚合酶活性，又有 3′→5′ 外切酶活性，DNA 聚合酶Ⅰ还有 5′→3′ 外切酶活性。DNA 聚合酶Ⅰ的主要功能是修复 DNA 的损伤，在复制中还能切除 RNA 引物并填补留下的空隙。DNA 聚合酶Ⅱ的作用是损伤修复。DNA 聚合酶Ⅲ是 DNA 的复制酶。新近研究发现的 DNA 聚合酶Ⅳ和Ⅴ，它们涉及 DNA 的错误倾向修复。真核细胞：DNA 聚合酶 α，β，γ，δ 和 ε，其中 DNA 聚合酶 α 和 δ 真正具有合成新链的复制作用；β 和 ε 参与 DNA 的损伤修复，γ 负责线粒体 DNA 的复制。②引物合成酶和引发体：引物合成酶又称引发酶，催化 RNA 引物的合成提供 3′-OH 末端使 DNA 可以依次聚合，该酶作用时需与另外的蛋白质结合形成引发体才具有催化活性。③ DNA 连接酶：催化双链 DNA 一条链上切口处相邻 5′-磷酸基和 3′-羟基生成磷酸二酯键的酶，使 DNA 分子连接在一起。连接酶作用的过程中，在原核细胞中以 NAD$^+$ 提供能量，在真核细胞中以 ATP 提供能量。④ DNA 解链酶（DnaB）解开 DNA 双螺旋的双链。⑤ DNA 拓扑异构酶：消除解链造成的正超螺旋的堆积及阻碍解链继续进行的压力，使复制得以延伸。⑥单链 DNA 结合蛋白（SSB）：与 DNA 分开的单链结合，起稳定 DNA 的单链、阻止复性和保护单链不被核酸酶降解的作用。

8. 原核生物和真核生物复制起始控制的主要特征。

【答案】（1）真核生物和原核生物复制的相同点：DNA 复制都是半保留复制、半不连续复制、双向复制；在复制中需要的原料、模板、引物都相同；都有前导链和滞后链；都分为起始、延伸、终止三个过程。

（2）真核生物和原核生物复制的不同点：①真核生物 DNA 的合成只是在细胞周期的 S 期进行，而原核生物则在整个细胞生长过程中都可进行 DNA 合成。②原核生物 DNA 的复制是单起点的，可以连续开始新的复制，有多个复制叉，而真核生物染色体的复制则为多起点的。真核生物中前导链的合成并不像原核生物那样是连续的，而是以半连续的方式，由一个复制起始点控制一个复制子的合成，最后由连接酶将其连接成一条完整的新链。③真核生物 DNA 的合成所需的 RNA 引物及后随链上合成的冈崎片段的长度比原核生物要短。

9. 原核生物中有几种 DNA 聚合酶？

【答案】原核生物中有五种 DNA 聚合酶，其中 DNA 聚合酶Ⅰ、DNA 聚合酶Ⅱ、DNA 聚合酶Ⅲ功能比较清楚，DNA 聚合酶Ⅲ是复制中的聚合酶同时控制两条链的合成。真核生物中有 α、β、γ、ε、δ 五种主要聚合酶。聚合酶 α、δ 是 DNA 合成的主要酶，分别控制不连续的后随链以及前导链的生成。聚合酶 β 可能与 DNA 修复有关，聚合酶 γ 则是线粒体中发现的唯一一种 DNA 聚合酶。

10. 比较真核生物和原核生物在染色体末端复制机制。

【答案】染色体末端的复制不同。原核生物的染色体大多数为环状，而真核生物染色体为线状。末端有特殊 DNA 序列组成的结构称为端粒。

11. 原核生物复制起始控制的主要特征。

【答案】（1）大肠杆菌染色体 DNA 复制起始点编码复制调节蛋白质、复制起始点与调节蛋白质相互作用并启动复制；复制叉的多少决定了复制起始频率的高低。

（2）真核生物复制起始控制的主要特征：①复制一旦启动，在完成本次复制前，不能再启动新的复制；② DNA 复制只发生在 S 期，细胞周期水平的调控，决定细胞停留在 G_1 还是进入 S 期；③染色体水平调控，决定不同染色体或同一染色体不同部位的复制子按一定顺序在 S 期进行复制；④复制子水平的调控决定复制的起始与否，这种调控不论是单细胞生物还是高等生物都是高度保守的。

12. 原核生物 DNA 聚合酶 I 不同于聚合酶 III 的酶活性是什么？

【答案】原核生物 DNA 聚合酶 I 不同于聚合酶 III 的酶活性包括：① DNA 聚合酶 I 的生物学活性低；而 DNA 聚合酶 III 的生物学活性较高，为 DNA 聚合酶 I 的 15 倍。② DNA 聚合酶 I 的 N 具有 $5' \to 3'$ 核酸外切酶功能，可作用于双链 DNA，又可水解 $5'$ 末端核苷酸处的磷酸二酯键；而 DNA 聚合酶 III 没有该功能。③ DNA 聚合酶 I 的 C 端同时具有 DNA 聚合酶活性和 $3' \to 5'$ 核酸外切酶活性，既可合成 DNA 链，又能降解 DNA，从而保证了 DNA 复制的准确性；而 DNA 聚合酶 III 主要负责 DNA 复制中链的延长反应。

13. 简述真核生物 DNA 复制中，端粒复制与其他部分复制的异同。

【答案】①相同点：都是按照碱基互补配对的原则，由 $5'$ 端向 $3'$ 端延伸。②不同点：端粒复制过程中，DNA 以 RNA 为模板合成，染色体其他部位复制以 DNA 为模板，以半保留复制机制进行；端粒复制以端粒酶催化，而染色体其他部分复制在 DNA 聚合酶催化下进行；端粒的复制不需要引物，染色体其他部分的 DNA 复制需要 RNA 引物。

14. 列举参与 DNA 复制的酶和相关的蛋白质及其功能。

【答案】参与 DNA 复制的酶和蛋白质及其功能如下：① DNA 聚合酶：以母链 DNA 为模板，以四种 dNTP 为底物，催化新链不断延长，合成起始时需要引物提供 $3'$-OH。此外，DNA 聚合酶还有核酸外切酶活性。②解旋、解链两类：包括 DNA 解链酶、单链 DNA 结合蛋白和拓扑异构酶。

（1）DNA 解链酶：能使双链 DNA 碱基对之间的氢键解开，每解开一对碱基，需消耗 2 个 ATP。大部分 DNA 解链酶可沿后随链模板的 $5' \to 3'$ 方向并随着复制叉前进而移动。

（2）单链 DNA 结合蛋白：单链 DNA 结合蛋白可以在远低于解链温度时使双链 DNA 分开，并牢牢地结合在单链 DNA 上，保证被解链酶解开的单链在复制完成前能保持单链结构，它以四聚体形式存在于复制叉处，待单链复制完成后才离开，重新进入循环。

（3）拓扑异构酶：在复制过程中，随着 DNA 的解旋，双螺旋的盘绕数减少，而超螺旋数增加，使正超螺旋增加，未解链部分的缠绕更加紧密，形成的压力使解链不能继续进行。拓扑异构酶能够消除解链造成的正超螺旋的堆积及阻碍解链继续进行的压力，使复制得以延伸。

（4）引发酶：是一种特殊的 RNA 聚合酶，该酶以 DNA 为模板，催化合成一段 RNA 链即引物，复制时由 DNA 聚合酶从 RNA 引物 $3'$ 端开始合成新的 DNA 链。

（5）DNA 连接酶：连接 DNA 链 $3'$-OH 末端和另一 DNA 链的 $5'$ 磷酸末端，使二者生成磷酸二酯键，从而把两段相邻的 DNA 链连成完整的链。

15. 试述大肠杆菌基因组 DNA 复制忠实性维护的工作机制。

【答案】大肠杆菌基因组 DNA 复制忠实性维护的工作机制如下：

（1）DNA 聚合酶具有模板依赖性，复制时 dNTP 按 A—T、G—C 碱基配对规律对号入座，使子代 DNA 与亲代 DNA 核苷酸顺序相同，但同时有大约 10^{-4} 的错配。

（2）DNA 聚合酶 I、Ⅱ、Ⅲ均有 $3' \rightarrow 5'$ 核酸外切酶活性，有纠正错配的校正作用，可修复 DNA 使错配减至 10^{-6}。

（3）根据"保存母链，修复子链"的原则，DNA 的错配修复系统找出错配碱基所在的 DNA 链，并在对应于母链甲基化腺苷酸上游鸟苷酸的 $5'$ 位置切开子链，再根据错配碱基相对于 DNA 切口方向启动修复途径，合成新的子链 DNA 片段，最终可使错配减至 10^{-9} 以下。

16. 简述 DNA 复制的过程。

【答案】DNA 复制的过程如下：

（1）DNA 双螺旋的解旋：DNA 在复制时，其双链首先解开形成复制叉，是一个需要多种蛋白质及酶参与的复杂过程。

（2）DNA 复制的引发：所有的 DNA 聚合酶都从 $3'$-OH 端起始 DNA 合成。前导链和后随链开始 DNA 合成时，都需要 RNA 引物引发复制。后随链的引发过程还需要多种蛋白质和酶的协同作用，由引发体完成。

（3）复制的延伸：在复制的延伸过程中，前导链和后随链的合成同时进行。①前导链在引物 RNA 合成的基础上，连续合成新的 DNA，其合成方向与复制叉一致。②后随链先合成冈崎片段，再由 DNA 连接酶连接成为一条完整的子代链。

（4）复制的终止：当复制叉前移，终止子序列（Ter）中 Ter-Tus 复合物能使 DnaB 不再将 DNA 解链，阻挡复制叉的继续前移，等相反方向的复制叉达到后停止复制。

17. 简述 DNA 复制的基本规律。

【答案】DNA 复制的基本规律如下：

（1）DNA 复制是半保留复制。在 DNA 复制过程中，其中一条子链来源于母链模板，而另外一条链是新合成的。

（2）复制起始出现在称为原点的特定序列上。DNA 复制有复制起始点，从复制起始点开始。终止也是在复制过程中的某个固定点。

（3）复制的控制一般是在复制的起点处。复制一旦开始，只要没有其他阻碍因素，就会一直等到复制完毕。

（4）复制叉的移动是单向或双向。

（5）链的延伸方向是 $5' \rightarrow 3'$ 方向。目前所发现的 DNA 聚合酶都只有 $5' \rightarrow 3'$ DNA 聚合活性。

（6）大多数情况下 DNA 复制是半不连续复制。在 DNA 复制过程中，前导链的复制是连续进行的，而后随链的复制是不连续复制，即先形成一系列的短片段（冈崎片段），然后再连接成完整的 DNA 片段。

（7）DNA 聚合酶以短的 RNA 片段作为引物开始合成 DNA。目前所发现的 DNA 聚合酶都只能延长已存在的链，而不能启动新的链的合成，因此 DNA 复制中需要有引物的引发。

（8）存在各种 DNA 链的合成起始机制。除了 RNA 引物引发外，还包括 DNA 链与一个末端蛋白质共价结合，以及缺口的共价延伸，或者亲本链已被环化的末端等。

（9）复制的机制取决于基因组结构和构象以保持产生完整的染色体。

（10）即使在单个细胞中也可进行多种复制机制的操作。

18. 试述真核生物是如何解决染色体 DNA 末端稳定性问题的。

【答案】真核生物能够通过形成端粒结构和具有反转录酶活性的端粒酶来解决 DNA 复制时产生的染色体末端不稳定问题。

（1）端粒是真核细胞线性染色体末端的一组短的串联重复 DNA 序列，它能防止染色体的重组和末端降解酶的作用，从而维持染色体的稳定。端粒可由端粒酶加到 DNA 末端。

（2）端粒酶是一种 RNA 与蛋白质的复合体，其蛋白质组分具有逆转录酶的活性，它以自身 RNA 上的一个片段为模板，通过反转录合成端粒重复序列，并通过一引物延伸模板转换的机制添加到染色体 3′ 末端，以维持端粒一定的长度，从而防止染色体的损伤。

19. 简述 DNA 聚合酶 I 和 Klenow 大片段的结构与功能。

【答案】（1）DNA 聚合酶 I 的结构与功能：DNA 聚合酶 I 可以被蛋白酶切成 2 个区域：①占 DNA 聚合酶 I 蛋白 2/3 的 C 端区域：分子量为 68000，具有 DNA 聚合酶活性和 3′ → 5′ 核酸外切酶活性，既可合成 DNA，又可降解 DNA，保证 DNA 复制的准确性。②占 DNA 聚合酶 I 蛋白 1/3 的 N 端区域：分子量为 35000，具有 5′ → 3′ 核酸外切酶的活性。既可作用于双链 DNA，又可水解 5′ 末端或距 5′ 末端核苷酸处的磷酸二酯键，还可用于除去冈崎片段 5′ 端 RNA 引物，使冈崎片段间缺口消失，保证连接酶将片段连接起来。

（2）Klenow 大片段的结构与功能：Klenow 大片段是指用蛋白酶水解 DNA 聚合酶 I 所得的大片段 2/3 的 C 端区域，具有 5′ → 3′ 聚合酶活性和 3′ → 5′ 核酸外切酶活性。

第五节　DNA 的突变与修复

一、重点解析

1. DNA 的突变

基因突变是指基因内的遗传物质发生可遗传的结构和数量的变化。DNA 突变主要来源于 DNA 复制过程中出现的错误，遗传物质的化学和物理损伤，以及转座子插入所造成的 DNA 序列变化。

复制错误和 DNA 损伤有两个后果：①造成基因突变；②不能作为模板进行复制和转录。

基因突变有多种类型，包括碱基替换、转换、颠换、插入突变、同义突变、错义突变、无义突变和移码突变。

2. DNA 的修复

（1）错配修复：该系统识别母链的依据来自 Dam 甲基化酶，它能使位于 5′GATC 序列中腺苷酸的 N6 位甲基化。只要两条链上碱基配对出问题，错配修复系统就会根据"保存母链，修正子链"的原则，找出错误碱基所在的链，并在对应于母链甲基化腺苷酸 5′ 上有鸟苷酸的位置切开子链，根据突变碱基的位置启动特定的修复途径，合成新的子链片段。

（2）碱基切除修复：所有细胞中都带有能识别受损核酸位点的不同的糖苷水解酶，能特异性切除受损核苷酸上的 N-糖苷键，形成 AP 位点（也称去嘌呤或去嘧啶位点）后移除一小部分核苷酸链，然后合成新的子链片段的修复。

（3）核苷酸切除修复：当 DNA 链上相应位置的核苷酸发生损伤，导致双链之间无法形成氢键，则由核苷酸切除修复系统负责修复，先移除突变位点附近一小部分核苷酸链（原核大约 13 个核苷酸，真核大约 29 个核苷酸）后合成新的子链片段。

（4）同源重组修复和非同源末端连接：DNA 双链断裂对基因组完整性和细胞存活构成相当大的威胁。如果不进行修复，单个双链断裂就足以导致细胞死亡，如果双链断裂不能完全修复可能会致癌易位。导致基因组 DNA 中的双链断裂发生原因有多种，包括有害的外源性物质（如电离辐射或细胞毒性化学物质）、受到外界机械力、复制叉崩塌、减数分裂、酵母中的交配类型转换或脊椎动物抗体基因的 V(D)J 片段重排。真核生物有两种修复 DNA 双链断裂的机制：同源重组修复（homologous recombination，HR）和非同源末端连接（non-homologous end joining，NHEJ）（图 2-1）。

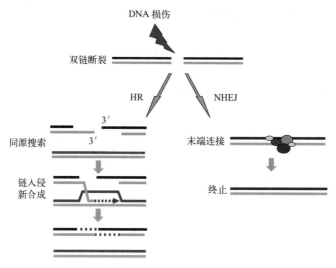

图 2-1　同源重组修复和非同源末端连接

同源重组修复发生在 S 期，DNA 复制会生成两个 DNA 拷贝，可以通过使用未损坏的 DNA 副本作为模板来修复双链断裂，在不丢失遗传信息的情况下恢复受损 DNA 中的断裂。同源重组修复机制是高保真的，通过同源重组修复双链断裂不仅有助于保护细胞免受 DNA 损伤的潜在致命影响，而且在此过程中有助于产生推动进化的遗传多样性。

非同源末端连接发生在当细胞核内没有对应的同源 DNA 片段时，细胞将利用另一种方式非同源末端连接来进行染色体断裂的修复。通过断裂末端突出的单链之间错排配对，断裂的两个末端直接相互连接。这种修复的主要缺点是不准确性，因为可能会在 DNA 断裂位点引入小的缺失。例如在细胞周期的 G1 期，当每条染色体只有一个拷贝时，通过非同源末端连接修复双链断裂对于细胞存活至关重要。

（5）DNA 的直接修复：生物体内一种高度专一的直接修复方式，修复过程中而并不需要切除碱基或核苷酸的机制。例如，紫外光照射可使 DNA 分子中同一条链两相邻胸腺嘧啶碱基之间形成二聚体，DNA 光解酶能直接把环丁烷胸腺嘧啶二体及 6-4 光化物还原成单体。生物体内还广泛存在着使 O^6-甲基鸟嘌呤脱甲基化的甲基转移酶，以防止形成 G—T 配对。

（6）跨损伤 DNA 合成（translesion DNA synthesis，TLS）：又称为跨缺刻复制或备份复制。TLS 发生在复制后修复，是近年来新发现的参与 DNA 修复的又一机制，最先发现于原核细胞中。在 DNA 复制过程中，当聚合酶遇到嘧啶二聚体和脱嘌呤位点等没有被修复的损伤而使复制停顿时，利用损伤核苷酸为模板，通过 DNA 聚合酶使碱基掺入到复制终止处进行 DNA 合成，从而延缓 DNA 的修复。复制继续必须越过损伤以防止复制叉崩塌，机体必须启动跨损伤合成系统，并忽略已存在的损伤。

（7）SOS 反应：当染色体 DNA 受到严重损伤时，细胞对致死性 DNA 损伤做出的应激反应。在 DNA 分子严重损伤的情况下，正常的复制和修复系统无法完成 DNA 的复制，此时会启动 SOS 反应。细胞 DNA 受到损伤或复制系统受到抑制的紧急情况下，细胞为了生存而产生的一种应急措施。它是一种旁路系统，允许新生链越过嘧啶二聚体继续复制，代价是保真度的极大降低。在这种情况下，多种基因被诱导表达，例如大肠杆菌的 DNA 聚合酶 V 可在 DNA 模板有切口的区域催化 DNA 复制。SOS 反应包括诱导 DNA 损伤修复、诱变效应等，广泛存在于原核和真核生物中，主要包括 DNA 的修复和产生变异。

二、名词解释

1. 基因突变
指基因内的遗传物质发生可遗传的结构和数量的变化。

2. 转换
嘧啶到嘧啶和嘌呤到嘌呤的替换。

3. 颠换
嘧啶到嘌呤和嘌呤到嘧啶的替换。

4. 点突变
指单个核苷酸的突变。

5. 错配修复
只要两条链上碱基配对出问题，错配修复系统就会根据"保存母链，修正子链"的原则，找出错误碱基所在的链，并在对应于母链甲基化腺苷酸 5' 上有鸟苷酸的位置切开子链，再启动特定的修复途径，合成新的子链片段。

6. 切除修复
对多种 DNA 损伤包括碱基脱落形成的无碱基点、嘧啶二聚体、碱基烷基化、单链断裂等都能起修复作用。此系统是在几种酶的协同作用下，先在损伤的任一端打开磷酸二酯键，然后外切掉碱基或一段寡核苷酸；留下的缺口由修复性合成来填补，再由连接酶将其连接起来。

7. 碱基切除修复
所有细胞中都带有能识别受损核酸位点的不同的糖苷水解酶，能特异性切除受损核苷酸上的 N-糖苷键，形成去嘌呤或去嘧啶位点，统称 AP 位点。

8. 核苷酸切除修复
当 DNA 链上相应位置的核苷酸发生损伤，导致双链之间无法形成氢键，则由核苷酸切除修复系统负责修复。

9. 同源重组修复
利用细胞内的同源染色体对应的 DNA 序列作为修复的模板，进行 DNA 修复的过程。

10. 非同源末端连接
当细胞核内没有对应的同源 DNA 片段时，细胞将利用另一种方式非同源末端连接来进行染色体断裂的修复。通过断裂末端突出的单链之间错排配对，断裂的两个末端直接相互连接。

11. DNA 的直接修复
生物体内还存在 DNA 损伤直接修复而并不需要切除碱基或核苷酸的机制。

12. 跨损伤合成
在 DNA 复制过程中，当聚合酶遇到嘧啶二聚体和脱嘌呤位点等没有被修复的损伤而使复制停顿时，复制继续必须越过损伤以防止复制叉的崩塌，机体必须启动跨损伤合成系统，并忽略已存在的损伤。

13. SOS 反应

是一种旁路系统，允许新生链越过嘧啶二聚体继续复制，代价是保真度的极大降低。

三、课后习题

课后习题及答案

四、拓展习题

（一）填空题

1. 基因突变是指基因内的_____发生可遗传的_____和_____的变化。

【答案】遗传物质；结构；数量。

【解析】基因突变是由 DNA 分子中发生碱基对的增添、缺失或改变而引起的基因结构和数量的改变。

2. DNA 的突变主要来源于 DNA 复制过程中出现的错误，_____，以及转座子插入所造成的 DNA 序列变化。

【答案】遗传物质的化学和物理损伤。

【解析】DNA 的突变主要来源于 DNA 复制过程中出现的遗传物质的化学和物理损伤错误。

3. 给 DNA 带来永久性的不可逆的改变，最终改变编码的序列，称之为_____。

【答案】基因突变。

【解析】基因突变指一个基因内部遗传结构或 DNA 序列的任何改变。

4. 嘧啶到嘧啶和嘌呤到嘌呤的替换称为_____，嘧啶到嘌呤和嘌呤到嘧啶的替换称为_____。

【答案】转换；颠换。

【解析】相同类型的碱基间的变换称为转换；不同类型的碱基变换称为颠换。

5. 一旦在 DNA 复制过程中发生错配，错配修复系统会根据"_____"的原则，找出错误碱基所在的 DNA 链。

【答案】保存母链，修正子链。

【解析】错配修复是一种能够纠正 DNA 碱基对的修复系统，专门用来修复 DNA 复制中合成 DNA 新链的错配碱基。两条 DNA 链上碱基配对出现错误，错配修复系统就会根据"保存母链，修正子链"进行修复。

6. 所有细胞中都带有不同类型、能识别受损核酸位点的糖苷水解酶，它能特异性切除受损核苷酸上的 N-β 糖苷键，在 DNA 链上形成去嘧啶或去嘌呤位点，该位点称为_____。

【答案】AP 位点。

【解析】所有细胞带有不同类型、能识别受损核酸位点的糖苷水解酶，DNA 分子一旦产生了 AP 位点，AP 核酸内切酶就会把受损核苷酸上的 N-β 糖苷键切除。

7. 当 DNA 链上相应位置的核苷酸发生损伤导致无法形成氢键时，_____负责修复。

【答案】核苷酸切除修复系统。

【解析】当 DNA 链上相应位置核苷酸发生损伤，则由核苷酸切除修复系统负责修复。

8. DNA 的直接修复是最简单的 DNA 损伤修复方式，包括嘧啶二聚体的修复（又称光复活修复）、_____、_____、_____。

【答案】烷基化碱基的修复；无嘌呤位点的修复；单链断裂的修复。

【解析】直接修复是把损伤恢复到原来状态的一种修复。DNA 的直接修复是最简单的 DNA 损伤修复方式，包括嘧啶二聚体的修复（又称光复活修复）、烷基化碱基的修复、无嘌呤位点的修复、单链断裂的修复。

9. DNA 光解酶能将经紫外光照射形成的环丁烷胸腺嘧啶二体及 6-4 光化物还原成单体，这是 DNA_____机制。

【答案】直接修复。

【解析】直接修复是把损伤恢复到原来状态的一种修复。

10. 跨损伤合成是一类复制后修复，具有高度的_____，但避免了染色体不完全复制的更坏后果。

【答案】易错性。

【解析】跨损伤合成是一类复制后修复，也被称为跨缺刻复制或备份复制，最先发现于原核细胞中。在 DNA 链复制过程中，当 DNA 聚合酶遇到嘧啶二聚体或脱嘌呤位点等没有被修复的损伤，而使复制停顿时，复制机器必须越过损伤，以防止复制叉等崩塌，机体必须启动跨损伤合成系统并忽略已存在的损伤。

11. 大肠杆菌的 *rec* 基因编码主要的重组修复系统，主要作用是重新启动停滞的_____。

【答案】复制叉。

【解析】重组修复又称复制后修复，发生在复制之后。机体细胞对在复制起始时尚未修复的 DNA 损伤部位可以先复制再修复，即先跳过该损伤部位完成全部链复制后再进行修复。

12. SOS 修复是一种旁路系统，允许新生链越过_____继续复制，其代价是保真度极大降低。

【答案】胸腺嘧啶二聚体。

【解析】SOS 反应是细胞 DNA 受损或复制系统受到抑制的紧急情况下求生存的应急措施。SOS 反应是指 DNA 受到严重损伤、细胞处于危急状态时所诱导的一种 DNA 修复方式，修复结果只是能维持基因组的完整性，提高细胞的生存率，但留下的错误较多，故又称为错误倾向修复，使细胞有较高的突变率。

13. SOS 反应包括诱导_____、诱变效应、细胞分裂抑制及细菌释放噬菌体。

【答案】DNA 损伤修复。

【解析】SOS 反应包括诱导 DNA 损伤修复、诱变效应、细胞分裂的抑制以及溶原性细菌释放噬菌体，细胞癌变等。

14. 重组修复又被称为_____。

【答案】复制后修复。

【解析】重组修复又称复制后修复，发生在复制之后。机体细胞对在复制起始时尚未修复的 DNA 损伤部位可以先复制再修复，即先跳过该损伤部位完成全部链复制后再进行修复。

（二）选择题

1.（单选）双链断裂的修复主要采用下列哪一种修复机制（　　）。

A. 同源重组修复　　　B.核苷酸切除修复　　C.碱基切除修复　　　D. 错配修复

【答案】A

【解析】同源重组和非同源末端连接是DNA双链断裂应答机制中两条重要的修复通路。

2.（单选）下列哪一种类型的酶可能不参与切除修复？（　　）

A. DNA 聚合酶　　　　B. RNA 聚合酶　　　C. DNA 连接酶　　　　D. 解旋酶

【答案】B

【解析】DNA 切除修复包括碱基切除修复和核苷酸切除修复两种。前者修复过程中需要AP 核酸内切酶切除受损片段，DNA 聚合酶Ⅰ和 DNA 连接酶修复 DNA 链；后一种修复过程中，DNA 外切酶切割移去 DNA，解链酶解开 12 ～ 13 个核苷酸（原核）或 27 ～ 29 个核苷酸（真核）的单链 DNA，再由 DNA 聚合酶和 DNA 连接酶修复 DNA 链。

（三）判断题

1. 细胞内 DNA 复制后的错配修复不需要消耗能量。（　　　）

【答案】错误

【解析】DNA 复制过程中发生错配，细胞能够通过准确的错配修复系统识别并校正，其内容包括碱基切除、DNA 聚合和连接反应，这些过程均需要消耗能量。

2. DNA 修复系统进行错配修复时，根据子链 DNA 甲基化而母链未甲基化来判断子链和母链，从而修复错配的碱基。（　　　）

【答案】错误

【解析】在错配修复中，复制叉要通过复制起始点，母链就会在 DNA 合成前被甲基化，而子链未来得及甲基化。一旦两条 DNA 链上碱基配对出现错误，错配修复系统就会以"保留母链，修复子链"的原则，找出错误碱基所在的 DNA 链，并在对应于母链甲基化腺苷酸上游鸟苷酸 5′ 端位置切开子链，根据错配碱基相对于 DNA 切口的方位启动修复途径，合成新的子链片段。

3. 大肠杆菌 DNA 聚合酶Ⅰ只参与修复，不参与复制。（　　　）

【答案】错误

【解析】大肠杆菌 DNA 聚合酶Ⅰ既能合成 DNA 链，又能降解 DNA，保证了 DNA 复制的准确性；也可用于除去冈崎片段 5′ 端 RNA 引物，保证连接酶将片段连接起来。

4. 亚硝酸是一种有效诱变剂，它可以直接作用于 DNA，使碱基中的氨基氧化生成羰酮基，造成碱基配对错误。（　　　）

【答案】正确

【解析】亚硝酸盐可以除去 DNA 分子碱基上的氨基基团，还可以除去 DNA 中任何一个带有氨基基团的碱基上氨基基团，使 DNA 上碱基脱氨，则 C、A、G 变成 U、H（次黄嘌呤）、X（黄嘌呤），导致碱基配对错误。

5. 新生DNA链上的甲基化修饰在帮助DNA修复系统识别亲本链过程中起决定作用。（　　　）

【答案】错误

【解析】DNA 母链上的甲基化修饰在帮助 DNA 修复系统识别亲本链过程中起决定作用。

6. 细胞修复系统对 DNA 损伤进行修复的方式主要有错配修复、切除修复、重组修复、

DNA 直接修复和 SOS 反应。（　　）

【答案】正确

【解析】细胞修复系统对 DNA 损伤进行修复的方式主要有错配修复、切除修复、重组修复、DNA 直接修复和 SOS 反应。

7. DNA 发生单链断裂时，可通过同源重组修复和非同源末端连接来进行修复。（　　）

【答案】错误

【解析】重组修复又称复制后修复，发生在复制之后。机体细胞对在复制起始时尚未修复的 DNA 损伤部位可以先复制再修复，即先跳过该损伤部位完成全部链复制后再进行修复。DNA 发生双链断裂时，可通过同源重组修复和非同源末端连接来进行修复。

（四）问答题

1. 什么是同源重组？

【答案】同源重组是指发生在非姐妹染色单体之间或同一染色体上含有同源序列的 DNA 分子之间或分子之内的重新组合方式。它是最基本的 DNA 重组方式。可利用同源重组进行基因打靶，将遗传改变引入靶生物体。可将外源性目的基因定位导入受体细胞的染色体上，通过与该座位的同源序列交换，使外源性 DNA 片段取代原位点上的缺陷基因，达到修复缺陷基因的目的。

2. 什么是切除修复？

【答案】切除修复是修复 DNA 损伤最普遍的方式，普遍存在各种生物细胞中，主要有碱基切除修复和核苷酸切除修复两种。在碱基脱落形成的无碱基位点、嘧啶二聚体、碱基烷基化、单链断裂等多种 DNA 损伤中，可起修复作用。

3. 什么是重组修复？

【答案】重组修复又称复制后修复，它发生在复制之后，是指机体细胞在复制起始时，先跳过尚未修复的 DNA 损伤部位，先在新合成链中留下一个对应于损伤序列的缺口，然后从同源 DNA 母链上将相应核苷酸序列片段移至子链缺口处，再用新合成的序列补上母链空缺的过程。

4. 细胞通过哪几种修复系统对 DNA 的损伤进行修复？

【答案】细胞可以通过错配修复、重组修复、切除修复、直接修复和 SOS 反应等修复系统对 DNA 损伤进行修复。

5. 影响 DNA 损伤的因素是什么？如何修复？说明修复机制对生物体的意义？

【答案】DNA 损伤的因素有自发因素、物理因素和化学因素。

（1）自发因素。① DNA 复制中的错误：DNA 复制过程中，错配率在 10% ～ 20% 左右，可导致 DNA 损伤。② DNA 的自发性化学变化：如碱基的异构互变、碱基的脱氨基作用、脱嘌呤与脱嘧啶、碱基修饰与链断裂、DNA 的甲基化和其他结构变化等，可能导致 DNA 老化。

（2）物理因素。①紫外线照射：使同一条 DNA 链上相邻的嘧啶以共价键连成二聚体。②电离辐射：有直接效应和间接的效应。直接效应是指 DNA 直接吸收射线能量而遭损伤；间接效应是指 DNA 周围其他分子（主要是水分子）吸收射线能量，产生具有很高反应活性的自由基进而损伤 DNA。电离辐射可导致 DNA 分子产生多种变化，如碱基变化、脱氧核糖变化、DNA 链断裂及交联等。

（3）化学因素。各种化学诱变剂，如烷化剂对 DNA 的损伤、碱基类似物和修饰剂对 DNA 的损伤，还有一些人工合成或环境中存在的化学物质，能专一修饰 DNA 链上的碱基或通过影响 DNA 复制而改变碱基序列。

细胞可以通过错配修复、切除修复、重组修复、DNA 直接修复和 SOS 反应等修复系统对 DNA 损伤进行修复。

（1）错配修复是指在 DNA 复制过程中发生错配时，细胞能够通过准确的错配修复系统将其识别，并加以校正，DNA 子链中的错配几乎完全能被修正，充分反映了母链序列的重要性。

（2）切除修复是修复 DNA 损伤最普遍的方式，普遍存在各种生物细胞中，主要有碱基切除修复和核苷酸切除修复两种。在碱基脱落形成的无碱基位点、嘧啶二聚体、碱基烷基化、单链断裂等多种 DNA 损伤中，可起修复作用。

（3）重组修复又称复制后修复，发生在复制之后。机体细胞对在复制起始时尚未修复的 DNA 损伤部位可以先复制再修复，即先跳过该损伤部位完成全部链复制后再进行修复。

（4）DNA 的直接修复是指不需要切除碱基或核苷酸，把损伤的碱基恢复到原来状态的一种修复，最普遍的是利用光进行修复。

（5）SOS 反应是细胞 DNA 受到损伤或复制系统受到抑制的紧急情况下，细胞为求生存而产生的一种应急措施。SOS 反应包括诱导 DNA 损伤修复、诱变效应、细胞分裂的抑制以及溶原性细菌释放噬菌体等。

修复机制对生物体的意义有如下几个方面：

（1）DNA 存储着生物体赖以生存和繁衍的遗传信息，因此维护 DNA 分子的完整性对细胞至关重要。

（2）细胞具备高效率的修复系统，是其保持基因组的稳定性、减少生物突变率的重要手段。

（3）DNA 分子的变化并不是全部都能被修复成原样，因此在生物进化中突变又是普遍存在的现象，正因如此生物才会有变异、有进化。可见，修复系统的存在对维持细胞基因组的稳定性和生物进化都有非常重要的作用。

6. 如果 DNA 在复制过程中出现了错配，细胞怎样对它进行修复？

【答案】错配修复系统识别母链的依据来自 Dam 甲基化酶，它能使位于 5′GATC 序列中腺苷酸的 N^6 位甲基化。只要两条链上碱基配对出问题，错配修复系统就会根据"保存母链，修正子链"的原则，找出错误碱基所在的链，并在对应与母链甲基化腺苷酸 5′ 上有鸟苷酸的位置切开子链，再启动特定的修复途径，合成新的子链片段。

7. 2015 年诺贝尔化学奖颁给细胞 DNA 修复机制的相关研究，通过揭示机体细胞如何自发地修复引发疾病的 DNA 突变，研究者或许就可以帮助开发有效的抗癌疗法。请你简述细胞中已发现 DNA 修复机制。

【答案】直接修复机制不需要切除，直接将核苷酸逆转为正常的，包括嘧啶二聚体修复、烷基化碱基修复和 DNA 链断裂的修复。切除修复机制是切除损伤的碱基和核苷酸，按照另一条互补链重新合成正常的核苷酸，再由连接酶重新连接。双链断裂修复是比较严重的损伤，因为没有互补的模板链了，只能依靠两种方式修复，一是同源重组，精确性比较高；一种是非同源末端连接，就是通过蛋白质直接连接在一起，精确性低。损伤跨越：非常严重的损伤已经影响复制的正常进行，一种是依靠重组跨越损伤，一种是随机插入核苷酸（无论对错）先跨过损伤复制再说。此外，还有 SOS 修复机制，是 DNA 受到损伤或脱氧核糖核酸的复制受阻时的一种诱导反应。

第六节　DNA 的转座

一、重点解析

1. 转座概念
基因在染色体上作线性排列，基因与基因之间的距离非常稳定。常规的交换和重组只发生在等位基因之间，并不扰乱这种距离。1983 年，女遗传学家麦克林托克（B. McClintock）因发现基因转座现象摘取诺贝尔生理学或医学奖。

转座是指由可移位因子介导的遗传物质重排现象。

2. 转座子的分类和结构特征
（1）转座子：存在于染色体 DNA 上可以自主复制和移位的一些小的 DNA 序列。

（2）插入序列（IS）：最简单的转座子不含有任何宿主基因而常被称为插入序列，它们是细菌染色体或质粒 DNA 的正常组成部分。一个细菌细胞常带有少于 10 个 IS。常见的 IS 都是很小的 DNA 片段（约 1kb），末端具有倒置重复序列，转座时常复制宿主靶位点 4～15bp 的 DNA 形成正向重复区。大部分 IS 只有一个开放读码框，翻译起点紧挨着第一个倒置重复区，终止点位于第二个倒置重复区或附近，此区编码转座酶。IS1 含有两个分开的读码框，只有移码通读才能产生功能型转座酶。

（3）复合转座子：是一类带有某些抗药性基因（或其他宿主基因）的转座子，其两翼往往是两个相同或高度同源的 IS。一旦形成复合转座子，IS 就不能再单独移动，因为它们的功能被修饰了，只能作为复合体移动。

（4）除了末端带有 IS 的复合转座子以外，还存在一些没有 IS、体积庞大的转座子（5000bp 以上）——TnA 家族。其常带有三个基因，一个编码 β-内酰胺酶，另两个则是转座作用所必须的。所有 TnA 类转座子两翼都带有 38bp 的倒置重复序列。

3. 真核生物的转座子
1951 年，通过对玉米籽粒色斑不稳定遗传现象，B. McClintock（美）首次提出转座子的概念。玉米基因组中含有几个控制因子家族，都可分为两类：

（1）自主性因子有切除和转座的能力。由于自主元件有持续的活力，它对任何位点的插入都产生不稳定的或"可突变的"等位基因。自主元件本身或其转座能力的丢失，都会将一个可突变的等位基因变为稳定的等位基因。

（2）非自主性因子是稳定的。它们一般不会转座或自发突变。只有在基因组内另一位点存在同家族的另一个自主性因子时它才会变得不稳定，自主性因子能为非自主性因子的转座，提供反式作用蛋白（转座酶）。若在非自主性因子的反位补充一个自主性因子，它会与自主性因子共同行使一系列通常的活性，如转座到新位点。非自主性因子是自主性因子丢失了转座所必须的反式作用功能衍变而来的。

4. 转座作用的遗传学效应
① 转座引起插入突变，导致结构基因失活。②转座产生新的基因。③转座产生的染色

体畸变。④转座引起生物进化。由于转座作用，使某些原来在染色体上相距甚远的基因组合到一起，构建成新的表达单元，产生新的基因和蛋白质分子。

二、名词解释

1. 转座

一段 DNA 顺序可以从原位上单独复制或断裂下来，环化后插入另一位点，并对其后的基因起调控作用，此过程称转座。

2. 转座子

能够在没有序列相关性的情况下独立插入基因组新位点上的一段 DNA 序列，是存在于染色体 DNA 上可自主复制和移位的基本单位。

3. 插入序列

是最简单的转座子，是细菌的一小段可转座元件，不含有任何宿主基因，而常被称为插入序列。

4. 复合转座子

一类带有某些抗药性基因的转座子，其两翼往往是两个相同或高度同源的插入序列。

三、课后习题

课后习题及答案

四、拓展习题

（一）填空题

1. DNA 的转座是由_____介导的遗传物质的_____现象。

【答案】可移位因子；重排。

【解析】是由可移位因子介导的遗传物质重排现象。

2._____是存在于染色体 DNA 上可自主复制和移位的基本单位。

【答案】转座子。

【解析】转座子是存在于染色体 DNA 上可自主复制和移位的基本单位。转座子存在于所有生物体中。

3. 转座子分为两大类：_____和_____。

【答案】插入序列（或 IS）；复合转座子。

【解析】转座子分为两大类：插入序列（IS）和复合转座子。IS 是一种最简单的转座子，是细菌的一小段可转座原件，不含有宿主基因，仅携带转座所需要的基因。复合转座子是一类除携带转座所需要的基因外，还带有其他基因如抗性基因、糖发酵基因的转座子。

4. 常见的 IS 都是很小的 DNA 片段，末端具有_____，转座时往往复制宿主_____一段 DNA，形成位于 IS 两端的_____。

【答案】反向重复区；靶位点；正向重复区。

【解析】IS 是一种最简单的转座子，是细菌的一小段可转座元件，不含有宿主基因，仅携带转座所需要的基因。两端是反向重复序列（IR）。转座时复制宿主靶位点一小段 DNA，形成位于 IR 外侧的靶序列正向重复序列。

5. _____是一类带有某些抗药性基因（或其他宿主基因）的转座子，其两翼往往是两个_____。

【答案】复合转座子；相同或高度同源的 IS。

【解析】复合转座子是一类除携带转座所需要的基因外，还带有其他基因如抗性基因、糖发酵基因的转座子。其两翼往往是两个相同或高度同源的 IS。一旦形成复合转座子 IS 序列就不能再单独移动。

6. 转座作用主要具有_____、_____、_____、_____四种遗传学效应。

【答案】引起插入突变；产生新的基因；产生染色体畸变；引起生物进化。

【解析】①转座引起插入突变，导致结构基因失活。②转座产生新的基因。③转座产生新的染色体畸变。④转座引起生物进化。由于转座作用，使某些原来在染色体上相距甚远的基因组合到一起，构建成新的表达单元，产生新的基因和蛋白质分子。

7. 玉米基因组中含有几个控制因子家族，都可分为两类，分别是_____元件、_____元件。

【答案】自主；非自主。

【解析】玉米基因组中含有几个控制因子家族。都可分为两类：

（1）自主性因子有切除和转座的能力。由于自主元件有持续的活力，它对任何位点的插入都产生不稳定的或"可突变的"等位基因。自主元件本身或其转座能力的丢失，都会将一个可突变的等位基因变为稳定的等位基因。

（2）非自主性因子是稳定的。它们一般不会转座或自发突变。只有在基因组内另一位点存在同家族的另一个自主性因子时它才会变得不稳定，自主性因子能为非自主性因子的转座，提供反式作用蛋白（转座酶）。若在非自主性因子的反位补充一个自主性因子，它会与自主性因子共同行使一系列通常的活性，如转座到新位点。非自主性因子是自主性因子丢失了转座所必需的反式作用功能衍变而来的。

8. 玉米 Ds-Ac 系统中，Ds 既能停留在原位，对 C 基因起着抑制作用，又能在玉米籽粒发育的不同阶段发生新的断裂和转座是因为_____。

【答案】Ds 的作用还受到激活因子 Ac 的控制。

【解析】Ds 是非自主性因子是稳定的。它们一般不会转座或自发突变。只有在基因组内另一位点存在同家族的另一个自主性因子 Ac 时它才会变得不稳定，自主性因子能为非自主性因子的转座，提供反式作用蛋白（转座酶）。非自主性因子是自主性因子丢失了转座所必需的反式作用功能衍变而来的。

9. 玉米粒的颜色有时会呈现多种颜色，产生这种生理现象的原因是_____。

【答案】DNA 的转座作用。

【解析】玉米 Ds-Ac 系统中，Ds 既能停留在原位，对 C 基因起着抑制作用，又能在玉米籽粒发育的不同阶段发生新的断裂和转座，解除对 C 基因的抑制。

10. Ds-Ac 系统中，Ds 是抑制因子，Ac 是激活因子，Dc 是 As 的_____。

【答案】缺失突变体。

【解析】Ds 元件属非自主性转座子，非自主性转座子虽然缺失部分内源序列，但其两端转座特征序列却是完整的。

11. 转座可被分为_____和_____两大类。

【答案】复制型；非复制型。

【解析】转座可被分为复制型和非复制型两大类。

12. 转座酶和解离酶分别作用于_____和_____转座子。

【答案】原始；复制转座子。

【解析】复制型转座有两种酶发挥作用：①转座酶作用在原来的转座子的末端；②解离酶作用于复制拷贝的转座因子的拆分上。

13. 复合转座子两侧是由_____组成的臂，中间携带编码转座酶以外的其他基因。

【答案】插入序列。

【解析】复合转座子是一类带有某些抗药性基因（或其他宿主基因）的转座子，其两翼往往是两个相同或高度同源的插入序列（IS）。

14. 转座作用可能引起的突变类型包括_____、_____和_____。

【答案】重复；缺失；倒位。

【解析】转座子插入后往往会造成插入位置上出现受体 DNA 的少数核苷酸对的重复；当复制性转座发生在宿主 DNA 原有位点附近时，往往导致转座子两个拷贝之间的同源重组，引起 DNA 缺失或倒位。

（二）选择题

1.（单选）IS 元件（   ）。

A. 全是相同的   B. 具有转座酶基因
C. 是旁侧重复序列   D. 有固定的插入位点

【答案】B

【解析】IS 是不含任何宿主基因的最简单的转座子。IS 是很小的 DNA 片段，末端具有反向重复序列，中央区域可能含有 1～3 个可读框，其中一个编码转座酶。

2.（单选）Ds 元件（   ）。

A. 是非自主转座元件   B. 长度与 Ac 元件相似
C. 是自主转座元件   D. 属于复制型转座子

【答案】A

【解析】玉米细胞内的转座子分为自主性和非自主性两类转座子。Ds 是非自主性转座子。

3.（单选）关于玉米的非自主性转座子的转座，以下叙述哪一个是正确的？（   ）

A. 由于自身缺少有活性的转座酶，它们不会发生转座作用

B. 基因组中含有其他任意一种自主性转座子时，转座就可发生

C. 不需要其他转座子的存在，就可以发生转座

D. 只有当基因组同时含有属于同一家族的自主性转座子时，转座才可以发生

【答案】D

【解析】玉米细胞内的转座子分为自主性和非自主性两类转座子。非自主性转座子单独存在时是稳定的，不能转座，当基因组中存在与非自主性转座子同家族的自主性转座子时，它才具备转座功能，可以发生转座。这类转座子虽然缺失内源序列，但其两端转座特征序列却是完整的，只要细胞内有相应的转座酶活性，它就能恢复转座功能。

（三）判断题

1. DNA 的转座（或称移位）是由可移位因子介导的遗传物质重排现象。（　　）

【答案】正确

【解析】DNA 的转座（或称移位）是由可移位因子介导的遗传物质重排现象。

2. 转座子分类：插入序列（IS）、复合转座子、TnA 家族。（　　）

【答案】错误

【解析】转座子分两类：插入序列（IS）和复合转座子，TnA 家族属于复合转座子。

3. 转座子是存在于染色体 DNA 上可自主复制和移位的基本单位。（　　）

【答案】正确

【解析】转座子是存在于染色体 DNA 上可自主复制和移位的基本单位。

4. 转座作用的引起遗传学效应不包括产生新的基因。（　　）

【答案】错误

【解析】转座作用的遗传学效应有：①转座引起插入突变；②转座产生新的基因；③转座产生的染色体畸变；④转座引起的生物进化。

5. 插入序列（IS）：是最简单的转座子，不含有任何宿主基因，是很小的 DNA 片段（约 1kb），末端具倒置重复序列，转座时往往宿主靶位点，一小段 DNA 形成 IS 两端的反向重复区。（　　）

【答案】正确

【解析】转座时往往宿主靶位点，宿主的一小段 DNA 形成 IS 两端的正向重复区。

6. 复合转座子两翼往往是两个相同或高度同源的 IS，可以分别单独移动。（　　）

【答案】错误

【解析】复合型转座子两翼往往是两个相同或高度同源的 IS，一旦形成复合转座子，IS 就不能再单独移动，因为它们的功能被修饰了，只能作为复合体移动。

7. 移动转座子转到一个新的位点，在原位点上不留元件。（　　）

【答案】错误

【解析】转座可被分为复制型和非复制型两大类，复制型转座子在原位点上留有元件。

8. 转座子只存在于真核生物体染色体 DNA 上可自主复制和移位的基本单位。（　　）

【答案】错误

【解析】细菌、病毒和真核细胞的染色体上含有一段可在基因组中移动的 DNA 片段，这种转移称之为转座。携带为转座过程所需要的基因并可在染色体上移动的 DNA 片段称为转座因子或转座子。

（四）问答题

1. 什么是同源重组？

【答案】同源重组是指发生在非姐妹染色单体之间或同一染色体上含有同源序列的 DNA 分子之间或分子之内的重新组合方式。它是最基本的 DNA 重组方式。可利用同源重组进行基因打靶，将遗传改变引入靶生物体。可将外源性目的基因定位导入受体细胞的染色体上，通过与该座位的同源序列交换，使外源性 DNA 片段取代原位点上的缺陷基因，达到修复缺陷基因的目的。

2. 什么是转座？

【答案】转座又称移位，是指遗传信息从一个基因转移至另一个基因的现象，是由可移位因子介导的遗传物质重排，常被用于构建新的突变体。

3. 原核生物与真核生物存在哪些类型的转座子？转座机制有哪些？

【答案】原核生物转座子包含：插入序列、类转座因子、复合转座子和 TnA 转座子家族。真核生物的转座子主要有转座子和反转录转座子两类。

转座子的转座机制分两类：复制型和非复制型。其共同特点是要涉及靶位点的交错切割和修复性机制。

4. 简述转座子的概念、分类和结构特征。

【答案】（1）转座子的概念。转座子是存在于染色体 DNA 上可自主复制和位移的基本单位。它们可以直接从基因组的一个位点移到另一个位点（供体和受体）。

（2）转座子的分类转座子分为两大类：①插入序列（IS）是指不含有任何宿主基因的最简单的转座子。②复合转座子是一类带有某些抗药性基因（或其他宿主基因）的转座子。包含末端带有 IS 的复合转座子和没有 IS 的复合转座子两种类型。

（3）转座子的结构特征。插入序列（IS）是可以独立存在的单元，带有介导自身移动的蛋白，也可作为其他转座子的组成部分。常见的 IS 都是很小的 DNA 片段（约 1kb），末端具有反向重复序列，转座时往往复制宿主靶位点一小段（4 ~ 15bp）DNA，形成位于 IS 两端的正向重复序列。

5. 转座作用有哪些遗传学效应？

【答案】DNA 转座的遗传学效应主要有以下几个方面：

（1）转座引起插入突变各种 IS、Tn 转座子都可以引起插入突变。如果插入位于某操纵子的前半部分可能造成极性突变，导致该操纵子的后半部分结构基因的表达失活。

（2）转座产生新的基因，如果转座子上带有抗药性基因，除了造成靶 DNA 序列上的插入突变外，同时也使该位点产生抗药性。

（3）转座产生染色体畸变，当复制性转座发生在宿主 DNA 原有位点附近时，往往导致转座子两个拷贝之间的同源重组，引起 DNA 的缺失或倒位。若同源重组发生在两个正向重复转座区之间，可导致宿主染色体 DNA 缺失；而当重组发生在两个反向重复转座区之间，则引起染色体 DNA 倒位。

（4）转座引起生物进化由于转座作用，使一些原来在染色体上相距甚远的基因组合到一起，构建成一个操纵子或表达单元，可能产生一些具有新的生物学功能的基因和蛋白质分子。

6. 什么是转座子？

【答案】转座子是存在于染色体 DNA 上可以自主复制和移位的基本单位。参与转座子移位及 DNA 链整合的酶称为转座酶。

7. 转座子和 DNA 双螺旋结构一样，被公认为是 20 世纪遗传学史上两项最重要的发现，它们的发现者也都获得了诺贝尔生理学或医学奖。麦克林托克着手转座子的研究，起源于她对玉米籽粒颜色变化的困惑：同一根玉米上的籽粒颜色变化多种多样，并且籽粒的颜色并不能稳定地传给下一代。为了回答这一问题，麦克林托克开展了一系列杂交以及细胞遗传学实验，发现了著名的"Ac-Ds 调控系统"。请你解释什么是"Ac-Ds 调控系统"以及造成籽粒的颜色变化的原因。

【答案】经过大量的统计和观察，麦克林托克发现玉米籽粒颜色的变化与9号染色体上的一些基因有关。其中一个基因影响色素的合成，当基因存在时，籽粒有颜色，当基因不存在时，籽粒无颜色。但是，实际的情况又并非这么简单。在这个色素合成相关基因的附近还有一个解离因子，它能够影响色素合成基因的表达。当 Ds 存在时，色素合成基因不能表达，玉米籽粒为白色；当 Ds 从色素合成基因附近解离，基因又可以正常表达，籽粒就有了颜色。更加有意思的是，Ds 是否能够解离，还受到另外一个激活因子（Ac）的调控，Ac 可以促进Ds 的解离，而没有 Ac 时，Ds 是无法解离的。这就是著名的"Ac-Ds 调控系统"。在"Ac-Ds 调控系统"中，Ds 基因和色素合成基因位于同一条染色体的相邻位置。不过，Ac 却可以和Ds 相距很远，甚至可以不在同一条染色体上。在受到 Ac 的激活作用解离之后，Ds 可以重新整合到染色体上，不过位置是不确定的。它可以整合到其他染色体上，也可以重新整合到原来位置的附近。也就是说，这个 Ds 是可以在染色体上任意"跳跃"的。麦克林托克认为，由于 Ds 解离的时间有早晚、长短的不同，于是就导致了玉米籽粒上色斑的大小不一。

第七节　SNP 的理论与应用

一、重点解析

1. 单核苷酸多态性（SNP）

指基因组 DNA 序列中，由于单个核苷酸的突变而引起的多态性。SNP 是基因组中最简单最常见的多态性形式，具有很高的遗传稳定性。SNP 是指群体中变异频率大于 1% 的单个核苷酸改变而导致的核酸序列多态。

单倍型：位于染色体上某一区域的一组相关联的 SNP 等位位点。

根据 SNP 在基因组中的分布位置可分为基因编码区 SNP（cSNP）、基因调控区 SNP（pSNP）和基因间随机非编码区 SNP（rSNP）三类。

2. SNP 的检测技术

限制性片段长度多态性（RFLP），PCR 单链构象多态性（PCR-SSCP），毛细管电泳及变性高效液相色谱（DHPLC）是国际上常用的方法 DNA 测序法。

二、名词解释

1. 单核苷酸多态性（SNP）

指分散于基因组中的单个碱基的差异，包括单个碱基的缺失和插入，但更常见的是单个核苷酸的替换。

2. 限制性片段长度多态性（RFLP）

指群体中同源染色体相应区段的 DNA，经限制性内切核酸酶消化后限制片段的长度，因个体而异的现象。此种差异可因遗传因素或 DNA 变异，引起限制酶识别位的增加、减少或位移。

三、课后习题

课后习题及答案

四、拓展习题

（一）填空题

1. 随着 SNP 技术的进一步发展，已经成为继_____与_____之后的第三代遗传标记。

【答案】限制性片段长度多态性 RELP；微卫星标记 SSR。

【解析】随着 SNP 技术的进一步发展，已经成为继限制性片段长度多态性 RELP 与微卫星标记 SSR 之后的第三代遗传标记。

2. 一个 SNP 表示在基因组某个位点上一个核苷酸的变化，这个变化可能是颠倒，也可能是_____。

【答案】转换。

【解析】一个 SNP 表示在基因组某个位点上一个核苷酸的变化，这个变化可能是颠倒，也可能是转换。

3. 位于染色体上某一个区域的一组相关联的 SNP 等位位点被称作_____。

【答案】单倍型。

【解析】位于染色体上某一个区域的一组相关联的 SNP 等位位点被称作单倍型。

4. 根据 SNP 在基因组中的分布位置可分为_____SNP（cSNP），_____SNP（pSNP）和_____SNP（rSNP）3 类。

【答案】基因编码区；基因调控区；基因间随机非编码区。

【解析】根据 SNP 在基因组中的分布位置可分为基因编码区 SNP（cSNP）、基因调控区 SNP（pSNP）和基因间随机非编码区 SNP（rSNP）三类。

5. 从对生物性状的影响上看，cSNP 可以分为两种，一种是不改变翻译蛋白质的同义 cSNP，另一种是影响翻译蛋白质序列的_____。

【答案】非同义 cSNP。

【解析】对生物性状的影响上看，cSNP 可以分为两种，一种是不改变翻译蛋白质的同义 cSNP，另一种是影响翻译蛋白质序列的非同义 cSNP。

6. SNP 指基因组 DNA 序列中由于_____突变引起的多态性。

【答案】单个核苷酸。

【解析】核苷酸多态性（SNP）指基因组 DNA 序列中由于单个核苷酸突变而引起的多态性。

7. cSNP 分为_____和_____。

【答案】同义 cSNP；非同义 cSNP。

【解析】从对生物性状的影响上看，cSNP 可以分为两种，一种是不改变翻译蛋白质的同义 cSNP，另一种是影响翻译蛋白质序列的非同义 cSNP。

8. SNP 检测技术有：＿＿＿＿＿＿＿＿、＿＿＿＿＿＿＿＿、＿＿＿＿＿＿和＿＿＿＿＿＿＿＿。

【答案】限制片段长度多态性（RFLP）、PCR 单链构象多态性（PCR-SSCP）、毛细管电泳及变性高效液相色谱（DHPLC）、国际上常用的方法 DNA 测序法。

【解析】SNP 的检测技术：限制片段长度多态性（RFLP）、PCR 单链构象多态性（PCR-SSCP）、毛细管电泳及变性高效液相色谱（DHPLC）、国际上常用的方法 DNA 测序法。

（二）选择题

1.（多选）SNP 是指基因组 DNA 序列中发生了包括（　　　）。

A. 单个碱基的缺失　　B. 单个碱基的插入　　C. 单个碱基的颠换　　D. 单个碱基的转换

【答案】A、B、C、D

【解析】SNP 指基因组 DNA 序列中由于转换、颠换、插入或缺失引起。

2.（多选）SNP 按照位置可以分为几类（　　　）。

A. 基因编码区 cSNP　　　　　　　　　B. 基因调控区 pSNPs

C. 基因间随机非编码区 sSNP　　　　　D. RNA 中 SNP

【答案】A、B、C

【解析】根据 SNP 在基因组中的分布位置可分为基因编码区 SNP（cSNP）、基因调控区 SNP（pSNP）和基因间随机非编码区 SNP（rSNP）三类。

3.（单选）单核苷酸标记是（　　　）。

A. RFLP　　　　　　B. SSR　　　　　　C. SNP　　　　　　D. RAPD

【答案】C

【解析】随着 SNP 技术的进一步发展，已经成为继限制性片段长度多态性 RELP 与微卫星标记 SSR 之后的第三代遗传标记。RAPD 是建立在 PCR 基础之上的一种可对整个序列的基因组进行分析的分子技术

4.（单选）下面的分子标记中，哪一类多态性频率最高（　　　）。

A. RFLP　　　　　　B. SSR　　　　　　C. SNP　　　　　　D. RAPD

【答案】C

【解析】随着 SNP 技术的进一步发展，已经成为继限制性片段长度多态性 RELP 与微卫星标记 SSR 之后的第三代遗传标记。

5.（多选）对单核苷酸多态性的描述正确的是（　　　）。

A. 已经成为继 RFLP、SSR 之后的第三代遗传标记

B. SNP 在人体内分布频密、数量巨大

C. SNP 最多的表现形式是单个碱基的转换

D. SNP 某一变异在不同个体间的表象形式是相同的

【答案】A、B、C

【解析】随着 SNP 技术的进一步发展，已经成为继限制性片段长度多态性 RELP 与微卫星标记 SSR 之后的第三代遗传标记。RAPD 是建立在 PCR 基础之上的一种可对整个序列的基因组进行分析的分子技术。SNP 所表现的多态性只涉及单个碱基的变异，这种变异可由单个碱基的转换、颠换、插入或缺失引起。

（三）判断题

1. SNP 是指串联重复序列多态性。（　　　）

【答案】错误

【解析】SNP 是指单核苷酸多态性，指基因组 DNA 序列中由单个核苷酸（A，T，C，G）的突变而导致的物种多态性。

2. 单核苷酸多态性（SNP）是基因组非常复杂的多态性形式。（   ）

【答案】错误

【解析】SNP 单核苷酸多态性是基因组最简单最常见的多态性形式。

3. 单核苷酸多态性（SNP）是基因组中非常稀有的多态性形式。（   ）

【答案】错误

【解析】SNP 单核苷酸多态性是基因组最简单最常见的多态性形式。

4. SNP 在后代的遗传中不具有遗传稳定性。（   ）

【答案】错误

【解析】SNP 是指单核苷酸多态性，指基因组 DNA 序列中由于单个核苷酸（A，T，C，G）的突变而导致的物种多态性。SNP 具有很高的遗传稳定性。

5. SNP 所表现的多态性通常发生了 DNA 中一小段序列的改变。（   ）

【答案】错误

【解析】SNP 是指单核苷酸多态性，指基因组 DNA 序列中由于单个核苷酸（A，T，C，G）的突变而导致的物种多态性。SNP 所表现的多态性只涉及单个碱基的变异，这种变异可由单个碱基的转换、颠换、插入或缺失引起。

6. SNP 所表现的多态性发生的原因，只能是可由单个碱基的转换、颠换引起。（   ）

【答案】错误

【解析】SNP 所表现的多态性只涉及单个碱基的变异，这种变异可由单个碱基的转换、颠换、插入或缺失引起。

（四）问答题

1. 什么是 SNP？

【答案】SNP 是单核苷酸多态性，指基因组 DNA 序列中由单个核苷酸的突变而引起的多态性，具有很高的遗传稳定性。

2. SNP 作为第三代标记的优点是什么？

【答案】数量多且分布广；SNP 与 STR 扩增更可靠，不会产生假带，具有代表性；能够稳定遗传；可实现分析自动化减少研究时间。

第三章

现代分子生物学
重点解析及习题集

生物信息的传递（上）—— 从 DNA 到 RNA

基因作为唯一能够自主复制、永久存在的单位，其生理学功能以蛋白质形式得到表达。

DNA 序列是遗传信息的贮存者，它通过自主复制得到永存，并通过转录生成 mRNA，翻译生成蛋白质的过程控制所有生命现象。DNA 有两条链，与 mRNA 序列相同的一条 DNA 链，称为编码链或称有义链。根据碱基互补原则指导 mRNA 合成的另一条 DNA 链称为模板链或（反义链）。

第一节　RNA 的结构、分类和功能

一、重点解析

1. RNA 的结构特点

RNA 通常是含有核糖和碱基的一种单链线性分子，自身折叠形成局部双螺旋，还可以折叠形成复杂的三级结构。环状 RNA 广泛存在于古菌、酵母、小鼠和人类的细胞中，比线状 RNA 稳定，表达存在细胞和组织特异性。环状 RNA 可以通过不同途径的影响，有效扩展真核细胞转录组的多样性和复杂性。

2. RNA 在细胞中的分布

总 RNA 类型包括两类（图 3-1）：

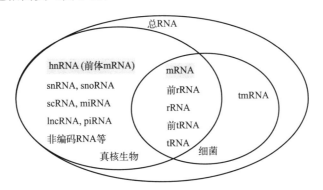

图 3-1　RNA 在细胞中分布

■表示编码 RNA，其余为非编码 RNA

（1）编码 RNA：前体 mRNA（hnRNA）和 mRNA。

（2）非编码 RNA：前 rRNA 和 rRNA，前 tRNA 和 tRNA，snRNA，snoRNA，scRNA，miRNA，lncRNA，piRNA 和 tmRNA，其他非编码 RNA 等。

RNA 的功能非常丰富，它可以作为信息分子又能作为功能分子发挥作用。①作为细胞内蛋白质生物合成的主要参与者。②有些 RNA 作为核酶，在细胞中催化一些重要的反应。③参与基因表达的调控，与生物的生长发育密切相关。④在某些病毒中 RNA 是遗传物质。

二、名词解释

1. 编码链（有义链）
与 mRNA 序列相同的那条 DNA 链。

2. 模板链（反义链）
根据碱基互补原则指导 mRNA 合成的 DNA 链。

3. 编码 RNA
编码蛋白质的 RNA。

4. 非编码 RNA
不编码蛋白质的 RNA。

三、课后习题

课后习题及答案

四、拓展习题

（一）填空题

1. 能形成 DNA-RNA 杂交分子的生物合成过程有＿＿＿＿＿＿＿、＿＿＿＿＿＿＿，形成的分子基础是＿＿＿＿＿＿＿。

【答案】转录；反转录；碱基互补配对。

【解析】转录是以 DNA 的一条链为模板在 RNA 聚合酶催化下，按碱基互补配对原则合成一条与 DNA 链的一定区段互补的 RNA 链的过程。反转录是以 RNA 为模板合成 DNA 的过程。

2. 因为 RNA 链频繁发生自身折叠，在互补序列间形成碱基配对区，所以尽管 RNA 是单链分子，它依然具有大量的双螺旋结构特征。RNA 可形成多种茎 - 环结构，如＿＿＿＿＿＿＿、＿＿＿＿＿＿＿或＿＿＿＿＿＿＿的形式存在。

【答案】发夹结构；凸结构；环结构。

【解析】RNA 可以多种茎 - 环结构，如发夹结构、凸结构、环结构的形式存在，因此，RNA 的碱基配对区可以是规则的双螺旋，也可以是不连续的部分双螺旋。

3. 生物体内主要有 3 种 RNA，即_____的信使 RNA，_____的转运 RNA 和_____的核糖体 RNA。

【答案】编码特定蛋白质序列；能特异性解读 mRNA 中的遗传信息、将其转化成相应氨基酸后加入多肽链中；直接参与核糖体中蛋白质合成。

【解析】生物体内主要有 3 种 RNA，即编码特定蛋白质序列的信使 RNA（mRNA）、能特异性解读 mRNA 中的遗传信息、将其转化成相应氨基酸后加入多肽链中的转运 RNA（tRNA）和直接参与核糖体中蛋白质合成的核糖体 RNA（rRNA）。

4. 用于 RNA 生物合成的 DNA 模板链称为_____或_____。

【答案】反义链；模板链。

【解析】作为转录模板通过碱基互补配对原则指导 mRNA 前体合成的 DNA 链称为反义链，也称为模板链。

5. RNA 是由核糖核酸通过_____键连接而成的一种_____。几乎所有的 RNA 都是由_____DNA_____而来，因此，序列和其中一条链_____。

【答案】磷酸二酯；多聚体；模板；转录；互补。

【解析】RNA 是由核糖核酸通过磷酸二酯键连接而成的一种多聚体。几乎所有的 RNA 都是由模板 DNA 转录而来，因此，序列和其中一条链互补。

6. 写出两种合成后不被切割或拼接的 RNA：_____和_____。

【答案】真核生物中的 5S rRNA；原核生物中的 mRNA。

【解析】真核细胞的 rRNA 主要有 28S、18S、5.8S 和 5S 这几种，其中 5S 是分子量最小的。原核生物的初级转录产物几乎不需要剪接加工，就可以直接作为成熟的 mRNA 进一步行使翻译模板的功能。

（二）选择题

1.（单选）稀有核苷酸含量最高的核酸是（   ）。

A. rRNA   B. mRNA   C. tRNA   D. DNA

【答案】C

【解析】tRNA 分子中稀有核苷酸较多，其修饰很频繁。

2.（单选）DNA 有两条链，与 mRNA 序列相同（T 代替 U）的链叫做（   ）。

A. 编码   B. 反义链   C. 有义链   D. cDNA 链

【答案】C

【解析】DNA 双链中，与 mRNA 序列相同（T 代替 U）的链叫做编码链，又称为有义链。

3.（多选）环状 RNA 具有下列哪些特点（   ）。

A. 呈封闭环状结构

B. 受 RNA 外切酶的影响，容易降解

C. 真核细胞的环状 RNA 来自 mRNA 前体（pre-mRNA）的反向剪接

D. 环状 RNA 影响基因表达

【答案】A、C、D

【解析】环状 RNA（circ RNA）是一类特殊的非编码 RNA 分子，与传统的线性 RNA（linearRNA，含 5′ 和 3′ 末端）不同，circRNA 分子呈封闭环状结构，不受 RNA 外切酶影响，表达更稳定，不易降解。真核细胞的环状 RNA 来自 mRNA 前体（pre-mRNA）的反向剪接。

4.（多选）RNA 的生物学作用有（　　　）。

A. 作为细胞内蛋白质生物合成的主要参与者

B. 参与基因表达的调控

C. 可以作为核酶在细胞中催化一些重要的反应

D. 在某些病毒中，作为遗传物质

【答案】A、B、C、D

【解析】RNA 作为功能分子，它在以下几个方面发挥重要作用：蛋白质生物合成的主要参与者；作为核酶催化一些反应；参与基因表达调控；在某些病毒中，是遗传物质。

（三）判断题

动物细胞中线粒体有自己的基因组，其编码基因可以在线粒体中完成转录和翻译过程。（　　　）

【答案】错误

【解析】线粒体内基因的转录可以在线粒体内完成，但是由于线粒体内的酶不完全，翻译有一部分只能在线粒体外完成。

（四）问答题

列举 RNA 的种类并简要说明其生物学的功能。

【答案】信使 RNA（mRNA）功能：蛋白质合成模板；核糖体 RNA（rRNA）功能：参与蛋白质翻译；转运 RNA（tRNA）功能：转运氨基酸；核不均一 RNA（hnRNA）功能：成熟 mRNA 的前体；核内小 RNA（snRNA）功能：参与 hnRNA 的剪接；核仁小 RNA（snoRNA）功能：参与 rRNA 的修饰；反义 RNA（antisense RNA）功能：调节基因的表达；微 RNA（microRNA）功能：对基因的表达起调节作用；干扰 RNA（siRNA）功能：对基因的表达起调节作用；核酶功能：tRNA、rRNA 加工。

第二节　RNA 的转录概述

一、重点解析

1. RNA 转录与 DNA 复制的比较

（1）聚合酶系不同。RNA 聚合酶具有从头合成的能力。因此 RNA 合成不需引物，而 DNA 复制需引物。

（2）DNA-RNA 杂合双链不稳定，RNA 合成后释放，而 DNA 复制叉形成后一直打开，新链和母链形成子链。

（3）转录时只有一条 DNA 链为模板，而复制时，两条链都作为模板。

（4）转录过程缺乏严谨的矫正机制。

（5）转录的底物是 rNTP，复制的底物是 dNTP。

2. RNA 聚合酶特点

以核糖核苷三磷酸（rNTR）为底物；以 DNA 为模板；按 5′ → 3′ 方向合成；无需引物的存在能单独起始链的合成；第一个引入的 rNTP 是以三磷酸形式存在；在体内 DNA 双链

中仅一条链作为模板；RNA 的序列和模板是互补的。

3. 启动子与转录起始

启动子是一段位于结构基因 5′ 端上游区的保守的 DNA 序列，能活化 RNA 聚合酶，使之与模板 DNA 准确地相结合并具有转录起始的特异性。转录的起始，是基因表达的关键阶段，而这一阶段的重要问题是，RNA 聚合酶与启动子的相互作用。启动子的结构影响了它与 RNA 聚合酶的亲和力。

二、名词解释

1. RNA 转录

遗传信息由 DNA 传递到 RNA 的过程。

2. 启动子

一段位于结构基因 5′ 端上游区的保守 DNA 序列，能活化 RNA 聚合酶，使之与模板 DNA 准确地相结合并具有转录起始的特异性。

3. 转录单位

是一段从启动子开始至终止子结束的 DNA 序列。

4. 转录起点

与新生的 RNA 链相对应的 DNA 链上的核苷酸，通常是嘌呤碱基。

5. 上游序列

转录起点前面的 5′ 端序列。

6. 下游序列

转录起点前面的 3′ 端序列。

三、课后习题

课后习题及答案

四、拓展习题

（一）填空题

1. 无论是原核细胞还是真核细胞，RNA 链的合成过程为：RNA 是按_____方向合成的，以_____为模板，在_____的催化下，以_____为原料，根据_____原则，各核苷酸间通过形成_____相连，不需要_____的参与，合成的 RNA 带有与_____相同的序列。

【答案】5′ → 3′；DNA 中的反义链；RNA 聚合酶；4 种核苷三磷酸；碱基配对；磷酸二酯键；引物；DNA 编码链。

【解析】RNA 是按 5′ → 3′ 方向合成的，以 DNA 中的反义链为模板，在 RNA 聚合酶的催化下，以 4 种核苷三磷酸为原料，根据碱基配对原则，各核苷酸间通过形成磷酸二酯键相连，不需要引物的参与，合成的 RNA 带有与 DNA 编码链相同的序列。

2. RNA 聚合酶中能识别 DNA 模板上特定起始信号序列的亚基是＿＿＿＿＿＿＿＿＿＿，该序列部位称为＿＿＿＿＿＿＿＿＿＿。

【答案】σ 因子；启动子位点。

【解析】RNA 的合成是在模板 DNA 的启动子位点上起始的，这个任务是靠 σ 因子来完成的。

3. 大肠杆菌 RNA 聚合酶首先由 2 个＿＿＿＿＿＿、1 个＿＿＿＿＿、1 个＿＿＿＿＿ 和 1 个＿＿＿＿＿ 组成核心酶，加上 1 个＿＿＿＿＿＿＿＿＿＿后则成为聚合酶全酶。

【答案】α 亚基；β 亚基；β′ 亚基；ω 亚基；σ 亚基。

【解析】大多数原核生物的 RNA 聚合酶组成是相同的，大肠杆菌 RNA 聚合酶首先由 2 个 α 亚基、1 个 β 亚基、1 个 β′ 亚基和 1 个 ω 亚基组成核心酶，加上 1 个 σ 亚基后则成为聚合酶全酶。

4. σ 因子不仅增加＿＿＿＿＿＿＿＿＿，还降低了＿＿＿＿＿＿＿＿＿。

【答案】聚合酶对启动子的亲和力；对非专一位点的亲和力。

【解析】σ 因子不仅增加聚合酶对启动子区 DNA 序列的亲和力，还能使 RNA 聚合酶与模板 DNA 上非特异性位点的结合常数降低。

5. 以 DNA 序列为模板的 RNA 聚合酶主要以＿＿＿＿＿＿作为活性前体，并以＿＿＿＿＿＿为辅助因子，催化 RNA 链的起始、延伸和终止，它不需要任何引物，催化生成的产物是＿＿＿＿＿＿＿＿。

【答案】4 种核苷三磷酸；Mg^{2+}、Mn^{2+}；与 DNA 模板链相互补的 RNA。

【解析】以 DNA 序列为模板的 RNA 聚合酶主要以 4 种核苷三磷酸作为活性前体，并以 Mg^{2+}、Mn^{2+} 为辅助因子，催化 RNA 链的起始、延伸和终止，它不需要任何引物，催化生成的产物是与 DNA 模板链相互补的 RNA。

6. 转录起点是指与新生 RNA 链第一个核苷酸相对应的 DNA 链上的碱基，研究证实通常为＿＿＿＿＿＿＿＿。常把起点前面，即 5′ 末端的序列称为＿＿＿＿＿＿＿＿，而把其后面即 3′ 末端的序列称为＿＿＿＿＿＿＿＿＿。

【答案】嘌呤；上游序列；下游序列。

【解析】转录起点是指与新生 RNA 链第一个核苷酸相对应的 DNA 链上的碱基，研究证实通常为嘌呤。常把起点前面，即 5′ 末端的序列称为上游序列，而把其后面即 3′ 末端的序列称为下游序列。

（二）选择题

1. （单选）转录单位是（　　）。

A. 一段从启动子开始至终止子结束的 RNA 序列

B. 一段从起始密码子开始至终止密码子结束的 RNA 序列

C. 一段从启动子开始至终止子结束的 DNA 序列

D. 一段从起始密码开始至终止密码子结束的 DNA 序列

【答案】C

【解析】当 RNA 聚合酶结合到基因起始处时，即为启动子的特殊序列上时，转录开始进行。最先转录成 RNA 的一个碱基对是转录起点，启动子序列围绕在它周围。从起点开始，RNA 聚合酶沿着模板链不断合成 RNA，直到遇见终止子序列结束。

2.（单选）以下对 DNA 聚合酶和 RNA 聚合酶的叙述中，正确的是（　　）。

A. RNA 聚合酶的作用需要引物

B. RNA 聚合酶用 dNTP 作原料

C. DNA 聚合酶能以 RNA 作模板合成 DNA

D. 两种酶催化新链的延伸方向都是 $5' \to 3'$

【答案】D

【解析】RNA 聚合酶的作用不需要引物，以 NTP 作为原料。DNA 聚合酶能以 DNA 作模板合成 DNA。

3.（单选）下列关于复制和转录的描述哪项是错误的？（　　）

A. 在体内只有一条 DNA 链转录，而体外两条 DNA 链都复制

B. 在这两个过程中合成方向都是 $5' \to 3'$

C. 两个过程均需要 RNA 引物

D. 复制产物在通常情况下大于转录产物

【答案】C

【解析】RNA 合成不需引物，而 DNA 复制一定要有引物存在。

（三）判断题

1. 转录过程中 RNA 聚合酶需要引物。（　　）

【答案】错误

【解析】RNA 聚合酶主要以双链 DNA 为模板，它不需要任何引物，催化生成的产物是与 DNA 模板链相互补的 RNA。

2. 细菌细胞用一种 RNA 聚合酶转录所有的 RNA，而真核细胞则有三种不同的 RNA 聚合酶。（　　）

【答案】错误

【解析】在细菌中，一种 RNA 聚合酶几乎负责所有的 mRNA、rRNA 和 tRNA 的合成；而真核生物中，除了细胞核中的三种 RNA 聚合酶外，线粒体和叶绿体中还存在着不同的 RNA 聚合酶。

3. RNA 链的合成方向是 $3' \to 5'$。（　　）

【答案】错误

【解析】RNA 链的合成方向是 $5' \to 3'$。

（四）问答题

1. 试比较真核生物与原核生物转录的不同之处。真核生物与原核生物 mRNA 的结构与转录的主要区别？

【答案】真核与原核生物基因转录的不同表现在：

（1）RNA 聚合酶不同：原核生物只有一种 RNA 聚合酶；而真核生物有 3 种以上 RNA 聚合酶进行不同类型的转录，合成不同类型的 RNA。

（2）初级转录产物不同：原核生物的初级转录产物大多是编码序列；而真核生物转录产

物除了编码序列，还含有大量的内含子序列。

（3）转录后加工不同：原核生物的初级转录产物几乎无需加工就可直接作为翻译模板；而真核生物转录产物需经转录后加工，如剪接、修饰等，才能成为成熟的 mRNA。

（4）转录翻译的时序性不同：原核生物细胞中转录与翻译几乎是同步在细胞中进行；真核生物 mRNA 的合成与蛋白质的合成则发生在不同的时空范畴内。

2. 简述原核生物与真核生物在翻译及 DNA 的空间结构方面有哪些主要差异？

【答案】（1）原核生物与真核生物翻译的差异。

① 核糖体的组成不同：原核生物核糖体由约 2/3 的 RNA 及 1/3 的蛋白质组成；真核生物核糖体中 RNA 占 3/5，蛋白质占 2/5。原核生物、真核生物细胞质及细胞器中的核糖体也存在着很大差异（表 3-1）。

表 3-1   原核生物和真核生物的核糖体的不同点

化学组成	原核细胞核糖体（70S）		真核细胞核糖体（80S）	
	小亚基	大亚基	小亚基	大亚基
沉降系数	30S	50S	40S	60S
核糖体蛋白	21 种	36 种	33 种	49 种
核糖体 RNA（rRNA）	16S	23S、5S	18S	25～28S、5.8S、5S

② 翻译起始不同：真核生物肽链合成起始过程与原核生物相似但更复杂，真核生物有不同的翻译起始成分，起始因子种类更多；起始 tRNA 不同（原核生物起始 tRNA 为 fMet-tRNA^{fMet}，真核生物起始 tRNA 为 Met-tRNA^{Met}），且 Met-tRNA^{Met} 不需甲基化；原核生物 mRNA 上有能与 16S rRNA 配对的 SD 序列，而真核生物没有这样的序列；起始识别机制和起始复合物形成顺序不同；原核生物起始过程中不需要消耗 ATP 解开 mRNA 二级结构，而真核生物需要消耗 ATP。

③ 肽链的延伸因子不同：原核生物中每次反应共需 3 个延伸因子，EF-Tu、EF-Ts 及 EF-G，它们都具有 GTP 酶的活性；真核生物细胞需 EF-1（对应于 EF-Tu 和 EF-Ts）及 EF-2（相当于 EF-G），消耗 2 个 GTP，向生长中的肽链加上一个氨基酸。

④ 肽链终止的释放因子不同：原核细胞内存在 3 种不同的释放因子（RF1、RF2、RF3），其中 RF1 和 RF2 为 I 类释放因子，RF3 为 II 类释放因子；真核细胞的 I 类和 II 类释放因子分别只有一种，eRF1 和 eRF3。

⑤ 真核细胞中，一条成熟的 mRNA 链只能翻译出一条多肽链；原核生物中常见多基因操纵子形式，一个 mRNA 分子能编码多个多肽链。

（2）原核与真核生物 DNA 空间结构的差异。

① 绝大部分原核 DNA 都是共价封闭的环状双螺旋分子，在细胞内进一步盘绕，并形成类核结构，以保证其以较致密的形式存在于细胞内。在细菌基因组中，超螺旋可以相互独立存在。

② 真核生物的 DNA 以非常致密的形式存在于细胞核中，在细胞周期的大部分时间里以分散的染色质形式出现在细胞分裂期形成高度组织有序的染色体。

第三节 RNA 转录的基本过程

一、重点解析

1.模板识别

转录是从 DNA 分子的特定部位开始的，这个部位也是 RNA 聚合酶全酶结合的部位，这就是启动子。转录起始前，启动子附近的 DNA 双链分开形成转录泡以促使底物核糖核苷酸与模板 DNA 的碱基配对。真核生物 RNA 聚合酶不能直接识别基因的启动子区，需要一些被称为转录调控因子的辅助蛋白质按特定顺序结合于启动子上，RNA 聚合酶才能与之相结合并形成复杂的前起始复合物，以保证有效的起始转录。

2.转录起始

转录起始后直到形成 9 个核苷酸短链的过程是通过启动子阶段，此时 RNA 聚合酶一直处于启动子区，新生的 RNA 链与 DNA 模板链的结合不够牢固，很容易从 DNA 链掉下来并导致转录重新开始。

3.转录的延伸

RNA 聚合酶离开启动子，沿 DNA 链移动并使新生 RNA 链（由 5′ 末端向 3′ 末端）不断伸长的过程就是转录的延伸。在转录延伸阶段，底物 NTP 不断被添加到新生 RNA 链的 3′ 端，并随着转录泡复合体与 RNA 聚合酶沿着 DNA 模板前移，DNA 双螺旋继续解开，RNA 链不断延伸。解链区形成杂交链，而解链区下游则恢复双螺旋，RNA 链逐步释放。

DNA 转录循环假说用来解释 RNA 聚合酶的工作原理（图 3-2）。核苷三磷酸填补了开放的底部位点，并在活性位点形成磷酸二酯键，RNA 聚合酶 Ⅱ 的活性位点核酸发生移位，其连接区的 α 螺旋结构从笔直变成弯折再变成笔直状态，为下一轮 RNA 合成留出空出的底物位点。

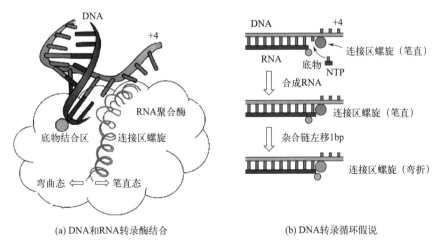

(a) DNA和RNA转录酶结合　　　　(b) DNA转录循环假说

图 3-2 DNA 转录循环假说

4.转录的终止

当 RNA 链延伸到转录终止位点时，RNA 聚合酶不再形成新的磷酸二酯键，RNA-DNA 杂合物分离，转录泡瓦解，DNA 恢复成双链状态，而 RNA 聚合酶和 RNA 链从模板上释放出来，转录终止。

二、名词解释

1. 模板识别

转录是从 DNA 分子的特定部位开始的，这个部位也是 RNA 聚合酶全酶结合的部位，这就是启动子。转录起始前，启动子附近的 DNA 双链分开形成转录泡以促使底物核糖核苷酸与模板 DNA 的碱基配对。

2. 前起始复合物

真核生物 RNA 聚合酶不能直接识别基因的启动子区，需要一些被称为转录调控因子的辅助蛋白质按特定顺序结合于启动子上，RNA 聚合酶才能与之相结合并形成复杂的复合物，以保证有效的起始转录。

3. 转录的延伸

RNA 聚合酶离开启动子，沿 DNA 链移动并使新生 RNA 链（由 5′ 末端向 3′ 末端）不断伸长的过程就是转录的延伸。

4. DNA 转录循环假说

用来解释 RNA 聚合酶的工作原理，转录是核苷三磷酸填补了开放的底部位点，并在活性位点形成磷酸二酯键，RNA 聚合酶的活性位点核酸发生移位，其中连接区的 α 螺旋结构从笔直变成弯折再变成笔直状态，为下一轮 RNA 合成留出空出的底物位点。

5. 转录的终止

当 RNA 链延伸到转录终止位点时，RNA 聚合酶不再形成新的磷酸二酯键，RNA-DNA 杂合物分离，转录泡瓦解，DNA 恢复成双链状态，而 RNA 聚合酶和 RNA 链从模板上释放出来，转录终止。

三、课后习题

课后习题及答案

四、拓展习题

（一）填空题

1. 转录分为_____、_____、_____三个过程，在第一阶段包括：模板识别、形成闭合复合物、_____、形成开放复合物、RNA 链合成、_____。

【答案】起始；延伸；终止；DNA 解链；启动子清除。

【解析】转录分为起始、延伸、终止三个过程，在第一阶段包括：模板识别、形成闭合复合物、DNA 解链、形成开放复合物、RNA 链合成和启动子清除。

2. 转录的基本过程包括_____、_____、_____及_____。

【答案】模板识别；转录起始；通过启动子；转录的延伸和终止。

【解析】转录的基本过程包括模板识别、转录起始、通过启动子及转录的延伸和终止。

3._____是基因转录起始所必需的一段 DNA 序列，是基因表达调控的上游顺式作用元件之一。

【答案】启动子。

【解析】启动子是基因转录起始所必需的一段 DNA 序列，是基因表达调控的上游顺式作用元件之一。能活化 RNA 聚合酶，使之与 DNA 准确地结合并具有转录起始的特异性。

4.现在常用 DNA 转录循环假说来解释 RNA 链的延伸。首先，_____填补了开放的底物位点并在活性位点形成_____，此时，处于 RNA 聚合酶Ⅱ活性位点的核酸发生_____，其中连接区的_____从笔直变为弯折再恢复为笔直状态，为下轮 RNA 合成留出了空的底物位点。

【答案】核苷三磷酸；磷酸二酯键；移位；α 螺旋结构。

【解析】RNA 链的延长靠核心酶的催化，在起始复合物上第一个 GTP 的核糖 3'-OH 上与 DNA 模板能配对的第二个核苷三磷酸起反应形成磷酸二酯键。聚合进去的核苷酸又有核糖 3'-OH 游离，这样就可按模板 DNA 的指引，一个接一个地延长下去。因此，RNA 链的合成方向也是 5' → 3'。

（二）选择题

（多选）关于 RNA 的转录描述正确的是（ ）。

A.DNA 的两条链都可以作为转录的模板

B.转录的起始由 RNA 分子上的启动子控制

C.转录的底物是 dNTP

D.转录时 RNA 链的合成方向是 3' → 5'

E.作为转录 RNA 的 DNA 链被称为模板链

【答案】A、E

【解析】转录起始是 σ 因子识别 DNA 分子上的启动子并与之结合，将 DNA 双链局部解开，RNA 合成开始，σ 因子与核心酶分离。转录的底物是 NTP。转录时 RNA 链的合成方向是 5' → 3'。

（三）判断题

1.转录的基本过程中模板识别阶段不重要。（ ）

【答案】错误

【解析】转录的基本过程包括：模板识别、转录起始、转录延伸和转录终止。模板识别阶段对于转录产物的起始位置以及产量有重要影响。

2.转录是从 DNA 分子的特定部位开始的，这个部位通常是 ATG。（ ）

【答案】错误

【解析】转录是从 DNA 分子的特定部位开始的，这个部位也是 RNA 聚合酶全酶结合的部位，这就是启动子。

3.转录过程中一直由 RNA 聚合酶全酶完成，直至转录终止。（ ）

【答案】错误

【解析】RNA 合成开始，σ 因子与核心酶分离。

4.转录起始是核心酶识别 DNA 分子上的启动子并与之结合。（ ）

【答案】错误

【解析】转录起始是 σ 因子识别 DNA 分子上的启动子并与之结合。

5. 转录的起始由 RNA 分子上的启动子控制。（　　　）

【答案】错误

【解析】转录起始是由 RNA 聚合酶控制，其 σ 因子识别 DNA 分子上的启动子并与之结合。

（四）问答题

1. 什么是流产式的起始？

【答案】转录起始后直到形成 9 个核苷酸短链的过程是通过启动子阶段，此时 RNA 聚合酶一直处于启动子区，新生的 RNA 链与 DNA 模板链的结合不够牢固，很容易从 DNA 链掉下来并导致转录重新开始。

2. 简述转录的基本过程。

【答案】（1）模板识别：转录是从 DNA 分子的特定部位开始的，这个部位也是 RNA 聚合酶全酶结合的部位，这就是启动子。转录起始前，启动子附近的 DNA 双链分开形成转录泡以促使底物核糖核苷酸与模板 DNA 的碱基配对。真核生物 RNA 聚合酶不能直接识别基因的启动子区，需要一些被称为转录调控因子的辅助蛋白质按特定顺序结合于启动子上，RNA 聚合酶才能与之相结合并形成复杂的前起始复合物，以保证有效的起始转录。

（2）转录起始：转录起始后直到形成 9 个核苷酸短链的过程是通过启动子阶段，此时 RNA 聚合酶一直处于启动子区，新生的 RNA 链与 DNA 模板链的结合不够牢固，很容易从 DNA 链上掉下来并导致转录重新开始。

（3）转录的延伸：RNA 聚合酶离开启动子，沿 DNA 链移动并使新生 RNA 链（由 5′ 末端向 3′ 末端）不断伸长的过程就是转录的延伸。

（4）转录的终止：当 RNA 链延伸到转录终止位点时，RNA 聚合酶不再形成新的磷酸二酯键，RNA-DNA 杂合物分离，转录泡瓦解，DNA 恢复成双链状态，而 RNA 聚合酶和 RNA 链从模板上释放出来，转录终止。

第四节　原核生物与真核生物的转录及产物特征比较

mRNA 在所有细胞中有同样的功能，但真核和原核生物的 mRNA 在结构和合成的细节上存在重要差别。

一、重点解析

原核生物与真核生物转录过程比较

1）原核生物 mRNA 的特征

（1）原核生物 mRNA 的半衰期短。

细菌中转录和翻译是紧密偶联的。转录开始时，核糖体便与 mRNA 5′ 端结合并开始翻译，在其余信息尚未被合成之前翻译就开始了，一串核糖体会在 mRNA 合成时沿着 mRNA 移动。核糖体在 mRNA 尚未降解之前持续翻译，但是 mRNA 通常沿 5′ → 3′ 方向快速降解。mRNA 合成、被核糖体翻译以及降解是快速且连续进行的。单独的 mRNA 分子只能存在几分钟甚至更短时间。

（2）许多原核生物 mRNA 以多顺反子的形式存在。

细菌 mRNA 编码蛋白的数量变化很大，有些 mRNA 仅编码单一蛋白质，它们是单顺反子。另外一些（大多数）的序列编码不止一种蛋白质，它们是多顺反子。所有的 mRNA 包括三类区域：编码区由一系列代表蛋白质序列中氨基酸的密码子组成，始于 AUG（普遍是，少数是 GUG、UUG）而止于终止密码子；在编码区起始点之前的 5′ 端，额外序列为前导区；在 3′ 端的终止信号之后也有额外区域或被称为尾部。原核生物起始密码子 AUG 上游有一个 7～12 核苷酸的富嘌呤碱基的保守区——SD 序列，可与 16S rRNA 的 3′ 反向互补配对，在核糖体结合过程中起作用。

2）真核生物 mRNA 的特征

（1）真核生物 mRNA 的 5′ 端有帽子结构。

除叶绿体和线粒体外，真核生物蛋白 5′ 端都是经过修饰的，转录起始于一个核苷三磷酸（经常是嘌呤，A 或 G）。第一个核苷酸保留着 5′ 端三磷酸基团，使通常的磷酸二酯键从其 3′-OH 位向下一个核苷酸的 5′ 磷酸基团之间生成。转录本的初始序列可描述为：5′pppApNpNpNp……或 5′pppGpNpNpNp……。之后由鸟苷转移酶在 mRNA 的 5′ 终端加上一个甲基化鸟嘌呤，真核生物 mRNA 的 5′ 端帽子结构的通式是 $m^7G^{5'}ppp^{5'}(m)N$。

帽子结构的功能：有助于 mRNA 越过核膜，进入胞质；保护 5′ 端不被酶降解；翻译时供起始因子和核糖体识别。

（2）真核生物 mRNA 的 3′ 端有 poly(A)（40～200A）结构。几乎所有的细胞 mRNA 都拥有 poly(A)$^+$。明显的例外是编码组蛋白的 mRNA 不具有 poly(A)$^-$。在高等生物中（酵母除外）在 poly(A) 上游 11～30nt 处有一特殊序列 AAUAAA，该序列是高度保守的，对于初级转录产物的准确切割及加 poly(A) 是必需的。RNA 聚合酶识别加尾位点并切割下游多聚腺苷聚合酶加上 40～200 个 A。poly(A) 的作用：是 mRNA 由细胞核进入细胞质所必需的形式；赋予 mRNA 稳定性；可促进核糖体的有效循环。

二、名词解释

1. 编码区

mRNA 中由一系列代表蛋白质序列中氨基酸的密码子组成，始于 AUG（普遍是，少数是 GUG、UUG）而止于终止密码子。

2. 前导区

在 mRNA 的编码区起始位点之前的 5′ 端，额外序列。

3. 尾部区

在 mRNA 的 3′ 端的终止信号之后也有额外区域。

4. SD 序列

原核生物起始密码子 AUG 上游有一个 7～12 核苷酸的富嘌呤碱基的保守区可与 16S rRNA 的 3′ 反向互补配对，在 mRNA 与核糖体结合过程中起作用。

5. 帽子结构

由鸟苷转移酶在 mRNA 的 5′ 终端加上一个甲基化鸟嘌呤，真核生物 mRNA 5′ 端帽子结

构的通式是 $m^7G^{5'}ppp^{5'}(m)N$。

6. Poly(A) 尾

几乎所有的真核生物 mRNA 的 3′ 端有 poly(A)（40 ～ 200A）结构，由多聚腺苷聚合酶识别加尾位点并切割下游序列加上 40 ～ 200 个 A。

三、拓展习题

（一）填空题

1. 真核生物 mRNA 的 5′ 末端具有_____结构，它是由_____催化产生的；而真核生物 mRNA 的 3′ 末端通常具有_____。

【答案】帽子；鸟苷酸转移酶；poly(A) 尾巴。

【解析】真核生物 mRNA 的 5′ 末端具有帽子结构，它是由鸟苷酸转移酶催化产生的；而真核生物 mRNA 的 3′ 末端通常具有 poly(A) 尾巴。

2. mRNA 5′ 端加 G 的反应是由_____完成的，这个反应非常迅速。

【答案】鸟苷酸转移酶。

【解析】mRNA 5′ 端加 G 的反应是由鸟苷酸转移酶完成的，这个反应非常迅速，很难在体外或体内测得 5′ 自由三磷酸基团的存在。

3. poly(A) 是 mRNA 由_____进入_____所必需的形式，它大大提高了 mRNA 在细胞基质中的稳定性。

【答案】细胞核；细胞质基质。

【解析】poly(A) 是 mRNA 由细胞核进入细胞质基质所必需的形式，它大大提高了 mRNA 在细胞基质中的稳定性。

4. 真核生物转录终止加尾修饰点是_____，在其后加上_____。

【答案】AAUAAA；poly(A)。

【解析】研究发现几乎所有的真核基因的 3′ 端转录终止位点上游 15 ～ 30bp 处的保守序列 AAUAAA 对于初级产物的准确切割及加 poly(A) 是必需的。

（二）选择题

（单选）在前体 mRNA 上加多腺苷酸尾巴（   ）。

A. 涉及两步转酯反应机制

B. 需要保守的 AAUAAA 序列

C. 在 AAUAAA 序列被转录后立即加尾

D. 由依赖于模板的 RNA 聚合酶催化

【答案】B

【解析】研究发现几乎所有的真核基因的 3′ 端转录终止位点上游 15 ～ 30bp 处的保守序列 AAUAAA 对于初级产物的准确切割及加 poly(A) 是必需的。

（三）判断题

1. 细胞质中 mRNA 的 poly(A) 长度通常比细胞核中 mRNA 的 poly(A) 长度要短。（   ）

【答案】正确

【解析】转录生成的 mRNA 前体需要在细胞核中进行剪切等加工修饰才能成为成熟的 mRNA，释放到胞质中。

2. 真核生物的所有 mRNA 都含有 poly(A) 结构。（　　　）

【答案】错误

【解析】除组蛋白基因外，真核生物 mRNA 的 3′ 端都含有 poly(A) 结构。

3. 一个完整的基因，包括编码区和 5′ 端的特异性序列。（　　　）

【答案】错误

【解析】一个完整的基因不但包括编码区，还包括 5′ 端和 3′ 端长度不等的特异性序列。

（四）问答题

1. 请简述真核生物的 mRNA 与原核生物的 mRNA 有何不同。

【答案】（1）特异性结构不同：真核生物的 5′ 端有帽子结构，大部分成熟的 mRNA 还同时具有 3′-poly(A) 尾巴；而原核生物一般没有这两种结构。

（2）编码能力不同：原核生物的 mRNA 可编码多个多肽；真核生物的 mRNA 只能编码一个。

（3）顺反子类型不同：原核生物常以多顺反子的形式存在；真核一般以单顺反子形式存在。

（4）起始密码子存在差异：原核生物一般以 AUG 作为起始密码，有时以 GUG、UUG 作为起始密码；真核几乎永远以 AUG 作为起始密码。

（5）半衰期不同：原核生物 mRNA 半衰期短；真核生物的 mRNA 半衰期长。

（6）转录翻译的时序性不同：原核生物 mRNA 的转录与翻译一般是同时进行的；而真核生物转录的 mRNA 前体则需在转录后加工，成为成熟的 mRNA，且转录和表达发生在不同的时间和空间范围内。

2. 真核 mRNA 有哪些转录后修饰事件？详细叙述大部分真核 mRNA 3′ 端的修饰过程。

【答案】（1）真核 mRNA 转录后修饰事件。

① 5′ 端加帽：转录产物的 5′ 端通常要装上甲基化的帽子；有的转录产物 5′ 端有多余的顺序，则需切除后再装上帽子。②3′ 端加 poly(A) 尾巴：转录产物的 3′ 端通常由 poly(A) 聚合酶催化加上一段多聚 A；有的转录产物的 3′ 端有多余顺序，则需切除后再加上尾巴。装 5′ 端帽子和 3′ 端尾巴均可能在剪接之前就已完成。③修饰：tRNA 分子中稀有核苷酸较多，其修饰很频繁。例如对某些碱基进行甲基化等。④剪接：将 mRNA 前体上的内含子切除，再将被隔开的外显子连接起来。剪接过程是由细胞核小分子 RNA（如 U1snRNA）参与完成的，被切除的内含子形成套索状。

（2）大部分真核 mRNA 3′ 端的修饰过程。

首先由核酸内切酶切开 mRNA 3′ 端的特定部位，然后由 poly(A) 合成酶催化多聚腺苷酸反应，加入 poly(A) 尾巴。加 poly(A) 位点上游 10～30bp 处有保守序列 AAUAAA，下游约 50bp 处有富含 GU 序列，这两处序列是剪切和加 poly(A) 所需的信号。首先由剪切和聚腺苷化特异因子（CPSF）结合到上游富含 AAUAAA 序列，剪除刺激因子（CSF）与下游富含 GU 序列作用，剪除因子（CF）Ⅰ、Ⅱ相继与之结合，使其更趋稳定。在剪除之前，poly(A) 聚合酶结合到复合物上，使剪切后游离的 3′ 端能迅速腺苷酸化。

第五节　原核生物 RNA 聚合酶与 RNA 转录

一、重点解析

1. 原核生物 RNA 聚合酶

在大多数原核生物中由一种聚合酶几乎完成所有种类 RNA 的转录。原核生物 RNA 聚合酶全酶的组成由核心酶和一个 σ 亚基（因子）构成。核心酶由 2 个 α 亚基、1 个 β 亚基、1 个 β′ 亚基和 1 个 ω 亚基组成。原核生物转录的起始需要全酶参与，由 σ 因子辨认起始点，延长过程仅需要核心酶的催化。

（1）特点：以 DNA 为模板；都以四种核糖核苷三磷酸的底物为原料；都遵循 DNA 与 RNA 之间的碱基配对原则，A—U，C—G，合成与模板 DNA 序列互补的 RNA 链；RNA 链的延长方向是 $5' \to 3'$ 的连续合成；需要 Mg^{2+} 或 Mn^{2+} 离子；并不需要引物就能合成 RNA；RNA 聚合酶缺乏 $3' \to 5'$ 外切酶活性，所以没有校正功能。

（2）功能：识别 DNA 双链上的启动子；使 DNA 变性在启动子处解旋成单链；通过阅读启动子序列，RNA 聚合酶确定它自己的转录方向和模板链。最后当它到达终止子时，通过识别停止转录。

2. 原核生物启动子的结构

启动子的结构影响与 RNA 聚合酶的亲和力，从而影响了基因表达水平。大部分启动子都存在这两段共同序列，即位于 −10bp 处的 TATA 区和 −35bp 处的 TTGACA 区。它们是 RNA 聚合酶与启动子的结合位点，能与 σ 因子相互识别而具有很高的亲和力。原核生物 RNA 聚合酶对启动子区的识别和结合通过氢键互补的方式加以识别−10 序列的功能是：A、T 较丰富，易于解链；RNA 聚合酶紧密结合；形成开放启动复合体；使 RNA pol 定向转录。−35 序列功能是：为 RNA 聚合酶的识别位点；σ 亚基识别−35 序列，为转录选择模板。

启动子的突变影响它们所控制基因的表达水平，而不改变基因产物本身。−10 序列对转录的效率有重要的影响，TATAAT 变成 AATAAT 就会大大降低结构基因的转录水平称为下降突变。TATGTT 变成 TATATT 就会提高启动子的效率和结构基因的转录水平称为上升突变。

3.−10 区和−35 区的最佳间隔

在 90% 启动子中，−35 和−10 区之间的分隔距离在 16～19bp 之间。个别例外的可以小于 15bp 或者大于 20bp。尽管间隔区的真实序列并不重要，但其距离大小保持两个位点恰当分隔，从而适合 RNA 聚合酶的几何结构方面是很重要的。

4. 原核生物 RNA 转录周期

原核生物的 RNA 的转录周期可分：转录起始、延伸和终止过程。在转录起始阶段，聚合酶与启动子结合形成封闭复合物。模板 DNA 局部变性，形成开放的启动子二元复合体；第一个 rNTP 转录开始，形成酶-启动子-rNTP 三元复合体。之后新生 RNA 链的延伸中新生的转录复合物可进入两种不同的途径：①流产式起始，释放 2～9 个核苷酸的短 RNA 复合物；②尽快释放 σ 亚基，通过启动子区，并释放转录延伸复合物。碰上终止信号时 RNA 聚合酶停止加入新的核苷酸与 DNA 模板相脱离，释放新生 RNA 链。根据 RNA 聚合酶是否需要辅助因子参与才能终止 RNA 链的延伸，可将终止子分为不依赖于 ρ 因子和依赖 ρ 因子的终止。不依赖于 ρ 因子的终止：许多终止子需要一个发夹来形成终止转录 RNA 的二级结构。发夹结构是由终止位点上游的富含 GC 碱基的序列形成。这就提示了终止依赖于 RNA 产物，并不仅仅简单地由转录中 DNA 序列所决定。依赖于 ρ 因子的终止。RNA 聚合酶转录 DNA，ρ 因子附着到新生的 RNA 5′端的识别位点上，ρ 因子跟在 RNA 聚合酶后沿 RNA 移动，RNA 聚合酶在终止位点停下，并被 ρ 因子追上在转录泡中 ρ 因子使 DNA-RNA 杂种双链解开转录终止，释放出 RNA 聚合酶、ρ 因子和 RNA。

二、名词解释

1.转录单元
是一段从启动子开始至终止子结束的 DNA 序列，一个转录单元可以包含一个以上的基因。

2.转录起点
是指与新生 RNA 链第一个核苷酸相对应的 DNA 的碱基，通常为一个嘌呤。常把起点前面，即 5′末端的序列称为上游，而把其后面即 3′末端的序列称为下游。描述碱基的位置是通常用数字表示，起点为 +1，下游方向为 +2、+3……，上游方向为 −1，−2，−3……。

3.σ 因子
原核生物 RNA 聚合酶的一个亚基，是转录起始所必需的因子，主要影响 RNA 聚合酶对转录起始位点的正确识别。

4.终止子
是终止转录反应所需的序列（体内或体外）。

5.ρ 因子
ρ 因子是一个分子量为 2.0×10^5 的六聚体蛋白质。其功能是作为 RNA 聚合酶的一种辅助因子，很可能直接在转录泡中接触 RNA-DNA 杂合链，并导致其解链，或是由于 ρ 因子和 RNA 聚合酶的相互作用，通过释放 ρ 因子和 RNA 聚合酶使转录完全终止。

6.穷追模型
RNA 聚合酶转录 DNA，ρ 因子附着到新生的 RNA 5′端的识别位点上，ρ 因子跟在 RNA 聚合酶后沿 RNA 移动，RNA 聚合酶在终止位点停下，并被 ρ 因子追上，在转录泡中 ρ 因子使 DNA-RNA 杂种双链解开转录终止，释放出 RNA 聚合酶，ρ 因子和 RNA。

三、课后习题

课后习题及答案

四、拓展习题

（一）填空题

1.大肠杆菌转录起始过程需要 RNA 聚合酶全酶，其中_____因子辨认起始点，而 β 亚基和_____亚基组成了催化中心。转录的终止反映在_____。

【答案】σ；β′；终止子。

【解析】大肠杆菌转录起始过程需要 RNA 聚合酶全酶，其中 σ 因子辨认起始点，延长过程仅需要核心酶的催化。β 亚基和 β′ 亚基组成了催化中心，它们在序列上与真核生物 RNA 聚合酶的两个大亚基有同源性。转录的终止反映在终止子。

2. RNA 聚合酶在链延伸前会合成几段小于 10 个碱基的 RNA 短链，这一现象称为_____。

【答案】流产式转录起始。

【解析】转录起始复合物合成并释放 2 ～ 9 个核苷酸的短 RNA 转录物，即流产式转录起始。转录起始后直到形成 9 个核苷酸短链的过程是通过启动子阶段，此时 RNA 聚合酶一直处于启动子区，新生的 RNA 链与模板 DNA 链的结合不牢固，很容易从 DNA 链上掉下来并导致转录重新开始。

3. 大肠杆菌 RNA 聚合酶全酶由_____和_____组成。

【答案】核心酶（α2ββ′ω）；σ 亚基。

【解析】大肠杆菌 RNA 聚合酶的核心酶由 2 个 α 亚基、1 个 β 亚基、1 个 β′ 亚基和 1 个 ω 亚基组成，即 α2ββ′ω，加上 1 个 σ 亚基后则成为聚合酶全酶。

4. 聚合酶全酶的作用是_____，而_____则在 RNA 链的延伸中发挥作用。

【答案】启动子的选择和转录的起始；核心酶。

【解析】转录起始过程需要 RNA 聚合酶全酶，其中 σ 因子辨认起始点，延长过程仅需要核心酶的催化。只有带 σ 因子的全酶才能专一地与 DNA 上的启动子结合。

5. RNA 生物合成中，RNA 聚合酶的活性需要_____模板，原料是_____、_____、_____、_____。

【答案】DNA；ATP；GTP；UTP；CTP。

【解析】RNA 生物合成中，RNA 聚合酶的活性需要 DNA 模板，原料是 ATP、GTP、UTP、CTP。

6. 大肠杆菌 RNA 聚合酶为多亚基酶，亚基组成_____，称为_____酶，其中_____亚基组成称为核心酶，功能为_____；σ 亚基的功能为_____。

【答案】α2ββ′ω；全；α2ββ′；合成 RNA 链；保证 RNA 聚合酶对启动子的特异识别。

【解析】大肠杆菌 RNA 聚合酶的核心酶由 2 个 α 亚基、1 个 β 亚基、1 个 β′ 亚基和 1 个 ω 亚基组成，即 α2ββ′ω，加上 1 个 σ 亚基后则成为聚合酶全酶。σ 保证 RNA 聚合酶对启动子的特异识别，核心酶在 RNA 链的延伸中发挥作用。

7. RNA 聚合酶沿 DNA 模板_____方向移动，RNA 合成方向_____。

【答案】3′ → 5′、5′ → 3′。

【解析】RNA 聚合酶沿 DNA 模板 3′ → 5′ 方向移动，RNA 合成方向 5′ → 3′。

8. 终止位点上游一般存在一个富含_____的二重对称区，由这段 DNA 转录产生的 RNA 容易形成发夹结构。

【答案】GC 碱基。

【解析】不依赖于 ρ 因子的终止中，终止子明显的结构特点：终止位点上游一般存在一个富含 GC 碱基的二重对称区，由这段 DNA 转录产生的 RNA 容易形成发夹结构。

9. 目前认为，ρ 因子是 RNA 聚合酶终止转录的重要辅助因子，它的作用机制可用_____模型来解释。

【答案】穷追。

【解析】ρ 因子是 RNA 聚合酶终止转录的重要辅助因子，它的作用机制可用穷追模型来解释。

10._____和_____是 RNA 聚合酶与启动子的结合位点，能与 ρ 因子相互识别而具有很高的亲和力。

【答案】−10 位的 TATA 区；−35 位的 TTGACA 区。

【解析】分析了大肠杆菌启动子的序列以后确证绝大部分启动子都存在这两段共同序列：−10 位的 TATA 区和−35 位的 TTGACA 区。它们是 RNA 聚合酶与启动子的结合位点，能与 ρ 因子相互识别而具有很高的亲和力。

11. RNA 聚合酶并不是直接识别碱基对本身，而是通过_____的方式加以识别。

【答案】氢键互补。

【解析】RNA 聚合酶并不是直接识别碱基对本身，而是通过氢键互补的方式加以识别。

12._____是一组相邻或相互重叠基因的转录产物，这样的一组基因可被称为_____。

【答案】多顺反子 mRNA；一个操纵子。

【解析】多顺反子 mRNA 是一组相邻或相互重叠基因的转录产物，这样的一组基因可被称为一个操纵子。

13. 原核细胞信使 RNA 含有四个其功能所必需的特征区段，它们是_____、_____、_____、_____。

【答案】转录起始位点；前导序列；由顺反子间区序列隔开的 SD 序列和 ORF；尾部序列。

【解析】原核细胞信使 RNA 含有四个其功能所必需的特征区段，它们是转录起始位点、前导序列、由顺反子间区序列隔开的 SD 序列和 ORF、尾部序列。

14. 将 TATA 区上游的保守序列称为_____。

【答案】保守位点。

【解析】将 TATA 区上游的保守序列称为保守位点。

15. 原核生物转录起始前−35 区的序列是_____，−10 区的序列是_____。

【答案】TTGACA；TATA

【解析】原核生物转录起始前−35 区的序列是 TTGACA，−10 区的序列是 TATAA。

16. 从转录起始过渡到延伸阶段的标志是_____，以及_____脱落。

【答案】RNA 链的长度达 9～10 个核苷酸；σ 因子。

【解析】RNA 链的长度达 9～10 个核苷酸，则启动阶段结束，进入延伸阶段。σ 亚基脱离酶分子，留下的核心酶与 DNA 的结合变松，因而较容易继续往前移动。

（二）选择题

1.（单选）DNA 指导的 RNA 聚合酶由数个亚基组成，其核心酶的组成是（　　）。

A. ααββ′ω　　　　　　B. ααββ′σ　　　　　　C. ααβ′　　　　　　D. αββ′

【答案】A

【解析】RNA 聚合酶的核心酶由 2 个 α 亚基、1 个 β 亚基、1 个 β′ 亚基和 1 个 ω 亚基组成，即 α2ββ′ω，加上 1 个 σ 亚基后则成为聚合酶全酶。

2.（单选）原核生物 DNA 指导下的 RNA 聚合酶有 α2ββ′σ 五个亚基，与转录起始有关的亚基是（   ）。

A. α   B. β   C. β′   D. σ

【答案】D

【解析】转录起始过程需要 RNA 聚合酶全酶，其中 σ 因子辨认起始点。

3.（多选）RNA 聚合酶 Ⅱ 的 TATA 盒（   ）。

A. 位于−37 ~ −32 区域   B. 又称 Goldberg-Hogness 盒

C. 位于−25 ~ −30 区域   D. 与 Pribnow 盒相似

【答案】B、C、D

【解析】在真核生物基因中，Hogness 等先在珠蛋白基因中发现了类似 Pribnow 区的 Hogness 区，位于转录起始位点上游−25 ~ −30 区域，也称 TATA 区。

4.（单选）原核生物基因转录终止子在终止点前均有（   ）。

A. 回文序列   B. 多聚 A 序列   C. TATA 序列   D. 多聚 T 序列

【答案】A

【解析】终止子的共同顺序特征是在转录终止点之前有一段回文序列，约 7 ~ 20 核苷酸对。回文序列的两个重复部分由几个不重复节段隔开，对称轴一般距转录终止点 16 ~ 24bp。

5.（单选）在正常生长条件下，某一细菌基因的启动子−10 序列由 TCGACT 突变为 TATACT，由此引起该基因转录水平的变化，以下哪一种描述是正确的？（   ）

A. 该基因的转录增加   B. 该基因的转录减少

C. 该基因的转录不能正常进行   D. 该基因的转录没有变化

【答案】A

【解析】细菌中启动子突变有两种：下降突变和上升突变。把 Pribnow 区从 TATAAT 变成 AATAAT，会大大降低其结构基因的转录水平，造成下降突变；而增加 Pribnow 区共同序列的同一性就会增加基因转录水平。故由 TCGACT 突变为 TATACT 可以提高基因的转录水平。

6.（单选）原核生物基因启动子中−10 区与−35 区的最佳距离是（   ）。

A. 10 ~ 19bp   B. 16 ~ 19bp   C. 16 ~ 25bp   D. 30 ~ 35bp

【答案】B

【解析】原核生物基因启动子中−10 区与−35 区的最佳距离是 16 ~ 19bp，小于 15bp 或大于 20bp 都会降低启动子的活性。

7.（单选）TATA 框存在于（   ）。

A. 聚合酶 Ⅱ 识别的所有启动子中   B. 聚合酶 Ⅱ 识别的大部分启动子中

C. 聚合酶 Ⅲ 识别的所有启动子中   D. 聚合酶 Ⅲ 识别的大部分启动子中

【答案】B

【解析】多数真核基因启动子在−25 ~ −35 区都含有 TATA 序列，是聚合酶 Ⅱ 的识别序列。

8.（多选）RNA 聚合酶的核心酶由以下哪些亚基组成？（   ）

A. α   B. ζ   C. β   D. β′

【答案】A、C、D

【解析】大多数原核生物 RNA 聚合酶的组成是相同的，大肠杆菌 RNA 聚合酶的核心酶由 2 个 α 亚基、1 个 β 亚基、1 个 β′ 亚基和 1 个 ω 亚基组成，加上 1 个 σ 亚基后则成为聚合酶全酶。

（三）判断题

1. 原核生物强终止子结构为富含 GC 碱基的发夹 +polyU 链，若 polyU 突变为 polyC，则转录终止效率提高。（　　）

【答案】错误

【解析】原核生物强终止子结构为富含 GC 碱基的发夹 +poly(A) 链，若 poly(A) 突变为 poly(C)，则转录终止效率明显降低。

2. 所有的 RNA 聚合酶都需要模板才能催化反应。（　　）

【答案】正确

【解析】所有的 RNA 聚合酶都需要模板。

3. 与蛋白质酶不同的是，核酸的活性不需要特定的三维结构。（　　）

【答案】错误

【解析】核酶的催化功能与其空间结构有密切的关系。

（四）问答题

原核生物的转录可分为哪些阶段？简述各阶段的主要事件。

【答案】原核生物的转录可分为转录起始、转录延伸和转录终止 3 个阶段。

（1）转录起始阶段。① RNA 聚合酶核心酶与启动子相互作用，σ 因子与核心酶结合形成全酶；② RNA 聚合酶全酶识别并结合启动子–35 区和–10 区，形成封闭复合物；③ 启动子–10 区双链 DNA 解链，转变成开放复合物；④ RNA 链上加入第一个核苷酸，并形成第一个磷酸二酯键；⑤ 合成初始的 9 个核苷酸短链后，RNA 聚合酶从启动子区域清除，σ 因子脱离，转录进入延伸阶段。

（2）转录延伸阶段。核心酶以一条 DNA 链为模板催化 RNA 链沿 $5' \to 3'$ 方向延伸，DNA 链不完全解开，而以转录泡的形式在 DNA 链上延伸，合成速度大约为每秒 40 个核苷酸。

（3）转录终止阶段。① RNA-DNA 杂合体分开，转录泡瓦解，RNA 聚合酶和 RNA 解离，DNA 链恢复双链。② 终止信号有两类：不依赖于 ρ 因子的终止和依赖于 ρ 因子的终止。

第六节　真核生物 RNA 聚合酶与 RNA 转录

一、重点解析

1. 真核生物的 RNA 聚合酶

真核细胞核内有 3 类 RNA 聚合酶（Ⅰ、Ⅱ和Ⅲ），在细胞核中的位置不同，负责转录的基因不同，对 α-鹅膏蕈碱的敏感性也不同。在动植物及昆虫的细胞中，RNA 聚合酶Ⅱ的活性可被低浓度的 α-鹅膏蕈碱所抑制。但却不抑制 RNA 聚合酶Ⅰ。RNA 聚合酶Ⅲ对 α-鹅膏蕈的反应，不同的生物有所差异。在动物细胞中高浓度的 α-鹅膏蕈可抑制转录，在昆虫中不受抑制。

真核生物线粒体和叶绿体中存在不同的 RNA 聚合酶，不受 α-鹅膏蕈抑制。线粒体中

RNA 聚合酶只有一条多肽链，分子量小于 $7×10^4$，是已知最小的 RNA 聚合酶之一，与 T7 噬菌体 RNA 聚合酶有同源性。叶绿体中 RNA 聚合酶比较大；结构上与细菌中的聚合酶相似，由多个亚基组成，部分亚基由叶绿体基因编码。

真核生物 RNA 聚合酶一般由 8～16 个亚基所组成，分子量超过 $5×10^5$。在结构上有两条普遍遵循的原则：聚合酶中有两个分子量超过 $1×10^5$ 的大亚基；同种生物的核内的三种聚合酶都有几个共同的亚基，有共享"小亚基"的倾向。

2. 真核生物启动子对转录的影响

真核生物的基因由 3 类不同 RNA 聚合酶负责转录，所以这些基因的启动子结构也有各自的特点。由 RNA 聚合酶 Ⅱ 所转录的编码蛋白质的基因数目最多，以 RNA 聚合酶 Ⅱ 为例介绍启动子序列特点。

真核生物 Ⅱ 类启动子包含核心元件 TATA 框（$-25～-35$）、上游启动元件（UPE）或上游激活序列（UASs）CAATbox（$-70～-80$）和 GCbox（$-80～-110$）。TATA 框作用是：①选择正确的转录起始位点，保证精确起始，故也称为选择子；②影响转录的速率。CAATbox（$-70～-80$）和 GCbox（$-80～-110$）可增加核心元件的转录起始的效率。

3. 真核生物的启动子特点

（1）有多种元件：TATA框，GC 框，CATT 框。

（2）结构不恒定。有的有多种框盒。

（3）它们的位置、序列、距离和方向都不完全相同。

（4）有的有远距离的调控元件存在，如增强子。

（5）这些元件常常起到控制转录效率和选择起始位点的作用。

（6）不直接和 RNA 聚合酶结合。转录时先和其它转录激活因子相结合，再和聚合酶结合。

4. 增强子及其特点功能

增强子是指能强化转录起始的 DNA 序列。增强子的特点有：

（1）具有远距离效应。常在上游-200bp 处，但可增强远处启动子的转录，即使相距十多个千碱基对也能发挥其作用。

（2）无方向性。无论在靶基因的上游、下游或内部都可发挥增强转录的作用。

（3）顺式调节。只调节位于同一染色体上的靶基因，而对其它染色体上的基因无作用。

（4）无物种和基因的特异性，可以接到异源基因上发挥作用。

（5）具有组织的特异性。SV40 的增强子在 3T3 细胞中比多瘤病毒的增强子要弱，但在 HeLa 细胞中 SV40 的增强子比多瘤病毒的要强 5 倍。增强子的效应需特定的蛋白质因子参与。

（6）有相位性。其作用和 DNA 的构象有关。

（7）有的增强子可以对外部信号产生反应。如热休克基因在高温下才表达。编码重金属蛋白的金属硫蛋白基因在镉和锌存在下才表达。某些增强子可以被固醇类激素所激活。

二、名词解释

增强子

能强化转录起始的 DNA 序列。

三、课后习题

课后习题及答案

四、拓展习题

（一）填空题

1. 真核启动子中的元件通常可以分为两种：＿＿＿＿＿＿＿和＿＿＿＿＿＿。

【答案】核心启动子元件；上游启动子元件。

【解析】真核启动子中的元件通常可以分为两种：核心启动子元件，上游启动子元件。

2. 真核生物 RNA 聚合酶共三种＿＿＿＿、＿＿＿＿、＿＿＿＿，它们分别催化＿＿＿＿和＿＿＿＿
的生物合成。

【答案】RNA 聚合酶Ⅰ；RNA 聚合酶Ⅱ；RNA 聚合酶Ⅲ；rRNA、mRNA、tRNA；5S rRNA。

【解析】真核生物 RNA 聚合酶共三种 RNA 聚合酶Ⅰ、RNA 聚合酶Ⅱ、RNA 聚合酶Ⅲ，
它们分别催化 rRNA、mRNA、tRNA 和 5S rRNA 的生物合成。

3. 真核生物 mRNA 的转录后加工主要包括＿＿＿＿＿、＿＿＿＿＿、＿＿＿＿＿等方面。

【答案】5′ 末端加帽；3′ 端加尾；内含子的剪接。

【解析】真核生物转录生成的 mRNA 要经过较复杂的加工过程。主要包括：5′ 末端加帽、
3′ 端加尾、剪接去除内含子并连接外显子、核苷酸编辑、甲基化修饰等。

4. 真核生物 tRNA 的成熟过程中需要通过拼接去除内含子，这个过程需要＿＿＿＿和＿＿＿＿
两种酶。

【答案】核酸内切酶；连接酶。

【解析】tRNA 前体的加工包括：在核酸内切酶 RNaseP 作用下，从 5′ 末端切除多余的核
苷酸；在核酸外切酶 RNaseD 作用下，从 3′ 末端切除多余的核苷酸；由核苷酸转移酶催化，
3′ 末端加 CCA—OH；核酸内切酶催化进行剪切反应，剪掉内含子，由连接酶连接外显子部
分；化学修饰作用，如甲基化、脱氨基、还原反应等。

（二）选择题

1.（单选）原核细胞信使 RNA 含有几个功能所必需的特征区段，它们是（　　　）。

A. 启动子，SD 序列，起始密码子，终止密码子，茎环结构

B. 启动子，转录起始位点，前导序列，由顺反子间区序列隔开的 SD 序列和 ORF，尾
部序列，茎环结构

C. 转录起始位点，尾部序列，由顺反子间区序列隔开的 SD 序列和 ORF，茎环结构

D. 转录起始位点，前导序列，由顺反子间区序列隔开的 SD 序列和 ORF，尾部序列

【答案】D

【解析】原核细胞信使 RNA 包含的功能所必需的特征区段为转录起始位点，前导序列，

由顺反子间区序列隔开的 SD 序列和 ORF，尾部序列。

2.（单选）以 DNA 为模板，RNA 聚合酶作用时，不需要（　　）。

A. NTP　　　　　　　B. dNTP　　　　　　　C. ATP　　　　　　　D. Mg^{2+}/Mn^{2+}

【答案】B

【解析】转录过程中需要 NTP，不需要 dNTP。

（三）判断题

1. 在转录时，双螺旋 DNA 由 A 型转向 B 型。（　　）

【答案】错误

【解析】在转录时，双螺旋 DNA 由 B 型转向 A 型。

2. 所谓引物就是同 DNA 互补的一小段 RNA 分子。（　　）

【答案】错误

【解析】引物是指一段较短的单链 RNA 或 DNA，它能与 DNA 的一条链配对提供游离的 3′-OH 端以作为 DNA 聚合酶合成脱氧核苷酸链的起始点。

（四）问答题

什么是增强子？有哪些特点？试述它的作用机制。

【答案】（1）增强子是指能够提高转录起始效率的 DNA 序列，它是基因表达的重要调控元件，可位于转录起始点的 5′ 端或 3′ 端，而且一般与所调控的靶基因的距离无关。

（2）增强子的特点包括以下几个方面。①远距离效应：一般位于上游−200bp 处，但可增强远处启动子的转录。②无方向性：无论位于靶基因的上游、下游或内部都可发挥增强转录的作用。③顺式调节：只调节位于同一染色体上的靶基因，对其他染色体上的基因没有作用。④无物种和基因的特异性：可以连接到异源基因上发挥作用。⑤具有组织特异性：增强子的效应需特定的蛋白质因子参与。⑥有相位性：其作用和 DNA 的构象有关。⑦某些增强子可以对外部信号产生反应。如热休克基因在高温下才表达，金属硫蛋白基因在镉和锌的存在下才表达。

（3）增强子的作用机制：①影响模板附近的 DNA 双螺旋结构，导致 DNA 双螺旋弯折或在反式作用因子的参与下，以蛋白质之间的相互作用为媒介形成增强子与启动子之间"成环"连接，活化基因转录。②将模板固定在细胞核内特定位置，如连接在核基质上，有利于 DNA 拓扑异构酶改变 DNA 双螺旋结构的张力，促进 RNA 聚合酶Ⅱ在 DNA 链上的结合和滑动。③增强子区可作为反式作用因子或 RNA 聚合酶Ⅱ进入染色质结构的"入口"。

第七节　RNA 转录的抑制

一、重点解析

抑制剂主要可分为三大类：嘌呤和嘧啶类似物 DNA（抑制酶活性／掺入核酸形成异常）；模板功能抑制剂（结合 DNA）；RNA 酶的抑制物。

二、拓展习题

（一）填空题

抑制剂主要可分为三大类：_____、_____、_____。

【答案】嘌呤和嘧啶类似物 DNA ；模板功能抑制剂；RNA 酶的抑制物。

【解析】抑制剂主要可分为三大类：嘌呤和嘧啶类似物 DNA（抑制酶活性 / 掺入核酸形成异常）；模板功能抑制剂（结合 DNA）；RNA 酶的抑制物。

（二）选择题

1.（单选）α-鹅膏蕈碱如何影响转录？（　　　）

A. 抑制原核生物 RNA 聚合酶

B. 主要抑制真核生物 RNA 聚合酶 II

C. 主要抑制真核生物 RNA 聚合酶 I

D. 既抑制原核生物又抑制真核生物 RNA 的合成

【答案】B

【解析】α-鹅膏蕈碱对真核生物 RNA 聚合酶 II 非常敏感，低浓度即可抑制 RNA 聚合酶 II。α-鹅膏蕈碱与 RNA 聚合酶 II 进行特异性结合，从而抑制磷酸二酯键的形成（RNA 链合成的起始和延长）。

2.（单选）下列哪一个不是真核生物的顺式作用元件？（　　　）

A. TATA 盒　　　　　　　B. Pribnow 盒　　　　　　C. CAAT 盒　　　　　　D. GC 盒

【答案】B

【解析】TATA 盒是构成真核生物启动子的元件之一。CAAT 盒和 GC 盒（GGGCGG）为上游启动子元件的组成部分。A、C、D 三项均属于真核生物的顺式作用元件。B 项，Pribnow 盒为原核生物中的启动序列。

3.（单选）催化真核细胞 rDNA 转录的 RNA 聚合酶是（　　　）。

A. RNA 聚合酶 I　　　　　　　　　　B. RNA 聚合酶 II

C. RNA 聚合酶 III　　　　　　　　　　D. RNA 聚合酶 I 和 RNA 聚合酶 III

【答案】D

【解析】RNA 聚合酶 I 存在于细胞核的核仁中，转录产物是 45S rRNA 前体，经剪接修饰后生成除 5S rRNA 外的各种 rRNA。RNA 聚合酶 III 位于细胞核质内，催化的主要转录产物是 tRNA、5S rRNA、snRNA。

（三）判断题

1. 利福霉素既可以抑制原核细胞的基因转录，又可以抑制真核细胞的基因转录。（　　　）

【答案】错误

【解析】利福霉素的作用机理是通过抑制了依赖 DNA 的 RNA 聚合酶，使此酶失去活性，从而影响了细菌的 RNA 合成，起到抑菌和杀菌作用，但不会抑制真核细胞的基因转录。

2. 所有高等真核生物的启动子中都有 TATA 盒。（　　　）

【答案】错

【解析】真核生物中，并不是每个基因的启动子区都包含 TATA 区、CAAT 区和 GC 区这三种保守序列，如 SV40 的早期基因，缺少 TATA 和 CAAT 区，只含有串联在上游−40～−110

位点的 GC 区。

（四）问答题

简述 RNA 生物合成的抑制剂的抑制原理并举例。

【答案】RNA 生物合成的抑制剂可分为三类：①嘌呤和嘧啶类似物，它们可作为核苷酸代谢拮抗物而抑制核酸前体的合成；②通过与 DNA 结合而改变模板的功能；③与 RNA 聚合酶结合而影响其活力。嘌呤和嘧啶类似物：重要的有 5-氟尿嘧啶、6-巯基嘌呤等。DNA 模板功能抑制物：主要有烷化剂、嵌入剂和放线菌素。低浓度（1mmol/L）的放线菌素 D 即可有效抑制 DNA 的转录，但对 DNA 的复制则必须在较高浓度（10mmol/L）下才有抑制作用。RNA 聚合酶的抑制物：利福霉素（常用利福平）、利链霉素和 a-鹅膏蕈碱。前两种抑制原核生物 RNA 聚合酶，a-鹅膏蕈碱主要抑制真核生物 RNA 聚合酶。

第八节 真核生物 RNA 中的内含子

一、重点解析

在 1993 年诺贝尔奖颁奖大会上，诺贝尔生理学或医学奖授予给了 Richard J. Roberts 和 Phillip A. Sharp，因为他们的重大成就——断裂基因的发现，认识到基因在 DNA 上的排列由一些不相关的片段隔开，是不连续的。

1. 真核生物 RNA 中的内含子

在 Sharp 和 Roberts 的实验发现之前，法国的 Chambon 小组已经在研究鸡卵清蛋白基因的表达和激素的关系时也发现了类似现象。但是，他们不能解释这种现象。1977 年，Chambon 听到美国冷泉港实验室关于断裂基因的报告后受到启发，对实验进一步研究，在真核生物发现了断裂基因。1978 年，Gilbert 把出现在成熟的 mRNA 中的片段叫做外显子，把不出现在成熟的 mRNA 中的片段叫做内含子。

2. 真核生物 tRNA 的转录后加工

（1）tRNA 基因有内含子前体必须经过剪接，其内含子具有下列特点：长度和序列没有共同性，一般有 16～46 个核苷酸；位于反密码子的下游；内含子和外显子间的边界没有保守序列。

（2）tRNA 由较长的前体加工，包括三个酶催化过程：①切割和连接是独立的反应，内含子的剪接由 tRNA 内切核酸酶和 RNA 连接酶完成；② 3′ 端添加 CCA 是在 tRNA 核苷酸转移酶的催化下进行的；③核苷酸修饰。

3. 真核生物 rRNA 的转录后加工

rRNA 基因大多数无内含子，前体与蛋白质结合形成核糖核蛋白前体，在核仁剪接成为成熟的 rRNA 分子。剪切包括 4 步：①切除 5′ 端非编码的序列，生成 41S rRNA 中间产物；② 41S RNA 被切割为两段 32S rRNA 和 20S rRNA；③ 32S，被剪切为 28S rRNA 和 5.8S rRNA；④ 20S rRNA 被剪切生成 18S rRNA。

4. 真核生物 mRNA 剪接

（1）内含子的"功能"及其在生物进化中的地位是一个引人注目的问题。许多人类疾病是内含子剪接异常引起的。地中海贫血病患者的珠蛋白基因中，大约有 1/4 的核苷酸突变发生在内含子的 5′ 或 3′ 边界保守序列上，或者直接干扰了前体 mRNA 的正常剪接。

（2）由 DNA 转录生成的原始转录产物——核不均一 RNA，即 mRNA 的前体，经过 5′ 加"帽"和 3′ 酶切加多聚腺苷酸，再经过 RNA 的剪接，编码蛋白质的外显子部分就连接成为一个连续的可译框，通过核孔进入细胞质，作为蛋白质合成的模板。

（3）Chambon 等分析比较了大量结构基因的内含子切割位点，发现有 2 个特点：①内含子的两个末端并不存在同源或互补。②连接点具有很短的保守序列，亦称边界序列。多数内含子的 5′ 端都是 GU，3′ 端都是 AG，因此称为 GU-AG 法则，又称为 Chambon 法则。GU-AG 法则不适用于线粒体、叶绿体的内含子，也不适用于酵母的 tRNA 基因。

（4）剪接方式：

① pre-mRNA 的剪接过程是由剪接体介导，剪接体是 mRNA 前体在剪接过程中组装形成的多组分复合物。包含约 150 种蛋白质和 5 种 106 ～ 185bp 的 snRNA（U1、U2、U4、U5 和 U6）。随着 RNA 链的延伸，每个内含子 5′ 和 3′ 两端的复合物成对联结，产生 60S 的颗粒——剪接体，进行 RNA 前体分子的剪接。

② 可变剪接。在高等真核生物个体发育或细胞分化过程中可以有选择性地越过某些外显子或某个剪接点进行变位剪接，产生出组织或发育阶段特异性 mRNA，称为内含子的变位剪接。脊椎动物中大约有 5% 的基因能以这种方式进行剪接，保证各同源蛋白质之间既具有大致相同的结构或功能域，具有特定的性质差异，进而拓展了基因所携带的遗传信息。

③ Ⅰ类和Ⅱ类自剪接内含子。与 mRNA 前体中主要（GU-AG 类）和次要（AU-AC 类）内含子的剪接方式不同的是Ⅰ、Ⅱ类内含子，因为带有这些内含子的 RNA 本身具有催化活性，能进行内含子的自我剪接。在Ⅰ类内含子切除体系中，自由鸟苷或鸟苷酸的 3′-OH 作为亲核基团攻击原始转录产物内含子 5′ 端的磷酸二酯键，从上游切开 RNA 链。RNA 剪接中间产物上游外显子的自由 3′-OH 作为亲核基团攻击内含子 3′ 位核苷酸上的磷酸二酯键使内含子被完全切开完成剪接的 RNA，释放内含子是线性结构。Ⅱ类内含子本身靠近 3′ 端的 A 上的 2′-OH 攻击 5′ 端的磷酸二酯键发动第一次转酯反应，外显子的 3′-OH 攻击内含子 3′ 末端的 U，发生第二次转酯反应，游离的内含子形成套索结构。

二、名词解释

1. 断裂基因
真核生物基因组，基因是不连续的，在基因的编码区内部含有大量的不编码序列。

2. 外显子
一个区段由遗传密码组成，将被表达，称为"外显子"。

3. 内含子
一个区段由非遗传密码组成，将在 mRNA 中被删除，称为"内含子"。

三、课后习题

课后习题及答案

四、拓展习题

（一）填空题

1. Ⅰ类自剪接内含子释放出＿＿＿＿＿＿，而Ⅱ类自剪接内含子形成＿＿＿＿＿＿。

【答案】线性内含子；套索结构。

【解析】Ⅰ类自剪接内含子剪切后释放出线性内含子，而不是一个套索结构。Ⅱ类自剪接内含子剪切后释放出套索结构的内含子。

2. RNA 聚合酶Ⅱ的基本转录因子有＿＿＿＿＿＿、＿＿＿＿＿＿、＿＿＿＿＿＿、＿＿＿＿＿＿，它们的结合顺序是：＿＿＿＿＿＿＿。其中 TFII-D 的功能是＿＿＿＿＿＿＿＿＿。

【答案】TFⅡ-A；TFⅡ-B；TFⅡ-D；TFⅡ-E；D、A、B、E；与 TATA 盒结合。

【解析】RNA 聚合酶Ⅱ的基本转录因子有 TFⅡ-A、TFⅡ-B、TFⅡ-D、TFⅡ-E，它们的结合顺序是：D、A、B、E。其中 TFⅡ-D 的功能是与 TATA 盒结合。

3. 多数类型的 RNA 是由加工＿＿＿＿＿＿产生的，真核生物前体 tRNA 的＿＿＿＿＿＿包括＿＿＿＿＿＿的切除和＿＿＿＿＿＿的拼接。随着＿＿＿＿＿＿端和＿＿＿＿＿＿端的序列切除，3′ 端加上了序列＿＿＿＿＿＿。在四膜虫中，前体 tRNA 的切除和＿＿＿＿＿＿的拼接是通过＿＿＿＿＿＿机制进行的。

【答案】前体分子；加工；内含子；外显子；5′；3′；CCA；内含子、外显子；自动催化。

【解析】多数类型的 RNA 是由加工前体分子产生的，真核生物前体 tRNA 的加工包括内含子的切除和外显子的拼接。随着 5′ 端和 3′ 端的序列切除，3′ 端加上了序列 CCA。在四膜虫中，前体 tRNA 的切除和内含子与外显子的拼接是通过自动催化机制进行的。

4. 真核生物的 RNA 聚合酶Ⅲ催化合成的产物是＿＿＿＿＿＿、＿＿＿＿＿＿和＿＿＿＿＿＿。

【答案】snRNA；tRNA；5S rRNA。

【解析】真核生物的 RNA 聚合酶Ⅲ催化合成的产物是 snRNA，tRNA 和 5S rRNA。

5. mRNA 转录后剪接加工是除去＿＿＿＿＿＿，把邻近的＿＿＿＿＿＿连接起来。

【答案】内含子；外显子。

【解析】真核生物中的结构基因基本上都是断裂基因。结构基因中能够指导多肽链合成的编码顺序被称为外显子，而不能指导多肽链合成的非编码顺序就被称为内含子。真核生物 hnRNA 的剪接一般需要 snRNA 参与构成的核蛋白体参加，通过形成套索结构而将内含子切除掉。把邻近的外显子连接起来。

（二）选择题

1.（单选）hnRNA 是下列哪种 RNA 的前体？（　　　）

A. tRNA
B. rRNA
C. mRNA
D. SnRNA

【答案】C

【解析】核内不均一 RNA（hnRNA）是由 DNA 转录生成的初级转录产物，经剪接加工后可生成 mRNA。

2.（多选）转录校对包括（　　　）。

A. 3′-核酸外切酶水解
B. 焦磷酸解编辑
C. 5′-核酸外切酶水解
D. RNA pol Ⅱ 的剪切活性

【答案】B、D

【解析】焦磷酸解编辑和 RNA pol Ⅱ 的剪切活性都是转录校对。

（三）判断题

1. 原核生物的初始转录需要剪接加工，成为成熟的 mRNA，进一步行使翻译模板的功能。（　　）

【答案】错误

【解析】真核生物的初始转录需要剪接加工，成为成熟的 mRNA，进一步行使翻译模板的功能。原核生物不需要此过程。

2. 可变剪接的存在说明剪接并不是一个精确的过程。（　　）

【答案】错误

【解析】可变剪接也称选择性剪接，指一个基因的转录产物在不同的发育阶段、分化细胞和生理状态下，通过不同的拼接方式，可以得到不同的 mRNA 和翻译产物。不同生物细胞内含子的边界处存在相似的核苷酸序列，表明内含子剪接过程在进化上是保守的。

（四）问答题

1. 简述 RNA 内含子的自身剪接类型和机制。

【答案】RNA 内含子主要有两类自剪接类型：Ⅰ类自剪接和Ⅱ类自剪接。

（1）Ⅰ类自剪接内含子的剪接机制。

① 主要是转酯反应，即剪接反应实际上是发生了两次磷酸二酯键的转移。第一步转酯反应由一个游离的鸟苷或鸟苷酸（GMP、GDP 或 GTP）介导，其 3′-OH 作为亲核基团攻击内含子 5′ 端的磷酸二酯键，从上游切开 RNA 链。在第二步转酯反应中，上游外显子的自由 3′-OH 作为亲核基团攻击内含子 3′ 位核苷酸上的磷酸二酯键，使内含子被完全切开，上、下游两个外显子通过新的磷酸二酯键重新连接。②Ⅰ类自剪接内含子剪切后释放出线性内含子，而不是一个套索结构。

（2）Ⅱ类自剪接内含子的剪接机制。

① Ⅱ类自剪接内含子的转酯反应无需游离鸟苷酸或鸟苷，而是由内含子本身的靠近 3′ 端的腺苷酸 2′-OH 作为亲核基团攻击内含子 5′ 端的磷酸二酯键，从上游切开 RNA 链后形成套索结构；再由上游外显子的自由 3′-OH 作为亲核基团攻击内含子 3′ 位核苷酸上的磷酸二酯键，使内含子被完全切开，上、下游两个外显子通过新的磷酸二酯键重新连接。②Ⅱ类自剪接内含子剪切后释放出套索结构的内含子。

2. 请简述 Ⅰ 型内含子剪接过程。

【答案】Ⅰ 型内含子的剪接主要是转酯反应，即剪接反应实际上是发生了两次磷酸二酯键的转移。其剪接过程为：①在 Ⅰ 类自剪接内含子切除体系中，第一个转酯反应由一个游离的鸟苷或鸟苷酸（GMP、GDP 或 GTP）介导，鸟苷或鸟苷酸的 3′-OH 作为亲核基团攻击内含子 5′ 端的磷酸二酯键，从上游切开 RNA 链。②在第二个转酯反应中，上游外显子的自由 3′-OH 作为亲核基团攻击内含子 3′ 位核苷酸上的磷酸二酯键，使内含子被完全切开，上、下游两个外显子通过新的磷酸二酯键相连。

第九节　RNA 的编辑、再编码和化学修饰

一、重点解析

1. RNA 编辑

（1）RNA 编辑是 mRNA 的一种加工方式，通过单碱基突变，插入了一个 U，或是缺少了一个 U，它导致了 DNA 所编码的遗传信息的改变，因为经过编辑的 mRNA 序列发生了不同于模板 DNA 的变化。

（2）指导 RNA 对 mRNA 前体分子的编辑起了指导作用，故称其为指导 RNA。1990 年，L. Simpsom 等在研究锥虫线粒体 mRNA 时发现了该类新的小分子 RNA，可以和 mRNA 分子被编辑的部分发生非常规的互补，G—U 配对，该 RNA 上还有些未能配对的 A，形成缺口，未插入 U 提供模板。

（3）RNA 编辑的生物学意义：①校正作用。②调控翻译。通过编辑可以构建或去除起始密码子和终止密码子。③扩充遗传信息。能使基因产物获得新的结构和功能，有利于生物的进化。

2. RNA 的再编码

RNA 编码和读码方式的改变，可以从一个 mRNA 产生两种或多种相互关联但又不同的蛋白质，可能是蛋白质合成的一种调节机制。再编码的方式有核糖体程序性 +1/−1 移位和核糖体跳跃；第 21 种天然的氨基酸硒代半胱氨酸和第 22 种天然的氨基酸吡咯赖氨酸的编码都是通过终止子通读而实现的。

二、名词解释

1. 指导 RNA

对 mRNA 前体分子的编辑起了指导作用的 RNA。

2. RNA 编辑

是 mRNA 的一种加工方式，通过单碱基突变，插入了一个 U，或是缺少了一个 U，它导致了 DNA 所编码的遗传信息的改变，因为经过编辑的 mRNA 序列发生了不同于模板 DNA 的变化。

3. RNA 的再编码

RNA 编码和读码方式的改变，可以从一个 mRNA 产生两种或多种相互关联但又不同的蛋白质，可能是蛋白质合成的一种调节机制。

4. 核糖体程序性 +1/−1 移位

mRNA 的读码信号发生 +1/−1 移位。

5. 核糖体跳跃

核糖体跳过 50 个核苷酸。

三、课后习题

课后习题及答案

四、拓展习题

（一）填空题

1. RNA 编辑是指某些 RNA，特别是 mRNA 前体的一种加工方式，如＿＿＿、＿＿＿或＿＿＿＿＿，导致 DNA 所编码的 mRNA 序列发生了不同于模板 DNA 的变化。

【答案】插入；删除；取代一些核苷酸残基。

【解析】RNA 编辑是指某些 RNA，特别是 mRNA 前体的一种加工方式，如插入、删除或取代一些核苷酸残基，导致 DNA 所编码的 mRNA 序列发生了不同于模板 DNA 的变化。

2. RNA 编辑具有重要的生物学意义：＿＿＿＿＿＿＿、＿＿＿＿＿＿＿、＿＿＿＿＿＿＿。

【答案】校正作用；调控翻译；扩充遗传信息。

【解析】RNA 编辑具有重要的生物学意义。①校正作用：有些基因在突变过程中丢失的遗传信息可能通过 RNA 的编辑得以恢复。②翻译调控：通过编辑可以构建或去除起始密码子和终止密码子。③扩充遗传信息：使基因产物获得新结构和功能，有利于生物进化。

（二）选择题

（多选）rRNA 和 tRNA 有特异性化学修饰，包括（　　　）。

A. 甲基化　　　　　B. 磷酸化　　　　　C. 去氨基化　　　　　D. 硫代

【答案】A、C、D

【解析】rRNA 和 tRNA，有特异性化学修饰：甲基化、磷酸化、去氨基化、硫代、碱基的同分异构化和二价键的饱和化是最常见的化学修饰途径。

（三）判断题

真核生物 mRNA 早期剪接复合体的形成，首先是由 U1snRNP 结合到 mRNA 前体内含子的 3′ 端，BBP 结合到分支点上，随后 U2snRNP 和 U2AF 分别结合在分支点和内含子 5′ 端剪接位点上。（　　　）

【答案】错误

【解析】真核生物 mRNA 早期剪接复合体的形成，首先是由 U1snRNP 结合到 hnRNA 内含子 5′ 端拼接点，U2snRNP 含有与分支点互补的序列，但 U2snRNP 与分支点的结合还需要 U1snRNP 和 U2 辅助因子（U2AF）的帮助。

（四）问答题

生物体存在大量的 mRNA 前体的选择性剪接过程。什么是选择性剪接？有几种方式？

【答案】（1）选择性剪接的定义：选择性剪接又称可变剪接或变位剪接，是指在 mRNA 前体的剪接过程中可以有选择性地越过某些外显子或某个剪接点进行变位剪接，从而产生出组织或发育阶段特异性 mRNA 的一种剪接方式。此外，不同的启动子或不同的 poly(A) 加尾位点的选择，也可看作选择性剪接。

（2）选择性剪接的方式：①拼接产物缺失一个或几个外显子；②拼接产物保留一个或几个内含子作为外显子的编码序列；③外显子中存在 5′ 拼接点或 3′ 拼接点，从而部分缺失该外显子；④内含子中存在 5′ 拼接点或 3′ 拼接点，从而使部分内含子变为编码序列。

第十节　mRNA 转运

一、重点解析

mRNA 的出核转运是真核生物基因表达的重要步骤之一，pre-mRNA 在细胞核内经历 5′ 端加帽，剪接和 3′ 端加多聚腺苷酸尾等一系列加工。这些加工完成以后，成熟的 mRNA 被转运出核，在细胞质内翻译产生蛋白质。在 mRNA 的出核转运过程中扮演主要角色的蛋白复合物，通过与核膜孔复合物之间的相互作用运输 mRNA 出核，进入细胞质后蛋白复合体从 mRNA 上解离下来。

二、拓展习题

填空题

mRNA 的出核转运是真核生物基因表达的重要步骤之一，pre-mRNA 在细胞核内经历 _____，_____ 和 _____ 等一系列加工。这些加工完成以后，成熟的 mRNA 被转运出核，在细胞质内翻译产生蛋白质。

【答案】5′ 端加帽；剪接；3′ 端加多聚腺苷酸尾。

【解析】pre-mRNA 在细胞核内经历 5′ 端加帽，剪接和 3′ 端加多聚腺苷酸尾等一系列加工。这些加工完成以后，成熟的 mRNA 被转运出核，在细胞质内翻译产生蛋白质。

第十一节　核酶

一、重点解析

核酶是指一类具有催化功能的 RNA 分子，通过催化靶位点 RNA 链中磷酸二酯键的断裂，特异性地剪切底物 RNA 分子，从而阻断基因的表达。"ribozyme" 是核糖核酸和酶两个词的缩合词。

1. 根据催化功能的分类

（1）剪切型核酶：只剪不接；如 RNaseP 的 RNA 亚基，四膜虫 rRNA 前提的剪接产物 L19 等。

（2）剪接型核酶：又剪又接，具有序列特异的内切核酸酶、RNA 连接酶等多种酶的活性。如 I、II 类内含子、锤头型核酶、发夹型核酶等。

2. 核酶的生物学意义

（1）核酶的发现使人们对 RNA 的重要功能有了新的认识。

（2）核酶是继反转录现象之后对中心法则的又一个重要修正，说明 RNA 既是遗传物质又是酶。

（3）核酶的发现为生命起源的研究提供了新思路，也许曾经存在以 RNA 为基础的原始生命。照这么说，蛋白质世界也可能（仅仅是可能）起源于 RNA 世界。

二、名词解释

1. 锤头型核酶

大多数具有自我剪切能力的 RNA 形成锤头形结构，这类 RNA 常被称为锤头型核酶。锤头型结构为该类酶的二级结构，该二级结构由三个茎（Ⅰ、Ⅱ、Ⅲ）构成，茎区是由互补碱基构成的局部双链结构，包围着一个由 11～13 个保守核苷酸构成的催化中心。

2. 发夹型核酶

50 个碱基的核酶和 14 个碱基的底物形成了发夹状的二级结构，包括 4 个螺旋和 5 个突环。螺旋 3 和 4 在核酶内部形成，螺旋 1（6 碱基对）和 2（4 碱基对）由核酶与底物共同形成，实现了酶与底物的结合。核酶的识别顺序是（G/C/U）NGUC，其中 N 代表任何一种核苷酸，这个顺序位于螺旋 1 和 2 之间的底物 RNA 链上，切割反应发生在 N 和 G 之间。

三、课后习题

课后习题及答案

四、拓展习题

（一）填空题

1. 核酶是指_____的 RNA 分子，通过催化_____，特异性地剪切_____，从而阻断基因的表达。

【答案】一类具有催化功能；靶位点 RNA 链中磷酸二酯键的断裂；底物 RNA 分子。

【解析】核酶是指一类具有催化功能的 RNA 分子，通过催化靶位点 RNA 链中磷酸二酯键的断裂，特异性地剪切底物 RNA 分子，从而阻断基因的表达。

2. RNase P 是一种_____，含有_____作为它的活性部位，这种酶在_____序列的_____切割_____。

【答案】内切核酸酶；RNA；tRNA；5′端；前体 RNA。

【解析】核糖核酸酶 P 是一种核糖核蛋白，含有一个单链 RNA 分子，长度为 375 个碱基，结合一个分子质量为 20kDa 的多肽（119 个氨基酸残基）。RNA 具有催化切割 tRNA 的能力，蛋白质则起间接的作用，可能是维持 RNA 结构的稳定。该酶广泛存在于原核生物和真核生物（核仁、叶绿体和线粒体）中，也参与核糖体 RNA 的加工。

3.RNA 酶的剪切分为_____、_____两种类型。

【答案】自体催化；异体催化。

【解析】RNA 酶的剪切分为自体催化和异体催化两种类型。

4.核酸的锤头结构必需有_____和_____。

【答案】茎环结构；一些保守碱基。

【解析】大多数具有自我剪切能力的 RNA 形成锤头型结构，这类 RNA 常被称为锤头型核酶。锤头型结构为该类酶的二级结构，该二级结构由三个茎（Ⅰ、Ⅱ、Ⅲ）构成，茎区是由互补碱基构成的局部双链结构，包围着一个由 11～13 个保守核苷酸构成的催化中心。

（二）判断题

核酶主要是指在细胞核中的酶类。（　　　）

【答案】错误

【解析】核酶是指一类具有催化功能的 RNA 分子。

第十二节　RNA 在生物进化中的地位

RNA 比相应的 DNA 序列含有更多的遗传信息，RNA 获得性遗传的分子基础，因为它既是信息分子，又是功能分子。环境因素可以直接影响和诱导 RNA 分子产生及信息加工。

第四章

现代分子生物学
重点解析及习题集

生物信息的传递（下）——
从 mRNA 到蛋白质

蛋白质是生物信息通路上的终产物，一个活细胞在任何发育阶段都需要数千种不同的蛋白质，而活细胞内时时刻刻进行着各种蛋白质的合成、修饰、运转和降解反应。

第一节　遗传密码——三联子

一、重点解析

贮存在 DNA 上的遗传信息通过 mRNA 传递到蛋白质上，mRNA 与蛋白质之间的联系是通过遗传密码的破译来实现的。mRNA 上每 3 个核苷酸翻译成多肽链上的 1 个氨基酸，这 3 个核苷酸就称为一个密码子（三联子密码）。翻译时从起始密码子 AUG 开始，沿 mRNA $5' \rightarrow 3'$ 的方向连续阅读直到终止密码子，生成一条具有特定序列的多肽链。

1. 三联子密码及其破译

（1）1954 年，G. Gamov 对破译密码首先提出了设想：若 1 种核苷酸对应 1 种氨基酸，那么只可能产生 4 种氨基酸；若 2 种核苷酸编码 1 种氨基酸的话，4 种碱基共有 $4^2=16$ 种不同的排列组合；3 个核苷酸编码 1 种氨基酸，经排列组合可产生 $4^3=64$ 种不同形式；若是四联子密码，就会产生 $4^4=256$ 种排列组合。推测 3 个核苷酸编码 1 个氨基酸的假设更为合理。

（2）1961 年 Crick 和 Brenner S 等用实验证实了三联子密码的真实性。他们将 T4 噬菌体 rⅡ位点用吖啶类试剂处理，可以使 DNA 脱落或插入单个碱基，插入叫"加字"突变，脱落叫"减字"突变。无论加字或减字都可以引起移码突变。Crick 小组用这种方法获得一系列的 T4"加字"和"减字"突变，再进行杂交来获得加入或减少 1 个、2 个、3 个的不同碱基数的系列突变。发现同时删除 3 个碱基后，翻译产生少 1 个氨基酸的蛋白质，但之后的氨基酸序列不变。此外，对烟草坏死卫星病毒的研究发现，其外壳蛋白亚基由 400 个氨基酸组成，而相应的 RNA 片段长约 1200 个核苷酸，与假设的密码三联子体系正好相吻合。

（3）1961 年 Nirenberg 和 Khorana 建立无细胞系统可以在体外合成蛋白质，它们以匀聚物、随机共聚物和特定序列的共聚物为模板指导多肽的合成，先后破译了 64 个遗传密码。

2. 遗传密码的性质

1）密码的连续性

三联子密码是非重叠和连续的。翻译由 mRNA 5′ 端起始密码子开始，按照 3 个核苷酸编码 1 种氨基酸的顺序，连续阅读直到 3′ 端的遇到终止密码子停止翻译。

2）遗传密码的简并性

4 种核苷酸组成 61 个编码氨基酸的密码子和 3 个终止密码子。由一种以上密码子编码同一个氨基酸的现象称为简并，对应于同一氨基酸的密码子称为同义密码子。除甲硫氨酸（AUG）和色氨酸（UGG）只有 1 种遗传密码，其余都有 1 个以上的密码子（9 种氨基酸有 2 个密码子；1 种氨基酸有 3 个密码子；5 种氨基酸有 4 个密码子；3 种氨基酸有 6 个密码子）。1965 年 Weigert M 和 Garen A 由碱性磷酸酶基因中色氨酸位点的氨基酸的置换证明 *E. coli* 中终止密码子的碱基组成 UAA 和 UAG。最后 1967 年 Brennr 和 Crick 证明 UGA 是第三个终止密码子。终止密码子不能与 tRNA 的反密码子配对，但能被终止因子或释放因子识别，终止肽链合成 UAA、UAG 和 UGA。AUG 和 GUG 既是甲硫氨酸和缬氨酸的密码子又是起始密码子。

3）密码的通用性与特殊性

遗传密码的通用性是指生物都是按照共同的编码规律翻译着自己的蛋白质，营造和传递着生命。遗传密码的特殊性是指在少数生物体内出现遗传密码的特殊性，如嗜热四膜虫中终止密码子 UAA 变成编码谷氨酰胺，支原体和线粒体中终止密码子 UGA 编码色氨酸。

3. 密码子和反密码子的相互作用

1966 年，Crick 提出摆动假说，解释了 tRNA 的反密码子中某些稀有成分（如 I）的配对，以及许多氨基酸有 2 个以上密码子的问题。摆动假说认为当 tRNA 的反密码子与 mRNA 的密码子配对时前两对严格遵守碱基互补配对法则，但第三对碱基有一定的自由度可以"摆动"，因而某些 tRNA 可以识别 1 个以上的密码子。反密码子的第一位为 A 或 C 时，只能识别 1 种密码子，为 G 或 U 时可以识别 2 种密码子（分别为 A/G，C/U），为 I 时可以对应 3 个密码子（A/U/C）。

二、名词解释

1. 遗传密码

mRNA 上每 3 个核苷酸翻译成多肽链上的 1 个氨基酸，这 3 个核苷酸就称为一个密码子（三联子密码）。

2. 密码的连续性

翻译由 mRNA 5′ 端起始密码子开始，按照 3 个核苷酸编码 1 个氨基酸的顺序，连续阅读直到 3′ 端的遇到终止密码子停止翻译。

3. 遗传密码的简并性

由一种以上密码子编码同一个氨基酸的现象。

4. 同义密码子

对应于同一氨基酸的密码子称为同义密码子。

5. 遗传密码的通用性

是指生物都是按照共同的编码规律翻译着自己的蛋白质，营造和传递着生命。

6. 遗传密码的特殊性

是指在少数生物体内出现遗传密码的特殊性，如嗜热四膜虫中终止密码子 UAA 变成编码谷氨酰胺，支原体和线粒体中终止密码子 UGA 编码色氨酸。

7. 摆动假说

认为当 tRNA 的反密码子与 mRNA 的密码子配对时前两对严格遵守碱基互补配对法则，但第三对碱基有一定的自由度可以"摆动"，因而某些 tRNA 可以识别 1 个以上的密码子。反密码子的第一位为 A 或 C 时，只能识别 1 种密码子，为 G 或 U 时可以识别 2 种密码子（分别为 A/G，C/U），为 I 时可以是 3 种密码子（A/U/C）。

三、课后习题

课后习题及答案

四、拓展习题

（一）填空题

1. 生物界共有_____个密码子，其中_____个为氨基酸编码，起始密码子为_____；终止密码子为_____、_____、_____。

【答案】64；61；AUG；UAA；UAG；UGA。

【解析】以三个核苷酸代表一个氨基酸，则可以有 $4^3=64$ 种密码，完全可以满足编码 20 种氨基酸的需要。

2. 多种密码子编码一个氨基酸的现象，称为_____。

【答案】密码子的简并性。

【解析】密码子的简并性可以在一定程度内，使氨基酸序列不会因为某一个碱基被意外替换而导致氨基酸错误，从而减少有害突变。

3. mRNA 上每三个核苷酸翻译一个蛋白质，这三个核苷酸是_____。

【答案】密码子。

【解析】密码子转译氨基酸序列，用于蛋白质合成。它决定肽链上每一个氨基酸和各氨基酸的合成顺序，以及蛋白质合成的起始、延伸和终止。

4. 遗传密码的四个特性_____、_____、_____、_____。

【答案】连续性；简并性；通用性；特殊性。

【解析】遗传密码的连续性，密码间无间断也没有重叠使氨基酸序列连续；遗传密码的简并性，可以减少有害突变；遗传密码的通用性，有助于研究生物的进化；遗传密码的特殊性，在极少数的生物结构中，密码子的编码会有差别。

5. 终止密码子_____、_____、_____。

【答案】UAA；UAG；UGA。

【解析】UAA、UAG、UGA 编码终止密码子，使得翻译停止。

6. mRNA 与蛋白质之间的联系是通过_____的破译来实现的。

【答案】遗传密码。

【解析】密码子转译氨基酸序列。它决定肽链上每一个氨基酸和各氨基酸的合成顺序，以及蛋白质合成的起始、延伸和终止。

7. 无论加字或者减字都可以引起_____。

【答案】移码突变。

【解析】移码突变是指 DNA 分子由于某位点碱基的缺失或插入，引起阅读框架变化，造成下游的一系列密码改变，使原来编码某种肽链的基因变成编码另一种完全不同的肽链序列。

8. 翻译时从起始密码子_____开始。

【答案】AUG。

【解析】绝大生物的起始密码子是 AUG。

9. 多种密码子可能编码同种氨基酸，这体现了遗传密码的_____。

【答案】简并性。

【解析】遗传密码的简并性是指由一种以上密码子编码同一个氨基酸的现象。

10. 密码子的第三对碱基有一定自由度，这是_____假说。

【答案】摆动。

【解析】摆动假说认为当 tRNA 的反密码子与 mRNA 的密码子配对时，前两对严格遵守碱基互补配对法则，但第三对碱基有一定的自由度可以"摆动"，因而某些 tRNA 可以识别 1 个以上的密码子。

11. 起始密码子标志着_____的开始。

【答案】可读码框。

【解析】可读码框是 mRNA 上的一段碱基序列，它起始于起始密码子，终止于终止密码子，一个可读码框对应一个蛋白质。

12. 摆动假说中，当反密码子第一位是 U，可以识别____种密码子，分别是____和____。

【答案】2；A；G。

【解析】可识别 2 种，分别是 A 和 G。

13. 在反密码子与密码子的相互作用中，反密码子 IGA 可识别的密码子有_____，_____，和_____。

【答案】UCA；UCC；UCU。

【解析】根据摆动假说，在密码子与反密码子的配对中，前两对严格遵守碱基互补配对法则，第三对碱基有一定的自由度，可以"摆动"。当反密码子的第一位是 I 时，可识别 3 种密码子：X-Y-A/C/U。

（二）选择题

1.（单选）下面哪一个是蛋白质合成的起始密码子？（   ）。

A. UAA   B. UAG   C. UGA   D. AUG

【答案】D

【解析】遗传密码子共 64 个：包括 61 个编码氨基酸的密码子和 3 个终止密码子（UAA、UAG 和 UGA）。其中密码子 AUG 比较特殊，既是起始密码子，又是甲硫氨酸的密码子。

2.（单选）无义密码子的功能是（   ）。

A. 编码 n 种氨基酸中的每一种　　　　B. 使 mRNA 附着于任一核糖体上

C. 编码每一种正常的氨基酸　　　　D. 规定 mRNA 中被编码信息的终止

【答案】D

【解析】无义密码子又称终止密码子，不编码任何氨基酸，不能与 tRNA 的反密码子配对，但能被终止因子或释放因子识别，终止肽链的合成。终止密码子包括 UAG、UAA、UGA 3 种。

3.（多选）下面关于 tRNA 的描述，正确的是（   ）。

A. 二级结构为三叶草形　　　　B. 三级结构为倒"L"形

C. 含有多种稀有碱基　　　　D. 每个 tRNA 对应唯一一个密码子

【答案】A、B、C、D

【解析】tRNA 的二级结构为三环四臂三叶草结构，三级结构为倒"L"形。tRNA 含有多种稀有碱基，每一个 tRNA 对应一个氨基酸。一个氨基酸可以有多个密码子，即可对应多个 tRNA。

4.（多选）tRNA 连接氨基酸的部位是在（   ）。

A. 2′-OH　　　　B. 3′-OH　　　　C. 3′-P　　　　D. 5′-P

【答案】A、B

【解析】tRNA 的 3′ 端都是以 CCA—OH 结束，该位点是 tRNA 与相应氨基酸结合的位点，最后一个碱基的 3′ 或 2′ 自由羟基（—OH）可以被氨酰化。

（三）判断题

1. 新生的多肽链中氨基酸的组成和排列顺序取决于其 DNA（基因）的碱基组成及其顺序。因此，作为基因产物的蛋白质最终是受基因控制的。（   ）

【答案】正确

【解析】密码子翻译的蛋白质一级结构氨基酸序列就是由基因控制的。

2. 无义密码子就是终止密码子。（   ）

【答案】正确

【解析】无义密码子又称终止密码子（UAG、UAA、UGA），不编码任何氨基酸，不能与 tRNA 的反密码子配对，但能被终止因子或释放因子识别，终止肽链的合成。

3. 遗传密码的性质包括简并性、特殊性和普遍性。（   ）

【答案】错误

【解析】遗传密码的性质包括连续性、简并性、通用性、特殊性。

4. 由一种以上密码子编码同一个氨基酸的现象称为简并，对应于同一种氨基酸的密码子就称为同义密码子。（   ）

【答案】正确

【解析】编码同一氨基酸的密码子称为同义密码子。

5. 许多氨基酸有多个密码子，实际上除甲硫氨酸（ATG）只有一个密码子外，其他氨基酸都有一个以上的密码子。（   ）

【答案】错误

【解析】色氨酸（UGG）也只有一个密码子。

6. 经过反复研究，Nirenberg 和 Leder 首先从遗传学角度证实三联子密码的构想是正确的。
（　　）

【答案】错误

【解析】Crick 等人首先从遗传学角度证实三联子密码的构想是正确的。

7. 由于密码子是不重叠的，故所有基因都是不重叠的。（　　）

【答案】错误

【解析】原核生物和一些病毒或噬菌体的基因组比较小，核苷酸对是极其有限的，所以存在两个或两个以上的基因共有一段 DNA 序列的现象，即重叠基因。

8. 遗传密码不仅为研究蛋白质的生物合成提供了理论依据，也证实了中心法则的正确性。
（　　）

【答案】正确

【解析】中心法则是指遗传信息从 DNA 传递给 RNA，再从 RNA 传递给蛋白质，即完成遗传信息的转录和翻译过程。

（四）问答题

1. 遗传密码是如何破译的？

【答案】提示：三个突破性工作：①体外翻译系统的建立；②核糖体结合技术；③核酸的人工合成。

2. 遗传密码有什么特点？

【答案】①密码无标点：从起始密码始到终止密码子，需连续阅读，不可中断。增加或删除某个核苷酸会发生移码突变。②密码不重叠：组成一个密码的三个核苷酸只代表一个氨基酸，只使用一次，不重叠使用。③密码的简并性：在密码子表中，除 Met、Trp 各对应一个密码外，其余氨基酸均有两个以上的密码，对保持生物遗传的稳定性具有重要意义。④变偶假说：密码的专一性主要由前两位碱基决定，第三位碱基重要性不大，因此在与反密码子的相互作用中具有一定的灵活性。⑤通用性及例外：地球上的一切生物都使用同一套遗传密码，但近年来已发现某些例外现象，如某些哺乳动物线粒体中的 UGA 不是终止密码而是色氨酸密码子。⑥起始密码子 AUG，同时也代表 Met，终止密码子 UAA、UAG、UGA 使用频率不同。

3. 简述证实三联子密码的过程。

【答案】①在模板 mRNA 中插入或删除一个碱基，发现如果同时删去 3 个核苷酸，翻译产生少了 1 个氨基酸的蛋白质，但序列不发生变化。②对烟草坏死卫星病毒的研究发现，其外壳蛋白亚基由 400 个氨基酸组成，而相应的 RNA 片段长约 1200 个核苷酸。因此证实了三个遗传密码子对应一个氨基酸。

4. 简述三联子密码。

【答案】mRNA 上每三个核苷酸翻译成蛋白质多肽链上的一个氨基酸，这三个核苷酸就称为一个密码，也叫三联子密码。翻译时从起始密码子 AUG 开始，沿 mRNA 5′ → 3′ 的方向连续阅读直到终止密码子，生成一条具有特定序列的多肽链。

5. 已知一种突变的噬菌体蛋白是由单个核苷酸插入引起的移码突变，将正常的蛋白质和突变体蛋白质用胰蛋白酶消化后，进行指纹图分析。结果发现只有一个肽段的差异，测得其基酸顺序如下：正常肽段 Met-Val-Cys-Val-Arg，突变体肽段 Met-Ala-Met-Arg。

（1）什么核苷酸插入到什么地方导致了氨基酸顺序的改变？

（2）推导出编码正常肽段和突变体肽段的核苷酸序列。

提示：有关氨基酸的简并密码分别为

Val：GUU、GUC、GUA、GUG

Arg：CGU、CGC、CGA、CGG、AGA、AGG

Cys：UGU、UGC

Ala：GCU、GCC、GCA、CGC

【答案】（1）在正常肽段的第一个 Val 密码 GUA 的 G 后插入了一个 C。

（2）正常肽段的核苷酸序列为：AUGGUAUGCGU…CG…；突变体肽段的核苷酸序列为：AUGGCUAUGCGU。

6. 简述三种 RNA 在蛋白质生物合成中的作用。

【答案】① mRNA：DNA 的遗传信息通过转录作用传递给 mRNA，mRNA 作为蛋白质合成模板，传递遗传信息，指导蛋白质合成。② tRNA：蛋白质合成中氨基酸运载工具，tRNA 的反密码子与 mRNA 上的密码子相互作用，使分子中的遗传信息转换成蛋白质的氨基酸顺序是遗传信息的转换器。③ rRNA 核糖体的组分，在形成核糖体的结构和功能上起重要作用，它与核糖体中蛋白质以及其它辅助因子一起提供了翻译过程所需的全部酶活性。

7. 什么是摆动假说？

【答案】tRNA 的反密码子与 mRNA 的密码子配对时，前两对严格遵守碱基互补配对法则，但是第三个碱基有一定的自由度。

8. 什么是无义突变？

【答案】由于结构基因中某个核苷酸的变化使得一种氨基酸的密码变成终止密码。

9. 什么是信号肽？

【答案】引导新合成的肽链转移到内质网上的一段多肽。

10. 什么是密码子的简并性？

【答案】一种以上的密码子编码同一种氨基酸的现象。

11. 简述尼伦伯格破译遗传密码实验的思路。

【答案】用仅仅含有单一碱基的尿嘧啶（U），做试管内合成蛋白质的研究。合成蛋白质必须将 DNA 上的遗传信息转录到 RNA 上，而 RNA 的碱基与 DNA 稍有不同，一般是有 UCGA 4 种（DNA 中是 TCGA）。这个实验只用了含有单一碱基 U 的特殊 RNA。这样，就得到了只有 UUU 编码的 RNA。把这种 RNA 放到和细胞内相似的溶液里，如果上述观点正确，应该得到由单一一种氨基酸组成的蛋白质。这样合成的蛋白质中，只含有苯丙氨酸。

12. 简述遗传密码有哪些特点？

【答案】遗传密码的特点如下：遗传密码是三联子密码，即 1 个密码子由 3 个连续的核苷酸组成，特异性地编码 1 个氨基酸。其特性如表 4-1 所示。

13. 解释无义突变与错义突变。

【答案】无义突变：在蛋白质的结构基因中，一个核苷酸的改变可能使代表某个氨基酸的密码子变成终止密码子（UAG、UGA、UAA），使蛋白质合成提前终止，合成无功能的或无意义的多肽，这种突变就称为无义突变。

错义突变：由于结构基因中某个核苷酸的变化使一种氨基酸的密码子变为另一种氨基酸的密码子，这种基因突变叫错义突变。

表 4-1 遗传密码的特性

特性	具体含义
方向性	正确阅读密码必须从起始密码子开始，依次连续地向下读，直到遇到终止密码子（5′ → 3′）
连续性	编码蛋白质氨基酸序列的各三联体密码连续阅读，密码子及密码子的各碱基之间无间隔也无交叉
简并性	一种氨基酸有两种或两种以上的密码子，只有 Met 和 Trp 仅有一个密码子编码
摆动性	①密码子前两位碱基相同，只有第三位碱基不同；②密码子和反密码子配对时只有第三位碱基配对时特异性弱，有一定的自由度
通用性	所有生物几乎都使用同一套密码子，但也有例外，如人线粒体中 UGA 编码 Trp，而不是终止密码子；AUA 编码 Met，而不是 Ile；AUA 和 AGC 是终止密码子，而不是编码 Arg

第二节 tRNA

一、重点解析

tRNA 在蛋白质合成中处于关键地位，被称为第二遗传密码和接合体。它不但为每个三联子密码翻译成氨基酸提供了接合体，还为准确无误地将所需氨基酸运送到核糖体上提供了载体。

1. tRNA 的结构

各种 tRNA 均含有 74 ～ 95 个碱基，一般含 76 个碱基。tRNA 的稀有碱基含量非常丰富，约有 70 余种。每个 tRNA 分子至少含有 2 个稀有碱基，最多有 19 个，多数分布在非配对区，特别是在反密码子 3′ 端邻近部位出现的频率最高，且多为嘌呤核苷酸。对于维持反密码子的稳定性及密码子、反密码子间的配对很重要。

（1）二维结构呈现三叶草形。包含：受体臂或称氨基酸臂，此臂负责携带特异的氨基酸，5′ 端和 3′ 端配对（常为 7bp）形成茎区，在 3′ 端永远是 CCA 的单链区，在其末端有 2′-OH 或 3′-OH，是被氨基酰化位点；TψC 臂常由 5bp 的茎和 7nt 的环组成，负责与核糖体上的 rRNA 识别结合；反密码子臂常由 5bp 的茎区和 7nt 的环区组成，它负责对密码子的识别与配对；D 臂（二氢尿嘧啶环）的茎区长度常为 4bp，负责和氨基酰 tRNA 聚合酶结合；额外环可变性大，从 4 ～ 21nt 不等，其功能是在 tRNA 的"L"形三维结构中负责连接两个区域（D 环-反密码子环和 TψC-受体臂）。

（2）三维结构呈现"L"形结构。D 环和 TψC 环形成了"L"的转角，氨基酸受体臂和反密码子环间距约 70Å（1Å=10^{-10}m）和分别位于"L"形的两个端点。

2. tRNA 的功能

转录过程是信息从一种核酸分子（DNA）转移至另一种结构上极为相似的核酸分子（RNA）的过程，信息转移靠的是碱基配对。翻译阶段遗传信息从 mRNA 分子转移到结构极不相同的蛋白质分子，信息是以能被翻译成单个氨基酸的三联子密码形式存在的，在这里起作用的是 tRNA 的解码机制。

3. tRNA 的种类

因为有些 tRNA 分子可以识别同一氨基酸的多个密码子，tRNA 有 20 ～ 64 种。

（1）起始 tRNA 和延伸 tRNA：能特异地识别 mRNA 模板上起始密码子的 tRNA 叫起始

tRNA，其他 tRNA 统称为延伸 tRNA。原核生物起始 tRNA 携带甲酰甲硫氨酸（fMet），真核生物起始 tRNA 携带甲硫氨酸（Met）。

（2）同工 tRNA：代表同一种氨基酸的 tRNA 称为同工 tRNA。同工 tRNA 既要有不同的反密码子以识别该氨基酸的各种同义密码，又要有某种结构上的共同性，能被 AA-tRNA 合成酶识别。

（3）校正 tRNA：也称抑制基因或校正基因，可以通过 tRNA 的反密码子区的突变把正确的氨基酸加到肽链上，校正无义突变和错义突变。

4. 氨酰-tRNA 合成酶

氨酰-tRNA 合成酶是一类催化氨基酸与 tRNA 结合的特异性酶，它实际上包括两步反应：第一步是氨基酸活化生成酶 - 氨基酰腺苷酸复合物；第二步是氨酰基转移到 tRNA 3′ 末端腺苷残基上，与其 2′ 或 3′-OH 结合。蛋白质合成的真实性主要决定于 AA-tRNA 合成酶是否能使氨基酸与对应的 tRNA 相结合。因此要求 AA-tRNA 合成酶既要能识别 tRNA，又要能识别氨基酸，它对两者都具有高度的专一性。

二、名词解释

1. 接合体
是指 tRNA 的一端能识别 mRNA 上的密码子，另一端携带相对应的氨基酸。

2. 受体臂或称氨基酸臂
负责携带特异的氨基酸，5′ 端和 3′ 端配对（常为 7bp）形成茎区，在 3′ 端永远是 CCA 的单链区，在其末端有 2′-OH 或 3′-OH，是被氨基酰化位点。

3. TψC 臂
由 5bp 的茎和 7nt 的环组成，负责与核糖体上的 rRNA 识别结合；反密码子臂常由 5bp 的茎区和 7nt 的环区组成，它负责对密码子的识别与配对。

4. D 臂
茎区长度常为 4bp，负责和氨基酰 tRNA 聚合酶结合。

5. 额外环
可变性大，从 4 ~ 21nt 不等，其功能是在 tRNA 的 "L" 形三维结构中负责连接两个区域（D环-反密码子环和 TψC-受体臂）。

6. 起始 tRNA
能特异地识别 mRNA 模板上起始密码子的 tRNA。原核生物起始 tRNA 携带甲酰甲硫氨酸（fMet），真核生物起始 tRNA 携带甲硫氨酸（Met）。

7. 同工 tRNA
代表同一种氨基酸的 tRNA 称为同工 tRNA，同工 tRNA 既要有不同的反密码子以识别该氨基酸的各种同义密码，又要有某种结构上的共同性，能被 AA-tRNA 合成酶识别。

8. 校正 tRNA
也称抑制基因或校正基因，可以通过 tRNA 的反密码子区的突变把正确的氨基酸加到肽链上，校正无义突变和错义突变。

9. 氨酰-tRNA 合成酶
是一类催化氨基酸与 tRNA 结合的特异性酶。

10. 无义突变

蛋白质结构基因中，某个核苷酸的改变可能使代表某个氨基酸的密码子变成终止密码子（UAG、UGA、UAA），使蛋白质合成提前终止。

11. 错义突变

由于结构基因中某个核苷酸的变化由一种氨基酸的密码变成另一种氨基酸的密码。

三、课后习题

课后习题及答案

四、拓展习题

（一）填空题

1. tRNA 的二级结构_____。

【答案】三叶草形。

【解析】tRNA 的二级结构呈三叶草形。

2. tRNA 的种类 _____、_____、_____、_____。

【答案】起始 tRNA；延伸 tRNA；同工 tRNA；校正 tRNA。

【解析】tRNA 分为起始 tRNA、延伸 tRNA、同工 tRNA、校正 tRNA。

3. 在形成氨酰-tRNA 时，由氨基酸的_____与 tRNA 3′ 末端的_____形成酯键。为保证蛋白质合成的正确性，氨酰-tRNA 合成酶除了对特定氨基酸有很强的_____之外，还能将"错误"氨基酸从氨酰-tRNA 复合物上_____下来。

【答案】羧基；羟基；专一性；水解。

【解析】蛋白质合成的真实性主要决定于 AA-tRNA 合成酶是否能使氨基酸与对应的 tRNA 相结合。因此要求 AA-tRNA 合成酶既要能识别 tRNA，又要能识别氨基酸，它对两者都具有高度的专一性。

4. tRNA 又可以叫做_____。

【答案】接合体。

【解析】接合体指 tRNA 的一端能识别 mRNA 上的密码子，另一端携带相对应的氨基酸。

5. 原核生物起始 tRNA 携带_____。

【答案】甲酰甲硫氨酸。

【解析】原核生物起始 tRNA 携带甲酰甲硫氨酸。

6. 真核生物起始 tRNA 携带_____。

【答案】甲硫氨酸。

【解析】真核生物起始 tRNA 携带甲硫氨酸。

7. 代表同一种氨基酸的 tRNA 叫做_____。

【答案】同工 tRNA。

【解析】将几个代表相同氨基酸的 tRNA 叫做同工 tRNA。同工 tRNA 既要有不同的反密码子以识别该氨基酸的各种同义密码，又要有某种结构上的共同性，能被 AA-tRNA 合成酶识别。

8. 催化氨基酸和 tRNA 结合的酶叫做＿＿＿＿＿＿＿＿＿＿。

【答案】氨酰-tRNA 合成酶。

【解析】氨酰-tRNA 合成酶是一类催化氨基酸与 tRNA 结合的特异性酶，对 tRNA 和氨基酸都具有高度的专一性。

9. 有两种 tRNA 可以携带甲硫氨酸，一种用于＿＿＿＿＿＿＿＿，另一种用于延伸过程。

【答案】起始过程。

【解析】起始 tRNA 和延伸 tRNA，能特异地识别 mRNA 模板上起始密码子的 tRNA 叫起始 tRNA，其他 tRNA 统称为延伸 tRNA。

10. 三叶草的 tRNA 分子上有 4 条根据它们结构或已知功能命名的臂，分别是＿＿＿＿＿＿＿、＿＿＿＿＿＿＿、＿＿＿＿＿＿＿和＿＿＿＿＿＿＿。

【答案】受体臂；TψC 臂；反密码子臂；D 臂（二氢尿嘧啶环）。

【解析】受体臂：接受氨基酸的位点，其 3′ 端末端是-CCA-OH 序列。TψC 臂：根据 3 个核苷酸来命名，其中 ψ 表示拟尿嘧啶。反密码子臂：含有反密码子。D 臂：含有二氢尿嘧啶。

（二）选择题

（单选）与 mRNA 的 5′-GCU-3′ 密码子对应的 tRNA 的反密码子是（　　　）。

A. 5′-CGA-3′　　　　　B. 5′-IGC-3′　　　　　C. 5′-CIG-3′　　　　　D. 5′-CGI-3′

【答案】B

【解析】密码子与反密码子的阅读方向均为 5′ → 3′，两者反向平行配对。按照碱基互补配对的原则以及密码子的摆动假说，当 mRNA 的密码子 5′-GCU-3′ 时，tRNA 的反密码子可为 5′-AGC-3′ 或 5′-IGC-3′。

（三）判断题

1. 在蛋白质生物合成过程中，tRNA 的反密码子在核糖体内是通过碱基的反向配对与 mRNA 上的密码子相互作用的。（　　　）

【答案】正确

【解析】转录过程中信息转移靠的是碱基配对。信息是以能被翻译成单个氨基酸的三联子密码形式存在的，在这里起作用的是 tRNA 的解码机制。

2. 有一类能特异性识别 mRNA 模板上起始密码子的 tRNA 叫做起始 tRNA，其他 tRNA 统称为延伸 tRNA。（　　　）

【答案】正确

【解析】能特异地识别 mRNA 模板上起始密码子的 tRNA 叫起始 tRNA，其他 tRNA 统称为延伸 tRNA。

3. tRNA 与相应氨基酸的结合是蛋白质合成中的关键步骤。（　　　）

【答案】正确

【解析】转录过程中信息转移靠的是碱基配对。信息是以能被翻译成单个氨基酸的三联子密码形式存在的，在蛋白质生物合成过程中，tRNA 的反密码子在核糖体内是通过碱基的反向配对与 mRNA 上的密码子相互作用的。

4. 所有 tRNA 都能被翻译辅助因子 EF-Tu（原核生物）或 eFF1（真核生物）所识别而与

核糖体相结合。（　　）

【答案】错误

【解析】除了起始 tRNA 外，tRNA 都能被翻译辅助因子 EF-Tu（原核生物）或 eFF1（真核生物）所识别而与核糖体相结合。

5. 起始 tRNA 能被真核生物的起始因子 IF-2 或原核生物的起始因子 eIF-2 所识别。（　　）

【答案】错误

【解析】起始 tRNA 能被原核生物的起始因子 IF-2 或真核生物的起始因子 eIF-2 所识别。

（四）问答题

1. 简述 tRNA 的二级结构。

【答案】二级结构都呈三叶草形。这种三叶草形结构的主要特征是，含有四个螺旋区、三个环和一个附加叉。四个螺旋区构成四个臂，其中含有 3′ 末端的螺旋区称为氨基酸臂，因为此臂的 3′-末端都是 C-C-A-OH 序列，可与氨基酸连接。三个环分别用 Ⅰ、Ⅱ、Ⅲ 表示。环 Ⅰ 含有 5,6-二氢尿嘧啶，称为二氢尿嘧啶环（D 臂）。环 Ⅱ 顶端含有由三个碱基组成的反密码子，称为反密码臂；反密码子可识别 mRNA 分子上的密码子，在蛋白质生物合成中起重要的翻译作用。环 Ⅲ 含有胸苷（T）、假尿苷（ψ）、胞苷（C），称为 TψC 臂；此环可能与结合核糖体有关。tRNA 在二级结构的基础上进一步折叠成为倒"L"形的三级结构。

2. 简述 tRNA 的功能。

【答案】①解读 mRNA 的遗传信息；②运输的工具，运载氨基酸。

3. 核糖体有哪些活性中心？

【答案】核糖体至少有 5 个活性中心：① mRNA 结合位点：位于核糖体 30S 亚基上，在肽基转移点附近，其功能是结合 mRNA 和 IF 因子。② AA-tRNA 结合位点，是与新掺入的氨酰 tRNA 结合的部位。③肽酰-tRNA 结合位点：主要位于核糖体大亚基上。④肽基转移部位：主要位于大亚基，是与延伸中的肽酰 tRNA 结合位点。⑤转肽酶活性中心：位于 P 位点和 A 位点的连接处，是形成肽键的部位。

第三节　核糖体

核糖体像一个能沿 mRNA 模板移动的工厂，执行着蛋白质合成的功能。它是由几十种蛋白质和几种核糖体 RNA（rRNA）组成的亚细胞颗粒。

一、重点解析

1. 核糖体的结构

核糖体是一个致密的核糖核蛋白颗粒，可以解离为两个亚基，每个亚基都含有一个分子量较大的 rRNA 和不同种的蛋白质分子。原核生物核糖体由约 2/3 的 RNA 及 1/3 的蛋白质组成。真核生物核糖体中 RNA 占 3/5，蛋白质占 2/5。

1）核糖体蛋白

大肠杆菌核糖体小亚基由 21 种蛋白质组成，分别用 S1，…，S21 表示，大亚基由 36 种蛋白质组成，分别用 L1，…，L36 表示。真核生物细胞核糖体蛋白质中，大亚基含有 49 种蛋白质，小亚基有 33 种蛋白质。

2）核糖体 RNA（rRNA）

（1）原核生物大亚基含有两种 rRNA：5S rRNA 位于核糖体小亚基，含有 120 个核苷酸或 116 个核苷酸，保守序列 CGAAC 和 tRNAA 的 TψC 臂互补，和含 GCGCCGAAUGGUAGU 序列与 23S rRNA 互补；23S rRNA 含有 2904 核苷酸，在 5′ 段有 143 ～ 157 核苷酸与 5S rRNA 互补。原核生物小亚基含有 1475 ～ 1544 个核苷酸的 16S rRNA，它的 3′ 端含有 ACCUCCUUA 和 mRNA 的 SD 序列反向互补。

（2）真核生物大亚基有三种 rRNA：5.8S rRNA 长度为 160 个核苷酸，含有与原核生物 5S rRNA 中的保守序列 CGAAC 相同的序列，可能与 tRNA 作用的识别有关；28S rRNA 长度为 3890 ～ 4500bp 和 5S rRNA，功能不详。真核生物小亚基含有 1749 个核苷酸的 18S rRNA。

2. 核糖体的结构位点

核糖体包括至少 5 个活性中心：即 mRNA 结合部位、结合或接受 AA-tRNA 部位（A 位点）、结合或接受空载 tRNA 的部位（E 位点）、肽基转移部位（P 位点）形成肽键的部位、转肽酶中心，此外还有负责肽链延伸的各种延伸因子的结合位点。只有 fMet-tRNA^{fMet} 能与第一个 P 位点相结合，其它所有 tRNA 都必须通过 A 位点到达 P 位点，再由 E 位点离开核糖体。每一个 tRNA 结合位点都横跨核糖体的两个亚基，位于大、小亚基的交界面。

3. 核糖体的功能

核糖体小亚基负责对模板 mRNA 进行序列特异性识别，大亚基负责携带氨基酸及 tRNA 的功能，肽键的形成、AA-tRNA、肽基-tRNA 的结合等主要在大亚基上。

二、名词解释

1. A 位点

核糖体结合或接受 AA-tRNA 部位。

2. E 位点

核糖体结合或接受空载 tRNA 的部位。

3. P 位点

核糖体的肽基转移部位，形成肽键的部位。

三、课后习题

课后习题及答案

四、拓展习题

（一）填空题

1. 原核细胞核糖体的＿＿＿＿＿＿亚基上的＿＿＿＿＿＿＿协助辨认起始密码子。

【答案】小；16S rRNA。

【解析】16S rRNA 与 mRNA、50S 亚基以及 P 位点和 A 位点的 tRNA 的反密码子直接作用。

2. 原核生物的核糖体由_____小亚基和_____大亚基组成，真核生物核糖体由_____小亚基和_____大亚基组成。

【答案】30S；50S；40S；60S。

【解析】原核生物为 70S 核糖体，真核生物为 80S 核糖体。

3. 原核生物的核糖体是由_____和_____两个亚基组成_____核糖体。

【答案】30S；50S；70S。

【解析】原核生物的核糖体是由 30S 和 50S 两个亚基组成的 70S 核糖体。

4. 核糖体上有三个与转运 RNA 结合的位点分别是_____、_____、_____。

【答案】A 位点；P 位点；E 位点。

【解析】A 位点：核糖体结合或接受 AA-tRNA 部位。E 位点：核糖体结合或接受空载 tRNA 的部位。P 位点：核糖体的肽基转移部位，形成肽键的部位。

5. 核糖体是由几十种蛋白质和几种_____组成的。

【答案】rRNA。

【解析】核糖体像一个能沿 mRNA 模板移动的工厂，执行着蛋白质合成的功能。它是由几十种蛋白质和几种核糖体 RNA（rRNA）组成的亚细胞颗粒。

6. 核糖体位点分为_____、_____、_____。

【答案】A 位点；P 位点；E 位点。

【解析】A 位点：核糖体结合或接受 AA-tRNA 部位。E 位点：核糖体结合或接受空载 tRNA 的部位。P 位点：核糖体的肽基转移部位，形成肽键的部位。

（二）选择题

1.（单选）核糖体的 A 位点是（   ）。

A. 真核 mRNA 加工位点　　　　　　　B. tRNA 离开原核生物核糖体的位点
C. 氨基酰进入核糖体的位点　　　　　　D. 肽基酰占据核糖体的位点

【答案】C

【解析】核糖体的 A 位点：氨基酰-tRNA 结合位点或受位，主要在大亚基上。

2.（单选）关于核糖体的移位，叙述正确的是（   ）。

A. 空载 tRNA 的脱落发生在"A"位上

B. 核糖体沿 mRNA 的 $3' \rightarrow 5'$ 方向相对移动

C. 核糖体沿 mRNA 的 $5' \rightarrow 3'$ 方向相对移动

D. 核糖体在 mRNA 上一次移动的距离相当于两个核苷酸的长度

【答案】C

【解析】核糖体沿 mRNA 的 $5' \rightarrow 3'$ 方向相对移动一个密码子的距离。空载 tRNA 的脱落发生在"E"位上（注意真核生物核糖体没有"E"位，空载的 tRNA 直接从"P"位脱落）。

3.（单选）核糖体的 E 位点是（   ）。

A. 真核 mRNA 加工位点　　　　　　　B. tRNA 离开原核生物核糖体的位点
C. 核糖体中受 EcoR Ⅰ限制的位点　　　D. 电化学电势驱动转运的位点

【答案】B

【解析】核糖体的 E 位点是延伸过程中的多肽链转移到 AA-tRNA 上释放 tRNA 的位点，即去氨酰-tRNA 通过 E 位点脱出，被释放到核糖体外的细胞质基质中。

4.（单选）关于核糖体，下列哪项是错误的？（　　）

A. 原核生物的核糖体由 5S、5.6S、16S、26S rRNA 组成

B. 原核生物的核糖体由 3 种 rRNA 组成

C. 真核生物的核糖体由 5S、5.8S、18S、28S rRNA 组成

D. 真核生物的核糖体共 80S

【答案】A

【解析】原核生物的 rRNA 分三类：5S rRNA、16S rRNA 和 23S rRNA。

5.（单选）原核生物翻译的起始氨基酸是（　　）。

A. 组氨酸　　　　B. 甲酰甲硫氨酸　　　　C. 甲硫氨酸　　　　D. 色氨酸

【答案】B

【解析】原核生物起始 tRNA 携带甲酰甲硫氨酸。

6.（单选）蛋白质生物合成的方向是（　　）。

A. 从 C → N 端　　　　　　　　　　B. 定点双向进行

C. 从 N 端、C 端同时进行　　　　　　D. 从 N → C 端

【答案】D

【解析】蛋白质生物的合成方向是从 N 端到 C 端，蛋白质的合成过程都是三个阶段：起始、延长和终止。

7.（单选）维持蛋白质螺旋结构稳定主要靠哪种化学键？（　　）

A. 离子键　　　　B. 氢键　　　　C. 疏水键　　　　D. 二硫键

【答案】B

【解析】蛋白质 α 螺旋结构属于蛋白质二级结构，肽链上的所有氨基酸残基均参与氢键的形成以维持螺旋结构的稳定。

（三）判断题

1. 核糖体是蛋白质的合成场所，mRNA 是蛋白质的合成模板，tRNA 是模板与氨基酸之间的接合体。（　　）

【答案】正确

【解析】mRNA 上的密码子翻译为氨基酸，是蛋白质的合成模板。tRNA 的反密码子在核糖体内是通过碱基的反向配对与 mRNA 上的密码子相互作用的。

2. 核糖体上有多个活性中心，每个中心都由一组特殊的核糖体蛋白构成。（　　）

【答案】正确

【解析】核糖体包括至少 5 个活性中心：即 mRNA 结合部位、结合或接受 AA-tRNA 部位（A 位点）、结合或接受空载 tRNA 的部位（E 位点）、肽基转移部位（P 位点）形成肽键的部位、转肽酶中心，此外还有负责肽链延伸的各种延伸因子的结合位点。

3. 每个亚基包含一个主要的 rRNA 成分和许多不同功能的蛋白质分子，这些分子都以单拷贝形式存在。（　　）

【答案】错误

【解析】每个亚基包含一个主要的 rRNA 成分和许多不同功能的蛋白质分子，这些分子

大多以单拷贝形式存在。

4.除了作为组成核糖体的基本成分，某些核糖体亚基蛋白在细胞内还具有重要的调控功能。（　　）

【答案】正确

【解析】真核生物 mRNA 的"扫描模式"与蛋白质合成的起始。真核生物蛋白合成起始时，40S 核糖体亚基及有关合成起始因子首先与 mRNA 模板近 5′ 端处结合，然后向 3′ 方向移行，发现 AUG 起始密码时，与 60S 亚基形成 80S 起始复合物，即真核生物蛋白质合成的"扫描模式"。

5.真核生物核糖体中 RNA 占 2/5，蛋白质占 3/5。（　　）

【答案】错误

【解析】真核生物核糖体中 RNA 占 3/5，蛋白质占 2/5。

6.核糖体蛋白约占原核细胞总蛋白量的 10%，占细胞内总 RNA 量的 70%。（　　）

【答案】错误

【解析】核糖体蛋白约占原核细胞总蛋白量的 10%，占细胞内总 RNA 量的 80%。

7.核糖体只能以游离状态存在于细胞内。（　　）

【答案】错误

【解析】也可以与内质网结合形成微粒体。

8.与真核细胞相比，核糖体 RNA 在原核细胞内所占的比例有所下降，但仍然占总 RNA 的绝大部分。（　　）

【答案】错误

【解析】与原核细胞相比，核糖体 RNA 在真核细胞内所占的比例有所下降。

9.真核细胞内核糖体的含量与细胞蛋白质合成活性直接相关，而原核细胞内的蛋白质合成活性与核糖体含量多少无关。（　　）

【答案】错误

【解析】无论原核或真核细胞内核糖体的含量都是与细胞蛋白质合成活性直接相关的。

10.核糖体不仅存在于细胞质中，也存在于线粒体和叶绿体中。（　　）

【答案】正确

【解析】真核细胞中的核糖体分为三种类型：细胞质核糖体、线粒体核糖体、叶绿体核糖体。

（四）问答题

1.真核细胞与原核细胞核糖体组成有什么不同？如何证明核糖体是蛋白质的合成场所？

【答案】原核细胞：70S 核糖体由 30S 和 50S 两个亚基组成；真核细胞：80S 核糖体由 40S 和 60S 两个亚基组成。利用放射性同位素标记法，通过核糖体的分离证明。

2.什么是核糖体？它具有什么功能？什么是多核糖体？请比较原核生物与真核生物核糖体的差异。

【答案】（1）核糖体是一个致密的核糖核蛋白颗粒，由大小两个亚基组成，每个亚基包含一个分子量较大的 rRNA 和许多不同的蛋白质分子，这些分子大都以单拷贝的形式存在。大分子 rRNA 能在特定位点与蛋白质结合，完成核糖体不同亚基的组装。

（2）核糖体的功能：①核糖体是合成蛋白质的场所。在多肽合成过程中，不同的 tRNA

将相应的氨基酸带到蛋白质合成部位，并与 mRNA 进行专一性的相互作用，以选择对信息专一的 AA-tRNA。②容纳另一种携带肽链的 tRNA，即肽酰-tRNA，并使之处于肽键易于生成的位置上。③核糖体包括多个活性中心，即 mRNA 结合部位、结合或接受 AA-tRNA 部位（A 位点）、结合或接受肽基 tRNA 的部位、肽基转移部位及形成肽键的部位（转肽酶中心）和各种延伸因子的结合位点。

（3）多核糖体的概念：蛋白质合成时，常由 3～5 个或几十个甚至更多的核糖体聚集并与 mRNA 结合在一起，由 mRNA 分子与小亚基凹沟处结合，再与大亚基结合，形成一串，称为多核糖体。mRNA 的长度越长，上面可附着的核糖体数量也就越多。

（4）原核生物与真核生物核糖体的差异。①真核生物核糖体的沉降系数为 80S；而原核生物的为 70S。②真核生物核糖体由 40S 和 60S 两个亚基组成；原核生物核糖体由 30S 和 50S 两个亚基组成。③真核生物核糖体小亚基含有 18S rRNA 和 33 种蛋白质，大亚基含有 5S、5.8S 和 25～28S 三个 rRNA 分子以及 49 种蛋白质；原核生物核糖体小亚基由一个 16S rRNA 和 21 种蛋白质组成，其大亚基含有一个 5S、一个 23S rRNA 及 36 种蛋白质。

3. 核糖体在蛋白质翻译过程中有哪些功能位点？各自起什么作用？

【答案】核糖体的功能位点及其各自的作用如下：① mRNA 结合位点。mRNA 结合位点位于核糖体小亚基上，在肽基转移位点附近，其功能是结合 mRNA 和 IF 因子。② AA-tRNA 结合位点（A 位点）。A 位点主要位于大亚基上，是新到来的 AA-tRNA 的结合位点。③与延伸中的肽酰-tRNA 结合位点（P 位点）。P 位点即肽酰基位点，主要位于大亚基，是与延伸中的肽酰-tRNA 结合位点。④去氨酰-tRNA 释放位点（E 位点）。E 位点位于大亚基，是延伸过程中的多肽链转移到 AA-tRNA 上释放 tRNA 的位点，即去氨酰-tRNA 通过 E 位点脱出，被释放到核糖体外的细胞质基质中。⑤转肽酶中心。位于 P 位点和 A 位点的连接处，是形成肽键的部位。⑥延伸因子 EF-G 结合位点。肽酰-tRNA 从 A 位点转移到 P 位点相关转移酶的结合位点。⑦与蛋白质合成有关的其他的起始因子、延伸因子和终止因子的结合位点。

第四节　蛋白质合成的生物学机制

蛋白质合成是生物体内重要的生物化学反应之一。同时，蛋白质合成也是一个复杂和耗能的快速生物合成反应，蛋白质合成消耗了细胞中 90% 左右用于生物合成反应的能量。蛋白质合成的生物学包括氨基酸的活化，肽链的起始、延伸、终止以及新生多肽链的折叠和加工。

一、重点解析

1. 氨基酸的活化

氨基酸必须在氨酰-tRNA 合成酶的作用下活化形成氨基酸-AA-tRNA。同一氨酰-tRNA 合成酶具有把相同氨基酸加到两个或更多个带有不同反义密码子 tRNA 分子上的功能。在细菌中，起始 tRNA 携带的甲硫氨酸残基（Met）在氨基端被甲酰化，构成一个 N-甲酰甲硫氨酸 tRNA 分子，这种 tRNA 称为 tRNA^{fMet}。这种氨酰-tRNA 的名字通常被缩写为 fMet-tRNA^{fMet}。真核生物起始 tRNA 携带甲硫氨酸。

2. 翻译的起始

翻译起始复合物的生成需要核糖体的大、小亚基，起始 tRNA 和多个起始因子 IF 蛋白帮助，此外还需要 GTP 提供能量，还需要 Mg^{2+}。翻译的起始是指将带有起始甲硫氨酸的 tRNA 与 mRNA 结合到核糖体上形成起始复合物的过程。原核和真核生物的起始复合物的生成顺序存在区别。原核生物起始复合物的形成顺序：30S 亚基先与 mRNA，再和起始带有甲酰甲硫氨酸-tRNA 起始复合物结合，最后与 50S 亚基结合。真核生物起始复合物的形成顺序：起始甲硫氨酸-tRNA 与 40S 小亚基的结合先于与 mRNA 的结合；接着与 60S 大亚基结合。

（1）原核生物翻译的起始分为三步：

第一步：核糖体 30S 亚基首先与 IF-1、IF-3 结合，通过 16S rRNA 识别 mRNA 上的 SD 序列与之结合。

第二步：IF-2 和 GTP 的帮助下，fMet-tRNA^{fMet} 上的反密码子与 mRNA 上的密码子配对后进入小亚基的 P 位。

第三步：50S 亚基与上述的 30S 前起始复合物结合，水解 GTP，释放 3 个起始因子。

几乎所有原核生物 mRNA 上都有一个 5′-AGGAGGU-3′ 序列（SD 序列），这个富嘌呤区与 30S 亚基上 16S rRNA 3′ 末端的富嘧啶区 5′-GAUCACCUCCUUA-3′ 相互补。各种 mRNA 的核糖体结合位点中能与 16S rRNA 配对的核苷酸数目及这些核苷酸到起始密码子之间的距离是不一样的，反映了起始信号的不均一性。一般来说互补的核苷酸越多，30S 亚基与 mRNA 起始位点的结合效率越高。互补的核苷酸与 AUG 之间的距离也会影响 mRNA-核糖体复合物的稳定性。

翻译起始需要游离的核糖体亚基。当核糖体在翻译终止位点被释放出来后，它就解离为游离的两个亚基。翻译的起始需要结合有 IF-3 的 30S 小亚基。且起始因子只存在于已解离的 30S 亚基上，当起始阶段两亚基重新结合为有功能的核糖体时，起始因子被释放出来。三种起始因子的作用如下：IF-1 防止 tRNA 结合到小亚基未来 A 位点的位置上；IF-2 是 GTP 酶，它与起始过程的 3 个主要成分相互作用，催化 fMet-tRNA^{fMet} 和小亚基的结合，并阻止其他负载 tRNA 与小亚基结合；IF-3 结合于小亚基并阻止其与大亚基结合，对新的循环至关重要。

（2）真核生物蛋白质合成的起始。

真核细胞的蛋白质生物合成过程基本类似于原核细胞的蛋白质生物合成过程。其差别除参与蛋白质生物合成的核糖体结构，大小及组成和 mRNA 的结构等不同外，主要区别在真核细胞蛋白质生物合成的起始步骤。这一步骤涉及的起始因子至少达十多种，因此起始过程更为复杂些。

真核生物蛋白质生物合成的起始有其特点：核糖体较大，有较多的起始因子，mRNA 具有 m7GpppNp 帽子结构，mRNA 分子 5′ 端的"帽子"和 3′ 端的多聚 A 都参与形成翻译起始复合物，Met-tRNA^{Met} 不甲酰化，40S 亚基对 mRNA 起始密码子的识别经过扫描。真核 mRNA 帽子在 mRNA 与 40S 亚基结合过程中起稳定作用，有帽子的 mRNA 5′ 端与 18S rRNA 的 3′ 端序列之间存在不同于 SD 序列的碱基配对型相互作用。

（3）真核细胞蛋白质合成与原核细胞的起始不同之处主要有以下几点：①特异的起始型 tRNA 为 Met-tRNAiMet，不需要 N 末端的甲酰化。② tRNA Met 与 40S 小亚基的结合先于与 mRNA 的结合。相反，在原核细 fMet-tRNA fMet 与 30S 小亚基的结合后于 mRNA 与 30S 小亚基的结合。③在真核细胞，不仅 eIF 的种类多，而且许多 eIF 本身是多亚基的蛋白质。最明显的是 eIF3（涉及 mRNA 结合，类似于原核细胞 IF3 的作用），含有大约 10 个亚基，分子质量达 106 kDa，其重量相当于 40S 亚基重量的 1/3。④ mRNA 5′ 端帽的存在对于起始是需要的。

真核细胞质中的核糖体并不在编码区开始处直接和起始位点相结合。首先识别 5′ 端 7mGpppNp 甲基化的帽子结构。

3. 肽链合成的延伸

肽链合成的延长需功能核糖体（起始复合物），AA-tRNA，两种延长因子（简写为 EF），肽基转移酶，需 GTP 供能加速翻译过程，Mg^{2+}。可分为三个阶段：进位反应，主要是密码子-反密码子的识别；转位反应，涉及肽链的形成；移位反应，tRNA 和 mRNA 相对核糖体的移动。

1）进位反应

进位：为密码子所特定的氨基酸 tRNA 结合到核蛋白体的 A 位。氨基酰 tRNA 在进位前需要有延长因子的作用：热不稳定的 EF-Tu 和热稳定的 EF-Ts。

2）肽键的形成

肽键形成是在大亚基上肽酰转移酶的催化下，将 P 位点上的 tRNA 所携带的甲酰甲硫氨酰（或肽酰基）转移给 A 位上新进入的氨基酰-tRNA 的氨基酸上，此步需 Mg^{2+} 及 K^+ 的存在。

3）移位

移位指在 EF-G、GTP 和 Mg^{2+} 的作用下，核糖体沿 mRNA 链（5′ → 3′）作相对移动。肽链延伸是由许多个这样的反应组成的：原核生物中每次反应共需 3 个延伸因子，EF-Tu、EF-Ts 及 EF-G，真核生物细胞需 EF-1 及 EF-2，消耗 2 个 GTP，向生长中的肽链加上一个氨基酸。

4. 肽链的终止

肽链的终止需要 GTP，mRNA 上的终止密码子和释放因子。无论原核生物还是真核生物都有终止密码子，没有相应的 AA-tRNA 能与之结合，而释放因子能识别这些密码子并与之结合，使转肽酶活性变为水解酶活性，水解 P 位上多肽链与 tRNA 的 CCA 末端之间的二酯键，然后 mRNA 与核糖体分离，最后一个 tRNA 脱落。释放因子 RF 分为两类。Ⅰ 类释放因子：识别终止密码子，能催化新合成的多肽链从 P 位点的 tRNA 中水解释放出来；Ⅱ 类释放因子：在多肽链释放后刺激 Ⅰ 类释放因子从核糖体中解离出来。原核生物有三种释放因子：RF1，RF2 和 RF3。RF1（Ⅰ 类）能识别 UAG 和 UAA，RF2（Ⅰ 类）识别 UGA 和 UAA。RF3（Ⅱ 类）与核糖体的解体有关。真核生物有 eRF1（Ⅰ 类）能识别三个终止密码子，和 eRF3（Ⅱ 类）两种释放因子。

5. 多核糖体与蛋白质合成

每个 mRNA 分子可以同时被多个核糖体结合形成多核糖体进行翻译，来提高翻译的效率。真核生物和细菌都可以利用多核糖体提高翻译效率，但因为细菌的 mRNA 无需加工，且其转录和翻译在同一空间进行，在转录刚开始不久就开始合成蛋白质，所以细菌的蛋白质合成效率更高。

6. 蛋白质前体的加工

对脱离核糖体的多肽链进一步加工，进行切割修饰，乃至聚合，令其表现出生理活性，这些蛋白质的修饰过程称翻译后加工。

（1）N 端 fMet 或 Met 的切除：由脱甲酰基酶或氨基肽酶可以除去 N-甲酰基，N-末端甲硫氨酸或 N-末端的一端肽。有时可边合成边加工。

（2）二硫键的形成：mRNA 上没有胱氨酸的密码子，多肽链中的二硫键，是在肽链合成后，通过两个半胱氨酸的巯基氧化而形成的，二硫键的形成对于许多酶和蛋白质的活性是必需的。

（3）特定氨基酸的修饰包括：

磷酸化：磷酸化酶催化含—OH 的丝氨酸、苏氨酸、酪氨酸的磷酸化。

羟化：胶原蛋白前体中的脯氨酸、赖氨酸的羟化。

脂化：脂蛋白要加脂。

乙基化：组蛋白进行乙基化。

甲基化：组蛋白、细胞色素 C、肌蛋白。

糖基化：在粗面内质网糖苷化与肽链合成同时进行。

（4）切除新生肽链中非功能片段。

7. 蛋白质的折叠

蛋白质折叠是翻译后形成功能蛋白的必经阶段，新生肽链必须通过正确的折叠才能形成动力学和热力学稳定的三维构象，从而表现出生物学活性或功能。有些蛋白质只有在另一些蛋白质存在的情况下，才能够正确完成折叠过程。分子伴侣是一类序列上没有相关性，但有共同功能的保守性蛋白质，它在细胞内能帮助其他多肽进行正确地折叠、组装，运转和降解。细胞内至少有两类分子伴侣家族：热休克蛋白家族和伴侣素家族。分子伴侣在新生肽链折叠中，主要通过防止或消除肽链的错误折叠，增加功能性蛋白质折叠产率来发挥作用，而并非加快折叠反应速度。

8. 蛋白质合成的抑制剂

某些翻译抑制剂是人工合成的化合物，但大多数是从多种微生物培养液上清液中提取出的抗生素，可以抗感染或抑制恶性肿瘤的生长。抗生素对蛋白质的合成抑制作用，可能是阻止 mRNA 与核糖体的结合（氯霉素）、阻止氨酰 tRNA 与核糖体的结合（四环素），或干扰氨酰 tRNA 与核糖体结合而产生错读（链霉素、新霉素、卡那霉素）等。但不同的抗生素作用的对象并不完全相同，卡那霉素、青霉素、四环素和红霉素只能与原核核糖体发生作用。放线菌酮，只作用于真核生物核糖体。而氯霉素、链霉素，蓖麻霉素，嘌呤霉素既与原核细胞核糖体结合，又能与真核生物核糖体结合，妨碍细胞内蛋白质合成，影响细胞生长。

9. 链霉素

链霉素能与 30S 亚基结合从而抑制蛋白质的合成；此 30S-链霉素复合体是一种效率很低且很不稳定的起始解离而终止翻译的复合体。链霉素结合在 30S 亚基上时亦能改变氨基酰-tRNA 在 A 位点上与其对应的密码子配对的精确性和效率。细菌对链霉素的抗性是由于 30S 小亚基中某一个肽链产生突变之故。

10. 嘌呤霉素

嘌呤霉素的结构类似氨基酰-tRNA，故能与后者相竞争作为转肽反应中氨基酰异常复合体，从而抑制蛋白质的生物合成。

二、名词解释

1. 可读码框

以起始密码子开始，终止密码子结束，中间有编码氨基酸残基的三联子密码的一段核酸序列。

2. 扫描模型

40S 亚基与加帽的 mRNA 5′ 末端接触，并沿着 mRNA "扫描" 直到抵达第一个 AUG 处再开始翻译。该过程需消耗 ATP。这主要是由于 Met-tRNAiMet 的反密码子与起始密码子 AUG 互补的结果。

3. 多核糖体

结合多个核糖体的 mRNA 称为多核糖体。

4. 核糖体循环

mRNA 和起始 tRNA 结合在小亚基上，随后小亚基-mRNA 吸引大亚基结合形成完整的核糖体，蛋白质合成开始；核糖体从一个密码子移位到另一个密码子活化 tRNA，进入核糖体的解码和肽基转移酶中心；核糖体遇到终止密码子已合成的多肽链被释放出来，核糖体大小亚基分离。

5. 分子伴侣

分子伴侣是一类序列上没有相关性，但有共同功能的保守性蛋白质，它在细胞内能帮助其他多肽进行正确地折叠、组装，运转和降解。

三、课后习题

课后习题及答案

四、拓展习题

（一）填空题

1. 蛋白质的生物合成是以_____为模板，以_____为原料直接供体，以_____为合成场所。

【答案】mRNA；氨酰-tRNA；核糖体。

【解析】mRNA 上的密码子翻译为氨基酸，是蛋白质的合成模板。tRNA 的反密码子在核糖体内是通过碱基的反向配对与 mRNA 上的密码子相互作用，以氨酰-tRNA 为原料来进行蛋白质的合成。

2. 原核生物的起始 tRNA 以_____表示，真核生物的起始 tRNA 以_____表示。

【答案】fMet-tRNA^{fmet}；Met-tRNA^{met}。

【解析】原核生物的起始 tRNA 是 fMet-tRNA^{fmet}，真核生物是 Met-tRNA^{Met}。

3. 植物细胞中蛋白质生物合成可在_____、_____和_____三种细胞器内进行。

【答案】核糖体；线粒体；叶绿体。

【解析】线粒体、叶绿体中存在核糖体，所以可以进行蛋白质的合成。

4. 延长因子 T 由 Tu 和 Ts 两个亚基组成，Tu 为对热_____蛋白质，Ts 为对热_____蛋白质。

【答案】不稳定；稳定。

【解析】EF-Tu 介导氨基酰-tRNA 进入核糖体空出的 A 位点。"进位"过程需消耗 EF-Tu 水解其复合的 GTP 产生的能量来完成。EF-Ts 是 EF-Tu 的鸟苷酸交换因子，能催化与 EF-Tu 复合的 GDP 转化为 GTP 并重新形成 EF-Tu 和 EF-Ts 的二聚体（EF-T）。

5. 原核生物中的释放因子有三种，其中 RF-1 识别终止密码子_____、_____；RF-2 识别_____、_____。

【答案】UAA；UAG；UAA；UGA。

【解析】释放因子，识别终止密码子引起完整的肽链和核糖体从 mRNA 上释放的蛋白质。释放因子使多肽链与 tRNA 之间的酯键水解，释放多肽链，消耗 GTP。

6. 氨酰-tRNA 合成酶对_____和相应的_____有高度的选择性。

【答案】氨基酸；tRNA。

【解析】氨酰-tRNA 合成酶使氨基酸结合到特定的 tRNA 上，每一个氨酰-tRNA 合成酶可识别一个特定的氨基酸和与该氨基酸对应的 tRNA 的特定部位。

7. 原核细胞的起始氨基酸是_____，起始氨酰-tRNA 是_____。

【答案】甲酰甲硫氨酸；甲酰甲硫氨酰-tRNA。

【解析】原核生物起始 tRNA 携带甲酰甲硫氨酸。

8. 肽基转移酶在蛋白质生物合成中的作用是催化_____形成和_____的水解。

【答案】肽键；肽酰-tRNA。

【解析】在 mRNA 翻译为肽链的时候，肽键的形成是自动发生的，不需要额外的能量，这一反应是由肽基转移酶催化的。在肽基转移酶（转肽酶）的催化下，两个氨基酸间肽链形成的过程。

9. 肽链合成终止时，_____进入 A 位点，识别出_____，同时终止因子使_____的催化作用转变为_____。

【答案】终止因子；终止密码子；肽基转移酶；水解作用。

【解析】肽链的延伸过程中，当终止密码子 UAA、UAG 或 UGA 出现在核糖体的 A 位点时，没有相应的 AA-tRNA 能与之结合，而释放因子能识别这些密码子并与之结合，水解 P 位点上多肽链与 tRNA 之间的二酯键。

10. 蛋白质的磷酸化位点通常是_____氨酸、_____氨酸和_____氨酸。

【答案】丝；苏；酪。

【解析】蛋白质磷酸化是指由蛋白质激酶催化的把 ATP 的磷酸基转移到底物蛋白质氨基酸残基（丝氨酸、苏氨酸、酪氨酸）上的过程，或者在信号作用下结合 GTP，是生物体内一种普遍的调节方式，在细胞信号转导的过程中起重要作用。蛋白质磷酸化是调节和控制蛋白质活力和功能的最基本、最普遍，也是最重要的机制。

11. 氨酰 tRNA 合成酶既能识别 tRNA，也能识别相应的_____。

【答案】氨基酸。

【解析】氨酰 tRNA 合成酶既能识别 tRNA，又能识别氨基酸，它对两者都具有高度的专一性。

12. 合成蛋白质的过程是_____过程。

【答案】耗能。

【解析】蛋白质合成是一个耗能过程，每增加 1 个肽键至少可能消耗 4 个高能磷酸键。

13. 蛋白质的合成步骤为_____，_____，_____，_____，_____。

【答案】氨基酸活化翻译的起始；肽链的延伸；肽链的终止与释放；折叠和加工。

【解析】蛋白质生物合成可分为五个阶段：氨基酸的活化、多肽链合成的起始、肽链的延伸、肽链的终止和释放、蛋白质合成后的加工修饰。

14. 肽链的延伸循环包括_____，_____和_____。

【答案】AA-tRNA 与核糖体结合；肽键的生成和移位；

【解析】肽链延伸由许多循环组成，每加一个氨基酸就是一个循环，每个循环包括 AA-tRNA 与核糖体结合、肽键的生成和移位。

15. 翻译延伸阶段的进位，是指氨酰-tRNA 进入_____位点。翻译延长阶段的转位是指_____与_____做相对运动。

【答案】A；mRNA；核糖体。

【解析】起始复合物形成以后，第二个 AA-tRNA 在延伸因子 EF-Tu 及 GTP 的作用下，生成 AA-tRNA.EF-Tu.GTP 复合物，然后结合到核糖体的 A 位点上。这时 GTP 被水解释放，通过延伸因子 EF-Ts 再生 GTP，形成 EF-Tu-GTP 复合物，进入新一轮循环。

16. 每形成一个肽键要消耗_____个高能磷酸键，但在合成起始时还需多消耗_____个高能磷酸键。

【答案】4；1。

【解析】蛋白质合成是一个耗能过程，每增加 1 个肽键至少可能消耗 4 个高能磷酸键，起始复合物形成（mRNA 在小亚基上就位）还需消耗 1 个 ATP。

17. fmet-tRNA^{fmet} 先进入_____位点。

【答案】P。

【解析】模板上的密码子决定了哪种 AA-tRNA 能被结合到 A 位点上。由于 EF-Tu 只能与 fmet-tRNA^{fmet} 以外的其他 AA-tRNA 起反应，所以起始 tRNA 不会被结合到 A 位点上，这就是 mRNA 内部的 AUG 不会被起始 tRNA 读出，肽链中间不会出现甲酰甲硫氨酸的原因。

18. 肽链延伸分为进位反应、转位反应、_____。

【答案】移位反应。

【解析】多肽链的延伸是指在多肽链上每增加一个氨基酸都需要经过进位、转位和移位三个步骤。

19. 肽链的延伸需要两种_____，简称 EF。

【答案】延伸因子。

【解析】延伸因子是在 mRNA 翻译时促进多肽链延伸的蛋白质因子。在原核生物和真核生物中，延伸因子并不相同。

20. 氨基酸的侧链修饰作用有_____、_____、_____、_____、_____、_____、_____。

【答案】磷酸化；糖基化；甲基化；乙酰化；泛素化；羟基化；羧基化。

【解析】氨基酸侧链的修饰作用包括磷酸化（如核糖体蛋白）、糖基化（如各种糖蛋白）、甲基化（如组蛋白、肌肉蛋白质）、乙酰化（如组蛋白）、泛素化（多种蛋白）、羟基化（如胶原蛋白）和羧基化等。

21. 二硫键是通过两个_____的氧化作用生成的。

【答案】半胱氨酸。

【解析】mRNA 中没有胱氨酸的密码子，而不少蛋白质都含有二硫键。这是蛋白质合成后通过两个半胱氨酸的氧化作用生成的。

22.分子伴侣在细胞内能帮助其他多肽进行正确地_____、_____、_____、_____。

【答案】折叠；组装；转运；降解。

【解析】分子伴侣是细胞中一大类蛋白质，是由不相关的蛋白质组成的一个家系，它们介导其它蛋白质的正确装配，但自己不成为最后功能结构中的组分。分子伴侣在细胞内能帮助其他多肽进行正确地折叠、组装、转运、降解。

（二）选择题

1.（单选）在蛋白质合成中不消耗高能磷酸键的步骤是（ ）。

A. 移位   B. 氨基酸活化

C. 肽键形成   D. 氨基酰-tRNA 进位

【答案】C

【解析】氨基酸活化形成氨基酰-tRNA 需要使 ATP 变为 AMP，此步消耗两个 ATP；进位与移位各需要一个 GTP，肽链终止也会消耗 GTP。

2.（单选）下列参与肽链合成延伸的因子是（ ）。

A. IF   B. EF-Tu   C. RF   D. TF

【答案】B

【解析】IF 是翻译起始因子；EF-Tu 是延伸因子；RF 是原核生物蛋白质合成的终止因子；TF 是转录因子。

3.（单选）不同氨基酰-tRNA 合成酶对不同 tRNA 分子的区分依靠（ ）。

A. 对反密码子的识别   B. 对氨基酸的识别

C. 对整个 tRNA 三维结构的识别   D. A、B、C 三个方式都有可能

【答案】C

【解析】AA-tRNA 合成酶既能识别 tRNA，又能识别氨基酸，它对两者都具有高度的专一性。不同的 tRNA 有不同的碱基组成和空间结构，易被特异性氨基酰-tRNA 合成酶所识别。

4.（单选）在细菌的蛋白质翻译过程中 EF-Ts 因子的作用是（ ）。

A. 将 EF-Tu·GDP 转变为其活性形式

B. 促使氨基酰 tRNA 和核糖体的 A 位点结合

C. 将 GTP 转变为 GDP

D. 将肽基酰 tRNA 从 A 位点移动到 P 位点

【答案】A

【解析】在原核生物翻译过程中需要 3 个延伸因子：EF-Tu、EF-Ts 和 EF-G。EF-Tu 与 fMet-tRNA 以外的 AA-tRNA 及 GTP 作用生成 AA-tRNA·EF-Tu·GTP 复合物，然后结合到核糖体的 A 位点上；EF-Ts 参与 GTP 的再生，形成 EF-Tu·GTP 复合物，进入新一轮循环；EF-G 是移位必需的蛋白质因子，在 GTP 参与下使肽基酰 tRNA 从 A 位点移动到 P 位点。

（三）判断题

1.新生的多肽链大多数是没有活性的，需要经过加工修饰才能变成有活性的。（ ）

【答案】正确

【解析】新生肽链未完成折叠所以没有活性。有活性的蛋白质是肽链折叠成一定空间结构之后或单独或几条肽链形成复合体来执行功能。

2. 肽链延伸时核糖体沿 mRNA 5′ 端向 3′ 端移动，开始从 C 端向 N 端的多肽合成，这是蛋白质合成过程中速度最快的阶段。（　　）

【答案】错误

【解析】开始从 N 端向 C 端的多肽合成。

3. 蛋白质合成是一个释放能量的反应，中途会生成一系列高能产物。（　　）

【答案】错误

【解析】蛋白质合成是一个需能反应，需要各种高能化合物参与反应。

4. 蛋白质的生物合成包括肽链的起始、伸长、终止以及新合成多肽链的折叠和加工。（　　）

【答案】错误

【解析】蛋白质的生物合成包括氨基酸活化，肽链的起始、伸长、终止以及新合成多肽链的折叠和加工。

5. 氨基酸必须在氨酰-tRNA 合成酶的作用下生成活化氨基酸，AA-tRNA 才能进一步合成蛋白质。（　　）

【答案】正确

【解析】氨基酸必须在氨酰-tRNA 合成酶的作用下生成活化氨基酸——AA-tRNA，才能进一步合成蛋白质。

6. 同一个氨酰-tRNA 合成酶只具有把相同氨基酸加到一个带有不同反义密码子 tRNA 分子上的功能。（　　）

【答案】错误

【解析】每一个氨酰-tRNA 合成酶可识别一个特定的氨基酸和与该氨基酸对应的 tRNA 的特定部位。

7. 蛋白质合成的起始需要核糖体大小亚基、起始 tRNA 和几十种蛋白质因子的参与，在模板 mRNA 编码区 5′ 端形成核糖体-mRNA-起始 tRNA 复合物，并将甲硫氨酸放入核糖体 P 位点。（　　）

【答案】错误

【解析】蛋白质合成的起始需要核糖体大小亚基、起始 tRNA 和几十种蛋白质因子的参与，在模板 mRNA 编码区 5′ 端形成核糖体-mRNA-起始 tRNA 复合物，并将甲酰甲硫氨酸放入核糖体 P 位点。

8. 肽链延伸由许多循环组成，每加一个氨基酸就是一个循环，每个循环包括 AA-tRNA 与核糖体结合及肽链的生成。（　　）

【答案】错误

【解析】肽链延伸由许多循环组成，每加一个氨基酸就是一个循环，每个循环包括 AA-tRNA 与核糖体结合、肽键的生成和移位。

9. 肽链延伸过程中最后一步反应是移位，即核糖体向 mRNA 3′ 端方向移动一个密码子。（　　）

【答案】正确

【解析】此时，仍与第二个密码子相结合的二肽酰-tRNA 从 A 位点进入 P 位点，去氨酰-tRNA 被挤入 E 位点，mRNA 上的第三位密码子则对应于 A 位点。

10.真核细胞的Ⅰ类和Ⅱ类释放因子有多种。（　　　）

【答案】错误

【解析】真核细胞的Ⅰ类和Ⅱ类释放因子只有一种，分别为 eRF1、eRF3。

11.Ⅱ类释放因子识别终止密码子，并能催化新合成的多肽链从 P 位点的 tRNA 中水解释放出来；Ⅰ类释放因子在多肽链释放后刺激Ⅱ类释放因子从核糖体中解离出来。（　　　）

【答案】错误

【解析】Ⅰ类释放因子识别终止密码子，并能催化新合成的多肽链从 P 位点的 tRNA 中水解释放出来；Ⅱ类释放因子在多肽链释放后刺激Ⅰ类释放因子从核糖体中解离出来。

12.蛋白质翻译循环过程即核糖体循环，每个循环包括大、小亚基之间及其与 mRNA 的结合，翻译 mRNA，然后各自分离。（　　　）

【答案】错误

【解析】蛋白质翻译循环过程即核糖体循环，每个循环包括大、小亚基之间及其与 mRNA 的结合，翻译 mRNA，然后各自分离。

13.二硫键的正确形成对稳定蛋白质具有一定的作用。（　　　）

【答案】错误

【解析】二硫键的正确形成对稳定蛋白质的天然构象具有重要的作用。

14.氨基酸侧链修饰包括磷酸化、糖基化、甲基化三种方式。（　　　）

【答案】错误

【解析】氨基酸侧链修饰包括磷酸化、糖基化、甲基化、乙酰化、泛素化、羟基化等。

15.蛋白质四级结构是寡聚蛋白质特有的。（　　　）

【答案】正确

【解析】蛋白质四级结构是寡聚蛋白质特有的。

16.蛋白质生物合成的抑制剂就是一些抗生素。（　　　）

【答案】错误

【解析】蛋白质生物合成的抑制剂主要是一些抗生素，此外，如 5-甲基色氨酸、环己亚胺、白喉毒素、干扰素和其他核糖体灭活蛋白等都能抑制蛋白质的合成。

17.青霉素、四环素和红霉素与细胞核糖体发生作用，从而阻遏生物蛋白的合成，抑制生长。（　　　）

【答案】错误

【解析】青霉素、四环素和红霉素只与原核细胞核糖体发生作用，从而阻遏原核生物蛋白质的合成，抑制细菌生长。

18.新合成的胰岛素前体是前胰岛素原，切去信号肽变成胰岛素原，就能变成有活性的胰岛素。（　　　）

【答案】错误

【解析】新合成的胰岛素前体是前胰岛素原，必须先切去信号肽变成胰岛素原，再切去 B-肽才能变成有活性的胰岛素。

19.蛋白质折叠是翻译后形成功能蛋白质的必经阶段。（　　　）

【答案】正确

【解析】蛋白质折叠是翻译后形成功能蛋白质的必经阶段。

20. 分子伴侣是目前研究比较多的能够在细胞内辅助新生肽正确折叠的分子。（　　　）

【答案】正确

【解析】分子伴侣是目前研究比较多的能够在细胞内辅助新生肽正确折叠的蛋白质。

21. 在真核细胞中肽链合成终止的原因是已达 mRNA 分子的尽头。（　　　）

【答案】错误

【解析】真核细胞中肽链合成终止的原因是终止密码子被终止因子所识别。

22. 许多蛋白质的三维结构是由其分子伴侣决定的。（　　　）

【答案】错误

【解析】蛋白质的一级结构是蛋白质形成高级结构的基础，一级结构决定高级结构，因此蛋白质的氨基酸序列决定了蛋白质的三维结构。

（四）问答题

1. 原核生物与真核生物翻译起始阶段有何异同？

【答案】相同之处：①都需生成翻译起始复合物；②都需多种起始因子参加；③翻译起始的第一步都需核糖体的大、小亚基先分开；④都需要 mRNA 和氨酰-tRNA 结合到核糖体的小亚基上；⑤ mRNA 在小亚基上就位都需一定的结构成分协助；⑥小亚基结合 mRNA 和起始者 tRNA 后，才能与大亚基结合；⑦都需要消耗能量。

不同之处：①真核生物核糖体是 80S（40S+60S）；eIF 种类多（10 多种）；起始氨酰-tRNA 是 met-tRNA（不需甲酰化），mRNA 没有 SD 序列；mRNA 在小亚基上就位需 5′ 端帽子结构和帽结合蛋白以及 eIF2；mRNA 先于 met-tRNA 结合到小亚基上。②原核生物核糖体是 70S（30S+50S）；IF 种类少（3 种）；起始氨酰-tRNA 是 fmet-tRNA（需甲酰化）；需 SD 序列与 16S-tRNA 配对结合；小亚基与起始氨酰-tRNA 结合后，才与 mRNA 结合。

2. 简述原核和真核细胞在蛋白质翻译过程中的异同点。

【答案】原核生物：操纵子；RNA 聚合酶；核心酶加 σ 因子；不需加工与翻译相偶联；类核真核生物：单基因；RNA 聚合酶Ⅱ；聚合酶加转录因子；需加工故与翻译相分离；核内每活化一分子 AA 需消耗 ATP 的 2 个高能磷酸键。AA 的转移：氨基酸 +AMP-E+tRNA 氨基酸-tRNA+AMP+E。

蛋白质合成可分四个步骤：

（1）氨基酸的活化：游离的氨基酸必须经过活化以获得能量才能参与蛋白质合成，由氨酰-tRNA 合成酶催化，消耗 1 个分子 ATP，形成氨酰-tRNA。

（2）肽链合成的起始：原核生物的 30S 亚基先与 mRNA 结合，再和起始 tRNA 起始复合物结合，最后与 50S 亚基结合。而真核生物是起始 tRNA 与 40S 亚基结合，再和 mRNA 结合，最后与 60S 亚基结合。

（3）肽链的延长：起始复合物形成后肽链即开始延长。首先，氨酰-tRNA 结合到核糖体的 A 位点。然后，由肽酰转移酶催化与 P 位点的起始氨基酸或肽酰基形成肽键。最后，核糖体沿mRNA 5′→3′方向移动一个密码子距离，A 位点上的延长一个氨基酸单位的肽酰-tRNA 转移到 P 位点，全部过程需延伸因子 EF-Tu、EF-Ts，能量由 GTP 提供。

（4）肽链合成终止：当核糖体移至终止密码 UAA、UAG 或 UGA 时，终止因子 RF-1、

RF-2 识别终止密码，并使肽酰转移酶活性转为水解作用，将 P 位点肽酰-tRNA 水解，释放肽链，合成终止。

3. 什么是分子伴侣，有哪些重要功能？

【答案】结合在一些不完全装配或不恰当折叠蛋白上，帮助它们折叠或防止它们聚集的蛋白质。分子伴侣的生物学功能：①帮助新生蛋白质正确折叠；②纠正错误折叠或介导其降解。

4. 简述三种 RNA 在蛋白质生物合成中的作用。

【答案】① mRNA：DNA 的遗传信息通过转录作用传递给 mRNA，mRNA 作为蛋白质合成模板，传递遗传信息，指导蛋白质合成。② tRNA：蛋白质合成中氨基酸运载工具，tRNA 的反密码子与 mRNA 上的密码子相互作用，使分子中的遗传信息转换成蛋白质的氨基酸顺序是遗传信息的转换器。③ rRNA 核糖体的组分，在形成核糖体的结构和功能上起重要作用，它与核糖体中蛋白质以及其它辅助因子一起提供了翻译过程所需的全部酶活性。

5. 原核生物和真核生物形成起始复合物的区别。

【答案】原核生物的 30S 亚基先与 mRNA 结合，再和起始 tRNA 起始复合物结合，最后与 50S 亚基结合。而真核生物是起始 tRNA 先与 40S 亚基结合，再和 mRNA 结合，最后与 60S 亚基结合。

6. 简述Ⅰ类释放因子和Ⅱ类释放因子的功能。

【答案】Ⅰ类释放因子识别终止密码子，催化新合成的多肽链从 P 位点的 tRNA 中水解释放出来。Ⅱ类释放因子是在多肽链释放后刺激Ⅰ类释放因子从核糖体中解离出来。

7. 什么是信号肽？

【答案】在起始密码子后，有一段编码疏水性氨基酸序列的 RNA 区域，被称为信号肽序列，它负责把蛋白质引导到细胞内不同膜结构的亚细胞器内，该序列常常位于蛋白质的氨基端，长度一般都在 13～16 个残基。

8. 肽链合成后的加工修饰有哪些途径？

【答案】蛋白质合成后的加工修饰内容有：①肽链的剪切，如切除 N 端的 Met，切除信号肽，切除蛋白质前体中的特定肽段。②氨基酸侧链的修饰，如：磷酸化、糖基化、甲基化等。③二硫键的形成。④与辅基的结合。

9. 链霉素为什么能抑制蛋白质的合成？

【答案】链霉素是一种碱性三糖，能干扰 fMet-tRNA 与核糖体的结合，从而阻止蛋白质的正确起始，也会导致 mRNA 的错读。

10. GTP 在蛋白质的生物合成中的作用。

【答案】蛋白质合成过程是一个大量消耗能量的过程。除去氨基酸活化是消耗 ATP 外，此外消耗的都是 GTP。原因是 GTP 使一些蛋白质因子与 tRNA 或核糖体易于以非共价键结合。

11. 氨基酸在蛋白质合成过程中是怎样被活化的？

【答案】催化氨基酸活化的酶称氨酰-tRNA 合成酶，形成氨酰-tRNA，反应分两步进行：

（1）活化。需 Mg^{2+} 和 Mn^{2+}，由 ATP 供能，由合成酶催化，生成氨基酸-AMP-酶复合物。

（2）转移。在合成酶催化下将氨基酸从氨基酸-AMP-酶复合物上转移到相应的 tRNA 上，形成氨酰-tRNA。

12. 参与蛋白质生物合成体系的组分有哪些？它们具有什么功能？

【答案】（1）蛋白质生物合成体系主要包括核糖体、氨酰-tRNA 合成酶、氨基酸、tRNA、mRNA、ATP、GTP、肽基转移酶、起始因子、延伸因子和释放因子等成分。

（2）各成分的作用如下：

① 核糖体是蛋白质合成的场所。

② 氨酰-tRNA 合成酶使氨基酸与 tRNA 形成活化的氨酰-tRNA。

③ 氨基酸是蛋白质合成的原料。

④ tRNA 是模板与氨基酸之间的接合体，为每个三联子密码翻译成氨基酸提供接合体，还将氨基酸准确无误地运送到核糖体中，参与多肽链的起始或延伸。

⑤ mRNA 是蛋白质合成的模板，承载了要编码的遗传信息，以三联子密码的形式被阅读，表达相应的蛋白质。

⑥ ATP 或 GTP 为翻译提供能量。

⑦ 起始因子促进翻译的起始，延伸因子参与肽链的延伸，释放因子能识别终止密码子并与之结合，水解 P 位点上多肽链与 tRNA 之间的二酯键，从而使新生的肽链和 tRNA 从核糖体上释放，核糖体大小亚基解体，蛋白质合成结束。

⑧ 肽基转移酶将 A 位点上的 AA-tRNA 转移到 P 位点上，与肽酰-tRNA 上的氨基酸形成肽键。

13. 蛋白质合成中如何保证其翻译的正确性？

【答案】①氨基酸与 tRNA 的专一结合，保证了 tRNA 携带正确的氨基酸；②携带氨基酸的 tRNA 对 mRNA 的识别，mRNA 上的密码子与 tRNA 上的反密码子的相互识别，保证了遗传信息准确无误地转译；③起始因子及延长因子的作用，起始因子保证了只有起始氨酰-tRNA 能进入核糖体 P 位点与起始密码子结合，延伸因子的高度专一性，保证了起始 tRNA 携带的 fMet 不进入肽链内部；④核糖体三位点模型的 E 位点与 A 位点的相互影响，可以防止不正确的氨酰-tRNA 进入 A 位点，从而提高翻译的正确性；⑤校正作用：氨酰-tRNA 合成酶和 tRNA 的校正作用；对占据核糖体 A 位点的氨酰-tRNA 的校对；变异校对即基因内校对与基因间校对等多种校正作用可以保证翻译的正确。

14. 在一个研究中，通过基因敲除技术去掉蛋白质 A 以后，小鼠可以正常存活。去掉蛋白质 A 的 N 端部分，小鼠不死亡，而去掉其 C 端部分，小鼠死亡。去掉蛋白质 A 的 C 端导致小鼠死亡的原因可能是什么呢？

【答案】N 端是毒性蛋白质的活性位点，C 段的存在抑制了 A 段的活性。A 和 C 共存的情况下，实际上整个蛋白质无活性，所以敲除后没有影响。敲除蛋白质 A 以后小鼠正常存活，所以蛋白质 A 对小鼠的生存是非必需的，A 的 N 端部分表达的某些小蛋白质可能对小鼠是致死性的，但是当 C 端存在时表达出的完整的蛋白质是对小鼠无毒性的。

15. 写出至少三种蛋白质合成的抑制剂。

【答案】氯霉素、四环素、链霉素、嘌呤霉素等。

16. 蛋白质的高级结构是怎样形成的？

【答案】提示：蛋白质的高级结构是由氨基酸的顺序决定的，不同的蛋白质有不同的氨基酸顺序，各自按一定的方式折叠形成该蛋白质的高级结构。折叠是在自然条件下自发进行的，在生理条件下，它是热力学上最稳定的形式，同时离不开环境因素对它的影响。对于具有四级结构的蛋白质，其亚基可以由一个基因编码的相同肽链组成，也可以由不同肽链组成，不同肽链可以通过一条肽链加工剪切形成，或由几个不同单顺反子 mRNA 翻译，或由多顺反子 mRNA 翻译合成。

17. 蛋白质合成后的加工修饰有哪些内容？

【答案】蛋白质合成后的加工修饰如下：

（1）N 端 fMet 或 Met 的切除：①原核生物的肽链 N 端不保留 fMet，其甲酰基由肽脱甲酰化酶水解，多数情况下甲硫氨酸由氨肽酶水解而除去；真核生物中甲硫氨酸全部被切除。②新生蛋白质在去掉 N 端一部分残基后变成有功能的蛋白质。

（2）切除新生肽链中的非功能片段有些多肽类激素和酶的前体需要经过加工切除多余的肽段，才能成为有活性的蛋白质或酶。例如，胰岛素的成熟和酶原的激活过程。

（3）二硫键的形成：① mRNA 上没有胱氨酸的密码子，蛋白质中的二硫键是在肽链合成后，由两个半胱氨酸残基通过氧化作用而形成。②二硫键的正确形成对维持蛋白质的天然构象起重要作用。

（4）特定氨基酸的修饰：①磷酸化。a. 蛋白激酶将 ATP 的磷酸基转移到底物蛋白质氨基酸（丝氨酸、苏氨酸、酪氨酸）残基上，或者在信号作用下结合 GTP。b. 蛋白质磷酸化是生物体内一种普通的调节方式，在细胞信号转导的过程中起重要作用。②糖基化。a. 糖基化是在内质网中在糖基化酶作用下将糖转移至蛋白质，与蛋白质上的氨基酸残基形成糖苷键。蛋白质经过糖基化作用形成糖蛋白。b. 糖基化是蛋白质的重要的修饰作用，能调节蛋白质的功能。③甲基化。a. 甲基化主要是由细胞质基质内的 N-甲基转移酶催化完成的，一般指精氨酸或赖氨酸在蛋白质序列中的甲基化。甲基化包括发生在 Arg、His 和 Gln 的侧基的 N-甲基化以及 Glu 和 Asp 侧基的 O-甲基化。在组蛋白转移酶的催化下，S-腺苷甲硫氨酸的甲基转移到组蛋白。b. 某些组蛋白残基通过甲基化可以抑制或激活基因表达，从而形成表观遗传。④乙酰化。a. 乙酰化是由 N-乙酰转移酶催化多肽链的 N 端，发生在 Lys 侧链上的 ε-NH_2。b. 蛋白质乙酰化是细胞控制基因表达，蛋白质活性或生理过程的一种修饰作用。⑤泛素化。a. 泛素化是指泛素分子在泛素激活酶、结合酶、连接酶等作用下，将细胞内的蛋白质分类，选中靶蛋白分子，并对靶蛋白进行特异修饰的过程。b. 蛋白质泛素化以后，被标记的蛋白质常被运送到蛋白降解体系中完全降解。泛素化在细胞分化、细胞器的生物合成、细胞凋亡、DNA 修复、调控细胞增殖、蛋白质运输、免疫应答等生理过程都有重要的作用。⑥其他修饰。胶原蛋白上的脯氨酸和赖氨酸的羟基化、羧基化等。

第五节　蛋白质运转机制

一、重点解析

不论是原核还是真核生物，合成的蛋白质需定位于细胞的特异区域，或者分泌出细胞。将蛋白质分泌出细胞，在真核细胞比原核细胞更困难，因为真核细胞胞体大，而且还有大量的膜性间隔。细胞的蛋白质合成后的去向包括：留在胞浆，进入细胞核、线粒体或其它细胞器，分泌至体液，输送至靶器官。涉及两种运转方式：若某个蛋白质的合成和运转是同时发生的，则属于翻译运转同步机制；若蛋白质从核糖体上释放后才发生运转，则属于翻译后运转机制。这两种运转方式都涉及蛋白质分子内特定区域与细胞膜结构的相互关系。

1. 翻译-运转同步机制

一些蛋白质被合成后分泌到细胞外，这些蛋白质统称分泌蛋白质。几乎所有分泌蛋白质（如真核细胞的前清蛋白，免疫球蛋白轻链，催乳素等，原核细胞的脂蛋白、青霉素酶等）均含有信号肽。信号肽，是引导新合成肽链转移到内质网上的一段多肽，位于新合成肽链的 N 端，一般有 13 ～ 36 个氨基酸残基。由于信号肽又是引导肽链进入内质网腔的一段序列，又被称为开始转移序列。近年来，人们才提出信号肽假说去解释分泌蛋白的分泌。该假说认为分泌性蛋白质的初级产物 N 端有多信号肽结构，在分泌性蛋白质合成中，信号肽出现（蛋白质合成未终止），即被胞浆的信号识别颗粒 SRP，结合带到膜表面。此时 SRP 与内质网膜上的船坞蛋白其受体即停靠蛋白（DP）结合，组成一个输送系统，促使膜通道开放，信号肽带动合成中的蛋白质沿通道穿过膜，信号肽在沿通道折回时被膜上的信号肽酶切除，成熟的蛋白质就分泌到膜内。

分泌蛋白质的生物合成开始于结合核糖体，翻译进行到 50 ～ 70 个氨基酸残基时，信号肽从核糖体的大亚基上露出，与粗糙内质网膜上的受体相结合。信号肽过膜后被水解，新生肽随之通过蛋白孔道穿越疏水的双层磷脂。一旦核糖体移到 mRNA 的终止密码子，蛋白质合成即告完成，翻译体系解散，膜上的蛋白孔道消失，核糖体重新处于自由状态。

2. 翻译后运转机制

线粒体和叶绿体蛋白质在游离核糖体上合成，释放到胞质后它们在 N 端的长 20 ～ 80 个氨基酸的序列被细胞器膜上的受体识别，使其结合在膜上。由于这一过程发生在蛋白质合成之后，所以称其为翻译后运转（简称后运转）。

（1）翻译后运转的线粒体蛋白质特征：通过线粒体膜的蛋白质在运转之前大多数以前体形式存在，它由成熟的蛋白质和位于 N 端的一段 20 ～ 80 残基的前导肽共同组成。前导序列介导前体及细胞器膜之间的相互作用。蛋白质穿过膜，前导序列被位于细胞器的蛋白酶切掉。跨膜运输在膜内和膜外都需要 ATP 水解。线粒体的跨膜运输需要不同的受体，称为 TOM 或 TIM，分别指外膜和内膜受体。TOM 复合物包括 9 种蛋白质，其中许多是跨膜蛋白质。TOM 复合物可以识别与 Hsp70 或 MSF 等分子伴侣相结合待运转多肽，通过 TOM 和 TIM 组成的膜通道进入内腔。

（2）叶绿体能合成其所有的核酸及部分蛋白质。叶绿体合成大约 50 种蛋白质。胞质中游离核糖体合成叶绿体蛋白质，随后必须将其转运到叶绿体中。叶绿体的跨膜运输方式与线粒体相同。叶绿体中不同蛋白质经过外膜和内膜进入基质，此过程与进入线粒体基质的过程类似。但一些蛋白质还需要进一步运输，穿过类囊体膜进入腔体。定位在类囊体膜或腔的蛋白质必须经过基质。

3. 核定位蛋白的运转机制

因为所有的蛋白质都在胞质中合成，所以核内需要的蛋白质必须从胞质转运通过核孔进入细胞核。核糖体蛋白质首先必须被转运进入核内才能与 rRNA 结合，因此核糖体蛋白质在进入核内时以游离蛋白质的形式进入，而在输出时以装配好的核糖体亚基的形式输出。核定位蛋白的运转机制为了核蛋白的重复定位，这些蛋白质中的信号肽——被称为核定位序列，一般都不被切除。NLS 可以位于核蛋白的任何部位。蛋白质向核内运输过程需要核运转因子 α、β 和一个低分子量 GTP 酶参与。在胞质蛋白质中存在 NLS 这一序列对于蛋白质的核输入是必须的也是足够的。这一序列上的突变可以阻止蛋白质进入细胞核。

二、名词解释

1. 蛋白质运转
将蛋白质插入或使其穿过一个膜的过程叫做蛋白质运转。

2. 翻译运转同步机制
若某个蛋白质的合成和运转是同时发生的,则属于翻译运转同步机制。

3. 翻译后运转同步
若蛋白质从核糖体上释放后才发生运转,则属于翻译后运转机制。

4. 分泌蛋白质
一些蛋白质被合成后分泌到细胞外,这些蛋白质统称分泌蛋白质。

5. 分子伴侣
是细胞中一类能够识别并结合到不完全折叠或装配的蛋白质上,以帮助这些多肽正确折叠转运或防止它们聚集的蛋白质,其本身不参与最终产物的形成。

6. 信号肽
是引导新合成肽链转移到内质网上的一段多肽,位于新合成肽链的 N 端,一般 13 ~ 36 个氨基酸残基。N 端分布带正电荷的碱性氨基酸,10 ~ 15 个中性氨基酸疏水核心区,C 端常带有数个极性氨基酸,离切割位点最近的氨基酸带有很短侧链。信号肽能形成一段 α 螺旋结构。

7. 信号肽假说
分泌蛋白的初级产物 N 端有多信号肽结构,在分泌蛋白合成中,信号肽出现(蛋白质合成未终止),即被胞浆的信号识别颗粒 SRP 结合带到膜表面。此时 SRP 与内质网膜上的船坞蛋白其受体即停靠蛋白(DP)结合,组成一个输送系统,促使膜通道开放,信号肽带动合成中的蛋白质沿通道穿过膜,信号肽在沿通道折回时被膜上的信号肽酶切除,成熟的蛋白质就分泌到膜内。

8. 前导肽
通过线粒体膜的蛋白质在运转之前大多数以前体形式存在,它由成熟的蛋白质和位于 N 端的一段 20 ~ 80 残基的前导肽共同组成。前导序列介导前体及细胞器膜之间的相互作用。蛋白质穿过膜,前导序列被位于细胞器的蛋白酶切掉。

9. Tom 受体复合蛋白
线粒体蛋白的跨膜运输外膜的受体,称为 TOM 或 TIM,TOM 复合物可以识别与 Hsp70 或 MSF 等分子伴侣相结合待运转多肽,通过 TOM 和 TIM 组成的膜通道进入内腔。

10. Tim 受体复合蛋白
线粒体蛋白的跨膜运输的内膜受体 TIM。

11. 核定位序列
核蛋白中的信号肽,一般都不被切除,通常为一簇或几簇短的碱性氨基酸序列,暴露于折叠后的核蛋白表面,它能与核孔复合体相互作用,将蛋白质运进细胞核内。

三、课后习题

四、拓展习题

（一）填空题

1. 保证蛋白质运转的必要条件是＿＿＿＿＿＿。

【答案】完整的信号肽。

【解析】完整的信号肽是保证蛋白质运转的必要条件，信号肽的切除是运转所必须的，所有的运转蛋白都有可降解的信号肽。

2. 拥有＿＿＿＿＿＿的线粒体蛋白质前体能够跨膜转运进入线粒体中。

【答案】前导肽。

【解析】前导肽是信号肽的一种，位于成熟蛋白的 N 端，引导蛋白质穿膜。

3. 叶绿体定位信号肽第二部分决定该蛋白质能否进入＿＿＿＿＿＿。

【答案】类囊体。

【解析】叶绿体定位信号肽一般有两部分，第一部分决定该蛋白质能否进入叶绿体基质，第二部分决定该蛋白质能否进入类囊体。

4. 具有特殊的＿＿＿＿＿＿和出核序列才能被核转运蛋白识别。

【答案】核定位序列。

【解析】核定位信号序列（NLS）可以位于核蛋白的任何部位，也能够引导其他非核蛋白进入细胞核。

5. 叶绿体定位信号肽一般有两个部分，第一部分决定该蛋白质能否进入＿＿＿＿＿＿。

【答案】叶绿体基质。

【解析】叶绿体定位信号肽一般有两部分，第一部分决定该蛋白质能否进入叶绿体基质，第二部分决定该蛋白质能否进入类囊体。

6. 蛋白质的合成和运转可以分为翻译运转同步和＿＿＿＿＿＿。

【答案】翻译后运转。

【解析】蛋白质运转分两大类：翻译运转同步机制和翻译后运转机制。

7. 一些蛋白质合成后运出细胞外，叫做＿＿＿＿＿＿。

【答案】分泌蛋白。

【解析】分泌蛋白是指在细胞内合成后，分泌到细胞外起作用的蛋白质。

8. ＿＿＿＿＿＿引导新合成的肽转移到内质网上。

【答案】信号肽。

【解析】在起始密码子后，有一段编码亲水氨基酸序列的 RNA 区域，这个氨基酸序列即信号肽。

9. 介导蛋白质进行正确折叠的蛋白质是_____。

【答案】分子伴侣。

【解析】一类在序列上没有相关性但有共同功能的蛋白质，它们在细胞内帮助其他蛋白质完成正确的组装，在组装完毕后与之分离，不构成这些蛋白质结构执行功能时的亚基。

10. 核定位蛋白的信号肽叫做_____。

【答案】核定位信号序列。

【解析】核定位信号序列（NLS）可以位于核蛋白的任何部位，也能够引导其他非核蛋白进入细胞核。

11. 将蛋白质插入或者使其穿过一个膜的过程叫做_____。

【答案】蛋白质运转。

【解析】蛋白质通过线粒体内膜的运转需要能量。

（二）选择题

（单选）信号识别颗粒（SRP）的作用是（   ）。

A. 指导 RNA 拼接   B. 在蛋白质的共翻译运转中发挥作用

C. 指引核糖体大小亚基结合   D. 指导转录终止

【答案】B

【解析】在新生蛋白质翻译-运转同步机制中，信号识别颗粒（SRP）与核糖体、GTP 以及带有信号肽的新生蛋白质相结合，暂时中止肽链延伸。

（三）判断题

1. 在真核生物细胞核内合成的 mRNA，只有被运送到细胞质基质才能翻译生成蛋白质。（   ）

【答案】正确

【解析】真核生物在细胞核内合成 mRNA，而翻译是在细胞质中进行的。mRNA 只有被运输到细胞质，才能翻译生成蛋白质，真核生物 mRNA 开始合成时，是不成熟的 mRNA，需要通过一系列加工过程以后才能翻译生成蛋白质。

2. 蛋白质运转分两大类：翻译运转同步机制和翻译后运转机制。（   ）

【答案】正确

【解析】蛋白质运转可分为两大类：若某个蛋白质的合成和运转是同时发生的，则属于翻译运转同步机制；若蛋白质从核糖体上释放后才发生运转，则属于翻译后运转机制。

3. 在起始密码子后，有一段编码疏水性氨基酸序列的 RNA 区域，这个氨基酸序列即信号肽。（   ）

【答案】错误

【解析】在起始密码子后，有一段编码亲水氨基酸序列的 RNA 区域，这个氨基酸序列即信号肽。

4. 完整的信号肽是保证蛋白质运转的必要条件，信号肽的切除并不是运转所必须的，并非所有的运转蛋白都有可降解的信号肽。（   ）

【答案】错误

【解析】完整的信号肽是保证蛋白质运转的必要条件，信号肽的切除是运转所必须的，所有的运转蛋白都有可降解的信号肽。

5. 蛋白质通过线粒体内膜的运转需要能量。（　　）

【答案】正确

【解析】蛋白质通过线粒体内膜的运转需要能量。

6. 叶绿体定位信号肽一般有两部分，第一部分决定该蛋白质能否进入叶绿体基质，第二部分决定该蛋白质能否附着在类囊体上。（　　）

【答案】错误

【解析】叶绿体定位信号肽一般有两个部分，第一部分决定该蛋白质能否进入叶绿体基质，第二部分决定该蛋白质能否进入类囊体。

7. 核定位信号序列（NLS）可以位于核蛋白的特定部位，也能够引导其他非核蛋白进入细胞核。（　　）

【答案】错误

【解析】核定位信号序列（NLS）可以位于核蛋白的任何部位，也能够引导其他非核蛋白进入细胞核。

8. 所有信号肽的位置都在新生肽的 N 端。（　　）

【答案】错误

【解析】信号肽是指存在于蛋白质多肽链上的在起始密码子之后能启动蛋白质运转的一段多肽序列，该序列常位于蛋白质的氨基末端，但也可以位于中部或其他地方。

（四）问答题

1. 简述信号肽假说的主要内容。

【答案】分泌蛋白在 N 端含有一信号序列，称信号肽，由它指导在细胞质基质开始合成的多肽和核糖体转移到 ER 膜；多肽一边合成，一边通过 ER 膜上的水通道进入 ER 腔，在蛋白质合成结束前信号肽被切除。指导分泌性蛋白到糙面内质网上合成的决定因素是 N 端的信号肽，信号识别颗粒（SRP）和内质网膜上的信号识别颗粒受体（又称停靠蛋白 DP）等因子协助完成这一过程。

2. 信号肽在序列组成上有哪些特点？有哪些功能？

【答案】（1）特点：①一般带有 10 ～ 15 个疏水残基；②常常在靠近该序列 N 端疏水氨基酸区上游带有 1 个或者数个带正电荷的氨基酸；③在其 C 末端靠近蛋白酶切割位点处常常带有数个极性氨基酸。

（2）功能：负责把蛋白质引导到细胞内不同膜结构的亚细胞器内。

3. 试述核基因组编码线粒体蛋白质的跨膜运转机制。

【答案】线粒体蛋白质的跨膜运转的特点：需线粒体膜受体、从接触点进入、蛋白质要解折叠、需要能量、需要前导肽酶、需分子伴侣。运转机制如下：

① 游离核糖体合成释放前体蛋白，前体蛋白在分子伴侣 Hsp70 的帮助下解折叠。②解折叠的前体蛋白通过 N 端的前导肽同线粒体外膜上的受体蛋白（Tom 受体复合物）识别，并在受体（或附近）的内外膜接触点处利用 ATP 水解提供的能量驱动前体蛋白进入转运蛋白的运输通道（Tom 和 Tim 组成的膜通道），然后由电化学梯度驱动穿过内膜，进入线粒体基质。③在基质中，由 mHsp70 继续维持前体蛋白的解折叠状态。在 Hsp60 的帮助下，前体蛋白进行正确折叠，最后由多肽酶切除前导肽，成为成熟的线粒体基质蛋白。

第六节　蛋白质的修饰、降解与稳定性研究

研究表明生物体内的蛋白质降解是一个受控的有序过程。原核生物大肠杆菌的蛋白质降解是通过一个依赖 ATP 的蛋白酶（Lon）消耗两个 ATP 降解一个肽键来实现的。真核生物的蛋白质降解途径相当复杂，蛋白质本身的一级结构会影响其降解过程以外，还涉及泛素化修饰介导的蛋白质降解。蛋白质的类泛素化修饰降解［SUMO 化修饰（小泛素化修饰）和 NEDD 化修饰］可以稳定蛋白质和调节蛋白质功能。

一、重点解析

1. 原核生物的蛋白质降解依赖于 ATP 的蛋白酶（Lon）来实现。当细胞中出现错误的蛋白质或半衰期短的蛋白质时，该酶就被激活，酶切除一个肽键消耗两个 ATP 分子。

2. 真核生物的蛋白质降解蛋白酶对蛋白质的降解分为两个步骤：首先蛋白质被定位；然后蛋白质被水解。定位的过程：一个泛素小肽链通过共价键连接在要降解的底物蛋白质上；（降解因子 E1、E2、E3 参与）降解；蛋白酶降解与泛素连接的蛋白质的大复合物成熟蛋白 N 端的第一个氨基酸（除已被切除的 N 端甲硫氨酸之外，但包括翻译后修饰产物）在蛋白质的降解中有着举足轻重的影响。当某个蛋白质的 N 端是甲硫氨酸、甘氨酸、丙氨酸、丝氨酸、苏氨酸和缬氨酸时，表现稳定。其 N 端为赖氨酸、精氨酸时，表现最不稳定，平均 2 ～ 3min 就被降解了。

二、名词解释

1. 泛素蛋白

由 76 个氨基酸残基组成的低分子量蛋白质，序列高度保守，参与蛋白质的降解。

2. 泛素化

是指泛素分子在泛素激活酶、结合酶、连接酶等的作用下，对靶蛋白进行特异性修饰的过程，在该过程中泛素 C 端甘酸残基通过酰胺键与底物蛋白的赖氨酸残基的 ε 氨基结合。

3. 泛素化修饰

是翻译后修饰的一种常见方式，是由泛素激活酶 E1、泛素结合酶 E2 和泛素结合连接酶 E3 等 3 个酶将泛素蛋白修饰到靶蛋白分子上的过程。

4. 蛋白酶体

其密度梯度离心沉降系数为 26S，故又称为 26S 蛋白酶体。它是由一个 20S 催化颗粒和两个 19S 调节颗粒组成的桶状结构。

5. 类泛素化修饰

细胞内还有一些与泛素化修饰相似的反应，称之为类泛素化修饰。

6. 小泛素相关修饰物（SUMO）

是泛素类蛋白家族的重要成员之一，由 98 个氨基酸组成，在进化上高度保守，与泛素之间具有 18% 的同源性。小泛素相关修饰物经过一系列酶介导的生化级联反应，可以共价

键结合到蛋白质底物的赖氨酸残基上。

7. SUMO 化修饰

把 SUMO 转移到底物的赖氨酸残基上，稳定靶蛋白，使其免受降解的过程称为 SUMO 化修饰。它可以影响蛋白质亚细胞定位和蛋白质构象，广泛参与细胞内蛋白质与蛋白质相互作用，DNA 结合、信号转导、核质转运、转录因子激活等重要过程。

8. NEDD8

含有 81 个氨基酸，是一种类泛素蛋白修饰分子，与泛素分子的一致性为 59%，相似性高达 80%，其相似程度是众多泛素分子中最高的。在固有酶簇的作用下，被结合到底物蛋白上参与蛋白质翻译后修饰。

9. NEDD 化修饰

NEDD8 通过 C 端第 76 位甘氨酸与底物靶蛋白的赖氨酸共价结合，参与细胞增殖，分化细胞发育，细胞周期信号转导等重要生命过程的调控。

三、拓展习题

（一）填空题

1. 蛋白质中可进行磷酸化修饰的氨基酸残基主要为_____、_____、_____。

【答案】Ser；Thr；Tyr。

【解析】蛋白质磷酸化：指由蛋白质激酶催化的把 ATP 的磷酸基转移到底物蛋白质氨基酸残基（丝氨酸、苏氨酸、酪氨酸）上的过程，或者在信号作用下结合 GTP，是生物体内一种普通的调节方式，在细胞信号转导的过程中起重要作用。

2. 大肠杆菌中蛋白质的降解是依赖于_____的蛋白酶实现的。

【答案】ATP。

【解析】在大肠杆菌中，蛋白质的降解是通过一个依赖于 ATP 的蛋白酶来实现的。当细胞中出现错误的蛋白质或半衰期很短的蛋白质时，该酶就被激活。此蛋白酶每切除一个肽键要消耗两分子的 ATP。

3. 在真核生物中蛋白质的降解主要依赖于_____。

【答案】泛素。

【解析】泛素是一类低分子量的蛋白质，其只有 76 个氨基酸残基，序列高度保守。

4. 在大肠杆菌中，许多蛋白质的降解是通过一个_____来实现的。真核蛋白的降解依赖于一个只有_____个氨基酸残基、其序列高度保守的_____。

【答案】依赖于 ATP 的蛋白酶；76；泛素。

【解析】生物体内蛋白质的降解是一个有序的过程。在大肠杆菌中，蛋白质的降解是通过一个依赖于 ATP 的蛋白酶（称为 Lon）来实现的。当细胞中出现错误的蛋白质或半衰期很短的蛋白质时，该酶就被激活。Lon 蛋白酶每切除一个肽键消耗两分子 ATP。在真核生物中，蛋白质的降解可能主要依赖于泛素。泛素是一类低分子量的蛋白质，其只有 76 个氨基酸残基，序列高度保守。

5. 当蛋白质分子被贴上_____标签后，就表示它将被迅速降解，最终由蛋白酶体将其水解成 7 ～ 9 个氨基酸组成的小片段。

【答案】泛素化。

【解析】蛋白质被泛素化标记后，被标记的蛋白质被运送到蛋白质降解体系中完全降解。

（二）选择题

（单选）利用磷酸化来修饰酶的活性，其修饰位点通常在下列哪个氨基酸残基上。（   ）

A. 半胱氨酸　　　　B. 苯丙氨酸　　　　C. 赖氨酸　　　　D. 酪氨酸

【答案】D

【解析】蛋白质磷酸化：指由蛋白质激酶催化的把 ATP 的磷酸基转移到底物蛋白质氨基酸残基（丝氨酸、苏氨酸、酪氨酸）上的过程，或者在信号作用下结合 GTP，是生物体内一种普通的调节方式，在细胞信号转导的过程中起重要作用。

（三）判断题

1. 泛素化修饰涉及泛素激活酶 E1 和泛素结合酶 E2 两个酶的级联反应。（   ）

【答案】错误

【解析】泛素化修饰涉及泛素激活酶 E1、泛素结合酶 E2、泛素连接酶 E3 等三个酶的级联反应。

2. 释放因子具有 MTP 酶活性，它催化 MTP 水解，使肽链与核糖体分离。（   ）

【答案】错误

【解析】释放因子具有 GTP 酶活性，它催化 GTP 水解，使肽链与核糖体分离。

（四）问答题

蛋白的泛素化降解过程。

【答案】泛素是一类低分子量，序列高度保守，与蛋白质降解有关的蛋白质。泛素化是指泛素分子在泛素激活酶、结合酶、连接酶等的作用下，对靶蛋白进行特异性修饰的过程，经泛素化后的蛋白质一般走向降解途径。蛋白质的泛素化降解过程为：

（1）ATP 提供能量，泛素激活酶 E1 黏附在泛素分子尾部的 Cys 残基上激活泛素。泛素活化酶 E1 催化泛素 C 末端的 Gly 形成 Ub-腺苷酸中间产物，激活的泛素 C 末端被转移到 E1 酶内 Cys 残基的-SH 上，形成高能硫酯键。

（2）E1 酶将激活的泛素分子转移到泛素结合酶 E2 上。含有高能硫酯键的泛素转移到泛素结合酶 E2 的 Cys 残基上，E2 可以直接将泛素转移到靶蛋白赖氨酸残基的 ε-氨基上。

（3）E2 酶和一些种类不同的泛素连接酶 E3 共同识别靶蛋白，对其进行泛素化修饰。靶蛋白泛素化需要一个特异的泛素蛋白连接酶 E3，当第一个泛素分子在 E3 的催化下连接到靶蛋白上以后，另外一些泛素分子相继与前一个泛素分子的赖氨酸残基相连，逐渐形成一条多聚泛素链。

（4）蛋白质泛素化以后，26S 蛋白酶体识别泛素化靶蛋白，ATP 水解驱动泛素移除，靶蛋白解折叠，转入 26S 蛋白酶体的催化中心，蛋白质降解在 26S 蛋白酶体内部发生。进入 26S 蛋白酶体内的靶蛋白被多次切割，最后形成 3 ～ 22 个氨基酸残基的肽段。

第五章

分子生物学研究技术（上）

第一节　重组 DNA 技术史话

　　基因操作主要包括 DNA 分子的切割与连接、核酸分子杂交、凝胶电泳、细胞转化、核酸序列分析以及基因的人工合成、定点突变和 PCR 扩增等，其是分子生物学研究的核心技术。基因工程是指在体外将核酸分子插入病毒、质粒或其他载体分子，构成遗传物质的新组合，使之进入新的宿主细胞内并获得持续稳定增殖能力和表达。因此，基因工程技术其实是核酸操作技术的一部分，只不过我们在这里强调了外源核酸分子在另一种不同的宿主细胞中的繁衍与性状表达。事实上，这种跨越天然物种屏障、把来自任何生物的基因置于毫无亲缘关系的新的宿主生物细胞之中的能力，是基因工程技术区别于其他技术的根本特征。

一、重点解析

1. 理论上的三大发现

　　（1）20 世纪 40 年代确定了遗传信息的携带者（即基因的分子载体）是 DNA 而不是蛋白质，从而明确了遗传的物质基础问题。

　　（2）20 世纪 50 年代揭示了 DNA 分子的双螺旋结构模型和半保留复制机制，解决了基因的自我复制和世代交替的问题。

　　（3）20 世纪 50 年代末至 60 年代，科学家相继提出了中心法则和操纵子学说，并成功地破译了遗传密码，从而阐明了遗传信息的流动和表达机制。

2. DNA 分子的体外切割和连接

　　限制性内切核酸酶能够识别 DNA 上的特定碱基序列，并从这个位点切开 DNA 分子。第一个内切核酸酶 *Eco*R Ⅰ 是 Boyer 实验室在 1972 年发现的，它能特异性识别 GAATTC 序列，将双链 DNA 分子在这个位点切开并产生具有黏性末端的小片段。

　　限制性内切核酸酶的分类和作用特点按限制酶的组成、与修饰酶活性关系、切断核酸的情况不同，分为三类：① Ⅰ类限制性内切核酸酶由三种不同亚基构成，具有修饰酶和依赖于 ATP 的限制性内切酶的活性，它能识别和结合于特定的 DNA 序列位点，去随机切断在识别位点以外的 DNA 序列，通常在识别位点周围 $400 \sim 700 bp$。这类酶的作用需要 Mg^{2+}、S 腺苷甲硫氨酸及 ATP。② Ⅱ类限制性内切核酸酶只由一条肽链构成，仅需 Mg^{2+}，切割 DNA 特异性最强，且就在识别位点范围内切断 DNA，是分子生物学中应用最广的限制性内切核酸酶。通常在 DNA 重组技术提到的限制性内切核酸酶主要指 Ⅱ 类限制性核酸内切酶。③Ⅲ类限制性内切核酸酶与 Ⅰ 类限制性核酸内切酶相似，是多亚基蛋白质，其既有内切酶活性，又具有修饰酶活性，切断位点在识别序列周围 25 ～ 30bp 范围内，酶促反应需要 Mg^{2+} 和 ATP 同时存在。

DNA 连接酶能将不同 DNA 片段连接成一个整体，是一种能催化两个双链 DNA 片段紧靠在一起的 3'-羟基末端与 5'-磷酸基团末端之间形成磷酸二酯键，使两端连接起来的酶。

3. 载体

载体是基因克隆技术中携带目的基因进入宿主细胞进行扩增和表达的工具。目前常使用的载体有大肠杆菌中的质粒、噬菌粒、黏粒、酵母人工染色体载体以及动植物病毒载体等。

（1）基因克隆技术中使用的载体必须具备以下条件：①分子相对较小（3 ～ 10kb）；②具有复制子，即一段具有特殊结构的 DNA 序列，载体有复制点才能使与它结合的外源基因复制繁殖；③具有一个或多个利于检测的遗传表型，如抗药性、显色反应等；④具有一到几个限制性内切酶的单一识别位点或特异整合位点，便于外源基因的插入；⑤具有适当的拷贝数。一般而言，较高的拷贝数不仅利于载体的制备，同时还会使细胞中克隆基因的数量增加。

（2）pSC101 质粒载体。①严紧型复制控制的低拷贝质粒，平均每个寄主细胞仅有 1 ～ 2 个拷贝。②全长 9.09kb，带有四环素抗性基因（tetr）及 EcoR Ⅰ、Hind Ⅲ、BamH Ⅰ、Sal Ⅰ、Xho Ⅰ、Pvu Ⅱ 以及 Sma Ⅰ 7 种限制性核酸内切酶的单酶切位点，在 Hind Ⅲ、BamH Ⅰ 和 Sal Ⅰ 3 个位点插入外源基因，会导致 tetr 失活。③第一个真核基因克隆载体克隆了非洲爪蟾核糖体 DNA（1974）。

（3）ColE1 质粒载体。①松弛型复制控制的多拷贝质粒。②此类质粒编码有控制大肠杆菌素合成的基因，即所谓产生大肠杆菌素因子。大肠杆菌素是一种毒性蛋白，它可以使不带 Col 质粒的亲缘关系密切的细菌菌株致死。

（4）pBR322 质粒载体。① pBR322 质粒载体具有较小的分子量，其长度为 4363bp，由三个不同来源的部分组成的：第一部分来源于 pSF2124 质粒易位子 Tn3 的氨苄青霉素抗性基因；第二部分来源于 pSC101 质粒的四环素抗性基因；第三部分则来源于 ColE1 的派生质粒 pMB1 的 DNA 复制起点，若经氯霉素扩增，每个细胞中能积累 1000 ～ 3000 个拷贝，便于制备重组体 DNA。② pBR322 质粒载体具有多克隆位点 MCS 区段，可以把具两种不同黏性末端（如 EcoR Ⅰ 和 BamH Ⅰ）的外源 DNA 片段直接克隆到 pUC8 质粒载体上。

（5）pUC 质粒载体。① pUC 质粒载体具有更小的相对分子质量，由四个部分组成，包括来自 pBR322 质粒的复制起点、氨苄青霉素抗性基因，大肠杆菌 β-半乳糖酶基因（lacZ）启动子及编码 α-肽的 DNA 序列，称为 lacZ' 基因。一旦外源 DNA 插入位于 lacZ' 基因 5' 端的多克隆位点（MCS），lacZ' 基因功能就被破坏。不经氯霉素扩增，平均每个细胞即可生产 500 ～ 700 个 pUC 质粒拷贝。② lacZ 编码 β-半乳糖酶氨基端 146 个氨基酸的 α-肽，IPTG（异丙基-β-D-硫代半乳糖苷）诱导该基因表达，所合成的 β-半乳糖苷酶 α-肽与宿主细胞编码的缺陷型 β-半乳糖苷酶互补，产生有活性的 β-半乳糖苷酶，水解培养基中的 5-溴-4-氯-3-吲哚-β-D-半乳糖苷（X-gal），生成蓝色的溴氯吲哚。因此，在含有 X-gal 的培养基中，非转化菌落呈蓝色，含有重组 DNA 分子的菌落呈白色，被称为蓝白斑筛选。

（6）pBluescript 噬菌粒载体是一类从 pUC 载体派生而来的噬菌粒载体，在多克隆位点区两侧存在一对 T3 和 T7 噬菌体的启动子，可以定向指导插入在多克隆位点上的外源基因的转录活动；具有一个单链噬菌体 M13 或 f1 的复制起点和一个来自 ColE1 的质粒复制起点，保证载体在有或无辅助噬菌体共感染的不同情况下，按照不同的复制形式分别合成出单链或双链 DNA；带有氨苄青霉素抗性基因，作为转化子克隆的选择标记；带有 *lacZ* 基因，可以按照 X-gal-IPTG 组织化学显色法筛选带有噬菌粒载体的重组子。

（7）λ 噬菌体质粒载体。已构建的 λ 噬菌体质粒载体包含两类：

① 置换型载体：有两个酶切位点或两组排列相反的多克隆位点，其间的 DNA 片段（非必需 DNA 片段）可被外源 DNA 置换。这类载体适用于克隆 5～20kb 的外源基因片段，常用于构建基因组 DNA 文库。② 插入型载体：只有一个限制性内切酶位点或一组多克隆位点可供外源基因插入。这类载体允许插入 5～7kb 的外源 DNA，适用于构建 cDNA 文库。

4. 将重组的 DNA 引入宿主细胞

将不同生物的外源 DNA 片段插入到载体分子上，形成杂种 DNA 分子，导入受体细胞中扩增和表达。

1970 年，科学家发现，大肠杆菌细胞经适量的氯化钙处理后，能有效地吸收 λ 噬菌体 DNA。1972 年，科学家又发现，经适量氯化钙处理的大肠杆菌能够有效地摄取质粒 DNA。同年，Berg 等人把两种病毒的 DNA 用同一种限制性内切酶切割后，再用 DNA 连接酶把这两种 DNA 分子连接起来，于是产生了一种新的重组 DNA 分子，首次实现两种不同生物的 DNA 体外连接，获得了第一批重组 DNA 分子。Berg 因此获得了 1980 年诺贝尔化学奖。

1973 年，Cohen 实验室成功地将两种带有不同抗性基因的大肠杆菌质粒用同一种限制性内切酶切割后，再用 DNA 连接酶把这两种 DNA 分子连接起来，获得了具有双重抗性特征的质粒 DNA。之后，Cohen 和 Boyer 等人合作，成功地将非洲爪蟾核糖体蛋白基因片段和大肠杆菌质粒 DNA 片段重组后导入大肠杆菌，证明了动物基因也能进入大肠杆菌细胞并转录出相应的 mRNA 分子。

二、名词解释

1. 限制性内切核酸酶

识别双链 DNA 的特异序列，并在识别位点及其周围切割 dsDNA 的一类内切核酸酶。其生物学作用是破坏外源 DNA，而细菌本身的 DNA 则通过修饰作用使酶的识别序列中的核苷酸甲基化，不受限制酶的作用。

2. DNA 连接酶

能将通过同一限制性核酸内切酶酶切产生的任何不同来源的 DNA 片段通过黏性末端之间的碱基互补作用而连接起来。

3. 载体

能将外源 DNA 或基因片段携带入宿主细胞内的一个具有自主复制能力的 DNA 分子，分为克隆载体和表达载体。

4. 多克隆位点

也称多接头、限制性酶位点区，为 DNA 中含有两个以上密集的、能被多种内切酶识别和切割的位点区。

5. 松弛型质粒与严紧型质粒

松弛型质粒为高拷贝数的质粒，一般每个细胞含有 20 个以上拷贝质粒分子，其复制不受核基因复制的控制。严紧型质粒是一种低拷贝数的质粒，每个细胞仅含有一个或几个拷贝质粒分子。

6. 蓝白斑筛选

一种重组体分子的转化子克隆的选择和筛选方法，带有 *lacZ'* 基因的质粒的细菌将产生蓝色菌落，带有重组质粒的细菌产生的菌落为白色。

三、拓展习题

（一）填空题

1. 随着基因工程技术的诞生和发展，人类可以通过_____、_____和_____三种主要生产方式，大量取得过去只能从组织中提取的珍稀蛋白质，用于研究或治病。

【答案】细菌发酵；真核细胞培养；乳腺生物反应器。

2. 基因工程的两个基本特点是：_____和_____。

【答案】分子水平上的操作；细胞水平上的表达。

3. 克隆基因的主要目的有_____、_____、_____和_____。

【答案】扩增 DNA；获得基因产物；研究基因表达调控；改良生物的遗传性。

4. 部分酶切可采取的措施有_____、_____和_____等。

【答案】减少酶量；缩短反应时间；增大反应体积。

5. 部分酶切是指控制反应条件，使得酶在 DNA 序列上的识别位点只有部分得到切割，它的理论依据是_____。

【答案】酶切速度是不均衡的。

6. 质粒载体分子量要小，必需包括复制区、_____、_____和_____。

【答案】复制起点；选择标记（抗性标记）；克隆位点。

【解析】基因克隆技术中使用的载体必须具备以下条件：①分子相对较小（3～10kb）；②具有复制子，即一段具有特殊结构的 DNA 序列，载体有复制点才能使与它结合的外源基因复制繁殖；③具有一个或多个利于检测的遗传表型；④具有一到几个限制性内切酶的单一识别位点或特异整合位点，便于外源基因的插入；⑤具有适当的拷贝数。

7. 质粒的复制像染色体的复制一样，是从特定的起始点开始的。质粒的复制可以是____向的，或是_____向的。在杂种质粒中，每个复制子的起点都可以有效地加以使用。但是在正常条件下只有一个起点可能居支配地位。并且当某些具有低拷贝数的严紧型质粒与松弛型质粒融合后，在正常情况下_____的复制起点可能被关闭。

【答案】单；双；具有低拷贝数。

【解析】质粒的复制可以是单向的，或是双向的。

8. 质粒拷贝数是指细胞中_____。

【答案】质粒的个数同染色体的比值，即质粒/染色体。

9. pBR322 是一种改造型质粒，它的复制子来源于_____，它的四环素抗性基因来源于_____，它的氨苄青霉素抗性基因来源于_____。

【答案】pMB1；pSC101；pSF2124（R 质粒）。

【解析】pBR322 质粒载体具有较小的分子量，其长度为 4363bp，由三个不同来源的部分组成：第一部分来源于 pSF2124 质粒易位子 Tn3 的氨苄青霉素抗性基因（*amp*ʳ）；第二部分来源于 pSC101 质粒的四环素抗性基因（*tet*ʳ）；第三部分则来源于 ColE1 的派生质粒 pMB1 的 DNA 复制起点（ori），若经氯霉素扩增，每个细胞中能积累 1000 ～ 3000 个拷贝，便于制备重组体 DNA。

10. pSC101 是一种_____复制的质粒。

【答案】严紧型。

【解析】严紧型质粒是一种低拷贝数的质粒，每个细胞仅含有 1 个或几个拷贝质粒分子。

11. pUC18 质粒是目前使用较为广泛的载体。pUC 系列的载体是通过_____和_____两种质粒改造而来。它的复制子来自_____，Amp 抗性基因则是来自_____。

【答案】pBR322；M13；pMB1；转座子。

【解析】pBR322 质粒载体具有多克隆位点 MCS 区段，可以把具有两种不同黏性末端（如 *Eco*R Ⅰ 和 *Bam*H Ⅰ）的外源 DNA 片段直接克隆到 pUC8 质粒载体上。

12. 野生型的 λ 噬菌体 DNA 不宜作为基因工程载体，原因是_____、_____和_____。

【答案】分子量大；酶的多切点；无选择标记。

【解析】野生型的 λ 噬菌体 DNA 不宜作为基因工程载体，原因是分子量大，酶的多切点，无选择标记。

13. 噬菌体之所以被选为基因工程载体，主要的原因有_____和_____。

【答案】它在细菌中能够大量繁殖，这样有利于外源 DNA 的扩增；对某些噬菌体（如 λ 噬菌体）的遗传结构和功能研究得比较清楚，其大肠杆菌宿主系统的遗传也研究得比较详尽。

【解析】噬菌体之所以被选为基因工程载体，主要的原因有它在细菌中能够大量繁殖，这样有利于外源 DNA 的扩增；对某些噬菌体（如 λ 噬菌体）的遗传结构和功能研究得比较清楚，其大肠杆菌宿主系统的遗传也研究得比较详尽。

14. 蓝白斑筛选利用的原理是_____。

【答案】α-互补。

【解析】蓝白斑筛选是一种重组体分子的转化子克隆的选择和筛选方法，带有 *lacZ′* 基因的质粒的细菌将产生蓝色菌落，带有重组质粒的细菌产生的菌落为白色。

（二）选择题

1.（单选）在基因工程实验中，DNA 重组分子是指（　　）。

A. 不同来源的两端 DNA 单链的复性　　　B. 目的基因与载体的连接物

C. 不同来源的 DNA 分子的连接物　　　　D. 原核 DNA 与真核 DNA 的连接物

【答案】B

【解析】DNA 重组是不同的 DNA 片段（如某个基因或基因的一部分）按照预先的设计定向连接起来，在特定的受体细胞中与载体同时复制并得到表达，产生影响受体细胞的新的遗传性状的技术。DNA 重组分子是指目的基因与载体的连接物。

2.（单选）对限制性内切酶的作用，下列哪个不正确？（　　）

A. 识别序列长度一般为 4 ～ 6bp　　　　B. 只能识别和切割原核生物 DNA 分子

C. 识别序列具有回文结构　　　　　　　D. 切割原核生物 DNA 分子

【答案】B

【解析】限制性内切酶并非只能识别和切割原核生物 DNA 分子，还包括真核生物 DNA 分子。

3.（单选）第一个用于构建重组体的限制性内切核酸酶是指（　　）。

A. *Eco*R Ⅰ　　　　　　B. *Eco*B　　　　　　C. *Eco*C　　　　　　D. *Eco*R Ⅱ

【答案】A

【解析】Boyer 实验室于 1972 年发现，其能特异性识别 GAATTC 序列，第一个用于构建重组体的限制性核酸内切酶是 *Eco*R Ⅰ。

4.（单选）在 DNA 的酶切反应系统中，通常（　　）。

A. 用 SSC 缓冲液　　　　　　　　　　B. 加入 Mg^{2+} 作辅助因子

C. 加入 BSA 等保护剂　　　　　　　　D. 上述都是正确的

【答案】D

5.（单选）下列关于松弛型质粒的描述不正确的是（　　）。

A. 质粒的复制只受本身的遗传结构的控制，而不受染色体复制机制的制约，因而有较多的拷贝数

B. 通常带有抗药性基因

C. 可以在氯霉素的作用下扩增

D. 既能以单链环状又能以双链环状的形式存在

【答案】D

【解析】松弛型质粒为高拷贝数的质粒，一般每个细胞含有 20 个以上拷贝质粒分子，其复制不受核基因复制的控制。

6.（单选）基因工程中所用的质粒载体大多是改造过的，真正的天然质粒载体很少，在下列载体中只有（　　）被视为用作基因工程载体的天然质粒载体。

A. pSC101　　　　　　B. pBR322　　　　　　C. pUB110　　　　　　D. pUC18

【答案】A

【解析】pSC101 质粒载体是严紧型复制控制的低拷贝质粒，平均每个寄主细胞仅有 1～2 个拷贝；全长 9.09kb，带有四环素抗性基因（*tet* ^{r}）及 *Eco*R Ⅰ、*Hind* Ⅲ、*Bam*H Ⅰ、*Sal* Ⅰ、*Xho* Ⅰ、*Pvu* Ⅱ以及 Sma Ⅰ等 7 种限制性核酸内切酶的单酶切位点，在 *Hind* Ⅲ、*Bam*H Ⅰ和 *Sal* Ⅰ等 3 个位点插入外源基因，会导致 *tet* ^{r} 失活。

7.（单选）第一个作为重组 DNA 载体的质粒是（　　）。

A. pSC101　　　　　　B. pBR322　　　　　　C. ColE1　　　　　　D. pUC18

【答案】A

8.（单选）蓝白斑筛选时，IPTG 的作用是（　　）。

A. 诱导 α 肽的合成　　　　　　　　　B. 诱导 ω 肽的合成

C. 作为酶的底物　　　　　　　　　　D. 作为显色反应的指示剂

【答案】A

9.（单选）下面关于多克隆位点的描述不正确的是（　　）。

A. 仅位于质粒载体中　　　　　　　　B. 具有多种酶的识别序列

C. 不同酶的识别序列可以有重叠　　　D. 一般是人工合成后添加到载体中

【答案】A

【解析】多克隆位点：也称多接头、限制性酶位点区；为 DNA 中含有两个以上密集的、

能被多种内切酶识别和切割的位点区。

（三）判断题

1.同一种限制性内切核酸酶切割靶 DNA，得到的片段的两个末端都是相同的。（　　　）

【答案】错误

【解析】末端都是不同的。黏性末端是通过碱基互补配对。

2.用限制性内切核酸酶切割载体、供体 DNA 后，要加入 EDTA-SDS 中止液使限制性内切核酸酶失活，这样有利于重组连接。（　　　）

【答案】错误

【解析】EDTA-SDS 中止液不能使限制性内切核酸酶失活。

3.如果限制性内切核酸酶的识别位点位于 DNA 分子的末端，那么接近末端的程度也影响切割，如 *Hpa* Ⅱ和 *Mbo* Ⅰ要求识别序列之前至少有一个碱基对存在才能切割。（　　　）

【答案】错误

4.迄今所发现的限制性内切核酸酶既能作用于双链DNA，又能作用于单链DNA。（　　　）

【答案】错误

【解析】迄今所发现的限制性内切核酸酶不能既作用于双链 DNA，又作用于单链 DNA。

5.已知某一内切核酸酶在一环状 DNA 上有 3 个位点，因此，用此酶切割该环状 DNA 最多可得到 3 个片段。（　　　）

【答案】错误

【解析】环状 DNA 将每一个位点切开，即可得到 3 个片段。

6.基因克隆中，低拷贝数的质粒载体是没有用的。（　　　）

【答案】错误

【解析】高拷贝数的质粒往往不稳定，进行大片段克隆或者带有毒性 DNA 克隆时会用低拷贝；质粒的扩增会占用大量资源，当载体用于表达或者其他用途时，也会使用低拷贝质粒。

7.松弛型质粒在宿主细胞中拷贝数较少。（　　　）

【答案】错误

【解析】松弛型质粒为高拷贝数的质粒，一般每个细胞含有 20 个以上拷贝质粒分子，其复制不受核基因复制的控制。

8.基因克隆的表达载体主要由药物抗性基因、供插入外源 DNA 片段的克隆位点和外源 DNA 片段插入筛选标志三大部分组成。（　　　）

【答案】正确

【解析】基因克隆的表达载体主要由药物抗性基因、供插入外源 DNA 片段的克隆位点和外源 DNA 片段插入筛选标志三大部分组成。

9.在克隆载体 pUC 系列中，完整的 *lacZ* 基因提供了一个外源基因插入的筛选标记，蓝色的转化菌落通常表明克隆是失败的。（　　　）

【答案】正确

【解析】在含有 X-gal 的培养基中，非转化菌落呈蓝色，含有重组 DNA 分子的菌落呈白色，被称为蓝白斑筛选。

10.一般情况下，质粒既可以整合到染色体上，也可以独立存在。（　　　）

【答案】错误

【解析】质粒为独立于染色体之外的 DNA。

11. 所谓穿梭质粒载体是能够在两种以上的不同宿主细胞中复制的质粒，所用的复制起点不同。（　　）

【答案】正确

12. 迄今发现的质粒 DNA 都是环状的。（　　）

【答案】错误

【解析】存在环状、线状 DNA。

13. 任何一种质粒都可以用氯霉素扩增的方法，增加它的拷贝数。（　　）

【答案】错误

【解析】不是所有质粒都可以用氯霉素扩增的方法，增加它的拷贝数。

14. 只有完整的复制子才能进行独立复制，一个失去了复制起点的复制子不能进行独立复制。（　　）

【答案】正确

15. 质粒 ColE1 同 pSC101 共整合后，得到重组质粒 pSC134，具有两个复制起点，这两个起点在任何细胞中都是可以使用。（　　）

【答案】错误

【解析】ColE1 质粒载体是松弛型复制控制的多拷贝质粒；这两个起点并非在任何细胞中可以使用。

（四）简答题

1. 为什么说基因工程技术是 20 世纪 60 年代末 70 年代初发展起来的？

【答案】① 1967 年发现了连接酶；②大肠杆菌的转化技术在 1970 年获得突破；③限制性核酸内切酶的分离始于 1970 年；④ Berg 在 1972 年构建了第一个重组的 DNA 分子。

2. 说明限制性内切核酸酶的命名原则要点。

【答案】限制性内切核酸酶采用三字母的命名原则，即属名＋种名＋株名的各一个首字母，再加上序号。

基本原则：3～4 个字母组成，方式是：属名＋种名＋株名＋序号。

首字母：取属名的第一个字母，斜体大写。

第二字母：取种名的第一个字母，斜体小写。

第三字母：①取种名的第二个字母，斜体小写；②若种名有词头，且已命名过限制酶，则取词头后的第一字母代替。

第四字母：若有株名，株名则作为第四字母，是否大小写，根据原来的情况而定，但顺序号：若在同一菌株中分离了几种限制酶，则按先后顺序冠以Ⅰ、Ⅱ、Ⅲ等，用正体。

3. 限制性核酸内切酶有哪几种类型？哪一种类型的限制酶最适合于基因工程，为什么？请简要说明理由。

【答案】Ⅰ类限制性核酸内切酶、Ⅱ类限制性核酸内切酶和Ⅲ类限制性核酸内切酶三类。Ⅱ类限制性核酸内切酶最适合基因工程，因为Ⅱ类限制性核酸内切酶只由一条肽链构成，仅需 Mg^{2+}，切割 DNA 特异性最强，且就在识别位点范围内切断 DNA。Ⅰ类和Ⅲ类限制性核酸内切酶由于切割序列具有随机性，与识别序列不统一，因此不应用于基因工程。

4. 用不同的限制酶 *Eco*R Ⅰ和 *Hin*d Ⅲ切割同一染色体 DNA 并克隆。利用 X 基因两端引物进行菌落扩增，在 *Eco*R Ⅰ切割的克隆中未能筛选到 X 基因，但 *Hin*d Ⅲ切割的克隆中筛选到了 X 基因，为什么？

【答案】基因中可能存在 *Eco*R Ⅰ识别位点，X 基因被切割成两段，全长基因不在同一克隆中，所以利用基因两端特异引物进行扩增时，扩增不到 X 基因。该基因不存在 *Hin*d Ⅲ识别位点，全长基因在同一克隆中，所以利用基因两端特异引物进行扩增时，可以扩增到 X 基因。

5. 用限制性内切酶进行 DNA 切割，有时会出现拖尾现象，即酶切不充分，可能的原因有哪些？

【答案】可能的原因有：①酶切条件不合适：温度不合适、缓冲液浓度不正确、离子浓度过高或过低；②酶量不足；③蛋白质与 DNA 样品结合，酶混杂；④酶活力不足；⑤有外切核酸酶污染。

6. 在进行基因工程时，载体是携带靶 DNA 片段进入宿主细胞扩增和表达的工具，请问一个载体应具有哪些基本特性和结构特点？

【答案】①能自主复制，本身是复制子；②有选择性标记，提供可供筛选的表型特征；③具有一种或多种单一的限制性酶位点；④在细胞内稳定存在，拷贝数高。

7. 自然界中具备理想条件的质粒载体为数不多，即使是 ColE1 和 pSC101 这两个自然质粒也不尽人意，通常需要进行改造，请问质粒改造包括哪些基本内容？

【答案】基本内容包括：

（1）删除一些非必要的区段及对宿主有不良影响的区段，削减载体的分子量，使载体具有更大的容纳外源片段的能力。

（2）加上易于选择或检测的标记。

（3）限制性内切核酸酶的酶切位点的改造，便于外源基因插入到载体中的特定位置。

（4）加上一些调控元件，有利于克隆基因的表达。

（5）安全性改造，限定载体的宿主范围。

8. 质粒改造的发展过程如何？

【答案】大致经历的过程分为三个阶段：

（1）改造质粒的复制特性和可选择性：早期对质粒载体的改造主要是将选择标记引入含 pMB1（或 ColE1）复制子的质粒中。

（2）调整载体的结构，提高载体的效率：一方面将载体的长度减至最小，另一方面则同时扩充载体容纳外源 DNA 片段的能力，以便于接受用各种各样的限制酶切割后产生的片段。质粒载体越小越受欢迎，原因是：首先转化效率与质粒的大小成反比，而当质粒大于 15kb 时，转化效率将成为限制因素。因此，质粒越小，可以容纳的外源 DNA 的区段就越长。其次，质粒越大，就越难于用限制酶切割来进行鉴定，因为分子量大，酶切位点就多。最后，由于质粒越大，复制的拷贝数就越低，因而，外源 DNA 的产量有所降低。

（3）质粒中引入多种用途的辅助序列：引入的序列包括可通过组织化学检测方法肉眼鉴定重组克隆的选择标记、产生用于序列分析的单链 DNA 功能元件、体外转录外源 DNA 序列、重组克隆的正选择和外源蛋白质的大量表达的序列等。

9. 在质粒中如何增减酶切点？

【答案】（1）削减酶切点。可以用完全酶切或部分酶切。例如，*Eco*R Ⅰ在某种质粒载体上有两个切点，一个在抗性基因内，另一个在其他部位。现在要除掉非抗性位点上切点，可用该酶部分酶解这种质粒，用 S1 核酸酶削平末端后自连，转化后用原抗性筛选即可。如果

*Eco*R Ⅰ的两个切点都不在抗性基因内，切割后产生的两个片段中有一个是质粒非必需的，则可用完全酶切，自连后筛选，就可筛选到失去一个切点的质粒。

（2）增加酶切点。增加切点有两种方法：一是利用人工合成的接头，或是利用天然的接头。所谓接头是指含有限制性内切核酸酶识别和切割序列的 DNA 片段。人工接头主要是用化学方法合成的含有限制性内切核酸酶作用序列的 DNA 片段。创造限制性内切核酸酶切点的第二种方法是利用现有的具有多种限制酶切点的 DNA 片段作为接头。如 pSC101 质粒上含有多个限制酶的切点（*Eco*R Ⅰ、*Hind* Ⅲ、*Bam*H Ⅰ和 *Sal* Ⅰ），并且这些酶切位点靠得非常近，它们位于一段长约 800bp 核苷酸之内的 DNA 片段上。如果用 *Eco*R Ⅰ和 *Sal* Ⅰ将这种片段切下来，就可以得到含有 *Eco*R Ⅰ、*Hind* Ⅲ、*Bam*H Ⅰ及 *Sal* Ⅰ 4 个切点的片段。根据载体的情况，可将该接头插入到质粒上，便可增加切点。

10. 基因工程中常用 α-互补来筛选重组质粒，请说明其原理。

【答案】很多载体都带有一段细菌的 *lacZ* 基因，它编码的 β-半乳糖苷酶氨基端的 146 个氨基酸，被称为 α-肽，与宿主细胞编码的缺陷型 β-半乳糖苷酶互补，产生有活性的 β-半乳糖苷酶，与特异性底物 X-gal 生成蓝色的溴氯吲哚，这就是 α-互补。而重组子由于基因插入使 α-肽基因失活，不能形成 α-互补，因此在含有 X-gal 的培养基中，含有阳性重组子的细菌为白色菌落。

11. 蓝白斑筛选法为什么会有假阳性？

【答案】β-半乳糖苷酶的 N 末端是非必需的，可以进行修饰，并不影响酶的活性或 α-肽的互补性。如果插入的外源 DNA 引起 α-肽可读框的改变，或者插入片段在正确的可读框中含有终止密码的话，就会形成白色菌落。如果插入 DNA 的碱基数正好是 3 的倍数，或者插入的 DNA 中不含有终止密码，仍然会形成蓝色菌落，这就是形成假阳性的原因之一。

第二节 DNA 基本操作技术

DNA 重组技术

又称为基因工程，指在体外将核酸分子插入病毒、质粒或其他载体分子中，使遗传物质的重新组合，使之进入原先没有这类分子的宿主细胞内并进行持续稳定的繁殖和表达的过程。DNA 重组技术包括以下步骤：

（1）目的基因的获得：常用的方法有化学合成法、基因组文库法和 cDNA 文库法。

（2）限制性内切酶切割和连接：通过限制性内切酶对目的基因和载体在体外进行切割，并通过 DNA 连接酶进行连接，完成基因的重组过程。

（3）重组 DNA 导入受体细胞：将人工重组的 DNA 分子导入能进行正常复制的宿主细胞，随着宿主细胞的分裂而进行复制。在 DNA 重组中，将质粒 DNA 或以其为载体构建的重组 DNA 分子导入受体细胞中的过程称为转化。以噬菌体和真核病毒为载体的重组 DNA 分子导入受体细胞中的过程称为转染。目的基因与载体在体外重组后应导入受体细胞中才能扩增并进一步筛选。

（4）重组体的筛选与鉴定：常用的方法有蓝白斑筛选法、抗生素筛选法、核酸杂交法、免疫化学法等。

（5）重组体的扩增、表达。

一、重点解析

1.核酸凝胶电泳

1）基本原理

带电荷的物质在电场中的趋向运动称为电泳，该物质在电场作用下的迁移速度叫做电泳的迁移率，它与电场强度和电泳分子本身所携带的净电荷数成正比，而与电泳分子的摩擦系数（与分子的大小、极性和介质的黏度系数有关）成反比。也就是说，电场强度越大，电泳分子所携带的净电荷数越多，其迁移的速度越快。因此，根据分子大小的不同、构型或形状的差异以及所携带的净电荷的多寡，便可以通过电泳将蛋白质或核酸分子混合物中的各种成分彼此分离开来。

在生理条件下，核酸分子中的磷酸基团是呈离子化状态的，所以，DNA 和 RNA 多核苷酸链又被称为多聚阴离子状态。将 DNA、RNA 放到电场中，它就会由负极向正极移动。在一定电场强度下，DNA 分子的电泳迁移率取决于分子本身的大小和构型。在凝胶电泳中，一般加入溴化乙锭染料对核酸分子进行染色，核酸分子在紫外光照射下放出荧光，可以肉眼能看到约 50ng DNA 所形成的条带。荧光强度与 DNA 分子的大小与数量有关。

2）核酸电泳凝胶分类

凝胶浓度的高低影响凝胶介质孔隙的大小：浓度越高，孔隙越小，其分辨能力也越高；浓度越低，孔隙越大，其分辨能力也越小。

（1）琼脂糖凝胶电泳。

琼脂糖凝胶电泳指用琼脂糖作为电泳介质的电泳方法。琼脂糖是一种从红色海藻产物琼脂中提取而来的线性多糖聚合物，将琼脂糖粉末加热到熔点后冷却凝固便会形成良好的电泳介质，其密度由琼脂糖的浓度决定。经过化学修饰的低熔点琼脂糖，在结构上比较脆弱，因此，在较低的温度下便会融化（其熔点为 $62 \sim 65℃$，熔解后可在 37℃ 下保持液态长达数小时之久，甚至在 25℃ 也可以保持 10 分钟），常用于 DNA 片段的制备电泳。

琼脂糖凝胶分辨 DNA 片段的范围为 $0.2 \sim 50kb$，琼脂糖凝胶电泳的优点：分析 DNA、制备和纯化特定的 DNA 片段、可直接抽提分离的 DNA 分子、可直接进行酶催化反应、可进行第二次电泳。

（2）聚丙烯酰胺凝胶电泳。

聚丙烯凝胶电泳是由丙烯酰胺单体在催化剂 TEMED（N, N, N, N'-四甲基乙二胺）和过硫酸铵的作用下，丙烯酰胺聚合形成长链，在交联剂 N, N'-亚甲双丙烯酰胺参与下，聚丙烯胺链与链之间交叉连接而形成的凝胶，具有分子筛效应、静电效应。聚丙烯酰胺凝胶的分辨能力为 $1 \sim 1000bp$，适用于分离鉴定低分子质量（低于 100Da）的蛋白质、小于 1kb 的 DNA 片段和 DNA 序列分析。甚至可以分离长度相差达到 0.2%（即 500bp 中的 1bp）的核苷酸片段。

聚丙烯酰胺凝胶的优点：分辨率高，载样量大，回收的 DNA 样品纯度高，酰胺侧链的 C—C 聚合物不带或少带离子侧链基团，无色透明，紫外吸收低，抗腐蚀性强，机械强度高，韧性好。聚丙烯酰胺凝胶的缺点：聚丙烯酰胺凝胶的灌制比琼脂糖凝胶复杂。

（3）脉冲电场凝胶电泳（pulse-field gel electrophoresis，PFGE）。

用于分离超大分子量（一般大于 50kb）的 DNA 分子（有时甚至是整条染色体分子）。在脉冲场中，DNA 分子的迁移方向是随着电场方向的周期性变化而不断改变的。在标准的

PFGE 中，第一个脉冲的电场方向与核酸移动方向成 45°夹角，第二个脉冲的电场方向与核酸移动方向在另一侧成 45°夹角。由于琼脂糖凝胶的电场方向、电流大小及作用时间都在交替变换，使得 DNA 分子能够随时调整其运动方向，以适应凝胶孔隙的无规则变化。

2. 细菌转化

细菌转化是指一种细菌菌株由于捕获了来自供体菌株的 DNA，而导致性状特征发生遗传改变的生命过程。这种提供转化 DNA 的菌株叫做供体菌株，而接受转化 DNA 的寄主菌株则称作受体菌株。正常条件下，绝大多数细菌，包括大肠杆菌（$E.\ coli$），仅能获取极少量的 DNA。为提高转化效率，必须对受体细菌进行一些物理或化学处理，以增加其获取 DNA 的能力。经过这种处理的细胞被称为感受态细胞。细菌转化常用的方法有 $CaCl_2$ 法、电击法、脂质体法。

实验室常用带有不同抗生素（包括氨苄青霉素、卡那霉素和四环素等）的选择性培养基结合 α-互补蓝白斑筛选法鉴定转化细胞。感受态细胞转化频率的计算方法为

$$转化体总数 = 菌落数 \times （转化反应原液总体积 / 涂板菌液体积）$$
$$插入频率 = 白色菌落数 / （白色菌落数 + 蓝色菌落数）$$
$$转化频率（DNA 转化菌落数 /\mu g）= 转化体总数 / 加入质粒 DNA 总量（\mu g）$$

（1）$CaCl_2$ 法又称为热激法，是制备大肠杆菌感受态最常用的化学方法。将快速生长的大肠杆菌置于经低温（0℃）预处理的低渗 $CaCl_2$ 溶液中，便会造成细胞膨胀（形成原生质球），细胞膜通透性发生变化，转化混合物中外源 DNA 形成黏附于细胞表面的抗 DNase 的羟基—钙磷酸复合物。经 42℃ 短时间热激处理，促使细胞吸收外源 DNA。在非选择性培养基上培养数小时后，进入细胞的外源 DNA 分子通过复制、表达，实现遗传信息的转移，使受体细胞出现新的遗传性状。将经过转化后的细胞在选择性培养基上培养，筛选出带有外源 DNA 分子的阳性克隆。

Ca^{2+} 处理的感受态细胞的转化效率可达到 $5 \times 10^6 \sim 2 \times 10^7$ 个 /μg，可以满足一般的基因克隆试验。例如，在 Ca^{2+} 的基础上联合其他二价金属离子（如 Mn^{2+}、Co^{2+}）、DMSO 或还原剂等物质的处理细菌，可使转化效率提高 $100 \sim 1000$ 倍。$CaCl_2$ 法简便易行、快速稳定、重复性好，菌株适用范围广，感受态细胞可以在 −70℃ 保存，因此被广泛用于外源基因的转化。

（2）电击法又称为电穿孔法，锐利的电脉冲可以在细胞膜上造成小凹陷，并由此形成纳米级疏水孔洞。随着跨膜电压增加，一些较大的疏水性孔洞会转变为亲水性孔洞。在孔洞开放的时候，介质中的 DNA 很容易通过孔洞进入细胞质基质。将生长至对数中期的 $E.\ coli$ 菌液冷却至 4℃ 后离心，用相同温度的纯水洗涤，用 10% 的甘油悬浮后将高密度菌液（约 2×10^{10}/mL）置于特制的电极杯中进行电击。获得最大转化效率时场强一般为 $12.5 \sim 15kV/cm$，时间跨度一般为 $4.5 \sim 5.5ms$。电击转化与温度有关，一般在 $0 \sim 4℃$ 进行。

（3）脂质体法根据生物膜的结构和功能特征，用磷脂等酯类化学物质合成的人工双层膜囊将 DNA 或 RNA 包裹成球状，受体细胞的细胞膜表面带负电荷，脂质体颗粒带正电荷，利用引力作用把外源核酸分子导入细胞内，以实现遗传转化的目的。

3. 聚合酶链式反应技术

聚合酶链式反应（polymerase chain reaction，PCR）技术又称为基因扩增技术，是一种在体外快速扩增特定基因或 DNA 序列的方法。PCR 反应的起始材料——模板 DNA，可以是基因组 DNA 上的某个片段，也可以是 mRNA 反转录产生的 cDNA 链（RT-PCR）。常用的

PCR 技术如表 5-1 所示。

表 5-1 常用的 PCR 技术

PCR 名称	主要用途	PCR 名称	主要用途
RT-PCR	mRNA 反转录产生 cDNA	反向 PCR	扩增已知序列两侧未知序列
定量 PCR	定量 mRNA 或染色体基因	不对称 PCR	扩增产生特异长度的 ssDNA
锚定 PCR	分析具备不同末端的序列	巢式 PCR	提高敏感性和特异性，可分析突变
重组 PCR	构建突变体及重组体	多重 PCR	检测单拷贝基因缺失、重排、插入等
RACE	扩增 cDNA 末端	锅柄 PCR	扩增已知 DNA 片段的未知旁侧序列
差示 PCR	分离特异表达基因	通用引物 PCR	扩增相关基因或检测相关病原
原位 PCR	原位检测低拷贝基因		

1）基本原理

双链 DNA 分子在临近沸点的温度下加热分离成两条单链 DNA 分子，在较低温度下，一对与待扩增 DNA 片段两侧互补的寡核苷酸（引物）分别与两条单链 DNA 分子形成部分双链。在适宜条件下，DNA 聚合酶以单链 DNA 分子为模板，在引物的引导下，利用反应混合物中的四种脱氧核苷三磷酸，按 5′ → 3′ 方向合成新生的 DNA 互补链。DNA 聚合酶合成时需要引物的存在，所以新合成的 DNA 链的起始位置是加入的引物在模板 DNA 链两端的退火位置点决定的。

整个 PCR 过程，即变性（DNA 解链）、退火（引物与模板 DNA 相结合）、延伸（DNA 合成）三步，可以被不断重复。前一个循环的产物 DNA 可作为后一循环的模板 DNA 参与 DNA 的合成，经多次循环之后，反应混合物中所含有的双链 DNA 分子数，即两条引物结合位点之间的 DNA 区段的拷贝数，理论上的最高值应是 $2n$，能满足进一步遗传分析的需要。

2）反应体系

PCR 反应的体系：包含耐热 DNA 聚合酶、引物、模板、dNTP 混合物、缓冲液（Mg^{2+} 的最佳浓度）等。其中引物的特异性和长度取决于 PCR 结果的特异性和扩增产物的大小，引物的长度为 15～30bp；引物的 3′ 端决定引物的特异性，引物的 5′ 端可以被修饰（包括加酶切位点，标记生物素、荧光等，引入突变位点，引入一启动子序列等），不会影响引物的特异性。

3）PCR 反应的特点

（1）耐高温，在 70℃ 下反应 2h 后其残留活性大于原来的 90%，在 93℃ 下反应 2h 后其残留活性是原来的 60%，在 95℃ 下反应 2h 后其残留活性是原来的 40%。

（2）在热变性时不会被钝化，不必在每次扩增反应后再加新酶。

（3）大大提高了扩增片段特异性和扩增效率，增加了扩增长度（2.0kb）。由于提高了扩增的特异性和效率，其灵敏性也大大提高。

4）PCR 反应的应用

PCR 反应是 20 世纪 80 年代中期发展起来的体外核酸扩增技术，主要应用于以下几个方面：

（1）科学研究：基因克隆；基因测序；分析突变；基因重组与融合；检测基因的修饰；鉴定与调控蛋白质结构的 DNA 序列；转座子插入位点的图谱；构建克隆或表达载体；检测

某基因的内切酶多态性等。

（2）临床诊断：细菌、病毒、支原体、衣原体、分歧杆菌等病原体的鉴定；人类遗传病的鉴定；诊断遗传疾病；分析激活癌基因中的突变情况；生成克隆化双链 DNA 中的特异序列作为探针等。

4. 实时定量 PCR

由于 PCR 敏感性高，扩增产物总量变异系数大，定量不准确。20 世纪 90 年代末期出现了实时定量 PCR（real time quantitative PCR，qPCR）技术，可以利用带荧光检测的 PCR 仪绘制 DNA 扩增过程中的累积速率的动态变化图，从而消除了在测定终端产物丰度时变异系数较大的问题。

qPCR 技术是指在 PCR 反应体系中加入荧光基团，利用荧光信号累积实时监测整个 PCR 进程，最后通过标准曲线对未知模板进行定量分析的方法。荧光探针事先混合在 PCR 反应液中，只有与 DNA 结合后，才能够被激发出荧光。随着新合成的目的 DNA 片段的增加，结合到 DNA 上的荧光探针增加，被激发产生的荧光相应增加。

最简单的 DNA 结合的探针是非序列特异性的，例如荧光染料 SYBR Green I。SYBR Green I 激发光波长 520nm，这种荧光染料只能与双链 DNA 结合，但不能区分不同的双链 DNA。

为进一步确保荧光检测的就是靶 DNA 序列，科学家们设计出了仅能与目的 DNA 序列特异结合的荧光探针，如 *TaqMan* 探针。*TaqMan* 探针是一段被设计成可以与靶 DNA 序列中间部位结合的单链 DNA（一般为 50 ~ 150nt），并且其 5′ 和 3′端带有短波长和长波长两个不同荧光基团。这两个荧光基团由于距离过近，在荧光共振能量转移（FRET）作用下发生了荧光猝灭，因而检测不到荧光。PCR 反应开始后，随着双链 DNA 变性产生单链 DNA，*TaqMan* 探针结合到与之配对的靶 DNA 序列上，并被具有外切酶活性的 *Taq* DNA 聚合酶逐个切除而降解，从而解除荧光猝灭的束缚，短波长的荧光基团在激发光下发出荧光，所产生的荧光强度直接反映了被扩增的靶 DNA 总量。

5. 重亚硫酸盐测序技术

1）DNA 甲基化

DNA 甲基化是最早发现的基因的表观修饰方法之一，具体指生物体在 DNA 甲基转移酶（DNA methyltransferse，DNMT）的催化下，以 *S*-腺苷甲硫氨酸（SAM）为甲基供体将甲基转移到特定的碱基上的过程。甲基化的主要形式有 5-甲基胞嘧啶、6-甲基腺嘌呤和 7-甲基鸟嘌呤。在真核生物中甲基化主要发生于胞嘧啶。DNA 甲基化能引起染色质结构、DNA 构象、DNA 稳定性及 DNA 与蛋白质相互作用方式的改变，从而参与调控许多重要的生物学现象和发育过程。通常，DNA 的甲基化会抑制基因表达。由于甲基化与人类发育和肿瘤疾病密切相关，DNA 甲基化导致抑癌基因转录失活，这一现象已成为表观遗传学和表观基因组学的重要研究内容。

（1）在动物细胞中，甲基化状态有三种：持续的低甲基化状态；去甲基化状态和高度甲基化状态。DNA 的 CpG 序列在动物基因组中出现的频率只有 1%，远低于基因组中其他双核苷酸序列。但在基因组的某些区域中，CpG 序列密度可达均值的 5 倍以上，成为鸟嘌呤和胞嘧啶的富集区，形成所谓的 CpG 岛。哺乳动物基因组中约有 4 万个 CpG 岛。一般情况下，只有 CpG 岛中的胞嘧啶能够被甲基化，CpG 岛通常位于基因的启动子区或第一个外显子区。当肿瘤发生时，抑癌基因 CpG 岛以外的 CpG 序列非甲基化程度增加，而 CpG 岛中的 CpG

则呈高度甲基化状态，使得染色体螺旋程度增加，抑癌基因不能表达。

（2）植物细胞 DNA 甲基化的范围明显大于动物细胞。发生甲基化的位点不再限于 CpG 岛（在 CHG 和 CHH 位点都有发生，H=A、T 或 C），发生甲基化的位置也不再局限于启动子区和第一外显子区。

2）重亚硫酸盐测序技术

实验中常用甲基化敏感限制性核酸内切酶法、重亚硫酸盐测序法、甲基化特异的 PCR 以及 DNA 微阵列法和甲基化敏感性斑点分析法来确定某个碱基位点的甲基化情况。

重亚硫酸盐测序法的主要过程如下：将待测 DNA 样品用限制性核酸内切酶处理或超声波破碎等物理方法打断成 500～1000bp 的碎片，重亚硫酸盐处理使 DNA 中未发生甲基化的胞嘧啶发生脱氨基作用转变成尿嘧啶，而被甲基化的胞嘧啶由于甲基的保护而不受影响，PCR 扩增后该尿嘧啶被测序仪读取为胸腺嘧啶。参考原始序列即可判断原 C 位点是否已经发生甲基化：未甲基化的 C 位点经重亚硫酸盐处理后转变为 T，甲基化的 C 位点仍保持为 C。

与普通 PCR 不同，没有甲基保护的 C 在重亚硫酸盐处理后就会转变为 U，设计重亚硫酸盐测序引物时就要将该位点相应改为 T，因为 DNA 分子上的 C 位点通常不是百分之百的甲基化或非甲基化，所以合成重亚硫酸盐引物时常常不可避免地要出现简并位点，正向引物中为 Y（Y=C 或 T），反向引物中为 R（R=G 或 A）。此外，重亚硫酸盐测序时必须对同一目标片段进行多次测序，通常要求至少测序 11 次，以避免产生同源测序。所谓同源测序，是指实验中所挑取的克隆来源于同一个原始 DNA 模板分子，形成了完全相同的没有代表性的甲基化模式。

6. 基因组 DNA 文库的构建

把某种生物的基因组 DNA 切成适当大小，分别与载体组合，导入微生物细胞，形成克隆。基因组中所有 DNA 序列（理论上每个 DNA 序列至少有一份代表）克隆的总汇，称为基因组 DNA 文库，常被用于分离特定的基因片段、分析特定基因结构、研究基因表达调控，还可用于全基因组物理图谱的构建和全基因组序列测定等。

1）特点

基因组 DNA 文库具有一定的代表性和随机性，提供全套的遗传信息，也就是说基因组 DNA 文库中全部克隆所携带的 DNA 片段必须覆盖整个基因组；可以研究基因组中 5′ 端控制基因转录的调控序列、内含子的分布和作用以及重复序列的数量分布及大小。

2）构建基因组 DNA 文库全过程

第一步是制备，在体外将这些 DNA 片段与适当的载体相连成重组子，转化到大肠杆菌或其他受体细胞中，从转化子克隆群中筛选出含有靶基因的克隆。

在基因组 DNA 文库构建中通常采用两种策略提高基因组 DNA 文库代表性，一是用机械切割法或限制性内切核酸酶切割法随机断裂 DNA，以保证克隆的随机性；二是增加基因组 DNA 文库重组克隆的数目，以提高覆盖基因组的倍数。

预测一个完整基因组 DNA 文库应该包含的克隆数目，可用 Clark 和 Carbon 于 1975 年提出的公式：

$$N = \frac{\ln(1-p)}{\ln(-f)}$$

式中，N 表示一个基因组 DNA 文库所应该包含的重组克隆数目；p 表示所期望的靶基因在基因组 DNA 文库中出现的概率；f 表示重组克隆平均插入片段的长度与基因组 DNA 总长的比值。

为获得整个基因组或一个基因及其两翼延伸序列，基因组 DNA 文库中的 DNA 随机片段一般约为 20kb 或更大。以人为例，其基因组大小为 3×10^9bp，若 p=99%，平均插入片段大小为 20kb，则 N=6.7×10^5。

（1）机械切割法：用超声波或高速搅拌 DNA 溶液。断裂片段两端没有与克隆载体匹配的黏性末端，因此插入载体之前还需要进行修饰加工，应用较少。

（2）限制性核酸内切酶切割法（鸟枪法）：现在常用识别 4 个核苷酸的限制性核酸内切酶 *Sau*3A 部分消化基因组 DNA，过去使用 *Eco*R Ⅰ。断裂片段两端有与克隆载体匹配的黏性末端，可以直接与处理过的载体连接。

3）DNA 片段与载体的连接包装

常用载体：λ 噬菌体、柯斯质粒、酵母人工染色体（YAC）等。

（1）λ 噬菌体。

构建基因组 DNA 文库最常用的是 λ 噬菌体载体（克隆能力约为 15 ～ 20kb）和限制性内切核酸酶部分消化法。*Sau*3A 与 *Bam*H Ⅰ 是一对同尾酶，经 *Sau*3A 酶切产生的 DNA 片段可以插入到经 *Bam*H Ⅰ 消化的 λ 噬菌体载体上。

构建步骤：提取真核基因组 DNA，*Sau*3A 部分消化，消化产物经琼脂糖凝胶电泳或蔗糖梯度离心，收集 15 ～ 20kb 范围的 DNA 片段。同时用 *Bam*H Ⅰ 消化 λ 噬菌体载体 DNA，纯化后用 T4 DNA 连接酶与收集的 DNA 片段连接，形成嵌合分子。体外包装后用重组噬菌体感染大肠杆菌受体细胞，产生噬菌斑，组成包含该真核生物基因组绝大部分序列的 DNA 文库。λ 噬菌体文库构建方法简单高效，所获得的基因组 DNA 文库易于用分子杂交法进行筛选，被广泛应用于细菌、真菌等基因组较小的物种的研究。

（2）高容量克隆载体［柯斯质粒、细菌人工染色体（BAC）、P1 源人工染色体（PAC）、酵母人工染色体（YAC）等］。

柯斯质粒本身一般只有 5 ～ 7kb，而它可以接受大于 45kb 的插入，远远超过质粒载体及 λ 噬菌体载体的克隆能力。柯斯质粒具有质粒载体的特性，在寄主细胞内如质粒一样进行复制，携带抗性基因和克隆位点，并具氯霉素扩增效应。同时又具有 λ 噬菌体的特性，在克隆了外源片段后可在体外被包装成噬菌体颗粒，高效地感染对 λ 噬菌体敏感的大肠杆菌细胞。进入寄主的柯斯质粒 DNA 分子，按照 λ 噬菌体 DNA 的方式环化，但无法按噬菌体的方式生活，更无法形成子代噬菌体颗粒。BAC、PAC、YAC 可以容纳 70 ～ 1000kb 的外源片段，主要用于基因组做图、测序和克隆序列的对比。

二、名词解释

1. 细菌转化

是指一种细菌菌株由于捕获了来自另一种供体菌株的 DNA 而导致性状特征发生遗传改变的过程。

2. 感受态细胞

细菌表面的许多 DNA 结合位点能从周围环境中吸收 DNA 的生理状态。

3. 聚合酶链式反应

是指通过模拟体内 DNA 复制方式在体外选择性地将 DNA 某个特定区域扩增出来的技术。

4. DNA 聚合酶

是一种天然产生的能催化 DNA（包括 RNA）的合成和修复的生物大分子。

5. Ct 值

是产物荧光强度首次超过设定阈值时，PCR 所需的循环数。

6. DNA 甲基化

是一种 DNA 化学修饰的形式，能够在不改变 DNA 序列的前提下，改变遗传表现。所谓 DNA 甲基化是指在 DNA 甲基化转移酶的作用下，在基因组 CpG 二核苷酸的胞嘧啶 5 号碳位共价键结合一个甲基基团。大量研究表明，DNA 甲基化能引起染色质结构、DNA 构象、DNA 稳定性及 DNA 与蛋白质相互作用方式的改变，从而控制基因表达。

7. CpG 岛

真核生物中，成串出现在 DNA 上的二核苷酸。5-甲基胞嘧啶主要出现在 CpG 序列、CpXpG、CCA/TGG 和 GATC 中，在高等生物 CpG 二核苷酸序列中的 C 通常是甲基化的，极易自发脱氧，生产胸腺嘧啶，所以 CpG 二核苷酸序列出现的频率远远低于按核苷酸组成计算出的频率。

8. DNA 微阵列技术

把大量已知或未知序列的 DNA 片段点在尼龙膜或玻璃上，再经过物理吸附作用达到固定化。也可以直接在玻璃或金属表面进行化学合成，得到寡核苷酸芯片。将芯片与待研究的 cDNA 或其他样品杂交，经过计算机扫描和数据处理，便可以观察到成千上万个基因在不同组织或同一组织不同发育时期或不同生理条件下的表达模式。

9. 基因组 DNA 文库

把某种生物的基因组 DNA 切成适当大小，分别与载体组合，导入微生物细胞，形成克隆。基因组中所有 DNA 序列（理论上每个 DNA 序列至少有一份代表）克隆的总汇，称为基因组 DNA 文库，它包含了该生物的所有基因。

三、课后习题

课后习题及答案

四、拓展习题

（一）填空题

1. 载体按其功能分为_____和_____。

【答案】克隆载体；表达载体。

2. 限制酶切割的 DNA 片段可用_____技术进行分离。

【答案】电泳。

3. 受体细胞的感受态是_____。

【答案】易于接受外源 DNA 的状态。

4. 哺乳动物细胞基因导入法常有_____、_____和_____。

【答案】显微注射法；脂质体法；磷酸钙沉淀法。

5. 细菌转化常用的方法有_____和_____。

【答案】$CaCl_2$ 法；电击法。

6. 转化时吸附 DNA 的温度为_____，吸收外源 DNA 的温度为_____。

【答案】0℃；42℃。

7. 环状质粒的转化效率很低，通常是超螺旋质粒 DNA 转化效率的_____。

【答案】1%。

8. 只要知道基因组中某一特定区域的部分核苷酸组成，用_____技术可以将这段 DNA 进行百万倍的扩增。

【答案】PCR。

【解析】聚合酶链式反应（PCR）技术又称为基因扩增技术，是一种在体外快速扩增特定基因或 DNA 序列的方法。

9. PCR 反应必需的试剂有_____、_____、_____、_____和_____。

【答案】模板 DNA；引物；4 种 dNTP；具有一定浓度 Mg^{2+} 缓冲液；DNA 聚合酶。

【解析】PCR 反应的体系包含耐热 DNA 聚合酶、引物、模板 DNA、dNTP 混合物、缓冲液（Mg^{2+} 的最佳浓度）等。

10. 影响定量 PCR 的因素有_____、_____和_____。

【答案】Mg^{2+} 浓度；循环数；反应体系中形成引物二聚体。

11. 已知某基因内部的一小段编码序列，若想获得原核生物中具有全长编码序列的该基因，可用_____技术。

【答案】反向 PCR 或基因组 DNA 文库。

【解析】基因组中所有 DNA 序列（理论上每个 DNA 序列至少有一份代表）克隆的总汇，称为基因组 DNA 文库，它包含了该生物的所有基因。

12. 基因组噬菌体文库构建包括_____、_____、_____和_____。

【答案】基因组 DNA 的制备；酶切；与噬菌体载体分子相连接；噬菌体的包装。

13. 将含有外源基因组一个酶切片段的质粒称之为含有一个_____，各种此类质粒的集合体称之为构建了一个_____。

【答案】克隆；基因组 DNA 文库。

【解析】把某种生物的基因组 DNA 切成适当大小，分别与载体组合，导入微生物细胞，形成克隆。基因组中所有 DNA 序列（理论上每个 DNA 序列至少有一份代表）克隆的总汇，称为基因组 DNA 文库，它包含了该生物的所有基因。

14. YAC 的最大容载能力是_____，BAC 载体的最大容载能力是_____。

【答案】2Mb；300kb。

【解析】YAC 是迄今发现容量最大的克隆载体，插入片段平均长度为 200 ～ 1000kb，最大的可以达到 2Mb。BAC 载体的最大容载能力是 300kb。

15. 基因工程中四个基本要点是_____、_____、_____和_____。

【答案】克隆基因的类型；受体的选择；载体的选择；工具酶。

（二）选择题

1.（单选）关于核酸电泳的叙述，错误的是（　　）。

A. 泳动速率与分子构象有关　　　　　　　　B. 聚丙烯酰胺凝胶电泳的分辨率最高

C. 分子泳动的方向与净电荷有关　　　　　　D. 泳动速率与分子大小有关

【答案】C

【解析】泳动速率与电场强度和电泳分子本身所携带的净电荷数成正比，而与电泳分子的摩擦系数（与分子的大小、极性和介质的黏度系数有关）成反比。也就是说，电场强度越大，电泳分子所携带的净电荷数越多，其迁移的速度越快。因此，根据分子大小的不同、构型或形状的差异以及所携带的净电荷的多寡，便可以通过电泳将蛋白质或核酸分子混合物中的各种成分彼此分离开来。

2.（单选）琼脂糖凝胶电泳中，DNA 分子的迁移率与（　　）无关。

A. 溴酚蓝的加入　　　B. DNA 分子量　　　C. 分子构型　　　D. 琼脂糖浓度

【答案】A

【解析】溴酚蓝是一种 pH 指示剂，常用做电泳指示染料，不影响 DNA 迁移。

3.（单选）适合分离完整染色体长度级别 DNA 的技术是（　　）。

A. Southern 杂交　　　B. 脉冲场凝胶电泳　　　C. Northern 杂交　　　D. PCR

【答案】B

【解析】在脉冲场中，DNA 分子的迁移方向是随着电场方向的周期性变化而不断改变的。在标准的 PFGE 中，第一个脉冲的电场方向与核酸移动方向成 45°夹角，第二个脉冲的电场方向与核酸移动方向在另一侧成 45°夹角。由于琼脂糖凝胶的电场方向、电流大小及作用时间都在交替变换，使得 DNA 分子能够随时调整其运动方向，以适应凝胶孔隙的无规则变化。

4.（单选）能用来检测与评价核酸分离纯化质量的方法是（　　）。

A. 琼脂糖凝胶电泳　　　B. 核酸紫外吸收法　　　C. 聚丙烯凝胶电泳　　　D. 核酸染色分析法

【答案】A

【解析】琼脂糖凝胶电泳的优点：分析 DNA、制备和纯化特定的 DNA 片段、可直接抽提分离的 DNA 分子、可直接进行酶催化反应、可进行第二次电泳。

5.（单选）有关感受态细胞下列说法正确的是（　　）。

A. 细菌生长的任何时期均可出现　　　　　　B. 不具有可诱导性

C. 不同细菌出现感受态的比例各不相同　　　D. 不具有可转移性

【答案】C

6.（单选）在基因工程实验中，转化是指（　　）。

A. 把重组质粒导入宿主细胞　　　　　　　　B. 把外源 DNA 导入宿主细胞

C. 把 DNA 重组体导入原核细胞　　　　　　D. 把 DNA 重组体导入真核细胞

【答案】A

7.（单选）DNA 的结构对转化的影响很大，一般来说，转化效率最高的是（　　）。

A. 完整的环状超螺旋 DNA　　　　　　　　B. 完整的环状双链 DNA

C. 单链线性 DNA　　　　　　　　　　　　D. 开口的环状双链 DNA

【答案】A

【解析】转化效率最高的是完整的环状超螺旋 DNA，其结构最完整，最不容易在过程中被破坏。

8.（单选）PCR 反应的特异性主要取决于（　　）。

A. DNA 聚合酶的种类　　　　　　　　　　B. 反应体系中模板 DNA 的量

C. 引物序列的结构和长度　　　　　　　　D. 四种 dNTP 的浓度

【答案】C

【解析】PCR 结果的特异性和扩增产物的大小取决于引物的特异性和长度，引物的长度为 15～30bp；引物的 3′ 端决定引物的特异性，引物的 5′ 端可以被修饰（包括加酶切位点、标记生物素、荧光等，引入突变位点，引入一启动子序列等），不会影响引物的特异性。

9.（单选）有关 PCR 反应的描述下列哪项不正确（　　）。

A. 是一种酶促反应　　　　　　　　　　　B. 引物决定了扩增的特异性

C. 扩增的对象是 DNA 序列　　　　　　　D. 扩增的对象是氨基酸

【答案】D

【解析】整个 PCR 过程，即变性（DNA 解链）、退火（引物与模板 DNA 相结合）、延伸（DNA 合成）三步，可以被不断重复。前一个循环的产物 DNA 可作为后一循环的模板 DNA 参与 DNA 的合成。

10.（单选）在重组 DNA 技术中，催化形成重组 DNA 分子的是（　　）。

A. DNA 聚合酶Ⅰ　　　B. DNA 连接酶　　　C. DNA 聚合酶Ⅱ　　　D. DNA 修饰酶

【答案】B

【解析】通过限制性内切酶对目的基因和载体在体外进行切割，并通过 DNA 连接酶进行连接，完成基因的重组过程。

11.（单选）能用来对比分析特定基因在不同组织细胞中表达量的 PCR 技术是（　　）。

A. 热不对称交错 PCR　　　　　　　　　　B. 实时荧光定量 PCR

C. RT-PCR　　　　　　　　　　　　　　　D. 嵌套 PCR

【答案】C

【解析】mRNA 反转录产生的 cDNA 的过程为 RT-PCR。

12.（单选）下列选项错误的是（　　）。

A. 在 DNA 复制过程中，通过识别半甲基化的酶，甲基化得以保存

B. 随着发育阶段的改变，DNA 的甲基化也要发生改变

C. 具有活性的 DNA 是非甲基化的

D. 基因必须经过完全的甲基化才能表达

【答案】D

【解析】通常 DNA 的甲基化会抑制基因表达。

13.（单选）欲制备 45kb 的 DNA 片段的克隆，应选择的载体和宿主为（　　）。

A. BAC、大肠杆菌　　　　　　　　　　　B. YAC、酵母

C. λ 噬菌体、大肠杆菌　　　　　　　　　D. 柯斯质粒、大肠杆菌

【答案】D

【解析】构建基因组 DNA 文库最常用的是 λ 噬菌体载体（克隆能力约 15～20kb），柯斯质粒可接受大约 45kb 基因的插入。

14.（单选）下列哪种克隆对外源 DNA 的容量最大。（　　）

A. 质粒　　　　　　　B. YAC　　　　　　　C. 柯斯质粒　　　　　　D. 噬菌粒

【答案】B

【解析】高容量克隆载体有柯斯质粒（45kb）、细菌人工染色体（BAC）（300kb）、酵母人工染色体（YAC）（2Mb）等。

15.（单选）下列质粒中，能用来构建基因组 DNA 文库的是（　　）。

A. Yrp 质粒　　　　　　B. Yep 质粒　　　　　　C. Ycp 质粒　　　　　　D. YAC 质粒

【答案】D

【解析】利用酿酒酵母染色体的复制元件构建的载体，含有着丝粒、端粒和复制起点三种成分可以满足 YAC 自主复制、染色体在子代细胞间分离及保持染色体稳定的需要，是迄今发现容量最大的克隆载体，插入片段平均长度为 200 ～ 1000kb，最大的可以达到 2Mb。

（三）判断题

1. 核酸在 pH=8.5 的缓冲液中电泳时，是从正极向负极运动的。

【答案】错误

【解析】将 DNA、RNA 放到电场中，它就会由负极向正极移动。

2. 脉冲凝胶电泳采用一个很强的电场来分离非常长的 DNA 分子，其原理在于迫使 DNA 分子根据长度的不同而具有不同的速度，并按大小顺序通过凝胶。（　　）

【答案】错误

【解析】用于分离超大分子量（一般大于 50kb）的 DNA 分子（有时甚至是整条染色体分子）。在脉冲场中，DNA 分子的迁移方向是随着电场方向的周期性变化而不断改变的。在标准的 PFGE 中，第一个脉冲的电场方向与核酸移动方向成 45°夹角，第二个脉冲的电场方向与核酸移动方向在另一侧成 45°夹角。由于琼脂糖凝胶的电场方向、电流大小及作用时间都在交替变换，使得 DNA 分子能够随时调整其运动方向，以适应凝胶孔隙的无规则变化。

3. 人工感受态和自然感受态细胞都能吸收线性和环状单链 DNA。（　　）

【答案】错误

【解析】感受态细胞：细菌表面的许多 DNA 结合位点能从周围环境中吸收 DNA 的生理状态。

4. PCR 反应须经变性、退火、延伸才能完成一个循环。（　　）

【答案】正确

【解析】整个 PCR 过程，即变性（DNA 解链）、退火（引物与模板 DNA 相结合）、延伸（DNA 合成）三步，可以被不断重复。

5. 引物是指与 DNA 互补的一段 RNA 片段。（　　）

【答案】错误

【解析】引物为一对与待扩增 DNA 片段两侧互补的寡核苷酸分别与两条单链 DNA 分子形成部分双链。

6. 反应物 pH 不影响 PCR 反应的准确性。（　　）

【答案】错误

【解析】反应物 pH 影响 PCR 反应的准确性。

7. PCR 可以扩增环状 DNA，其产物也是环状。（　　）

【答案】错误

【解析】产物不是环状。

8. PCR 既能用于扩增任何天然存在的核苷酸序列，又能重新设计任何天然核苷酸序列，还能重新设计任何天然核苷酸序列的两个末端。因此，任意两个天然存在的 DNA 序列都能快速有效地扩增，并拼接在一起。（　　）

【答案】正确

【解析】模板 DNA，可以是基因组 DNA 上的某个片段，也可以是 mRNA 反转录产生的 cDNA 链（RT-PCR）。

9. 甲基化引起 DNA 构象发生变化，从而影响蛋白质与 DNA 的相互作用，阻碍转录因子与 DNA 特定部位的结合，从而影响转录。（　　）

【答案】正确

【解析】DNA 甲基化能引起染色质结构、DNA 构象、DNA 稳定性及 DNA 与蛋白质相互作用方式的改变，从而参与调控许多重要的生物学现象和发育过程。

10. 根据某一感兴趣蛋白质的序列、抗原性以及配基结合性质制备探针，可从基因组 DNA 文库中筛选到相应的基因。（　　）

【答案】正确

【解析】把某种生物的基因组 DNA 切成适当大小，分别与载体组合，导入微生物细胞，形成克隆。基因组中所有 DNA 序列（理论上每个 DNA 序列至少有一份代表）克隆的总汇，称为基因组 DNA 文库，它包含了该生物的所有基因。

（四）问答题

1. 简述重组 DNA（基因工程）的主要步骤。

【答案】重组 DNA 技术包括以下步骤：①目的基因的获得；②目的基因与载体分子在体外进行限制性酶切和连接，形成重组体；③将重组 DNA 导入受体细胞；④重组体的筛选与鉴定；⑤重组体的扩增、表达。

2. 如何理解基因工程的两个特点？

【答案】基因工程的两个基本特点是分子水平的操作和细胞水平的表达。分子水平的操作包括 DNA 分离、切割和连接（还有其他一些 DNA 的修饰等）。因为体外重组 DNA 的最终目的是要改变生物的遗传性，所以分子水平的操作和细胞水平的表达是基因工程的两个最基本的特点。

3. 用琼脂糖凝胶电泳分离制备质粒，分出三条带。请设计实验，判断何者为开环 DNA，何者为线形 DNA，何者为闭环 DNA。

【答案】从电泳凝胶中回收三种 DNA 分子，即闭环质粒 DNA、开环质粒 DNA 和线形质粒 DNA。先将其通过碱变性和复性，再将它们转化宿主菌，能在选择培养基上生长的为闭环 DNA，其他的为开环 DNA 或线形 DNA；用限制性内切核酸酶处理开环 DNA 和线形 DNA 分子，被切成两段的为线形 DNA，其他的为开环 DNA。

4. 简述 PCR 相关技术及应用。

【答案】聚合酶链式反应（polymerase chain reaction，PCR）技术又称为基因扩增技术，是一种在体外快速扩增特定基因或 DNA 序列的方法。它具有特异、敏感、产率高、快速、简便、重复性好、易自动化等突出优点。其应用主要是以下几个方面：

（1）科学研究：基因克隆；基因测序；分析突变；基因重组与融合；检测基因的修饰；鉴定与调控蛋白质结构的 DNA 序列；转座子插入位点的图谱；构建克隆或表达载体；检测

某基因的内切酶多态性等。

（2）临床诊断：细菌、病毒、支原体、衣原体、分歧杆菌等病原体的鉴定；人类遗传病的鉴定；诊断遗传疾病；分析激活癌基因中的突变情况；生成克隆化双链 DNA 中的特异序列作为探针等。

5. PCR 与细胞内 DNA 复制有哪些相同点与不同点？

【答案】（1）相同点：反应的底物都是 dNTP；都需要 DNA 聚合酶的催化，而且链的延长都只能是 5′ → 3′ 方向；都需要模板，都按半保留复制机制进行；都需要引物；都需要 Mg^{2+} 催化。

（2）不同点：细胞内 DNA 的复制是半不连续复制，而 PCR 中 DNA 是连续复制；细胞中 DNA 复制时不需要将双链完全解开形成单链，而 PCR 中 DNA 双链必须完全解开；细胞内 DNA 的复制时，DNA 的解链通过解链酶催化，而 PCR 反应中是通过高温使双链解离；细胞内 DNA 的复制时，引物是通过 RNA 聚合酶合成的 RNA 链，而 PCR 反应中所需引物是人工合成的寡聚核苷酸；细胞内 DNA 复制时，温度保持一致，而 PCR 反应中温度在解链、退火、延伸三个温度之间变化。

6. PCR 反应包括引物与 DNA 模板链间的解链与复性。讨论循环温度范围对引物-DNA 双螺旋稳定性的影响及对 PCR 产率的影响。

【答案】由于 GC 对之间是三个氢键的作用力，比两个氢键作用力的 AT 对要稳定，因此 DNA 的解链与退火都是依赖于 G+C 含量与 A+T 含量的比例。GC 对普遍比 AT 对更倾向于非特异性的复性，所以 GC 含量高的引物比 AT 含量高的引物更适合于 PCR 反应。

7. 说明 PCR 反应的基本原理并列举几种特殊的 PCR 方法。

【答案】（1）PCR 是一种模拟天然 DNA 复制过程，在有 DNA 模板、DNA 聚合酶、引物和 dNTP 的情况下，通过高温变性-低温退火-中温延伸，这样反复循环的过程，在体外扩增特异性 DNA 片段的分子生物学技术。

（2）特殊的 PCR 方法有：①RT-PCR，将 mRNA 反转录产生 cDNA；②锚定 PCR，分析具备不同末端的序列；③巢式 PCR，提高敏感性和特异性，可分析突变；④多重 PCR，检测单拷贝基因缺失、重排、插入等；⑤反向 PCR，扩增已知序列两侧未知序列。其他还有不对称 PCR、荧光 PCR 等。

8. 你打算扩增下图所示的两段序列之间的 DNA，请从所列出的引物中选出合适的一对。

5′-GACCTGTGGAAGC——CATACGGGATTG-3′
3′-CTGGACACCTTCG——GTATGCCCTAAC-5′

引物 1	引物 2
5′-GCTTCCACAGGTC	5′-CAATCCCGTATG
5′-CTGGACACCTTCG	5′-GTATGCCCTAAC
5′-GACCTGTGGAAGC	5′-CATACGGGATTG
5′-CGAAGGTGTCCAG	5′-GTTAGGGCATAC

【答案】

引物 1	引物 2
5′-GACCTGTGGAAGC	5′-CATACGGGATTG

9. 欲在细菌中表达一种特殊蛋白质，以便能够大量制备这种蛋白质。为确保分离纯化，

计划将 6 个组氨酸的短肽加到蛋白质的 N 端或 C 端，这样蛋白质能紧密结合到 Ni^{2+} 柱上，在 EDTA 或溶液洗脱时又能被洗脱下来。蛋白质的对应核苷酸序列如下，试设计一对 PCR 引物能扩增基因的编码区，并在 N 端加入 6 个 His 密码子后接一个起始密码子或在 C 端加入 6 个 His 密码子后接一个终止子。

N 端 5′-GGTCGTATGGCTACTCGTCGCGCTGCT————CTTGCTGCAAGTCTCTCTTAG AAGTGT-3′C 端

【答案】（1）N 端组氨酸：

上游引物：5′-ATGCATCATCATCATCATCATGGTCGTATGGCTACTCGTCGCGCTGCT-3′

下游引物：5′-ACACTTCTAAGAGAGACTTGC-3′

（2）C 端组氨酸：

上游引物：5′-ATGGCTACTCGTCGCGCT-3′

下游引物：5′-CTAATGATGATGATGATGATGAGAGAGACTTGCAGCAAG-3′

10. 如何使用甲基化酶对克隆 DNA 进行保护？有什么意义？

【答案】（1）可用与接头中限制性内切核酸酶相应的甲基化酶对克隆 DNA 先进行甲基化修饰，将插入片段上该酶可能的识别位点先行保护起来。然后在插入片段末端加上接头，并经适量限制酶切割产生黏性末端分子，最后提纯这些分子与去磷酸化的载体连接。

（2）意义：用这种办法，不仅保护了插入片段的大小不会改变，而且有利于插入片段的回收，因为插入片段中特定限制性内切核酸酶的识别位点被保护起来，重组后可以利用特定的限制性内切核酸酶将插入片段回收。

11. YAC 载体具有什么样的功能性 DNA 序列？为什么在克隆大片段时 YAC 具有优越性？YAC 载体有哪些特征？

【答案】YAC 带有天然染色体具有的功能元件，包括一个着丝粒、一个 DNA 复制起点、两个端粒。YAC 能够容纳长达几十万碱基对的外源 DNA，这是质粒和黏粒做不到的。大片段的插入更有可能包含完整的基因，在染色体步移中每次允许更大的步移距离，同时能够减少完整基因组 DNA 文库所需的克隆数目。

（1）YAC 有嵌合现象，一个 YAC 中克隆的 DNA 片段可能来自两个或多个不同的染色体。在基因组文库中，嵌合体占克隆总数的 5% ～ 50%。由特定的染色体构建的文库，嵌合体占克隆总数的 5% ～ 15%。

（2）YAC 内部有重组现象，插入的 DNA 较大，序列发生重排，导致和原来染色体的序列不一致，重组很难检出。

（3）YAC 还有缺失现象，影响 YAC 文库的代表性。

（4）YAC 结构和酵母天然染色体结构相似，使用常规方法不易将 YAC 和酵母天然染色体分开。

（5）构建好的 YAC 转化原生质化的酵母菌，转化效率低。

（6）建好库后保存方便，但要筛选某个基因时工作量大。

12. 有哪些可能的原因使一个基因在基因组 DNA 文库中丢失？

【答案】假定这个基因在高拷贝数的载体上，由于它的产物太多，而对宿主是有毒的；在部分消化中，某个基因中含有所用酶的切点；酶切位点离基因太远，结果由于 DNA 片段太长而不能有效地克隆。

第三节　RNA 基本操作技术

真核生物基因组 DNA 非常庞大，而且含有大量重复序列，无论用电泳分离技术还是用杂交方法都难以直接分离到靶基因片段。而 cDNA 则来自反转录的 mRNA，不含有冗余序列，通过特异性探针筛选，可以较快地分离到相关基因。RNA 分子敏感脆弱，在自然状态下难以被扩增，因此，为了研究 mRNA 所含有的功能基因信息，一般将其反转录成稳定的 DNA 双螺旋，再插入到可以自我复制的载体中。一个高质量的 cDNA 文库代表了生物体某一器官或组织 mRNA 中所含的全部或绝大部分遗传信息。

一、重点解析

1. 总 RNA 的提取

细胞中的总 RNA 包括 mRNA、rRNA、RNA 以及一些小 RNA（sRNA）。一个典型的动物细胞约含 5 ~ 10 μg RNA，其中 80% ~ 85% 为 rRNA、15% ~ 20% 为 tRNA 及 sRNA，这些 RNA 分子具有确定的大小和核苷酸序列，特别是 rRNA 电泳后的 2 条特征性条带 28S 和 18S 是鉴定总 RNA 纯度和完整性的重要参数。mRNA 约占总 RNA 的 1% ~ 5%，同时 mRNA 呈单链状，容易受核酸酶的攻击，对 RNA 的操作要求比 DNA 操作更严格，要保证实验环境、所用器皿及溶液均没有 RNA 酶的污染。

根据所用蛋白质变性剂种类不一样大致分为三种提取方法：热苯酚抽提法；LiCl/ 尿素法；胍盐法（异硫氰酸胍和硫氰酸胍）。其中以胍盐法最好，对于从那些 RNase 含量很高的组织（胰脏）中提取 RNA 特别有效，可使 RNase 迅速变性，制备的 RNA 有较高翻译活性。在 RNA 制备中，细胞破碎与蛋白质变性是同步进行的。

目前实验室常用的方法是用异硫氰酸胍-苯酚抽提法提取 RNA。Trizol 试剂是使用最广泛的抽提 RNA 专用试剂，主要由苯酚和异硫氰酸胍组成，可以迅速破坏细胞结构，使存在于细胞质基质及核内的 RNA 释放出来，并使核糖体蛋白与 RNA 分子分离，还能保证 RNA 的完整。

1）提取流程

提取 RNA 时，要根据不同植物组织的特点，预先去除酚类、多糖或其他次级代谢产物对 RNA 的干扰。首先用液氮研磨材料，匀浆，加入 Trizol 试剂进一步破碎细胞并溶解细胞成分。然后加入氯仿抽提，离心，分离水相和有机相，收集含有 RNA 的水相，通过异丙醇沉淀，获得比较纯的总 RNA，用于下一步 mRNA 的纯化。实验中还常将含有 RNA 样品的细胞破碎液通过一个硅胶膜纯化柱，使 RNA 吸附在硅胶膜上而与其他成分分开，进一步在低盐浓度下从硅胶膜上直接洗脱 RNA，得到纯度较高的 RNA。

2）质量评估

RNA 的浓度和纯度可以通过以下几种方式进行评估：

（1）光密度值测定法：通过测定 260nm 和 280nm 的吸光度值来判定。

OD_{260} 为 1 时相当于 RNA 含量为 40μg/mL，而 OD_{260}/OD_{280} 的比值如果为 1.8 ~ 2.0，表示所提取的 RNA 纯度较好，如果样品中有蛋白质或酚污染，则 OD_{260}/OD_{280} 的比值将明显低于 1.8。

（2）凝胶电泳：通过琼脂糖凝胶电泳检测 RNA 时，由于 RNA 呈单链状态，易形成二级结构而且易降解，因此常在变性条件下进行 RNA 电泳。甲醛是最常用的变性剂，也可用加热方式或尿素等变性剂。

聚丙烯酰胺凝胶电泳主要用来分析小分子量的 RNA，电泳后如果 rRNA 大小完整，而且 28S rRNA 和 18S rRNA 亮度接近 2∶1，mRNA 分布均匀，则认为 RNA 质量较好。

（3）体外蛋白质翻译。

2. mRNA 的纯化

真核细胞的 mRNA 分子最显著的结构特征是具有 5′ 端帽子结构（m7G）和 3′ 端的 poly(A) 尾巴，这种 poly(A) 结构为真核生物 mRNA 的提取提供了极为方便的选择性标志。

（1）实验中常用寡（dT）—纤维素柱层析法获得高纯度的 mRNA，该方法利用 mRNA 3′ 末端含有 poly（A+）的特点。

当 RNA 流经寡（dT）纤维素柱时，在高盐缓冲液的作用下，mRNA 被特异性地结合在柱上，再用低盐溶液或蒸馏水洗脱 mRNA。经过两次寡（dT）纤维素柱后可以得到较高纯度的 mRNA。

（2）实验中常用 poly AT Tract mRNA 分离系统将生物素标记的寡（dT）引物与细胞总 RNA 温育，加入微磁球相连的抗生物素蛋白以结合 poly(A) mRNA，通过磁场吸附作用将 poly(A) mRNA 从总 RNA 中分离。

3. cDNA 的合成

cDNA 的合成包括第一链和第二链 cDNA 的合成。

（1）反转录酶又称为依赖 RNA 的 DNA 聚合酶，在体内、外均能转录病毒性 RNA 成为 DNA。

多反转录酶都具有多种酶活性，主要包括以下几种活性：①具有 RNA 指导的 DNA 聚合酶活性。以 RNA 为模板，催化 dNTP 聚合成 DNA 的过程。此酶需要 RNA 为引物，多为色氨酸的 tRNA，在引物 tRNA 3′ 末端以 5′ → 3′ 方向合成 DNA。②RNase H 活性。还原病毒要将自己的单链 DNA 分子转变为双链 DNA 分子才能整合到寄主染色体中。要完成这一过程，就必须有降解 RNA 的酶活性。所以，所有的反转录酶都具有 RNase H 活性。将 RNA-DNA 杂交双链分子中 RNA 分子从 RNA 5′ 端水解掉。③具有 DNA 指导的 DNA 聚合酶活性。以反转录合成的第一条 DNA 单链为模板，以 dNTP 为底物，再合成第二条 DNA 分子。

因此，反转录酶能够以 RNA 或 DNA 为模板，在引物存在的情况下合成 DNA。反转录酶的发现对于遗传工程技术起了很大的推动作用，目前它已成为一种重要的工具酶。用组织细胞提取 mRNA 并以它为模板，在反转录酶的作用下，合成出互补的 DNA（cDNA），由此可构建出 cDNA 文库，从中筛选特异的目的基因，这是在基因工程技术中最常用的获得目的基因的方法。

（2）第一链 cDNA 的合成是以 mRNA 为模板，反转录成 cDNA，由反转录酶催化，合成 DNA 时需要引物引导，常用的引物是 oligo（dT）引物一般含有 12 ~ 20 个脱氧胸腺嘧啶核苷酸，后面加一个连接引物（通常为 *Xho* I 等酶切位点）便于克隆构建。

在 cDNA 合成的过程中，应选用活性较高的反转录酶，cDNA 两端应加上不同内切酶所识别的接头序列，保证所获得双 cDNA 的方向性。反应体系中一般加入甲基化 dCTP，保证新合成的 cDNA 链被甲基化修饰，以防止构建克隆时被限制性内切核酸酶酶切。

（3）第二链 cDNA 的合成是以第一链为模板，由 DNA 聚合酶催化。常用 RNase H 切割 mRNA-cDNA 杂合链中的 mRNA 序列所产生的小片段为引物合成第二条 cDNA 的片段，再通过 DNA 连接酶的作用连成完整的 DNA 链。此时加入含有另一个酶切位点的黏性接头（*Eco*R Ⅰ），与 cDNA 相连接后用 *Xho* Ⅰ 酶切，使 cDNA 双链 5′ 端和 3′ 端分别具有 *Eco*R Ⅰ 和 *Xho* Ⅰ 黏性末端，保证它与载体相连接时有方向性。

（4）因为绝大多数大肠杆菌细胞都会切除带有 5′-甲基胞嘧啶的外源 DNA，所以实验中常选用 mcrA-mcrB-菌株以防止 cDNA 被降解。

4. cDNA 文库的构建

cDNA 的长度一般在 0.5 ~ 8kb 之间，常用的质粒载体和噬菌体类载体都能满足要求。cDNA 文库的载体选择要根据文库的用途来确定。cDNA 文库常用 Uni-zapXR 载体（一种 λ 噬菌粒载体），它具备噬菌体的高效性和质粒载体系统可利用蓝白斑筛选的便利，可容纳 0 ~ 10kb DNA 插入片段。该载体内部含有 pBluescript 载体的全部序列，重组后可通过体内剪切反应将 cDNA 插入片段转移到质粒系统中进行筛选、克隆和序列分析。

含有 cDNA 插入片段的重组噬菌体只有经过体外蛋白外壳包装反应，才能成为有侵染和复制能力的成熟噬菌体。DNA 和蛋白质提取物的浓度、二者的体积比、反应温度及时间对包装效果都有很大的影响，而包装效果对重组噬菌体的侵染能力至关重要。一个比较完整的 cDNA 文库包含大于 5×10^5 的独立克隆。一旦获得含有某种组织器官 cDNA 信息的噬菌粒文库，就可用于筛选目的基因、大规模测序、基因芯片杂交等功能基因组学研究。

（1）cDNA 克隆的优越性：①以 mRNA 为材料；一些 RNA 病毒，不经过 DNA 中间体，对其研究，cDNA 是唯一可行的方法；②基因文库的筛选比较简单易行；③由于每一个 cDNA 克隆都含有一种 mRNA 序列，在选择中出现假阳性的概率比较低；④克隆在细菌中表达的基因，用作基因序列的测定，和发育过程中或组织中基因特异表达。

（2）cDNA 文库的特点：① cDNA 文库具有组织细胞特异性；② cDNA 文库显然比基因组 DNA 文库小得多，能够比较容易从中筛选克隆到细胞特异表达的基因。

5. 基因组 DNA 文库与 cDNA 文库的差异

（1）基因组 DNA 文库中包含了所有的基因，而 cDNA 文库只包含表达的基因，缺乏内元和调节序列，因此在研究基因结构时没有多大用处。

（2）cDNA 文库代表了 mRNA 的来源，其中一些特定的转录本丰富而另一些很少，所以存在丰度的差别；而基因组 DNA 文库在理论上均等地代表了所有基因序列。

（3）从不同细胞类型制备的 cDNA 文库包含一些共同序列和独特序列，可用于分离差别表达的基因；基因组 DNA 文库不能筛选出特异表达的基因。

（4）基因组 DNA 文库由于含有不表达序列，因此比 cDNA 文库大。

（5）mRNA 在不同组织之间存在丰度的差异，因此，cDNA 文库在构建时如果 mRNA 少就比较困难；而基因组 DNA 文库不存在这样的问题。

6. 基因文库的筛选

基因文库的筛选是指通过某种特殊方法从基因文库中鉴定出含有所需重组 DNA 分子的特定克隆的过程。主要筛选方式包括核酸杂交法、PCR 筛选法和免疫筛选法等。

1）核酸杂交法

分子杂交可分为核酸分子杂交和蛋白质免疫分析。由于这种技术具有高度的特异性和灵敏性，已广泛应用于生物学、医学科学研究，临床传染病和遗传病的诊断。核酸分子杂交的理论基础是核酸分子在适宜条件下的变性和复性。具有一定同源性的待测核酸序列与已知核酸序列（核酸探针）在一定条件下退火时，可按碱基互补配对原则形成双链。如果退火的核酸来自不同的生物有机体，所形成的双链核酸分子就被称为杂种核酸分子。

能够杂交形成这种杂种分子的不同来源的 DNA 分子，其亲缘关系较为密切，反之，其亲缘关系比较远。因此 DNA/DNA 的杂交作用，可以用来检测特定生物有机体之间是否存在亲缘关系，而 DNA/RNA 间杂种分子的形成能力可被用来揭示核酸片段中某一特定基因的位置。

常用的核酸探针有基因组 DNA 探针、cDNA 探针、RNA 探针及人工合成的寡核苷酸探针等，探针的标记有放射性同位素标记（^{32}P、^{35}S 等）和非放射性同位素标记（半抗原和荧光素等）两类，常用的标记方法有缺口平移标记法、随机引物延伸标记法、PCR 标记法、T4 多核苷酸激酶标记法等；同位素标记的分子杂交信号可用放射自显影法进行检测，而非同位素标记的分子杂交信号可用化学显色（碱性磷酸酶或辣根过氧化物酶显色体系）、化学发光（碱性磷酸酶或辣根过氧化物酶发光自显影）等方法检测。

在大多数核酸分子杂交反应中，经过凝胶电泳，分离的 DNA 或 RNA 分子，都是在杂交之前，通过毛细管作用或电导作用，按其在凝胶中的位置原封不动地"吸印"，转移到滤膜上的，因此核酸杂交也被称为"DNA 印迹杂交"。常用的滤膜有尼龙膜、硝酸纤维素膜（NC）和二乙氨基乙基纤维素膜（DEAE）等。核酸分子杂交实验包括如下两个步骤：第一步将核酸样品转移到固定支撑物滤膜上，这个过程被称为核酸印迹转移，主要有电泳凝胶核酸印迹法、斑点和狭缝印迹法、菌落和噬菌斑印迹法；第二步将具有核酸印迹的滤膜同带有放射性标记或其他标记的 DNA 或 RNA 探针进行杂交。所以有时也称这类核酸杂交为印迹杂交。

A. Southern 印迹杂交

Southern 印迹杂交基本原理是将凝胶电泳分离的 DNA 片段转移到合适的固相支撑物上（通常是尼龙膜或硝酸纤维素膜），再通过特异性探针杂交来检测被转移的 DNA 片段的一种技术，基本过程包括待检测核酸样品的制备（制备待测 DNA 及其限制酶消化）、水解片段的琼脂糖凝胶电泳分离后片段的转膜（毛细管转移或虹吸印迹、电转移、真空印迹法）与固定、预杂交、洗膜、信号检测。主要用于 DNA 图谱分析、遗传病诊断、PCR 产物分析。

B. Northern 印迹杂交

Northern 印迹杂交是将 RNA 样品通过琼脂糖凝胶电泳进行分离，再转移到固相支撑物上，用放射性或非放射性探针依据同源性进行杂交，最后进行放射自显影或其他探针标记物的检测，将具有阳性的位置与标准的分子量进行比较，可判断 RNA 的分子量大小，根据杂交信号的强弱，可提示目标 RNA 的丰度。Northern 印迹杂交多用于检测目的基因在组织细胞中有无表达及表达的水平如何。Northern 印迹杂交的基本过程包括 RNA 电泳（变性胶电泳）、RNA 转膜、杂交探针制备、预杂交与探针变性、杂交、洗膜和检测。

C. 菌落原位杂交

菌落原位杂交的具体步骤是将圆形硝酸纤维素膜放在含有琼脂培养基的培养皿表面，将待筛选的菌落从其生长的平板上转移到硝酸纤维素膜上，进行适当温育。同时保留原来的菌落平板做对照。取出已经长有菌落的膜，用碱液处理使菌体裂解，DNA 随之变性。接着用蛋白酶 K 处理硝酸纤维素膜去除蛋白质，形成菌落 DNA 的印迹。中和并将膜在 80℃ 烘烤 2h 将 DNA 固定在膜上。将纤维素膜与 ^{32}P 放射性标记的探针杂交，然后用一定离子强度的溶液将非专一性结合、仅仅是吸附在膜上的分子去除。通过放射性自显影显示杂交结果，在

X 射线底片上显黑色斑点的就是实验中寻找的目的克隆，可以通过对应于平板上的位置找到相应克隆。组织原位杂交简称原位杂交是指在组织或细胞的原位进行杂交的技术。

D. 重组噬菌斑杂交筛选法

将硝酸纤维素膜覆盖在琼脂平板表面，使之与噬菌斑直接接触，噬菌斑中大量没有被包装的游离 DNA 及噬菌体颗粒便一起转移到膜上。可从同一噬菌斑平板上连续印几张同样的硝酸纤维素膜，进行重复实验，而且可以使用两种或多种不同的探针筛选同一套重组子，提高结果的可靠性。

E.Western 印迹

Western 印迹又称蛋白质免疫印迹，是将凝胶电泳与固相免疫技术有机地结合，先将凝胶电泳分离的蛋白质转移至固相载体上，再用酶免疫技术进行检测。该方法能分离分子大小不同的蛋白质并确定目的蛋白的存在及分子量，常用于检测多种病毒和蛋白质等抗原及其抗体，还用于结构域分析、斑点印迹、配基结合、抗体纯化、氨基酸组成分析等方面。Western 印迹技术的基本过程包括蛋白质的凝胶电泳分离、蛋白质区带的电转移、固定和免疫印迹显色。

2）PCR 筛选法

PCR 筛选法与核酸杂交筛选法具有同样的通用性，而且操作简单，但前提是已知足够的序列信息，并获得基因特异性引物。

要从一个基因组 DNA 文库筛选目的基因，首先将整个文库（以质粒或菌落的形式均可）保存在多孔培养板上，用设计好的目的基因探针对每个孔进行 PCR 筛选，鉴定出阳性的孔，把每个阳性孔中的克隆再稀释到次级多孔板中进行 PCR 筛选，重复以上程序，直到鉴定出与目的基因对应的单个克隆为止。

3）免疫筛选法

因为免疫筛选法是基于抗原抗体特异性结合原理，适用于对表达库的筛选，也就是说如果该 DNA 或 cDNA 文库是用表达载体构建的，每个克隆都可以在宿主细胞中表达，产生所编码的蛋白质，就可以用免疫筛选法进行筛选。即使实验中靶基因的序列完全未知，只要拥有针对该基因产物的特异性抗体，也能用这个方法进行筛选。

免疫检测与菌落或噬菌斑的核酸杂交相似，先将菌落或噬菌斑转印到硝酸纤维素膜上，原位溶解菌落释放抗原蛋白，再用抗体与固定了抗原的膜杂交，抗原抗体结合后，再用标记的二抗与之反应，通过对标记物的检测，就可以找到阳性克隆。

二、名词解释

1. cDNA
在体外利用反转录酶和 DNA 聚合酶合成的一段双链 DNA。

2. 反转录酶
在体内、体外均能转录病毒性 RNA 成为 DNA，称为依赖型 RNA 多聚酶，即为反转录酶。分布在病毒的类核内。反转录酶与三种功能有关：使 RNA-DNA 杂交双链形成；切除杂合双链中的 RNA 链；进而再生成 DNA-DNA 的双链。

3. cDNA 文库
以 mRNA 为模板，利用反转录酶合成与 mRNA 互补的 DNA，即 cDNA，再复制成双链 DNA 片段，与适当载体连接后转入受体菌。不同细菌包含了以不同的 mRNA 为模板的 cDNA 片段，这样生长的全部细菌所携带的各种 cDNA 片段代表了整个组织或细胞表达的各种 mRNA 信息，即 cDNA 文库。

4. 分子杂交

在核酸复性过程中，把不同 DNA 单链分子放在同一溶液中，或把 DNA 与 RNA 放在一起，只要 DNA 或 RNA 的单链分子间存在一定程度的配对关系，就可以在不同的分子间形成杂交双链，这种现象称为核酸分子杂交。

5. 抗体

由 B 淋巴细胞合成的免疫球蛋白，能够识别抗原上的特定位点。

6. 抗原

能够诱导免疫系统发生免疫应答，并能在体内外与所产生的抗体发生特异性反应的物质。

三、课后习题

课后习题及答案

四、拓展习题

（一）填空题

1. cDNA 技术是进行真核生物基因克隆的一种通用方法，因为它可以用_____为模板。

【答案】mRNA。

2._____是制备高质量 cDNA 文库的前提。

【答案】制备高质量的 mRNA。

【解析】cDNA 文库以 mRNA 为材料。

3. 构建基因组 DNA 文库时连接方法主要是_____；而构建 cDNA 文库，可用_____和_____。

【答案】黏性末端连接法；加尾连接法；人工接头连接法。

【解析】构建基因组文库连接方法主要是黏性末端连接法，建库时需要用限制性核酸内切酶处理，因此用黏性末端连接法；cDNA 文库构建经典方法是用 Oligo(dT) 作逆转录引物，或者用随机引物，在 cDNA 第二链生成时，加尾连接法补平末端，加人工接头连接法，连接到适当的载体中获得文库。

4. 将含有一个 mRNA 的 DNA 拷贝的克隆称作一个_____，源于同一批 RNA 制备物的克隆群则构建了一个_____。

【答案】cDNA 克隆；cDNA 文库。

【解析】以 mRNA 为模板，利用反转录酶合成与 mRNA 互补的 DNA，即 cDNA，再复制成双链 DNA 片段，与适当载体连接后转入受体菌。不同细菌包含了以不同的 mRNA 为模板的 cDNA 片段，这样生长的全部细菌所携带的各种 cDNA 片段代表了整个组织或细胞表达的各种 mRNA 信息，即 cDNA 文库。

5. 探针具有的两个特点：_____和_____。

【答案】与靶 DNA 互补；具有标记核苷酸。

【解析】探针具有的两个特点，与靶 DNA 互补、具有标记核苷酸。

6. 核酸杂交探针可分为两大类：DNA 探针和 RNA 探针。其中 DNA 探针又可分为_____探针和_____探针。

【答案】双链 DNA；单链 DNA。

【解析】常用的核酸探针有基因组 DNA 探针、cDNA 探针、RNA 探针及人工合成的寡核苷酸探针等，其中 DNA 探针又可分为双链 DNA 探针和单链 DNA 探针。

7. 单链 DNA 探针可以进行_____、_____和_____标记。

【答案】放射性同位素；荧光素；半抗原。

【解析】常用的核酸探针有基因组 DNA 探针、cDNA 探针、RNA 探针及人工合成的寡核苷酸探针等，探针的标记有放射性同位素标记（^{32}P、^{35}S 等）和非放射性同位素标记（半抗原和荧光素等）两类。

8._____和_____常被作为杂交中 DNA 或 RNA 的固体支撑物。

【答案】尼龙膜；硝酸纤维素膜；

【解析】常用的滤膜有尼龙膜、硝酸纤维素膜（NC）和二乙氨基乙基纤维素（DEAE）等。

9. 根据 Northern 印迹杂交的结果可以得知_____。

【答案】外源基因是否进行了转录。

【解析】Northern 印迹杂交多用于检测目的基因在组织细胞中有无表达及表达的水平如何。

10. 在_____技术中，DNA 限制性片段经凝胶电泳分离后，被转移到硝酸纤维素膜或尼龙膜上，然后与放射性 DNA 探针杂交。

【答案】Southern 印迹杂交。

【解析】Southern 印迹杂交的基本原理是将凝胶电泳分离的 DNA 片段转移到合适的固相支撑物上（通常是尼龙膜或硝酸纤维素膜），再通过特异性探针杂交来检测被转移的 DNA 片段的一种技术。

11. Western 印迹杂交法是用来鉴定_____的一种方法。

【答案】蛋白质。

【解析】Western 印迹是将凝胶电泳与固相免疫技术有机地结合，先将凝胶电泳分离的蛋白质转移至固相载体上，再用酶免疫技术进行检测。

12. Northern 印迹杂交和 Southern 印迹杂交有两点根本的区别是_____和_____。

【答案】印迹的对象不同：Northern 印迹杂交对象是 RNA，Southern 印迹杂交对象是 DNA；电泳条件不同：前者是变性条件，后者是非变性条件。

【解析】Northern 印迹杂交和 Southern 印迹杂交有两点根本的区别是印迹的对象不同：Northern 印迹杂交对象是 RNA，Southern 印迹杂交对象是 DNA；电泳条件不同：前者是变性条件，后者是非变性条件。

（二）选择题

1.（单选）在分离纯化 RNA 时，除去 DNA 的原因是（　　）。

A. DNA 同蛋白质结合而沉淀

B. DNA 分子量大而不溶于水

C. 酸性条件下 RNA 溶于水，DNA 溶于有机试剂

D. DNA 变性后来不及复性

【答案】C

【解析】酸性条件下 RNA 溶于水，DNA 溶于有机试剂。

2.（单选）有关反转录的正确叙述是（　　）。

A. 反转录反应不需要引物　　　　　　B. 反转录后的产物是 cDNA

C. 合成链的方向是 3′ → 5′　　　　　　D. 反转录的模板可以是 mRNA，也可以是 DNA

【答案】B

3.（单选）mRNA 的序列是 5′ACUGAGCU3′，那么通过反转录合成的 cDNA 的序列应该是（　　）。

A. 5′TGACTCGA3′　　B. 5′AGCTCAGT3′　　C. 5′AGCUCAGU3′　　D. 5′ACTGAGCT3′

【答案】B

【解析】mRNA 的序列和反转录合成的 cDNA 的序列反向互补配对。

4.（单选）属于 cDNA 文库的是（　　）。

A. YAN 文库　　　　　　B. BAC 文库　　　　　　C. 扣减文库　　　　　　D. MAC 文库

【答案】C

5.（单选）下列关于 cDNA 文库与基因组 DNA 文库的叙述中，不正确的是（　　）。

A. cDNA 文库代表了 mRNA 的来源

B. 从不同类型细胞制备 cDNA 文库可用于分离差异表达的基因

C. cDNA 文库代表所有的 DNA，适用于研究基因结构和调控机制

D. 基因组 DNA 文库在理论上均等地代表了所有的基因序列

【答案】C

6.（单选）下列关于建立 cDNA 文库的叙述中，错误的是（　　）。

A. 从特定组织或细胞中提取 DNA 或 RNA

B. 用反转录酶合成 mRNA 的对应单链 DNA

C. 新合成的双链 DNA 甲基化

D. 以新合成的单链 DNA 为模板合成双链 DNA

【答案】A

【解析】以 mRNA 为模板，利用反转录酶合成与 mRNA 互补的 DNA，而并非从特定组织或细胞中提取 DNA 或 RNA。

7.（单选）关于 cDNA 的最正确的提法是（　　）。

A. 同 mRNA 互补的单链 DNA　　　　　　B. 同 mRNA 互补的双链 DNA

C. 以 mRNA 为模板合成的双链　　　　　　D. 以上都正确

【答案】C

【解析】cDNA 是在体外利用反转录酶和 DNA 聚合酶合成的一段双链 DNA。

8.（单选）cDNA 文库包括了（　　）。

A. 内含子和调控区　　B. 调节信息　　C. 某些蛋白质的结构基因　　D. 所有基因

【答案】C

9. （单选）Southern 印迹的 DNA 探针可与（　　　）杂交。

A. 用某些限制性核酸内切酶切成的 DNA 片段

B. 任何含有相同序列的 DNA

C. 任何含有互补序列的 DNA 片段

D. 完全相同的片段

【答案】C

10. （单选）下列哪一个不是 Southern 印迹法的步骤？（　　　）

A. 用限制酶消化 DNA   B. DNA 与载体的连接

C. 用凝胶电泳分离 DNA 片段   D. DNA 片段转移至硝酸纤维素膜上

【答案】B

【解析】Southern 杂交（Southern blot，DNA 印迹杂交），其基本原理是将凝胶电泳分离的 DNA 片段转移到合适的固相支撑物上（通常是尼龙膜或硝酸纤维素膜），再通过特异性探针杂交来检测被转移的 DNA 片段的一种技术。

11. （单选）Western 杂交用于下列杂交中的哪一个（　　　）。

A. DNA-DNA   B. RNA-RNA

C. DNA-RNA   D. 抗体-抗原结合

【答案】D

【解析】Western 杂交又称蛋白质印迹或免疫印迹，用于抗体-抗原结合等。

12. （单选）用下列方法进行重组体的筛选，只有（　　　）说明外源基因进行了表达。

A. Southern 杂交   B. Northern 杂交

C. Western 印迹   D. 原位杂交

【答案】C

13. （单选）用菌落杂交法筛选重组体时，（　　　）。

A. 需要外源基因的表达

C. 要根据克隆基因同探针的同源性

B. 不需要外源基因的表达

D. 不需要外源基因的表达，只根据克隆基因同探针的同源性

【答案】D

14. （单选）关于重组噬菌斑筛选法的原理，下面说法不正确的是（　　　）。

A. 噬菌斑颜色变化   B. 可以使用两种以上的探针

C. 可以用核酸杂交法筛选   D. 不能用蓝白斑筛选

【答案】D

（三）判断题

1. 反转录酶以 RNA 或 DNA 为模板以 tRNA 为引物合成 DNA。（　　　）

【答案】错误

【解析】反转录酶是在体内、外均能转录病毒性 RNA 成为 DNA，称为依赖型 RNA 多聚酶，即为反转录酶。分布在病毒的类核内。反转录酶与三种功能有关：①使 RNA-DNA 杂交双链形成；②切除杂合双链中的 RNA 链；③进而再生成 DNA-DNA 的双链。

2. DNA 杂交中，探针必须带有标记基因，因为它可以促进探针与靶分子的结合。（　　　）

【答案】错误

【解析】主要是用于检测，而非可以促进探针与靶分子的结合。

3. 用 DNA 探针进行杂交反应非常敏感并具有选择性，可用来测定某一特定 DNA 序列在细胞基因组中的拷贝数。（　　）

【答案】正确

【解析】DNA 探针进行杂交反应时非常敏感并具有选择性。

4. 生物素和地高辛标记被认为是非放射性同位素标记。（　　）

【答案】正确

【解析】探针的标记有放射性同位素标记（^{32}P、^{35}S 等）和非放射性同位素标记（半抗原和荧光素等）两类。

5. Southern 杂交时，分离 DNA 进行琼脂糖凝胶电泳所用的凝胶是变性胶。（　　）

【答案】错误

【解析】Southern 杂交中将凝胶电泳分离的 DNA 片段转移到合适的固相支撑物上（通常是尼龙膜或硝酸纤维素膜），分离 DNA 进行琼脂糖凝胶电泳所用的凝胶是非变性胶。

6. Northern 杂交时，RNA 变性胶是用碱变性的。（　　）

【答案】错误

【解析】Southern 杂交是用碱变性的。

7. 以 λ 噬菌体为载体的筛选方法比较简便，凡能形成噬菌斑的就一定是重组体。（　　）

【答案】错误

【解析】重组噬菌斑杂交筛选法中，将硝酸纤维素膜覆盖在琼脂平板表面，使之与噬菌斑直接接触，噬菌斑中大量没有被包装的游离 DNA 及噬菌体颗粒一起转移到膜上。

8. 通过菌落原位杂交得到的阳性克隆大多是重组体，但不能判断插入的外源基因是否进行了表达。（　　）

【答案】正确

【解析】通过放射性自显影显示杂交结果，在 X 射线底片上显黑色斑点的就是实验中寻找的目的克隆，可以通过对应于平板上的位置找到相应克隆。组织原位杂交简称原位杂交，是指在组织或细胞的原位进行杂交的技术。

（四）问答题

1. 从总 RNA 中分离 mRNA 的原理是什么？

【答案】真核细胞的 mRNA 分子 3′ 端具有 poly(A) 结构，根据碱基互补配对原则，A 与 T 能形成碱基互补。

2. 简述 cDNA 文库的构建过程。

【答案】构建 cDNA 文库的主要步骤如下：

① mRNA 的分离纯化；

② cDNA 第一链合成；

③ cDNA 第二链合成；

④ cDNA 与载体的连接；

⑤ 噬菌体的包装及转染；

⑥ cDNA 文库的筛选。

3. 在构建 cDNA 文库时，为什么常用 GC 加尾法而不用 AT 加尾法连接？

【答案】GC 加尾法，使 cDNA 克隆易于从载体上取下，因为 GC 尾与载体连接可产生 *Pst* I 酶切位点，容易回收外源片段，而 AT 加尾尚无回收的好办法；GC 加尾法稳定性好。

4. 什么是同聚物加尾连接法？用何种方法加尾？具有哪些优缺点？

【答案】所谓同聚物加尾法就是利用末端转移酶在载体及外源双链 DNA 的 3′ 端各加上一段寡聚核苷酸，制成人工黏性末端，外源 DNA 和载体 DNA 分子要分别加上不同的寡聚核苷酸，如 dA（dG）和 dT（dC），然后在 DNA 连接酶的作用下，连接成为重组的 DNA。这种方法的核心是利用末端转移酶的功能，将核苷酸转移到双链 DNA 分子的突出或隐蔽的 3′-OH 上。以 Mg^{2+} 作为辅助因子，该酶可以在突出的 3′-OH 端逐个添加单核苷酸，如果用 Co^{2+} 作辅助因子，则可在隐蔽的或平末端的 3′-OH 端逐个添加单个核苷酸。

优点：①首先不易自身环化，这是因为同一种 DNA 的两端的尾巴是相同的，所以不存在自身环化。②因为载体和外源片段的末端是互补的黏性末端，所以连接效率较高。③用任何一种方法制备的 DNA 都可以用这种方法进行连接。

缺点：①方法烦琐；②外源片段难以回收。由于添加了许多同聚物的尾巴，可能会影响外源基因的表达。

另外要注意的是，同聚物加尾法同平末端连接法一样，重组连接后往往会产生某种限制性核酸内切酶的切点。

5. 建立一个基因文库后，如何鉴定一个携带目的基因的克隆？

【答案】①抗生素抗性基因插入失活法；②蓝白斑筛选法；③放射性标记核酸探针杂交法。

6. 核酸分子杂交的原理是什么？

【答案】核酸分子杂交的原理：具有互补序列的两条单链核酸分子在一定的条件下（适宜的温度及离子强度等）碱基互补配对结合，重新形成双链；在这一过程中，核酸分子经历了变性和复性的变化，以及在复性过程中分子间键的形成和断裂。杂交的双方是待测核酸和已知序列。

7. 核酸分子杂交中有哪些常用的滤膜杂交方法？

【答案】滤膜杂交主要有：

（1）Southern 杂交基本原理是将凝胶电泳分离的 DNA 片段转移到合适的固相支撑物上（通常是尼龙膜或硝酸纤维素膜），再通过特异性探针杂交来检测被转移的 DNA 片段的一种技术。

（2）Northern 杂交是将 RNA 样品通过琼脂糖凝胶电泳进行分离，再转移到固相支撑物上，用放射性或非放射性探针依据同源性进行杂交，最后进行放射自显影或其他探针标记物的检测，将具有阳性的位置与标准的分子量进行比较，可判断 RNA 的分子量大小，根据杂交信号的强弱，可提示目标 RNA 的丰度。

（3）斑点印迹、狭缝印迹。

8. 良好的固相支持物必须具备哪些优良特性？

【答案】①同核酸分子具有较强的结合能力，一般要求每平方厘米结合核酸分子的量在 10μg 以上；②与核酸分子结合后，不影响其同探针分子杂交的反应；③与核酸分子的结合牢固，能经受得住杂交、洗涤等过程而极少脱落；④非特异性吸附少，在洗膜条件下，能将非特异性吸附在其表面的探针分子洗脱；⑤具有良好的机械性能，不易破碎。

9. 核酸分子探针有哪些类型？试说明各类探针的特点。

【答案】常用的核酸探针有基因组 DNA 探针、cDNA 探针、RNA 探针及人工合成的寡核苷酸探针等。

（1）基因组 DNA 探针。克隆化的各种基因片段是最常用的核酸探针，因真核基因组存在高度重复序列，探针应尽可能选用基因的编码序列（外显子），避免使用内含子及其他非编码序列，否则探针可能因高度重复序列的存在引起非特异性杂交而导致假阳性结果。

（2）cDNA 探针。cDNA 中不含内含子及其他高度重复序列，故特异性高，是一种理想的核酸探针。

（3）RNA 探针。RNA 探针有以下优点：① RNA：RNA、RNA：DNA 杂交体较 DNA：DNA 杂交体的稳定性高，杂交反应可在更严格的条件下进行，特异性高；② RNA 单链不存在双链 DNA 探针的互补双链的复性，杂交效率高；③ RNA 无高度重复序列，非特异杂交少；④杂交后可以用 RNase 消化未杂交的 RNA 探针，可降低杂交本底。

（4）人工合成的寡核苷酸探针。人工合成的寡核苷酸探针的优点：①可以根据需要合成相应的序列，避免基因组 DNA 探针中高度重复序列所带来的影响；②多数长为 15 ～ 30bp，即使有一个碱基不配对也会影响杂交链的 T_m 值，严格控制反应条件，可检测出基因点突变；③探针复杂性降低，杂交反应时间较短。

10. 非放射性标记物的优点是什么？有哪几类非放射性标记物？合成非放射性核酸探针的方法有几种？

【答案】（1）非放射性标记物主要有四类：①半抗原。如地高辛可利用这些半抗原的抗体进行检测。②配体。生物素是抗生物素蛋白卵白素和链霉菌类抗生素蛋白的配体，可用亲和法检测。③荧光素。如罗丹明（种荧光染料）等可被紫外线激发出荧光，用于检测。④化学发光材料。有些标记物与另一类物质反应而产生化学发光现象，能直接对 X 光片曝光。

（2）优点：安全、对环境和人体无害、其标记物可反复使用，不存在半衰期问题，其标记的 DNA 探针保存在 50% 的甘油中，在 -20℃ 可保存半年之久。

（3）合成非放射性抗核酸探针的方法主要有：①异羟基毛地黄苷配基标记 DNA 探针。② DNA 探针的生物素标记。③直接与核酸发生活性反应、连接到核酸探针上的非放射性标记物，如：光敏生物素、辣根过氧化物酶、碱性磷酸酶等，均可通过化学方法直接交联到核酸探针上，杂交后再用相应的方法，如抗原—抗体反应、酶促反应显色等检测。④荧光素标记核酸探针，根据探针标记的性质不同，杂交体可直接用荧光显微镜观察，或用酶组织化学法、免疫组织法检测。

11. 你在做 Southern 印迹分析，并且刚完成了凝胶电泳这一步。根据方案，下面一步是用 NaOH 溶液浸泡凝胶，使 DNA 变性为单链。为了节省时间，你略过了这一步，直接将 DNA 从凝胶转至硝酸纤维素膜上。然后用标记探针杂交，最后发现放射自显影片是空白。错在哪里？

【答案】如果你的杂交探针是双链的，可能是因为在加入杂交混合物之前忘记将探针变性而得到空白的放射自显影结果。

12. 试设计一个检测某细胞株中某一基因是否表达的简明技术路线。

【答案】Northern 杂交：从要研究的组织或细胞中抽提完整 RNA，然后将 RNA 通过琼脂糖凝胶电泳进行分离，再通过毛细管作用或负压法装置使 RNA 条带转移到固相支撑物上，进行必要的处理后，用放射性或非放射性探针依据同源性进行杂交，最后进行放射自显影或其他探针标记物的检测，将具有阳性的位置与标准的分子量进行比较，可判断 RNA 的分子量大小，根据杂交信号的强弱，可提示目标 RNA 的丰度。也可用其他方法来检测。

13. 在基因工程中，为了在细菌细胞中表达真核生物的基因产物，为什么通常要用 cDNA 而不用基因组 DNA？为什么要在 cDNA 前加上细菌的启动子？

【答案】这是因为细菌没有内含子剪接系统，并且不能识别真核生物的启动子。

第四节　基因克隆技术

在当今生命科学的各个研究领域中，"克隆"一词已被广泛使用。在多细胞的高等生物个体水平上，人们用克隆表示具有相同基因型的同一物种的两个或数个个体组成的群体，所以说，从同一受精卵分裂而来的单卵双生子便是属于同一克隆。在细胞水平上，克隆是指由同一个祖细胞分裂而来的一群带有完全相同遗传物质的子细胞。在分子生物学上，人们把将外源 DNA 插入具有复制能力的载体 DNA 中，使之得以永久保存和复制，这个过程称为克隆。由于真核生物基因组 DNA 十分复杂，实验中常通过筛选由 mRNA 产生的 cDNA 文库来分离得到目的基因片段。高等生物虽然可拥有 3 万～ 5 万种不同的基因，但在一定时间段的单个细胞或组织中，仅有15%左右的基因得以表达，产生5000～10000种不同的 mRNA 分子，使得筛选过程相对简单些。

一、重点解析

1. cDNA 末端快速扩增法（rapid amplification of cDNA end，RACE）

cDNA 完整序列的获得对基因结构、蛋白质表达、基因功能的研究至关重要，可以通过文库的筛选和末端克隆技术获得。

RACE 技术是一项在已知 cDNA 序列的基础上克隆 5′ 端或 3′ 端缺失序列的技术，即在很大程度上依赖于 RNA 连接酶连接和寡聚帽子的快速扩增。已知 cDNA 序列可来自序列表达标签、减法 cDNA 文库、差式显示和基因文库筛选。此方法会产生较少的错误条带。此过程中使用的酶混合物非常适合长链 PCR。主要操作步骤如下。

（1）获得高质量总 RNA：含有大量完整 mRNA、tRNA、rRNA 和部分不完整 mRNA。

（2）去磷酸化作用：带帽子结构的 mRNA 不受影响。

（3）去掉 mRNA 的 5′ 端帽子结构，加特异性 RNA 寡聚接头并用 RNA 连接酶相连接。

（4）以特异性寡 dT 为引物，在反转录酶的作用下，反转录合成第一条 cDNA 链，包含了寡接头的互补序列。

（5）分别以第一链为模板进行 RACE 反应：5′ RACE 以 5′ 端 RNA 寡聚接头的部分序列和基因特异的 3′ 端反向引物进行 PCR 扩增，获得基因的 5′ 端序列；3′ RACE 以 5′ 端基因特异的引物和 3′ 端寡 dT 下游部分序列为引物进行 PCR 扩增，获得基因的 3′ 端序列。如果只对 3′ 端序列感兴趣，可以越过第 2、3 两步，直接从第 4 步开始进行 3′ RACE。

（6）将纯化后的 PCR 产物克隆到载体 DNA 中，进行序列分析。除了获得全长 cDNA 之外，RACE 技术还被用于获得 5′ 和 3′ 端非转录序列，研究转录起始位点的不均一性，研究启动子区的保守性。

2. RACE 的流程

1）5′ RACE 的流程

（1）在反转录酶的作用下，用已知基因片段内部特异性引物（gene-specific primer 1，GSP1）起始 cDNA 第一条链的合成。

（2）用 RNase 混合物并纯化已合成的 cDNA 第一条链。

（3）由末端转移酶在已合成的 cDNA 链的 3′ 末端连续加入 dCTP 形成 oligo（dC）尾巴。

（4）以连有 oligo（dC）尾巴的锚定引物 AP（anchor primer）和基因片段内部特异引物（gene-specific primer 2，GSP2）进行巢式 PCR 扩增，以期得到目的基因 5′ 端片段。

2）3′ 端 RACE 的流程

（1）在反转录酶的作用下，以连有可以与 mRNA 3′ 多核苷酸末端配对的 oligo（dT）锚定引物 AP 起始 cDNA 第一条链的合成。

（2）用 RNase 降解模板 mRNA。

（3）用锚定引物 AP 和基因片段内部特异引物 GSP 进行 PCR 扩增，以期得到目的基因 3′端片段。

3. 引物设计

使用此方法的要求是必须知道至少 23 ～ 28 个核苷酸序列信息，以此来设计 5′ 末端和 3′ 末端 RACE 反应的基因特异性引物（GSPs）。

基因特异性引物（GSPs）应该是：23 ～ 28nt、50% ～ 70%GC、T_m 值≥ 65℃，T_m 值≥ 70℃ 可以获得好的结果。需要实验者根据已有的基因序列设计 5′ 和 3′RACE 反应的基因特异性引物（GSP1 和 GSP2）。由于两个引物的存在，PCR 的产物是特异性的。

4. RACE 的优点（与文库筛选法相比较）

（1）此方法是通过 PCR 技术实现的，无须建立 cDNA 文库，可以在很短的时间内获得有利用价值的信息。

（2）节约了实验所花费的经费和时间。

（3）只要引物设计正确，在初级产物的基础上可以获得大量的感兴趣基因的全长。

5. 应用 cDNA 差示分析法克隆基因

cDNA 差示分析法（representational different analysis，RDA）充分发挥了 PCR 技术以指数形式扩增双链 DNA 模板，而仅以线性形式扩增单链模板的特性，通过降低 cDNA 群体复杂性和更换 cDNA 两端接头等方法，特异性扩增目的基因片段。因为试验材料（tester，T）和探针材料（driver，D）在接受差示分析前均经一个 4 碱基内切酶处理，形成平均长度为 256bp 的代表群，保证绝大部分遗传信息能被 PCR 扩增。第一次 T 减 D 反应中两者的浓度比要求达到 1∶100 或更高，经过 2 ～ 3 次重复后，T 群体中非特异性序列几乎没有偶然逃脱的可能性。每次 T 减 D 反应后，仅设置 72℃复性与延伸、94℃变性这两个参数共 20 个 PCR 循环，PCR 产物的特异性和所得 cDNA 片段的纯度均较高。

6. Gateway 大规模克隆技术

Gateway 大规模克隆技术是一种高效的大规模克隆技术，而且对载体和宿主没有依赖性。该技术利用 λ 噬菌体进行位点特异性 DNA 片段重组，实现了不需要传统的酶切连接过程的基因快速克隆和载体间平行转移，同时还保证了正确的可读框和方向。Gateway 克隆技术主要包括 TOPO 反应和 LR 反应两步。

（1）通过 TOPO 反应将目的基因 PCR 产物连入 Entry 载体，该载体上的特异序列

CCCTT 被拓扑异构酶所识别并切开后，通过该酶 274 位上的酪氨酸与切口处的磷酸基团形成共价键，从而被偶联在载体上。加入 PCR 产物后，载体上 3′ 突出端 GTGC 与 PCR 产物的互补性末端接头序列 CACC 配对，使 PCR 产物以正确方向连入载体。

（2）LR 反应被用于将目的基因从 Entry 载体中重组入表达载体。Entry 载体上，基因两端具有 attL1 和 attL2 位点，目的载体上含有 attR1 和 attR2 位点，在重组蛋白的作用下发生定向重组，形成新的位点 attB1 和 attB2，将目的基因转移到表达载体中。

7. 基因的图位克隆法

基因的图位克隆法又称定位克隆，是分离未知性状目的基因的一种方法。从理论上说，所有具有某种表型的基因都可以通过该方法克隆得到。首先，通过构建遗传连锁图，将目的基因定位到某个染色体的特定位点，并在其两侧确定紧密连锁的 RFLP 或 RAPD 分子标记。其次，通过对许多不同生态型个体的大量限制性内切核酸酶和杂交探针的分析，找出与目的基因距离最近的分子标记，通过染色体步移技术将位于这两个标记之间的基因片段分离并克隆出来，最后根据基因功能互作原理鉴定目的基因。

在 RFLP 作图中，连锁距离是根据重组率来计算的，1cM（厘摩）相当于 1% 的重组率，人类基因组中，1cM ≈ 1000kb；拟南芥中，1cM ≈ 290kb；小麦中，1cM ≈ 3500kb。

8. 热不对称交错多聚酶链式反应 TAIL-PCR 克隆 T-DNA 插入位点侧翼序列

热不对称交错多聚酶链式反应常用于扩增 T-DNA 插入位点侧翼序列，从而获得转基因植物插入位点特异性分子证据。

该方法使用一套巢式特异引物（T-边界引物，TR）和一个短的随机简并引物（AD）。第一轮反应是 TAIL-PCR 的重要环节，先进行 5 个高严谨性循环，特异性引物 TR1 与模板退火，只能发生单引物循环，T-DNA 上游侧翼序列得到线性扩增。再大幅度降低退火温度，使 AD 及 TR1 均与模板 DNA 相结合，指数扩增一个循环。此后，2 个高严谨、1 个低严谨循环交替进行，共 15 个循环。特异性序列（两端分别拥有 TR1 和 AD 序列）和非特异性序列 I（只有 TR1，没有 AD 序列）大大超过非特异性序列 II（两端均为 AD 序列）。

第二轮 PCR 以 TR2 为特异性引物与 AD 配对，进行 12 个 TAIL-PCR 循环，特异性序列再次被优先扩增，非特异性序列 I 也大大降低，此时已没有明显的背景片段。第三轮 PCR 是真正意义上的 PCR，用 TR3 为特异性引物与 AD 配对，共 20 个循环，进一步扩增特异性序列。

二、名词解释

1. RACE 技术（cDNA 末端快速扩增法）

是一项在已知 cDNA 序列的基础上克隆 5′ 端或 3′ 端缺失序列的技术，即在很大程度上依赖于 RNA 连接酶连接和寡聚帽子的快速扩增。

2. Gateway 大规模克隆技术

是一种高效的大规模克隆技术，而且对载体和宿主没有依赖性。该技术利用 λ 噬菌体进行位点特异性 DNA 片段重组，实现了不需要传统的酶切连接过程的基因快速克隆和载体间平行转移，同时还保证了正确的可读框和方向。Gateway 克隆技术主要包括 TOPO 反应和 LR 反应两步。

3. DNA 拓扑异构酶

能在闭环 DNA 分子中改变两条链的环绕次数的酶。它的作用机制是首先切断 DNA，让

DNA 绕过断裂点以后再封闭形成双螺旋或超螺旋 DNA。

4.图位克隆法

又称定位克隆，是分离未知性状目的基因的一种方法。

5.染色体步移

通过分离含有 5′端或 3′端部分重叠序列的 DNA 克隆，按照重叠序列依次排列，逐步扩大 DNA 序列跨度的技术。

6.厘摩

表示遗传连锁分析中重组频率的单位，这个值越大，表明两者之间距离越远。

7.热不对称交错 PCR

利用目的基因序列旁的已知序列设计三个巢式的特异性引物（TR1、TR2、TR3，约 20bp），用它们分别和一个具有低 T_m 值的短的随机简并引物（AD，约 14bp）相组合，以基因组 DNA 为模板，根据引物的长短和特异性的差异设计不对称的温度循环，通过分级反应来扩增特异引物对应的目的序列。

8.T-DNA

农杆菌 Ti 或 Ri 质粒中的一段 DNA 序列，可以从农杆菌中转移并稳定整合到植物基因组中，是植物分子生物学中广泛应用的遗传转化载体。

三、课后习题

课后习题及答案

四、拓展习题

（一）填空题

1. 已知某基因内部的一小段编码序列，若想获得真核生物中具有全长编码序列的该基因（该基因具有内含子结构），可用_____技术。

【答案】RACE 或 cDNA 文库。

【解析】RACE 是一项在已知 cDNA 序列的基础上快速扩增缺失的 5′端或 3′端序列的技术，依赖于 RNA 连接酶连接和寡聚帽子的快速扩增。构建高质量 cDNA 文库后，利用已知部分片段作为探针，对文库进行筛选，可筛出全长基因的克隆。

2. 用 cDNA 差示分析法进行分析时，实验材料和探针材料之间的浓度比为_____。

【答案】1∶100。

【解析】因为试验材料和探针材料在接受差示分析前均经一个 4 碱基内切酶处理，形成平均长度 256bp 的代表群，保证绝大部分遗传信息能被 PCR 扩增。第一次 T 减 D 反应中两者的浓度比要求达到 1∶100 或更高，经过 2～3 次重复后，T 群体中非特异性序列几乎没有偶然逃脱的可能性。

3. 个体之间 DNA 限制性片段长度的差异称作_____。

【答案】限制性片段长度多态性（RFLP）。

【解析】当DNA序列的差异发生在限制性核酸内切酶的识别位点时，或当DNA片段的插入、缺失或重复导致基因组DNA经限制性核酸内切酶酶解后，其片段长度的改变可以经凝胶电泳区分时，DNA多态性就可应用限制性核酸内切酶进行分析，这种多态性称为限制性片段长度多态性。

4.已知目的基因上游的DNA序列，可利用＿＿＿＿＿＿＿＿＿技术来获得该目的基因。

【答案】热不对称PCR或染色体步移。

【解析】热不对称交错多聚酶链式反应常用于扩增T-DNA插入位点侧翼序列，从而获得转基因植物插入位点特异性分子证据。染色体步移：通过分离含有5′端或3′端部分重叠序列的DNA克隆，按照重叠序列依次排列，逐步扩大DNA序列跨度的技术。

（二）选择题

1.（单选）RFLP是由（　　）产生的。

A. Ⅰ型限制酶　　　　B. Ⅱ型限制酶　　　　C. Ⅲ型限制酶　　　　D. 使用不同的探针

【答案】B

2.（单选）分析限制性核酸内切酶切割双链DNA所得到的DNA片段的长度有助于物理作图，这是因为（　　）。

A. 即使只用一种限制酶，因为DNA是线性的，所以也可以迅速确定限制性片段序列

B. 内切酶在等距离位点切割DNA，同时对于每个生物体的长度是特异的

C. DNA的线性意味着单限制性酶切片段的长度之和等于DNA的总长，而双酶切产生的重叠片段则产生模糊的图谱

D. 这些内切酶的消化活性是物种特异的

【答案】D

【解析】这些内切酶的消化活性是物种特异的，而其所得到的DNA片段的长度有助于物理作图。

（三）判断题

1.RDA结合了PCR技术和消减杂交技术，不能用于基因表达差异分析。（　　）

【答案】错误

【解析】cDNA差示分析法充分发挥了PCR技术以指数形式扩增双链DNA模板，而仅以线性形式扩增单链模板的特性，通过降低cDNA群体复杂性和更换cDNA两端接头等方法，特异性扩增目的基因片段。

2.先进行差示杂交，杂交后再制备cDNA文库，以提高特定条件下表达基因的概率。（　　）

【答案】错误

【解析】cDNA差示分析法可降低cDNA群体复杂性和更换cDNA两端接头等方法，特异性扩增目的基因片段。

3.限制性图谱与限制性片段长度多态性图谱都能反映基因在染色体上物理位置的图谱。（　　）

【答案】正确

【解析】限制性图谱是一个物理图谱。限制性片段长度多态性图谱是同一物种的亚种、品系或个体间基因组DNA受到同一种限制性内切酶作用而形成不同酶切图谱的现象。

4. DNA 多态性就是限制性片段长度多态性。（　　　）

【答案】错误

【解析】限制性片段长度多态性是指使用限制性核酸内切酶消化某个 DNA 分子后出现的长度多样性，因其具有种质特异性而常用作遗传学的分子标记。DNA 序列上的微小变化，甚至 1 个核苷酸的变化，也能引起限制性核酸内切酶位点的丢失或产生，导致酶切片段长度的变化。

5. 染色体步移进行定位克隆的基础是根据遗传学分析感兴趣基因在染色体上的大致位置。（　　　）

【答案】错误

【解析】染色体步移是指通过分离含有 5′ 端或 3′ 端部分重叠序列的 DNA 克隆，按照重叠序列依次排列，逐步扩大 DNA 序列跨度的技术。

6. 一旦有了一套已知顺序的基因组克隆，通过从文库中获得覆盖目的突变基因所在基因组区的所有克隆，就可以进行染色体步移。（　　　）

【答案】正确

【解析】通过对许多不同生态型个体的大量限制性内切核酸酶和杂交探针的分析，找出与目的基因距离最近的分子标记，通过染色体步移技术将位于这两个标记之间的基因片段分离并克隆出来，再根据基因功能互作原理鉴定目的基因。

（四）问答题

1. 欲分离一个已知部分序列的全长基因，通过哪两种技术可以完成？如何完成？

【答案】可用两种技术。RACE 法和构建 cDNA 文库完成。

（1）RACE 法是一项在已知 cDNA 序列的基础上快速扩增缺失的 5′ 端或 3′ 端序列的技术，依赖于 RNA 连接酶连接和寡聚帽子的快速扩增。扩增未知片段的操作包括：①获得高质量总 RNA；②去磷酸化作用；③去掉 mRNA 的 5′ 端帽子结构，加特异性 RNA 寡聚接头并用 RNA 连接酶相连接；④以特异性寡 dT 为引物，在反转录酶的作用下，反转录合成第一条 cDNA 链，包含了寡接头的互补序列；⑤分别以第一链为模板进行 RACE 反应。5′ RACE 以 5′ 端 RNA 寡聚接头的部分序列和基因特异的 3′ 端反向引物进行 PCR 扩增，获得基因的 5′ 端序列；3′RACE 以 5′ 端基因特异的引物和 3′ 端寡 dT 下游部分序列为引物进行 PCR 扩增，获得基因的 3′ 端序列；⑥将纯化后的 PCR 产物克隆到载体 DNA 中，进行序列分析。除了获得全长 cDNA 之外，RACE 技术还被用于获得 5′ 和 3′ 端非转录序列，研究转录起始位点的不均一性，研究启动子区的保守性。

（2）构建 cDNA 文库包括：① mRNA 的制备；②反转录生成 cDNA；③ cDNA 与噬菌粒载体分子相连；④噬菌粒的包装。构建高质量 cDNA 文库后，利用已知部分片段作为探针，对文库进行筛选，可筛出全长基因的克隆。

2. 何谓限制性片段长度多态性。

【答案】当 DNA 序列的差异发生在限制性内切核酸酶的识别位点时，或当 DNA 片段的插入、缺失或重复导致基因组 DNA 经限制性内切核酸酶酶解后，其片段长度的改变可以经凝胶电泳区分时，DNA 多态性就可应用限制性内切核酸酶进行分析，这种多态性称为限制性片段长度多态性。

3. 何谓染色体步移？

【答案】染色体步移是指图位基因克隆中寻找感兴趣基因或 DNA 片段所在位置的研究

方法。其基本过程是：先根据遗传学分析确定感兴趣基因所在染色体的大致位置，然后应用与之连锁的遗传标记作为分子探针，从基因文库中筛选出与此标记 5′ 端和 3′ 端部分重叠的 DNA 克隆，再以筛选到的 DNA 克隆去筛选与它们邻接的 DNA 克隆。这样所筛得的 DNA 克隆分别向 5′ 和 3′ 方向依次排列、延伸，逐步扩大 DNA 序列的覆盖范围，最后用生物学性质和测序方法测定待寻找的基因。

4. 在进行染色体步移中，发现在一个有价值但不稳定蛋白质的可读框之后，紧接了另一个可读框，它可在蛋白质的 C 末端加上一个稳定结构。用哪两种方法可获得被修饰的蛋白质产物？

【答案】①克隆包含不稳定蛋白质及修饰物的可读框的 DNA 片段，克隆片段加入表达载体使之表达融合蛋白，也可融合入真核基因组表达；②可以引入一个无义 tRNA 阻遏物在原有的转录物上造成通读，获得被修饰的蛋白质产物。

5. 在染色体步移中，用哪些方法获得克隆的末端？

【答案】①利用载体克隆位点的通用引物，如 T3 和 T7 启动子引物；②如果克隆位点两侧没有 T3 和 T7 启动子，可用克隆的酶识别的 DNA 序列与随机引物去扩增末端；③如果已知两个克隆的重叠部分，可直接将重叠部分切下来进行标记，然后用这个探针进行筛选。

6. 利用 EMS 诱变到一个拟南芥盐敏感突变体，请设计方案获取突变基因。

【答案】由突变体获取基因的方案较多，可通过定位克隆的技术得到，即根据遗传图谱的分析寻找突变基因的位置，然后利用突变基因遗传距离最近的分子标记（SSLP 等），筛选基因组 DNA 文库，分析阳性克隆与突变基因间的物理图距，进而进行染色体步移，建立包含突变基因位点的多个重叠群，最后通过功能互补的方法确定突变基因。

第五节　蛋白质与蛋白质组学技术

蛋白质组学是蛋白质和基因组研究在形式和内容两方面的完美组合，该技术致力于研究某一物种、个体、器官、组织或细胞在特定条件、特定时间所表达的全部蛋白质图谱。蛋白质组与基因组既相互对应又存在显著不同，因为基因组是确定的，组成某个体的所有细胞共同享有固定的基因组，而各个基因的表达调控及表达程度却会根据时间、空间和环境条件发生显著的变化，所以不同器官、组织或细胞内拥有不同的蛋白质组。由于蛋白质分离（改进后的双向电泳技术和高效液相层析技术）鉴定技术（现代质谱）的快速发展，以及基因组学研究和生物信息学的交叉渗透，蛋白质组学研究在近年来获得了长足的进展。

一、重点解析

1. 双向电泳技术

双向电泳技术（two-dimensional electrophoresis，2-DE）是一种大规模的蛋白质分离技术，能将数千种蛋白质同时分离与展示，是蛋白质组研究的基础和核心技术之一。2-DE 结合了等电聚焦技术以及 SDS-聚丙烯酰胺凝胶电泳技术，该方法依赖于蛋白质的两个重要特性等电点和相对分子质量。双向电泳技术的最大分辨率已达到每块胶 10000 个蛋白点。

（1）第一向电泳依据蛋白质的等电点不同，通过等电聚焦，将带不同净电荷的蛋白质进行分离。

蛋白质是两性分子，在不同 pH 的缓冲液中表现出不同的带电性，因此，在电流的作用下，在以两性电解质为介质的电泳体系中，不同等电点的蛋白质会聚集在介质上不同的区域，从而被分离。

（2）在第一向电泳的基础上进行第二向 SDS-聚丙烯酰胺凝胶电泳，它依据蛋白质分子量的不同将之分离。

蛋白质的分子量决定了 SDS-蛋白质复合物在凝胶电泳中的迁移率，因为聚丙烯酰胺凝胶中的去垢剂 SDS 带有大量的负电荷，与之相比，蛋白质所带电荷量可以忽略不计。所以蛋白质在 SDS 凝胶电场中的运动速率（速率与分子量成反比）和距离完全取决于其分子量而不受其所带电荷的影响，不同分子量的蛋白质将位于凝胶的不同区段而得到分离。

2. 荧光差异显示双向电泳技术

荧光差异显示双向电泳技术（2-D fluorescence difference gel electrophoresis，2D-DIGE）是在传统 2-DE 技术上结合了多重荧光分析技术的新方法，解决了传统 2-DE 难以克服的系统误差问题，提高了实验结果的可重复性和可信度。但由于所用荧光染料在不同波长激发光下表现出不同的荧光特性，低丰度蛋白质定量时较易出现偏差。

2D-DIGE 技术得益于 CyDye DIGE 荧光标记染料的发现和应用。在最小标记法中，三种荧光染料对不同样本分别进行标记，所有标记样品混合后，在同一块胶上通过二向电泳得到有效分离，对每块凝胶进行 Cy2、Cy3 和 Cy5 扫描，所得图像经过统计分析软件进行自动匹配和统计分析，鉴别和定量分析不同样本间的生物学差异。该方法可检测低至 25pg 的单一蛋白质，能对多达 5 个数量级的蛋白质浓度变化给出线性反应。

在 2D-DIGE 技术中，内标（internal standard，IS）是所有实验样本的混合物，凝胶中的每个蛋白质点都有自己的内标，不同样本间蛋白质的比较是基于每个蛋白质点相对于凝胶中内标的相对变化，分析软件根据每个蛋白质点的内标对其表达量进行校正，保证检测到真实的蛋白质丰度变化。由于同一实验中所有凝胶都使用同一内标，每种蛋白质都可以通过内标与其他任何凝胶上的同种蛋白质进行有效对比。内标的引入，增加了凝胶间匹配的可信度，有效地鉴别系统误差或者样品中的生物学变化，并进行准确的定量分析。

3. 蛋白质质谱分析技术

蛋白质组学中最有意义的突破是用质谱鉴定电泳分离后的蛋白质，现行的质谱仪可分为三个连续的组成部分，即离子源、离子分离区和检测器。蛋白质质谱分析技术可用于多肽和蛋白质的质量测定、肽指纹图谱（peptide mass fingerprinting，PMF）测定、氨基酸序列测定确定蛋白质翻译后修饰的类型与发生位点（如用于蛋白质磷酸化、硫酸化、糖苷化以及其他修饰的研究）等。目前常用的有基质辅助激光解吸电离-飞行时间质谱（matrix-assisted laser desorption ionization time-of-flight spectrometry，MALDI-TOF-MS）和电喷雾质谱（electrospray ionisation，ESI-MS）。

1）基本原理

用于分析的样品分子（或原子）在离子源中离子化成具有不同质量的单电荷分子离子和碎片离子，这些单电荷离子在加速电场中获得相同的动能并形成一束离子，进入由电场和磁场组成的分析器，离子束中速度较慢的离子通过电场后偏转大，速度快的偏转小；在磁场中离子发生角速度矢量相反的偏转，即速度慢的离子依然偏转大，速度快的偏转小；当两个场的偏转作用彼此补偿时，它们的轨道便相交于一点。与此同时，在磁场中还能发生质量的分离，这样就能使具有同一质荷比（*m/z*）而速度不同的离子聚焦在同一点上，不同质荷比的离子聚焦在不同的点上，其焦面接近于平面，在此处用检测系统进行检测即可得到不同质荷比的谱线，即质谱。通过质谱分析，我们可以获得分析样品的分子量、分子式、分子中同位素构成和分子结构等多方面的信息。

2）MALDI-TOF-MS

工作原理是将从 2-D 胶中分离得到的或其他来源的蛋白质酶解成小肽段后与基质（主要是有机酸）混合，将样品混合物点在金属靶表面上并使之干燥结晶，然后用激光轰击，将呈离子化气体状态的待分析物从靶表面喷射出去。离子化的气体中每个分子带有一个或更多的正电荷，这些气体肽段在电场中被加速后到达检测器的时间由肽段的质量和其所带电荷数的比值（m/z）决定。

3）肽指纹图谱

肽指纹图谱是蛋白质组研究中大规模蛋白质识别和新蛋白质发现的重要手段，基本原理是对 2-DE 分离的蛋白质点采用蛋白酶解或化学降解，对所得多肽混合物进行质谱分析。对质谱分析所得肽段与多肽蛋白数据库中蛋白质的理论肽段进行对比，从而判别所测蛋白质是已知还是未知。由于不同的蛋白质具有不同的氨基酸序列，因而不同蛋白质所得肽段具有指纹的特征。

MALDI-TOF-MS 分析肽混合物时，能耐受适量的缓冲剂、盐，而且所有肽段几乎都只产生单电荷离子，而使 MALDI-TOF-MS 成为分析 PMF 的首选方法。一级质谱将经蛋白酶降解后的肽段按照质荷比及强度进行解析，形成肽指纹图谱（PMF），每个母离子峰代表一种肽段，其强度代表了肽段多少。二级质谱是挑选一级质谱中有代表性的母离子峰以诱导碰撞解离（CID）方式打碎，形成肽段碎片指纹图谱（PFF）。然后结合一级 PMF 和二级 PFF 数据，进行数据库搜索，获得蛋白质的具体鉴定信息。

4）ESI-MS

ESI-MS 是利用强静电场从溶液直接产生气态离子化分子，在毛细管的出口处施加一高电压，所产生的高电场使从毛细管流出的液体雾化成细小的带电液滴，随着溶剂蒸发，液滴表面积缩小，导致分析物以单电荷或多电荷离子的形式进入气相。多肽离子进入连续质量分析仪，连续质量分析仪选取某一特定质荷比的多肽离子以碰撞解离的方式将多肽离子破碎成不同电离或非电离片段，根据质荷比对电离片段进行分析并汇集成离子谱，通过数据库检索，由这些离子谱得到该多肽的氨基酸序列。其特点是产生高电荷离子，使质荷比降低到多数质量分析仪都可以检测的范围，因而大大扩展了分子量的分析范围。

二、名词解释

1. 蛋白质组与蛋白质组学

蛋白质组是指一个基因组所表达的全部蛋白质，而蛋白质组学则是指蛋白质组水平上研究蛋白质的特征，包括蛋白质的表达水平、翻译与修饰、蛋白质-蛋白质相互作用等，并由此获得关于疾病发生、发展及细胞代谢等过程的整体认识。

2. 双向电泳技术

是一种大规模的蛋白质分离技术，能将数千种蛋白质同时分离与展示，是蛋白质组研究的基础和核心技术之一。2-DE 结合了等电聚焦技术以及 SDS-聚丙烯酰胺凝胶电泳技术，该方法依赖于蛋白质的两个重要特性等电点和分子量。

3. 荧光差异显示双向电泳技术

是在传统 2-DE 技术上结合了多重荧光分析技术的新方法。

4. 质荷比

指带电离子的质量与所带电荷之比值，以 m/z 表示。

三、课后习题

课后习题及答案

四、拓展习题

（一）填空题

1. 双向电泳技术依赖于蛋白质的_____和_____。

【答案】等电点；分子量。

【解析】双向电泳是等电聚焦电泳和 SDS-PAGE 的组合，先按照 pH 分离，再按照分子大小分离。

2. 蛋白质组学研究某一种物质、个体、器官、组织或细胞在特定条件、特定时间所表达的全部蛋白质图谱，通常采用_____方法将蛋白质分离，然后采用_____技术进行鉴定。

【答案】双向电泳；质谱。

【解析】蛋白质组学研究通常采用双向电泳的方法将蛋白质按等电点和分子大小进行分离，然后采用质谱进行鉴定。

（二）判断题

核酸分子在电场中向正极移动，蛋白质向负极移动。（　　）

【答案】错误

【解析】核酸分子自身带负电荷，会向正极移动，但蛋白质的移动方向取决于蛋白质所带的电荷，由其等电点与所处环境的 pH 来判断。

（三）问答题

蛋白质组与基因组有什么不同？

【答案】基因序列不能反映蛋白质的功能，蛋白质比核酸复杂得多。蛋白质组是一个动态的概念，同一细胞处在不同的发育阶段，细胞中的蛋白质也会发生相应的变化，从而导致不同的蛋白质组。

① 与 DNA 修饰不同，蛋白质的修饰有磷酸化、糖基化、乙酰化、巯基化等；②在形成成熟的 mRNA 的过程中，一个基因由于拼接方式的不同能编码多个不同的蛋白；③蛋白质在细胞的定位可以改变；④蛋白质对环境的改变也会产生反应；⑤ mRNA 水平常常不反映蛋白质表达的水平，而且即使存在一个开放阅读框也不保证只代表一个蛋白质；⑥一个蛋白质可能涉及一个以上的过程，而且相似的功能可能由不同的蛋白质来执行。

現代分子生物学
重点解析及习题集

第六章

分子生物学研究技术（下）

第一节　基因表达研究技术

　　随着越来越多的基因组序列相继被测定，人类对生命本质的认识已经发生了重大变化。如何开发利用这些序列信息？如何通过生物化学、分子生物学等方法研究基因的功能，从而进一步了解生物体内各种生理过程，了解生物体生长发育的调节机制，了解疾病的发生、发展规律，给出控制、减缓甚至消除人类遗传疾病的方法，是新时期生物学家所面临的主要问题。转录组测序技术、原位杂交技术、基因芯片技术为研究单个或多个基因在生物体某些特定发育阶段或在不同环境条件下的表达模式提供了强有力的手段。用基因定点突变技术、基因敲除技术、RNAi 技术可以全部或部分抑制基因的表达，通过观察靶基因缺失后生物体的表型变化研究基因功能。酵母单杂交技术、双杂交技术、四分体技术等都是研究蛋白质相互作用、蛋白质-DNA 相互作用等的重要手段。随着分子生物学技术的发展，研究者可以在活细胞内和细胞外研究蛋白质之间的相互作用，为认识信号转导通路、蛋白质翻译后修饰加工等提供了丰富的技术支持。

一、重点解析

1. 转录组测序

　　转录组，广义上指某一特定生理条件或环境下，一个细胞、组织或者生物体中所有RNA 的总和，包括信使 RNA（mRNA）、核糖体 RNA（rRNA）、转运 RNA（tRNA）及非编码 RNA（non-codingRNA 或 sRNA）；狭义上特指细胞中转录出来的所有 mRNA 总和。基因组-转录组-蛋白质组是中心法则在组学框架下的主要表现形式。通过特定生理条件下细胞内的 mRNA 丰度来描述基因表达水平并外推到最终蛋白质产物的丰度，是目前基因表达研究的基本思路。转录组研究的基本方法包括基因芯片技术和转录组测序技术，这里主要讨论转录组测序技术的原理和应用。

　　基于传统的 Sanger 测序法对转录组进行研究的方法主要包括：表达序列标签（EST）测序技术和基因表达系列分析（SAGE）技术。EST 测序数据是目前数量最多、涉及物种最广的转录组数据，但测序读长较短（每个转录物测定 400～500bp），测序通量小，测序成本较高，而且无法通过测序同时得到基因表达丰度的信息。有人使用 SAGE 测序法，用不同转录物 3′ 端第一个 CATG 位点下游 14bp 长的短标签序列来识别相应的转录物。由于标签序列较短，可以将多个标签串联测序。使 SAGE 法相对于 EST 测序在通量上大大提高。但过短的序列标签降低了序列的唯一性，即使用改进过的 LongSAGE（21bp）标签测序，仍然有一半的标签无法被准确注释到基因组上。

高通量测序技术，又名二代测序或深度测序，可以一次性测定几十万甚至几万条序列，是传统测序技术的一次革命，主要有 454 测序平台和 Solexa 测序平台。

利用高通量测序技术对转录组进行测序分析，对测序得到大量原始读长进行过滤、组装及生物信息学分析的过程被称为 RNA-Seq。对于有参考基因组序列的物种，需要根据参考序列进行组装，对于没有参考序列的需要进行从头组装，利用大量读长之间重叠覆盖和对比读长的相对位置关系，组装得到尽可能完整的转录物，并以单位长度转录物上覆盖的读长数目（RPKM）作为衡量基因表达的标准。

2. 454 测序平台

454 测序平台基于"合成测序法"（SBS）的原则，采用焦磷酸测序原理，在 DNA 聚合酶的作用下，按照 T、A、C、G 顺序加入的单个 dNTP 与模板的下一个碱基配对，同时释放一个分子的焦磷酸（PPi），在 ATP 硫酸化酶的作用下 PPi 和腺苷酰硫酸酶（APS）结合形成 ATP，在荧光素酶的催化下，ATP 和荧光素结合形成氧化荧光素，产生可见光，被 CCD 捕捉。但 454 测序平台缺少终止反应的元件，相同碱基的连续掺入带来"插入—缺失"类型的测序错误。

3. Solexa 测序平台

Solexa 测序平台基于"合成测序法"的原则，采用带有荧光标记的 dNTP，其 3′ 羟基末端带有可被化学切割的部分，每个循环反应只允许掺入一个碱基，由激光扫描反应板表面读出这一轮反应新加的荧光信号，从而判定碱基种类。之后，经过化学切割恢复 3′ 端黏性，进行下一轮聚合反应。由于已有荧光信号会使新的荧光难以准确分辨，该方法的测序读长较短，测序错误主要是碱基替换。

4. RNA 的选择性剪接

RNA 的选择性剪接是指用不同的剪接方式（选择不同的剪接位点组合）从一个 mRNA 前体产生不同的 mRNA 剪接异构体的过程。一般将选择性剪接分为如下几类：内含子保留、5′ 选择性剪接、3′ 选择性剪接、外显子遗漏型剪接及相互排斥型剪接。一般用 RT-PCR 的方法研究一个基因是否存在选择性剪接，首先以 cDNA 两端特异引物或来自不同外显子的引物序列在不同组织来源的 RNA 样品中进行扩增，观察 PCR 产物大小是否存在差异。一旦发现差异，即可通过序列分析来判断这种差异是否来自选择性剪接。选择性剪接使一个基因翻译为多种蛋白质序列，是基因表达多样性的重要表现形式。由于选择性剪接与细胞生理、发育调节以及肿瘤的发生、转移等有密切关系，阐明基因的选择性剪接机制是了解动植物个体发育和基因功能的重要环节。因此，发现新的可变剪接异构体，确定每个异构体的独特功能和生物学意义并阐明其调节机制，是功能基因组时代的一个重要特征。

5. 原位杂交技术

原位杂交（ISH）技术是指用标记的核酸探针，经放射自显影或非放射检测体系，在组织、细胞、间期核及染色体上对核酸进行定位和相对定量研究的一种手段，通常分为 RNA 原位杂交和染色体原位杂交两大类。

6. RNA 原位杂交

RNA 原位杂交用放射性或非放射性（如地高辛、生物素等）标记的特异性探针与被固定的组织切片反应，若细胞中存在与探针互补的 mRNA 分子，两者杂交产生双链 RNA，就可以通过检测放射性标记或经酶促反应显色，对该基因的表达产物在细胞水平上作出定性定量分析。

7. 荧光原位杂交技术

荧光原位杂交（FISH）技术首先对寡核苷酸探针做特殊的修饰和标记，然后用原位杂交技术与靶染色体或 DNA 上特定的序列结合，再通过荧光素分子相偶联的单克隆抗体来确定该 DNA 序列在染色体上的位置。FISH 技术不需要放射性同位素，实验周期短，检测灵敏度高。若使用经过不同修饰的核苷酸分子标记不同的 DNA 探针，还可能在同一张切片上观察几种 DNA 探针的定位，得到相应位置和排列顺序的综合信息。

8. 基因定点突变技术

基因定点突变是重组 DNA 进化的基础，该方法通过改变基因特定位点核苷酸序列来改变所编码的氨基酸序列，常用于研究某个（些）氨基酸残基对蛋白质的结构、催化活性及结合配体能力的影响，也可用于改造 DNA 调控元件特征序列，修饰表达载体，引入新的酶切位点等。但是选择氨基酸突变的位点存在一定的盲目性，因此基因的定点突变是人们进一步了解蛋白质的结构与功能关系的重要手段，主要采用两种 PCR 方法，即重叠延伸技术和大引物诱变法，在基因序列中进行定点突变。

9. 重叠延伸技术

首先将模板 DNA 分别与引物对 1（正向诱变引物 FM 和反向引物 R2）和引物对 2（正向引物 F2 和反向诱变引物 RM）退火，通过 PCR1 和 PCR2 扩增出两种靶基因片段。FMR2 和 RMF2 片段在重叠区发生退火，用 DNA 聚合酶补平缺口，形成全长双链 DNA，再次进行 PCR 扩增。最后用引物 F2 和 R2PCR 扩增出带有突变位点的全长 DNA 片段（PCR4）。

10. 大引物诱变法

首先用正向突变引物（M）和反向引物（R1），扩增模板 DNA 产生双链大引物（PCR1），与野生型 DNA 分子混合后退火并使之复性。第二轮 PCR 中加入正向引物（F2），与 PCR1 中产生的一条互补链配对，扩增产生带有突变的双链 DNA。F2 的退火温度显著高于第一轮 PCR 所使用的引物 M 和 R1，因此可以忽略引物 M 和 R1 在本轮反应中所造成的干扰。获得定点突变 PCR 产物以后，一般需进行 DNA 序列分析以验证突变位点。

与经典突变方法相比，PCR 介导的定点突变方法具有显著的优势：①突变体回收率高，以至于有时不需要进行突变体筛选；②能用双链 DNA 作为模板，可以在任何位点引入突变；③可在同一试管中完成所有反应；④快速简便，无须在噬菌体 M13 载体上进行分子克隆。所以 PCR 介导的定点突变方法已成为定点突变的主要技术。

二、名词解释

1. 转录组

广义上指某一特定生理条件或环境下，一个细胞、组织或者生物体中所有 RNA 的总和，包括信使 RNA（mRNA）、核糖体 RNA（rRNA）、转运 RNA（tRNA）及非编码 RNA（sRNA）；狭义上特指细胞中转录出来的所有 mRNA 总和。

2. 表达序列标签（EST）

是指在来源于不同组织的 cDNA 文库中随机挑选克隆、测序，得到部分 cDNA 序列，一个 EST 对应于某一种 mRNA 的 cDNA 克隆的一段序列，长度一般为 150 ～ 500bp，只含有基因编码区域。EST 可代表生物体某种组织某一时间的一个表达基因；而 EST 的数目则显示出其代表的基因表达的拷贝数，一个基因的表达次数越多，其相应的 cDNA 克隆越多，所以通过对 cDNA 克隆的测序分析可以了解基因的表达丰度。

3. 合成测序法（SBS）

在 PCR 扩增体系中直接加入被荧光标记的 dNTP，当 DNA 聚合酶合成互补链时，每添加一种 dNTP 就会释放出不同的荧光，根据捕捉的荧光信号并经过特定的计算机软件处理，获得待测 DNA 的序列信息。

4. 选择性剪接

同一基因的转录产物由于不同的剪接方式形成不同的 mRNA 的过程称为选择性剪接。

5. 原位杂交（ISH）技术

是用标记的核酸探针，经放射自显影或非放射检测体系，在组织、细胞、间期核及染色体水平上对核酸进行定位和相对定量研究的一种手段，通常分为 RNA 原位杂交和染色体原位杂交两大类。

6. 荧光原位杂交（FISH）技术

是原位杂交技术的一种，根据碱基互补配对原则，使用荧光素直接或间接标记的 DNA 探针，然后用原位杂交法与靶染色体或 DNA 上特定的序列结合，再通过与荧光素分子偶联的单克隆抗体来确定该 DNA 序列在染色体上的位置。此技术不需放射性核素、检验灵敏度高、实验周期短。

7. 基因定点突变

向靶 DNA 片段中引入所需的变化，包括碱基的添加、删除或改变，是分子生物学中一种非常有用的手段。

三、课后习题

课后习题及答案

四、拓展习题

（一）填空题

1. 从 cDNA 文库中随机检出成千上万的克隆，单边测序后产生的 cDNA 标记称为_____。

【答案】表达序列标签（EST）。

【解析】EST 代表一个完整基因的一小部分，在数据库中其长度一般从 20 ～ 7000bp 不等，平均长度为（360±120）bp。EST 来源于一定环境下一个组织总 mRNA 所构建的 cDNA 文库。

2. 基因表达系列分析技术（SAGE）的标签是_____；据其占总标签的比例可分析_____。

【答案】特定限制酶酶解转录产物中代表基因特异性的 9 ～ 10 个碱基的核苷酸序列；对应编码基因的表达频率。

【解析】SAGE 是一种快速分析基因表达信息的技术，它通过快速和详细分析成千上万个表达序列标签（EST）来寻找出表达丰度不同的 SAGE 标签序列，从而接近完整地获得基因组表达信息。SAGE 技术与基因芯片是目前两种最常见的基因表达谱研究方法。随着第三代测序技术的发展，通过构建 cDNA 文库，利用第二代测序技术的高通量优势对 mRNA 文库进行测序，因此进行基因表达谱分析的方法在基因表达谱研究中占据越来越重要的地位。

3. 荧光原位杂交分析可确定_____。

【答案】目的 DNA 序列在染色体上的位置。

【解析】荧光原位杂交技术是一种重要的非放射性原位杂交技术，原理是利用荧光素直接或间接标记的核酸探针，然后将探针与染色体或 DNA 纤维切片上的靶 DNA 杂交，若两者同源互补，即可形成靶 DNA 与核酸探针的杂交体。此时可利用该报告分子与荧光素标记的特异亲和素之间的免疫化学反应，经荧光检测体系在镜下对待 DNA 进行定性、定量或相对定位分析。

4. 按照人们的意愿，改变基因中碱基的组成，以达到_____的技术称为_____。

【答案】基因突变；定点突变。

【解析】定点突变是指通过聚合酶链式反应（PCR）等方法向目的 DNA 片段（可以是基因组，也可以是质粒）中引入所需变化（通常是表征有利方向的变化），包括碱基的添加、删除、点突变等。定点突变能迅速、高效地提高 DNA 所表达的目的蛋白的性状及表征，是基因研究工作中一种非常有用的手段。

5. 定点突变的主流是_____。

【答案】PCR 介导的定点突变方法。

【解析】定点突变是指通过聚合酶链式反应（PCR）等方法向目的 DNA 片段（可以是基因组，也可以是质粒）中引入所需变化（通常是表征有利方向的变化），包括碱基的添加、删除、点突变等。定点突变能迅速、高效地提高 DNA 所表达的目的蛋白的性状及表征，是基因研究工作中一种非常有用的手段。

（二）选择题

1.（单选）Sanger 核酸测序方法的基础是（　　　　）。

A. RT PCR

B. DNA 的化学修饰

C. 四色荧光的加入

D. 双脱氧核苷酸终止链的延伸

【答案】D

【解析】Sanger 测序法就是利用一种 DNA 聚合酶来延伸结合在待定序列模板上的引物。直到掺入一种链终止核苷酸为止。每一次序列测定由一套四个单独的反应构成，每个反应含有所有四种脱氧核苷三磷酸（dNTP），并混入限量的一种不同的双脱氧核苷三磷酸（ddNTP）。由于 ddNTP 缺乏延伸所需要的 3′—OH 基团，使延长的寡聚核苷酸选择性地在 G、A、T 或 C 处终止。终止点由反应中相应的 ddNTP 决定。每一种 dNTPs 和 ddNTPs 的相对浓度可以调整，使反应得到一组长几百至几千碱基的链终止产物。它们具有共同的起始点，但终止在不同的核苷酸上，可通过高分辨率变性凝胶电泳分离大小不同的片段。

2.（单选）原位杂交（　　　）。

A. 是一种标记 DNA 与整个染色体杂交并且发生杂交的区域可通过显微观察的技术

B. 表明卫星 DNA 散布于染色体的常染色质区

C. 揭示卫星 DNA 位于染色体着丝粒处

D. A 和 C

【答案】D

【解析】将标记的核酸探针与细胞或组织中的核酸进行杂交，称为原位杂交。

（三）判断题

1. DNA 自动测序用 4 种荧光染料分别标记不同的终止物 ddNTP。（　　　）

【答案】正确

【解析】由于 ddNTP 缺乏延伸所需要的 3′—OH 基团，使延长的寡聚核苷酸选择性地在 G、A、T 或 C 处终止。终止点由反应中相应的 ddNTP 决定。每一种 dNTPs 和 ddNTPs 的相对浓度可以调整，使反应得到一组长几百至几千碱基的链终止产物。它们具有共同的起始点，但终止在不同的核苷酸上，可通过高分辨率变性凝胶电泳分离大小不同的片段。

2. 用化学标记法取代放射性标记法，并采用一种抗体来特异性地识别这种化学修饰，使得原位杂交的安全性大大提高。（　　　）

【答案】正确

【解析】原位杂交：在研究 DNA 分子复制原理的基础上发展起来的一种技术。其基本原理是利用核酸分子间的碱基互补配对原则，应用带有标记的 DNA 或 RNA 片段作为核酸探针，与组织切片或细胞内待测核酸（RNA 或 DNA）片段进行杂交，然后可用放射自显影等方法予以显示，在光镜或电镜下观察目的 mRNA 或 DNA 的存在并定位；用原位杂交技术，可在原位研究细胞合成某种多肽或蛋白质的基因表达。

3. 荧光原位杂交（FISH）可以把同一个基因定位到特定的染色体位置上。（　　　）

【答案】正确

【解析】FISH 是原位杂交技术大家族中的一员，因其所用探针被荧光物质标记（间接或直接）而得名，该方法在 20 世纪 80 年代末被发明，现已从实验室逐步进入临床诊断领域。其基本原理是荧光标记的核酸探针在变性后与已变性的靶核酸在退火温度下复性；通过荧光显微镜观察荧光信号可在不改变被分析对象（即维持其原位）的前提下对靶核酸进行分析。

（四）问答题

1. 说明 Sanger DNA 测序法的原理。

【答案】Sanger DNA 测序法是建立在两个基本原理之上：①核酸是依赖于模板在聚合酶的作用下由 5′ 端向 3′ 端聚合（DNA 聚合酶参与了细菌修复 DNA 合成过程）；②可延伸的引物必须能提供游离的 3′ 羟基末端，双脱氧核苷酸由于缺少游离的 3′ 羟基末端，因此会终止聚合反应的进行。如果分别用 4 种双脱氧核苷酸终止反应，则会获得 4 组长度不同的 DNA 片段，通过比较所有 DNA 片段的长度可以得知核苷酸的序列。

2. 核酸原位杂交的基本步骤有哪些？

【答案】基本步骤有：组织和细胞的固定、组织和细胞杂交前的预处理、探针的选择及标记、杂交以及杂交结果的检测。

3. 常用的实现定点诱发突变的方法是什么？

【答案】定点突变的方法是利用引物引导的 DNA 扩增导入突变。用化学合成法合成一个或多个突变碱基的单链寡核苷酸引物（突变位点可在引物 5′ 端引物中，但不能在 3′ 端），采用两种 PCR 方法均可进行定点突变：①重叠延伸技术；②大引物诱变法。

4. 简述基因芯片技术对分子生物学研究的意义。

【答案】基因芯片技术可以同时、快速、准确地分析数以千计的基因组信息，对分子生物学研究有重要的意义，主要体现在以下几个方面：①在基因表达检测方面，基因芯片技术可以一次性检测数千个基因表达落的差异。②在核酸突变的检测及基因组多态性方面，可用于核酸突变的检测，也可与生物传感器相结合，通过改变探针阵列区域的电场强度，检测到基因的单碱基突变。目前成功应用于人类基因组单核苷酸多态性的鉴定、作图和分型、人线粒体基因组多态性的研究等方面。③基因芯片技术可以合成并固定大量核酸分子，基因芯片技术为杂交测序提供了实施的可能性。

第二节　基因敲除技术

基因敲除又称基因打靶，通过外源 DNA 与染色体 DNA 之间的同源重组，进行精确的定点修饰和基因改造，具有专一性强、染色体 DNA 可与目的片段共同稳定遗传等特点。

一、重点解析

1. 基本原理

基因敲除分为完全基因敲除和条件型基因敲除（又称不完全基因敲除）两种。完全基因敲除是指通过同源重组法完全消除细胞或者动物个体中的靶基因活性，条件型基因敲除是指通过定位重组系统实现特定时间和空间的基因敲除。噬菌体的 Cre/Loxp 系统、Gin/Gix 系统、酵母细胞的 FLP/FRT 系统和 R/RS 系统是现阶段常用的四种定位重组系统，其中尤以 Cre/Loxp 系统应用最为广泛。基因敲除技术广泛应用于研究基因功能、建立人类疾病的转基因动物模型，为医学研究提供遗传学数据，为遗传病的治疗，为生物新品种的培育奠定新基础。

2. 完全基因敲除

实验中一般采用取代性或插入型载体在胚胎干细胞（ES 细胞）中根据正-负筛选（PNS）原理进行完全基因敲除实验。正向选择基因 neo 通常被插入载体靶 DNA 功能最关键的外显子中，或通过同源重组法置换靶基因的功能区。neo 基因有双重作用，一方面形成靶位点的插入突变，同时可作为正向筛选标记。负向选择基因 HSV-tK 则被置于目的片段外侧，含有该基因的重组细胞不能在选择培养基上生长。如果细胞中发生了随机重组，负向选择基因就可能被整合到基因组中，导致细胞死亡。由于基因转移的同源重组自然发生率极低，动物的重组概率为 $10^{-2} \sim 10^{-5}$，植物的概率为 $10^{-4} \sim 10^{-5}$，即使采用双向选择法也很难保障一次就从众多细胞中筛选出真正发生了同源重组的胚胎干细胞，必须用 PCR 及 Southern 杂交等多种分子筛选技术验证确实获得了目的基因被敲除的细胞系。

3. 条件型基因敲除

对于许多有重要生理功能的基因来说，完全基因敲除往往导致胚胎死亡，有关该基因功能的研究便无法开展。而条件型基因敲除，特别是应用 Cre/Loxp 系统和 FLP/FRT 系统所开展的组织特异性敲除，由于其可调节性而受到科学家的重视。构建条件型基因敲除打靶载体时，常将正向选择标记 neo^r 置于靶基因的内含子中，并在靶基因的重要功能域两侧内含子中插入方向相同的 LoxP 位点。当实验中需要消除靶基因活性时，与带有 Cre 重组酶基因的 ES 细胞杂交，Cre 重组酶就能把两个 LoxP 位点中间的 DNA 片段切除，导致靶基因失活。标记基因两侧也常常带有 LoxP 序列，因为许多时候即使标记基因位于内含子中也会阻断靶基因的转录。一旦出现这种情况，可以用 Cre 重组酶表达质粒转染中靶 ES 细胞，通过 LoxP 位点重组将 neo 抗性基因删除。

以 Cre/Loxp 系统为基础，可以在动物的一定发育阶段和一定组织细胞中实现对特定基因进行遗传修饰。利用控制 Cre 表达的启动子活性或所表达的 Cre 酶活性具有可诱导性的特征，人们常常通过设定诱导时间的方式对动物基因突变的时空特异性进行人为控制，以避免出现死胎或动物出生后不久即死亡的现象。

4. 高等动物基因敲除技术

胚胎干细胞（ES 细胞）分离和体外培养的成功奠定了哺乳动物基因敲除的技术基础。真核生物基因敲除的技术路线主要包括构建重组基因载体，用电穿孔、显微注射等方法把重组 DNA 导入胚胎干细胞纯系中，使外源 DNA 与胚胎干细胞基因组中相应部分发生同源重组，将重组载体中的 DNA 序列整合到内源基因组中并得以表达。

显微注射命中率较高，技术难度相对大些。电穿孔命中率比显微注射低，操作使用方便。

5. 植物基因敲除技术

T-DNA 插入失活技术是目前在植物中使用最为广泛的基因敲除手段。该技术是利用根癌农杆菌 T-DNA 介导转化，将一段带有报告基因的 DNA 序列标签整合到基因组 DNA 上，如果这段 DNA 插入到目的基因内部或附近，就会影响该基因的表达，从而使该基因"失活"。T-DNA 无专一整合位点，在植物基因组中发生随机整合，所以只要突变株的数目足够大，从理论上就可能获得任何一个功能基因都发生突变的基因敲除植物库。

6. 基因组编辑技术

基因组编辑是利用序列特异核酸酶在基因组特定位点产生 DNA 双链断裂，从而激活生物体自身的同源重组或非同源末端连接修复机制，以达到特异性改造基因组的目的。

CRISPR/Cas 系统原是细菌及古菌适应性免疫系统的一部分，其功能是抵御病毒及外源 DNA 的入侵。CRISPR/Cas 系统由 CRISPR 序列和 Cas 基因家族组成。其中，CRISPR 序列由一系列间隔序列及高度保守的正向重复序列相间排列形成，Cas 基因簇位于 CRISPR 序列的 5' 端，编码的蛋白质可特异性切割外源 DNA。

CRISPR/Cas 系统分为Ⅰ型、Ⅱ型和Ⅲ型，以Ⅱ型的应用最为广泛，最常见的 CRISPR/Cas 9 为Ⅱ型。有外源 DNA 入侵时，CRISPR 序列转录并被加工形成约 40nt 的成熟 crRNA。成熟的 crRNA 与 tracrRNA 通过碱基互补配对形成双链 RNA，激活并引导 Cas9 蛋白切割外源 DNA 中的原型间隔序列。Cas9 蛋白具有两个核酸酶结构域：RuvC-like 结构域和 HNH 结构域，其中 HNH 结构域切割原型间隔序列中与 crRNA 互补配对的 DNA 链，RuvC-like 结构域切割另一条非互补链。研究表明，Cas9 对靶序列的编辑依赖于原型间隔序列下游的短序列 PAM，通常为 5'-NGG-3'，极少情况下为 5'-NAG-3'，Cas9 切割的位点位于 PAM 上游第三个碱基。

二、名词解释

1. 基因敲除

针对一个序列已知，但功能未知的基因，从 DNA 水平上设计实验，彻底破坏该基因的功能或消除其表达机制，从而推断该基因的生物学功能。

2. 胚胎干细胞（ES 细胞）

是早期胚胎（原肠胚期之前）或原始性腺中分离出来的一类细胞，它具有体外培养无限增殖、自我更新和多向分化的特性。无论在体外还是体内环境，ES 细胞都能被诱导分化为机体几乎所有的细胞类型。

3. 完全基因敲除

是指通过同源重组法完全消除细胞或者动物个体中的靶基因活性。

4. 条件型基因敲除

是指通过定位重组系统实现特定时间和空间的基因敲除。

5. 报告基因

表达载体中用以报告启动子具有转录活性的基因，可以此来推测基因表达程度。

三、课后习题

课后习题及答案

四、拓展习题

（一）填空题

1. 目前植物中使用最广泛的基因敲除技术是＿＿＿＿＿＿＿＿＿＿＿＿＿。

【答案】T-DNA 插入失活技术。

【解析】T-DNA 即转移 DNA，又名三螺旋 DNA，是由三股 ssDNA 旋转螺旋形成的一种特殊脱氧核糖核苷酸结构。T-DNA 是 Ti 质粒上的一个片段。利用农杆菌等微生物可将人工合成的目的基因片段通过 T-DNA 载体转移到受体植物的基因组中，是基因工程的重要技术手段。T-DNA 上有三套基因，其中两套基因分别控制合成植物生长素与分裂素，促使植物创伤组织无限制地生长与分裂，形成冠瘿瘤。第三套基因合成冠瘿碱。T-DNA 插入失活技术是构建突变体库，反向遗传学的突破性技术之一。

2. 基因敲除技术分为＿＿＿＿＿＿＿＿＿和＿＿＿＿＿＿＿＿两种。

【答案】完全基因敲除；条件型基因敲除。

【解析】基因敲除主要是应用 DNA 同源重组原理，用设计的同源片段替代靶基因片段，从而达到基因敲除的目的。

（二）选择题

（单选）基因敲除的方法主要是用来阐明（　　　）。

A. 基因的结构　　　　B. 基因的调控　　　　C. 基因的表达　　　　D. 基因的功能

【答案】D

【解析】基因敲除是通过一定的途径使机体特定的基因失活或缺失的技术。

（三）判断题

基因敲除可定向灭活内源特定基因，是研究基因功能的一种方法。（　　）

【答案】正确

【解析】基因敲除是用含有一定已知序列的 DNA 片段与受体细胞基因组中序列相同或相近的基因发生同源重组，整合至受体细胞基因组中并得到表达的一种外源 DNA 导入技术。它是针对某个序列已知但功能未知的序列，改变生物的遗传基因，令特定的基因功能丧失作用，从而使部分功能被屏蔽，并可进一步对生物体造成影响，进而推测出该基因的生物学功能。

（四）问答题

说明报告基因的一种功能。

【答案】报告基因是一种编码可被检测的蛋白质或酶的基因，是一个表达产物非常容易被鉴定的基因。报告基因有以下用途：①用于启动子的鉴定；②可以用于了解细胞中基因的表达情况，便于分析基因的调节；③在转基因研究领域用于检测转基因是否成功。

第三节　蛋白质及 RNA 相互作用技术

一、重点解析

1. 酵母单杂交系统

酵母单杂交系统可识别稳定结合于 DNA 上的蛋白质，可在酵母细胞内研究真核生物中 DNA-蛋白质之间的相互作用，并通过筛选 DNA 文库直接获得靶序列相互作用蛋白质的编码基因。此外，该体系也是分析鉴定细胞中转录调控因子与顺式作用元件相互作用的有效方法。

1）基本原理

首先将已知的特定顺式作用元件构建到最基本启动子（Pmin）的上游，把报告基因连接到 Pmin 下游。然后将编码待测转录因子 cDNA 与已知酵母转录激活结构域（AD）融合表达载体导入酵母细胞，该基因产物如果能够与顺式作用元件相结合，就能激活 Pmin 启动子，使报告基因得到表达。

2）应用

酵母单杂交体系主要用于确定某个 DNA 分子与某个蛋白质之间是否存在相互作用，由于分离编码结合于特定顺式调控元件或其他 DNA 位点的功能蛋白编码基因，验证反式转录调控因子的 DNA 结合结构域，准确定位参与特定蛋白质结合的核苷酸序列。由于该方法的敏感性和可靠性，现已被广泛用于克隆细胞中含量极低且用生化手段难以纯化的那部分转录调控因子。常用的酵母单杂交系统基本选用 HIS3 或 lacZ 作为报告基因，在大部分实验中报告基因都位于质粒 DNA 上，有的系统将带有报告基因的载体直接整合于酵母染色体上。

2. 酵母双杂交系统

酵母双杂交系统利用真核生物转录调控因子的组件式结构特征，这些蛋白质往往由两个或两个以上相互独立的结构域构成，其中 DNA 结合结构域（BD）和转录激活结构域（AD）是转录激活因子发挥功能所必需的。单独的 BD 能与特定基因的启动区结合，但不能激活基因的转录，而由不同转录调控因子的 BD 和 AD 所形成的杂合蛋白却能行使激活转录的功能。

实验中，首先运用基因重组技术把编码已知蛋白的 DNA 序列连接到带有酵母转录调控因子（常为 GAL1、GAL4 和 GCN1）DNA BD 编码区的表达载体上。导入酵母细胞中使之表达带有 DNA 结合结构域的杂合蛋白，与报告基因上游的启动调控区相结合，准备作为"诱饵"捕获与已知蛋白质相互作用的基因产物。将已知的编码 AD 的 DNA 分别与待筛选的 cDNA 文库中不同插入片段相连接，获得"猎物"载体，转化含有"诱饵"的酵母细胞。一旦酵母细胞中表达的"诱饵"蛋白与"猎物"载体中表达的某个蛋白质发生相互作用，不同转录调控因子的 AD 和 BD 就会被牵引靠拢，激活报告基因表达。分离有报告基因活性的酵母细胞，得到所需的"猎物"载体，就能得到与已知蛋白质相互作用的新基因。

3. 蛋白质相互作用技术

1）等离子表面共振技术

等离子表面共振技术（SPR）是将诱饵蛋白结合于葡聚糖表面，将葡聚糖层固定在纳米级厚度的金属膜表面。当有蛋白质混合物经过时，蛋白质同"诱饵"蛋白发生相互作用，两者的结合将使金属膜表面的折射率上升，从而导致共振角度的改变。而共振角度的改变与该处的蛋白质浓度成线性关系，由此可以检测蛋白质之间的相互作用。该技术不需要标记物和染料，安全、灵敏、快速，还可定量分析。缺点是需要专门的等离子表面共振检测仪器。

2）免疫共沉淀技术

免疫共沉淀技术（CoIP）的核心是通过抗体来特异性识别候选蛋白质。首先，将靶蛋白的抗体通过亲和反应连接到固体基质上，再将可能与靶蛋白发生相互作用的待筛选蛋白质加入反应体系中，用低离心力沉淀或微膜过滤法在固体基质和抗体的共同作用下将蛋白质复合物沉淀到试管的底部或微膜上，那么这个待筛选蛋白质就通过靶蛋白与抗体和固体基质相互作用而被分离出来。

免疫共沉淀实验中常用 pGADT7 和 pGBKT7 质粒载体分别以融合蛋白形式表达靶蛋白，体外转录、翻译后将产物混合温育，分别用 Myc 或 HA 抗体沉淀混合物，过柱后再用 SDS-PAGE 电泳分离，检测两个靶蛋白之间是否存在相互作用。

3）GST、GAD 融合蛋白沉降技术

该技术利用 GST 结合物理或化学手段，从混合蛋白质样品中纯化得到相互作用蛋白。GST 沉降试验通常有两种应用：确定探针蛋白与未知蛋白间的相互作用；证实探针蛋白与某个已知蛋白质之间的相互作用。

实验中把 GAD 作为目标蛋白质的功能特性结合伴侣，可以辅助目标蛋白质的稳定性，从而分离出目标蛋白质。

4）荧光共振能量转移法

荧光共振能量转移（FRET）现象是 21 世纪初叶发现的。荧光能量给体与受体之间通过偶极-偶极偶合作用以非辐射方式转移能量的过程又称为长距离能量转移，有三个基本条件：①给体与受体在合适的距离（1～10nm）；②给体的发射光谱与受体的吸收光谱有一定的重叠（这是能量匹配的条件）；③给体与受体的偶极具有一定的空间取向（这是偶极-偶极偶合

作用的条件）。研究蛋白质之间相互作用时，荧光共振能量转移（FRET）法一般与荧光成像技术联用，将蛋白质标记上荧光探针，当蛋白质不发生相互作用时，其相对距离较大，无FRET现象；而蛋白质发生相互作用时，其相对距离缩小，有FRET现象，可根据成像照片的色彩变化直观地记录该过程。

FRET法需要两个探针，即荧光给体和荧光受体，要求给体的发射光谱与受体的吸收光谱有部分重叠，而与受体的发射光谱尽量没有重叠。常用的探针有三种：荧光蛋白、传统有机染料和镧系染料。

（1）荧光蛋白是一类能发射荧光的天然蛋白质或突变体，常见的有绿色荧光蛋白（GFP）、蓝色荧光蛋白（BFP）、青色荧光蛋白（CFP）和黄色荧光蛋白（YEP）等。不同蛋白质的吸收和发射波长不同，可根据需要组成不同的探针对。

（2）传统有机染料是指一些具有特征吸收和发射光谱的有机化合物组成的染料对。常见的有荧光素、罗丹明类化合物和青色染料 Cy3、Cy5 等，该类染料分子体积较小，种类较多且大部分为商品化的分子探针染料，因此被广泛应用。

（3）镧系染料一般与有机染料联合使用，分别作为 FRET 的给体或受体，检查的准确性和信噪比传统染料有提高。

4. 染色质免疫共沉淀技术

染色质免疫共沉淀（ChIP）技术是一项研究活体细胞内染色质 DNA 与蛋白质相互作用的技术，其主要实验流程是：在活细胞状态下固定蛋白质-DNA 复合物，并通过超声波或酶处理将其随机切断为一定长度的染色质小片段，然后通过抗原抗体的特异性识别反应，沉淀该复合物，从而富集与目的蛋白质相结合的 DNA 片段，通过对目的片段的纯化及 PCR 检测，获得该蛋白质与 DNA 相互作用的信息，包括具体的 DNA 序列特征、位置、结合时间、亲和程度以及对基因表达的影响等。

ChIP 技术不仅可以用来检测体内转录调控因子与 DNA 的动态作用，还可以研究组蛋白的各种共价修饰与基因表达的关系。

5. RNA 干扰技术及应用

RNA 干扰（RNAi）技术利用双链小 RNA 高效、特异性降解细胞内同源 mRNA，从而阻断靶基因表达，使细胞出现靶基因缺失的表型。RNAi 是一个多步骤反应过程，包括对触发物的加工、与目标 mRNA 的结合以及目标 mRNA 的降解。至今，已在果蝇、锥虫、线虫等许多动物及大部分植物中陆续发现了 RNAi 效应。

RNAi 作用机制：双链 RNA 作为 RNAi 的触发物，引发与之互补的单链 RNA（ssRNA）的降解。经过 Dicer（一种具有 RNAase Ⅲ 活性的核酸酶）的加工，细胞中较长的双链 RNA（30 个核苷酸以上）首先被降解形成 21 ～ 25 个核苷酸的小分子干扰核糖核酸（siRNA），并有效地定位目标 mRNA。siRNA 是导致基因沉默和序列特异性 RNA 降解的重要中间媒介。较短的双链 RNA 不能被有效地加工为 siRNA，不能介导 RNAi。siRNA 具有特殊的结构特征，即 5′ 端磷酸基团和 3′ 端的羟基，其两条链的 3′ 端各有两个碱基突出于末端。由 siRNA 中的反义链指导合成一种被称为 RNA 诱导的沉默复合体（RISC）的核蛋白体，再由 RISC 介导切割目的 mRNA 分子中与 siRNA 反义链互补的区域，从而实现干扰靶基因表达的功能。siRNA 还可以作为特殊引物，在 RNA 聚合酶的作用下，以目的 mRNA 为模板合成 dsRNA，后者又可被降解为新的 siRNA，重新进入上述循环。因此，即使外源 siRNA 的注入量较低，该信号也可能迅速被放大，导致全面的基因沉默。

在哺乳动物细胞内，较长的 dsRNA 会导致非特异性基因沉默，只有 21～25 个核苷酸的 siRNA 才能有效地引发特异性基因沉默。非哺乳动物细胞可以利用较长的双链 RNA 直接诱导产生 RNAi 而无须合成 siRNA，因此，设计非哺乳动物细胞 RNAi 实验的步骤比较简便，只要通过目的基因体外转录得到所需的 dsRNA，再通过浸泡、注射或转染靶细胞即可实现RNAi。

二、名词解释

1. 酵母单杂交系统
以酵母的遗传分析为基础，研究 DNA 与蛋白质之间的相互作用的实验系统，用于鉴定DNA 与蛋白质之间的相互作用。

2. 酵母双杂交系统
以酵母的遗传分析为基础，研究反式作用因子之间相互作用对真核基因转录调控影响的实验系统，用于鉴定蛋白质之间的相互作用。

3. 等离子表面共振技术（SPR）
是将诱饵蛋白结合于葡聚糖表面，将葡聚糖层固定在纳米级厚度的金属膜表面。当蛋白质混合物经过时，蛋白质同"诱饵"蛋白发生相互作用，两者的结合将使金属膜表面的折射率上升，从而导致共振角度的改变。而共振角度的改变与该处的蛋白质浓度成线性关系，由此可以检测蛋白质之间的相互作用。该技术不需要标记物和染料，安全、灵敏、快速，还可定量分析。缺点是需要专门的等离子表面共振检测仪器。

4. 免疫共沉淀（COIP）
当细胞在非变性条件下被裂解时，完整细胞内存在的许多蛋白质—蛋白质间的相互作用被保留下来。当用蛋白质 X 的抗体免疫沉淀 X，那么在体内与 X 结合的蛋白质 Y 也能被沉淀下来。

5. 基因沉默
是指真核生物中由双链 RNA 诱导的识别和清除细胞中非正常 RNA 的一种机制。通常情况下基因沉默可以分为转录水平基因沉默和转录后基因沉默。

三、课后习题

课后习题及答案

四、拓展习题

（一）填空题

1. 酵母双杂交技术利用的是真核生物转录调控因子的两个结构域：_____和_____。
【答案】DNA 结合结构域；转录激活结构域。

【解析】酵母双杂交系统的建立是基于对真核生物调控转录起始过程的认识。细胞起始基因转录需要反式转录激活因子的参与。反式转录激活因子，如酵母转录因子 GAL4 在结构上是组件式的，往往由两个或两个以上结构上可以分开、功能上相互独立的结构域构成，其中有 DNA 结合功能域（BD）和转录激活结构域（AD）。这两个结构域将它们分开时仍分别具有功能，但不能激活转录，只有当被分开的两者通过适当的途径在空间上较为接近时，才能重新呈现完整的 GAL4 转录因子活性，并可激活上游激活序列的下游启动子，使启动子下游基因得到转录。

2. 在功能基因组学的研究中，酵母双杂交系统通常被用于研究_____之间的相互关系。

【答案】蛋白质与蛋白质。

【解析】酵母双杂交系统是指将待研究的两种蛋白质分别克隆（融合）到酵母表达质粒的转录激活因子的 DNA 结合结构域（BD）和转录激活结构域（AD）上，构建成融合表达载体，从表达产物分析两种蛋白质相互作用的系统。

3. dsRNA 在哺乳动物细胞内可导致_____。

【答案】非特异性基因沉默。

【解析】dsRNA 在 RNA 干扰技术中常用来诱发同源 mRNA 高效特异性降解，因此注入细胞后会导致基因沉默。

（二）选择题

1.（单选）酵母双杂交系统被用来研究（　　　）。

A. 哺乳动物功能基因的表型分析　　　　B. 酵母细胞的功能基因
C. 蛋白质的相互作用　　　　　　　　　D. 基因的表达调控

【答案】C

【解析】酵母双杂交系统是将待研究的两种蛋白质分别克隆（融合）到酵母表达质粒的转录激活因子的 DNA 结合结构域（BD）和转录激活结构域（AD）上，构建成融合表达载体，从表达产物分析两种蛋白质相互作用的系统。

2.（单选）下列不属于基因沉默的作用机制是（　　　）。

A. 转录后水平的基因沉默　　　　　　　B. 转录水平的基因沉默
C. 翻译水平的基因沉默　　　　　　　　D. 位置效应

【答案】C

【解析】基因沉默包括组蛋白 N 端结构域的赖氨酸残基的去乙酰基化加工、甲基化修饰，由甲基转移酶催化，以及和甲基化修饰的组蛋白结合的蛋白质（MBP）形成"异染色质"，在上述过程中，除了部分组蛋白的 N 端尾部结构域需要去乙酰化、甲基化修饰之外，有时也需要在其他组蛋白 N 端尾部结构域的赖氨酸或精氨酸残基上相应地进行乙酰化修饰，各种修饰的最终结果会导致相应区段的基因"沉寂"失去转录活性。

3.（单选）siRNA 是一种（　　　）。

A. 单链 RNA　　　　B. 双链 RNA　　　　C. 逆转录 RNA　　　　D. tRNA

【答案】B

【解析】siRNA 可以介导 RNAi 的发生，是一种双链 RNA。

（三）判断题

1. 可通过酵母单杂交技术获得目的基因。（　　　）

【答案】正确

【解析】酵母单杂交技术是一种研究蛋白质和特定 DNA 序列相互作用的技术方法，主要包括四个流程：①筛选含有报告基因的酵母单细胞株；②构建表达文库；③重组质粒转化至酵母细胞；④阳性克隆菌株的筛选。

2. 重组 DNA 导入酵母细胞的常用方法是基因枪转化法和转染法。（　　）

【答案】错误

【解析】对于细菌或植物细胞，常用质粒作为载体将目的基因导入细胞内；动物细胞则用显微注射的方法将目的基因导入动物受精卵的雄性原核中。

3. RNAi 属转录前抑制，导致基因沉默。（　　）

【答案】错误

【解析】RNAi 是指在进化过程中高度保守的、由双链 RNA（dsRNA）诱发的、同源 mRNA 高效特异性降解的现象。

（四）问答题

1. 简述 RNAi 导致基因沉默的机理。

【答案】RNAi 在 DNA 水平对基因进行调节，属转录后基因沉默。RNAi 的作用机制是通过外源目的 DNA 的引入，转录出目标 RNA，由寄主的 RNA 聚合酶，把目标 RNA 转变成双链 RNA，在 Dicer 的参与下，双链 RNA 首先被降解形成 siRNA，然后由 siRNA 的反义链指导合成一种 RISC 核蛋白复合体，最后由 RISC 介导切开目的 mRNA 分子中与反义链互补的区域，从而干扰基因表达。

2. 试述 RNAi 技术的应用及其发展前景。

【答案】（1）应用 RNAi 研究基因功能：通过 RNAi 特异性抑制基因的表达来阐明基因在生物体中的特定功能。到目前为止，已经利用该技术在线虫、果蝇、昆虫、真菌、植物及哺乳动物细胞中相继鉴定了一大批新基因的功能。

（2）在基因药物的研制与开发方面：根据 21 个寡核苷酸 siRNA 能抑制同源 mRNA 的表达，可以人工设计合成外源性的 21 个寡核苷酸 siRNA 进行相关基因的药物治疗，治疗那些现有药物不能很好解决的疾病如 SARS、艾滋病、各种肿瘤和遗传性疾病。

（3）RNAi 作为一种研究病毒的新技术：Shlomi 等用 RNAi 抑制细胞培养物中 HBV 病毒复制，并转染 siRNA 到免疫活性及免疫缺陷小鼠中来抑制 HBV 病毒复制，结果显示 RNAi 显著降低了 HBV 的复制水平。此外，RNAi 在流感病毒 A、人免疫缺陷病毒、丙型肝炎病毒、人乳头瘤病毒的研究中也有应用，并取得了较好的结果。

（4）RNAi 在基因治疗中的作用：人们可以根据同一基因家族的多个癌基因具有同源性较高的保守序列这一特点，设计针对这一保守序列的 dsRNA，只导入一种 dsRNA 就可以产生多个癌基因同时被抑制的现象。RNAi 用于肿瘤基因治疗还处于摸索和积累阶段，目前已有相关的研究报道。还有国外学者应用 RNAi 成功地抑制了表皮生长因子、血管内皮生长因子和 Bcl-2 的表达，并用 RNAi 对白血病、结肠癌等进行了研究，取得了一定的成绩。

总之，RNA 干扰在各种基因沉默现象中所起的巨大作用预示着 RNAi 不但是研究基因功能的一种有力工具，而且为特异性基因治疗提供了新的技术手段，RNA 干扰技术具有巨大的科研价值和社会经济价。

第四节　在酵母细胞中鉴定靶基因功能

酿酒酵母作为单细胞真核生物，具有和动植物细胞相似的结构特征，包括细胞核、内质网、高尔基体、线粒体、过氧化物酶体和细胞骨架等，而且其细胞生长发育过程和动植物细胞也有很高的相似性，很多基因在酵母和动植物细胞中是高度保守的。而且酵母细胞很容易进行生物化学和分子生物学操作，因此，酵母是基因功能研究中常用的模式生物。

一、重点解析

1. 酵母的遗传学和分子生物学简介

酿酒酵母有稳定的单倍体和二倍体细胞，是最早完成基因组 DNA 全序列测定的真核生物。鉴于其快速生长能力、无性繁殖能力以及简便的平板影印能力，它是生命科学领域里广泛应用的模式生物之一。理论上，与任何一种遗传学特征相对应的不同物种的结构基因都可以通过质粒文库的互补作用而在酵母缺失突变体中得到鉴定。导入酵母细胞中的 DNA 既能以自主复制的形式存在，也可能以被整合到基因组的形式存在。酵母中转化 DNA 的整合重组主要通过同源重组方式进行，整合效率较高。

1）酵母细胞的生长

酵母细胞的直径大约有 5μm，在光学显微镜下可以观察它的许多重要特征。酿酒酵母细胞是以出芽方式生长的。出芽的细胞被称为母细胞，产生的芽被称为子细胞。新生的芽从酵母细胞分裂周期一开始就出现，直到细胞周期结束才从母细胞上分离下来。因为酵母细胞的全部生长都集中在芽上，而且这种生长贯穿整个细胞周期，所以通过观察芽的大小就可以粗略估计哪个细胞处于某种生长发育阶段。当培养基中营养元素耗尽时，酵母细胞会停止生长而滞留在特定的生长发育阶段，因此，可以通过观察显微镜下酵母细胞的出芽频率确定酵母的营养状态。

2）酵母单倍体和二倍体细胞的差异

（1）二倍体细胞的直径大约是单倍体的 1.3 倍。

（2）二倍体细胞呈长形或卵圆形而单倍体细胞通常接近圆形。

（3）二倍体细胞和单倍体细胞的出芽方式不同。每个酵母细胞衰老前一般出芽 20 次，在母细胞表面以一定的方式连续出芽。单倍体细胞按照沿轴线的方向出芽，新芽与前一个芽紧密相连。二倍体细胞按极性方向出芽，新芽可以出现在长形细胞的任何一端。

3）酵母细胞的交配型

酵母细胞有三种交配型：MATa、MATα 以及由这两种细胞相互交配形成的 MATa/α。MATa/α 不能与 MATa 和 MATα 中任何一种细胞交配。一般而言，MATa 和 MATα 为单倍体，MATa/α 为二倍体，但也有例外。带有不同突变的单倍体细胞之间发生交配可以将不同的突变基因组合在同一个细胞中，为研究基因之间的相互关系提供了良好的实验材料。

4）酵母细胞的培养条件

野生型酵母属于原养型，只要培养基中有足够可利用的碳源和氮源，酵母细胞就能合成自身需要的各种营养物质。酵母首选碳源是葡萄糖，但也能利用其他很多种糖类。如果碳源适宜，酵母细胞首先通过乙醇发酵产生能量。酵母细胞是条件性厌氧菌，在有氧和无氧状态下都能生存。

二倍体酵母细胞在低氮、无发酵性碳源的条件下（营养缺乏，"饥饿"条件）能通过减数分裂形成单倍体孢子。此时，每个单倍体细胞在遗传背景上完全相同，从单个孢子来源的所有细胞都带有一套相同的染色体 DNA。这些单倍体细胞中的某些重要基因发生突变后，因为不存在等位基因，很容易导致酵母细胞生长发育异常而发生表型变化。

2. 酵母基因转化与性状互补

利用 Yip（整合型质粒）可以对酵母基因组中的任意基因进行精确敲除（置换），并通过孢子繁殖中的四分体分析技术进行观测和研究。带有致死突变位点和可能的外源功能互补基因的酵母二倍体细胞在饥饿条件下形成四分体孢子，将这 4 个孢子用酵母四分体分离系统分开，如果所引入的外源基因具备互补突变位点的功能，含有突变基因的单倍体可以存活，否则就不能存活。

3. 外源基因在酵母中的功能鉴定

将外源基因克隆于酵母表达载体上，转化野生型或突变酵母菌株，通过观察酵母的表型变化或分析细胞中化学成分的变化即可推测该基因的生物学功能。例如，在酵母细胞中表达外源基因与绿色荧光蛋白基因的融合蛋白后，可通过荧光显微镜观察荧光所在的亚细胞区域，从而了解该基因产物在细胞中的定位。因为酵母细胞中有与动植物细胞比较接近的蛋白质转录后修饰系统，许多在大肠杆菌中不产生功能蛋白质的动植物基因在酵母中表达后往往具有生物学功能。

二、名词解释

1. 酿酒酵母

又称面包酵母或出芽酵母。酿酒酵母是与人类关系最广泛的一种酵母，酿酒酵母的细胞为球形或者卵形，其繁殖的方法为出芽生殖。酿酒酵母与同为真核生物的动物和植物细胞具有很多相同的结构，又容易培养，酵母被用作研究真核生物的模式生物。

2. 四分体分析技术

因为子囊菌减数分裂所形成的四分体包被在一个子囊里，所以判断两个基因是否连锁，只需计算出各种类型的四分体数（即子囊数）。如果其中一个基因所属的连锁群已经知道，便很容易测定另一基因是否属于同一连锁群。

三、课后习题

课后习题及答案

四、拓展习题

选择题

（单选）能将外源基因插入酵母基因组的载体是（　　）。

A. Ycp 质粒　　　　　　B. Yop 质粒　　　　　　C. Yep 质粒　　　　　　D. Yip 质粒

【答案】D

【解析】Yip 质粒（整合型质粒）由大肠杆菌质粒和酵母的 DNA 片段组成，是不能在染色体外进行自我复制的遗传单位，必须整合到酵母染色体上才能进行复制。

第五节　其他分子生物学技术

一、重点解析

1. 凝胶滞缓实验

凝胶滞缓实验（EMSA）又称 DNA 迁移率变动实验，是一种体外分析 DNA 与蛋白质相互作用的特殊的凝胶电泳技术。

1）基本原理

凝胶电泳中，DNA 朝正极移动的距离与其分子量的对数成正比，蛋白质与 DNA 结合后将大大增加分子量，因此，没有结合蛋白质的 DNA 片段跑得快，而与蛋白质形成复合物的 DNA 由于受到阻滞跑得慢。实验中，当特定的 DNA 片段与细胞提取物混合后，若该复合物在凝胶电泳中的迁移速率变小，就说明该 DNA 可能与提取物中某个蛋白质分子发生了相互作用。这一方法简单、快捷，是分离纯化特定 DNA 结合蛋白质的经典实验方法。

2）应用

（1）研究与探针 DNA 结合的 DNA 结合蛋白。

在 EMSA 实验中，用放射性同位素标记待检测的 DNA 片段（即探针 DNA），然后与细胞提取物共温育，形成 DNA-蛋白质复合物，将该复合物加到非变性聚丙烯酰胺凝胶中进行电泳。电泳结束后用放射自显影技术显示具有放射性标记的 DNA 条带位置。如果细胞蛋白质提取物中不存在与放射性标记的 DNA 探针相结合的蛋白质，那么所有放射性标记都将出现在凝胶的底部。反之，将会形成 DNA-蛋白质复合物，由于受到凝胶阻滞的缘故，放射性标记的 DNA 条带就会出现在凝胶的不同部位。

（2）研究与蛋白质相结合的 DNA 序列的特异性。

EMSA 还被用于研究与蛋白质相结合的 DNA 序列的特异性。在 DNA-蛋白质复合物中加入超量的非标记竞争 DNA 分子，它如果与标记的探针 DNA 结合同一蛋白质，绝大部分蛋白质会与竞争 DNA 结合，探针 DNA 可能处于自由状态，凝胶电泳的放射自显影后的阻滞条带就会显著变弱；如果竞争 DNA 不能与探针 DNA 结合同一蛋白质，那么，探针 DNA 将仍旧与其结合蛋白形成复合物，阻滞条带强度不发生变化。通过设计一系列引入一个或数个突变碱基的放射性标记探针，可以运用 EMSA 来评估这些突变对探针 DNA 与结合蛋白相互作用的影响，进而确定该探针 DNA 分子中与蛋白质直接发生相互作用的关键性碱基。

2. 噬菌体展示技术

1）噬菌体

噬菌体是细菌病毒的总称，可在脱离宿主细胞的状态下存活，但一旦脱离了宿主细胞，它们既不能生长也不能复制，因为大多数噬菌体只能利用宿主的核糖体、合成蛋白质的因子、各种氨基酸及能量代谢体系进行生长和增殖。

噬菌体可被分为溶菌周期和溶原周期两种不同的类型。①在溶菌周期，噬菌体将其感染的宿主细胞转变成为噬菌体的"制造厂"，产生大量的子代噬菌体颗粒。实验室常将只具有溶菌生长周期的噬菌体称为烈性噬菌体。②在溶原周期，噬菌体 DNA 被整合到宿主细胞染色体 DNA 上，成为它的一个组成部分，感染过程中不产生子代噬菌体颗粒。具有溶原周期的噬菌体称为温和噬菌体。

2）噬菌体展示技术

噬菌体展示技术是将基因表达产物与亲和选择相结合的技术，其基本原理是将编码"诱饵"蛋白的 DNA 片段插入噬菌体基因组，并使之与噬菌体外壳蛋白编码基因相融合。该重组噬菌体侵染宿主细菌后，复制形成大量带有杂合外壳蛋白的噬菌体颗粒，直接用于捕获靶蛋白库中与"诱饵"相互作用的蛋白质。噬菌体次要结构蛋白 pⅢ 和主要结构蛋白（外壳蛋白）pⅧ 均可作为载体来展示外源多肽。pⅢ 基因融合时表达强度低（每个噬菌体上不超过 5 个拷贝），与 pⅧ 基因融合时表达强度高（每个噬菌体外壳上可能有 2700 ～ 3000 个拷贝）。在 pⅢ 和 pⅧ 基因的信号肽与成熟蛋白质编码区之间都有单一的克隆位点便于外源基因插入，表达的融合蛋白被分泌到细胞质基质并由宿主蛋白酶切除信号肽，融合蛋白被作为结构外壳蛋白呈现到病毒粒子的表面。

直接法亲和筛选是将靶蛋白分子偶联到固相支持物上，文库噬菌体与固相支持物温育后洗去未结合的噬菌体，即获得与所筛选蛋白有亲和性的噬菌体。间接法亲和筛选是将生物素标记的蛋白质分子与文库噬菌体温育后铺在含有链亲和素（能与生物素相结合）的平皿上，洗去未结合的噬菌体，保留在平面上的就是结合状态的噬菌体。洗脱结合状态噬菌体后感染细菌，扩增噬菌体，开始新一轮的筛选，连续几次亲和纯化反应后就能选择性富集并扩增结合靶蛋白的噬菌体。

3. 蛋白质磷酸化分析技术

由蛋白激酶和蛋白磷酸酯酶所催化的蛋白质可逆磷酸化过程是生物体内一种普遍且重要的调节方式，调控着众多生理生化反应和生物学过程。许多复杂的细胞信号转导系统还涉及多个蛋白激酶所催化的磷酸化级联反应。蛋白激酶催化 ATP 或 GTP 的 γ-磷酸基团转移到底物蛋白的丝氨酸、苏氨酸或酪氨酸残基上，促使底物蛋白发生磷酸化；而蛋白磷酸酯酶催化底物蛋白发生去磷酸化。此外，底物蛋白的组氨酸、赖氨酸、精氨酸、天冬氨酸、谷氨酸和半胱氨酸残基上也能发生可逆磷酸化。实验室研究蛋白质磷酸化，主要包括底物蛋白磷酸化和蛋白激酶活性检测。

（1）一般采用双向电泳及质谱分析等检测底物蛋白磷酸化。

（2）常用体外激酶活性分析法来测定蛋白激酶活性，该方法能十分可靠地鉴定某个蛋白激酶对底物的磷酸化作用，筛查激酶的特异性底物。蛋白激酶体外磷酸化活性分析主要分为两步：获取底物蛋白或代检测蛋白激酶和进行蛋白质体外磷酸化反应。可以直接从组织中提取目的蛋白（包括底物蛋白及待检测蛋白激酶），也可由原核或真核表达载体诱导表达目的蛋白。

4. 蛋白质免疫印迹

蛋白质免疫印迹（Western blot）是分子生物学中最常用的蛋白质研究技术，为检测样品中是否存在蛋白抗原提供了一种可靠的方法。

（1）蛋白质免疫印迹的基本原理是被测蛋白质只能与标记的特异性抗体相结合，而这种结合不改变该蛋白质在凝胶电泳中的分子量。该方法具有高效、简便、灵敏等特点，能被用于测定抗原的相对丰度或与其他已知抗原的关系，也是评价新抗体特异性的一种有用方法。

（2）蛋白质免疫印迹程序可分为五个步骤：①蛋白质样品的制备；② SDS-PAGE 电泳分离样品；③将已分离的蛋白质转移到尼龙或其他膜上，转移后首先将膜上未反应的位点封闭起来以抑制抗体的非特异性吸附；④用固定在膜上的蛋白质作为抗原，与对应的非标记抗体（一抗）结合；⑤洗去未结合的一抗，加入酶偶联或放射性同位素标记的二抗，通过显色或放射自显影法检测凝胶中的蛋白质成分。

5. 抗体制备

利用抗原分子刺激机体，使其产生免疫反应，由机体的浆细胞合成并分泌能与抗原分子特异性结合的一组免疫球蛋白被定义为抗体。由于抗原分子通常是由多个抗原决定簇组成，由单一抗原决定簇刺激机体，由一个 B 淋巴细胞克隆接受该抗原所产生的抗体，就被称为单克隆抗体。而由多种抗原决定簇产生的一组含有针对各个抗原决定簇的混合抗体，就被称为多克隆抗体。

1）制备技术

主要分为：

（1）抗原准备。对于某个特定的蛋白质，常有多种抗原形式，包括形成特异性偶联多肽、重组表达该蛋白质全长或部分以及重组表达的融合蛋白等。

（2）动物选择。实践中供免疫用的动物主要是哺乳动物，如家兔、绵羊、山羊、小鼠等。动物选择常依据抗体的用途和用量决定，如需大量制备抗体，多采用体型较大的动物；如期望获得直接用于标记诊断的抗体，则应采用与诊断目标相同的动物。

（3）动物免疫。针对不同的动物及要求抗体的特性等不同，需采用不同的免疫剂量、免疫周期来对动物进行免疫。

（4）效价检测。不同抗原分子、不同免疫动物以及不同的免疫方法，其效价往往不同。可用试管凝聚法、琼脂扩散实验、酶联免疫吸附试验（ELISA）等检测抗体效价。

（5）采集血清，纯化抗体。如果鉴定抗体效价达到要求，则杀死实验动物，采集全部血清，利用偶联在支撑物上的含特异性抗原决定簇的分子来纯化抗体。

（6）获得抗体并进行纯度及特异性鉴定。

2）影响免疫印迹的因素

（1）一个主要因素是抗原分子中可被抗体识别的表位性质。所以，在选择抗体（一抗）时要考虑所选抗体是否能识别凝胶电泳后转印到膜上的变性蛋白质，是否会引起交叉反应。

（2）第二个因素是蛋白质原液中抗体的浓度。对于中等分子量（约为 5×10^4）的蛋白质其含量需大于 0.1ng 才能被检出。如果要检测更低量的蛋白质，样品要做进一步的纯化。

3）用于检测的二级抗体

一般分为三种：

（1）放射性标记的抗体。最早的免疫印迹都采用这种方法，也是迄今为止定量最准确的方法。由于使用放射性同位素，有一定的危险性，现在已逐渐被非放射性检测系统所取代。

（2）与酶偶联的抗体。主要包括辣根过氧化物酶和碱性磷酸酯酶。如果选用辣根过氧化物酶标记的二抗，就可以用化学发光法检测。当有过氧化氢存在时，辣根过氧化物酶催化鲁米诺氧化即可发光，在暗室用 X 射线胶片曝光法可以检测到信号。如果选用碱性磷酸酶标记的二抗和溴氯吲哚磷酸盐 / 硝酸氮蓝四唑（BCIP/NBT）做底物，能在酶结合部位产生肉眼可见的黑紫色沉淀，产生清晰的条带，而且几乎没有背景，反应可被 EDTA 终止。

（3）与生物素偶联的抗体。生物素是可溶性的维生素，能与抗生物素蛋白高亲和力结合，后者再与报道酶相结合，以确定抗生物-生物素-靶蛋白复合物的位置并进行定量分析。

6. 细胞定位及染色技术

真核生物具有非常复杂的亚细胞结构，蛋白质在组织及细胞内的亚定位，一直是细胞生物学和分子生物学研究的核心问题，只有了解特定蛋白质的定位，才有可能了解生物学结构。研究细胞定位，可以采取多种方法，常用的是荧光蛋白标记法和免疫荧光法。

1）荧光蛋白标记法

最常用的可能是绿色荧光蛋白（GFP），它由 238 个氨基酸组成，有两个吸收峰，最大吸收峰在 395nm，另一个在 475nm，前者由紫外光激发，后者由蓝光激发。发射光也有两个峰值，分别是 509nm 和 540nm，呈绿色或黄绿色荧光。

（1）将绿色荧光蛋白的编码序列与目的基因启动子融合，形成嵌合基因；

（2）将绿色荧光蛋白的编码序列与目的蛋白编码序列融合，构成融合基因；

通过花序浸染法、基因枪法、显微注射法、愈伤组织转化法、细胞转染等技术，转染植物或动物细胞，由于融合基因与目的基因的表达模式相同（使用相同的表达调控元件），通过荧光显微镜观察 GFP 在组织或亚细胞中的分布，就相应确定了目的蛋白在细胞中的定位。

2）免疫荧光法

免疫荧光法是将免疫学方法（抗原抗体特异结合）与荧光标记技术结合起来研究特异蛋白抗原在细胞内定位的方法。用针对特异蛋白抗原的荧光标记抗体作为分子探针检测细胞或组织中的相应抗原，由于所形成的抗原抗体复合物上含有荧光素，利用荧光显微镜观察标本，确定荧光所在细胞或组织，从而对抗原蛋白进行定位。

二、名词解释

1. 凝胶滞缓实验（EMSA）

又称 DNA 迁移率变动实验，是一种体外分析 DNA 与蛋白质相互作用的特殊的凝胶电泳技术。

2. 噬菌体

是感染细菌的病毒。烈性噬菌体的感染最终导致宿主细胞裂解，而温和噬菌体则能将 DNA 整合到宿主细胞染色体上，从而对宿主造成较为长期的影响。在特定条件下两者可以转换。

3. 噬菌体展示技术

将编码"诱饵"的 DNA 片段插入噬菌体基因组，并使之与噬菌体外壳蛋白编码基因或其他结构基因相融合，用该重组噬菌体侵染宿主细菌，复制形成大量带有杂合外壳蛋白（或其他结构蛋白）的噬菌体颗粒，捕获 cDNA 表达文库中与"诱饵"相互作用的蛋白质。

4. 单克隆抗体

由单一抗原决定簇刺激机体，由单一 B 淋巴细胞克隆接受该抗原所产生的抗体，就被称为单克隆抗体。

5. 多克隆抗体

由多种抗原决定簇产生的一组含有针对各个抗原决定簇的混合抗体，就被称为多克隆抗体。

6. 蛋白质磷酸化

通过蛋白激酶将 ATP 或 GTP 的 γ-磷酸基团转移到底物蛋白氨基酸残基上的过程，为可逆过程，是生物体内存在的一种普遍的调节方式，在信号传递过程中发挥重要作用。

三、课后习题

课后习题及答案

四、拓展习题

（一）填空题

1. 噬菌体展示技术的基本原理是_____，表达融合蛋白但不影响噬菌体的完整性，利用_____筛选所需的基因。

【答案】外源基因插入噬菌体 DNA；蛋白亲和性。

【解析】噬菌体展示技术是将外源蛋白或多肽的 DNA 序列插入到噬菌体外壳蛋白结构基因的适当位置，使外源基因随外壳蛋白的表达而表达，同时，外源蛋白随噬菌体的重新组装而展示到噬菌体表面的生物技术。

2. 蛋白质的可逆磷酸化过程是由_____和_____催化的。

【答案】蛋白激酶；蛋白磷酸酯酶。

【解析】蛋白激酶催化蛋白质磷酸化，蛋白磷酸酯酶催化蛋白质去磷酸化。

3. 研究蛋白质相互作用可以采用_____、_____、_____等方法。

【答案】酵母双杂交；免疫共沉淀；噬菌体展示。

【解析】研究蛋白质-蛋白质相互作用的技术主要有：融合蛋白 pull-down 实验、免疫共沉淀技术、荧光共振能量转移技术、噬菌体展示技术和酵母双杂交系统。

（二）选择题

1. （单选）检测 DNA 片段与蛋白质的相互作用常用的技术为（　　）。

A. 限制性图谱分析　　　B. Southern 杂交　　　C. 凝胶滞缓实验　　　D. Western 杂交

【答案】C

【解析】凝胶滞缓实验（EMSA）是一种检测蛋白质和 DNA 序列相互结合的技术。其基本原理是蛋白质可以和末端标记的核酸探针结合，电泳时这种复合物比没有蛋白质结合的探针在凝胶中泳动速度慢，表现为相对滞后。

2. （单选）噬菌体展示可用来研究（　　）。

A. 蛋白质-蛋白质相互作用　　　　　　　　B. 蛋白质-核酸相互作用

C. 核酸-核酸相互作用　　　　　　　　　　D. 噬菌体外壳蛋白质性质

【答案】A

【解析】噬菌体展示技术是将外源蛋白或多肽的 DNA 序列插入到噬菌体外壳蛋白结构基因的适当位置，使外源基因随外壳蛋白的表达而表达，同时，外源蛋白随噬菌体的重新组装而展示到噬菌体表面的生物技术。

（三）判断题

1. 噬菌体展示可用来研究噬菌体外壳蛋白质性质。（　　　）

【答案】错误

2. 单克隆抗体是淋巴细胞和瘤细胞杂交后形成的单个杂交瘤细胞经无性繁殖而产生的特异性抗体。（　　　）

【答案】正确

【解析】单克隆抗体是由单一 B 细胞克隆产生的高度均一、仅针对某一特定抗原表位的抗体。通常采用杂交瘤技术来制备，杂交瘤抗体技术是在细胞融合技术的基础上，将具有分泌特异性抗体能力的致敏 B 细胞和具有无限繁殖能力的骨髓瘤细胞融合为 B 细胞杂交瘤。

第七章

原核基因表达调控

现代分子生物学
重点解析及习题集

　　自然选择倾向于保留高效率的生命过程。原核生物和单细胞真核生物直接暴露在变幻莫测的环境中，食物供应毫无保障。它们必须根据环境条件的改变合成各种不同的蛋白质，使代谢过程更快地适应环境的变化，才能维持自身的生存和繁衍。真核细胞在个体发育过程中出现细胞分化，形成各种组织和器官，且不同类型的细胞所合成的蛋白质在质和量上都是不同的。因此不论是真核细胞，还是原核细胞，都有一套准确的调节基因表达和蛋白质合成的机制。

　　原核生物细胞的基因和蛋白质种类较少，如大肠杆菌基因组约为 4.6×10^6 bp，共有 4288 个开放读码框。据估计，一个细胞中总共含有 10^7 个蛋白质分子，其蛋白质按照表达的数量和数量的稳定性被分为组成型和适应型或调节型合成的蛋白质。每个大肠杆菌细胞有大约 15000 个核糖体，与其结合的约 50 种核糖体蛋白数量也是十分稳定的。糖酵解体系的酶、DNA 聚合酶、RNA 聚合酶等细胞代谢过程和生长发育过程中必需的蛋白质，其合成速率不受环境变化或代谢状态的影响，这类蛋白质属于组成型合成蛋白质。适应型或调节型合成蛋白质合成速率明显地受环境的影响而改变。例如，大肠杆菌细胞中一般只有 15 个 β-半乳糖苷酶分子，但若将细胞培养在只含乳糖的培养基中，每个细胞中这个酶的量可高达几万个分子。原核细胞基本调控机制：一个体系在需要时被打开，不需要时被关闭。"开—关"活性是通过调节转录来建立的，也就是说 mRNA 的合成是可以被调节的。请注意当我们说一个系统处于"关"状态时，也有本底水平的基因表达，常常是每世代每个细胞只合成 1 或 2 个 mRNA 分子。所谓"关"实际的意思是基因表达量特别低，很难甚至无法检测。

第一节　原核基因表达调控总论

　　细胞核内的遗传物质 DNA 或 RNA 中携带的遗传信息，通过基因表达实现有序地按照密码子-反密码子系统转变成蛋白质分子，才能执行各种生理生化功能，完成生命的全过程。因此，基因表达就是指储存遗传信息的基因经过一系列步骤表现出其生物功能的整个过程。

　　典型的基因表达是基因经过转录、翻译，产生有生物活性的蛋白质的过程。rRNA 或 tRNA 的基因经转录和转录后加工产生成熟的 rRNA 或 tRNA，也是 rRNA 或 tRNA 的基因表达，因为产物是 rRNA 或 tRNA。基因表达调控是指对基因表达过程的调节。

一、重点解析

基因表达调控具有适应环境、维持生长和增殖，以及维持个体发育与分化的生物学意义。基因表达调控的环节可以发生在基因活化、转录、转录后加工、翻译、翻译后加工阶段。原核生物中，营养状况和环境因素对基因表达产生举足轻重的影响。真核生物尤其是高等真核生物中，激素水平和发育阶段是基因表达调控的最主要手段，营养和环境因素的影响力大为下降。

基因表达调控主要表现在以下几个方面。①转录水平上的调控。②转录后水平上的调控：mRNA 加工成熟水平上的调控；翻译水平上的调控。

细菌的转录与翻译过程几乎发生在同一时间间隔内，转录与翻译相偶联。真核生物中，转录产物只有从核内运转到核外，才能被核糖体翻译成蛋白质。

1. 原核基因表达调控分类

原核生物的基因表达调控，主要发生在转录水平上，根据调控机制的不同可分为正转录调控和负转录调控。在负转录调控系统中，调节基因的产物是阻遏蛋白，阻止结构基因转录。根据其作用特征又分为负控诱导系统和负控阻遏系统两大类。在负控诱导系统中，阻遏蛋白不与效应物（诱导物）结合时，结构基因不转录；在负控阻遏系统中，阻遏蛋白与效应物结合时，结构基因不转录。阻遏蛋白作用于操纵区。在正转录调控系统中，调节基因的产物是激活蛋白。根据其作用特性分为正控诱导系统和正控阻遏系统。在正控诱导系统中，效应物分子（诱导物）的存在使激活蛋白处于活性状态；在正控阻遏系统中，效应物分子的存在使激活蛋白处于非活性状态。

2. 原核基因表达调控的特点

基因表达调控的一个重要特点，就是大多数基因表达调控是通过操纵子机制来实现的，如乳糖操纵子、色氨酸操纵子、阿拉伯糖操纵子等。在所有的调控方式中，基因表达终止得越早，就越不会将能量浪费在合成不必要的 mRNA 和蛋白质上，因此调控其表达开关的关键机制主要发生在转录的起始阶段。转录终止阶段调控一般包括抗终止作用和弱化作用。转录后调控是在转录生成 mRNA 之后，再在翻译或翻译后水平上微调，被认为是对转录水平调控有效的补充。

二、名词解释

1. 组成型合成蛋白质

每个大肠杆菌细胞有约 15000 个核糖体，与其结合的约 50 种核糖体蛋白数量也是十分稳定的。糖酵解体系的酶、DNA 聚合酶、RNA 聚合酶等细胞代谢过程和生长发育过程中必需的蛋白质，其合成速率不受环境变化或代谢状态的影响。

2. 适应型或调节型合成蛋白质

蛋白质的合成速率明显地受环境的影响而改变。

3. 基因表达

就是指储存遗传信息的基因经过一系列步骤表现出其生物功能的整个过程。细胞核内的遗传物质 DNA 或 RNA 中携带有的遗传信息，按照密码子—反密码子系统转变成为蛋白质分子，才能执行各种生理生化功能，完成生命的全过程。

4. 基因表达调控

对基因表达过程的调节。

5. 诱导

可诱导基因在特定环境信号刺激下表达增强的过程，由原来关闭状态转为工作状态。

6. 阻遏

可阻遏基因表达产物水平降低的过程，由原来工作状态转为关闭状态。

7. 调控基因

调控基因是编码能与操纵序列结合的调控蛋白的基因。

8. 阻遏蛋白

与操纵子结合后能减弱或阻止其调控基因转录的调控蛋白称为阻遏蛋白。

9. 负调控

阻遏蛋白介导的调控方式。

10. 激活蛋白

与操纵子结合后能增强或启动调控基因转录的调控蛋白。

11. 正调控

激活蛋白介导的调控方式。

12. 效应物

某些特定的物质能与调控蛋白结合，使调控蛋白的空间构象发生变化，从而改变其对基因转录的影响。

三、课后习题

课后习题及答案

四、拓展习题

（一）填空题

1. 基因表达调控主要表现在两个方面：_____和_____。其中，后者又包括 mRNA 加工成熟水平上的调控和_____。

【答案】转录水平的调控；转录后水平的调控；翻译水平上的调控。

【解析】基因表达调控主要表现在两个方面：转录水平的调控和转录后水平的调控。其中，后者又包括 mRNA 加工成熟水平上的调控和翻译水平上的调控。

2. 根据操纵子对能调节它们表达的小分子应答反应的性质，可分为_____操纵子和_____操纵子。

【答案】可诱导的；可阻遏的。

【解析】根据操纵子对于能调节它们表达的小分子应答反应的性质，可将操纵子分为可诱导的操纵子和可阻遏的操纵子。

3. 不同生物使用不同的信号来指挥基因调控。原核生物中_____和_____对基因表达起着举足轻重的影响。在高等真核生物中，_____和_____是基因表达调控的最主要手段。

【答案】营养状况；环境因素；激素水平；发育阶段。

【解析】原核生物中，营养状况、环境因素对基因表达起着十分重要的作用；而真核生物尤其是高等真核生物中，激素水平、发育阶段等是基因表达调控的最主要手段，营养状况和环境因素的影响则为次要因素。

4. 原核生物的基因调控主要发生在转录水平上，根据调控机制的不同可分为_____和_____。在第一种调控系统中，调节基因的产物是_____。根据其作用特征又可分为_____和_____系统。在第二种调控系统中，调节基因的产物是_____。根据其作用性质可分为_____和_____系统。

【答案】负转录调控；正转录调控；阻遏蛋白；负控诱导；负控阻遏；激活蛋白；正控诱导；正控阻遏。

【解析】原核基因表达调控主要发生在转录水平上，根据调控机制不同可分为：①负控诱导系统，阻遏蛋白与效应物结合而不结合于操纵基因上，使得结构基因得以转录。②负控阻遏系统，阻遏蛋白与效应物结合后结合于操纵基因上，使得结构基因不能转录。③正控诱导系统，效应物使激活蛋白处于活性状态促进结构基因转录。④正控阻遏系统，效应物使激活蛋白处于非活性状态而阻遏了结构基因转录。

5. 基因表达是指_____的基因经过一系列步骤表现出其生物功能的整个过程。

【答案】储存遗传信息。

【解析】基因表达调控是生命的必需基因表达，是指储存遗传信息的基因经过一系列步骤表现出其生物功能的整个过程。

6. 大肠杆菌细胞中有约_____个核糖体。

【答案】15000。

【解析】一个正在旺盛生长的大肠杆菌细胞内约含 15000 个核糖体。

7. 基因表达时间特异性是指基因的表达严格按特定的_____顺序发生。

【答案】时间。

【解析】按功能需要，某一特定基因的表达严格按特定的时间顺序发生，称之为基因表达的时间特异性。

8. 基因表达的空间特异性是指在个体生长全过程，某种基因产物在个体按不同组织_____顺序出现。

【答案】空间。

【解析】空间特异性是指多细胞生物个体在某一特定生长发育阶段，同一基因的表达在不同的细胞或组织器官不同，从而导致特异性的蛋白质分布于不同的细胞或组织器官。

9. 基因表达调控的生物学意义：_____、_____、_____。

【答案】适应环境；维持生长和增殖；维持个体发育与分化。

【解析】基因表达调控的生物学意义：适应环境、维持生长和增殖，维持个体发育与分化。

10. 原核生物中，_____和_____对基因表达起着举足轻重的影响。

【答案】营养状况；环境因素。

【解析】原核生物中，营养状况、环境因素对基因表达起着十分重要的作用。

11. 在真核生物中，_____和_____是基因表达调控的最主要手段。

【答案】激素水平；发育阶段。

【解析】在真核生物尤其是高等真核生物中，激素水平、发育阶段等是基因表达调控的最主要手段，营养状况和环境因素的影响则为次要因素。

12.调控基因分为：＿＿＿＿＿＿＿＿、＿＿＿＿＿＿＿＿、＿＿＿＿＿＿＿＿、＿＿＿＿＿＿＿＿。

【答案】正调控；负调控；诱导；遏制。

【解析】调控基因是指编码能与操纵序列结合的调控蛋白的基因。与操纵子结合后能减弱或阻止其调控基因转录的调控蛋白称为阻遏蛋白，其介导的调控方式称为负调控；与操纵子结合后能增强或启动其调控基因转录的调控蛋白称为激活蛋白，所介导的调控方式称为正调控。

13.基因表达中的可诱导是指基因在特定环境信号刺激下表达＿＿＿＿＿＿＿的过程。

【答案】增强。

【解析】在特定环境信号刺激下，相应的基因被激活，基因表达产物增加，这种基因称为可诱导基因。

14.基因表达中的可阻遏是指基因表达产物水平＿＿＿＿＿＿＿的过程，由原来工作状态转为关闭状态。

【答案】降低。

【解析】如果基因对环境信号应答是被抑制，这种基因称为可阻遏基因。可阻遏基因表达产物水平降低的过程称为阻遏。

15.某些特定的物质能与调控蛋白结合，使调控蛋白的空间构象发生变化，从而改变其对基因转录的影响，这些特定物质可称为＿＿＿＿＿＿＿＿。

【答案】效应物。

【解析】某些特定的物质能与调控蛋白结合，使调控蛋白的空间构象发生变化，从而改变其对基因转录的影响，这些特定物质称为效应物，其中凡能引起诱导发生的分子称为诱导剂，能导致阻遏发生的分子称为阻遏剂或辅助阻遏。

16.把培养基中由于营养缺乏，蛋白质合成停止后，RNA合成也趋于停止的这种现象称为＿＿＿＿＿＿＿＿；反之则称为＿＿＿＿＿＿＿＿。

【答案】严紧控制；松散控制。

【解析】把培养基中由于营养缺乏，蛋白质合成停止后，RNA合成也趋于停止的这种现象称为严紧控制；反之则称为松散控制。

17.在基因表达的调节控制过程中，激活蛋白起＿＿＿＿＿＿＿作用，共阻遏物起＿＿＿＿＿＿＿作用。

【答案】正调控；负调控。

【解析】调控基因是指编码能与操纵序列结合的调控蛋白的基因。与操纵子结合后能减弱或阻止其调控基因转录的调控蛋白称为阻遏蛋白，其介导的调控方式称为负调控；与操纵子结合后能增强或启动其调控基因转录的调控蛋白称为激活蛋白，所介导的调控方式称为正调控。

（二）选择题

1.（单选）下列关于"基因表达"的概念叙述，错误的是（　　　　）。

A.基因表达产物不是蛋白质分子　　　　B.基因表达具有组织特异性

C.基因表达具有阶段特异性　　　　　　D.基因表达都要经历转录及翻译

【答案】D

【解析】典型的基因表达是基因经过转录、翻译，产生有生物活性的蛋白质的过程。但rRNA 或 tRNA 的基因表达只有转录没有翻译过程。

2.（单选）操纵子的基因表达调节属于（　　）。

A. 复制水平调节　　　B.转录水平调节　　　C.翻译水平调节　　　D.翻译后水平调节

【答案】B

【解析】操纵子的基因表达调节属于转录水平上的调节。

3.（单选）原核细胞的 RNA 聚合酶有（　　）。

A. 多种核心酶和多种 σ 因子　　　　　B. 多种核心酶和一种 σ 因子

C. 一种核心酶和多种 σ 因子　　　　　D. 一种核心酶和一种 σ 因子

【答案】C

【解析】原核生物的 RNA 聚合酶由多个亚基组成：$\alpha2\beta\beta'\omega$ 称为核心酶，$\alpha2\beta\beta'\omega\sigma$ 称为全酶。σ 家族包含多个成员，原核生物需要通过诱导不同 σ 因子来调控特定基因的转录与表达。

4.（单选）转录因子是（　　）。

A. 调节 DNA 结合活性的小分子代谢效应物　B. 调节转录延伸速度的蛋白质

C. 调节转录起始速度的蛋白质　　　　　D. 促进转录产物加工的蛋白质

【答案】C

【解析】真核生物转录起始过程十分复杂，往往需要多种蛋白因子-转录因子的协助，转录因子与 RNA 聚合酶形成转录起始复合体，共同参与转录起始的过程。

5.（单选）根据原核生物负转录调控的类型及其特点，请选择正确答案，完成表 7-1（　　）。

表 7-1　原核生物负转录调控的类型

调节物结合到 DNA 上	正调节	负调节
是	I	II
否	III	IV

A. I：开启；II：关闭；III：关闭；IV开启

B. I：关闭；II：关闭；III：关闭；IV开启

C. I：开启；II：开启；III：开启；IV关闭

D. I：关闭；II：开启；III：开启；IV关闭

【答案】A

【解析】原核生物的基因调控主要发生在转录水平上，根据调控机制的不同分为负转录调控和正转录调控。在负转录调控系统中，调节基因的产物是阻遏蛋白，起着阻止结构基因转录作用。在正负转录调控系统中，调节基因的产物是激活蛋白，能够促进转录。

6.（单选）细菌应激反应的诱导物是（　　）。

A. 空载 tRNA　　　　　　　　　　　　B. mRNA

C.rRNA　　　　　　　　　　　　　　D. 甲酰化的甲硫 tRNA

【答案】A

【解析】细菌有时会碰到紧急状况，比如氨基酸饥饿时，氨基酸的全面匮乏，会形成许多空载 tRNA，诱导产生 ppGpp 和 pppGpp 这两种物质。

7.（单选）乳糖、阿拉伯糖、色氨酸等小分子物质在基因表达调控中作用的共同特点是（　　　）。

A. 与启动子结合　　　　　　　　　　B. 与操纵区结合

C. 与 RNA 聚合酶结合影响其活性　　　D. 与蛋白质结合影响该蛋白质结合 DNA

【答案】D

【解析】乳糖、阿拉伯糖、色氨酸等小分子物质与调控蛋白结合后，会影响该蛋白质与 DNA 结合的效率。

8.（单选）下面哪项不属于原核生物操纵子的结构？（　　　）

A. 启动子　　　　　B. 终止子　　　　　C. 操纵基因　　　　　D. 内含子

【答案】D

【解析】内含子是真核生物细胞基因组 DNA 中的间插序列。这些序列被转录在前体 RNA 中，经过剪接被去除，最终不存在于成熟 RNA 分子中。

（三）判断题

1. 细菌在含葡萄糖和乳糖的培养基上先利用乳糖，乳糖用完后才用葡萄糖。（　　　）

【答案】错误

【解析】细菌在含葡萄糖和乳糖的培养基上优先利用葡萄糖，葡萄糖用完后才用乳糖。

2. 细菌处于氨基酸饥饿状态时，鸟苷四磷酸 ppGpp 的浓度会上升。（　　　）

【答案】正确

【解析】细菌有时会碰到紧急状况，比如氨基酸饥饿时，氨基酸的全面匮乏，会形成许多空载 tRNA，诱导产生 ppGpp 和 pppGpp 这两种物质。

3. 在细菌群落中，产生一种生长速率略快的突变细菌，只要有足够的时间，突变细胞系将占整个群体的主导地位。（　　　）

【答案】正确

【解析】自然选择倾向于保留生长速率快的生物。

4. 每个细胞中都有维持代谢所需的多种蛋白质，每种蛋白质的数目都大致恒定，处于动态平衡。（　　　）

【答案】错误

【解析】每个细胞中都有维持代谢所需的多种蛋白质，每种蛋白质的数目不一定相同，根据不同生理状态会有差异。

5. 正控诱导是指诱导因子使激活蛋白处于活性状态，促进转录。（　　　）

【答案】正确

【解析】如果调节基因转录产物（蛋白质）结合结构基因时，结构基因就表达，那这个蛋白质就是一个激活蛋白。

6. 正控阻遏调节是指诱导因子使激活蛋白处于非活性状态，抑制转录。（　　　）

【答案】正确

【解析】如果调节基因转录产物（蛋白质）结合结构基因时，结构基因就表达，那这个蛋白质就是一个激活蛋白。

7. 负控诱导调节是指诱导因子使阻遏蛋白处于非活性状态，促进转录。（　　　）

【答案】正确

【解析】如果调节基因转录产物（蛋白质）结合结构基因时，结构基因就抑制，那这个蛋白质就是一个阻遏蛋白。

8. 负控阻遏是指诱导因子使阻遏蛋白处于活性状态，抑制转录。（　　　）

【答案】正确

【解析】如果调节基因转录产物（蛋白质）结合结构基因时，结构基因就抑制，那这个蛋白质就是一个阻遏蛋白。

9. 负转录调控系统中调节基因的产物是阻遏蛋白，正转录调控系统中调节基因的产物是激活蛋白。（　　　）

【答案】正确

【解析】在负转录调控系统中，调节基因的产物是阻遏蛋白；在正转录调控系统中，调节基因的产物是激活蛋白。

10. 细菌在氨基酸饥饿时，会产生应急反应，信号是鸟苷四磷酸 ppGpp 和鸟苷五磷酸 pppGpp，产生这两种物质的诱导物是空载 tRNA。（　　　）

【答案】正确

【解析】细菌有时会碰到紧急状况，比如氨基酸饥饿时，氨基酸的全面匮乏，会形成许多空载 tRNA，诱导产生 ppGpp 和 pppGpp 这两种物质。

11. ppGpp 的出现会关闭许多基因，打开一些合成氨基酸的基因，与 RNA 聚合酶结合改变基因转录效率，以度过这段艰难的时期。（　　　）

【答案】正确

【解析】当氨基酸饥饿时，细胞中便存在大量的不带氨基酸的 tRNA，这种空载的 tRNA 会激活焦磷酸转移酶，使鸟苷四磷酸（ppGpp）大量合成，其浓度可增加 10 倍以上，鸟苷四磷酸（ppGpp）的出现会关闭许多基因，当然也会打开一些合成氨基酸的基因，以应对这种紧急状况。

12. 1953 年，Watson J. D. 和 Crick F. H. C. 提出了操纵子模型。（　　　）

【答案】错误

【解析】调节操纵子模型是关于原核生物基因结构及其表达调控的学说，由法国著名科学家 Jacob 和 Monod 在 1961 年首次提出来的。而 1953 年 Watson J. D. 和 Crick F. H. C. 提出的是 DNA 双螺旋结构模型。

13. 原核生物基因表达的调控主要发生在转录水平上，真核生物基因表达的调控可以发生在各个水平，但主要也是在转录水平。（　　　）

【答案】正确

【解析】基因表达是多级水平上进行的复杂事件，可分为转录水平（基因激活及转录起始），转录后水平（加工及转运），翻译水平及翻译后水平，但以转录水平的基因表达调控最重要。

14. 特殊代谢物调节的基因活性调控主要有可诱导和可阻遏两大类，大肠杆菌乳糖操纵子是可诱导调节类的典型例子。（　　　）

【答案】正确

【解析】乳糖的存在情况下，乳糖代谢产生别乳糖，别乳糖能和调节基因产生的阻遏蛋白结合，使阻遏蛋白改变构象，不能再和操纵基因结合，失去阻遏作用，结果 RNA 聚合酶便与启动基因结合，并使结构基因活化，转录出 mRNA，翻译出酶蛋白。

15. 在真核生物尤其是高等真核生物中，营养状况和环境因素对基因表达调控起着举足轻重的影响。（　　）

【答案】错误

【解析】在真核生物中激素水平和发育阶段是基因表达调控的最主要手段。

（四）问答题

1. 简述基因的表达与调控机理。

【答案】（1）基因的表达遵循中心法则，主要内容如下：① DNA → DNA 与 RNA → RNA 为 DNA 与 RNA 的复制，维持生命的延续。② DNA → RNA 与 RNA →蛋白质为转录和翻译，这是基因的主要过程。遗传信息选择性地从 DNA 流向 RNA，再由 RNA 选择性地流向蛋白质，从而使生物表现出独特的性状。③ RNA → DNA 为逆转录，这是对中心法则的一个补充。对一些逆转录病毒而言，逆转录是生活周期不可缺少的一步。④朊病毒：朊病毒的蛋白质，是正常蛋白质的一个异构体。能使正常的蛋白质发生异构化，成为新的朊病毒，表现为：蛋白质→蛋白质。但本质上可以说是一种特别的催化剂，而非完整的生命体。

（2）基因表达调控的机理：基因表达存在时空差异性。不同的生活时期基因表达存在的时间特异性。细胞中（或同一物种）的不同个体中存在空间特异性。具体的调控机理在不同的生物有不同特点，主要有真核生物的基因表达调控与原核生物的基因表达调控两类：①原核生物基因表达的调控是在一个特定的环境中为细胞创造高速生长的基础，或使细胞在受损伤时，尽快修复。主要发生在转录水平上，以开启或关闭某些基因的表达来适应环境条件。②原核生物基因表达调控多采用操纵子模型，协调相关蛋白质的表达。σ 因子决定 RNA 聚合酶的识别特异性。阻遏蛋白与阻遏机制：以特异的阻遏蛋白调控特异的表达过程。转录与翻译常有空间上重叠，故翻译对转录有一定的影响。

（3）真核生物的基因调控有瞬时调控（相当于原核生物对环境条件做出的反应）与发育调控（决定真核细胞生长、分化、发育的全部过程）。随着遗传信息的传递（从 DNA 到蛋白质），调控在不同的水平上分别进行，从而严格地控制着遗传信息的表达。

2. 原核生物的基因与真核生物的基因在组织形式和表达方式方面有哪些主要的区别？

【答案】原核生物的基因与真核生物的基因在结构、RNA 加工过程，以及转录与翻译是否偶联等方面存在区别。

（1）结构方面（组织形式）的区别：①原核生物的基因包括上游的启动子、下游的终止子及中间的 RNA 编码序列。真核生物的基因也具有这些特征，但其启动子要复杂得多，与启动子相邻或相距较远的增强子和沉默子元件会对真核基因的转录产生较大的影响。②真核生物的基因是具有内含子的割裂基因。③原核生物的 mRNA 多为多顺反子，包含多个基因的氨基酸编码信息。而真核生物的 mRNA 为单顺反子，包含单个基因的氨基酸编码信息。

（2）RNA 加工过程的区别：①原核生物的基因没有内含子，而典型的真核生物基因含有一个或多个内含子，转录的区域比成熟的 mRNA 要大得多。②真核生物 mRNA 的加工包括 5′ 端加帽，3′ 端加 poly(A) 尾巴和内含子的切除。③转录与翻译的区别：由于原核生物没有细胞核，转录和翻译是偶联的；真核生物的 mRNA 必须在细胞核中加工成熟，转运到细胞质中才能作为翻译的模板，由核糖体完成蛋白质的合成。

这三方面的不同决定真核生物在这三个水平对基因进行表达调控即：转录水平、mRNA加工水平和翻译水平。

第二节　乳糖操纵子与负控诱导系统

一、重点解析

1. 操纵子学说是关于原核生物基因结构及其表达调控的学说

1961 年，法国巴斯德研究所的雅各布（Jacob）和莫诺（Monod）提出操纵子学说，获得1965年诺贝尔生理学或医学奖。该学说认为大肠杆菌乳糖操纵子包括3个结构基因——Z、Y 和 A，以及启动子、操纵基因和阻遏基因等。转录时，RNA 聚合酶首先与启动区结合，通过操纵区向右转录。转录从 O 区的中间开始，按 Z → Y → A 方向进行，每次转录出来的一条 mRNA 上都带有这 3 个基因。转录的调控是在启动区和操纵区进行的。

2. 酶的诱导-lac 体系受调控的证据

乳糖操纵子体系受到调控。在不含乳糖及 β-半乳糖苷的培养基中，lac⁺ 基因型每个大肠杆菌细胞内大约只有 1 ～ 2 个酶分子。如果在培养基中加入乳糖，酶的浓度很快达到细胞总蛋白质量的 6% 或 7%，每个细胞中可有超过 10^5 个酶分子。在无葡萄糖有乳糖的培养基中，lac⁺ 细菌中将同时合成 β-半乳糖苷酶和透过酶。用 ^{32}P 标记的 mRNA 与模板 DNA 进行定量分子杂交，表明培养基中加入乳糖 1 ～ 2 分钟后，编码 β-半乳糖苷酶和透过酶的 lac mRNA 量就迅速增加，去掉乳糖后，lac mRNA 量立即下降。用 ^{35}S 标记大肠杆菌细胞（培养基中没有半乳糖），将这些带有放射性的细菌转移到不含 ^{35}S 的培养基中，加入诱导物后 β-半乳糖苷酶便开始合成。分离纯化 β-半乳糖苷酶，发现这种酶无 ^{35}S 标记，说明这种酶是加入诱导物后新合成的。

3. 操纵子模型及影响因子

1940 年，Monod 发现细菌在含葡萄糖和乳糖的培养基上生长时，细菌先利用葡萄糖，等葡萄糖用完后，才利用乳糖；在糖源转变期，细菌的生长会出现停顿，即产生"二次生长曲线"。细胞中存在两种酶，即组成酶与适应酶（诱导酶）。1951 年，Monod 与 Jacob 合作开展研究。随后发现两个基因：Z 基因，与合成 β-半乳糖苷酶有关；I 基因，决定细胞对诱导物的反应。I 基因决定阻遏物的合成，当阻遏物存在时，酶无法合成，只有诱导物存在，才能去掉该阻遏物。Jacob 认为结构基因旁有开关基因（即操纵基因），阻遏物通过与开关基因的结合，控制结构基因的表达。操纵子是指染色体上控制蛋白质合成的功能单位，包括一个操纵基因，一群功能相关的结构基因以及在调节基因和操纵基因之间专管转录起始的启动基因（启动子），产生阻遏物的调节（阻遏物）基因。

Z、Y 和 A 是乳糖操纵子中的三个结构基因，Z、Y、A 基因产物由同一条多顺反子mRNA 分子所编码。Z 编码 β-半乳糖苷酶。β-半乳糖苷酶是一种 β-半乳糖苷键的专一性酶，除能将乳糖水解成葡萄糖和半乳糖外，还能水解其他 β-半乳糖苷（如苯基半乳糖苷）。Y 编码 β-半乳糖苷透过酶。β-半乳糖苷透过酶的作用是使外界的 β-半乳糖苷（如乳糖）能透过大肠杆菌细胞壁和原生质膜进入细胞内。A 编码 β-半乳糖苷乙酰基转移酶。β-半乳糖苷乙酰基转移酶的作用是把乙酰辅酶 A 上的乙酰基转到 β-半乳糖苷上，形成乙酰半乳糖。阻遏基因有其自身的启动子和终止子，转录方向和结构基因群的转录方向一致，阻遏物 mRNA 是由弱启动子控制下永久型合成的，编码产生由 347 个氨基酸组成的调控蛋白 R，每个细胞中有 5～10 个阻遏物分子。启动子（P 区）是指能被 RNA 聚合酶识别、结合并启动基因转录的一段 DNA 序列。P 区的位置从 I 基因结束到 mRNA 转录起始位点下游 5～10bp。操纵基因（O 区）是阻遏物结合区，位于 P 区后半部分和转录起始区（-7～+28），该区序列有对称性，其对称中心点在 +11 位。常与启动子邻近或与启动子序列重叠，当调控蛋白结合在操纵子序列上，会影响其下游基因转录的强弱。

在环境中没有乳糖存在的情况下，R 形成分子量为 152000 的活性四聚体，能特异地与操纵子 O 紧密结合，从而阻止利用乳糖的酶类基因的转录；当环境中有足够的乳糖时，乳糖受 β-半乳糖苷酶作用转变为异构乳糖，异构乳糖与 R 结合，使 R 的空间构象变化，四聚体解聚成单体，失去与操纵子特异性紧密结合的能力，从而解除了阻遏蛋白的作用，使其后的基因得以转录合成利用乳糖的酶类。

乳糖操纵子强的诱导作用既要乳糖又要缺乏葡萄糖，同时调控也是通过阻遏蛋白的负性调节与 CAP 蛋白的正性调节协调合作完成的。细菌中有一种能与 cAMP 特异结合的 cAMP 受体蛋白 CRP，当 CRP 未与 cAMP 结合时它是没有活性的，当 cAMP 浓度升高时，CRP 与 cAMP 结合并发生空间构象的变化而活化，称为 CAP。cAMP 是在腺苷酸环化酶的作用下由 ATP 转变而来的，在真核生物的激素调节过程中也起着十分重要的作用。细菌中的 cAMP 含量与葡萄糖的分解代谢有关，当细菌利用葡萄糖分解供给能量时，cAMP 生成少而分解多，cAMP 含量低；相反，当环境中无葡萄糖可供利用时，cAMP 含量就升高。低效率启动子位于没有很好的保守序列的-35 区或-10 区，如果没有辅助蛋白正调控物的协助，RNA 聚合酶并不能在其上起始转录。阻遏蛋白封闭转录时，CAP 不发挥作用，但若没有 CAP 加强转录，即使阻遏蛋白从 P 区上解聚仍无转录活性。葡萄糖可降低 cAMP 浓度，阻碍其与 CRP 结合从而抑制转录

降解物对基因的调节。

（1）降解物抑制作用：当葡萄糖存在时，即使在细菌培养基中加入乳糖、半乳糖、阿拉伯糖、麦芽糖等诱导物，与其对应的操纵子也不会启动，不会产生代谢这些糖的酶（葡萄糖效应）。

（2）葡萄糖对 lac 操纵子表达的抑制是间接的。

（3）某大肠杆菌突变体，它不能将葡萄糖-6-磷酸转化为下一步代谢中间物，该细菌的 lac 基因能在葡萄糖存在时被诱导合成。

（4）不是葡萄糖而是它的某些降解产物抑制 lac mRNA 的合成，科学上把葡萄糖的这种效应称之为代谢物阻遏效应。

二、名词解释

1. 操纵子

操纵子是指染色体上控制蛋白质合成的功能单位，包括一个操纵基因，一群功能相关的结构基因以及在调节基因和操纵基因之间专管转录起始的启动基因（启动子）。

2. 安慰性诱导物

实验室常用两种乳糖类似物——异丙基巯基半乳糖苷（IPTG）和巯甲基半乳糖苷（TMG），在酶活性分析中常用发色底物 O-硝基半乳糖苷（ONPG），因为它们都不是半乳糖苷酶的底物，所以又称为安慰性诱导物。

3. 葡萄糖效应（降解物阻抑）

是指在葡萄糖存在的情况下，即使在细菌培养基中加入乳糖、半乳糖、阿拉伯糖或麦芽糖等诱导物，与其相对应的操纵子也不会启动，产生出代谢这些糖的酶。这种葡萄糖的存在阻止了其他糖类利用的现象，称为葡萄糖效应，也称为降解物阻抑。

三、课后习题

课后习题及答案

四、拓展习题

（一）填空题

1. 大肠杆菌乳糖操纵子包括三个结构基因：_____、*lacY* 和 *lacA*，以及_____、操纵基因和_____。

【答案】*lacZ*；启动子；阻遏基因；

【解析】大肠杆菌乳糖操纵子包括三个结构基因：*Z*（编码 β-半乳糖苷酶）、*Y*（编码 β-半乳糖苷酶透过酶）、*A*（编码 β-半乳糖苷乙酰基转移酶），以及启动子（*P*）、操纵基因（*O*）、阻遏基因（*I*）。

2. 在大肠杆菌中，cAMP 的浓度受到葡萄糖代谢的调节。如果将细菌放在缺乏碳源的培养基中培养，细胞内 cAMP 浓度就高；如果在含葡萄糖的培养基中培养，cAMP 的浓度就_____；如果培养基中只有甘油或乳糖等不进行糖酵解途径的碳源，cAMP 的浓度会_____。因此推测糖酵解途径中位于葡糖-6-磷酸与甘油之间的某些代谢产物是腺苷酸环化酶活性的抑制剂。

【答案】低；很高。

【解析】葡萄糖的代谢中间产物会间接降低细胞内腺苷酸环化酶的活性，导致胞内 cAMP 的含量降低，与它相结合的正调控蛋白（CRP）因找不到配体而不能形成复合物（CRP-cAMP），该复合物是激活乳糖操纵子的重要组成部分，细菌对此复合物的需求是独立的，与阻遏体系无关，转录必须由此复合物结合在 DNA 的启动子区域上。

3. 大肠杆菌在含有乳糖和葡萄糖的培养基中，只以_____为碳源，这是因为_____位点的正调控开关被关闭。

【答案】葡萄糖；乳糖操纵子启动子区 CRP-cAMP 结合。

【解析】在大肠杆菌中，在有葡萄糖存在的条件下，其他碳源利用相关基因表达的操纵子如乳糖操纵子的基因表达受葡萄糖中间代谢产物的抑制，是代谢物阻抑。葡萄糖的代谢中间产物会间接降低细胞内腺苷酸环化酶的活性，导致胞内 cAMP 的含量降低，与它相结合的正调控蛋白（CRP）因找不到配体而不能形成复合物（CRP-cAMP），该复合物是激活乳糖操纵子的重要组成部分，细菌对此复合物的需求是独立的，与阻遏体系无关，转录必须有此复合物结合在 DNA 的启动子区域上。

4. _____ 和 _____ 提出操纵子模型。

【答案】莫诺；雅各布。

【解析】操纵子学说是由法国科学家莫诺与雅各布于 1961 年发表的"蛋白质合成中的遗传调节机制"一文中提出的学说，该学说开创了基因调控的研究。

5. 操纵子是指染色体上控制蛋白质合成的功能单位，包括一个 _____ 和 _____，一群功能相关 _____ 以及在调节基因和操纵基因之间专管转录起始的 _____。

【答案】调节基因；操纵基因；结构基因；启动基因。

【解析】操纵子包括功能上彼此相关的结构基因和控制部位，后者由启动子和操纵基因组成。一个操纵子全部基因都排列在一起，操纵子中的控制部位可接受调节基因产物的调节。

6. 在 _____ 存在下，即使在细菌培养基中加入乳糖、半乳糖、阿拉伯糖等诱导物，与其对应的操纵子也不会启动，不会产生代谢这些糖的酶。

【答案】葡萄糖。

【解析】添加葡萄糖后，葡萄糖是最方便的能源，细菌所需要的能量可从葡萄糖中得到满足，无需开启一些不常用的基因去利用其他糖类。

7. 乳糖操纵子结构基因 Z 编码的酶是 _____。

【答案】β-半乳糖苷酶。

【解析】$lacZ$ 编码 β-半乳糖苷酶，这是一种将双糖乳糖水解为葡萄糖与半乳糖两个单糖的酶。

8. 乳糖操纵子结构基因 Y 编码的酶是 _____。

【答案】β-半乳糖苷透过酶。

【解析】$lacY$ 编码 β-半乳糖苷透过酶，可使乳糖进入细菌细胞内。

9. 乳糖操纵子结构基因 A 编码的酶是 _____。

【答案】β-半乳糖苷乙酰基转移酶。

【解析】$lacA$ 编码 β-半乳糖苷乙酰基转移酶，其作用是把乙酰基从乙酰辅酶 A 转移至 β-半乳糖苷上。

10. 实验室常用的两种乳糖类似物：_____ 和 _____。

【答案】异丙基巯基半乳糖苷；巯基甲基半乳糖苷。

【解析】在研究乳糖操纵子在调控中的诱导作用时，很少使用乳糖，因为培养基中的乳糖会被诱导作用生产的半乳糖苷酶催化降解，从而使其浓度不断发生变化。实验室里常常使用两种含硫的乳糖类似物：异丙基巯基半乳糖苷（IPTG）和巯基甲基半乳糖苷（TMG）。另外，在酶活性分析中常用 ONPG。

11. lac 基因产物数量上的比较：在完全被诱导的细胞中 _____、_____ 及 _____ 拷贝数的比例为 1∶0.5∶0.2。

【答案】β-半乳糖苷酶；β-半乳糖苷透过酶；β-半乳糖苷乙酰基转移酶。

【解析】在大肠杆菌的乳糖系统操纵子中，β-半乳糖苷酶、β-半乳糖苷透过酶，β-半乳糖苷乙酰基转移酶的结构基因以 *lacZ*（*Z*），*lac Y*（*Y*），*lac A*（*A*）的顺序分别排列在染色体上。

12. 在 *lac* mRNA 分子内部，_____基因比_____基因更易受内切酶作用发生降解，因此，在任何时候_____基因的完整拷贝数要比_____基因多。

【答案】*A*；*Z*；*Z*；*A*。

【解析】在一个完全被诱导的细胞中 β-半乳糖苷酶、β-半乳糖苷透过酶及 β-半乳糖苷乙酰基转移酶的拷贝数比例为 1∶0.5∶0.2。不同的酶在数量上的差异是由翻译水平上受到调节造成的。这种调节有以下两种方式：① *lac* mRNA 可能与翻译过程中的核糖体相脱离从而终止蛋白质链的翻译。因此存在一个从 mRNA 5′ 末端到 3′ 末端的蛋白合成梯度。②在 *lac* mRNA 分子内部 *lacA* 基因比 *lacZ* 基因更易受内切酶作用发生降解。因此，在任何时候 *lacZ* 基因的完整序列拷贝数要比 *lacA* 基因的多。

13. 协调调节中，葡萄糖 / 乳糖共同存在时，细菌优先利用_____（可降低 cAMP 浓度），阻碍其与 CRP 结合从而抑制转录。

【答案】葡萄糖。

【解析】葡萄糖能遏制较多糖代谢的操纵子，这些操纵子各自都控制一种糖的降解。葡萄糖通过选择性抑制编码代谢途径中其他酶的操纵子来实现对自身的优先利用。

14. *lac* mRNA 可能与翻译过程中的核糖体相脱离，从而_____。因此，存在着从 mRNA 的 5′ 末端到 3′ 末端的蛋白质合成梯度。

【答案】终止蛋白质链的翻译。

【解析】不同的酶在数量上的差异是由翻译水平上受到调节造成的，*lac* mRNA 可能与翻译过程中的核糖体相脱离从而终止蛋白质链的翻译。因此，存在一个从 mRNA 5′ 末端到 3′ 末端的蛋白质合成梯度。

15. 操纵子的天然诱导物是_____，实验室里常用_____作为乳糖操纵子的诱导物，用来诱导 β-半乳糖苷酶的产生。

【答案】异构乳糖；IPTG。

【解析】在研究乳糖操纵子的调控中的诱导作用时，很少使用乳糖，因为培养基中的乳糖会被诱导作用生产的半乳糖苷酶所催化降解，从而使其浓度不断发生变化。实验室里常常使用两种含硫的乳糖类似物——IPTG 和 TMG。另外，在酶活性分析中常用 ONPG。

（二）选择题

1.（单选）操纵子一般是由（　　）组成。

A. 结构基因、启动子和调节基因　　　　B. 操纵基因、结构基因、启动子

C. 操纵基因、结构基因和增强子　　　　D. 操纵基因、启动子、结构基因和调节基因

【答案】D

【解析】操纵子一般是由启动子、操纵基因、结构基因和调节基因组成的一个转录功能单位。

2.（单选）与大肠杆菌半乳糖苷酶基因表达无关的是（　　）

A. 弱化子　　　　　　B. 操纵基因　　　　　　C. 半乳糖　　　　　　D. 启动子

【答案】A

【解析】弱化子是色氨酸操纵子结构基因中的一个区域，此区域以形成不同二级结构的方式，利用原核生物转录与翻译的偶联对转录进行调节。

3.（单选）在乳糖操纵子中，与阻遏蛋白结合的是（　　）。

A. 操纵基因　　　　　B. 调节基因　　　　　C. 启动基因　　　　　D. 结构基因

【答案】A

【解析】操纵子包括功能上彼此相关的结构基因和控制部位，后者由启动子和操纵基因组成。一个操纵子全部基因都排列在一起，操纵子中的控制部位可接受调节基因产物阻遏蛋白的调节。

4.（单选）乳糖操纵子的直接诱导剂是（　　）。

A. 葡萄糖　　　　　B. 乳糖　　　　　C. β-半乳糖苷酶　　　　D. 异构乳糖

【答案】D

【解析】乳糖操纵子的直接诱导剂是异构乳糖（别乳糖）。

5.（单选）在下列哪种情况下，乳糖操纵子的转录活性最高。（　　）

A. 高乳糖，低葡萄糖　　　　　　　　B. 高乳糖，高葡萄糖

C. 低乳糖，低葡萄糖　　　　　　　　D. 低乳糖，高葡萄糖

【答案】A

【解析】添加葡萄糖后，葡萄糖是最方便的能源，细菌所需要的能量可从葡萄糖中得到满足，无须开启一些不常用的基因去利用其他糖类，因此只有当培养基中葡萄糖紧缺的时候才会打开代谢乳糖的基因。

6.（多选）下列有关乳糖操纵子调控系统的论述中，正确的是（　　）。

A. 乳糖操纵子是第一个被发现的操纵子

B. 乳糖操纵子由一个结构基因及其上游的启动子、操纵基因和调节基因组成

C. 乳糖操纵子的调控因子有阻遏蛋白和 CAP

D. 乳糖操纵子调控系统的诱导物是别乳糖

【答案】A、C、D

【解析】乳糖操纵子由三个结构基因及其上游的启动子、操纵基因和调节基因组成。

7.（多选）当培养基中含有大量葡萄糖时，正确的说法是（　　）

A. cAMP 水平增高　　　　　　　　B. cAMP 水平降低

C. 乳糖操纵子的表达水平增高　　　　D. 乳糖操纵子的表达水平降低

【答案】B、D

【解析】在大肠杆菌中，cAMP 的浓度受到葡萄糖代谢的调节。葡萄糖降解物能抑制细胞内 cAMP 产生。因为 ATP 是 cAMP 的前体，担任这种转化的酶是腺苷酸环化酶，此酶受葡萄糖代谢降解物的直接抑制从而造成 cAMP 不能产生。当大肠杆菌培养基中的葡萄糖浓度较低时，在培养基中加入其他糖类，不会诱导相应的操纵子启动表达，只有当葡萄糖消耗完全，才会诱导相应的操纵子启动表达。

8.（单选）环境中乳糖存在时，大肠杆菌半乳糖苷酶基因转录正常进行的原因是（　　）。

A. 使阻抑物失去与操纵基因结合的能力　　B. 使阻抑物失去与调节基因结合的能力

C. 使阻抑物失去与启动子结合的能力　　　D. 使阻抑物失去与结构基团结合的能力

【答案】A

【解析】诱导物异构乳糖与阻遏蛋白结合，使其失去 DNA 结合活性，从操纵区脱落下来，从而启动结构基因的表达。

9.（单选）cAMP 在转录的调控作用下将出现下列哪种现象？（　　）

A. cAMP 转变为 CRP

B. CRP 转变为 cAMP

C. cAMP-CRP 形成复合物

D. 葡萄糖分解活跃，cAMP 增加，促进乳糖利用来扩充能源

【答案】C

【解析】A 项，CRP 是由 *Crp* 基因编码；B 项，cAMP 是 ATP 在腺苷酸环化酶的作用下产生的；D 项，葡萄糖分解活跃，cAMP 减少。

10.（单选）操纵子模型可以成功地说明基因转录的调控机制，照此假说，实现对基因活性起调节作用的是（ ）。

A. 诱导酶　　　　B. 阻遏蛋白　　　　C. RNA 聚合酶　　　　D. DNA 聚合酶

【答案】B

【解析】操纵子包括功能上彼此相关的结构基因和控制部位，后者由启动子和操纵基因组成。一个操纵子全部基因都排列在一起，操纵子中的控制部位可接受调节基因产物阻遏蛋白的调节。

11.（单选）以下关于乳糖操纵子的调控作用叙述错误的是（ ）。

A. cAMP 可与 CRP 结合成复合物　　　B. cAMP-CRP 复合物结合在启动子前方

C. 葡萄糖充足时，cAMP 平不高　　　D. 葡萄糖和乳糖并存时，细菌优先利用乳糖

【答案】D

【解析】添加葡萄糖后，葡萄糖是最方便的能源，细菌所需要的能量可从葡萄糖中得到满足，无需开启一些不常用的基因去利用其他糖类。

12.（单选）大肠杆菌乳糖操纵子的 3 个结构基因不包括（ ）

A. *Z*　　　　B. *B*　　　　C. *Y*　　　　D. *A*

【答案】B

【解析】在大肠杆菌的乳糖系统操纵子中，β-半乳糖苷酶，β-半乳糖苷透过酶，β-半乳糖苷乙酰基转移酶的结构基因以 *lacZ*（*Z*），*lacY*（*Y*），*lacA*（*A*）的顺序分别排列在染色体上。

（三）判断题

1. 乳糖操纵子在非诱导状态不存在本底合成。（ ）

【答案】错误

【解析】乳糖操纵子的本底水平表达是指在非诱导状态下有少量的 *lac* mRNA 合成来指导透过酶的合成，每个细胞周期发生 1～2 次。

2. 大肠杆菌参与糖代谢的酶及氨基酸、核苷酸合成系统的酶类，其合成速度和总量都随培养条件的变化而变化。（ ）

【答案】正确

【解析】当大肠杆菌培养基中的葡萄糖浓度较低时，在培养基中加入其他糖类，不会诱导相应的操纵子启动表达，只有当葡萄糖消耗完全，才会诱导相应的操纵子启动表达。

3. 在大肠杆菌中，cAMP 的浓度受到葡萄糖代谢的调节。如果将细菌放在缺乏碳源的培养基中培养，细胞中 cAMP 浓度就高；如果在含葡萄糖的培养基中培养，cAMP 浓度就低；如果培养基中只有甘油或乳糖等不进行糖酵解途径的碳源，cAMP 浓度也会很高。（ ）

【答案】正确

【解析】在大肠杆菌中 cAMP 的浓度受到葡萄糖代谢的调节。葡萄糖降解物能抑制细胞内 cAM 产生。因为 ATP 是 cAMP 的前体，担任这种转化的酶是腺苷酸环化酶，此酶受葡萄糖代谢降解物的直接抑制从而造成 cAMP 不能产生。

4. 乳糖操纵子学说认为，调节基因表达的阻遏蛋白是无活性的，只有在诱导物乳糖存在下与乳糖结合形成有活性的诱导物-阻遏蛋白复合物，这个复合物与操纵子结合，从而启动结构基因的表达。（　　）

【答案】错误

【解析】调节基因表达的阻遏蛋白是有活性的，且与操纵区结合阻遏结构基因的表达，只有在诱导物异构乳糖与阻遏蛋白结合，使其失去 DNA 结合活性，从操纵区脱落下来，从而启动结构基因的表达。

5. 当大肠杆菌培养基中的葡萄糖浓度较低时，在培养基中加入乳糖，可以诱导相应的乳糖操纵子启动表达。（　　）

【答案】错误

【解析】当大肠杆菌培养基中的葡萄糖浓度较低时，在培养基中加入乳糖，不会诱导相应的乳糖操纵子启动表达，只有当葡萄糖消耗完全，才会诱导相应的乳糖操纵子启动表达。

6. IPTG 是乳糖操纵子的强诱导剂，它被诱导的半乳糖苷酶切割后，其部分发色基因呈蓝色，因此可作为筛选 *lacZ* 标志基因的诱导剂。（　　）

【答案】错误

【解析】IPTG 诱导 β-半乳糖苷酶表达，β-半乳糖苷酶切割底物 X-gal，X-gal 显色。

7. *E.coli* 的 σ 因子种类和含量受营养条件的影响。（　　）

【答案】正确

【解析】原核生物的 σ 家族包含多个成员，原核生物需要通过诱导不同 σ 因子来调控特定基因的转录与表达适应不同的环境状况。

8. 大肠杆菌中 σ70 启动子在核心酶结合到 DNA 链上之后才能与启动子区相结合。（　　）

【答案】正确

【解析】σ70 启动子只有在核心酶结合到 DNA 链上之后才能与启动子区相结合，而 σ54 则类似于真核生物的 TATA 区结合蛋白（TBP），可以在无核心酶时独立结合到启动子上。

9. 在大肠杆菌面临高温环境时，细胞中参与热休克基因调控的 σ32 因子的数量会迅速增加，激活热休克基因的转录。（　　）

【答案】正确

【解析】大肠杆菌中的 σ32 热激因子只介导合成蛋白质固定和折叠所需的蛋白等。

10. CRP-cAMP 复合物结合到上游调控元件，提高基因的转录速度。（　　）

【答案】错误

【解析】CRP-cAMP 复合物可结合到紧邻 RNA 聚合酶结合位点上游的乳糖操纵子的启动子上游。能使 DNA 双螺旋发生弯曲有利于形成稳定的开放型启动子-RNA 聚合酶结构使转录效率提高，而不是提高转录速度。

11. 操纵子的结构包括操纵基因、调节基因、结构基因和启动子。（　　）

【答案】正确

【解析】操纵子包括功能上彼此相关的结构基因和控制部位，后者由启动子和操纵基因组成。一个操纵子全部基因都排列在一起，操纵子中的控制部位可接受调节基因产物阻遏蛋白的调节。

12. 大肠杆菌乳糖操纵子转录时 RNA 聚合酶首先与操纵区（O 区）结合。（　　）

【答案】错误

【解析】大肠杆菌乳糖操纵子转录时 RNA 聚合酶首先与启动子区（P 区）结合。

13. 大肠杆菌乳糖操纵子结构基因 $lacZ$、$lacY$、$lacA$ 分别是 β-半乳糖苷酶、β-半乳糖苷透过酶、β-半乳糖苷乙酰基转移酶。（　　）

【答案】正确

【解析】在大肠杆菌的乳糖系统操纵子中，β-半乳糖苷酶，β-半乳糖苷透过酶，β-半乳糖苷乙酰基转移酶的结构基因以 $lacZ$（Z），$lacY$（Y），$lacA$（A）的顺序分别排列在染色体上。

14. 大肠杆菌乳糖操纵子结构基因的转录顺序是 $Z \rightarrow Y \rightarrow A$。（　　）

【答案】正确

【解析】在大肠杆菌的乳糖系统操纵子中，β-半乳糖苷酶，β-半乳糖苷透过酶，β-半乳糖苷乙酰基转移酶的结构基因以 $lacZ$（Z），$lac\,Y$（Y），$lac\,A$（A）的顺序分别排列在染色体上。

15. 当阻遏物与操纵区结合时，lac mRNA 的转录起始被激活。（　　）

【答案】错误

【解析】当诱导物和阻遏物结合时，阻遏蛋白失去活性不能与操纵区结合，从而基因转录。

16. 当诱导物和阻遏物结合时，lac mRNA 的转录起始被激活。（　　）

【答案】正确

【解析】当诱导物和阻遏物结合时，阻遏蛋白失去活性不能与操纵区结合，从而基因转录。

17. $lacZ$、$lacY$、$lacA$ 基因产物由三条 mRNA 分子编码。（　　）

【答案】错误

【解析】$lacZ$、$lacY$、$lacA$ 基因作为一个转录单元，形成一个 mRNA 分子。

18. 有乳糖存在时，lac 操纵子处于阻遏状态。（　　）

【答案】错误

【解析】葡萄糖存在时，lac 操纵子处于阻遏状态。

19. lac 操纵子阻遏物 mRNA 是在强启动子控制下组成型合成的。（　　）

【答案】错误

【解析】lac 操纵子阻遏物 mRNA 是在弱启动子控制下组成型合成的。

20. β-半乳糖苷酶在乳糖代谢中的作用是把前者分解成两分子半乳糖。（　　）

【答案】错误

【解析】β-半乳糖苷酶在乳糖代谢中的作用是把前者分解成一分子的葡萄糖和一分子的半乳糖。

21. 当细菌利用葡萄糖作为能量来源时，cAMP 生成多分解少，含量上升。（　　）

【答案】错误

【解析】当细菌利用葡萄糖作为能量来源时，cAMP 含量下降。

22. $lacZ$、$lacY$、$lacA$ 三种基因的拷贝数量一样多。（　　）

【答案】错误

【解析】在一个完全被诱导的细胞中 β-半乳糖苷酶、β-半乳糖苷透过酶及 β-半乳糖苷乙酰基转移酶的拷贝数比例为 $1：0.5：0.2$。

23. 阻遏基因不具有自身的启动子和终止子。（　　）

【答案】错误

【解析】阻遏基因具有自身的启动子和终止子。

24. 操纵区是乳糖操纵子基因上的一小段序列，是 RNA 酶的结合位点。（　　）

【答案】错误

【解析】启动子区是乳糖操纵子基因上的 RNA 酶的结合位点。

25. 乳糖操纵子基因上的启动区 P 位于阻遏基因 lacI 与操纵区 O 之间。若阻遏基因 lacI 由弱启动子变为强启动子，则整个 lac 操纵子更易被诱导。（　　）

【答案】错误

【解析】lacI 具有独立的启动子，它的启动子变化只会影响阻遏蛋白的产量。

（四）问答题

1. 简述代谢物对基因表达调控的两种方式。

【答案】代谢物对基因表达调控的两种方式是正转录调控和负转录调控。

（1）负转录调控（负调控）：调节基因的产物是阻遏蛋白，阻止结构基因转录。在没有阻遏蛋白存在时基因表达，加入阻遏蛋白后基因表达活性被关闭。原核生物以负调控为主。①负控诱导：阻遏蛋白与操纵基因结合，可阻止结构基因转录。当有诱导物时，阻遏蛋白与之结合，开启基因转录。即阻遏蛋白与效应物（诱导物）结合时，结构基因转录。②负控阻遏：非活性的阻遏蛋白不影响结构基因的转录，当其与辅阻遏物结合后，抑制结构基因的转录。即阻遏蛋白与效应物（辅阻遏物）结合时，结构基因不转录。

（2）正转录调控（正调控）：调节基因的产物是激活蛋白，激活结构基因转录。在没有激活蛋白存在时基因关闭，加入激活蛋白则基因活性被开启。①正控诱导系统：效应物分子（诱导物）的存在使激活蛋白处于活性状态，开启结构基因的转录。②正控阻遏系统：激活蛋白可与启动子结合，促进结构基因的转录。但效应物分子（辅阻遏物）的存在使激活蛋白处于非活性状态，不能启动结构基因的转录。

2. 什么是操纵子学说？

【答案】操纵子学说是由 Jacob 和 Monod 于 1961 年提出的关于原核生物基因结构及其表达调控的学说，基本内容如下：

（1）lacZ、lacY、lacA 基因的产物由同一条多顺反子的 mRNA 分子所编码。

（2）该 mRNA 分子的启动子（P）位于阻遏基因（lacI）与操纵基因（O）之间，不能单独启始 β-半乳糖苷酶和 β-半乳糖苷透过酶基因的高效表达。

（3）操纵基因（O）是 DNA 上的一小段序列（仅为 26bp），是阻遏蛋白的结合位点。

（4）当阻遏蛋白与 O 结合时，lac mRNA 的转录起始受到抑制。

（5）诱导物通过与阻遏蛋白结合，改变其三维构象，使之不能与 O 结合，从而激发 lac mRNA 的合成。有诱导物存在时，操纵基因 O 没有被阻遏物占据，启动子能够顺利起始 mRNA 的转录。

3. 简述乳糖操纵子的调控模型。

【答案】（1）乳糖操纵子基本结构依次排列着：①调节基因（I）。②启动子（P）。③操纵基因（O）：不编码任何蛋白质，是另一位点上调节基因 I 所编码的阻遏蛋白的结合部位，使操纵子受阻遏而处于关闭状态。④结构基因：lacZ、lacY、lacA，分别编码 β-半乳糖苷酶、β-半乳糖苷透过酶和 β-半乳糖苷乙酰基转移酶。

（2）乳糖操纵子的调控过程。①乳糖的负控诱导：乳糖不存在时，阻遏蛋白结合到操纵区，阻碍 RNA 聚合酶与 *lac* 启动子区的结合，下游结构基因无法转录。乳糖存在时，异构乳糖与阻遏蛋白的变构位点结合，阻遏蛋白构象改变，失去活性而不与操纵区结合，下游基因能正常转录，产生相应的酶，使大肠杆菌能利用乳糖。乳糖耗尽，诱导物异构乳糖减少，失去诱导物的阻遏蛋白会重新特异性结合 *lac* 操纵区，阻止基因转录。②葡萄糖效应（降解物阻遏效应）：当葡萄糖与乳糖同时存在，大肠杆菌在耗尽外源葡萄糖之前不会诱发 *lac* 操纵子。原因是葡萄糖的某些代谢产物抑制细菌的腺苷酸环化酶使 cAMP 的合成受阻，cAMP 的含量降低，导致与之结合的蛋白 CRP 不能激活，从而抑制乳糖操纵子中结构基因的转录，导致乳糖不被利用。

4. 什么是葡萄糖效应？

【答案】葡萄糖效应又称降解物阻遏，是指在培养基中葡萄糖和乳糖（或半乳糖、阿拉伯糖、麦芽糖等）同时存在时，葡萄糖的代谢产物降低细胞内 cAMP 含量，阻遏其他糖类操纵子激活复合物的形成，影响其与启动区结合，从而使得对应结构基因无法转录，导致葡萄糖总是优先被利用而其他糖类不被利用的现象。

5. 假设大肠杆菌中 cAMP 环化酶基因突变，其乳糖操纵子基因调控会有什么影响？

【答案】cAMP 环化酶，是膜整合蛋白，能够将 ATP 转变成 cAMP，引起细胞的信号应答，是 G 蛋白偶联系统中的效应物。cAMP 环化酶基因突变，乳糖操纵子基因调控受到的影响如下：cAMP 环化酶基因突变，使 cAMP 环化酶减少，不能合成 cAMP，使之不能与 CAP 形成 cAMP-CAP 复合物，影响 CAP 与启动基因的结合，也影响 RNA 聚合酶与启动基因的结合，因此转录不能进行，不能合成利用乳糖的 β-半乳糖苷酶等相关酶。

6. 区别可诱导和可阻遏的基因调控。

【答案】基因调控是指基因表达的调控。分为可诱导的基因调控和可阻遏的基因调控。

（1）可诱导的基因调控，在可诱导的系统中，操纵子只有在诱导物存在时才开放，没有诱导物时阻遏蛋白结合在操纵子上阻止结构基因的转录。①存在诱导物时，它与阻遏蛋白结合，使之变构不再与操纵子结合，打开操纵子。②酶的诱导是分解途径特有的，诱导物就是酶的底物或者底物的类似物。

（2）可阻遏的基因调控在可阻遏系统中操纵子被终产物所关闭。①不存在终产物时，阻碍蛋白不能结合到操作子上，因此操纵子开放。②存在终产物时，它结合到阻碍蛋白上，改变后者的构象，使其能结合到操作子上，关闭操纵子。③酶阻遏是合成代谢的特点。

7. 何为安慰诱导物，你知道有哪些安慰诱导物？与应用真正的诱导物相比，应用安慰诱导物进行试验的好处有哪些？

【答案】（1）安慰诱导物是指一种与天然诱导物结构相似的化合物，且与转录中实际诱导物相似，但不是该诱导酶的底物。

（2）应用安慰诱导物进行试验的好处：真正的诱导物乳糖会被诱导合成的 β-半乳糖苷酶所催化降解，从而使其浓度发生变化。而安慰诱导物因为本身不被降解，所以浓度不会发生变化，可以持续地诱导基因表达。

8. 结合 cAMP 的形成机制，并简述 cAMP 在大肠杆菌利用乳糖方面的作用。

【答案】环腺苷酸 cAMP 是指在腺苷酸环化酶的作用下由 ATP 转变而来的。cAMP 在大肠杆菌利用乳糖方面的作用如下：

（1）cAMP 与 CRP 蛋白结合形成复合物，该复合物是激活乳糖操纵子的重要组成部分，大肠杆菌乳糖操纵子的转录必须有 cAMP-CRP 复合物结合在 DNA 的启动子区域上。

（2）cAMP-CRP 复合物是一个不同于阻遏物的正调控因子，它与阻遏体系形成两个相互独立的调控体系，调节乳糖操纵子的转录。

（3）在大肠杆菌中，cAMP 的浓度受到葡萄糖代谢的调节。

（4）在含有葡萄糖的培养基中，cAMP 的浓度就低，大肠杆菌优先利用葡萄糖。

（5）在缺乏碳源的培养基中，cAMP 的浓度就高。

（6）大肠杆菌在只含有甘油或乳糖的培养基中（无进行糖酵解途径的碳源），cAMP 的浓度也会很高，启动大肠杆菌乳糖操纵子的表达。

（7）糖酵解途径中位于葡萄糖-6-磷酸与甘油之间的某个代谢产物是腺苷酸环化酶的抑制剂。

第三节　色氨酸操纵子与负控阻遏系统

一、重点解析

1. 色氨酸操纵子的结构

色氨酸操纵子负责色氨酸的生物合成，当培养基中有足够的色氨酸时，这个操纵子自动关闭，缺乏色氨酸时操纵子被打开，trp 基因表达，色氨酸或与其代谢有关的某种物质在阻遏过程（而不是诱导过程）中起作用。色氨酸体系的生物合成不受葡萄糖或 cAMP-CRP 的调控，色氨酸是效应物分子。色氨酸的合成主要分5步完成，有7个基因参与整个合成过程。trpE 和 trpG 编码邻氨基苯甲酸合酶；trpD 编码邻氨基苯甲酸磷酸核糖转移酶；trpF 编码异构酶；trpC 编码吲哚甘油磷酸合酶；trpA 和 trpB 则分别编码色氨酸合酶的 α 和 β 亚基。在许多细菌中，trpE 和 trpG、trpC 和 trpB 分别融合成一个基因，产生具有双重功能的蛋白质。trpE 基因是第一个被翻译的基因，与 trpE 紧邻的是启动子区和操纵区，前导区和弱化子区分别定名为 trpL 和 trpa。

2. 弱化子对基因活性的影响

转录阻遏蛋白的负调控起到粗调的作用，而弱化子起到细调的作用。

除了阻遏物操纵基因的调节外，色氨酸操纵子还存在一种转录水平上调节基因表达的衰减作用以终止和减弱转录。这种调节的部位称为弱化子。

3. 转录调控方式

1）阻遏系统调控过程

trpE 基因是第一个被翻译的基因，紧邻启动子和操纵子区，trp 操纵子中产生阻遏物的基因是 trpR，该基因距 trp 基因簇很远，后者在大肠杆菌染色体图上 25min 处，而前者则位于 90min 处。trpR 基因突变常引起 trp mRNA 的永久型合成，该基因产物因此被称为辅阻遏蛋白。除非培养基中有色氨酸，否则这个辅阻遏蛋白不会与操纵区结合。辅阻遏蛋白与色氨酸相结合形成有活性的阻遏物，与操纵区结合并关闭 trp mRNA 转录。效应物分子色氨酸是 trp 操纵子所编码的生物合成途径的末端终产物。当培养基中色氨酸含量较高时，它与游离的辅阻遏蛋白相结合，并使之与操纵区 DNA 紧密结合；当培养基中色氨酸供应不足时，辅阻遏物失去色氨酸并从操纵区上解离，*trp* 操纵子去阻遏。

　　2）转录调控方式有弱化系统：前导区 *trpL* 和弱化子区 *trpa*

　　培养基无色氨酸时，细胞内色氨酸操纵子基因开始转录，此后转录速率受转录弱化机制调节，结构基因与操纵区之间有一弱化子区域（a）。在 *trp* mRNA 5′端有一个长 162bp 的 mRNA 片段被称为前导区 L（图 7-1），其中 123～150 位 bp 如果缺失，*trp* 基因表达可提高 6～10 倍。mRNA 合成起始以后，除非培养基中完全没有色氨酸，转录总是在这个区域终止，产生一个仅有 140 个核苷酸的 RNA 分子，终止 *trp* 基因转录，这个区域被称为弱化子，该区 mRNA 可通过自我配对形成茎-环结构。L 区编码了前导肽，当有高浓度 trp 存在时，由于弱化子 a 的作用，转录迅速减弱停止，生成 14nt 的 mRNA 前导序列；当 trp 浓度较低时，弱化子不起作用，转录得以正常进行，生成长约 7kb 的 mRNA，操纵子中第一个结构基因的起始密码子 AUG 在 +162 处。*trp* 前导区的碱基序列已经全部测定，第 10 和第 11 位上含两个相邻的色氨酸。

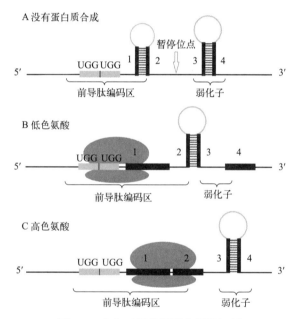

图 7-1　色氨酸操纵子弱化调控机制

　　trp 前导区引人注目的是其序列结构中，有 4 个分别以 1、2、3 和 4 表示的片段能以两种不同的方式进行碱基配对，有时以 1-2 和 3-4 配对，有时只以 2-3 方式互补配对。当培养基中色氨酸的浓度很低时，负载有色氨酸的 tRNA^Trp 也就少，这样翻译通过两个相邻色氨酸密码子的速度就会很慢，使 1 区与 2 区不能配对，2-3 区配对，不能形成 3-4 区配对的终止子的结构。当培养基中色氨酸浓度较高时，核糖体可顺利通过两个相邻的色氨酸密码子，在 4 区被转录之前就到达 2 区，使 2-3 区不能配对，3-4 区自由配对形成基一环终止子结构，转录被终止，*trp* 操纵子被关闭。一般认为，阻遏物从有活性向无活性的转变速度较慢，需要有一个能更快地做出反应的系统，以保持培养基中适当的色氨酸水平。弱化子能较快地通过抗终止的方法来增加 *trp* 基因表达，迅速提高内源色氨酸浓度。

　　阻遏物的作用是在有大量外源色氨酸存在时，阻止非必需的先导 mRNA 的合成，它使这个合成系统更加经济。

二、名词解释

1. 色氨酸操纵子

色氨酸操纵子负责色氨酸的生物合成，当培养基中有足够的色氨酸时，这个操纵子自动关闭，缺乏色氨酸时操纵子被打开，*trp* 基因表达，色氨酸或与其代谢有关的某种物质在阻遏过程（而不是诱导过程）中起作用。

2. 弱化子

是操纵子结构基因上游类似于终止子结构的一段 DNA 序列。它可使操纵子的转录开始后还没有进入第一个结构基因时便终止。DNA 可形成不依赖 ρ 因子的转录终止信号的区域。

3. 前导区

在 *trp* mRNA 5′端有一个长 162bp 的 mRNA 片段被称为前导区，其中 123 ～ 150 位碱基序列如果缺失，*trp* 基因表达可提高 6 ～ 10 倍。

三、课后习题

课后习题及答案

四、拓展习题

（一）填空题

1. 色氨酸操纵子除了阻遏物-操纵基因调节外，还存在转录水平上调节基因表达的衰减，用以终止和减弱转录。这种调节的部位称为_____。

【答案】弱化子。

【解析】色氨酸操纵子阻遏蛋白的调控，除了阻遏物-操纵基因的调节外，还存在另一种在转录水平上调节基因表达的衰减作用，用以终止和减弱转录。这种调节的作用部位称为弱化子（衰减子）。

2. 衰减子是操纵子结构基因上类似于终止子结构的一段_____。

【答案】DNA 序列。

【解析】弱化子（衰减子）是一种位于结构基因上游前导区的终止子。

3. 在色氨酸 mRNA 5′端有一个长 162bp 的 mRNA 片段被称为_____，其中_____位碱基序列如果缺失，*trp* 基因表达可提高 6 ～ 10 倍。色氨酸操纵子包括色氨酸合成有关的 5 种酶的 7 个结构基因，结构与乳糖操纵子相似，不过在靠近启动子下游有一段前导序列，在该序列中有两个紧密相连的色氨酸密码子。mRNA 合成起始以后，除非培养基中完全没有色氨酸，转录总是在这个区域终止，产生一个仅有_____的 RNA 分子，终止色氨酸基因转录。

【答案】前导区；123 ～ 150；140 个核苷酸。

【解析】色氨酸 mRNA 的 5′端有 162bp 的前导序列，其中 123 ～ 150 位碱基序列如果缺失，*trp* 基因表达可提高 6 ～ 10 倍。当 RNA 的合成起始以后，除非培养基中完全没有色氨酸，转录总是在这个区域终止，产生一个仅有 140 个核苷酸的 RNA 分子，终止 *trp* 基因转录。

4. 组氨酸操纵子含有 7 个相邻的_____密码子，苯丙氨酸操纵子也有 7 个_____密码子，这些密码子参与了操纵子中的转录弱化机制。

【答案】组氨酸；苯丙氨酸。

【解析】为了提高控制效率，前导 RNA 链中往往存在重复的调节密码子，这现象在苯丙氨酸和组氨酸的前导序列中尤为明显，分别有 7 个苯丙氨酸和组氨酸密码子。

5. 与色氨酸操纵子的第一结构基因 *trpE* 基因前面紧邻的是_____、_____，_____和_____区，分别定名为 *trpL* 和 *trpa*。

【答案】启动子区；操纵区；前导区；弱化子区。

【解析】色氨酸操纵子结构与乳糖操纵子相似，包括启动子和操纵子区，不过在靠近启动子下游有一段前导序列 *trpL* 能编码一小段 14 肽，其终止区 *trpa* 具有潜在的茎环结构和成串的 U，表现出一段终止位点的特征。

6. 色氨酸操纵子编码了_____、_____、_____、_____、_____色氨酸合成中的五种酶。

【答案】邻氨基苯甲酸合酶；邻氨基苯甲酸磷酸核糖转移酶；异构酶；吲哚甘油磷酸合酶；色氨酸合酶的 α 和 β 亚基。

【解析】大肠杆菌色氨酸操纵子结构基因依次排列为 *trpEGDCFBA*。*trpE* 和 *trpG* 编码邻氨基苯甲酸合酶，*trpD* 编码邻氨基苯甲酸磷酸核糖转移酶，*trpC* 编码吲哚甘油磷酸合酶，*trpF* 编码异构酶，*trpA* 和 *trpB* 分别编码色氨酸合酶的 α 和 β 亚基。

7. *trpA* 和 *trpB* 则分别编码色氨酸合酶的_____和_____亚基。

【答案】α；β。

【解析】*trpA* 和 *trpB* 分别编码色氨酸合酶的 α 和 β 亚基。

8. *trpR* 基因突变常引起色氨酸 mRNA 的永久型合成，该基因产物因此被称为_____。

【答案】辅阻遏蛋白。

【解析】*trp* 操纵子转录起始的调控是通过阻遏蛋白实现的。产生阻遏蛋白的基因是 *trpR*。

9. 培养基中无色氨酸时，色氨酸操纵子基因开始转录，此后转录速率受_____调节。

【答案】转录弱化机制。

【解析】当环境中存在大量色氨酸时，大肠杆菌 5 种酶的转录同时受到抑制；当色氨酸不足时，这 5 种酶的基因开始转录。除了阻遏物-操纵基因的调节外，色氨酸操纵子还存在另一种在转录水平上调节基因表达的转录弱化机制，用以终止和减弱转录。

10. 当色氨酸浓度较低时，弱化子不起作用，转录得以正常进行，生成长约_____的 mRNA。

【答案】7kb。

【解析】当色氨酸不足时，这 5 种酶的基因开始转录，生成一条 7kb 的 mRNA。

11. 色氨酸操纵子前导区的碱基序列已经全部测定，引人注目的是其中 4 个分别以 1、2、3 和 4 表示的片段能以两种不同的方式进行碱基配对，有时以_____和_____配对，有时只以_____方式互补配对。

【答案】1-2；3-4；2-3。

【解析】色氨酸操纵子转录终止的调控是通过弱化作用实现的。色氨酸操纵子前导区的碱基序列包括 4 个分别以 1、2、3 和 4 表示的片段，能以两种不同的方式进行碱基配对，1-2 和 3-4 配对，或 2-3 配对，3-4 配对区正好位于终止密码子的识别区。

12. 色氨酸操纵子的弱化机制主要涉及在前导区的碱基序列以不同的方式进行碱基配对，在前导肽基因中有两个相邻的_____密码子，所以前导肽的翻译对_____浓度敏感，弱化子对 RNA 聚合酶的影响依赖于前导肽翻译过程中_____所处的位置，实现对转录过程的调节。

【答案】色氨酸；色氨酰-tRNA；核糖体。

【解析】前导序列有相邻的两个色氨酸密码子，当培养基中色氨酸浓度很低时，负载有色氨酸的色氨酰-tRNA 也就少，这样翻译通过两个相邻色氨酸密码子的速度就会很慢，当 4 区被转录完成时，核糖体滞留 1 区，这时的前导区结构是 2-3 配对，不形成 3-4 配对的终止结构，所以转录可继续进行。

（二）选择题

1.（单选）色氨酸操纵子的调控作用是受两个相互独立的系统控制的，其中一个需要前导肽的翻译，下面哪一个调控这个系统？（   ）

A. 色氨酸　　　　　　　B. 色氨酰-tRNA　　　　C. 氨酰-tRNA　　　　　D. cAMP

【答案】B

【解析】通过转录的弱化作用，转录的弱化理论认为 mRNA 转录的终止是通过前导肽基因的翻译来调节的，因为在前导肽基因中有两个相邻的色氨酸密码子，所以这个前导肽的翻译必定对色氨酰-tRNA 的浓度敏感。

2.（单选）当培养基中 trp 浓度低时，前导区的结构中形成配对的片段是（   ）。

A. 1-2　　　　　　　　　B. 2-3　　　　　　　　C. 3-4　　　　　　　　D. 4-1

【答案】B

【解析】色氨酸操纵子前导区的碱基序列包括 4 个分别以 1、2、3 和 4 表示的片段，能以两种不同的方式进行碱基配对，1-2 和 3-4 配对，或 2-3 配对，3-4 配对区正好位于终止密码子的识别区。

3.（单选）色氨酸操纵子是（   ）。

A. 可诱导的操纵子并受到负调控　　　　　　B. 可阻遏的操纵子并受到负调控

C. 可诱导的操纵子并受到正调控　　　　　　D. 可阻遏的操纵子并受到正调控

【答案】B

【解析】色氨酸操纵子调控作用主要有三种方式：阻遏作用、弱化作用以及终产物色氨酸对合成酶的反馈抑制作用。

4.（单选）色氨酸操纵子的转录终止调控方式除阻遏蛋白的调控外，还包括以下哪项的调控。（   ）

A. I 基因　　　　　　　　B. 弱化子　　　　　　C. 操纵基因　　　　　D. RNA 聚合酶

【答案】B

【解析】色氨酸操纵子调控作用主要有三种方式：阻遏作用、弱化作用以及终产物色氨酸对合成酶的反馈抑制作用。

5.（单选）色氨酸操纵子中的弱化作用导致（   ）。

A. DNA 复制的提前终止

B. 合成分解色氨酸所需的酶

C. 在 RNA 中形成一个翻译终止的发夹环

D. RNA 聚合酶从色氨酸操纵子的 DNA 序列上解离

【答案】D

【解析】色氨酸操纵子弱化子（衰减子）是一种位于结构基因上游前导区的终止子，可以使 RNA 聚合酶从色氨酸操纵子的 DNA 序列上解离。

6.（多选）下列操纵子中存在弱化调节的有（　　）。

A. *phe* 操纵子　　　　B. *thr* 操纵子　　　　C. *trp* 操纵子　　　　D. 半乳糖操纵子

【答案】A、B、C

【解析】除色氨酸外，苯丙氨酸、苏氨酸、亮氨酸、组氨酸等的有关基因组中都存在衰减子的调节位点，其 mRNA 前端有一段前导 RNA，可编码一小肽，能在翻译水平上抑制相应基因的转录，对遗传信息的表达起着阻止或衰减的作用。

（三）判断题

1. 在原核基因操纵子中都有 CRP 位点。（　　）

【答案】错误

【解析】色氨酸操纵子无 CRP 位点。

2. 衰减子在真核基因调控中起负调节作用。（　　）

【答案】错误

【解析】真核基因无衰减子。

3. 阻遏蛋白与色氨酸相结合形成阻遏物，与操纵区结合并关闭色氨酸mRNA转录。（　　）

【答案】正确

【解析】在有高浓度 trp 存在时，阻遏蛋白—色氨酸复合物形成一个同源二聚体，并且与色氨酸操纵子紧密结合，因此可以阻止转录。

4. 编码 5 种色氨酸合成酶的基因被转录在一条多顺反子 mRNA 上。（　　）

【答案】正确

【解析】当色氨酸不足时，这 5 种酶的基因开始转录，生成一条 7kb 的 mRNA。

5. 阻遏物的作用是在有大量外源色氨酸存在时，阻止非必需的前导 mRNA 的合成。（　　）

【答案】正确

【解析】在有高浓度色氨酸存在时，阻遏蛋白-色氨酸复合物形成一个同源二聚体，并且与色氨酸操纵子紧密结合，因此可以阻止转录。

6. 色氨酸操纵子体系受到 cAMP-CRP 的调控。（　　）

【答案】错误

【解析】色氨酸操纵子无 CRP 位点，不受 cAMP-CRP 的调控。

7. 弱化子指 DNA 上不依赖 ρ 因子的转录终止信号区域。（　　）

【答案】正确

【解析】色氨酸操纵子弱化子（衰减子）是一种位于结构基因上游前导区的终止子。

8. 培养基中色氨酸含量不足时，辅阻遏物从操纵区上解离，*trp* 操纵子去阻遏。（　　）

【答案】正确

【解析】当色氨酸水平低时，阻遏蛋白以一种非活性形式存在，不能结合 DNA。在这样的条件下，色氨酸操纵子被 RNA 聚合酶转录，同时色氨酸生物合成途径被激活。

9. 色氨酸操纵子中含有衰减子序列。（　　　）

【答案】正确

【解析】色氨酸操纵子弱化子（衰减子）是一种位于结构基因上游前导区的终止子。

10. 在大肠杆菌中，有特殊负载的氨酰基 tRNA 的浓度起信号作用，调节基因转录活性，起终止转录信号作用的那一段核苷酸被称为弱化子。（　　　）

【答案】正确

【解析】色氨酸操纵子中存在弱化作用，其中起信号作用的是色氨酰-tRNA 的浓度。

（四）问答题

1. 什么是弱化作用？

【答案】弱化作用是一种转录翻译调控机制，核糖体沿着 mRNA 分子的移动速率决定转录是进行还是终止。色氨酸操纵子中存在弱化作用，其中起信号作用的是色氨酰-tRNA 的浓度。

（1）色氨酸浓度低时，tRNA^{Trp} 少，翻译通过两个相邻色氨酸密码子的速度慢，当 4 区被转录完成时，核糖体停留在 1 区（或停留在两个相邻的色氨酸密码子处），此时前导区结构 2-3 配对，不形成 3-4 配对的终止结构，转录可继续进行，直到将 trp 操纵子中的结构基因全部转录。

（2）色氨酸浓度高时，核糖体顺利通过两个相邻的色氨酸密码子，在 4 区被转录之前，核糖体到达 2 区，使 2-3 不能配对，而 3-4 区配对形成茎-环状终止子结构，转录终止，色氨酸合成终止。

2. 在细菌 lac 和 trp 操纵子上，为什么阻遏蛋白编码的基因不一定要和结构基因连在一起？

【答案】它们是反式作用因子。大多数真核转录调节因子由某一基因表达后，可通过另一基因的特异顺式作用元件相互作用，从而激活另一基因的转录，这种调节蛋白即为反式作用因子。编码反式作用因子的基因与被反式作用因子调控的靶序列（基因）可以不在同一染色体上。

3. 衰减作用如何调控大肠杆菌中色氨酸操纵子的表达？

【答案】衰减作用是指细菌辅助阻遏作用的一种精细调控。这一调控作用通过操纵子的前导区内类似于终止子结构的一段 DNA 序列而实现，称为弱化子。

（1）在前导区编码一条末端含有多个该氨基酸的多肽链——先导肽，当细胞内某种氨酰 tRNA 缺乏时，该弱化子不表现终止子功能，当细胞内某种氨酰 tRNA 足够时该弱化子表现终止功能，从而达到基因表达调控的目的，不过这种终止作用并不使正在转录中的 mRNA 全部都中途终止，而是仅有部分中途停止转录，所以称为弱化。

（2）弱化作用通过前导肽的翻译来控制转录。

（3）在色氨酸操纵子中，当色氨酸缺乏时，tRNA^{Trp} 也缺乏，前导肽不被翻译，核糖体在两个相邻的色氨酸密码子处停止，阻止了 1-2 配对，而使 2-3 配对，因此不能形成 3-4 配对的茎-环终止子结构，将 RNA 聚合酶放行越过先导区进入结构基因，结果导致操纵子表达。

（4）如果色氨酸过量，则可得到 tRNA^{Trp}，前导肽被翻译使核糖体通过色氨酸密码子的位置，前导肽被正常翻译，核糖体阻止 2-3 配对，导致 3-4 配对，终止信号出现，从而导致转录在多聚 U 残基顺序上中断。

第四节　其他操纵子

一、重点解析

1. 半乳糖操纵子 gal

大肠杆菌的半乳糖操纵子位于遗传图上：17～164min，它是具有正负调节功能的操纵子。gal 基因表达半乳糖代谢所需的各种酶类及调节蛋白，包括：galE（17min）表达半乳糖-4-差向异构酶、galT（17min）表达半乳糖-1-磷酸尿苷酰转移酶、galK（17min）表达半乳糖激酶、galR（55min）表达半乳糖操纵子的阻遏蛋白。半乳糖操纵子的调节基因是 galR，与 galE、T、K 及操纵区 O 的距离都很远。gal 操纵子的诱导物主要是半乳糖。它还有 CAP 位点，可以受 cAMP 浓度调控。

半乳糖操纵子（gal）由双启动子组成：2 个互相重叠的启动子 gal P_1 和 gal P_2，其 mRNA 可从两个不同的起始点开始转录；它有两个 O 区是阻遏蛋白结合位点（galOe、galOi），一个在 P 区上游，另一个在结构基因 galE 内部，阻遏物对 P_1、P_2 都是负调控；gal P_1 位于 CAP 位点内，依赖 cAMP-CRP 调节，转录始于 S_1，gal P_2 阻遏蛋白调节开启转录始于 S_2 位于 galE 内，高水平的 cAMP-CRP 可以抑制 P_2 启动子起始转录。

2. 阿拉伯糖操纵子 ara

阿拉伯糖作为 E. coli 的碳源，可以诱导 ara 操纵子的转录。阿拉伯糖操纵子具有正负调节功能的操纵子，位于遗传图上：1min。ara 基因表达阿拉伯糖代谢所需的各种酶，包括：araA 表达阿拉伯糖异构酶、araB 表达核酮糖激酶、araC 表达阻遏蛋白（起调节作用），araD 表达 L-核酮糖-5-磷酸-4-差向异构酶。araB 基因、araA 基因和 araD 基因，形成一个基因簇，简写为 araBAD。

ara 操纵子的调控有两个特点：第一，araC 表达受到 AraC 的自身调控。第二，AraC 既是 ara 操纵子的正调节蛋白（需 cAMP-CRP 的共同参与，起始转录），又是其负调节蛋白。这种双重功能是通过 AraC 蛋白的两种异构体来实现的（Pi 和 Pr）。

araC 的表达受到自身产物 AraC 的自动调控。当没有阿拉伯糖时，AraC 起着一个转录阻遏物的作用。细胞中 AraC 蛋白质稳态水平的测量表明，阻遏 araC 转录大约需要 40 个 AraC。因此当 AraC 蛋白水平低时（就是说在细胞刚分裂之后），araC 将表达直至存在足够的 AraC 去阻遏它的转录。当细胞中葡萄糖水平高（导致 cAMP 处于低浓度）和阿拉伯糖水平低时，AraC 阻遏 araB、araA、araD 的转录。然而当阿拉伯糖水平高，而葡萄糖水平低（cAMP 高）时，CAP-cAMP 复合物能够与 ara 操纵子中的 CAP 结合部位结合，使 DNA 突环打开。

阿拉伯糖的作用像 AraC 的一个调控器，可将 AraC 由一个阻遏物转换为一个激活剂。阿拉伯糖与 AraC 结合似乎改变了 AraC 同源二聚体化特性并促进了 AraC-CAP 复合物的形成。在这样的条件下，AraC-阿拉伯糖的作用是一个转录激活剂，这正是 CAP-cAMP 诱导 araB、 *araA*、*araD* 转录所需要的。当由于 *araBAD* 编码的蛋白质的代谢使得阿拉伯糖水平下降时，AraC 又转换成一个阻遏物，同时 *araBAD* 转录减少，此时尽管 CAP-cAMP 复合物仍然存在于细胞中。有趣的是，当葡萄糖和阿拉伯糖都很丰富时，*ara* 操纵子被阻遏，但阻遏的道理现在还不完全清楚，但这个结果表明 *araBAD* 诱导与 AraC-阿拉伯糖和 CAP-cAMP 复合物都有关。

3. 阻遏蛋白 LexA 的降解与细菌中的 SOS 应答

SOS 是一种旁路系统，为 DNA 的损伤所诱导。其修复的结果是导致突变，是倾向差错的修复。在未经诱导的 *E. coil* 细胞中，全部 SOS 反应有关的基因都受到 LexA 蛋白的阻遏，只有当 DNA 受损时才会激活 RecA 蛋白的蛋白酶活性，降解 LexA 蛋白，使 SOS 系统的基因表达，其中也包括与诱变作用有关的基因。

4. 二组分调控系统和信号转导

外部的信号通过细胞膜上的受体蛋白传递信号进入细胞质内。目前知道的最简单的细胞信号系统称为二组分调控系统，包括细胞膜上的受体蛋白和位于细胞质中的应答调节蛋白。细胞膜上的受体蛋白具有激酶活性，所以又称传感激酶。传感激酶常在与膜外环境的信号反应过程中被磷酸化，再将其磷酸基团转移到应答调节蛋白上，磷酸化的应答调节蛋白即成为阻遏蛋白或激活蛋白，通过对操纵子的阻遏或激活作用调控下游基因表达。

5. 多启动子调控的操纵子

rRNA 操纵子、核糖体蛋白 SI 操纵子和 DnaQ 蛋白操纵子等有不同的启动子，它们有不同的强度，其启动作用受不同因子的调控。许多因素相互作用，才使基因表达更加有效，更加协调。在不同的生活环境中，不同的启动子精密地调节基因的表达量，这对维持细菌的生存起着非常重要的作用。

二、名词解释

1. 半乳糖操纵子

包括 3 个结构基因：异构酶（*galE*），半乳糖-磷酸尿嘧啶核苷转移酶（*galT*），半乳糖激酶（*galk*）。这 3 个酶的作用是使半乳糖变成葡萄糖-1-磷酸。GalR 与结构基因及操纵区等离得很远，而 *galR* 产物对 *galO* 的作用与 *lacI-lacO* 的作用相同。gal 操纵子的特点：①它有两个启动子，其 mRNA 可从两个不同的起始点开始转录；②它有两个 *O* 区，一个在 *P* 区上游−67 ～ −73，另一个在结构基因 *galE* 内部。

2. 阿拉伯糖操纵子

在大肠杆菌中阿拉伯糖的降解需要 3 个基因：*araB*、*araA* 和 *araD*，它们形成一个基因簇，简写为 *araBAD*。*E. Coli* 的 *ara* 操纵子中的 *araB* 基因、*araA* 基因和 *araD* 基因分别编码阿拉伯糖代谢需要的三种酶：核酮糖激酶、L-阿拉伯糖异构酶和 L-核酮糖-5-磷酸-4-差向异构酶。三个基因的表达受到 *ara* 操纵子中第 4 个基因 *araC* 产物转录因子 AraC 的调控。

3. LexA 阻遏蛋白

与 *lexA*、*recA*、*uvrA*、*uvrB*、*uvrC* 基因的操纵区结合，阻遏它们表达，只合成少量 RecA 蛋白和修复酶，修复零星的 DNA 损伤。大肠杆菌受到 UV 照射后，产生大量二聚体，出现大量单链 DNA 部位，与细胞内少量 RecA 蛋白结合，激活其蛋白酶功能，使 LexA 阻遏蛋白自我切割，并促进 DNA 同源配对后修复。

三、拓展习题

（一）填空题

当阿拉伯糖水平高，而葡萄糖水平低（cAMP 高）时，CAP-cAMP 复合物能够与＿＿＿＿＿＿＿＿＿＿＿中的 CAP 结合部位结合，使＿＿＿＿＿＿＿打开。

【答案】阿拉伯糖操纵子；DNA 突环。

【解析】当阿拉伯糖水平高，而葡萄糖水平低（cAMP 高）时，CAP-cAMP 复合物能够与阿拉伯糖操纵子中的 CAP 结合部位结合，使 DNA 突环打开。阿拉伯糖的作用像 AraC 的一个调控器，可将 AraC 由一个阻遏物转换为一个激活剂。阿拉伯糖与 AraC 结合似乎改变了 AraC 同源二聚体化特性且促进了 AraC-CAP 复合物的形成。

（二）选择题

1.（单选）下列哪个操纵子中没有衰减子序列？（　　　）

A. *trp* 操纵子　　　　　　　　　　　B. *lac* 操纵子

C. *his* 操纵子　　　　　　　　　　　D. *thr* 操纵子

【答案】B

【解析】*lac* 操纵子又称乳糖操纵子，是指参与乳糖分解的一个基因群，由乳糖系统的阻遏物和操纵序列组成，使得一组与乳糖代谢相关的基因受到同步的调控。

2.（单选）大多数阻遏蛋白的去阻遏涉及小分子诱导剂的结合，例外的是（　　　）。

A. *ara* 操纵子的阻遏蛋白　　　　　　B. *lac* 操纵子的阻遏蛋白

C. *trp* 操纵子的阻遏蛋白　　　　　　D. *E. coli* 的 LexA 阻遏蛋白

【答案】D

【解析】正常细胞中，LexA 阻遏蛋白与 *lexA*、*recA*、*uvrA*、*uvrB*、*uvrC* 基因的操纵区结合，阻遏它们表达，只合成少量 RecA 蛋白和修复酶，修复零星的 DNA 损伤。大肠杆菌受到 UV 照射后，产生大量二聚体，出现大量单链 DNA 部位，与细胞内少量 RecA 蛋白结合，激活其蛋白酶功能，使 LexA 阻遏蛋白自我切割，并促进 DNA 同源配对后修复。

3.（多选）*ara* 操纵子的 C 蛋白是（　　　）。

A. 阻遏物　　　　　　　　　　　　　B. 辅诱导物

C. 诱导物　　　　　　　　　　　　　D. 辅阻遏物

【答案】A、C

【解析】AraC 既可充当阻遏物，也可作为激活剂。阿拉伯糖操纵子中 *araBAD* 相邻的是一个复合的启动子区域和一个调节基因 *araC*，这个 AraC 蛋白同时显示正、负调节因子的功能。

4.（多选）半乳糖操纵子有哪些特点：（　　　）。

A. 有两个启动子　　　　　　　　　　B. mRNA 可从两个不同的起始点开始转录

C. 它有两个操纵区　　　　　　　　　D. 操纵区在结构基因 *galE* 内部

【答案】A、B、C

【解析】有 2 个启动子：P1 和 P2，其 mRNA 可从两个不同的起始点开始转录。2 个操纵基因 OE 和 OI，OE 在上游，位于 CAP 位点之内，OI 在基因 *galE* 内部。

（三）判断题

阿拉伯糖操纵子也是可诱导的，阿拉伯糖本身就是诱导物。（　　　）

【答案】正确

【解析】在没有阿拉伯糖时，Pr 形式占优势；一旦有阿拉伯糖存在，它就能够与 AraC 蛋白结合，使平衡趋向于 Pi 形式。这样，阿拉伯糖的诱导作用就可以解释为阿拉伯糖与 Pr 的结合，使 Pr 离开它的结合位点，然后，产生大量的 Pi，并与启动子结合。

第五节　固氮基因调控

一、重点解析

氮是所有生物的基本成分，绝大多数生物只能利用化合态氮，大气中有 78% 的氮气，但是有能力利用这种游离氮的生物极少。能够固氮的生物都是原核生物、放线菌和蓝藻。种类有自养固氮菌、共生固氮菌和联合固氮菌。

1. 生物固氮

微生物利用自己独特的固氮酶系统，将从光合作用产物或其它碳水化合物得到的电子和能量传递给氮（N_2），使其还原成氨，这就是生物固氮。自养固氮是指有些固氮微生物在土壤或培养基中能够独立地完成固定大气中的分子态氮的作用，其固氮量远远低于共生固氮。共生固氮是指固氮微生物和寄生植物生活在一起，直接从寄生植物获取能源，完成固氮作用。由于其固氮能力强，在农业生产中的意义也最大，常见的如豆科植物的共生固氮，蓝绿藻与红萍的共生固氮等。联合固氮是固氮菌和植物形成比较松散的关系，依附在植物根系附近，吸收植物根系分泌的营养成分，回馈氮化合物。

2. 固氮酶

固氮酶催化固氮反应。该酶含两个蛋白质组分。组分 I 为铁钼蛋白包含 2 个 α 亚基（*nifD* 基因编码），2 个 β 亚基（*nifK* 基因编码）；α 亚基和 β 亚基形成异二聚体，每个异二聚体再结合 [8Fe-7S] 金属簇和 1 个铁-钼辅因子。组分 II 为铁蛋白包含两个相同的亚基（*nifH* 基因编码），亚基间有 1 个连接桥（4Fe-4S）。

3. 与固氮有关的基因及其表达调控

固氮酶对氧高度敏感，较低的氧分压就能破坏固氮酶的活性。为了防止氧损坏固定酶造成的资源浪费，固氮菌有一套响应氧浓度的基因调控机制。另外，反应产物氨的浓度也会影响固氮酶基因的表达。固氮基因的表达主要有 *nifA* 和 σ^{54} 共同在转录水平上调控，而 *nifA* 的活性和表达水平又受其他调控因子的调节，因此，整个固氮基因调控体系是一个级联调控体系。*nif* 操纵子上，*nifA* 和 *nifL* 基因的产物分别是其正和负调控因子。*nifL* 基因控制整个固氮酶系统的表达和活性。在缺氧条件下，*nifL* 不能结合 *nifA*，在有氧环境下，*nifL* 可以结合并抑制 *nifA* 的 ATP 酶活，抑制 *nifA* 基因转录。

4. 根瘤的产生以及根瘤相关基因的表达调控

根瘤的产生过程是根瘤菌细胞以极性的方式与根毛接触并附着到植物细胞壁上，其接触的专一性由植物凝血素和细菌细胞壁之间的相互作用所决定。植物凝血素是糖蛋白，细菌细胞壁上有脂多糖受体。

豆血红蛋白（Lb）是根瘤素蛋白的一种，在体内主要调节根瘤细胞氧含量，它是根瘤细胞中植物基因组编码的最主要的蛋白质。除了豆血红蛋白以外，至少还有 20 种其他多肽是由植物基因组编码，但只在根瘤菌诱导的细胞中得到表达。这些蛋白质称为根瘤素，分为三类：结构蛋白；将类菌体固定的氮素同化并转移到植物体内的酶系统；维持类菌体功能所必需的蛋白质。

二、名词解释

1. 生物固氮

微生物利用自己独特的固氮酶系统，将从光合作用产物或其它碳水化合物得到的电子和能量传递给氮（N_2），使其还原成氨，这就是生物固氮。

2. 自养固氮

是指有些固氮微生物在土壤或培养基中能够独立完成固定大气中的分子态氮的作用，其固氮量远远低于共生固氮。

3. 共生固氮

是指固氮微生物和寄生植物生活在一起，直接从寄生植物获取能源，完成固氮作用。由于其固氮能力强，在农业生产中的意义也最大，常见的如豆科植物的共生固氮，蓝绿藻与红萍的共生固氮等。

4. 联合固氮

是固氮菌和植物形成比较松散的关系，依附在植物根系附近，吸收植物根系分泌的营养成分，回馈氮化合物。

5. 固氮酶

催化固氮反应，该酶含两个蛋白组分。组分 I 为铁钼蛋白包含 2 个 α 亚基（*nifD* 基因编码），2 个 β 亚基（*nifK* 基因编码）；α 亚基和 β 亚基形成异二聚体，每个异二聚体再结合 [8Fe-7S] 金属簇和 1 个铁-钼辅因子。组分 II 为铁蛋白包含 2 个相同的亚基（*nifH* 基因编码），亚基间有 1 个连接桥（4Fe-4S）。

6. 豆血红蛋白（Lb）

是根瘤素蛋白的一种，在体内主要调节根瘤细胞氧含量，它是根瘤细胞中植物基因组编码的最主要的蛋白质。

7. 根瘤素

除了豆血红蛋白以外，至少还有 20 种其他多肽是由植物基因组编码，但只在根瘤菌诱导的细胞中得到表达，这些蛋白质统称为根瘤素，分为三类：结构蛋白；将类菌体固定的氮素同化并转移到植物体内的酶系统；维持类菌体功能所必需的蛋白质。

第六节　转录水平上的其他调控方式

一、重点解析

1. σ 因子的调节作用

参与大肠杆菌中基因表达调控最常见的蛋白质可能是 σ 因子，大肠杆菌基因组序列中至少存在 7 种 σ 因子。σ^{70} 参与最基本的生理功能，除参与 N 代谢的 σ^{54} 外，其他 5 种 σ 因子在结构上与 σ^{70} 具有同源性，所以统称为 σ^{70} 家族。所有 σ 因子都有 4 个保守区，其中 2、4 保守区参与结合启动 DNA（−35、−10 区），第 2 个保守区的另一部区分还参与双链 DNA 解开单链的过程。只有 σ^{54} 参与氮代谢识别并与 DNA 上的−24和−12 区相结合。为了保证细胞准确响应不同的环境信号变化 σ 因子常常构成网络调控模式。σ 因子本身的活性受到蛋白水解酶的调控，也能被同源的抗 σ 因子失活。

2. 组蛋白类似蛋白的调节作用

组蛋白类似（H-NS）蛋白是细菌中存在一些非特异性的 DNA 结合蛋白，用来维持 DNA 的高级结构。H-NS 蛋白有两个结构域，一个 DNA 结构域和一个蛋白质-蛋白质相互作用结构域。H-NS 蛋白先结合到 DNA 上，然后通过蛋白质-蛋白质相互作用，形成 4 聚体或者多聚体，帮助维持 DNA 的高级结构。H-NS 蛋白与大肠杆菌基因组上分散的大量基因的调控区有较高的亲和性，这些基因大都与环境变化有关。H-NS 蛋白非特异性结合在 DNA 上，抑制这些基因的转录。

3. 转录调控因子的作用

大肠杆菌中的转录调控因子是指能够与基因的启动区相结合，对基因的转录起激活或抑制作用的 DNA 结合蛋白。大肠杆菌基因组有 300 多个转录调控因子，它们大多是序列特异性的 DNA 结合蛋白。能与特定的启动子结合，有些能够调控大量的基因表达，而有些仅调控一两个基因的表达。转录因子对基因起激活作用，另一些对其抑制。有些转录因子对同一基因也能发挥两种不同的作用。启动子区有多个转录调控因子结合位点。

4. 抗终止因子的调节作用

抗终止因子是能够在特定位点阻止转录终止的一类蛋白质。当这些蛋白质存在时，RNA 聚合酶能够越过终止子继续转录 DNA。这种基因表达调控机制主要见于噬菌体和少数细菌中。在终止子上游存在着抗终止作用的信号序列，该因子在 RNA 聚合酶到达终止子之前，与 RNA 聚合酶相结合，因此只有与抗终止因子相结合的 RNA 聚合酶，才能顺利地通过具有颈环结构的终止子使转录继续进行。例如，当结合有 NusA 的 RNA 聚合酶遇到 Box A 终止序列时，NusB/S10 抗终止因子可在 NusG 的作用下与 RNA 聚合酶结合，实现抗终止子。

二、名词解释

1. σ^{70} 家族

σ^{70} 和其他 5 种 σ 因子在结构上与 σ^{70} 具有同源性，所以统称为 σ^{70} 家族。所有 σ 因子都有 4 个保守区，其中 2、4 保守区参与结合启动 DNA（−35、−10 区），第 2 个保守区的另一部区分还参与双链 DNA 解开单链的过程。

2. 组蛋白类似（H-NS）蛋白

是细菌中存在一些非特异性的 DNA 结合蛋白，用来维持 DNA 的高级结构。H-NS 蛋白有两个结构域，一个 DNA 结构域和一个蛋白质-蛋白质相互作用结构域。H-NS 先结合到 DNA 上，然后通过蛋白质-蛋白质相互作用，形成 4 聚体或者多聚体，帮助维持 DNA 的高级结构。

3. 抗终止因子

是能够在特定位点阻止转录终止的一类蛋白质。当这些蛋白质存在，RNA 聚合酶能够越过终止子继续转录 DNA。在终止子上游存在着抗终止作用的信号序列，该因子在 RNA 聚合酶到达终止子之前，与 RNA 聚合酶相结合，因此只有与抗终止因子相结合的 RNA 聚合酶，才能顺利地通过具有颈环结构的终止子使转录继续进行。

三、课后习题

课后习题及答案

四、拓展习题

（一）选择题

1.（单选）下列有关 SD 序列的说法，哪个是正确的？（　　　）

A. SD 序列对原核生物和真核生物的翻译都是重要的

B. SD 序列相对于起始密码子 AUG 而言，是与方向和位置都无关的

C. SD 序列有时也会隐藏在 mRNA 的茎-环结构中，对翻译起到抑制作用

D. 原核生物中的编码基因的翻译共同受到一个上游 SD 序列的控制

【答案】C

【解析】原核生物翻译的起始主要受到 SD 序列的顺序和位置的影响。SD 序列位于起始密码子 AUG 上 8 ～ 13 个密码子，是核糖体与 mRNA 直接识别和结合位点，该序列长度一般为 5 个核苷酸，富 G、A，该序列与核糖体 16S rRNA 的 3′ 端互补配对，促使核糖体结合到 mRNA 上，有利于翻译的起始。而 SD 序列与 AUG 之间的距离，是影响 mRNA 翻译效率的重要因素之一，SD 与 AUG 之间相距一般 4 ～ 10 个核苷酸为佳，9 个核苷酸最佳。此外，有些 mRNA 分子的 SD 序列有时会隐蔽在 mRNA 的二级结构中，不能与核糖体结合，只有将茎-环结构打开后，蛋白质翻译才能起始，这也构成翻译水平上的调控途径之一。

2.（单选）下列 mRNA 5′ 端序列中，具有典型的原核生物 Shine-Dalgamo（SD）序列特征的是（　　　）。

A. 5′...UUAAG...3′　　　B. 5′...AGGAG...3′　　　C. 5′...GCCCG...3′　　　D. 5′...CUCCA...3′

【答案】B

【解析】信使核糖核酸（mRNA）翻译起点上游与原核 16S 核糖体 RNA 或真核 18S rRNA 3′ 端富含嘧啶的 7 核苷酸序列互补的富含嘌呤的 3 ～ 7 个核苷酸序列（AGGAGG），是核糖体小亚基与 mRNA 结合并形成正确的前起始复合体的一段序列。

3.（单选）下列关于基因表达调控的论述正确的是（　　　）。

A. 在原核生物中，阻遏物的调节功能只能发生在 RNA 聚合酶结合启动子之前

B. 在原核生物中，由激活物调控的基因往往需要下游调控因子

C. 大肠杆菌的 CAP 蛋白可以调控许多个基因的表达

D. 原核生物核糖体蛋白的表达调控主要发生在转录水平

【答案】C

【解析】A 项，阻遏蛋白是一种变构蛋白，如果细胞中没有乳糖或其他诱导物时阻遏蛋白就结合在操纵基因上，阻止了结合在启动子上的 RNA 聚合酶向前移动，使转录不能进行。当细胞中有乳糖或其他诱导物的情况下阻遏蛋白便与它们相结合，结果使阻遏蛋白的构象发生改变而不能结合到操纵基因上，转录得以进行，从而使吸收和分解乳糖的酶被诱导产生。B 项，在原核生物中，由激活物调控的基因不需要下游调控因子。C 项，CAP 是大肠杆菌分解代谢物基因活化蛋白，这种蛋白质可将葡萄糖饥饿信号传递给许多操纵子，使细菌在缺乏葡萄糖时可以利用其他碳源。D 项，原核生物核糖体蛋白的表达调控存在翻译抑制现象。

（二）问答题

简述抗终止子的调控机制。

【答案】其调控机制如下：

（1）在终止子上游有抗终止作用的信号序列，只有与抗终止因子相结合的 RNA 聚合酶才能顺利通过具有茎-环结构的终止子，使转录继续进行。抗终止蛋白（在大肠杆菌中为 Nus 蛋白）、ζ 因子均能与 RNA 聚合酶结合，但不能同时与之结合。

（2）在 RNA 聚合酶到达终止子之前遇到抗终止序列，抗终止蛋白与 RNA 聚合酶结合，使得 ζ 因子不能与 RNA 聚合酶结合，抗终止蛋白的结合增加了 RNA 聚合酶在终止子发夹结构处暂停的过程，从而促进抗终止作用的发生。

第七节　转录后调控

一、重点解析

采用操纵子可对一组结构基因进行协调控制。实际上，这仍然是通过转录水平的调控实现对翻译水平的影响。但是，还有其它的调控方式。例如，可在翻译水平上进行调控，使操纵子中的各个基因的表达量存在差异。

1. mRNA 自身结构元件对翻译效率具有调节作用

起始密码子、5′ 非翻译区（5′-UTR）和核糖体开关的表达调控元件都能对翻译进行调控。原核生物的翻译要靠核糖体 30S 亚基识别 mRNA 上的起始密码子 AUG，以此决定它的开放读码框，AUG 的识别由 fMet-tRNA 中含有的碱基配对信息（3′-UAC-5′）来完成。遗传信息翻译成多肽链，起始于 mRNA 上的核糖体结合位点（RBS），一般是起始密码子 AUG 上游的包括 SD 序列在内的一段非翻译区。RBS 与核糖体结合强弱受 SD 序列的结构和 SD 于起始密码子 AUG 之间距离影响。一般相距 4 ~ 10nt，9nt 最佳。与核苷酸结合后，会改变 mRNA 的二级结构进而成为翻译起始调控的重要因素。可能的原因是改变了 mRNA 5′ 二级结构的自由能，影响了核糖体 30S 亚基 mRNA 的结合，从而造成了蛋白质合成效率上的差异。原核生物的核糖开关通常位于 mRNA 的 5′UTR 区域，与其他调控元件不同，核糖开关能够感受细胞内如代谢物浓度、离子浓度和温度变化而改变自身的二级结构和调控功能，从而改变基因的表达状态。真核生物的核糖开关会通过控制 mRNA 的剪接来调控基因表达。

2. mRNA 稳定性对转录水平具有影响

细胞都有一系列的核酸酶来清除无用的 mRNA，而 mRNA 分子被降解的可能性取决于它们的二级结构和 CsrAB 调节系统。CsrA 蛋白可以结合靶 mRNA，加速 mRNA 的降解过程。CsrB 是一个非编码的 RNA 分子，可以和 CsrA 蛋白相结合。

3. 调节蛋白的调控作用

细菌中有些 mRNA 结合蛋白可激活靶基因的翻译。BipA 蛋白就具有依赖于核糖体的 GTP 酶活性，能够激活转录调控蛋白 fis mRNA 的翻译，是 fis 蛋白合成必需的成分。而 mRNA 抑制蛋白则通过与核糖体竞争性结合 mRNA 分子来抑制翻译的起始。

4. 小 RNA 的调节作用

细菌响应环境压力（氧化压力、渗透压、温度等）的改变，会产生一些长度在 50 ～ 500nt 之间的非编码小 RNA 分子。原核生物 sRNA 以反式编码 sRNA 为主；这些小 RNA 能结合 mRNA 或蛋白质通过改变靶 mRNA 的稳定性，影响蛋白质-RNA 的结合或者是 mRNA 的翻译来调节基因表达。

5. 稀有密码子对翻译的影响

蛋白质序列中稀有密码子的使用频率可以调控翻译的效率。许多调控蛋白如 LacI、AraC、TrpR 等在细胞内含量也很低，编码这些蛋白质的基因中稀有密码子的使用频率和 dnaG 相似，而明显不同于非调节蛋白的结构蛋白。高频率使用这些稀有密码子的基因翻译过程极容易受阻，影响了蛋白质合成的总量。

6. 重叠基因对翻译的影响

重叠基因最早在大肠杆菌噬菌体 ΦX174 中发现（Sanger），用不同的阅读方式得到不同的蛋白质，丝状 RNA 噬菌体、线粒体 DNA 和细菌染色体上都有重叠基因存在，对基因表达调控有影响。

7. 翻译的阻遏

E. coli 的 RNA 噬菌体 Qβ 非常小，是最简单的病毒。基因组长 3600 ～ 4200nt，只含 4 个基因：*A*、*CP*、*Rep* 和 *Lys*。*A* 编码附着蛋白（含 393aa，分子质量为 44kDa）；*CP*（coat protein）含 129氨基酸，分子质量为 13.7kDa；*Rep* 编码复制酶（含 544 个氨基酸，分子质量为 61kDa）；*Lys* 编码裂解蛋白，和 *CP*、*Rep* 基因重叠，该蛋白质含 75 个氨基酸。复制酶既能与外壳的蛋白翻译起始区结合，又能与（+）链的 RNA 的 3′ 端结合，这两个位点上都有 CUUUUAAA 序列，能形成稳定的茎-环结构，具备翻译阻遏特征。

8. 魔斑核苷酸水平对翻译的影响

细菌遇到紧急情况，为了紧缩开支渡过难关，可以产生一个应急反应，各种转录、蛋白质等生物大分子合成过程被停止。最早饥饿信号是空载 tRNA。当培养基中营养缺乏，蛋白质合成停止后，RNA 合成也趋于停止这种现象称为严紧控制（rel⁺）；反之则称为松散控制（rel⁻）。rel⁺ 产生魔斑化合物：鸟苷四磷酸（ppGpp）和鸟苷五磷酸（pppGpp）是调控一些反应的效应物，有多种功能，但主要功能是：①影响 RNA 聚合酶与启动子结合的专一性；②抑制多数或大多数基因转录的延伸。

二、名词解释

1. 核糖开关

有些 mRNA 含有一种名为核糖开关的表达调控元件。核糖开关是一段具有复杂结构的 RNA 序列，原核生物的核糖开关通常位于 mRNA 的 5′UTR 区域，与其他调控元件不同，核糖开关能够感受细胞内如代谢物浓度、离子浓度和温度变化而改变自身的二级结构和调控功能，从而改变基因的表达状态。真核生物的核糖开关会通过控制 mRNA 的剪接来调控基因表达。

2. 非编码小 RNA

也称 sRNA，以反式编码 sRNA 为主，需要分子伴侣 Hfq 蛋白协助，通过不严格的碱基互补配对与靶 mRNA 结合，抑制或促进 mRNA 结合。

3. 严紧控制（rel⁺）

培养基中营养缺乏，蛋白质合成停止后，RNA 合成也趋于停止的现象。

4. 松散控制（rel⁻）

指培养基中营养缺乏，蛋白质合成停止后，RNA 合成速度不下降的现象。

5. 魔斑化合物

rel⁺ 产生的鸟苷四磷酸（ppGpp）和鸟苷五磷酸（pppGpp）是调控一些反应的效应物，有多种功能，但主要功能是：①影响 RNA 聚合酶与启动子结合的专一性；②抑制多数或大多数基因转录的延伸。

6. 魔斑 I

鸟苷四磷酸（ppGpp）。

7. 魔斑 II

鸟苷五磷酸（pppGpp）。

三、课后习题

课后习题及答案

四、拓展习题

（一）选择题

1.（单选）反义 RNA 可以抑制有关基因的（   ）。

A. 翻译   B. 转录   C. 复制   D. 翻译、转录和复制

【答案】D

【解析】反义 DNA 是指一段能与特定的 DNA 或 RNA 以碱基互补配对的方式结合，并阻止其复制、转录和翻译的短核酸片段。

2.（多选）原核生物转录后的调控包括（   ）。

A. mRNA 的加工修饰   B. mRNA 稳定性对转录水平的影响

C. mRNA 自身结构元件对翻译的调节   D. 稀有密码子对翻译的影响

【答案】B、C、D

【解析】mRNA 稳定性、mRNA 自身结构元件和稀有密码子都对翻译产生影响。

3.（多选）关于 RNA 调节基因表达，下列说法正确的是（　　）。

A. 细菌响应环境压力的改变，会产生长度在 20 ~ 50nt 之间的小 RNA

B. 原核生物 sRNA 以反式编码 sRNA 为主

C. sRNA 抑制或促进靶 mRNA 的翻译

D. sRNA 加速或减缓靶 mRNA 的降解

【答案】B、C、D

【解析】细菌响应环境压力（氧化压力、渗透压、温度等）的改变，会产生一些长度在 50 ~ 500nt 之间的非编码小 RNA 分子。原核生物 sRNA 以反式编码 sRNA 为主；这些小 RNA 能结合 mRNA 或蛋白质通过改变靶 mRNA 的稳定性，影响蛋白质-RNA 的结合或者是 mRNA 的翻译来调节基因表达。

（二）判断题

1. 大肠杆菌的转录起始和终止过程中，RNA 聚合酶分别受到 σ 因子和 NusA 的调控。（　　）

【答案】正确

【解析】参与大肠杆菌抗终止作用的蛋白是 NusA 蛋白。转录起始不久，σ 因子从 RNA 聚合酶上解离下来，NusA 蛋白就结合到了核心 RNA 聚合酶上。NusA 的结合增加了 RNA 聚合酶在终止子发夹结构处暂停的过程，从而促进抗终止子作用的发生。

2. 核糖开关存在于细胞核，控制有关基因的转录。（　　）

【答案】错误

【解析】核糖开关调节维生素、氨基酸、核苷酸等基础代谢过程，位于 5′UTR 端，其调节基因表达不需要任何蛋白因子作为中介。

3. 细菌中存在一些非特异性的 DNA 结合蛋白，被称为组蛋白类似蛋白，可维持 DNA 高级结构，抑制基因转录。（　　）

【答案】正确

【解析】细菌组蛋白类似蛋白是一些非特异性的 DNA 结合蛋白，可维持 DNA 高级结构，抑制基因转录。

4. 细菌中也有正确一些序列特异性的 DNA 结合蛋白，能够与特定的启动子结合。（　　）

【答案】正确

【解析】细菌中有 300 多个与一些序列特异性的 DNA 结合蛋白，能够与特定的启动子结合。

5. 细菌中的某些转录因子对某个基因起激活作用，却对另一个基因起抑制作用。（　　）

【答案】正确

【解析】一个转录因子可以结合到一个基因启动子的多个序列上，这些序列可以相同，也可以不相同，可以是正向的，也可以是反向互补。即使结合相同的序列，有些位点有可能激活，有些位点则有可能抑制。

6. 在大肠杆菌转录中 NusA 蛋白能起到抗终止作用。（　　）

【答案】正确

【解析】参与大肠杆菌抗终止作用的蛋白是 NusA 蛋白。转录起始不久，σ 因子从 RNA 聚合酶上解离下来，NusA 蛋白就结合到了核心 RNA 聚合酶上。 NusA 的结合增加了 RNA 聚合酶在终止子发夹结构处暂停的过程，从而促进抗终止子作用的发生。

7. mRNA 起始密码子上游的包括 SD 序列在内的核糖体结合位点 RBS 的序列和结构影响了翻译效率。（　　　）

【答案】正确

【解析】mRNA 的核糖体结合位点（RBS）是 mRNA 链上起始密码子 AUG 上游的包括 SD 序列在内的一段非翻译区。RBS 的结合强度取决于 SD 序列的结构及其与起始密码 AUG 之间的距离。

8. 有些 mRNA 中，含有特殊的序列与构型，能感知环境因素（如代谢物浓度与温度等），与特定蛋白质结合，终止翻译或终止转录，这种特殊序列被称为核糖开关。（　　　）

【答案】正确

【解析】核糖开关可以特异性结合代谢物，通过构象变化，在转录或翻译水平上调节基因表达。

9. 细菌内的核糖体蛋白数量多于 rRNA 的数量时，核糖体蛋白会与 mRNA 结合，抑制自身翻译。（　　　）

【答案】正确

【解析】在细菌细胞内，rRNA 能吸引核糖体蛋白质与之结合，当 rRNA 不足时，核糖体蛋白质则与合成该蛋白质的 mRNA 结合而中断这些蛋白质的翻译。

10. 细菌基因组内有与功能基因片段的反义序列，翻译出的反义 mRNA 可以与 mRNA 结合，阻止翻译。（　　　）

【答案】正确

【解析】反义 RNA 是指与 mRNA 或其他 RNA 互补的小分子 RNA。当其与特定基因的 mRNA 互补结合，可阻断该基因的表达。

（三）问答题

以 *E. coli* 为例说明原核生物基因组结构及基因结构和表达的特点，并简述这些特点对原核生物适应生存环境的意义。

【答案】（1）原核生物基因组结构、基因结构及其表达的特点：

①染色体数量少，一般只有一个染色体，即只由一个核酸分子（DNA 或 RNA）组成的，呈环状或线性。②功能相关的基因大多以操纵子形式出现，操纵子是细菌的基因表达和调控的一个完整单位，包括结构基因、调控基因和被调控基因产物所识别的 DNA 调控元件，如启动子、大肠杆菌的乳糖操纵子等。③基因组小，结构简单。基因组内含有数百个至数千个基因。基因组内核苷酸大多数是编码的蛋白质基因。④通常以单拷贝的形式存在。一般而言，为蛋白质编码的核苷酸顺序是连续的，中间不被非编码顺序打断。例如，大肠杆菌基因组共有 4.6×10^6 bp，全序列 87.8% 编码蛋白质，0.8% 编码稳定 RNA，0.7% 是没有功能的重复序列，其余 11% 是调节序列或具有其他功能。无细胞核，基因转录翻译无空间时间差异，是偶联在一起的。⑤基因的编码序列是连续的，存在重叠基因。

（2）这些特点对原核生物适应生存环境的意义：

①原核生物一般为自由生活的单细胞，只要环境条件合适，养料供应充分，它们就能无限生长、分裂。因此，原核生物的调控系统就是要在一个特定的环境中为细胞创造高速生长的基础，或使细胞在受到损伤时尽快得到修复。②原核生物主要通过转录调控，以开启或关闭某些基因的表达来适应环境条件，其中主要是营养水平的变化。③环境因子是调控的

诱导物，群体中每个细胞对环境变化的反应都是直接和基本一致的。原核生物的转录和翻译过程几乎发生在同一时间间隔内，转录与翻译相偶联，所以翻译有时可以直接对转录产生影响。④由于大多数原核生物的 mRNA 在几分钟内就受到酶的影响而降解，因此就消除了外环境突然变化所造成的不必要的蛋白质的合成，与真核生物相比，原核生物个体小，受外界环境影响大，要求及时调控基因表达以适应生存环境。

第八章

真核基因表达与调控

真核生物（除酵母、藻类和原生动物等单细胞类之外）主要由多细胞组成，每个真核细胞所携带的基因数量及总基因组中蕴藏的遗传信息量都大大高于原核生物。人类细胞单倍体基因组就包含 3×10^9 碱基对（bp）总 DNA，为大肠杆菌总 DNA 的 800 倍左右，是噬菌体总 DNA 的 10 万倍左右。

真核基因表达调控最显著的特征是能在特定的时间和特定的细胞中激活特定的基因，从而实现"预定"的、有序的、不可逆转的分化、发育过程，并使生物的组织和器官在一定的环境条件范围内保持正常功能。

第一节　真核基因表达的概念

一、重点解析

1. 真核基因表达的基本概念

一个细胞或病毒所携带的全部遗传信息或整套基因即基因组，它包括每一条染色体和所有的细胞器的 DNA 序列信息。基因则是指能产生一条肽链或功能 RNA 所必需的 DNA 片段。它包括编码区及其上下游区域，以及在编码片段间间断切割序列。

2. 真核基因的断裂结构

大多数真核基因都是由蛋白质编码（外显子）序列和非蛋白质编码（内含子）序列两部分组成的，其被称为断裂基因。内含子是指存在于原始转录物或基因组 DNA 中，但不存在于成熟 mRNA、rRNA 或 tRNA 中的核苷酸序列。基因中的内含子数量和大小都不同。例如，胶原蛋白基因长约 40kb，至少有 40 个内含子，其中短的只有 50bp，长的可达到 2000bp。少数基因，如组蛋白及 α 型、β 型干扰素基因，根本不带内含子。

外显子与内含子的连接区具有高度保守性和特异性碱基序列。大多数内含子 5′ 端起始的两个碱基是 GT，3′ 端最后两个碱基是 AG，也被称为 GT-AG 法则。内含子的 5′ 端的接头序列被称为左剪接位点或供体位点；3′ 端的接头序列被称为右剪接位点或受体位点。外显子与内含子在 mRNA 成熟过程中可以发生可变剪接过程，实现对基因表达的调控。它们的剪接方式分为两种：只能产生一种成熟 mRNA，编码一种多肽的组成型剪接；其初级转录产物能通过多种不同方式加工成两个或两个以上的 mRNA 的选择型剪接。真核基因的原始转录产物可通过不同的剪接产生不同的 mRNA，翻译成不同的蛋白质。有些真核基因，如肌红蛋白重链基因虽有 41 个外显子，却能精确地剪接成一个成熟的 mRNA，这种方式被称为组成型剪接。一个基因的转录产物通过组成型剪接只能产生一种成熟的 mRNA，编码一个多肽。有些基因选择了不同的启动子，或者选择了不同的多聚（A）位点而使原始转录物具有不同的二级结构，产生不同的 mRNA 分子。同一基因的转录产物由于不同的剪接方式形成不同 mRNA 的过程称为选择型剪接。一个基因的内含子成为另一个基因的外显子，形成基因的差别表达，这是真核基因的一个重要特点。

3. 基因家族

真核细胞的 DNA 是单顺反子结构，很少出现置于一个启动子控制之下的操纵子。真核细胞中许多相关的基因常按功能成套组合，称为基因家族。基因家族成员中某些功能相同的基因紧密地排列在一起，形成基因簇。有些则分数排列。简单多基因家族中的基因一般以串联方式前后相连。复杂多基因家族一般由几个相关基因家族构成，基因家族间由间隔序列隔开，并作为独立的转录单位。例如，海胆的组蛋白基因家族就是一个复杂多基因家族，编码不同组蛋白的基因处于一个约为 6000bp 的片段中，分别被间隔序列所隔开。这 5 个基因组成的串联单位在整个海胆基因组中可能重复多达 1000 次。发育调控的复杂多基因家族的基因排列顺序就是它们在发育阶段的表达顺序。血红蛋白是所有动物体内输送分子氧的主要载体，由 2α2β 组成的四聚体加上一个血红素辅基（结合铁原子）后形成功能性血红蛋白。在生物个体发育的不同阶段出现几种不同形式的 α 亚基和 β 亚基，属于发育调控的复杂多基因家族表达。

4. 真核基因表达的方式和特点

根据对刺激的反应性，基因表达的方式分为：组成性表达及选择性表达。组成性表达的基因在一个个体的几乎所有细胞中持续表达，通常被称为管家基因。基因表达具有时间性及空间性。

5. 真核基因表达调控的一般规律

对大多数真核细胞来说，基因表达调控的最明显特征是能在特定的时间和特定的细胞中激活特定的基因，从而实现"预定"的、"有序"的、"不可逆转"的分化、发育过程，并使生物的组织和器官保持正常的功能。

真核生物基因调控，根据其性质可分为两大类：第一类是瞬时调控或称可逆性调控，它相当于原核细胞对环境条件变化所做出的反应，包括某种底物或激素水平升降及细胞周期不同阶段中酶活性和浓度的调节。第二类是发育调控或称不可逆调控，是真核基因调控的精髓部分，它决定了真核细胞生长、分化、发育的全部进程。

根据基因调控在同一事件发生的先后顺序分为：转录水平调控，转录后水平调控，RNA加工成熟水平调控，翻译水平调控，蛋白质加工水平的调控等。

二、名词解释

1. GT-AG 法则

大多数的内含子 5′ 端起始的两个碱基是 GT，3′ 端最后两个碱基是 AG，也被称为 Chambon 法则。

2. 左剪接位点或供体位点

内含子 5′ 端的接头序列。

3. 右剪接位点或受体位点

内含子 3′ 端的接头序列。

4. 组成型剪接

外显子与内含子在 mRNA 成熟过程中可以发生可变剪接过程，只能产生一种成熟 mRNA，编码一种多肽的组成型剪接。

5. 选择型剪接

外显子与内含子在 mRNA 成熟过程中可以发生可变剪接过程，实现对基因表达的调控，其初级转录产物能通过多种不同方式加工成两个或两个以上的 mRNA 的选择型剪接。

6. 基因家族

真核细胞中许多相关的基因常按功能成套组合。

7. 基因簇

基因家族成员中某些功能相同的基因紧密地排列在一起，成簇出现。

8. 管家基因

组成型表达的基因在一个个体的几乎所有细胞中持续表达，被称为管家基因。

三、课后习题

课后习题及答案

四、拓展习题

（一）填空题

1. 一个细胞或病毒所携带的全部遗传信息或整套基因，包括_____和所有_____的 DNA 序列称为_____。

【答案】每条染色体；亚细胞器；基因组。

【解析】基因组就是一个细胞或病毒所携带的全部遗传信息或整套基因，包括每条染色体和所有亚细胞器的 DNA 序列信息。

2. 大多数真核基因都是由蛋白质编码序列和非蛋白质编码序列两部分组成的。编码序列称为_____，非编码序列称为_____。

【答案】外显子；内含子。

【解析】大多数真核基因都是由蛋白质编码序列和非蛋白质编码序列两部分组成的。编码序列称为外显子，非编码序列称为内含子。

3. 在一个结构基因中，编码某一蛋白质不同区域的各个_____并不连续排列在一起，而常常被长度不等的_____所隔离，形成镶嵌排列的断裂方式，故真核基因常被称为_____。

【答案】外显子；内含子；断裂基因。

【解析】在一个结构基因中，编码某一个蛋白质不同区域的各个外显子并非连续排列在一起，而是常常被长度不等的内含子所隔离，形成镶嵌排列的断裂方式。所以，真核基因常被称为断裂基因。

4. 外显子-内含子连接区有两个重要特征：内含子的两端序列之间_____，因此内含子两端序列不能互补；虽然此连接区很短，但却是_____。由于内含子的 5′端和 3′端的两个碱基具有高度保守性和广泛性，有人把它称为_____法则。

【答案】没有广泛的同源性；高度保守；GT-AG 法则。

【解析】真核基因断裂结构的一个重要特点是外显子-内含子连接区的高度保守性和特异性碱基序列。内含子的两端序列之间没有广泛的同源性，因此内含子两端序列不能互补，说明在剪接加工之前，内含子上游序列和下游序列不可能通过碱基配对形成发夹式二级结构。几乎每个内含子 5′端起始的两个碱基都是 GT，而 3′端最后两个碱基总是 AG，因为被称为GT-AG 法则。

5. 在基因转录中，加工产生成熟 mRNA 分子时，_____通过_____被去掉，保留在成熟 mRNA 分子中的_____拼接在一起，最终被翻译成蛋白质。

【答案】内含子；剪接加工；外显子。

【解析】真核基因转录产生的前体 RNA（hnRNA），加工产生成熟 mRNA 分子时，内含子通过剪接加工被去掉，外显子被拼接在一起形成成熟的 mRNA。

6. 真核细胞的 DNA 一般为_____结构，很少出现置于一个启动子控制之下的操纵子。

【答案】单顺反子。

【解析】真核生物的 DNA 是单顺反子，很少有置于一个启动子控制之下的操纵子。

7. 真核细胞中许多相关的基因常按功能成套组合，被称为_____。同一_____的成员有时紧密地排列在一起，成为一个_____；但更多的时候，它们分散在同一染色体上的不同部位，甚至位于不同的染色体上，具有各自不同的_____模式。

【答案】基因家族；家族；基因簇；表达调控。

【解析】真核细胞中许多相关的基因常按功能成套组合，被称为基因家族。同一家族中的成员有时紧密地排列在一起，成为一个基因簇；更多的时候，它们分散在同一条染色体的不同部位，甚至位于不同的染色体上，具有各自不同的表达调控模式。

8. 基因家族有两类：一类是_____，一般以串联方式前后相连；另一类是_____，一般由几个相关基因家族构成，基因家族之间有间隔序列隔开，并作为独立的转录单位。

【答案】简单多基因家族；复杂多基因家族。

【解析】简单多基因家族中的基因一般以串联方式前后相连。复杂多基因家族一般由几个相关基因家族构成，基因家族之间由间隔序列隔开，并作为独立的转录单位。

9. 血红蛋白基因家族属于_____。

【答案】发育调控的复杂多基因家族。

【解析】血红蛋白基因是发育调控的复杂多基因家族。

10. 根据对刺激的反应模式，基因表达方式可分_____及_____两大类。

【答案】组成型表达；诱导和阻遏表达。

【解析】按对刺激的反应性，基因表达的方式分为：①组成型表达某些基因在一个个体的几乎所有细胞中持续表达，通常被称为管家基因；②诱导和阻遏表达在特定环境信号刺激下，相应的基因被激活，基因表达产物增加，这种基因称为可诱导基因。

11. 管家基因通常具备以下特点：①是细胞_____和_____过程中所必需的基因；②通常能够保持_____。管家基因的表达模式为_____。

【答案】结构；代谢；表达量；组成性表达。

【解析】管家基因具备以下特点：①是细胞结构和代谢过程中所必需的基因，如编码 rRNA、肌动蛋白、微管蛋白等的基因；②通常能够保持较高的表达量。

12. 在特定环境信号刺激下，相应的基因被激活，基因表达产物增加，这种基因称为_____基因。而如果基因对环境信号应答时被抑制，这种基因就是_____基因。

【答案】可诱导；可阻遏

【解析】在特定环境信号刺激下，相应的基因被激活，基因表达产物增加，这种基因称为可诱导基因。基因对环境信号应答时被抑制，这种基因称为可阻遏基因。

13. 基因表达的_____，即按功能需要，某一特定基因的表达严格按特定的时间顺序发生。

【答案】时间特异性。

【解析】按功能需要，某一特定基因的表达严格按特定的时间顺序发生，称之为基因表达的时间特异性。

14. 基因表达的_____，是指在个体生长过程中，某种基因产物按不同组织空间顺序出现。

【答案】空间特异性。

【解析】在多细胞生物个体生长发育过程中，某种基因按不同组织细胞空间顺序表达的特性，称为基因表达的空间特异性。

15. 真核生物基因调控可分为两大类：第一类是_____或称_____，它相当于原核细胞对环境条件变化所做出的反应，包括某种底物或激素_____，或细胞周期不同阶段中_____和_____的调节；第二类是_____或称_____，是真核基因调控的精髓部分，它决定了真核细胞_____、_____、_____的全部进程。

【答案】瞬时调控；可逆性调控；水平升降；酶活性；浓度；发育调控；不可逆调控；生长；分化；发育。

【解析】真核生物基因调控，根据其性质可分为两大类：第一类是瞬时调控或称可逆性调控，它相当于原核细胞对环境条件变化所做出的反应，包括某种底物或激素水平升降，或细胞周期不同阶段中酶活性和浓度的调节。第二类是发育调控或称不可逆调控，是真核基因调控的精髓部分，它决定了真核细胞生长、分化、发育的全部进程。

16. 细胞应答可以分为三个阶段：_____、_____、_____。

【答案】外界信息的感知；染色质水平的基因表达调控；特定基因的表达。

【解析】细胞应答可以分为三个阶段：外界信息的感知，即由细胞膜到细胞核内的信息传递；染色质水平上的基因活性调控；特定基因的表达，即从 DNA → RNA → 蛋白质的遗传信息传递过程。

（二）选择题

1.（单选）组成性表达的正确含义是（　　）。

A. 在大多数细胞中持续恒定表达　　　　　B. 受多种机制调节的基因表达

C. 可诱导基因表达　　　　　　　　　　　D. 空间特异性基因表达

【答案】A

【解析】某些基因在一个个体的几乎所有细胞中持续表达，被称为管家基因。管家基因较少受环境因素影响，在个体各个生长阶段的大多数或几乎全部组织中持续表达被视为组成性表达。

2.（单选）关于管家基因的叙述错误的是（　　）。

A. 在生物个体的几乎所有细胞中持续表达　B. 在生物个体的几乎各生长阶段持续表达

C. 在生物个体的某一生长阶段持续表达　　D. 在一个物种的几乎所有个体中持续表达

【答案】C

【解析】管家基因具备以下特点：细胞结构和代谢过程中所必需的基因，如编码 rRNA、肌动蛋白、微管蛋白等的基因。通常能够保持较高的表达量。

3.（单选）无义突变是（　　）。

A. 产生另一种氨基酸排列顺序不同的蛋白质

B. 突变后产生缩短的多肽链

C. 产生的一种氨基酸序列相同的蛋白质

D. 不产生异常蛋白质

【答案】B

【解析】无义突变是指由于某个碱基的改变使代表某种氨基酸的密码子突变为终止密码子，从而使肽链合成提前终止。

4.（单选）真核生物基因组与原核生物基因组比较，真核生物基因组具有（　　）。

A. 多顺反子结构　　　B. 衰减子　　　　　C. 基因是连续的　　　D. 大量的重复序列

【答案】D

【解析】真核生物基因组存在重复序列，重复次数可达百万次以上。

5.（多选）可变剪接（　　）。

A. 与组成型剪接的机制完全不同

B. 可以从单个基因产生多种蛋白，即添加或缺失少数氨基酸的变异蛋白

C. 涉及不同的 5′ 和 3′ 剪接位点

D. 被用于在不同组织和不同发育阶段产生不同的蛋白质

【答案】B、C、D

【解析】可变剪接（也叫选择型剪接）是指从一个 mRNA 前体中通过不同的剪接方式（选择不同的剪接位点组合）产生不同的 mRNA 剪接异构体的过程，使得最终的蛋白产物会表现出不同或者是相互拮抗的功能和结构特性，或者在相同的细胞中由于表达水平的不同而产生不同的表型。

（三）判断题

1. 基因经过转录、翻译，产生具有特异生物学功能的蛋白质分子或 RNA 分子的过程为基因表达。（　　）

【答案】正确

【解析】基因表达是用基因中的信息来合成基因产物的过程。产物通常是蛋白质，但对于非蛋白质编码基因，如转运 RNA（tRNA）和小核 RNA（snRNA），产物则是 RNA。

2. 基因表达是受外源基因调控的。（　　　）

【答案】错误

【解析】基因表达调控是生物体内基因表达的调节控制，使细胞中基因表达的过程在时间、空间上处于有序状态，并对环境条件的变化作出反应的复杂过程。

3. 简单多基因家族中的基因一般以串联的方式前后相连。（　　　）

【答案】正确

【解析】简单多基因家族中的基因一般以串联方式前后相连。例如，真核生物首先是 pre rRNA 经过特异性甲基化，然后是经 RNA 酶的切割便可产生成熟 rRNA 分子。

4. 细胞中，所有串联的基因家族都能得到转录。（　　　）

【答案】错误

【解析】在多基因家族中，某些成员并不产生有功能的基因产物，这些基因称为假基因。假基因与有功能的基因同源，原来可能也是有功能的基因，但由于缺失、倒位或点突变等，这一基因失去活性，成为无功能基因。

5. 基因表达的方式分为组成性表达和选择性表达。（　　　）

【答案】正确

【解析】按对刺激的反应性，基因表达的方式分为：①组成性表达。某些基因在一个个体的几乎所有细胞中持续表达，被称为管家基因。②选择性表达。在特定环境信号刺激下，相应的基因被激活，基因表达产物增加，这种基因称为可诱导基因。

6. 管家基因是细胞结构和代谢过程中所必需的基因。（　　　）

【答案】正确

【解析】管家基因在一个个体的几乎所有细胞中持续表达，通常是细胞结构和代谢过程中所必需的基因，较少受环境因素影响。

7. 基因表达伴随时间顺序所表现出的分布差异由细胞在不同器官的分布所决定。（　　　）

【答案】正确

【解析】基因表达的时间特异性是指根据基因在细胞发育过程中的功能需要，某一特定基因的表达严格按一定的时间顺序发生。

8. 基因家族是许多相关基因按功能的成套组合，而基因簇是功能相同的基因紧密排列在一起。（　　　）

【答案】正确

【解析】基因家族的定义是基因组中存在的许多来源于同一个祖先，结构和功能相似的一组基因。基因家族中来源相同、结构相似和功能相关的基因在染色体上彼此紧邻所构成的串联重复单位。一个基因簇中的基因往往是编码催化同一新陈代谢途径不同步骤的酶的结构基因。

9. 大多数管家基因编码低丰度的 mRNA。（　　　）

【答案】错误

【解析】管家基因高度或中度表达，是维持细胞最低限度功能所不可少的基因，如编码组蛋白基因、编码核糖体蛋白基因、线粒体蛋白基因、糖酵解酶的基因等。这类基因在所有类型的细胞中都进行表达，因为这些基因的产物对于维持细胞的基本结构和代谢功能是必不可少的。

10. 真核生物基因组中的重复序列都是不翻译的内含子。（　　）

【答案】错误

【解析】细胞核基因组存在重复序列，重复次数可达百万次以上，大多为非编码序列。但是核糖体 RNA 的基因序列属于中度重复序列。

11. 真核生物基因组中的重复序列不都是不翻译的内含子，有的是转座子等不编码的序列。（　　）

【答案】错误

【解析】转座子中含有编码转座酶的序列。

12. 一个基因的内含子能够作为另一个基因的外显子。（　　）

【答案】正确

【解析】有些基因选择了不同的启动子，或者选择了不同的 poly（A）位点而使原始转录物具有不同的二级结构，产生不同的 mRNA 分子。同一基因的转录产物由于不同的剪接方式形成不同 mRNA 的过程称为选择型剪接。

（四）问答题

1. 基因表达的基本概念是什么？

【答案】一个细胞或病毒所携带的全部遗传信息或整套基因即基因组，它包括每一条染色体和所有亚细胞器的 DNA 序列。基因经过转录、翻译，产生具有特异生物学功能的蛋白质分子或 RNA 分子的过程称为基因表达。

2. 基因表达的方式是什么？

【答案】根据对刺激的反应模式，可分为组成性表达和选择性表达两类。

3. 真核细胞与原核细胞在基因转录、翻译及 DNA 的空间结构方面存在哪些差异？

【答案】①真核细胞中，一条成熟的 mRNA 链只能翻译出一条多肽链，原核生物中常见的多基因操纵子形式在真核细胞中比较少见。②真核细胞的 DNA 与组蛋白和大量非组蛋白结合，只有一小部分 DNA 是裸露的。③高等真核细胞 DNA 中大部分不转录，真核细胞中有一部分由几个到几十个碱基组成的 DNA 序列，在整个基因组中重复几百次甚至上百万次。

4. 什么是管家基因？常用的管家基因有哪些？管家基因表达有何特点？

【答案】（1）管家基因是指对所有细胞的生存提供基本功能，因而在所有细胞中表达的基因。

（2）常用的管家基因有糖酵解酶系基因、核糖体蛋白基因、细胞骨架蛋白基因、细胞呼吸酶基因、DNA 聚合酶基因、RNA 聚合酶基因等乙烯类细胞生长所必需的基因。

（3）管家基因表达的特点：管家基因的表达形式属于组成性表达，是细胞结构和代谢过程中所必需的基因，通常能够较高的表达量，其具有不受环境变化影响，变动范围小，在体内几乎所有的细胞和所有的发育阶段中持续进行，阶段特异性不明显的特点。

5. 简述基因家族的分类及其主要表达调控模式。

【答案】真核细胞中许多相关的基因按功能成套组合，被称为基因家族。

（1）简单多基因家族：通过对转录产物进行特异性酶切而成，如各种 rRNA 和部分 tRNA。

（2）复杂多基因家族：基因家族之间由间隔序列隔开，每个基因能够作为单独的转录单位进行转录，如海胆组蛋白家族。

（3）发育调控的复杂多基因家族：在不同的发育阶段，通过不同的亚基发挥作用，如珠蛋白基因家族。

6.试比较原核生物与真核生物基因表达调控特点的不同。

【答案】真核生物与原核生物基因表达调控特点的不同表现在以下几方面：

（1）原核基因表达调控的特点主要为：①ζ 因子决定 RNA 聚合酶识别特异性。原核生物的 RNA 聚合酶有全酶和核心酶之分，两者仅差一个 ζ 因子（或亚基）。核心酶参与转录延长，全酶参与转录起始。ζ 因子识别特异启动序列，不同的 ζ 因子决定特异基因的转录激活，决定 mRNA、rRNA、tRNA 基因的转录。②原核生物中操纵子模型的普遍性。原核生物绝大多数基因按功能相关性成簇地串联、密集于染色体上，共同组成一个转录单位即操纵子。原核基因的协调表达就是通过调控每个操纵子中的启动序列的活性来完成的。③阻遏蛋白与阻遏机制的普遍性。原核基因调控普遍涉及特异阻遏蛋白参与的转录开关调节机制。

（2）真核基因表达调控的特点：① RNA 聚合酶。真核 RNA 聚合酶有三种，即 RNApol Ⅰ、Ⅱ、Ⅲ，分别负责三种 RNA 转录。TATA 盒结合蛋白为三种聚合酶所共有。②活性染色质结构变化。当基因激活时，可观察到染色体相应区域发生某些结构和性质变化：对核酸酶敏感，活化基因的一个明显特征是对 DNase 特别敏感；DNA 拓扑结构变化，几乎所有天然状态的双链 DNA 均以负超螺旋存在，当基因活化时，RNA 聚合酶前方的转录区 DNA 拓扑结构为正性超螺旋，而在其后的 DNA 拓扑结构为负超螺旋；DNA 碱基修饰变化，真核 DNA 有 5% 的胞嘧啶被甲基化为 5-甲基胞嘧啶，甲基化常发生在基因 5′ 端的 CpG 序列（又称 CpG 岛），甲基化范围与基因表达程度成反比；组蛋白变化，正性调节占主导，真核 RNA 聚合酶对启动子的亲和力极小或根本没有实质性亲和力，必须依赖一种或多种激活蛋白的作用。

第二节　真核基因表达的转录水平调控

真核细胞与原核细胞在基因转录、翻译及 DNA 的空间结构方面存在如下几个方面的差异：

（1）一条成熟的 mRNA 链只能翻译出一条多肽链，很少出现多基因操纵子形式。

（2）真核细胞 DNA 与组蛋白和大量非组蛋白相结合，只有一小部分 DNA 是裸露的。

（3）高等真核细胞 DNA 中很大部分是不转录的（9∶1），大部分真核细胞的基因中间还存在不被翻译的内含子。

（4）真核生物能够有序地根据生长发育阶段的需要进行 DNA 片段重排，还能在需要时增加细胞内某些基因的拷贝数。

（5）在真核生物中，基因转录的调节区大而多，它们可能远离启动子达几百个甚至上千个碱基对，这些调节区一般通过改变整个所控制基因 5′ 上游区 DNA 构型来影响它与 RNA 聚合酶的结合能力。

（6）真核生物的 RNA 在细胞核中合成，只有经转运穿过核膜，到达细胞质后，才能被翻译成蛋白质。

（7）许多真核生物的基因只有经过复杂的成熟和剪接过程，才能顺利地翻译成蛋白质。

一、重点解析

根据各个蛋白质成分在转录中的作用，能将整个转录蛋白复合体分为三部分：①参与所有或某些转录阶段的 RNA 聚合酶亚基，不具有基因特异性。②与转录的起始或终止有关的辅助因子，也不具有基因特异性。③与特异调控序列结合的转录因子（反式作用因子，又称跨域作用因子）。真核基因调控主要在转录水平上进行，受大量特定的顺式作用元件和反式作用因子调控。

1. 真核基因的一般结构特征

真核生物的基因是指产生一条多肽链或功能 RNA 所必需的全部核苷酸序列。一个完整的基因不但包含编码区，还包括 5′ 和 3′ 端长度不等的特异性序列，它们虽然不编码氨基酸，却在基因表达的过程中起重要作用。活性基因的转录在起始阶段受 RNA 聚合酶和启动子间相互作用的调控。对大多数基因来说，这是一个主要的控制层面，可能是最普遍的调控水平。

真核生物的转录调节要素包括转录模板、顺式作用元件、反式作用因子和 RNA 聚合酶。转录模板指从转录起始点到 RNA 聚合酶Ⅱ转录终止的全部 DNA 序列。顺式作用元件是由若干可以区分的非编码序列 DNA 序列组成，例如，真核生物启动子、增强子和沉默子，由于它们和特定的功能基因连锁在一起，并影响功能基因表达活性。启动子是一段特定的直接与 RNA 聚合酶及其转录因子相结合、决定基因转录起始与否的 DNA 序列，它包括核心元件和上游启动子元件。核心元件 TATA 常在 −25bp 左右，选择正确的转录起始位点，保证精确起始，相当于原核的 −10 序列。上游启动元件包括通常位于 −70bp 附近的 CAAT 盒（−70 ～ 80bp）和 GC 盒（−80 ～ 110bp），可增加核心元件的转录起始的效率。

2. 顺式作用元件及其对转录的影响

顺式作用元件有沉默子、启动子、增强子基因座控制区和绝缘子等序列。沉默子为真核生物中负性调节元件，当其结合特异蛋白因子时，对基因转录起阻遏作用。最早在酵母中发现，可不受序列方向的影响，能远距离发挥作用，并对异源基因的表达起作用。基因座控制区（LCR）是染色体 DNA 上一种顺式作用元件，含有多种反式作用因子的结合序列，使启动子处于无组蛋白状态，增强基因表达。绝缘子长约几百个核苷酸对，通常位于启动子同顺式调控元件（增强子）或反式调控因子之间的一种调控序列。绝缘子本身对基因的表达既没有正效应，也没有负效应，能阻止正调控或负调控信号在染色体上的传递，阻断增强子、沉默子和 LCR 的作用，使染色体活性限制在一定结构域内。

3. RNA 聚合酶

启动子、调节序列和调节蛋白通过 DNA-蛋白质相互作用、蛋白质-蛋白质相互作用影响 RNA 聚合酶活性。真核生物有三类 RNA 聚合酶，负责转录三类不同的启动子。RNA 聚合酶Ⅰ主要负责 rRNA 基因转录，相对活性为 50% ～ 70%；RNA 聚合酶Ⅱ主要负责所有蛋白质编码基因转录，相对活性为 20% ～ 40%；RNA 聚合酶Ⅲ主要负责 5S rRNA、tRNA 和某些核内小分子 RNA（snRNA）基因转录，相对活性为 10%。编码蛋白质的启动子在结构上有共同的保守序列。

4. 反式作用因子

反式作用因子是指能直接或间接与顺式作用元件相互作用，进而调控基因转录的一类调节蛋白。反式作用因子分为三类：具有识别启动子元件功能的基本转录因子，能够识别增强子或沉默子的转录调节因子，以及不需要通过 DNA-蛋白质相互作用就参与转录调控的共调节因子。

5. 反式作用因子的结构特点

反式作用因子能识别并结合顺式作用元件，对基因的转录能发挥正调控或负调控的作用。因此，反式作用因子的结构上存在三个功能结构域与其功能相适应，分别是：DNA 识别结合域、转录活性域和结合其他蛋白的结合域。

6. DNA 识别或结合域

1）螺旋-转折-螺旋

螺旋-转折-螺旋是最早发现于原核生物中的一个关键因子，至少有两个 α-螺旋区和中间由短侧链氨基酸残基形成的 β 转折。其中一个被称为识别螺旋区，因为它常常带有数个直接与 DNA 序列相识别的氨基酸。研究发现近羧基端（C 端）的 α 螺旋中氨基酸残基的替换会影响该蛋白质在 DNA 双螺旋大沟中的结合。与生物机体的生长、发育与分化密切相关的同源转换基因的同源域（同源转换区）编码的 60 个保守的氨基酸的蛋白质具有螺旋-转折-螺旋结构，并参与 DNA 结合作用，具有转录调控的功能。

2）锌指

锌指是根据其结构命名的。锌指结构都是以锌将一个 α-螺旋与一个反向平行的 β 片层的基部以锌原子为中心，并通过 4 个氨基酸（2 个 Cys、2 个 His）之间形成的配位键相连接，像一根手指指向 DNA 的大沟。与锌结合后锌指结构较稳定，才具有转录活性。锌指结构家族蛋白结构分为锌指、锌扭和锌簇结构三种类型。锌指蛋白的共同特征是通过结合 Zn^{2+} 来稳定一种很短的可自我折叠成"手指"的多肽空间构型。锌可与多个半胱氨酸和（或）组氨酸排列成不同的组合，通过疏水作用组成稳定的四面体结构。锌指蛋白类转录因子主要包括 Cys_2His_2、Cys_4 以及 Cys_6 等类型，三类主要锌指蛋白（转录因子）结构示意图如图 8-1 所示。Cys_2His_2 锌指结构，单个锌指的共有序列为 $Cys-X_{2-4}-Cys-X_3-Phe-X_5-Leu-X_2-His-X_3-His$，此结构是根据其氨基酸环命名的；$Zn(II)_2Cys_6$ 锌簇蛋白由 6 个 Cys 与 2 个 Zn^{2+} 结合，氨基酸序列 $CX_2CX_6CX_{5\sim6}CX_2CX_6C$ 形成锌簇结构，主要发现于真菌的转录因子；Cys_4 锌指氨基酸序列 $CX_2CX_{13}CX_2CX_{14\sim15}CX_5CX_9CX_2C$ 形成锌扭结构，主要见于高等动物细胞内的类固醇类激素受体。前面 4 个 Cys 与后面 4 个 C 分别与 1 个 Zn^{2+} 形成锌指结构。锌指可以形成 α-螺旋而插入 DNA 的大沟中，在另一面连着 β-片层。经典的"锌指"蛋白质有一系列的锌指，Zn 位

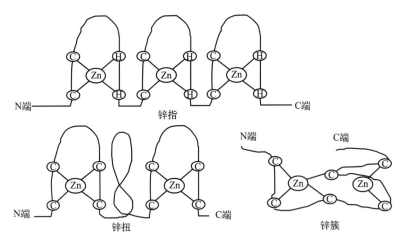

图 8-1　锌指、锌扭和锌簇结构示意图

于由保守的 2 个 Cys 和 2 个 His 残基所组成的四面体内。指身包含约 23 个氨基酸，指间由 7 ～ 8 个氨基酸相连。类固醇受体（和其他一些蛋白质）又称 Cys2/Cys2 锌指，它们与 Cys$_2$/His$_2$ 锌指不同。具有 Cys2/Cys2 锌指的蛋白质通常都含非重复的锌指，相反 Cys2/His2 锌指则串联重复。

3）碱性-亮氨酸拉链（bZIP）

bZIP 结构是由亲脂性的两个 α-螺旋构成，包含许多集中在螺旋一边的疏水氨基酸，两条多肽链以此形成二聚体。α-螺旋的羧基端每隔 6 个残基出现一个亮氨酸，导致亮氨酸都在螺旋的同一方向出现，且这类蛋白质以二聚体形式与 DNA 结合，两个蛋白质 α-螺旋上的亮氨酸一侧是形成拉链的二聚体的基础。若不形成二聚体，该碱基区对 DNA 的亲和力明显降低。亮氨酸拉链区并不直接结合 DNA，肽链氨基端 20 ～ 30 个富含碱性氨基酸赖氨酸（Lys）和精氨酸（Arg）结构域与 DNA 结合，但以碱性区和亮氨酸拉链结构域整体作为基础。

4）碱性螺旋-环-螺旋

该调控区长约 100 ～ 200 个氨基酸残基，同时具有 DNA 结合和形成蛋白质二聚体的功能，其主要特点是：羧基端可形成两个亲脂性 α-螺旋，两个螺旋之间由环状结构相连；氨基端是碱性氨基酸区为 DNA 结合区；碱性螺旋-环-螺旋蛋白质形成同源或异源二聚体的形式，才具有结合 DNA 的能力。在免疫球蛋白 κ 轻链基因的增强子结合蛋白 E12 与 E47 中，羧基端 100 ～ 200 个氨基酸残基可形成两个两性 α 螺旋，被非螺旋的环状结构所隔开，蛋白质的氨基端则是碱性区，其 DNA 结合特性与亮氨酸拉链类蛋白相似。肌细胞定向分化调控因子 MyoD-1、原癌基因产物 Myc 及免疫球蛋白 K 链基因增强子蛋白 E12 都具有 bHLH 结构。有些蛋白因子（如 Id 等）具有 HLH 样结构域，无碱性区就不能结合 DNA。

7. 转录活化结构域

反式作用因子的转录活化结构域，一般由不同于 DNA 结合域之外的 30 ～ 100 个氨基酸残基组成。①带负电荷的酸性 α-螺旋结构域，该结构域含有由酸性氨基酸残基组成的保守序列，多呈带负电荷的亲脂性 α-螺旋，包含这种结构域的转录因子有糖皮质激素受体和 AP1/Jun 等。增加激活区的负电荷数能提高激活转录的水平。可能是通过非特异性的相互作用与转录起始复合物上的 TFIID 等因子结合生成稳定的转录复合物而促进转录。②谷氨酰胺丰富区，启动子 GC 区结合蛋白 SP1 的 N 末端含有 4 个主要的转录激活区，氨基酸组成中有 25% 的谷氨酰胺，很少有带电荷的氨基酸残基。酵母的 HAP1、HAP2 和 GAL2 及哺乳动物的 OCT-1、OCT-2、Jun、AP2 和 SRF 也含有这种结构。③脯氨酸丰富区，CTF 家族（包括 CTF-1、CTF-2、CTF-3）的羧基端与其转录激活功能有关，含有 20% ～ 30% 的脯氨酸残基。

二、名词解释

1. 顺式作用元件

顺式作用元件是由若干个可以区分的非编码 DNA 序列组成，如真核生物启动子、增强子和沉默子，它们和特定的功能基因连锁在一起，并影响功能基因的表达活性。

2. 核心元件

指 TATA 区常在 −25bp 左右，该区可以选择正确的转录起始位点，保证精确起始。

3. 上游启动元件

指通常位于 $-70bp$ 附近的 CAAT 盒和 GC 盒，可增加核心元件转录起始的效率。

4. 沉默子

是真核生物中负性调节元件，当其结合特异蛋白因子时，对基因转录起阻遏作用。最早在酵母中发现，可不受序列方向的影响，能远距离发挥作用，并对异源基因的表达起作用。

5. 基因座控制区（LCR）

是染色体 DNA 上一种顺式作用元件，含有多种反式作用因子的结合序列，使启动子处于无组蛋白状态，增强基因表达。

6. 绝缘子

通常位于启动子同顺式调控元件（增强子）或反式调控因子之间的一种调控序列。绝缘子本身对基因的表达既没有正效应，也没有负效应，能阻止正调控或负调控信号在染色体上的传递，阻断增强子、沉默子和 LCR 的作用，使染色体活性限制在一定结构域内。

7. RNA 聚合酶Ⅰ

主要负责 rRNA 基因转录，相对活性为 50% ～ 70%。

8. RNA 聚合酶Ⅱ

主要负责所有蛋白质编码基因转录，相对活性为 20% ～ 40%。

9. RNA 聚合酶Ⅲ

主要负责 5S rRNA、tRNA 和某些核内小分子 RNA（snRNA）基因转录，相对活性为 10%。编码蛋白质的启动子在结构上有共同的保守序列。

10. 反式作用因子

是指能直接或间接与顺式作用元件相互作用，进而调控基因转录的一类调节蛋白。

11. 转录因子

识别启动子元件功能的基本转录因子和能够识别增强子或沉默子的转录调节因子反式作用因子。

12. 共调节因子

本身不直接识别并结合 DNA 序列，主要通过与转录因子的结合改变其构象从而调节转录活性。常将与转录激活因子有协同作用的那一类共调节因子称为共激活因子；将与转录阻遏因子有协同作用的那一类共调节因子称为共阻遏因子。

13. 螺旋-转折-螺旋

至少有两个 α-螺旋区和中间由短侧链氨基酸残基形成的 β 转折。其中一个被称为识别螺旋区，因为它常常带有数个直接与 DNA 序列相识别的氨基酸。

14. 锌指

是根据其结构命名的，都是以锌将一个 α-螺旋与一个反向平行的 β 片层的基部以锌原子为中心，并通过与 4 个氨基酸（2 个 Cys、2 个 His）之间形成配位键相连接，像一根根手指指向 DNA 的大沟。

15. 碱性-亮氨酸拉链

是由亲脂性的两个 α-螺旋构成，包含许多集中在螺旋一边的疏水氨基酸，两条多肽链以此形成二聚体。α-螺旋的羧基端每隔 6 个残基出现一个亮氨酸，导致亮氨酸都在螺旋的同一方向出现，且这类蛋白质以二聚体形式与 DNA 结合，两个蛋白质 α-螺旋上的亮氨酸一侧是形成拉链的二聚体的基础。

16. 碱性螺旋-环-螺旋

该调控区长约 100～200 个氨基酸残基，同时具有 DNA 结合和形成蛋白质二聚体的功能，羧基端可形成两个亲脂性 α-螺旋，两个螺旋之间由环状结构相连；氨基端是碱性氨基酸区为 DNA 结合区；碱性螺旋-环-螺旋蛋白质形成同源或异源二聚体的形式，才具有结合 DNA 的能力。

三、课后习题

课后习题及答案

四、拓展习题

（一）填空题

1. 在真核细胞中，一条成熟的 mRNA 链只能翻译出_____，原核生物中常见的_____在真核细胞中比较少见。

【答案】一条多肽链；多基因操纵子形式（转录单元）。

【解析】在真核细胞中，一条成熟的 mRNA 链只能翻译出一条多肽链，较少出现原核生物中常见的多基因操纵子形式（转录单元）。

2. 真核细胞的 DNA 与_____和大量_____相结合，只有一小部分 DNA 是裸露的。

【答案】组蛋白；非组蛋白。

【解析】真核细胞 DNA 与组蛋白和大量非组蛋白相结合，只有一小部分 DNA 是裸露的。

3. 高等真核细胞 DNA 中大部分不转录，真核细胞中有一部分由几个或几十个碱基组成的 DNA 序列，在整个基因组中重复几百次甚至上百万次。此外，大部分真核细胞的基因中还存在不被翻译的_____。

【答案】内含子。

【解析】内含子和外显子是真核生物基因序列中的普遍结构。真核生物中编码蛋白质（外显子）的基因通常是间断的、不连续的，高等真核细胞 DNA 中大部分是不转录的内含子。

4. 真核生物能够有序地根据生长发育阶段的需要进行 DNA 片段_____，还能在需要时增加细胞内某些基因的_____。

【答案】重排；拷贝数。

【解析】真核生物能够有序地根据生长发育阶段的需要进行 DNA 片段重排，还能在需要时增加细胞内某些基因的拷贝数。

5. 真核生物的基因转录的调节区比原核生物_____。虽然这些调节区也能与蛋白质结合，但是并不直接影响启动子区对于 RNA 聚合酶的接受程度，而是通过改变整个控制基因 5′ 上游区的 DNA 构型来影响它与 RNA 聚合酶的_____。

【答案】大；结合能力。

【解析】真核生物的基因转录的调节区比原核大得多，它们可能远离启动子达几百个甚至上千个碱基对。虽然这些调控区也能与蛋白质结合，但是并不直接影响启动子区对 RNA 聚合酶的接受程度。这些调节区一般通过改变整个控制基因 5′ 上游区的 DNA 构型来影响它与 RNA 聚合酶的结合能力。

6. 真核生物的 RNA 在_____合成，只有经转运穿过_____，到达_____后，才能被翻译成蛋白质。

【答案】细胞核；核膜；细胞质。

【解析】真核生物的 RNA 在细胞核中合成，只有经转运穿过核膜，到达细胞质后，才能被翻译蛋白质，而原核生物中不存在这样严格的空间间隔。

7. 许多真核生物的基因只有经过复杂的_____和_____过程，才能被顺利地翻译成蛋白质。

【答案】成熟；剪接。

【解析】许多真核生物的基因只有经过复杂的成熟和剪接过程，才能被顺利地翻译成蛋白质。

8. 一个完整的真核基因，不但包括_____，还包括 5′ 和 3′ 端长度不等的_____序列，它们虽然不编码氨基酸，却在基因表达的过程中起着重要作用。基因转录调节的基本要素包括_____、_____和 RNA 聚合酶。

【答案】编码区；特异性；反式作用因子；顺式作用元件。

【解析】一个完整的真核基因不但包括编码区，还包括 5′ 和 3′ 端长度不等的特异性序列，在基因表达过程中起着重要作用。真核生物基因转录水平上的调控主要是通过反式作用因子、顺式作用元件和 RNA 聚合酶的相互作用来完成的。

9. 顺式作用元件是指能和_____相结合的特异 DNA 序列。主要包括_____、_____、_____等。

【答案】反式作用因子；启动子；增强子；沉默子。

【解析】顺式作用元件是指那些与结构基因表达调控相关、能够被基因调控蛋白—反式作用因子特异性识别和结合的特异 DNA 序列。包括启动子、上游启动子元件、增强子、加尾信号、沉默子等。

10. 反式作用因子是指能够结合在_____上调控基因表达的_____。

【答案】顺式作用元件；蛋白质。

【解析】反式作用因子是指能直接或间接地识别或结合在各类顺式作用元件核心序列上参与调控靶基因转录效率的蛋白质。

11. 真核生物具有____种 RNA 聚合酶，催化转录不同 RNA 产物。其中只有_____能够转录信使 RNA 前体。

【答案】3；RNA 聚合酶Ⅱ。

【解析】真核生物 RNA 聚合酶分 3 种：RNA 聚合酶Ⅰ转录产物为 rRNA；RNA 聚合酶Ⅱ的产物负责 hmRNA 或 mRNA 前体转录；RNA 聚合酶Ⅲ负责 tRNA，5S rRNA 及其他小RNA 的转录。

12. 真核基因启动子由_____启动子和_____启动子两个部分组成。_____是指保证 RNA 聚合酶Ⅱ转录正常起始所必需的、最少的 DNA 序列，包括转录起始位点及转录起始位点上游_____～_____bp 处的_____。包括通常位于_____bp 附近的

_____和_____等，能调节转录起始的频率，提高转录效率。

【答案】核心；上游；核心启动子；−25；−30；TATA；−70；CAAT 盒；GC 盒。

【解析】真核基因启动子由核心启动子和上游启动子两个部分组成。核心启动子是指 RNA 聚合酶Ⅱ转录正常起始所必需的、最少的 DNA 序列，包括转录起始位点上游−25 ～ −30bp 处的 TATA 盒。功能：确定转录起始位点并产生基础水平的转录。上游启动子元件包括位于−70bp 附近的 CAAT 盒和 GC 盒，通过 TFIIDF 复合物调节转录起始的频率，提高转录效率。

13. 转录模板包括从_____到 RNA 聚合酶Ⅱ_____的全部 DNA 序列。

【答案】转录起始位点；转录终止处。

【解析】转录模板包括从转录起始位点到 RNA 聚合酶Ⅱ转录终止处的全部 DNA 序列。

14. RNA 聚合酶Ⅱ能够直接或间接与启动子核心序列_____特异结合。RNA 聚合酶Ⅱ在转录因子帮助下，形成_____。

【答案】TATA 区；转录起始复合物。

【解析】核心启动子元件指保证 RNA 聚合酶Ⅱ转录正常起始所必需的最少的 DNA 序列，包括转录起始位点及转录起始位点上游 TATA 区。

15. RNA 聚合酶Ⅱ中最大亚基的羧基末端含有七个氨基酸残基（Tyr-Ser-Pro-Thr-Ser-Pro-Ser）组成的多磷酸化位点重复序列，称为_____。

【答案】CTD 结构。

【解析】RNA 聚合酶Ⅱ最大亚基羧基的末端结构域（CTD）是由以七个氨基酸残基（Tyr-Ser-Pro-Thr-Ser-Pro-Ser-）为重复单位的高度保守的重复序列组成。

16. 关于 RNA 聚合酶Ⅱ如何整合成为转录起始复合物从而发挥作用，目前有两种假说，一种认为是_____，另一种认为是_____。

【答案】一步结合；分步结合。

【解析】一步结合假说认为 RNA 聚合酶Ⅱ与大量的转录因子共同组成转录起始复合物，转录才能在正确的位置上开始。分步结合假说认为 RNA 聚合酶Ⅱ先与 TFII D 形成二元复合物后才结合到启动子上来。

17. _____指能使与其连锁的基因转录频率明显增加的 DNA 序列。

【答案】增强子。

【解析】增强子指能使与其连锁的基因转录频率明显增加的 DNA 序列。

18. 根据不同功能，常将反式作用因子分为以下三类：具有识别_____功能的通用转录因子；能识别_____或_____的转录调节因子，以及不需要通过_____相互作用就参与转录调控的_____。

【答案】启动子元件；增强子；沉默子；DNA-蛋白质；共调解因子。

【解析】反式作用因子的分类：①通用转录因子。普遍存在的转录因子，具有识别启动子元件功能的基本转录因子。②组织特异性转录因子。与基因表达的组织特异性有很大关系，能识别增强子或沉默子的转录调节因子。③诱导性反式作用因子。活性能被特异的诱导因子所诱导，不需要通过 DNA-蛋白质相互作用就参与转录调控的共调解因子。

19. 一般认为，如果某个蛋白质是体外转录系统中起始 RNA 合成所必需的，它就是转录复合物的一部分。根据各个蛋白质成分在转录中的作用，能将整个复合物分为三部分：参与所有或某些转录阶段的_____，与转录的起始或终止有关的_____，与特异调控序列结合的_____。

【答案】RNA 聚合酶亚基；辅助因子；转录因子。

【解析】一般认为，如果某个蛋白质是体外转录系统中起始 RNA 合成所必需的，它就是转录复合体的一部分。根据各个蛋白质成分在转录中的作用，能将整个复合体分为三部分：参与所有或某些转录阶段的 RNA 聚合酶亚基，不具有基因特异性；与转录的起始或终止有关的辅助因子，也不具有基因特异性；与特异调控序列结合的转录因子。

20. 反式作用因子是指能直接或间接地识别或结合在各类_____核心序列上，参与调控靶基因转录效率的_____。常见的 DNA 结合域包括_____、_____、_____、_____等。

【答案】顺式作用元件；蛋白质；螺旋-转折-螺旋；锌指结构；碱性亮氨酸拉链；碱性螺旋-环-螺旋。

【解析】反式作用因子指能直接或间接地识别或结合各类顺式作用元件核心序列，参与调控靶基因转录效率的蛋白质。DNA 结合结构域包括：螺旋-转角-螺旋、锌指、碱性-亮氨酸拉链和碱性螺旋-环-螺旋。

21. rRNA 加工有两个内容：_____和_____。rRNA 的转录主要在_____进行。

【答案】分子内切割；化学修饰；核仁。

【解析】rRNA 基因定位在核仁组织区，该区域的基因编码为 18S rRNA、5.8S rRNA 和 28S rRNA，这三个基因组成一个转录单位。rRNA 转录单位转录出 45S rRNA 前体，很快前体被甲基化，并剪接为 41S rRNA 前体；41S rRNA 在相同的剪接位点可按照不同的剪接顺序产生不同的中间前体 rRNA，最终将 41S rRNA 前体剪接为 28S rRNA、18S rRNA 和 5.8S rRNA。

22. 一般认为，tRNA 的基因的初级转录产物在进入细胞质后，首先经过_____的修饰，再剪接成为_____。

【答案】核苷；成熟 tRNA。

【解析】tRNA 基因的初级转录产物在进入细胞质后，首先经过核苷的修饰，生成 4.5S 前体 tRNA，再剪接成为成熟 tRNA（4S）。

23. mRNA 的加工主要包括_____，_____，_____以及_____等。

【答案】在 mRNA 5′ 端加帽子；在 3′ 端加 poly（A）；RNA 的剪接；核苷酸的甲基化。

【解析】真核生物基因转录的前体 mRNA 的转录后修饰加工包括：① 5′-帽子结构的形成；② 3′-poly(A) 尾巴的形成；③剪接（splicing）反应；④核苷酸的甲基化。

24. 蛋白质生物合成反应中主要涉及细胞中的 5 种成分：_____、_____、_____、_____和_____。

【答案】核糖体；mRNA；氨酰 tRNA 合成酶；可溶性蛋白因子；tRNA。

【解析】蛋白质生物合成需核糖体、mRNA、氨酰 tRNA 合成酶、可溶性蛋白质因子、tRNA 等大约 200 多种生物大分子协同作用来完成。

25. 哺乳类 RNA 聚合酶Ⅱ启动子中常见的元件 TATA、GC、CAAT 所对应的反式作用蛋白因子分别是_____、_____和_____。

【答案】TFⅡD；Sp1；CTF/NF-1。

【解析】TFⅡD 是唯一能识别启动子 TATA盒并与之结合的转录因子，能与各种调控因子相互作用。Sp1 因子是从人细胞分离得到的一种转录调控因子，专门结合在 CG 框的 GGGCGG 元件上。CTF/NF-1 是真核类型Ⅱ基因 UP 结合的一族重要的蛋白质因子，是 CAAT 框结合蛋白的一个家族。

26. 含 HTH 的 DNA 结合蛋白多以_____结构插入 DNA 双螺旋的_____以识别 DNA 的特定序列。

【答案】α-螺旋；大沟。

【解析】含 HTH 的 DNA 结合蛋白多以 α-螺旋结构插入 DNA 双螺旋的大沟以识别 DNA 的特定序列。

27. 解释增强子远距离效应的假设有_____、_____和_____模型。

【答案】拓扑效应；滑动模型；成环。

【解析】解释增强子远距离效应的假设有拓扑效应、滑动模型、成环模型。

28. 转录因子 TFⅢA 的 DNA 结构域具有_____花式，API 的 DNA 结构域则具有_____花式。

【答案】锌指结构；b-ZIP。

【解析】转录因子 TFⅢA 的 DNA 结构域具有锌指结构花式，API 的 DNA 结构域则具有 b-ZIP 花式。

（二）选择题

1.（单选）下列不属于锌指结构家族蛋白的是（　　）。

A. 锌指　　　　　　B. 锌钮　　　　　　C. 锌核　　　　　　D. 锌簇

【答案】C

【解析】锌指结构家族蛋白结构分为锌指、锌扭和锌簇结构三种类型。锌指蛋白的共同特征是通过结合 Zn^{2+} 来稳定一种很短的可自我折叠成"手指"的多肽空间构型。

2.（多选题）下列哪些是顺式作用元件（　　）。

A. 启动子　　　　　　B. 增强子　　　　　　C. 沉默子　　　　　　D. 终止子

【答案】A、B、C

【解析】顺式作用元件是指那些与结构基因表达调控相关、能够被基因调控蛋白-反式作用因子特异性识别和结合的特异 DNA 序列。包括启动子、上游启动子元件、增强子、沉默子和一些反应元件等。

3.（多选）反式作用因子中的锌指蛋白中的 4 个与锌结合的氨基酸是（　　）。

A. 4 个 Cys　　　　　　　　　　B. 4 个 His

C. 2 个 Cys、2 个 His　　　　　　D. 3 个 Cys、1 个 His

【答案】A、C

【解析】三类主要锌指蛋白：Cys2His2 锌指结构；Cys6 锌指氨基酸序列，6 个 Cys 与 2 个 Zn^{2+} 结合锌簇；Cys4 锌指氨基酸序列形成锌扭结构。

4.（单选）目前认为基因表达调控的主要环节是（　　）。

A. 基因活化　　　　B. 转录起始　　　　C. 转录后加工　　　　D. 翻译起始

【答案】B

【解析】同原核生物一样，转录依然是真核生物基因表达调控的主要环节。但真核基因转录发生在细胞核（线粒体基因的转录在线粒体内），翻译则多在胞浆，两个过程是分开的，因此其调控增加了更多的环节和复杂性，转录后的调控占有了更多的分量。

5. 真核生物基因转录调控中，反式作用因子局部结构形式（基元）不包括（　　）。

A. 螺旋-转折-螺旋　　　　　　　　　　B. 碱性螺旋-环-螺旋

C. 锌指结构   D. 三叶草形

【答案】D

【解析】在真核生物基因转录调控中，反式作用因子DNA结合域的结构模式有：螺旋-转角-螺旋、锌指结构、碱性-亮氨酸拉链、碱性螺旋-环-螺旋以及同源域等。

6. 以下哪项属于真核生物基因的顺式作用元件（   ）。

A. 内含子   B. 外显子   C. 增强子   D. 操纵子

【答案】C

【解析】真核生物基因的顺式作用元件主要包括启动子、增强子、沉默子等。

7. 反式作用因子的激活方式不包括（   ）。

A. 表达式调节   B. 共价修饰   C. DNA成环   D. 蛋白质相互作用

【答案】C

【解析】反式作用因子的活性调节：①表达式调节——反式作用因子合成出来就具有活性；②共价修饰——磷酸化和去磷酸化，糖基化；③配体结合——许多激素受体是反式作用因子；④蛋白质与蛋白质相互作用——蛋白质与蛋白质复合物的解离与形成。

8. 关于TATA盒的叙述正确的是（   ）。

A. 通常位于转录起始点上游−25～−30bp处

B. 通常位于转录起始点上游−110～−30bp处

C. TFⅡA的结合位点

D. 又称上游激活序列

【答案】A

【解析】TATA框是构成真核生物启动子的元件之一。一致顺序为TATAATAAT（非模板链序列）。它约在多数真核生物基因转录起始点上游约−30bp（−25～−30bp）处，基本上由A—T碱基对组成。

9. 下列不属于DNA结合域的是（   ）。

A. 碱性氨基酸结合域   B. 酸性激活域   C. 谷氨酰胺富含域   D. 苯丙氨酸富含域

【答案】D

【解析】常见的DNA结合域包括碱性氨基酸结合域、酸性激活域、谷氨酰胺富含域、脯氨酸富含域。

10. （单选）螺旋-转折-螺旋的识别螺旋可以结合在（   ）。

A. DNA小沟   B. 磷酸戊糖链骨架的一条链

C. DNA大沟   D. 磷酸戊糖链骨架的两条链

【答案】C

【解析】螺旋-转折-螺旋结构中有至少两个α-螺旋，中间由短侧链氨基酸残基形成"转折"，近羧基端的α-螺旋中氨基酸残基的替换会影响该蛋白质在DNA双螺旋大沟中的结合。

11. （多选）下列属于顺式作用元件的是（   ）。

A. 启动子   B. 增强子   C. 结构基因   D. 转录因子

【答案】B

【解析】顺式作用元件主要包括启动子、增强子、沉默子等。

12. （多选）转录因子通常具有（   ）。

A. DNA结合域   B. DNA激活域   C. 转录激活域   D. 转录结合域

【答案】A、C

【解析】转录因子是转录激活因子和转录阻遏因子这两种反式作用因子的统称，有两种独立的活性 DNA 结合域和转录激活域。

（三）判断题

1. 增强子通过结合某些蛋白质因子，改变染色质 DNA 的结构而促进转录。（　　）

【答案】正确

【解析】增强子影响模板附近的 DNA 双螺旋，导致双螺旋弯曲，或在反式因子的作用下，增强子与启动子区成环连接活化基因；或将模板固定在细胞核内特定位置，如连接在核基质上，有利于改变染色质的构象；或者增强子为转录因子或 RNA 聚合酶提供进入启动子区的位点。

2. 真核生物基因表达的调控单位是操纵子。（　　）

【答案】错误

【解析】原核生物基因表达的调控单位是操纵子，真核生物基因一般不组成操纵子。

3. 增强子不具有启动子的功能。（　　）

【答案】正确

【解析】增强子是能使与其连锁的基因转录频率明显增加的 DNA 序列，不具有启动子的功能。

4. 基因转录调节的基本要素包括顺式作用元件和反式作用因子。（　　）

【答案】错误

【解析】基因转录调节的基本要素包括顺式作用元件、反式作用因子和 RNA 聚合酶。

5. 顺式作用元件是启动子和基因的调节序列。（　　）

【答案】正确

【解析】顺式作用元件是由若干个可以区分的非编码序列 DNA 序列组成，如真核生物启动子、增强子和沉默子，由于它们和特定的功能基因连锁在一起，并影响功能基因表达活性。

6. 常见的 DNA 结合域包括碱性氨基酸结合域、酸性激活域、谷氨酰胺富含域和脯氨酸富含域等。（　　）

【答案】正确

【解析】常见的 DNA 结合域包括碱性氨基酸结合域、酸性激活域、谷氨酰胺富含域和脯氨酸富含域等。

7. 配体调节受体都有 DNA 结合域。（　　）

【答案】错误

【解析】受体与配体之间结合的结果是受体被激活，并产生受体激活后续信号传递的基本步骤。

8. 甾醇类受体的 N 端有激素结合域，C 端有 DNA 结合域。（　　）

【答案】错误

【解析】N 端靠近 DNA 结合域。

9. 反式作用因子能直接或间接地识别或结合在各类顺式作用元件核心序列上，参与调控靶基因转录效率。（　　）

【答案】正确

【解析】反式作用因子是指能直接或间接与顺式作用元件相互作用，进而调控基因转录的一类调节蛋白。

10. 增强子的增强效应与其位置和取向无关。（　　）

【答案】正确

【解析】增强子通常具有下列性质：增强效应十分明显；增强效应与其位置和取向无关；大多为重复序列，一般长约50bp；增强效应有严密的组织和细胞特异性；没有基因专一性，可以在不同的基因组合上表现增强效应；许多增强子还受外部信号的调控。

11. 增强子没有基因专一性，可以在不同的基因组合上表现增强效应。（　　）

【答案】正确

【解析】增强子的特性之一，没有基因专一性，可以在不同的基因组合上表现增强效应。

12. 增强子可能影响模板附近的DNA双螺旋结构，导致DNA双螺旋弯折。（　　）

【答案】正确

【解析】增强子的作用机制之一，增强子会影响模板附近的DNA双螺旋，导致双螺旋弯曲。

13. 增强子区可以作为反式作用因子进入染色质结构的"入口"。（　　）

【答案】正确

【解析】增强子的作用机制之一，在反式因子的作用下，增强子将模板固定在细胞核内特定位置，如连接在核基质上，有利于改变染色质的构象，或者增强子为转录因子或RNA聚合酶提供进入启动子区的位点。

14. 反式作用因子包括基本转录因子、转录调节因子和共调节因子。（　　）

【答案】正确

【解析】反式作用因子分为三类：基本转录因子、转录调节因子和共调节因子。

15. 激活因子全都有DNA结合域和转录激活域。（　　）

【答案】错误

【解析】根据不同的功能，反式作用因子分为三类：基本转录因子、转录调节因子和共调节因子。

16. 所有共激活因子都能识别靶位点，靶位点的特异性由DNA结合域的特异性决定。（　　）

【答案】正确

【解析】实验中，常将与转录激活因子有协同作用的那一类共调节因子称为共激活因子，所有共激活因子都能识别靶位点，靶位点的特异性由DNA结合域的特异性决定。

17. 酵母三杂交系统是利用顺式作用元件和反式作用因子间相互作用的原理。（　　）

【答案】正确

【解析】科研工作者根据顺式作用元件和反式作用因子间相互作用的原理，创造出酵母双杂交系统、酵母三杂交系统等实验技术。

18. 增强子的功能受DNA双螺旋空间构象影响。（　　）

【答案】正确

【解析】增强子的作用机制：增强子的功能受DNA双螺旋空间构象影响。

19. 转录复合物中，除了与转录的起始或终止有关的辅助因子外，其他都具有基因特异性。（　　）

【答案】错误

【解析】根据各个蛋白质成分在转录中的作用，能将整个复合体分为3部分：①参与所有或某些转录阶段的RNA聚合酶亚基，不具有基因特异性。②与转录的起始或终止有关的辅助因子，也不具有基因特异性。③与特异调控序列结合的转录因子。

20. 增强子一般使基因转录频率增加10～200倍。（　　）

【答案】正确

【解析】增强子的效应十分明显，一般使基因转录频率增加10～200倍。

21. 共调节因子本身无DNA结合活性，主要通过蛋白质-蛋白质相互作用影响转录分子的分子构象，从而调节转录活性。（　　）

【答案】正确

【解析】共调节因子本身无DNA结合活性，主要通过蛋白质-蛋白质相互作用影响转录分子的分子构象，从而调节转录活性。

22. 某些DNA序列既可以作为增强子，也可作为沉默子。（　　）

【答案】正确

【解析】某些DNA序列既可以作为增强子，也可作为沉默子。

23. 不同转录因子的DB和AD形成的杂合蛋白仍然具有激活转录的正常功能。（　　）

【答案】正确

【解析】不同转录因子的DB和AD形成的杂合蛋白仍然具有激活转录的正常功能。

24. bHLH类蛋白质只有形成异源二聚体时，才具有足够的DNA结合能力。（　　）

【答案】错误

【解析】碱性螺旋-环-螺旋（bHLH）蛋白质形成同源或异源二聚体的形式，才具有结合DNA的能力。

25. 增强子和沉默子是具有位置和方向效应的DNA元件。（　　）

【答案】错误

【解析】增强子和沉默子能增强或抑制转录活性，它们对基因的影响与其位置和取向无关。

（四）问答题

1. 简述增强子的性质。

【答案】增强子定义指能使与它连锁的基因转录频率明显增加的DNA序列。作为基因表达的重要调节元件，增强子通常具有下列性质：①增强效应十分明显，一般能使基因转录频率增加10～200倍；②增强效应与其位置和取向无关。不论增强子以什么方向排列（5′→3′或3′→5′），甚至和靶基因相距3kb，或在靶基因下游，均表现出增强效应。③大多为重复序列，一般长约50bp，其内部常含有一个核心序列：（G）TGGA/TA/TA/T（G），该序列是产生增强效应时所必需的。④增强效应有严密的组织和细胞特异性，说明增强子只有与特定的蛋白质（转录因子）相互作用才能发挥其功能。⑤没有基因专一性，可以在不同的基因组合上表现增强效应。⑥许多增强子还受外部信号的调控，如金属硫蛋白的基因启动区上游所带的增强子，就可以对环境中的锌、镉浓度做出反应。

2. 增强子的作用原理是什么呢？

【答案】增强子可能有如下3种作用原理：①影响模板附近的DNA双螺旋结构，导致DNA双螺旋弯折或在反式因子的参与下，以蛋白质之间的相互作用为媒介形成增强子与启动子之间"成环"连接，活化基因转录；②将模板固定在细胞核内特定位置，如连接在核基质上，有利于 DNA 拓扑异构酶改变 DNA 双螺旋结构的张力，促进 RNA 聚合酶在 DNA 链上的结合和滑动；③增强子区可以作为反式作用因子或 RNA 聚合酶进入染色质结构的"入口"。

3. 简述反式作用因子的分类和主要的功能结构域。

【答案】（1）反式作用因子的分类：①通用反式作用因子。在一般细胞中普遍存在，主要识别启动子的核心成分。如识别 TATA 框的 TBP；识别 GC 框的 SP1；识别八聚体核苷酸的 Oct-1 等。②特异反式作用因子。存在于特殊组织与细胞中的反式作用因子，如淋巴细胞中的 Oct-2。③诱导型因子。与应答元件相结合的反式作用因子，如与激素应答元件 GRE 结合的糖皮质激素；与热激应答元件特异性结合的热激因子（HSF）等。

（2）反式作用因子中的 3 个主要功能结构域：① DNA 识别结合域与顺式作用元件结合的结构区域，主要起与 DNA 结合的作用。②转录活化结构域与其他蛋白因子结合，参与募集启动子结合蛋白和转录起始复合体，控制基因转录活化的结构区域。③联结区域，反式作用因子的"DNA 结合域"和"活化结构域"是独立发挥作用的。DNA 结合域的功能是把活化结构域"拴在"起始复合体附近，使之能够发挥活化转录的作用。DNA 结合域和活化结构域之间的"联结区域"是具有足够柔性的，这样无论 DNA 结合域所结合的具体位点在哪里，都能使活化结构域找到其靶蛋白。

4. 反式作用因子的 DNA 结合域有哪几种？各自有哪些结构特点？

【答案】（1）螺旋-转折-螺旋结构（HTH）。这类蛋白质分子中有至少两个 α-螺旋，中间由短侧链氨基酸残基形成"转折"，近羧基端的 α-螺旋中氨基酸残基的替换会影响该蛋白质在 DNA 双螺旋大沟中的结合。

（2）锌指结构。由小组保守的氨基酸和锌离子结合，在蛋白质中形成了相对独立的功能域，像一根根树枝伸向 DNA 大沟。

（3）碱性-亮氨酸拉链。C/EBP 家族蛋白的羧基 35 个氨基酸残基具有能形成 α-螺旋的特点，其中每隔 6 个氨基酸就有一个亮氨酸拉链，导致第 7 个亮氨酸残基都在螺旋的同一方向出现，这类蛋白质都以 2 聚体形式与 DNA 结合，两个蛋白质 α-螺旋上的亮氨酸-侧基形成拉链型 2 聚体的基础。

（4）碱性螺旋-环-螺旋（bHLH 结构）。羧基端 100～200 个氨基酸残基可形成两个双性 α-螺旋，被非螺旋的环状结构所隔开，蛋白质的氨基端则是碱性区，其 DNA 结合特性与亮氨酸拉链类蛋白相似。

（5）同源域蛋白。同源域是指编码 60 个保守氨基酸序列的 DNA 片段，广泛存在于真核生物基因组内，该遗传位点的基因产物决定了躯体发育。

5. 什么是锌指结构？

【答案】锌指结构家族蛋白大体可分为锌指、锌钮和锌簇结构，其特有的半胱氨酸和组氨酸残基之间氨基酸残基数目恒定，有锌参与时才具备转录调控活性。

6. 简述碱性-亮氨酸拉链结构的特点。

【答案】碱性-亮氨酸拉链结构的特点：①每隔 6 个氨基酸有一个亮氨酸残基，导致第 7 个亮氨酸残基都在螺旋的同一方向出现。②以二聚体形式与 DNA 结合，两个蛋白质 α-螺旋上的亮氨酸一侧是形成拉链型二聚体的基础。③亮氨酸拉链区不能直接结合 DNA，只有肽链氨基端 20～30 个富含碱性氨基酸结构域与 DNA 结合。

7. 简述真核生物转录水平的调控机制。

【答案】真核生物的转录水平的调控主要表现在对基因转录活性的控制上，是通过顺式作用元件、反式作用因子和 RNA 聚合酶的相互作用来完成的。当反式作用因子和顺式元件结合后，将影响转录起始复合物的形成，从而影响转录的起始和效率。真核生物的转录水平的调控机制如下：

（1）染色质的活化。

① 具有转录活性的染色质增加了对核酸酶降解的敏感性，染色质中与转录相关的结构变化称为染色质改型，其中包括核小体组蛋白核心的乙酰化和去乙酰化。②活化基因。真核RNA 聚合酶Ⅱ不能单独识别、结合启动子，需在转录因子帮助下，形成转录起始复合物。

（2）顺式作用元件。

真核细胞基因的启动子由一些分散的保守序列所组成，其中包括 TATA 框、CAAT 框和多个 GC 框等，CAAT 框和 GC 框属于上游控制元件，增强子通过影响模板附近的 DNA 双螺旋结构活化基因转录。

（3）反式作用因子。

反式作用因子包括 DNA 的识别或结合域和转录活化结构域。DNA 的识别或结合域的结构模式有螺旋-转折-螺旋、锌指、碱性-亮氨酸拉链和碱性螺旋-环-螺旋结构。转录活化结构域包括带负电荷的螺旋结构、富含谷氨酰胺的结构和富含脯氨酸的结构。

① 作用方式：反式作用因子一般通过成环、扭曲或滑动等方式影响转录起始的调节。②组合式调控作用：反式作用因子对基因表达的调控不是由单一因子完成的，而是几种因子组合发挥特定的作用。一种反式作用因子可以参与调控不同基因的表达；几种不同的反式作用因子可以控制一个基因的表达。通过上述组合式的表达，使有限数量的反式作用因子可以调控不同基因的表达。

8. 请描述真核 RNA 聚合酶Ⅱ与通用转录因子相互作用形成闭合转录复合体的过程。

【答案】在生理条件下，RNA 聚合酶Ⅱ转录某个基因时通常需要与转录因子结合形成闭合转录复合物。过程如下：

（1）TFⅡD 中的 TATA 区结合蛋白（TBP）识别 TATA 区，并在 TAFs 的协助下结合到启动子区。

（2）TFⅡB 与 TBP 结合，同时 TFⅡB 也能与 DNA 结合，TFⅡA 可以稳定与 DNA 结合的 TFⅡB-TBP 复合体。

（3）TFⅡB-TBP 复合体与 RNApolⅡ-TFⅡF 复合体结合，可降低 RNApolⅡ与 DNA 的非特异部位的结合，协助 RNApolⅡ靶向结合启动子。

（4）TFⅡE 和 TFⅡH 加入，形成完整的闭合复合体，装配完成。

9. 试述转录因子的作用特点。

【答案】转录因子是起正调控作用的反式作用因子，是转录起始过程中 RNA 聚合酶所需的辅助因子。真核生物基因在无转录因子时处于不表达状态，RNA 聚合酶自身无法启动基因转录，只有当转录因子结合在其识别序列上时，基因才开始表达。

真核生物在转录时需要多种蛋白质因子的协助。其分类和作用特点为：

（1）RNA 聚合酶亚基。转录必需，但并不对某一启动子有特异性。

（2）某些转录因子能与 RNA 聚合酶形成起始复合物，但不组成游离聚合酶的成分。这些成分可能是所有启动子起始转录所必需的，也可能是转录终止必需的。

（3）某些转录因子仅与其靶启动子的特异序列结合。如果这些序列存在于启动子中，则这些序列因子是一般转录结构的一部分；如果这些序列仅存在于某些种类的启动子中，则识别这些序列的因子也只是在这些特定的启动子上起始转录必需的。

10. 真核生物转录水平的调控机制。

【答案】真核生物在转录水平的调控主要是通过反式作用因子，顺式作用元件和 RNA 聚合酶的相互作用来完成的，主要是反式作用因子结合顺式作用元件后影响转录起始复合物的形成过程。

（1）转录起始复合物的形成：真核生物 RNA 聚合酶识别的是由通用转录因子与 DNA 形成的蛋白质-DNA 复合物，只有当一个或多个转录因子结合到 DNA 上，形成有功能的启动子，才能被 RNA 聚合酶所识别并结合。转录起始复合物的形成过程为：TFⅡD 结合 TATA 盒；RNA 聚合酶识别并结合 TFⅡD-DNA 复合物形成一个闭合的复合物；其他转录因子与 RNA 聚合酶结合形成一个开放复合物。在这个过程中，反式作用因子的作用是：促进或抑制 TFⅡD 与 TATA 盒结合；促进或抑制 RNA 聚合酶与 TFⅡD-DNA 复合物的结合；促进或抑制转录起始复合物的形成。

（2）反式作用因子：一般具有三个功能域（DNA 识别结合域，转录活性域和其他蛋白结合域）；能识别并结合上游调控区中的顺式作用元件；对基因的表达有正性或负性调控作用。转录起始的调控。

①反式作用因子的活性调节：表达式调节——反式作用因子合成出来就具有活性；共价修饰——磷酸化和去磷酸化，糖基化；配体结合——许多激素受体是反式作用因子；蛋白质与蛋白质相互作用——蛋白质与蛋白质复合物的解离与形成。②反式作用因子与顺式作用元件的结合：反式作用因子被激活后，即可识别并结合上游启动子元件和增强子中的保守性序列，对基因转录起调节作用。③反式作用因子的作用方式——成环、扭曲、滑动。④反式作用因子的组合式调控作用：每一种反式作用因子结合顺式作用元件后虽然可以发挥促进或抑制作用，但反式作用因子对基因调控不是由单一因子完成的而是几种因子组合发挥特定的作用。

11. 简要概括真核生物基因表达调控的 7 个层次。

【答案】（1）转录水平的调控，包括基因的开与关和转录效率的高与低。

（2）DNA 水平上的表达调控，包括基因丢失、扩增、交换、重排、DNA 甲基化。

（3）转录水平的调控，顺式作用元件与特异转录因子结合影响转录，反式作用因子能识别结合于顺式作用元件上，参与调控。

（4）反式作用因子的 DNA 识别域或结合域。

（5）蛋白质修饰、磷酸化和去磷酸化。

（6）转录后水平的调控。

（7）翻译水平的调控 mRNA 的"扫描模式"与蛋白质合成起始 mRNA 5′端帽子结构及 poly（A）尾巴，mRNA 稳定性与基因表达调控，蛋白质的修饰。

12. DNA 甲基化对基因表达的调控机制。

【答案】DNA 甲基化能引起染色质结构、DNA 构象、DNA 稳定性及 DNA 与蛋白质相互作用方式的改变，从而控制基因表达。

（1）DNA 甲基化抑制基因转录的直接机制：某些转录因子的结合位点内含有 CpG 序列，甲基化以后直接影响了蛋白质因子的结合活性，不能起始基因转录。

（2）甲基化抑制转录的间接机制：CpG 甲基化，通过改变染色质的构想或者通过与甲基化 CpG 结合的蛋白因子间接影响转录因子与 DNA 的结合。

（3）DNA 甲基化与 X 染色体失活：失活的染色体上绝大多数基因都处于关闭状态，

DNA 序列都呈高度甲基化。

13. 真核生物转录元件组成及其分类。

【答案】真核生物的转录调控大多数是通过顺式作用元件和反式作用因子复杂的相互作用来实现的。顺式作用元件按功能特性分为启动子、增强子及沉默子，其中启动子和增强子为正性调控作用的元件，沉默子为负性调控作用的元件。反式作用因子有两种独立的活性DNA 结合结构域和激活结构域。

14. 真核基因顺式作用元件及各自的特点。

【答案】（1）启动子，位于转录起始点附近且为转录起始所必需的 DNA 序列。核心启动子是指保证 RNA 聚合酶Ⅱ转录正常起始所必需的、最少的 DNA 序列，包括转录起始位点及位点上游–30 ～ –25bp 处的 TATA 区。上游启动子元件，包括通常位于–70bp 附近的 CAAT 区和 GC 区等能通过 TF2D 复合物调节转录起始的频率，提高转录效率。

（2）增强子是指能使与之连锁的基因转录频率明显增加的 DNA 序列，位于离转录起始点较远的位置上，具有参与激活和增强起始功能的序列元件。

（3）绝缘子是负调控作用元件（与增强子作用相反）。

15. 增强子的作用机制。

【答案】增强子的功能受DNA 双螺旋空间构向的影响。增强子可能有如下 3 种作用机制：

（1）影响模板附近 DNA 双螺旋结构，导致 DNA 双螺旋弯折或在反式因子的参与下，以蛋白质之间的相互作用为媒介形成增强子与启动子之间"成环"连接，活化基因转录。

（2）将模板固定在细胞核内特定位置，如连接在核基质上，有利于 DNA 拓扑异构酶改变 DNA 双螺旋结构的张力，促进 RNA 聚合酶Ⅱ在 DNA 链上的结合和滑动。

（3）增强子区可以作为反式作用因子或 RNA 聚合酶Ⅱ而进入染色质结构的"入口"。

16. 真核基因有哪些结构特征？

【答案】一个完整的真核基因，不但包括编码区，还包括 5′ 和 3′ 端长度不等的特异性序列。它们虽然不编码氨基酸，却在基因表达的过程中起着重要作用。基因转录调节的基本要素包括顺式作用元件、反式作用元件和 RNA 聚合酶。

17. 转录模板的范围是什么？

【答案】从转录起始位点到 RNA 聚合酶Ⅱ转录终止处的全部 DNA 序列。

18. 增强子对转录的影响是什么？

【答案】增强效应十分明显；增强效应与其位置和取向无关；大多为重复序列，一般长约 50bp，适合与某些蛋白因子结合；没有基因专一性，可以在不同的基因组合上表现增强效应；许多增强子还受外部信号的调控。

19. 为什么被 RNA 聚合酶Ⅲ识别的启动子不常见？

【答案】被 RNA 聚合酶Ⅲ识别的启动子不常见的原因如下：

（1）RNA 聚合酶Ⅲ负责转录一类具有转录物不编码蛋白质和基因通常以多拷贝存在两种特征基因。

（2）RNA 聚合酶Ⅲ负责转录的基因有 5S rRNA 和 tRNA 基因。与其他基因的启动子不同，在研究 5S rRNA 的基因 5′ 端的序列时发现这类基因的启动子位于基因的内部。该基因的 +50 对核苷酸完全缺失，对转录起始毫无影响；同样地，+84 以后序列的缺失对转录起始也没有影响。因此，+50 ～ +84 间的序列为 5S rRNA 基因的启动子。

（3）更少见的是，tRNA 基因的启动子被分成 A 和 B 两部分，它们之间的序列缺失不影响启动子的效率。

20. 列出真核基因 5′ 上游激活基因转录的元件并详细介绍。

【答案】真核基因 5′ 上游激活基因转录的元件主要有启动子区域和各种调控元件，启动子主要分为核心元件和上游启动子元件，调控元件主要包括增强子和上游控制元件：

（1）启动子核心元件，又称 TATA 区，是指位于转录起始位点上游——$-25 \sim -30$bp 范围的 7bp 保守序列，其共有序列为 TATAAAA。TATA 区与基因转录的起始位点的定位有关。它使转录因子与 RNA 聚合酶装配，并形成转录前起始复合物的位置。

（2）上游启动子元件（UPE），主要包含 CAAT 区和 GC 区，它们主要提高转录的效率和特异性。①CAAT 区，转录起始位点上游——$-70 \sim -80$bp 处的 CCAATT 顺序。②GC 区，位于 CAAT 盒邻近，一个-90bp 的区域，共同顺序为 GGGCGG。

（3）增强子，远离转录起始点，增强启动子转录活性的 DNA 序列。增强子有两个特征分别为：①与启动子的相对位置不固定；②能在两个方向产生作用。

（4）上游控制元件，核苷酸的八聚体（CCT），这种 8bp 长度的序列元件以不同拷贝数、不同位置和不同方向，出现在真核生物的启动子中。它的存在主要是能增强转录的效率。

21. 试解释为什么真核生物一般都含有内含子，而原核生物一般都不含有内含子？

【答案】真核生物一般都含有内含子，而原核生物一般都不含有内含子的原因如下：

（1）真核生物的基因组规模一般比原核生物大得多，内含子是真核生物基因组的必要组成。

（2）原核生物一般是单细胞而真核生物一般为多细胞，基因组中含有内含子可以增加同种基因的表达多样性，有利于多细胞生物适应复杂的环境。

（3）含有内含子的真核生物通过可变剪接等机制，使基因表达更富多样性，也有利于真核生物在进化上占据更高的位置。

22. 有两个模型可以解释染色质中的基因是如何被转录的。优先模型中，转录因子和 RNA 聚合酶是如何与启动子结合的？为什么在动态模型中需要 ATP？

【答案】（1）在优先模型中，只有在 DNA 复制时转录因子与核小体才能互相代替。复制时转录因子能稳定地与 DNA 相结合以支持转录。

（2）在动态模型中，组蛋白被一种能使转录因子与 DNA 相结合的 ATP 依赖型因子所代替，所以需要 ATP。

23. 举例说明 DNA 结合蛋白对基因转录的影响，并简述鉴别 DNA 结合蛋白在 DNA 分子上结合位点的两种常用方法。

【答案】（1）DNA 结合蛋白对基因转录的影响。

① 基因的所有顺式作用元件包括 UPE 和增强子都要和相应的反式作用因子结合，并通过蛋白质之间的作用才能实现它们对基因转录的调控。转录因子专一地与 DNA 上特定序列相结合而起作用。体外转录研究表明，RNA 聚合酶Ⅱ指导的转录起始需要一些可扩散性转录因子（主要是蛋白质），这些因子由其他基因编码。

② 一般认为，如果某个蛋白质是体外转录系统中起始 RNA 合成所必需的，它就是转录复合体的一部分。根据各个蛋白质成分在转录中的作用，能将整个复合体分为三部分：参与所有或某些转录阶段的 RNA 聚合酶亚基，不具有基因特性；与转录的起始或终止有关的辅助因子，也不具有基因特异性；与特异调控序列结合的转录因子。它们中有些被认为是转录复合体的一部分，因为所有或大部分基因的启动子区含有这一特异序列，如 TATA 区和

TF Ⅱ D，更多的则是基因或启动子特异性结合调控蛋白，它们是起始某个（类）基因转录所必需的。

③ 特异转录因子对基因表达的调控大量而广泛地存在，并且高度有序，主要有两种方式：转录起始复合物形成过程受到调控；通过专一因子的结合，提高 RNA 聚合酶起始转录活性。

（2）DNA 结合蛋白的检测方法。

① 凝胶滞留法分析 DNA 结合蛋白：特异序列的 DNA 短片段（用 DNA 克隆或化学合成方法产生单一片段）先用同位素标记，然后与细胞提取物混合；提取物中蛋白质与 DNA 片段结合后对电泳移动的影响可用聚丙烯酰胺凝胶电泳做分析，游离的 DNA 迅速移到凝胶的前面，其他结合了蛋白质的 DNA 被滞留；DNA 片段相当于多个序列特异性蛋白结合的染色体区段，每种蛋白有不同程度的滞留，代表了不同的 DNA-蛋白质复合物。凝胶上每条带相应的蛋白质能从细胞提取物进一步分离。

② 足迹法分析 DNA 上蛋白质的结合位点：DNA 片段在一端先用 ^{32}P 标记，DNA 链中任何一断裂的位置都能够从它产生的标记片段做出推断。片段的大小又可以很容易从聚丙烯酰胺凝胶的高分辨电泳中确定。

结合了蛋白质的 DNA 片段用内切核酸酶部分酶切，在合适的条件下，原则上每个磷酸二酯键都可以随机地被水解，但是结合的蛋白质阻碍了内切核酸酶接触到 DNA 链，被蛋白质阻碍的键就根本不能被水解。在微量核酸酶的作用下，这一部分长度的电泳带在电泳图谱出现一段空隙。

第三节　真核基因表达的染色质修饰和表观遗传调控

真核生物遗传信息表达，除了序列本身的结构信息以外，还与在转录之前染色质水平上的结构调整和转录后 mRNA 修饰调控有关，这些调控方式被称为基因表达的表观遗传调控。主要包括 DNA 修饰（甲基化）、组蛋白修饰（组蛋白乙酰化、甲基化）和 mRNA 修饰调控 3 个层面上调控基因表达。

一、重点解析

1. 真核生物 DNA 水平上的基因调控

在个体发育过程中，用来合成 RNA 的 DNA 模板也会发生规律性的变化，从而控制基因表达和生物体的发育。DNA 水平的调控是真核生物发育调控的一种形式，包括基因丢失、扩增、重排和移位等，通过这些方式可以消除或变换某些基因并改变基因表达的活性。

1）"开放"型活性染色质结构对转录的影响

常染色质是一类折叠疏松，浓缩程度低，处于伸展状态，碱性染料染色时着色浅的染色质区。这一区域的基因具有转录活性，为转录活跃区。转录前，活性染色体结构变化后发现对核酸酶 DNase Ⅰ 变得敏感，DNA 拓扑结构变化使天然 DNA 负超螺旋转变为正超螺旋。核小体结构消除或改变会使 DNA 结构由右旋变为左旋，导致结构基因暴露，使转录因子与启动区结合，诱发转录，这些都表明核小体结构影响基因转录。早期体外实验观察到组蛋白与 DNA 结合，阻止 DNA 上的基因转录，去除组蛋白基因又能转录。

灯刷染色体是鱼类、两栖类和爬行类动物的卵母细胞中的一类形似灯刷的特殊巨大染色体，这种染色体在某些位置上染色线以突环的形式伸出，形状很像灯刷。突环成对伸展，且都源于同一姐妹染色单体。突环被核糖核蛋白基质围绕，并包含一些新生 RNA 链。通常一个转录单位能被定义为沿突环移动的 RNP 的长度，所以突环是被活跃转录 DNA 突出的片段。

一些果蝇幼虫组织间期细胞核内，包含一些与其通常情况相比非常巨大的染色体。它们拥有较大的直径与较大的长度。每一个染色体由一系列可见的条带组成。条带大小的变化范围为 0.05 ～ 0.5mm，这种染色体被称为多线染色体。巨大染色体上分布着许多涨泡结构，这些涨泡结构与基因表达相关。在幼虫发育阶段，涨泡似乎很明确，表现出组织特异性。在任何给定时间，特征性涨泡结构可在每个组织中发现。涨泡可被控制果蝇发育的激素诱导。一些涨泡直接被激素诱导；另一些则被早期涨泡的产物间接诱导。

2）基因扩增

基因扩增是指某些基因的拷贝数专一性增加的现象。它使细胞在短期内产生大量的基因产物以满足生长发育的需要，是基因活性调控的一种方式。为满足正常的生长发育需要，在没有细胞分裂时，整条染色体几乎没有复制的情况下，细胞内某些特定基因的拷贝数出现专一性增加的现象。例如，非洲爪蟾的卵母细胞中原有 rRNA 基因（rDNA）约 500 个拷贝数，在减数分裂粗线期，基因开始迅速复制，到双线期拷贝数约为 200 万个，扩增近 4000 倍，可用于合成 10^{12} 个核糖体。基因扩增也可以由外界环境因素引起，基因扩增可能与肿瘤形成及细胞衰老有关。在原发性的视网膜细胞瘤中，含 *myc* 原癌基因的 DNA 区段扩增 10 ～ 200 倍。

3）基因的重排与变换

将一个基因从远离启动子的地方移到较近的位点从而启动转录，被称为基因重排。最典型的例子是免疫球蛋白在成熟过程中的重排、酵母的交配型转变和 T 细胞受体基因的表达（T 淋巴细胞合成）。免疫球蛋白的肽链主要由可变区（V 区）、恒定区（C 区）以及两者之间的连接区（J 区）组成。V、C 和 J 基因片段在胚胎细胞中相隔较远，编码产生免疫球蛋白的细胞发育分化时，通过染色体内 DNA 重组把 4 个相隔较远的基因片段连接在一起，产生具有表达活性的免疫球蛋白基因。免疫球蛋白重链基因 DNA 重排以后，大量间隔序列被切除，使位于 J-Cμ 之间的增强子序列得以发挥作用，增强基因转录。

人血红蛋白基因表达中，β 链基因家族的调节基因和受体基因被间隔序列分隔开的，因此这些结构基因没有活性。在胚胎发育早期间隔序列 S_1 缺失，形成调节启动基因（R_1A_1），邻近的结构基因转录生成 ε 肽链，在胚胎发育后期（3 ～ 9 月）和出生以后由于间隔序列 S_2 和 S_3 的缺失，分别形成调节启动基因（R_2A_2）和（R_3A_3）转录各自附近结构基因产生 γ 和 δ 链。

2. DNA 甲基化与基因活性的调控

DNA 甲基化是最早发现的修饰途径之一可能存在于所有高等生物中，并与基因表达调控密切相关。能引起染色质结构、DNA 构象、DNA 稳定性及 DNA 与蛋白质相互作用方式的改变，从而控制基因表达。DNA 甲基化能关闭某些基因的活性，去甲基化则诱导了基因的重新活化和表达。研究证实，CpG 二核苷酸中胞嘧啶的甲基化导致了人体 1/3 以上由碱基转换而引起的遗传病。在染色体水平上，DNA 甲基化在着丝粒附近水平最高，在基因水平上 DNA 甲基化高水平区域涵盖了多数的转座子、假基因和小 RNA 编码区。甲基化似乎对于长度较短的基因有较强的转录调控能力，而对于长基因的调控能力十分微弱。DNA 甲基化不但与 DNA 复制起始及错误修正时的定位有关，还通过改变基因的表达参与细胞的生长、发育过程及染色体印迹、X 染色体失活等的调控。DNA 甲基化还提高了该位点的突变频率，

5-甲基胞嘧啶（5-mC）脱氨生成 T 不易识别和矫正。CpG 甲基化增加了 C 突变的可能性，5-mC 也作为内源性诱变剂或致癌因子调节基因表达。

DNA 甲基化主要形成 5-甲基胞嘧啶 5-mC 和少量的 N6-甲基腺嘌呤（N6-mA）及 7-甲基鸟嘌呤（7-mG）。真核生物中，5-甲基胞嘧啶主要出现在 CpG、CpXpG、CCA/TGG 和 GATC 中。高等生物 CpG 二核苷酸中的 C 通常被甲基化，极易自发脱氨，生成胸腺嘧啶，所以 CpG 二核苷酸序列出现的频率远远低于按核苷酸组成计算出的频率。主要甲基化 mCpG 通常成串出现，即"CpG 岛"。大约 50% 的 CpG 岛与看家基因有关，另一半存在于组织特异性调控基因的启动子中。哺乳动物基因组结构基因启动子的核心序列和转录起始点，其中有 60% ～ 90% 被甲基化。真核生物细胞内 DNA 甲基转移酶有两种：日常型 DNA 甲基转移酶和从头合成型甲基转移酶。日常型甲基化酶作用于仅有一条链甲基化的 DNA 双链，使其完全甲基化，可参与 DNA 复制双链中的新合成链的甲基化，可能直接与 HDAC（组蛋白去乙酰基转移酶）联合作用阻断转录，保证 DNA 复制及细胞分裂后甲基化模式不变；从头合成型甲基转移酶可甲基化 CpG，使其半甲基化，继而全甲基化，不需要母链指导。从头合成型甲基转移酶可能参与细胞生长分化调控，是导致特异基因受甲基化调控的主要因子，在肿瘤基因甲基化中起重要作用。

DNA 甲基化抑制基因转录的机制可能是 DNA 甲基化导致某些区域 DNA 构象变化，从而影响了蛋白质与 DNA 的相互作用。当组蛋白 H_1 与含有 CCGG 序列的甲基化或非甲基 DNA 分别形成复合体时，DNA 的构型存在着很大的差别，在甲基化达到一定程度时，会发生从常规的 B-DNA 向 Z-DNA 的过渡。Z-DNA 结构收缩，螺旋加深，不利于反式作用因子与顺式作用元件结合。基因的 5′ 端和 3′ 端往往富含甲基化位点，启动区 DNA 分子上的甲基化密度与基因转录受抑制的程度密切相关。序列特异性甲基化结合蛋白可与启动子区的甲基化结合，阻止转录因子以启动子的作用，不利于 RNA 聚合酶和 DNA 模板的结合。

DNA 甲基化与 X 染色体随机失活有关。异染色质化可能是关闭基因活性的一种途径。在某些细胞类型或一定的发育阶段，原来的常染色质聚缩，并丧失基因转录活性，变为异染色质，如 X 染色体随机失活。雌性胎生哺乳类动物细胞中两条 X 染色体之一在发育早期随机失活，以确保其与只有一条 X 染色体的雄性个体内 X 染色体基因的剂量相同。一旦发生 X 染色体失活，使该细胞有丝分裂所产生的后代都保持同一条 X 染色体失活。在 X 染色体上存在一个与 X 染色体失活有密切联系的核心部位，称为 X 染色体失活中心，定位在 Xq13 区（正好是 Barr 氏小体浓缩部位）。Xi-specific transcript（*Xist*）基因只在失活的 X 染色体上表达，其产物是一功能性 RNA，没有 ORF 却含有大量的终止密码子。实验证明，Xist RNA 分子可能与 Xic 位点相互作用，引起后者构象变化，易于结合各种蛋白因子，最终导致 X 染色体失活。

3. 组蛋白乙酰化对真核基因表达的影响

组蛋白的修饰（乙酰化、磷酸化、甲基化、泛素化和糖基化等）引起的结构变化能影响基因的开关，也调控着基因的转录，影响着基因的表达，是目前表观遗传学研究的重要部分。组成染色质的基本结构单元核小体由组蛋白 8 聚体（两个 H_2A、H_2B、H_3 和 H_4 的四聚体组成）和围绕两圈的 DNA 组成。组蛋白是碱性蛋白带正电荷，可与 DNA 带负电荷的磷酸基相结合，从而遮蔽了 DNA 分子，妨碍转录。进行活跃基因转录的染色质区段常富含赖氨酸的组蛋白 H_1 水平降低，H_2A、H_2B 二聚体不稳定性增加，组蛋白乙酰化和泛素化等现象，这些都是核小体不稳定或解体的因素，而组蛋白的低乙酰化及去乙酰化伴随基因沉默。核心组蛋白朝向外部的 N 端部分称为"尾巴"，可被组蛋白乙酰基转移酶（HAT）和去乙酰化酶（HDAC）修饰，加上或去掉乙酰基团。

组蛋白乙酰基转移酶（HAT）主要有两类：一类与转录有关，另一类与核小体组装和染色质的结构有关。HAT 并不是染色质结合蛋白，但是可以通过与其他蛋白质相互作用来影响染色质的结构。HAT 和 HDAC 平衡控制染色质结构和基因表达。许多转录因子都有 HAT 活性，例如，酵母调控蛋白 GCN5 与 HAT 同源，具有乙酰化组蛋白 H_3 和 H_4 的活性，TAFII250 组蛋白乙酰基转移酶与启动子结合协助起始转录，可使 H_3 和 H_4 乙酰化，转录共激活因子 PCAF 也使 H_3 和 H_4 乙酰化，组蛋白乙酰基转移酶 p300/CBP 也是转录共激活因子，能使 H_2A、H_2B、H_3 和 H_4 乙酰化。组蛋白去乙酰化酶（HDAC）主要有人类中的 HADC1 和酵母中 Rpd3，HADC1 和 Rpd3 都形成很大的蛋白复合体发挥作用。Rpd3 能特异性去除组蛋白上的乙酰基团，使核小体相互靠近，并在转录共抑制子 Sin3 及 R 的协同作用下，抑制转录。组蛋白乙酰化及去乙酰化都会对基因表达产生影响。组蛋白 N 端尾巴上赖氨酸残基的乙酰化中和了组蛋白的正电荷，失去了与 DNA 结合能力，从而提高了基因转录的活性。组蛋白 H_3 和 H_4 的 Arg 和 Lys 的 ε-NH_2 是修饰的主要位点。乙酰化也使相邻核小体的结合受阻，同时也促进泛素与组蛋白 H_2A 结合，导致组蛋白选择性降解。组蛋白乙酰化会抑制或降低基因转录水平，转录的抑制主要是由于新产生的 HADAC/Rpd3 复合体专一性结合于某个或某类基因启动子区附近的组蛋白位点并使之去乙酰化，导致染色体结构转变为不利于转录形式，如核小体间距离变小，并且在转录共抑制因子的协同作用下，基因的转录被抑制。

4. 组蛋白甲基化对真核基因表达的调控

各种组蛋白甲基化修饰在染色体上的分布以及功能不尽相同，H3K9me3 标记通常与异染色质化有关，H3K27me3 通常与抑制基因表达有关，而 H3K4me3 常被视作转录活化区的标记。异染色质化区域可分为非组成型和组成型异染色质化，这两种情况的组蛋白甲基化修饰也不同：非组成型异染色质化多发生在不同生长发育时期一些需要被沉默的基因区域，组成型异染色质化通常发生在染色质中心粒、端粒区域，H3K8me2/3 标记区，使新生的组蛋白发生三甲基化，使中心粒、端粒附近的区域始终保持异染色质状态。常表达染色质区域比异染色质区有更宽松的修饰环境，也存在一些较普遍的标记，如基因的增强子区常有 H3K4me1 修饰。各种组蛋白甲基化修饰有不同的分布倾向，H3K4me3 常富集在转录起始区，H3K36me3 在转录区都有较高水平。酵母 RNA 聚合酶 Ⅱ 的羧基端的第 5 位丝氨酸被磷酸化后可以被 *Set1* 基因编码的 H3K4 甲基转移酶识别结合后，使启动子区的 H3K4me3 修饰后，招募 HAT 发生乙酰化；酵母 RNA 聚合酶 Ⅱ 羧基端的第 2 位丝氨酸被磷酸化能被启动子区的 H3K36 甲基转移酶 *Set2* 识别，招募 HDAC 发生去乙酰化，使转录延伸进行。

组蛋白甲基化表观修饰是可遗传的，当母细胞分裂出子细胞时，母细胞染色质具有特定的表观修饰，会在子代细胞的 DNA 的相同位置重现。一般认为组蛋白甲基化表观修饰的遗传是通过已经存在的标记，招募相应甲基转移酶到染色质附近而实现。

组蛋白甲基转移酶可以修饰组蛋白的精氨酸和赖氨酸残基被甲基化。可以将组蛋白甲基转移酶分为两类：蛋白精氨酸甲基转移酶（PRMT）和组蛋白赖氨酸甲基转移酶（HKMT），组蛋白去甲基化是由去甲基化酶催化。2004 年，我国施扬教授发现第一个组蛋白的去甲基化酶 LSD1，可在体外系统中催化 H3K4me1/2 的去甲基化，但不能催化三甲基化的去甲基反应。催化赖氨酸去三甲基化酶具有 jumonji 结构域，JMJD2 可以催化 H3K9me3 和 H3K38me3 的去甲基化，酶催化活性区为 JmjC 结构域。

5. RNA 水平修饰对基因表达的影响

RNA 水平的化学修饰能影响自身的活性、定位以及稳定性等多个方面。真核生物的 RNA 上存在 100 多个化学修饰，但只有极少数的修饰方式存在于 mRNA 修饰上。N^6-甲基腺苷化修饰（m^{6}A）是 mRNA 常见的修饰，可以在转录后调控基因表达。人类和小鼠细胞中近 7000 种 mRNA 上有 m^{6}A 位点。mRNA 被 m^{6}A 修饰后，还可以在 m^{6}A 去甲基化酶的催化作用下脱去—CH$_3$ 而实现去甲基化，实现动态调控。酵母的甲基转移酶 IME4/SPO8，参与减数分裂和孢子形成；拟南芥中 *MT-A* 与人 METTL3 同源在分裂的组织中大量表达，特别是在生殖发育器官、茎顶端分生组织、新形成的侧根中表达丰度高。*DmIME4* 是果蝇中的 METTL3 同源基因，主要表达在卵巢和睾丸中，调控配子发育过程中功能保守。HeLa 细胞核提取物中分离出 3 个甲基转移酶复合体：MT-A1、MT-A2 以及 MT-B。MT-A1 在甲基转移过程中起主要催化作用，进一步对其活性区域的研究发现，METTL3 亚基是甲基供体 S-腺苷甲硫氨酸（SAM）结合位点，其基因定位于核质，在富集 mRNA 加因子的核散斑体。METTL3 包含前导螺旋结构 LH、核定位信号 NLS、含 SAM 结构结合域的甲基转移酶结构域 MTD 及锌指基序 ZFD 结构。MTD 区负责催化甲基活性的有两个功能区域 CM Ⅰ 和 CM Ⅱ，CM Ⅰ 是甲硫氨酸结合区（SAM），CM Ⅱ 是负责甲基活性的催化残基（图 8-2）。

图 8-2　METTL3 结构域示意图

FTO 和 ALKBH5 是去 m^{6}A 甲基化酶，属于 AlKB 家族，具备保守的铁离子结合基序以及酮戊二酸盐互作区。FTO 在大脑和肌肉中具有较高的表达，ALKBH5 在睾丸和肺中具有较高的表达。ALKBH5 的缺失提高小鼠管状 mRNA 中 m^{6}A 修饰水平，导致精子的数量、运动能力降低，可以调控精子发生的过程。

m^{6}A 修饰是通过改变 RNA 的二级结构，使得 RNA 结合蛋白能够能接近 RNA 序列，从而干扰修饰的进行，进一步调控基因表达。m^{6}A 调控基因表达需要甲基化酶蛋白复合物（将 m^{6}A 修饰信息写入 mRNA）、去甲基化酶（将 m^{6}A 修饰信息"擦除"）、"阅读"蛋白（读取 m^{6}A 修饰信息）。m^{6}A 位点的甲基化能通过破坏碱基对的稳定和增加富含尿嘧啶核苷酸单链的长度而进一步改变茎-环结构。甲基改变茎-环结构，进而促进相关蛋白质与之结合，调控由 m^{6}A 修饰开关控制的一系列生物学事件。

m^{6}A 就是可通过影响 RNA 代谢影响 mRNA 的剪切、稳定性、核输出以及翻译的过程，最终影响基因的表达调控多个生物学过程。不同的 mRNA 转录本中包含的修饰位点不尽相同，46% 的 mRNA 那么包含一个 m^{6}A 修饰的峰，37.3% 的 mRNA 包含两个 m^{6}A 修饰峰，剩余 mRNA 则包含两个以上的 m^{6}A 修饰峰。前体 mRNA 的剪接是调控基因表达较为关键的一个步骤，过程包含内含子的切除及细胞核中初级转录物外显子的联合，最终产生成熟的 mRNA。研究发现 m^{6}A 修饰和 mRNA 剪接过程相关，甲基化修饰可能会干扰剪接因子和 mRNA 间的相互作用。m^{6}A 修饰位点可能是某些 RNA 结合蛋白的锚定位点或使 A—U 配对不稳定从而影响了 RNA 的二级结构等。mRNA 的核输出主要通过 TAP-P15 复合物及接头蛋白、SR 蛋白和 TREX 复合体完成。ASR/SF2 和 TAP/P15 复合体与 mRNA 剪接或者核输出有关，ALKBH5 缺失造成的 ASF/SF2 磷酸化水平下降将提高核内 mRNA 的输出。ALKBH5

可能通过调控去甲基化 mRNA 的程度，影响了细胞内的加工因子的定位和动态变化。多数的 m^{6}A 修饰发生在外显子区域，剪切完成 m^{6}A 修饰仍然保留在成熟的 mRNA 上。因此，m^{6}A 修饰也会影响 mRNA 转录物的翻译。例如，小鼠的 DHFR mRNA 在体外进行甲基化和翻译后，甲基化的转录本的翻译水平比未甲基化的转录物高 1.5 倍。

二、名词解释

1. 基因表达的表观遗传调控
在真核生物中发生，在转录之前的染色质水平上的结构调整。主要包括 DNA 修饰（甲基化）和组蛋白修饰（组蛋白乙酰化、甲基化）两个方面。

2. 染色体印迹法
是一种研究染色体 DNA 上某些基因位置的方法。先用适当的方法（如脉冲场电泳）分离染色体 DNA，转移印迹到杂交膜上，再用待研究的基因探针杂交。"印迹"也是一种表观遗传学机制，是指在不改变基因编码的情况下，细胞内某分子发生的、会影响基因活性水平的改变。

3. DNA 水平的调控
是真核生物发育调控的一种形式，包括基因丢失、扩增、重排和移位等，通过这些方式可以消除或变换某些基因并改变基因表达的活性。

4. 常染色质
是一类折叠疏松，浓缩程度低，处于伸展状态，碱性染料染色时着色浅的染色质区。这一区域的基因具有转录活性，为转录活跃区。

5. 灯刷染色体
是鱼类、两栖类和爬行类动物的卵母细胞中的一类形似灯刷的特殊巨大染色体，这种染色体在某些位置上染色线以突环的形式伸出，形状很像灯刷。

6. 多线染色体
是一些果蝇幼虫组织间期细胞核内，包含一些与其通常情况相比非常巨大的染色体。它们拥有较大的直径与较大的长度。每一个染色体由一系列可见的条带组成。条带大小的变化范围从 0.05 ～ 0.5mm。

7. 基因扩增
是指某些基因的拷贝数专一性增加的现象。它使细胞在短期内产生大量的基因产物以满足生长发育的需要，是基因活性调控的一种方式。为满足正常的生长发育需要，在没有细胞分裂时，整条染色体几乎没有复制的情况下，细胞内某些特定基因的拷贝数专一性增加的现象。

8. 基因的重排
将一个基因从远离启动子的地方移到较近的位点从而启动转录，被称为基因重排。

9. 日常型 DNA 甲基转移酶
作用于仅有一条链甲基化的 DNA 双链，使其完全甲基化，可参与 DNA 复制双链中的新合成链的甲基化，可能直接与 HDAC（组蛋白去乙酰基转移酶）联合作用阻断转录，保证 DNA 复制及细胞分裂后甲基化模式不变。

10. 从头合成型甲基转移酶
可能参与细胞生长分化调控，是导致特异基因受甲基化调控的主要因子，在肿瘤基因甲基化中起重要作用。

11. X 染色体失活中心

在 X 染色体上存在的一个与 X 染色体失活有密切联系的核心部位，定位在 Xq13 区（正好是 Barr 氏小体浓缩部位）。

12. 组蛋白乙酰氨基转移酶（HAT）

主要有两类，一类与转录有关，另一类与核小体组装以及染色质的结构有关。HAT 并不是染色质结合蛋白，但是可以通过与其他蛋白质相互作用来影响染色质的结构。

13. 组蛋白甲基转移酶

可修饰组蛋白的精氨酸和赖氨酸残基甲基化。可以将组蛋白甲基转移酶分两类：蛋白精氨酸甲基转移酶（PRMT）和组蛋白赖氨酸甲基转移酶（HKMT），组蛋白去甲基化是由去甲基化酶催化。

14. RNA 水平修饰

RNA 水平的化学修饰能影响自身的活性、定位以及稳定性等多个方面。真核生物的 RNA 上存在 100 多个化学修饰，但只有极少数的修饰方式存在于 mRNA 修饰上。N^6-甲基腺苷化修饰（m6A）是 mRNA 常见的修饰，可以在转录后调控基因表达。

三、课后习题

课后习题及答案

四、拓展习题

（一）填空题

1. 在＿＿＿＿＿生物中，发生在转录之前的＿＿＿＿＿＿水平上的结构调整，称之为基因表达的表观遗传调控。

【答案】真核；染色质。

【解析】所谓表观遗传学，就是不改变基因的序列，通过对基因的修饰来调控基因的表达。所以，基因表达的表观遗传调控，就是在真核生物中，发生在转录之前的染色质水平上的结构调整，主要包括 DNA 修饰和组蛋白修饰两个方面。

2. DNA 水平的调控是真核生物发育调控的一种形式，包括基因＿＿＿＿、＿＿＿＿、＿＿＿＿和＿＿＿＿等方式。

【答案】丢失；扩增；重排；移位。

【解析】DNA 水平的调控是真核生物发育调控的一种形式，包括基因丢失、扩增、重排和移位等，通过这些方式可以消除或变换某些基因并改变基因表达的活性。

3. 转录发生之前，染色质通常会在特定的区域被＿＿＿＿＿＿，形成＿＿＿＿＿＿。

【答案】解旋松弛；自由 DNA。

【解析】转录发生之前，染色质通常会在特定的区域被解旋松弛，形成自由 DNA，利于转录进行。

4. 灯刷染色体只在两栖动物卵细胞发生_____时才能被观察到。

【答案】减数分裂。

【解析】灯刷染色体形如灯刷状，是一类处于伸展状态具有正在转录的环状突起的巨大染色体，常见于进行减数分裂的细胞中。

5. 基因扩增是指某些基因的拷贝数专一性大量增加的现象，是调控_____的一种方式。

【答案】基因活性。

【解析】基因扩增是指某些基因的拷贝数专一性大量增加的现象，它使细胞在短时间内产生大量的基因产物以满足生长发育需要，是调控基因活性的一种方式。

6. 原核生物细胞中 DNA 甲基化位点主要是在_____序列上，而真核生物细胞核 DNA 的甲基化位点则主要是在_____序列上。

【答案】GATC；CG。

【解析】原核生物中 DNA 甲基化位点主要是在 GATC 序列上；真核生物中，5′-甲基胞嘧啶是唯一存在的化学性修饰碱基，CG 二核苷酸是最主要的甲基化位点。

7. 将一个基因从_____的地方移到_____的位点从而启动转录，这种方式称为基因重排。

【答案】远离启动子；距离启动子很近。

【解析】基因重排是指某些基因片段改变原来存在的顺序，将一个基因从远离启动子的地方移到距离启动子很近的位点从而启动转录。

8. 免疫球蛋白的肽链主要由_____、_____以及_____组成。

【答案】可变区；恒定区；连接区。

【解析】免疫球蛋白是由两条相同的轻链和两条相同的重链通过链间二硫键连接而成的四肽链结构。每条链由可变区（VH）和恒定区（CH）组成，链之间具连接区。

9. DNA 甲基化修饰途径可能存在于_____中并与_____密切相关。

【答案】所有高等动物；基因表达调控。

【解析】DNA 甲基化是最早发现的修饰途径之一，可能存在于所有高等动物中，并与基因表达调控密切相关。

10. DNA 甲基化通过改变_____、_____、_____及_____来控制基因表达。

【答案】染色质结构；DNA 构象；DNA 稳定性；DNA 与蛋白质的作用方式。

【解析】DNA 甲基化能引起染色质结构、DNA 构象、DNA 稳定性、DNA 与蛋白质的作用方式的改变，从而控制基因表达。

11. DNA 甲基化导致某些区域 DNA 构象变化，从而影响_____和_____相互作用，抑制了_____的结合效率。

【答案】蛋白质；DNA；转录因子与启动区 DNA。

【解析】DNA 甲基化会导致某些区域 DNA 构象变化，包括甲基化后染色质对于核酸酶或限制性内切酶的敏感度下降，更容易与组蛋白 H₁ 相结合，DNaseI 超敏感位点丢失，使染色质凝缩成团，直接影响了转录因子于启动区 DNA 的结合效率的结合活性，不能起始基因转录。

12. 活性 X 染色体上的 *Xist* 基因总是_____的，失活 X 染色体上该位点都是_____的。

【答案】甲基化；去甲基化。

【解析】*Xist* 基因只在失活的 X 染色体上表达，失活 X 染色体上该位点都是去甲基化的。

13. 乙酰化使 p53 蛋白的 DNA 结合区_____，_____了 DNA 结合能力，从而_____了靶基因的转录。

【答案】暴露；增强；促进。

【解析】乙酰化使 p53 蛋白的 DNA 结合区暴露，增强了 DNA 结合能力，从而促进了靶基因的转录。

14. 催化组蛋白乙酰化反应的是_____。

【答案】组蛋白乙酰转移酶。

【解析】核心组蛋白朝向外部的 N 端部分称为"尾巴"，可被组蛋白乙酰基转移酶（HAT）和去乙酰化酶（HDAC）修饰，加上或去掉乙酰基团。

15. 组蛋白 N 端尾巴上_____残基的乙酰化中和了组蛋白尾巴的_____电荷，降低了它与 DNA 的亲和性。

【答案】赖氨酸；正。

【解析】组蛋白 N 端尾巴上赖氨酸残基的乙酰化中和了组蛋白尾巴的正电荷，失去了与 DNA 结合能力，从而提高了基因转录的活性。

16. 组蛋白甲基化分为：_____、_____、_____。

【答案】异染色质化；表观修饰的遗传；常表达染色质。

【解析】组蛋白甲基化分为异染色质化、表观修饰的遗传、常表达染色质。

17. 人 X 染色体有一个重要的基因_____，该基因只在失活的 X 染色体上表达，而不在活性的 X 染色体上表达。在活性 X 染色体上该基因总是_____，而失活 X 染色体上该位点都是_____的。失活的 X 染色体上其他绝大多数基因都处于关闭状态，DNA 序列都呈高度_____。

【答案】*Xist*；甲基化；去甲基化；甲基化。

【解析】在 X 染色体上存在一个与 X 染色体失活有密切联系的核心部位，称为 X 染色体失活中心，定位在 Xq13 区（正好是 Barr 氏小体浓缩部位）。Xi-specific transcript（*Xist*）基因只在失活 X 染色体上表达，其产物是一功能性 RNA，没有 ORF 却含有大量的终止密码子。实验证明，Xist RNA 分子可能与 Xic 位点相互作用，引起后者构象变化，易于结合各种蛋白因子，最终导致 X 染色体失活。

18. 在真核生物的 mRNA 加工过程中，在 5′ 端加上_____，在 3′ 端加上_____，后者由_____催化。如果被转录基因是不连续的，那么_____一定要被切除，并通过_____过程将_____连接在一起。这个过程涉及许多 RNA 分子，如 U₁ 和 U₂ 等，它们被统称为_____。它们分别与一组蛋白质结合形成_____，并进一步组成 40S 或 60S 的结构，称为_____。

【答案】帽子结构；多聚腺苷酸尾巴；poly（A）聚合酶；内含子；RNA 剪接；外显子；snRNA；snRNP；剪接体。

【解析】5′ 端加帽子：在转录的早期或转录终止前已经形成。首先从 5′ 端脱去一个磷酸，再与 GTP 生成 5′,5′ 三磷酸相连的键，最后以 *S*-腺苷甲硫氨酸进行甲基化，形成帽子结构。帽子结构有多种，起识别和稳定作用。3′ 端加尾：在核内完成。先由 RNA 酶Ⅲ在 3′ 端切断，再由多聚腺苷酸聚合酶加尾。尾与通过核膜有关，还可防止核酸外切酶降解。

19. 真核基因表达调控在 DNA 水平的调控方式包括_____、_____和_____等方式。其中免疫球蛋白结构基因是_____方式的典型例子，非洲爪蟾的_____细胞中 rRNA 基因的变化是_____方式的典型例子。

【答案】基因丢失；基因扩增；基因重排；基因重排；卵母；基因扩增。

【解析】真核基因表达调控在 DNA 水平的调控方式包括基因丢失、基因扩增、基因重排。基因重排是将一个基因从远离启动子的地方移到距离启动子很近的位点从而启动转录，免疫球蛋白结构基因是基因重排。基因扩增是指某些基因的拷贝数专一性大量增加的现象，非洲爪蟾的卵母细胞中 rRNA 基因的变化是基因扩增方式。

（二）选择题

1.（单选）关于 G 蛋白的叙述错误的是（　　）。
A. G 蛋白能结合 GDP 或 GTP　　　　B. G 蛋白由 α、β、γ 三个亚基构成
C. 激素—受体复合体能激活 G 蛋白　　D. G 蛋白的三个亚基结合在一起时才有活性

【答案】D

【解析】G 蛋白是指三聚体 GTP 结合调节蛋白，位于质膜内胞浆一侧，由 α、β、γ 三个亚基组成，βγ 二聚体通过共价结合锚于膜上起稳定 α 亚基的作用，而 α 亚基本身具有 GTP 酶活性。在三聚体状态下无活性，只有受到激素刺激才表现出活性。

2.（单选）真核细胞参与基因表达调节的调控区比原核细胞复杂是因为（　　）。
A. 真核细胞需要控制细胞特异性的基因表达
B. 原核细胞的基因总是以操纵子的形式存在
C. 原核细胞调节基因表达主要是在翻译水平
D. 真核细胞的细胞核具有双层膜

【答案】A

【解析】对大多数真核细胞来说，基因表达调控的最明显特征是能在特定的时间和特定的细胞中激活特定的基因，从而实现"预定的""有序的""不可逆转"的分化、发育过程，并使生物的组织和器官保持正常的功能。原核生物绝大多数基因按功能相关性成簇地串联、密集于染色体上，共同组成一个转录单位即操纵子。

3.（多选）真核基因经常被断开（　　）。
A. 反映了真核生物的 mRNA 是多顺反子
B. 因为编码序列外显子被非编码序列内含子所分隔
C. 因为真核生物的 DNA 为线性而且被分开在各个染色体上，所以同一个基因的不同部分可能分布于不同的染色体上
D. 表明初始转录产物必须被加工后才可被翻译

【答案】B、D

【解析】真核细胞的 DNA 是单顺反子结构，很少出现置于一个启动子控制之下的操纵子。大多数真核基因都是由蛋白质编码（外显子）和非蛋白质编码（内含子）序列两部分组成的。真核基因可能有多种表达产物，因为它有可能在 mRNA 加工的过程中采用不同外显子重组方式。

4.（单选）造成免疫球蛋白多样性的最重要基因表达调控机制是（　　）。
A. DNA 甲基化　　B. 染色体缺失　　C. 基因重排　　D. 基因扩增

【答案】C

【解析】基因重排是指将一个基因从远离启动子的地方移到距离它很近的位点从而启动转录的过程，如免疫球蛋白和 T-细胞受体基因的基因重排。

5.（单选）下列事件中，不属于表观遗传调控的是（　　）。

A. DNA 甲基化　　　　B. 组蛋白乙酰化　　　C. mRNA 加尾　　　D. RNA 干扰

【答案】C

【解析】表观遗传是指 DNA 序列不发生变化，但基因表达却发生可遗传的改变的现象。基因表达的表观遗传调控是指发生在转录之前的，染色质水平上的结构调整，包括 DNA 修饰（DNA 甲基化）、组蛋白修饰（组蛋白乙酰化、甲基化）和 RNA 干扰。

6.（单选）在真核基因表达调控中，（　　）调控元件能促进转录的效率。

A. 衰减子　　　　　B. 终止子　　　　　C. 增强子　　　D. TATA box

【答案】C

【解析】增强子能使与之连锁的基因转录频率明显增加。

7.（单选）真核生物 mRNA 的转录加工不包括（　　）。

A. 切除内含子，连接外显子　　　　　B. 5′ 加帽子结构

C. 3′ 端加多聚腺苷酸尾巴　　　　　D. 加 CCA-OH

【答案】D

【解析】真核生物 mRNA 的转录加工包括：① mRNA 的 5′ 末端加"帽子"；② 3′ 末端加上 poly（A）；③ RNA 的剪接及核苷酸的甲基化修饰。D 项，加 CCA-OH 属于 tRNA 的转录加工过程。

8.（单选）以下的蛋白质结构域中，哪一类不是直接与 DNA 分子相结合的？（　　）

A. 锌指结构　　　　B. 碱性-亮氨酸拉链　　C. 同源异构域　　　D. 螺旋-转角-螺旋

【答案】B

【解析】A 项，锌指结构是通过锌指环上突出的赖氨酸、精氨酸参与 DNA 的结合，且蛋白质与 DNA 的结合牢固、特异性高。B 项，碱性-亮氨酸拉链区不能直接与 DNA 结合，只有其肽链氨基端 20～30 个富含碱性氨基酸结构域与 DNA 结合。C 项，同源域蛋白的第三个螺旋与 DNA 双螺旋的大沟结合。D 项，螺旋-转折-螺旋是由"转角"氨基酸残基连接在 DNA 双螺旋的大沟中。

9.（单选）锌指蛋白与锌的结合（　　）。

A. 位于蛋白质的 α-螺旋区

B. 才具有转录活性

C. 是共价的

D. 必须通过保守的半胱氨酸和组氨酸残基间协调进行

【答案】D

【解析】锌指结构是许多转录因子共有的 DNA 结合结构域，具有很强的保守性。锌指结构是将一个 α-螺旋与一个反向平行 β 片层的基部以锌原子为中心，通过与一对半胱氨酸和一对组氨酸之间形成配位键相连接。

10.（单选）DNA 甲基化是基因表达调控的重要方式之一，甲基化的位点是（　　）。

A. CpG 岛上的 C 的 3 位　　　　　B. CpG 岛上的 G 的 3 位

C. CpG 岛上的 C 的 5 位　　　　　D. CpG 岛上的 G 的 7 位

【答案】C

【解析】DNA 甲基化是指 DNA 甲基转移酶催化 *S*-腺苷甲硫氨酸作为甲基供体，将胞嘧啶转变为 5-甲基胞嘧啶（mC）的一种反应，在真核生物 DNA 中，5-甲基胞嘧啶是唯一存在的化学性修饰碱基，5-甲基胞嘧啶基因的 5′ 端和 3′ 端富含甲基化位点，启动区 DNA 分子上的甲基化密度与基因转录受抑制程度密切相关。

11.（单选）GAL4 因子能够结合于基因的上游调控序列并激活基因的转录，它的 DNA 结合结构域属于（　　）。

    A. 锌指结构　　　　　　　　　　　　B. 亮氨酸拉链结构

    C. 螺旋-环-螺旋结构　　　　　　　　D. 螺旋-转角-螺旋结构

【答案】A

【解析】GAL4 因子结合 DNA 功能域位于端，具有 Cys2/Cys2 锌指区，参与和 UAS 的结合，表现为结合 DNA 的功能。具有该类锌指区的转录因子还有糖皮质受体蛋白、雌激素受体以及腺病毒 EIA 等。

12.（单选）蛋白质的翻译后修饰主要包括（　　）。

    A. 乙酰化　　　　　　B. 糖基化　　　　　　C. 磷酸化　　　　　　D. 上述各种修饰

【答案】D

【解析】蛋白质翻译后的修饰方式与 DNA 修饰有所不同，包含磷酸化、糖基化、乙酰化以及巯基化等多种修饰方式。

13.（单选）基因表达时的顺式作用元件包括（　　）。

    A. 启动子　　　　　　B. 结构基因　　　　　　C. RNA 聚合酶　　　　　　D. 转录因子

【答案】A

【解析】顺式作用元件是指 DNA 上影响基因活性的 DNA 序列，如启动子、增强子、操纵基因、终止子等。启动子是用来启动基因转录必需的一段 DNA 序列，包括 RNA 聚合酶的识别、结合和转录起始，以及激活该酶转录功能必需的序列。

14.（单选）组蛋白甲基化可发生在（　　）残基上。

    A. 亮氨酸，精氨酸　　B. 组氨酸，赖氨酸　　C. 赖氨酸，精氨酸　　D. 亮氨酸，组氨酸

【答案】C

【解析】组蛋白甲基化通常发生在 H_3 和 H_4 组蛋白 N 端精氨酸或赖氨酸残基上。

15.（多选）染色体上 5′-mCpG 修饰对基因表达的影响途径，最佳选择是（　　）。

    A. 改变染色体的折叠精密度和局部构象

    B. 效应特异的 DNA 结合蛋白，改变调节模式

    C. 保护自身不受外源遗传物质的侵染

    D. 以上所有都对

【答案】A、C

【解析】基因 DNA 序列上 CG 岛处胞嘧啶的甲基化会关闭基因的转录活性，因为甲基化导致 DNA 的局部构象发生改变（染色体折叠程度也会相应改变），导致转录因子无法识别，从而使得转录无法进行。同时也保护了自身不受外源不相容遗传物质的侵染。

16.（多选）活性染色质表现为（　　）。

    A. 对核酸酶敏感　　　　　　　　　　B. 有超螺旋构象变化

    C. 有组蛋白化学修饰　　　　　　　　D. CpG 序列甲基化修饰

【答案】A、B、C

【解析】活性染色质是具有转录活性的染色质。活性染色质主要特征活性：活性染色质具有 DNase Ⅰ超敏感位点；活性染色质很少有组蛋白 H_1 与其结合；活性染色质的组蛋白乙酰化程度高；活性染色质的核小体组蛋白 H_2B 很少被磷酸化；活性染色质中核小体组蛋白 H_2A 在许多物种很少有变异形式；HMG14 和 HMG17 只存在于活性染色质中。

17.（多选）DNA 甲基化（　　）。

A. 一般促进基因转录

B. 是不可逆的

C. 主要集中在 CpG 岛上

D. 一般阻断基因转录

【答案】C、D

【解析】DNA 甲基化可能存在于所有高等生物中，并与基因表达调控密切相关。能引起染色质结构、DNA 构象、DNA 稳定性及 DNA 与蛋白质相互作用方式的改变，从而控制基因表达。DNA 甲基化能关闭某些基因的活性，去甲基化则诱导了基因的重新活化和表达，主要集中在 CpG 岛上。

18.（多选）关于 DNA 甲基化的说法正确的是（　　）。

A. 基因必须经过完全的甲基化才能表达

B. 具有活性的 DNA 是非甲基化的

C. 随着发育阶段的改变，DNA 的甲基化也要发生变化

D. 在 DNA 复制过程中，通过识别半甲基化的酶，甲基化得以保存

【答案】B、C、D

【解析】DNA 甲基化能关闭某些基因的活性，去甲基化则诱导了基因的重新活化和表达。随着发育阶段的改变，DNA 的甲基化也要发生变化。在 DNA 复制过程中，通过识别半甲基化的酶，甲基化得以保存。

（三）判断题

1. 有活性的 X 染色体上的 *Xist* 位点都没有甲基化，而失活的 X 染色体上的 *Xist* 位点高度甲基化。（　　）

【答案】错误

【解析】*Xist* 基因只在失活的 X 染色体上表达，而不在活性的 X 染色体上表达。在活性 X 染色体上该基因总是甲基化；而失活 X 染色体上该位点都是去甲基化的。失活的 X 染色体上其他绝大多数基因都处于关闭状态，DNA 序列都呈高度甲基化。

2. 组蛋白的某些特定的氨基酸残基上的修饰作用（乙酰基化、甲基化和磷酸化）可以降低组蛋白所携带的正电荷。（　　）

【答案】正确

【解析】组蛋白是碱性蛋白带正电荷，可与 DNA 带负电荷的磷酸基相结合，从而遮蔽了 DNA 分子，妨碍转录。组蛋白 N 端尾巴上赖氨酸残基的乙酰化中和了组蛋白的正电荷，失去了与 DNA 结合能力，从而提高了基因转录的活性。

3. 组蛋白基因、rRNA 基因和 tRNA 基因等都属于串联重复基因，它们的产物都是细胞所大量需要的。（　　）

【答案】正确

【解析】基因组中串联重复数百次的某些基因或基因簇区域构成中度重复 DNA 区段，

如 RNA 基因和组蛋白基因簇，它们的产物都是细胞所大量需要的。

4. 弱化作用调控模式不可能出现在真核生物基因表达调控中。（　　）

【答案】正确

【解析】原核生物绝大多数基因按功能相关性成簇地串联、密集于染色体上，共同组成一个转录单位即操纵子。操纵子转录终止的调控是通过弱化作用实现的。

5. 基因表达的最终产物都是蛋白质。（　　）

【答案】错误

【解析】基因表达的最终产物不都是蛋白质，有时是 RNA。

6. 与顺式作用元件和 RNA 聚合酶相互作用的蛋白质称为反式作用因子。（　　）

【答案】正确

【解析】反式作用因子能识别并结合顺式作用元件，对基因的转录能发挥正调控或负调控的作用。

7. 真核基因组中功能相关的基因虽不组成操纵子，但它们的排列位置彼此靠近。（　　）

【答案】正确

【解析】原核生物绝大多数基因按功能相关性成簇地串联、密集于染色体上，共同组成一个转录单位，即操纵子真核基因组中功能相关基因排列位置彼此靠近，不组成操纵子。

8. 同一种真核 mRNA 前体，由于在不同细胞或组织中的差异剪辑，可以表达出多种氨基酸序列、长度及糖基化程度不同的多肽。（　　）

【答案】错误

【解析】糖基化程度差异与差异剪辑不相关。

9. 在真核生物中，发生在转录之后的，蛋白质水平上的结构调整，称之为基因表达的表观遗传调控。（　　）

【答案】错误

【解析】发生在转录之前的、染色质水平上的结构调整，称之为基因表达的表观遗传调控，主要包括 DNA 修饰和组蛋白修饰两个方面。

10. DNA 水平的调控是真核生物发育调控的一种形式，包括基因丢失、扩增、重排和移位等方式。（　　）

【答案】正确

【解析】DNA 水平的调控是真核生物发育调控的一种形式，包括基因丢失、扩增、重排和移位等方式。这与转录和翻译水平的调控是不同的，这种调控使基因组发生改变。

11. 灯刷染色体只有在两栖类动物生殖细胞发生减数分裂时才能被观察到。（　　）

【答案】错误

【解析】灯刷染色体是鱼类、两栖类和爬行类动物的卵母细胞中的一类形似灯刷的特殊巨大染色体，这种染色体在某些位置上染色线以突环的形式伸出，形状很像灯刷。突环成对伸展，且都源于同一姐妹染色单体。

12. 基因扩增是指某些基因的拷贝数专一性大量增加的现象，它使细胞在短期内产生大量的基因产物以满足生长发育的需求。（　　）

【答案】正确

【解析】基因扩增是指某些基因的拷贝数专一性大量增加的现象，它使细胞在短期内产生大量的基因产物以满足生长发育的需求，是基因活性调控的一种方式。

13. 将一个基因从远离启动子的地方转移到距它很近的位点从而启动转录，这种方式被称为基因重排。（　　）

【答案】正确

【解析】基因重排将一个基因从远离启动子的地方转移到距它很近的位点从而启动转录，该调节方式是基因表达产物多样性的基础。

14. DNA甲基化能诱导基因的重新活化和表达，去甲基化能关闭某些基因的活性。（　　）

【答案】错误

【解析】DNA甲基化能关闭某些基因的活性，去甲基化能诱导基因的重新活化和表达。

15. 从头合成型甲基转移酶是导致特异基因受甲基化调控的主要因子。（　　）

【答案】正确

【解析】从头合成型甲基转移酶，它们可甲基化CpG，使其半甲基化，继而全甲基化，不需要母链指导。从头甲基转移酶可能参与细胞生长分化调控，是导致特异基因受甲基化调控的主要因子，在肿瘤基因甲基化中起重要作用。

16. 基因沉默是指真核生物中由双链RNA诱导地识别和清除细胞中非正常RNA的一种机制。（　　）

【答案】正确

【解析】基因沉默是指真核生物中由双链RNA诱导地识别和清除细胞中非正常RNA的一种机制。通常可分为转录水平基因沉默和转录后基因沉默。

17. 核心组蛋白朝向外部的C端部分可被组蛋白乙酰基转移酶和去乙酰化酶修饰。（　　）

【答案】错误

【解析】核心组蛋白朝向外部的N端部分称为"尾巴"，可被组蛋白乙酰基转移酶（HAT）和去乙酰化酶（HDAC）修饰，加上或去掉乙酰基团。

18. 染色质构象的变化、染色质中蛋白质的变化及染色质对DNA酶敏感程度的变化都会影响基因表达。（　　）

【答案】正确

【解析】染色质构象的变化、染色质中蛋白质的变化及染色质对DNA酶敏感程度的变化都会影响基因表达。

19. 微RNA是一类重要的行使基因功能但不编码蛋白质的基因。（　　）

【答案】正确

【解析】微RNA是一种大小为21～23nt的单链小分子RNA，是由具有发夹结构的70～90个碱基大小的单链RNA前体经过Dicer加工后生成，定位于RNA前体的3′或5′端，有5′端磷酸基和3′端羟基。这些非编码小分子RNA参与调控基因表达，但机制区别于siRNA介导的mRNA降解。

（四）问答题

1. DNA的甲基化修饰有哪些生理意义？

【答案】调控DNA的复制与错配修复；在转录水平抑制基因表达；参与真核生物胚胎发育调节；参与基因组印记和X染色体失活及与细胞分化、增生有关。

2. 组蛋白修饰及其在转录调控中的作用。

【答案】组蛋白修饰是指核小体蛋白上的某些氨基酸被共价修饰的现象，主要包括组蛋白乙酰化、磷酸化、甲基化和泛素化。组蛋白修饰在转录调控中的作用如下：

（1）组蛋白磷酸化。组蛋白磷酸化在有丝分裂、细胞死亡、DNA 损伤修复、DNA 复制和重组过程中发挥着直接的作用。①组蛋白 H_1 被细胞周期蛋白依赖的激酶磷酸化是其主要的修饰作用。组蛋白 H_1 的磷酸化能够影响 DNA 二结构的改变和染色体凝集状态的改变。②组蛋白 H_1 的磷酸化需要 DNA 复制，并且激活 DNA 复制的蛋白激酶也促进组蛋 H_1 的磷酸化。因此，组蛋白 H_1 的磷酸化与 DNA 复制存在一个协同发生的机制。

（2）组蛋白乙酰化与去乙酰化。组蛋白乙酰化与去乙酰化分别由组蛋白乙酰转移酶和去乙酰化转移酶催化。这两种酶通过对核心组蛋白进行可逆修饰来调节核心组蛋白的乙酰化水平，从而调控转录的起始与延伸。①组蛋白乙酰化：组蛋白特殊氨基酸残基上的乙酰化，可改变蛋白质分子表面的电荷，影响核小体的结构，从而调节基因的活性。乙酰化修饰调节基因活性的典型实例是雌性哺乳动物个体的 X 染色体失活；组蛋白的乙酰化作用导致组蛋白正电荷减少，削弱了它与 DNA 的结合能力，引起核小体解聚，从而使转录因子和 RNA 聚合酶顺利结合到 DNA 上；乙酰化作用还参与细胞周期的调控。②组蛋白的去乙酰化可使基因沉默。

（3）组蛋白的甲基化。组蛋白的甲基化是指在组蛋白甲基转移酶催化下，组蛋白 H_3 和 H_4 的 N 端赖氨酸或精氨酸残基发生的甲基化，对促进 DNA 甲基化具有一定的作用，DNA 甲基化在转录水平可影响基因表达、参与细胞生长发育过程、参与染色体印迹和 X 染色体失活及影响 DNA 与蛋白质的相互作用。

（4）组蛋白泛素化是蛋白质的赖氨酸残基位点与泛素分子的羧基端相互结合的过程。它能够招募核小体到染色体、参与 X 染色体的失活、影响组蛋白的甲基化和基因的转录。

3. 什么是表观遗传学？基因组的表观遗传调控有哪些主要方式？

【答案】（1）表观遗传学的定义。

表观遗传学是研究在没有细胞核 DNA 序列改变的情况时，基因功能可逆、可遗传改变的一门遗传学分支学科，表观遗传的现象包括 DNA 甲基化、基因组印记、母体效应、基因沉默、核仁显性、休眠转座子激活和 RNA 编辑等。

（2）基因组的表观遗传调控方式。

表观遗传调控方式包括染色质重塑、DNA 甲基化及组蛋白修饰、X 染色体失活、非编码 RNA 调控、微 RNA 介导的基因转录调控等。①染色质重塑。染色质重塑是表观遗传修饰中一种常见的方式，是指导致整个细胞分裂周期中染色质结构和位置改变的过程。它可使染色质组织结构发生一系列重要的变化，如染色质去凝集，核小体变成开放式的疏松结构，使转录因子等更易接近并结合 DNA，从而调控基因转录。② DNA 甲基化。DNA 甲基化是指由 DNA 甲基转移酶介导，催化甲基基团从 5-腺苷甲硫氨酸向胞嘧啶的 C5 位点转移的过程。在脊椎动物中，CpG 二核苷酸是 DNA 甲基化发生的主要位点。DNA 甲基化影响到基因的表达，与肿瘤的发生密切相关。甲基化状态的改变是致癌作用的一个关键因素，包括基因组整体甲基化水平降低和 CpG 岛局部甲基化程度的异常升高，这将导致基因组的不稳定。③组蛋白修饰。组蛋白修饰是指核小体蛋白上的某些氨基酸被共价修饰的现象，主要包括组蛋白乙酰化、磷酸化、甲基化和泛素化，它们能影响染色质的压缩松紧程度，因此在基因表达中起重要的调节作用。组蛋白修饰不仅与染色体的重塑和功能状态紧密相关，而且在决定细胞命运、细胞生长以及致癌作用的过程中发挥着重要的作用。④ X 染色体失活。雌性胎生哺乳类动物细胞中两条 X 染色体之一在发育早期随机失活，此过程由 X 失活中心（Xic）

控制，是一种反义 RNA 调控模式。这个失活中心存在着 X 染色体失活特异性转录基因 *Xist*，当失活的命令下达时，这个基因就会产生一个 17kb 不翻译的 RNA 与 X 染色体结合，引发失活。X 染色体的失活状态需要表观遗传修饰，如 DNA 甲基化来维持，这种失活可以通过有丝或减数分裂遗传给子细胞。⑤非编码 RNA 调控。非编码 RNA 是指不能翻译为蛋白质的功能性 RNA 分子，包括 siRNA、miRNA、piRNA 以及长链非编码 RNA。非编码 RNA 在基因组水平及染色体水平对基因表达进行调控，决定细胞分化的命运。miRNA 介导的基因转录调控已经成为表观遗传修饰的一种新的形式。miRNA 首先由 RNA 聚合酶转录成长的 RNA 前体，再由内切酶加工成短的前体 miRNA。前体 miRNA 被转运到胞质中，由特异性内切酶加工成长度为 19～26nt 的小 RNA。小 RNA 以碱基互补的方式与靶 mRNA 的 3′UTR 结合，引起 mRNA 翻译抑制或者裂解。miRNA 介导的表观遗传调控已成为干细胞研究的新领域。许多特异性 miRNA 在动物不同的发育阶段以组织特异性方式表达，对发育中细胞命运的选择至关重要。piRNA 是在哺乳动物细胞内发现的长度为 24～31nt 的 RNA 分子，因在生理状态下能与 Piwi 蛋白偶联，故命名为 piRNA。由于 Piwi 是表观遗传学调控因子，能与 PcG 蛋白共同结合于基因组 PcG 应答元件上，协助 PcG 沉默同源异型基因，因此推测与 Piwi 相关的 piRNA 也应具有表观遗传学的调控作用。

4. 什么是 CpG 岛？ CpG 岛高度甲基化所表示的含义是什么？

【答案】（1）CpG 岛的定义。CpG 岛是指在人类基因组中分布很不均一的 CpG 二核苷酸在基因上成串出现所形成的区段。CpG 岛经常出现在真核生物的管家基因的调控区，在其他地方出现时会由于 CpG 中胞嘧啶甲基化引发碱基转换，引发遗传信息紊乱。

（2）CpG 岛高度甲基化表示的含义。① DNA 甲基化导致某些区域 DNA 构象变化，从而影响了蛋白质与 DNA 的相互作用，抑制了转录因子与启动区 DNA 的结合效率。② 5-甲基胞嘧啶在 DNA 上不是随机分布的，基因的 5′ 端和 3′ 端富含甲基化位点，而启动区 DNA 分子上的甲基化密度与基因转录受抑制程度密切相关。稀少的甲基化就能使弱启动子完全失去转录活性。甲基化 CpG 的密度和启动子强度之间的平衡决定了启动子是否具有转录活性。③ CpG 岛高度甲基化增加了胞嘧啶残基突变的可能性，因此 5-mC 也作为内源性诱变剂或致癌因子调节基因表达。

5. 举例说明真核基因表达的调控水平有哪些。

【答案】真核基因表达的调控水平主要包括：

（1）DNA 水平的调控。①基因丢失（DNA 片段或部分染色体的丢失）。某些低等真核生物，如蛔虫，在其发育早期卵裂阶段，除一个细胞外，所有分裂的细胞均将异染色质部分删除掉，从而使染色质减少约一半，而保持完整基因组的细胞则成为下一代的生殖细胞，在此加工过程中 DNA 发生了切除并重新连接。②基因扩增。某些昆虫的卵母细胞，为贮备大量核糖体以供卵细胞受精后发育的需要，通常都要专一性地增加编码核糖体 RNA 的基因。③染色体基因的重排。如免疫球蛋白结构基因和 T-细胞受体基因的表达。编码产生免疫球蛋白的细胞发育分化时，通过染色体内 DNA 重组把 4 个相隔较远的基因片段连接在一起，产生具有表达活性的免疫球蛋白基因。④染色质结构的变化。通过异染色质化关闭某些基因的表达，如雌性哺乳动物细胞有两个 X 染色体，其中一个高度异染色质化而永久性失去活性。通过组蛋白的乙酰化和去乙酰化来影响基因的转录活性。乙酰化的组蛋白抑制了核小体的浓缩，使转录因子更容易与基因组的这一部分相接触，有利于提高基因的转录活性。视网膜母细胞瘤（Rb）蛋白与 E2F 类转录激活因子相结合，能募集去乙酰化酶 1，使这类基因的启动子区发生特异性的去乙酰化反应，导致该段染色质浓缩，靶基因转录活性消失。⑤DNA的修饰。如DNA甲基化通过影响DNA与蛋白质之间的相互作用，关闭某些基因的活性。通常染色质的活性转录区没有或很少甲基化，非活性区甲基化程度高。

（2）转录水平的调控。真核生物转录水平的调控主要表现在对基因转录活性的控制上，是通过顺式作用元件、反式作用因子和RNA聚合酶的相互作用来完成的。①染色质的活化，基因活化首先需要改变染色质的状态，使转录因子能够接触并作用于启动子上；②RNA聚合酶与其他转录因子（反式作用因子）及特定的DNA序列，如启动子、增强子等（顺式作用元件）相互作用实现对转录的调控；③激素类物质对转录具有的诱导作用，如甾体激素，属于胆固醇一类的物质，能与特定的受体蛋白结合，活化的受体蛋白结合到染色质DNA的特定位点后，基因被激活。

（3）转录后水平的调控。各种基因的转录产物都是RNA：rRNA、tRNA和mRNA，初级转录产物只有经过加工修饰，才能成为有生物功能的活性分子。例如在真核细胞中，基因转录的最初产物是前体mRNA，经过剪切和拼接、戴帽（在转录后的mRNA的5′端加上一个甲基化的鸟嘌呤核苷酸）以及加尾（在3′端加上多聚腺嘌呤核苷酸），可得到成熟的mRNA分子。由不同的转录起点和终点转录的产物，以及内部不同拼接点进行拼接，加上不同编辑，可得到不同加工的mRNA，它们翻译成不同的蛋白质。

（4）翻译水平的调控。在蛋白质生物合成的过程中，特别是起始反应中，mRNA的可翻译性是起决定作用的，其5′端的帽子结构、二级结构、与rRNA的互补性以及起始密码附近的核苷酸序列都是蛋白质生物合成的信号系统。蛋白质生物合成的调控，就是通过mRNA本身固有的信号与可溶性蛋白因子或者与核糖体之间的相互作用而实现的。

（5）翻译后水平的调控。真核生物在翻译后水平的调控主要是控制多肽链的加工和折叠，且通过不同方式的加工而产生不同的活性多肽。

6. 简述DNA水平对真核基因表达的调控。

【答案】DNA水平的调控是真核生物发育调控的一种形式，包括基因丢失、扩增、重排和移位等方式，通过这些方式可以消除或变换某些基因并改变它们的活性。主要有染色质状态对基因表达调控；修饰作用（乙酰化甲基化）与染色质状态的关系；基因丢失、扩增、重排、交换。

7. DNA的甲基化修饰有哪些生理意义？

【答案】DNA甲基化修饰具有以下生理意义：

（1）DNA的复制与错配修复。

（2）在转录水平抑制基因表达。

（3）参与真核生物胚胎发育调节。

（4）参与基因组印记和X染色体失活及与细胞分化、增生有关。

8. 真核细胞中基因表达的特异性转录调控因子是指什么？根据它们的结构特征可以分为哪些类型？它们和DNA相互识别的原理是什么？

【答案】（1）真核细胞中基因表达的特异性转录调控因子是指反式作用因子，即能直接或间接地识别结合DNA调控序列，参与基因转录调控的蛋白质因子。

（2）真核细胞中基因表达的特异性转录调控因子，根据结构特征可分为两大类：一类为DNA识别结构域，另一类为转录活化域。

（3）与DNA相互识别的原理。特异性转录调控因子与DNA相互识别原理在于和DNA

识别结合域具有共同的结构模式：①螺旋-转折-螺旋：主要是两个 α-螺旋区和将其隔开的 β 转角。其中一个被称为识别螺旋区，带有数个直接与 DNA 序列相识别的氨基酸。②锌指结构：长约 30 个氨基酸，其中 4 个氨基酸（2 个 Cys、2 个 His）与一个锌原子通过配位键相连接。③碱性-亮氨酸拉链：亲脂性的 α-螺旋，包含有许多集中在螺旋一边的疏水氨基酸，两条多肽链以此形成二聚体。每隔 6 个残基出现一个亮氨酸。④碱性螺旋-环-螺旋：两个亲脂性 α-螺旋，两个螺旋之间由环状结构相连；DNA 结合功能是由一个较短的富碱性氨基酸区所决定的。⑤同源域：来自控制躯体发育的基因，长约 60 个氨基酸。其中的 DNA 结合区与螺旋-转折-螺旋相似，主要与 DNA 大沟相结合。

9. 根据 Cancer Cell 杂志上的 "DNA Hypermethylation encroachment at cpg island borders in cancer is predisposed by H3K4 monomethylation patterns" 对于癌症全基因组甲基化研究发现，人类癌症表观基因组学可能会被重新制定，包括基因启动子区的 CpG 岛超甲基化和全基因组水平的低甲基化。CpG 岛甲基化与染色质重塑及基因表达的关系已被广泛研究。H3K4 组蛋白甲基化转移酶（HMTs）对基因表达调控的方式多样化。请根据材料回答：

（1）什么是 DNA 甲基化？

（2）什么是 CpG 岛？

（3）什么是启动子？

（4）正常细胞中 DNA 甲基化对基因表达的调控方式？

【答案】（1）DNA 甲基化为 DNA 化学修饰的一种形式，能够在不改变 DNA 序列的前提下，改变遗传表现。所谓 DNA 甲基化是指在 DNA 甲基化转移酶的作用下，在基因组 CpG 二核苷酸的胞嘧啶 5 号碳位共价键结合一个甲基基团。

（2）基因的启动子区域 5′ 端非翻译区和第一个外显子区，CpG 序列密度非常高，超过均值 5 倍以上，成为鸟嘌呤和胞嘧啶的富集区，称之为 CpG 岛富含 CpG 区域，长度 200bp ～ 1kb，GC 含量超过 55%。

（3）启动子是位于结构基因 5′ 端上游的 DNA 序列，能活化 RNA 聚合酶，使之与模板 DNA 准确的结合并具有转录起始的特异性。

（4）正常细胞中启动子区 CpG 岛通常是低甲基化的，但在肿瘤细胞中，多为超甲基化。DNA 甲基化发生于 DNA 的 CpG 岛（CG 序列密集区）。发生甲基化后，那段 DNA 就可以和甲基化 DNA 结合蛋白相结合。结合后 DNA 链发生高度的紧密排列，其他转录因子，RNA 合成酶都无法再结合了，所以这段 DNA 的基因就无法得到表达了。一般研究中所涉及的 DNA 甲基化主要是指发生在 CpG 二核苷酸中胞嘧啶上第 5 位碳原子的甲基化过程，其产物称为 5-甲基胞嘧啶（5-mC），是植物、动物等真核生物 DNA 甲基化的主要形式，也是发现的哺乳动物 DNA 甲基化的唯一形式。

10.《细胞》杂志发表题为 "Conserved pleiotropy of an ancient plant homeobox gene uncovered by cis-regulatory dissection" 的研究论文。该研究首先利用了 ATAC-seq 技术，检测番茄分生组织内染色质开放状态，发现在 WOX9 启动子内主要存在四个染色质开放区。然后利用高通量 CRISPR 编辑系统在番茄中构建了大量 WOX9 启动子区等位突变体，以达到能有效操纵基因表的目的。研究发现突变在四个不同区域，其发育表型不一样，这说明了番茄 WOX9 基因具有多效性功能，且这种多效性被基因启动子区不同位置的多段顺式作用元件调控。请根据材料分析并回答以下问题：

（1）为什么检测染色质开放状态？

（2）CRISPR 编辑系统的原理？

（3）真核生物的Ⅱ类基因启动子的结构？

（4）顺式作用元件一般指什么，怎么参与基因调控的过程？

【答案】（1）染色质开放状态被认为是区分转录活化和非活化基因的特征之一，从而影响基因转录的水平和特定条件的全基因组转录模式。

（2）CRISPR/Cas 系统是一种原核生物的免疫系统，用来抵抗外源遗传物质的入侵，比如噬菌体病毒和外源质粒。同时，它为细菌提供了获得性免疫，当细菌遭受病毒或者外源质粒入侵时，会产生相应的"记忆"，从而可以抵抗它们的再次入侵。CRISPR/Cas 系统可以识别出外源 DNA，并将它们切断，沉默外源基因的表达。

（3）真核生物Ⅱ类基因的启动子由核心元件包括 TATA 框和上游启动子元件（UPE）上游元件包括 CAAT box、GC box 等。

（4）顺式作用元件存在于基因旁侧序列中能影响基因表达的序列。顺式作用元件包括启动子、增强子、调控序列和可诱导元件等，它们的作用是参与基因表达的调控。顺式作用元件本身不编码任何蛋白质，仅仅提供一个作用位点，要与反式作用因子相互作用而起作用。

第四节　非编码 RNA 对真核基因表达的调控

非编码 RNA（non-coding RNA，ncRNA）是一类不编码蛋白质的 RNA。根据 RNA 的大小，非编码 RNA 可以分为：小分子非编码 RNA 和长链非编码 RNA（lncRNA）。小分子非编码 RNA 包括干扰小 RNA（siRNA）、微 RNA（miRNA）。siRNA 和 miRNA 常在基因沉默方面发挥功能，从而影响基因表达。

一、重点解析

1. 干扰小 RNA

RNA 干扰（RNAi）又称为 RNA干涉，是一种由正义链或反义链 RNA 所引起的靶序列特异性基因沉默现象。双链 RNA（dsRNA）对内源基因表达的干扰效率远高于单链 RNA，真正起到 RNA 沉默作用的应该是双链 RNA。

1998 年，研究者发现将 dsRNA 注入线虫体内后可抑制序列同源基因的表达，并证实这种抑制主要作用于转录之后，所以又称转录后基因沉默。研究者将这一现象称为 RNA 干扰（RNAi）。在随后短短的一年中，RNAi 现象被发现广泛地存在于真菌、拟南芥、水螅、涡虫、锥虫、斑马鱼等大多数真核生物中。

RNAi 对转录抑制过程是一个依赖 ATP 的过程，在此过程中，dsRNA（外源或内生）首先被降解为长 21 ～ 23nt 的小片段，这种 RNA 称为干扰小 RNA（siRNA），其中一条链为引导链负责介导 mRNA 降解，另一条链为乘客链，在 siRNA 形成有功能的复合体前被降解。siRNA 通过碱基互补配对识别具同源序列的 mRNA，并介导其降解。siRNA 的生物合成过程有三个核心步骤：① Dicer 核酸酶将 dsRNA 切割成 siRNA；②组装复合物；③形成有活性的沉默复合体（RISC）。在 RNAi 过程中的装配和成熟过程，最初由 Dicer 酶负责将 dsRNA 酶切转化为 siRNA，Dicer 酶具有两个 RNase Ⅲ结构域（a 和 b）、PAZ 结构域、双链 RNA 结合域和解旋酶结构域等，RNase Ⅲ 结构域形成分子内二聚体结构，各催化剪切一条链，使双链断裂，PAZ 结构域可以结合到双链 RNA 的 3′ 端两个不配对的核苷酸。切割产生的 siRNA 的装载需要在 R2D2 蛋白帮助下，与 Dicer/R2D2/ 四 RNA 形成 RISC 装载复合物后，R2D2 招募 Argonaute 蛋白，Argonaute 蛋白取代 Dicer 结合到 siRNA 的 3′ 端，然后与 R2D2 交换，将整个 siRNA 装载到 Argonaute 蛋白中，此时，将乘客链降解，组装成有活性的 siRNA 诱导干扰复合体（RISC），此复合物通过引导 RNA 与 mRNA 的碱基互补配对识别靶 mRNA 并使其降解，从而导致特定基因沉默。Argonaute 家族蛋白具有 PAZ 和 PIWI 两个主要结构域。PAZ 是 siRNA 的结合位点，PIW Ⅰ 结构域功能是催化 RISC 对靶 RNA 的特异性切割，并使被切断的 mRNA 离开 RISC。

　　RNAi 效应具有两个明显的特征：特异性和高效性。干扰的高效性提示在机制中存在信号放大的步骤。许多研究显示 RNAi 过程中有新的 dsRNA 分子的合成，当 siRNA 识别并结合靶 mRNA 后，siRNA 可作为引物，以靶 mRNA 为模板在依赖于 RNA 的 RNA 聚合酶（RdRP）催化下合成新的 dsRNA，然后由 Dicer 切割产生新的 siRNA，新 siRNA 再去识别新一组 mRNA，又产生新的 siRNA，经过若干次合成切割循环，沉默信号就会不断放大。正是这种称为靶序列指导的扩增机制赋予了 RNAi 的特异性和高效性。

　　2. miRNA

　　miRNA 是 microRNA（微 RNA）的简称，是一些 5′ 端带磷酸基团、3′ 端带羟基的，长度为 22（19 ~ 25）nt 左右的非编码调控 RNA 家族。miRNA 广泛存在于多种真核生物中。最早发现的 miRNA 是线虫中的 microRNA *lin-4*，使该蛋白质水平在线虫特定发育时期第一幼虫期初期开始下降，保证幼虫具有正常的发育模式。*lin-4* 并不编码蛋白质，其转录产物形成一大一小两个片段（62 个和 22 个核苷酸）。二级结构预测大片段可以形成不完美配对的茎一环结构，小片段则是真正起作用的 miRNA，序列对比发现小片段和 *lin-14*m RNA 的 3′UTR 区域的重复序列互补配对，形成 *lin-4*：*lin-14* RNA-RNA 杂合结构实现对 *lin-14* 转录后调控。miRNA 的生成至少需要两个步骤：动物细胞的细胞核内，由 RNA 聚合酶Ⅱ产生长的初级转录产物（pri-miRNA），经过 RNA 聚合酶Ⅲ D rosha 第一次切割生成 70nt 的具有茎-环结构的 miRNA 前体（pre-miRNA）；成熟 pre-miRNA 的 5′ 端是磷酸基，3′ 端为羟基。在细胞质内，在 Dicer 作用下将 pre-miRNA 加工为 21nt 成熟的 miRNA。植物细胞中没有 Drosha 同源基因，pri-miRNA 的两步切割由 Dicer 的同源基因 Dicer-like1 的产物完成。

　　miRNA 和 siRNA 一样装载成 RISC（沉默复合体）后使互补配对的 mRNA 降解。miRNA 可抑制 mRNA 的翻译，降低靶基因的蛋白质水平但不影响 mRNA 水平。miRNA 介导但翻译抑制还可能是通过形成 miRNA：mRNA 配对分子，阻碍核糖体与 mRNA 的结合装配发生核糖体的 drop-off 反应。

　　3. miRNA 与 siRNA 的区别与联系

　　（1）区别：① siRNA 是在病毒感染或人工插入 dsRNA 后诱导而成的，而 miRNA 则是细胞内 RNA 的固有组分之一。② siRNA 由长 dsRNA 转变而来，miRNA 由具有发夹状结构的 pre-miRNA 转变而来。③ siRNA 主要以双链形式存在，其 3′ 端存在两个非配对的碱基通常为 UU；miRNA 主要以单链形式存在。④ siRNA 与靶 mRNA 完全互补配对结合；miRNA 与靶 RNA 并不完全互补，存在错配现象。⑤ siRNA 通过 RNAi 途径发挥功能；miRNA 通过 miRNA 途径发挥作用，也能直接介导 RNAi，靶向裂解 mRNA。⑥ miRNA 可能比 siRNA 的功能更加广泛，它能在 RNA 代谢的多个层面上对与其同源的底物进行调控。

（2）联系：①二者的长度都为 22nt 左右；②二者同是 Dicer 产物，因此具有 Dicer 产物的特点；③二者的生成都需要 Argonaute 家族蛋白存在；④二者同是 RISC 的组分，因此在 siRNA 和 miRNA 介导的沉默机制上有重叠。

4. 长链非编码 RNA

长链非编码 RNA（lncRNA）。lncRNA 是指长度大于 200bp 左右的非编码 RNA。根据基因组位点或者相关的 DNA 链特征，lncRNA 可以进一步分为正义 lncRNA、反义 lncRNA、基因内 lncRNA、基因间 lncRNA、增强子 lncRNA、内含子 lncRNA、双向 lncRNA 或环状 lncRNA。正义 lncRNA 是指基因位点通过共享相同的启动子和某个蛋白编码基因有重叠。反义 lncRNA 是指基因位点以反向的方式插入在某个已知的蛋白质编码基因中。基因间 lncRNA 位于两个蛋白质编码基因之间。增强子 lncRNA 位于基因的增强子区，双向 lncRNA 与邻近基因的转录方向相反，位于邻近基因启动子 1kb 范围内。内含子 lncRNA 位于编码基因的内含子区。双向 lncRNA 与蛋白质编码基因共享相同的启动子，但转录方向相反。lncRNA 起初被认为是基因组转录的"噪音"，但近期研究表明，lncRNA 参与了 X 染色体沉默、基因组印记以及染色质修饰、转录激活、转录干扰、核内运输等多种重要的调控过程，这些调控作用也开始引起人们广泛的关注。根据其所处位置的不同，其发挥的作用也不相同。核内 lncRNA 占 lncRNA 的大多数，通过招募染色质调节因子到 DNA 上来发挥调节作用，或者作为一些核糖核蛋白的脚手架来发挥作用。而胞浆中的 lncRNA 作用于基因的转录后水平的调节，如作为 miRNA 海绵（可以是环状结构，也可以是线性结构），抑制 miRNA 对 mRNA 的作用。同时 lncRNA 还可以影响到 RNA 的半衰期。

lncRNA 在表观遗传和转录前后调控水平发挥重要作用，lncRNA 通过调节启动子区 CpG 岛甲基化或组蛋白修饰参与表观调控；作为调控或共调控因子形成转录起始复合体参与转录前水平的调控；与 mRNA 形成互补双链来影响转录后基因表达。长链非编码 RNA 可以作为信号分子、诱饵分子、引导分子以及骨架分子等对基因表达进行调控。lncRNA 可以通过多种方式调节基因的转录，如调节转录因子的结合与装配，竞争蛋白质编码基因的转录因子，与 DNA 形成三链复合物，调节 RNA 聚合酶 Ⅱ 的活性和转录干扰等。lncRNA 在转录后水平可以通过和互补的 mRNA 形成 dsRNA，影响 mRNA 的加工、剪接、转运、翻译和降解等过程，从而调节基因的表达。其作为生物大分子的作用机制有 4 种：①作为信号分子调控下游基因；②作为诱饵分子间接调控基因转录，lncRNA 转录后结合到靶蛋白质上，但不会有额外的功能，可以进一步结合转录因子等 RNA 结合蛋白，干扰其与基因启动子区域的结合，从而调控转录；③作为引导分子指导蛋白或其复合物到调控位点，如 lncRNA-p21 在调控基因表达时，就需要相关的蛋白作用因子到达特定的作用位点；④作为支架分子为蛋白提供装配平台，影响蛋白多聚物的形成，调控蛋白活性；招募染色质修饰因子，改变染色质的修饰水平，进而沉默靶基因。

二、名词解释

1. 非编码 RNA（non-coding RNA，ncRNA）

是一类不编码蛋白质的 RNA。根据 RNA 的大小，非编码 RNA 可以分为小分子非编码 RNA 和长链非编码 RNA（lncRNA）。

2. RNA 干扰（RNAi）

又称为 RNA干涉，是一种由正义链或反义链 RNA 所引起的靶序列特异性基因沉默现象。双链 RNA（dsRNA）对内源基因表达的干扰效率远高于单链的 RNA，真正起到 RNA 沉默作用的应该是双链 RNA。

3. 转录后基因沉默（post transcriptional gene silencing，PTGS）

将 dsRNA 注入细胞内后可抑制序列同源基因的表达，并证实这种抑制主要作用于转录之后。

4. siRNA

RNAi 对转录抑制过程是一个依赖 ATP 的过程，在此过程中，dsRNA（外源或内生）首先被降解为长 21～23nt 的小分子双链 RNA，这种 RNA 称为干扰小 RNA，其中一条链为引导链负责介导 mRNA 降解，另一条链为乘客链，在 siRNA 形成有功能的复合体前被降解。

5. Dicer 核酸酶

将 dsRNA 切割成 siRNA；Dicer 酶具有两个 RNase Ⅲ 结构域（RNase Ⅲa 和 RNase Ⅲb）、PAZ 结构域、双链 RNA 结合域和解旋酶结构域等，RNase Ⅲ 结构域形成分子内二聚体结构，各催化剪切一条链，产生双链断裂，PAZ 结构域可以结合到双链 RNA的 3′端两个不配对的核苷酸。

6. 沉默复合体（RISC）

RISC 在 RNAi 过程中的装配和成熟过程，最初由 Dicer 酶负责将 dsRNA 酶切转化为 siRNA，切割产生的 siRNA 的装载需要 R2D2 蛋白帮助，与 Dicer/R2D2/mRNA 形成 RISC 装载复合物后，R2D2 招募 Argonaute 蛋白，Argonaute 蛋白取代 Dicer 结合到 siRNA的 3′端，然后与 R2D2 交换，将整个 siRNA 装载到 Argonaute 蛋白中，此时，将乘客链降解，组装成有活性的 siRNA 诱导干扰复合体 RISC，此复合物通过引导 RNA 与 mRNA 的碱基互补配对识别靶 mRNA 并使其降解，从而导致特定基因沉默。

7. Argonaute 家族蛋白

具有 PAZ 和 PIWI 两个主要结构域。PAZ 是 siRNA 的结合位点，PIWⅠ 结构域功能是催化 RISC 对靶 RNA 的特异性切割，并使被切断的 mRNA 离开 RISC。

8. miRNA

是 microRNA（微 RNA）的简称，是一些 5′端带磷酸基团、3′端带羟基的，长度为 22（19～25）nt 左右的非编码调控 RNA 家族。

9. pri-miRNA

是由 RNA 聚合酶Ⅱ产生长的初级转录产物。

10. pre-miRNA

由 RNA 聚合酶Ⅱ产生长的初级转录产物（pri-miRNA），经过 RNA 聚合酶Ⅲ Drosha 第一次切割生成 70nt 的具有茎—环结构的 miRNA 前体（pre-miRNA）；成熟 pre-miRNA 的 5′端是磷酸基，3′端为羟基。

11. miRNA

在动物细胞质内，在 Dicer 作用下将 pre-miRNA 加工为 21nt 成熟的 miRNA。植物细胞中没有 Drosha 同源基因，pri-miRNA 的两步切割由 Dicer 的同源基因 Dicer-like1 的产物完成。

12. 长链非编码 RNA（lncRNA）

lncRNA 指长度大于 200bp 的非编码 RNA。根据基因组位点或者相关的 DNA 链特征，

lncRNA 可以进一步分为正义 lncRNA、反义 lncRNA、基因内 lncRNA、基因间 lncRNA、增强子 lncRNA、内含子 lncRNA、双向 lncRNA 或环状 lncRNA。

13. 正义 lncRNA

是指基因位点通过共享相同的启动子和某个蛋白质编码基因有重叠。

14. 反义 lncRNA

是指基因位点以反向的方式插入在某个已知的蛋白质编码基因中。

15. 基因间 lncRNA

指的是编码 lncRNA 的基因位点位于两个蛋白质编码基因之间。

16. 增强子 lncRNA

指的是编码 lncRNA 的基因位点位于某一蛋白质编码基因的增强子区域。

17. 双向 lncRNA

双向 lncRNA 与邻近蛋白质编码基因共享相同的启动子，但转录方向相反，位于邻近基因启动子 1kb 范围内。

18. 内含子 lncRNA

指的是编码 lncRNA 的基因位点位于蛋白质编码基因的内含子区域。

三、拓展习题

判断题

1. RNAi 在主要在转录后水平参与基因的表达调控。（   ）

【答案】错误

【解析】RNAi 是近年来发现的在生物体内普遍存在的一种古老的生物学现象，是由双链 RNA（dsRNA）介导的、由特定酶参与的特异性基因沉默现象，它在转录水平、转录后水平和翻译水平上阻断基因的表达。

2. 微 RNA 是一类重要的行使基因功能的但不编码蛋白质的基因。（   ）

【答案】正确

【解析】微 RNA 是在动物和植物基因组中普遍存在，是一类重要的行使基因功能但不编码蛋白质的基因。

第五节　真核基因其他水平上的表达调控

一、重点解析

细胞是生命活动的基本单位。细胞通过 DNA 的复制和细胞分裂将本身所固有的遗传信息由亲代传至子代，实现增殖繁衍。它们还不断地"感知"环境变化，并对其作出特定的应答。细胞应答可以分为 3 个阶段：①外界信息的感知，即由细胞膜到细胞核内的信息的传递；②染色体水平上的基因活性调控；③特定基因的表达，即从 DNA 到 RNA 再到蛋白质的遗传信息传递过程。

1. 蛋白质磷酸化对基因转录的调控

蛋白质磷酸化和去磷酸化过程是生物体内普遍存在的信息传导的调节方式，几乎涉及所有的生理及病理过程，如糖代谢，光合作用，细胞生长发育，神经递质的合成、释放和癌变。已经发现在人体内有多达 2000 个的蛋白质激酶和 1000 个左右的蛋白质磷酸酶基因。蛋白质磷酸化是指由蛋白质激酶催化的把 ATP 或 GTP 上 γ 位的磷酸基转移到底物蛋白质氨基酸残基上的过程，其逆转过程是由蛋白质磷酸酯酶催化的，称为蛋白质去磷酸化。蛋白质的磷酸化反应是指通过酶促反应把磷酸基团从一个化合物转移到另一个化合物上的过程，被磷酸化的主要氨基酸残基有丝氨酸、苏氨酸和酪氨酸。组氨酸和赖氨酸残基也可能被磷酸化。

细胞表面受体与配体分子的高亲和力特异性结合，能诱导受体蛋白构象变化，使胞外信号顺利通过质膜进入细胞内，或使受体发生寡聚化而被激活。受体分子活化细胞功能的途径主要有两条：①受体本身或受体结合蛋白具有内源酪氨酸激酶活性，胞内信号通过酪氨酸激酶途径得到传递；②配体与细胞表面受体结合，通过 G 蛋白介导的效应系统产生介质，活化丝氨酸、苏氨酸或酪氨酸激酶，从而传递信号。

蛋白质磷酸化在细胞信号转导中的作用：①在胞内介导胞外信号时具有专一应答特点。与信号传递有关的蛋白激酶类主要受控于胞内信使，如 cAMP、Ca^{2+}、DG（二酰甘油，diacylglycerol）等，这种共价修饰调节方式显然比变构调节较少受胞内代谢产物的影响。②蛋白质的磷酸化与脱磷酸化控制了细胞内已有的酶"活性"。与酶的重新合成及分解相比，这种方式能对外界刺激做出更迅速的反应。③对外界信号具有级联放大作用。④蛋白质的磷酸化与脱磷酸化保证了细胞对外界信号的持续反应。

依赖于 cAMP 的蛋白激酶称为 A 激酶（PKA），它能把 ATP 分子上的末端磷酸基团加到某个特定蛋白质的丝氨酸或苏氨酸残基上。被 A 激酶磷酸化的氨基酸 N 端上游往往存在两个或两个以上的碱性氨基酸，特定氨基酸的磷酸化（X-Arg-Arg-X-Ser-X）改变了这一蛋白质的酶活性。在不同的细胞中，A 激酶的反应底物不一样，所以，cAMP 能在不同靶细胞中诱发不同的反应。非活性状态的 PKA 全酶由 4 个亚基 R2C2 所组成，分子质量为 150～170kDa，调节亚基与 cAMP 相结合，引起构象变化并释放催化亚基，后者随即成为有催化活性的单体。C 亚基具有催化活性，R 亚基具有调节功能，有两个 cAMP 结合位点。R 亚基对 C 亚基具有抑制作用，所以，R 亚基和 C 亚基聚合后的全酶（R2C2）无催化活性。R 亚基与 cAMP 的结合导致 C 亚基解离并表现出催化活性。膜上的受体 R 与外源配基相结合，引起受体构象变化，并与 GTP 结合蛋白相结合，R 与 G 耦合激活了与膜相关的腺苷酸环化酶（AC），导致胞内 cAMP 浓度上升，活化 A 肌酶释放催化亚基，并进入核内实现底物磷酸化。许多转录因子都可以通过 cAMP 介导的蛋白质磷酸化过程而被激活，因为这类基因的 5' 端启动子区大都拥有一个或数个 cAMP 应答元件（CRE），其基本序列为 TGACGTCA。被磷酸化的底物，如 CREB/CREM 等，可作为转录激活因子诱发基因转录。糖原代谢时，激素与其受体在肌肉细胞外表面相结合，诱发细胞质 cAMP 的合成并活化 A 激酶，后者再将活化磷酸基团传递给无活性的磷酸化酶激酶，活化糖原磷酸化酶，最终将糖原磷酸化，进入糖酵解过程并提供 ATP。

C 激酶是一个 7.7×10^4 的蛋白质，主要实施对丝氨酸、苏氨酸的磷酸化，它有一个催化结构域和一个调节结构域。C 蛋白激酶活性是依赖于 Ca^{2+} 的，所以称为 C 激酶（PKC）。磷酸肌醇级联放大的细胞内信使是磷脂酰肌醇-4,5-二磷酸（PIP2）的两个酶解产物：肌醇 1, 4,5-三磷酸（IP3）和二酰基甘油（DAG）。IP3 引起细胞质 Ca^{2+} 浓度升高，导致 C 激酶从胞质转运到靠近原生质膜内侧处，并被 DAG 和 Ca²⁺ 的双重影响所激活。DAG 提高了 C 激酶对于 Ca²⁺ 的亲和力，从而使得 C 激酶能被生理水平的 Ca²⁺ 离子所活化。

Ca²⁺ 的细胞学功能主要通过钙调蛋白激酶（CaM-kinase）来实现的，它们也是一类丝氨酸 / 苏氨酸激酶，但仅应答于细胞内 Ca²⁺ 水平。MAP 激酶（mitogen-activated proteinkinase，MAP-kinase，又称为 extracellular-signal-regulated kinase，ERKS）活性受许多外源细胞生长、分化因子的诱导。MAP-激酶的活性取决于该蛋白质中仅有一个氨基酸之隔的酪氨酸、丝氨酸残基是否都被磷酸化。能同时催化酪氨酸和丝氨酸残基磷酸化的酶被称为 MAP-激酶-激酶，它的反应底物是 MAP 激酶。MAP-激酶-激酶本身能被 MAP-激酶-激酶-激酶所磷酸化激活，后者能同时被 C 激酶或酪氨酸激酶家族的 Ras 蛋白等激活，从而在信息传导中发挥功能。对于许多生长因子受体的研究表明，跨膜的酪氨酸蛋白激酶在信息传递过程中起着重要作用。表皮生长因子（EGF）、胰岛素样生长因子（IGF）、成纤维细胞生长因子（FGF）、神经生长因子（NGF）、血小板衍生生长因子（PDGF）和血管内皮细胞生长因子（VEGF）受体都拥有定位于胞内的酪氨酸激酶功能区域和膜外区。

蛋白质磷酸化参与细胞分裂的调控。细胞通过 p53 及 p21 蛋白控制 CDK 活性，调控细胞分裂的进程。p21 蛋白过量时，大量周期蛋白 E-CDK2 复合物与 p21 蛋白相结合，使 CDK2 丧失磷酸化 PRb 蛋白的功能。没有被磷酸化的 PRb 蛋白与转录因子 E2F 相结合并使后者不能激活与 DNA 合成有关的酶，导致细胞不能由 G1 期进入 S 期，细胞分裂受阻。如果细胞中 p53 基因活性降低，p21 蛋白含量急剧下降，周期蛋白 E-CDK2 复合物就能有效地将 PRb 蛋白磷酸化。此时，PRb 蛋白不能与 E2F 相结合，后者发挥转录调控因子的作用，激活许多与 DNA 合成有关的基因表达，细胞从 G1 期进入 S 期，开始分裂。

2. 蛋白质乙酰化对转录活性的影响

肿瘤抑制因子 p53 蛋白的活性翻译后，修饰后磷酸化、乙酰化等机制调控，经修饰的 p53 蛋白能与不同的靶分子或蛋白复合体相结合，从而抑制或激活参与特定生理反应的靶基团。p53 转录产生 2.2 ～ 2.5kb 的 mRNA，编码由 393 个氨基酸组成的蛋白质。p53 的结构分为三个不同区：N 端酸性区、C 端碱性区和中间疏水区。p53 能识别不同构象靶基因的相同序列。靶基因启动子的拓扑结构和 p53 蛋白的构象，决定 p53 是否能启动子区相互作用。乙酰化是 p53 蛋白的 DNA 结合区暴露，增强了 DNA 结合能力，从而促进了靶基因的转录。CBP/p300 等蛋白复合体既能诱导染色体结构发生有利于结合 p53 蛋白的改变，又能使 p53 蛋白被乙酰化，从而显著提高 p53 调控的靶基因的转录活性。

3. 激素及其影响

许多类固醇激素及其一般代谢性激素的调控作用都是通过起始基因转录而实现的。靶细胞具有专一的细胞质受体，可以与激素形成复合物，导致三维空间结构甚至化学性质的变化。经修饰的受体与配体复合物通过核膜进入细胞核内，并与染色质的特定区域相结合，导致基因转录的起始或关闭。体内存在的许多糖皮质类激素应答基因都有一段大约 20bp 的顺式作用元件（激素应答元件，hormone response element，HRE），该序列具有类似增强子的作用，其活性受激素制约。靶细胞中含有大量激素受体蛋白，而非靶细胞中没有或很少有这类受体。糖皮质激素通过核穿梭激活下游信号通路。该激素与受体结合进入细胞核内，结合在能促进转录的相应增强子上，从而促进下游基因的转录。

固醇类激素的受体蛋白分子有相同的结构框架，包括保守性极高并位于分子中央的 DNA 结合区，位于 C 端的激素结合区和保守性较低的 N 端。如果糖皮质激素受体蛋白激素结合区的某个部分丢失，就变成一种永久性的活性分子。多肽激素胰高血糖素接触靶细胞时，首先与受体结合，并激活膜上的腺苷酸环化酶，使之以 Mg^{2+}-ATP 为底物生成环腺苷酸和焦磷酸。细胞内 cAMP 浓度升高，导致蛋白激酶活性增强，特定酶系的磷酸化水平及酶活性都得到改善，促进糖原最终分解为葡萄糖-1-磷酸。

4. 热激蛋白诱导的基因表达

能与某个（类）专一蛋白因子结合，从而控制基因特异表达的 DNA 上游序列称为应答元件。它们与细胞内高度专一的转录因子相互作用，协调相关基因的转录。最常见的应答元件有热激应答元件（heat shock response element，HSE）、糖皮质应答元件（glucocorticoid response element，GRE），金属应答元件（metal response elemen，MRE）。许多生物受热诱导时能合成一系列热休克蛋白（heat shock protein）或热激蛋白。无论细菌还是高等真核生物，热休克基因散布于染色体的各个部位或不同染色体上。受热后，果蝇细胞内 Hsp70 mRNA 水平提高 1000 倍，就是因为热激因子（heat shock factor，HSF）与基因 TATA 区上游 60bp 处的 HSE 相结合，激发转录起始。Hsp70 基因内没有内含子，起始转录不需剪接。不受热或其他环境胁迫时，HSF 主要以单体的形式存在于细胞质和核内。单体 HSF 没有 DNA 结合能力，Hsp70 可能参与了维持 HSF 的单体形式。受热激或其他环境胁迫时，细胞内变性蛋白增多，与 HSF 竞争结合 Hsp70，从而释放 HSF，使之形成三体并输入核内。HSF 的三体能与 HSE 特异结合，促进基因转录。HSF 的这种能力可能还受磷酸化水平的影响。热激后，HSF 不但形成三体，还会迅速被磷酸化。HSF 与 HSE 的特异性结合，引起包括 Hsp70 在内的许多热激应答基因表达，大量产生 Hsp70 蛋白。随着热激温度消失，细胞内出现大量游离的 Hsp70 蛋白，它们与 HSF 相结合，形成没有 DNA 结合能力的单体并脱离 DNA。对果蝇和人 HSF 蛋白的分析表明，热激转录因子具有多个可形成拉链的疏水重复区，其中 3 个位于 N 端，靠近 DNA 结合区，参与促进 HSF 三体的形成。第 4 个拉链位于 C 端，与第 452～488 位保守区一起参与维持 HSF 的单体构象。无论是去除第 4 个拉链区，还是更换该区甲硫氨酸 391 → 赖氨酸、亮氨酸 395 → 脯氨酸，都会导致 HSF 突变体对 HSE 在常温下的高亲和力。删除第 452～488 位氨基酸，也可部分替代热激效应。

5. 翻译水平调控

蛋白质生物合成的起始反应涉及 4 种装置：核糖体；mRNA；可溶性蛋白因子，蛋白质生物合成起始形成所需的因子；tRNA，氨基酸携带者。只有这些装置和谐统一才能完成蛋白质的生物合成。

真核生物 mRNA 的合成以"扫描模式"起始蛋白质合成。核糖体滑行到 mRNA 的 5′ 端的第一个 AUG 停下来开始翻译过程。研究发现大部分的 5′ 端第一个 AUG 的前后序列发现，大部分都是 A/GNNAUGG。

mRNA 5′ 端帽子结构的识别也与蛋白质合成有密切的关系。5′UTR 结构调节翻译起始，5′ 帽子结构到起始密码子 AUG 之间的前导序列与翻译起始和识别帽子结构密切相关。真核生物的 mRNA 的 5′ 端的三个帽子（0、Ⅰ 和 Ⅱ 型）的甲基化程度不同，蛋白质起始过程涉及这些帽子的识别。

真核生物 mRNA 的 3′ 端 poly(A) 是增加 mRNA 稳定性的重要因素，去除 poly(A) 引发降解 3′ 端非翻译区链内剪切引起降解。富含 AU 的元件是 mRNA 不稳定性的一个因素。数个 UUAUUUAU 八核苷酸核心序列称为 AUUUA 序列，对翻译效率有抑制作用。

许多可溶性蛋白因子，即起始因子，对蛋白质的起始有着重要的作用，对这些因子的修饰也会影响翻译起始。修饰包括：eIF-2 磷酸化对翻译起始的影响和 CBP Ⅱ 活性与翻译的起始。eIF-2α 的磷酸化对 eIF-2β 具有极高的亲和力，形成稳定的复合物不能被循环使用，同时也阻止了 GDP 与 GTP 的交换反应，eIF-2α 的磷酸化抑制翻译。eIF-4F 的磷酸化能提高翻译速度。用兔网织红细胞粗抽提液研究蛋白质合成时发现，如果不向这一体系中添加氯高铁血红素，几分钟之内蛋白质合成活性急剧下降，直到完全消失。没有氯高铁血红素存在时，网织红细胞粗抽提液中的蛋白质合成抑制剂就被活化，从而抑制蛋白质合成。该抑制剂 HCI 受氯高铁血红素调节，是 eIF-2 的激酶，使 eIF-2 的 α 亚基磷酸化，并由活性型变成非活性型。没有生物活性的 HCI 也可以通过自身的磷酸化变成活性型。氯高铁血红素阻断了 HCI 的活化过程。在脊髓灰质病毒感染的 HeLa 细胞中，有帽子结构的宿主 mRNA 的翻译受阻，宿主蛋白质合成停止，但没有帽子结构的脊髓灰质病毒 mRNA 的翻译却不受影响。宿主细胞 CBP Ⅱ 失活是导致这种 mRNA 选择性翻译的根本原因。如果在这种感染细胞抽提液的蛋白质合成体系中加入由兔网织红细胞中提取的 CBP Ⅱ，就能恢复帽子 mRNA 的翻译活性。添加 CBP Ⅱ 对脊髓灰质炎病毒 RNA 的翻译没有影响。蛋白质生物合成的调控就是通过 mRNA 本身所固定的信号与可溶性蛋白因子或者与核糖体之间的相互作用而实现的。在蛋白质生物合成的过程中，特别是在起始反应中，mRNA 的可翻译性是起决定作用的，其 5′ 端帽子结构、二级结构、与 rRNA 的互补性以及起始密码附近的核苷酸序列都是蛋白质合成的信号系统。

二、名词解释

1. 蛋白质的磷酸化反应

是指通过酶促反应把磷酸基团从一个化合物转移到另一个化合物上的过程，被磷酸化的主要氨基酸残基有丝氨酸、苏氨酸和酪氨酸。组氨酸和赖氨酸残基也可能被磷酸化。

2. 蛋白质去磷酸化

蛋白质的磷酸化的逆转过程是由蛋白质磷酸酯酶催化的，这个过程称为蛋白质去磷酸化。

3. A 激酶（PKA）

依赖于 cAMP 的蛋白激酶称为 A 激酶（PKA），它能把 ATP 分子上的末端磷酸基团加到某个特定蛋白质的丝氨酸或苏氨酸残基上。被 A 激酶磷酸化的氨基酸 N 端上游往往存在两个或两个以上碱性氨基酸，特定氨基酸的磷酸化（X-Arg-Arg-X-Ser-X）改变了这一蛋白质的酶活性。

4. cAMP 应答元件（CRE）

许多转录因子都可以通过 cAMP 介导的蛋白质磷酸化过程而被激活，因为这类基因的 5′ 端启动子区大都拥有一个或数个 cAMP 应答元件（CRE），其基本序列为 TGACGTCA。

5. C 激酶

是一个 7.7×10^4 的蛋白质，主要实施对丝氨酸、苏氨酸的磷酸化，它有一个催化结构域和一个调节结构域。C 蛋白激酶活性是依赖于 Ca^{2+} 的，所以称为 C 激酶（PKC）。

6. 钙调蛋白激酶（CaM-kinase）

Ca^{2+} 的细胞学功能主要通过钙调蛋白激酶（CaM-kinase）来实现的，它们也是一类丝氨酸/苏氨酸激酶，但仅应答于细胞内 Ca^{2+} 水平。

7. MAP 激酶（mitogen-activated proteinkinase，MAP-kinase，又称为 extracellular-signal-regulated kinase，ERKS）

其活性受许多外源细胞生长、分化因子的诱导。MAP 激酶的活性取决于该蛋白质中仅有一个氨基酸之隔的酪氨酸、丝氨酸残基是否都被磷酸化。

8. MAP-激酶-激酶

同时催化 MAP 激酶的酪氨酸和丝氨酸残基残基磷酸化的酶被称为 MAP-激酶-激酶，它的反应底物是 MAP 激酶。

9. MAP-激酶-激酶-激酶

MAP-激酶-激酶本身能被 MAP-激酶-激酶-激酶所磷酸化激活，后者能同时被激酶或酪氨酸激酶家族的 Ras 蛋白等激活，从而在信息传导中发挥功能。

10. 激素应答元件（HRE）

体内存在的许多糖皮质类激素应答基因都有一段大约 20bp 的顺式作用元件，该序列具有类似增强子的作用，其活性受激素制约。

11. 应答元件

能与某个（类）专一蛋白因子结合，从而控制基因特异表达的 DNA 上游序列称为应答元件。它们与细胞内高度专一的转录因子相互作用，协调相关基因的转录。最常见的应答元件有热激应答元件（heat shock response element，HSE）、糖皮质应答元件（glucocorticoid response element，GRE）、金属应答元件（metal response element，MRE）。

12. 热激蛋白

许多生物受热诱导时能合成一系列热休克蛋白。

13. 热激因子（heat shock factor，HSF）

无论细菌还是高等真核生物，热休克基因散布于染色体的各个部位或不同染色体上。受热后，就是因为热激因子与基因 TATA 区上游 60bp 处的 HSE 相结合，激发转录起始。

三、课后习题

课后习题及答案

四、拓展习题

（一）填空题

1. 蛋白质_____过程是生物体内普遍存在的信息传导调节方式，几乎涉及所有的生理及病理过程。

【答案】去磷酸化。

【解析】生物体内普遍存在的信息传导调节方式几乎涉及所有的生理及病理过程，如糖代谢、光合作用、细胞的生长发育、神经递质的合成与释放甚至癌变等。

2. 受体分子活化细胞功能的途径有两条：_____途径和_____途径。

【答案】酪氨酸激酶；G 蛋白偶联受体。

【解析】受体分子活化细胞功能的途径主要有两条：一是受体本身或受体结合蛋白具有内源酪氨酸激酶活性，胞内信号通过酪氨酸激酶途径得到传递；二是配体与细胞表面受体结合，通过 G 蛋白介异的效应系统产生介质，活化丝氨酸 / 苏氨酸或酪氨酸激酶，从而传递信号。

3. 许多类固醇激素以及一般代谢性激素的调控作用都是通过_____转录而实现的。

【答案】起始基因。

【解析】许多类固醇激素以及一般代谢性激素的调控作用都是通过起始基因转录而实现的。

4. 现代分子生物学上把能与_____结合从而控制基因_____的 DNA 上游序列称为应答元件。

【答案】某个（类）转移蛋白因子；特异表达。

【解析】现代分子生物学上把能与某个（类）专一蛋白因子结合，从而控制基因特异表达的 DNA 上游序列称为应答元件。

（二）选择题

1.（多选）常见的 RNA 编辑有（　　　）。

A. 插入 A　　　　　　　B. 缺失 G　　　　　　C. 核苷酸脱氨基　　　D. 插入和缺失 U

【答案】C、D

【解析】RNA 编辑主要类型有。

（1）简单编辑，单碱基转变的转录后调节。

（2）插入编辑，插入单个核苷酸或少量核苷酸的丢失，其机制是转录链的跳格。

（3）泛编辑，插入或缺失多个尿嘧啶核苷酸或转录后插入多个胞嘧啶，其机制是编辑序列由外源反义引导 RNA（gRNA）提供，gRNA 在编辑体核蛋白颗粒中与前编辑 mRNA 配对，鉴别作为错配的位点进行编辑。

（4）多聚腺嘌呤编辑，在转录产物末端加腺嘌呤，完善终止密码子。

2.（多选）mRNA 转运出核需要（　　　）。

A. 与剪接体脱离　　　　　　　　　　B. 与 mRNA 转运蛋白质结合

C. 3′ 端的 poly(A) 结构　　　　　　　D. 5′ 端的帽子结构

【答案】A、B、C、D

【解析】mRNA 转运出核需要与剪接体脱离，与 mRNA 转运蛋白质结合，mRNA 的 5′ 端帽子结构和 3′ 端 poly(A) 结构。

3.（多选）RNAi（　　　）。

A. 可以抑制靶基因翻译　　　　　　　B. 可以切割靶基因的 DNA

C. 可以切割靶基因的 mRNA　　　　　D. 有级联放大效应

【答案】A、C、D

【解析】RNAi 可以抑制靶基因翻译，切割靶基因的 mRNA，有级联放大效应，无法切割基因的 DNA。

4.（单选）RNA 水平的修饰不影响（　　　）。

A. RNA 活性　　　　B. RNA 定位　　　　C. RNA 稳定性　　　　D. RNA 的转录速度

【答案】D

【解析】RNA 水平的修饰不影响 RNA 的转录速度，因为 RNA 修饰是在转录后进行修饰。

5.（单选）反式剪接可产生（　　）。

A. 环型中间体　　　　B. 线型中间体　　　　C. Y "形" 中间体　　D. 套环中间体

【答案】C

【解析】反式剪接指的是两条不同的 pre-mRNA 的外显子连接到一起，因为序列是反式结构，所以形成 "Y" 形中间体而不形成套环。

6.（单选）细胞蛋白激酶根据底物蛋白质被磷酸化的氨基酸残基种类可分为三类，不包括（　　）。

A. 组氨酸型　　　　　　　　　　　　B. 酪氨酸型

C. 丝氨酸 / 苏氨酸型　　　　　　　　D. 天冬氨酸型

【答案】D

【解析】根据底物蛋白质被磷酸化的氨基酸残基的种类可分为三大类：第一类为丝氨酸 / 苏氨酸型，第二类为酪氨酸型，第三类是组氨酸型。细胞受刺激以后，通过蛋白质磷酸化及一系列级联放大过程将胞外信号转化为细胞内信号，从而引起广泛的生理反应。

7.（单选）直接受 cAMP 调节的分子是（　　）。

A. 蛋白激酶 C　　　B. 蛋白激酶 A　　　C. 蛋白激酶 G　　　D. 蛋白激酶 B

【答案】B

【解析】糖原代谢时，由 cAMP 介导蛋白质磷酸化。激素与其受体 R 在细胞外表面相结合，引起受体构象变化，并与 GTP 结合蛋白相结合，R 与 G 蛋白偶合激活腺苷酸环化酶，诱发细胞质 cAMP 的合成，cAMP 活化蛋白激酶 A，蛋白激酶 A 将活化的磷酸基团传递给无活性的磷酸化酶激酶，激活糖原磷酸化酶，最终将糖原磷酸化，进入糖酵解过程并提供 ATP。

8.（单选）在真核基因表达调控中，（　　）调控元件能促进转录的速率。

A. 衰减子　　　　　　B. 增强子　　　　　C. Repressor　　　D. TATA box

【答案】B

【解析】增强子的作用在于增强转录的速率。增强子所共同的特征是：增强子可以在很远的距离作用于顺式连接的启动子，增强子的这种作用没有方向性。A 项，衰减作用的实质是以翻译手段控制基因的转录。衰减子序列本身不能实现衰减作用，而必须通过对前导序列上 14 个氨基酸的前导肽的翻译才能实现。C 项，Repressor，即阻遏蛋白，是与操纵子结合的调控蛋白质。D 项，TATA box 是控制转录精确性的序列。

9.（单选）下列哪些分子不是胞内第二信使。（　　）

A. cAMP　　　　　　B. G 蛋白　　　　　C. DAG　　　　　D. IP3

【答案】B

【解析】第二信使包括：环-磷腺苷（cAMP），环-磷鸟苷（cGMP），三磷酸肌醇（IP3），钙离子（Ca^{2+}），二酰基甘油（DAG），花生四烯酸及其代谢产物（AA）甘碳烯酸类，一氧化氮等。

10.（多选）下列哪些内容属于蛋白质合成后的加工、修饰？（　　）。

A. 切除内含子，连接外显子　　　　　B. 切除信号肽

C. 切除 N 端 Met　　　　　　　　　D. 形成二硫键

【答案】B、C、D

【解析】蛋白质合成后的加工修饰包括切除信号肽，切除 N 端 Met，形成二硫键，氨的

侧链修饰。

11.（单选）细胞是通过哪两个蛋白质来控制 CDK 活性，进而控制细胞分裂的进程？（　　）

A. p53，p21　　　　　B. p35，p21　　　　　C. p20，p35　　　　　D. p53，p20

【答案】A

【解析】细胞是通过 p53 和 p21 来控制 CDK 活性，进而控制细胞分裂的进程。

（三）判断题

1. 细胞周期的时间控制是由蛋白激酶系统对细胞外信号做出反应，改变其活性而实现的。（　　）

【答案】正确

【解析】在精确的时间间隔内由蛋白激酶系统使特异的蛋白质磷酸化，从而协调细胞代谢活性和基因表达，以产生有序的细胞周期。

2. A 激酶能把 ATP 分子上的末端磷酸基团加到某个特定蛋白质的丝氨酸或苏氨酸残基上。（　　）

【答案】正确

【解析】A 激酶是指能把 ATP 分子上末端磷酸基团加到某个特定蛋白质的丝氨酸或苏氨酸残基上的依赖于 cAMP 的蛋白激酶。

3. PKA 全酶中调节亚基与 cAMP 结合，引起构象变化释放催化亚基，形成有催化活性的单体。（　　）

【答案】正确

【解析】非活性状态的 PKA 全酶由 4 个亚基 R2C2 所组成，调节亚基与 cAMP 相结合，引起构象变化并释放催化亚基，后者随即成为有催化活性的单体。

4. C 激酶活性是依赖于 Ca^{2+} 的。（　　）

【答案】正确

【解析】PKC 的活性依赖于钙离子和磷脂的存在，但只有在磷脂代谢中间产物二酰基甘油（DAG）存在下，生理浓度的钙离子才起作用，这是由于 DAG 能增加 PKC 对底物的亲和力。

5. C 激酶主要实施对丝氨酸、酪氨酸的磷酸化。（　　）

【答案】错误

【解析】C 激酶主要实施对丝氨酸、苏氨酸的磷酸化，它有一个催化结构域和一个调节结构域。

6. p53 结构特点可将其分为 3 个不同区域：N 端碱性区、C 端酸性区和中间疏水区。（　　）

【答案】错误

【解析】p53 蛋白可分为 3 个不同区域：N 端酸性区（1 ～ 80 位氨基酸残基）；C 端碱性区（319 ～ 393 位）和中间（100 ～ 300 位）疏水区。

7. 细胞通过 p53 和 p21 蛋白控制 CDK 活性，调控细胞分类进程。（　　）

【答案】正确

【解析】细胞通过 p53 和 p21 控制 CDK 的活性，调控细胞分裂的进程。

8. 乙酰化是 p53 蛋白的 DNA 结合区域暴露，增强了 DNA 结合能力，促进靶基因的转录。（　　）

【答案】正确

【解析】乙酰化使 p53 蛋白的 DNA 结合区域暴露，增强了 DNA 结合能力，从而促进靶基因转录。

9. 类固醇激素的调控作用是通过起始基因转录而实现的。（　　）

【答案】正确

【解析】类固醇激素的调控作用是通过起始基因转录而实现的。

10. 激素受体对所有的激素都具有高度特异的识别能力及亲和力。（　　）

【答案】错误

【解析】激素受体是细胞膜上的某种蛋白质结构成分，激素与受体的结合具有高度的特异性和高度的亲和力。

11. 应答元件是能与某个（类）专一蛋白因子结合，从而控制基因特异表达的 DNA 序列。（　　）

【答案】错误

【解析】能与某个（类）专一蛋白因子结合，从而控制基因特异表达的 DNA 上游序列称为应答元件。

12. 高等生物 CpG 二核苷酸序列中的 C 通常是甲基化的，极易自发脱氢，生成胸腺嘧啶。（　　）

【答案】正确

【解析】高等生物 CpG 二核苷酸序列中的 C 通常是甲基化的，极易自发脱氢，生成胸腺嘧啶。

13. 甲基的引入不利于模板与 RNA 聚合酶的结合。（　　）

【答案】正确

【解析】甲基的引入不利于模板与 RNA 聚合酶的结合，降低了转录活性。

14. 对于弱启动子来说，稀少的甲基化对其转录活性无影响。（　　）

【答案】错误

【解析】对于弱启动子来说，稀少的甲基化就能使其完全失去转录活性。当这一类启动子被增强时（带有增强子），即使不去甲基化也可以恢复其转录活性。

15. 人 X 染色体上的 *Xist* 基因不能在失活的 X 染色体上表达。（　　）

【答案】错误

【解析】*Xist* 基因表达与 X 染色体失活无关。

16. 3′-UTR 含有 AU 区域的 mRNA 较稳定。（　　）

【答案】错误

【解析】含有富 AU 元素的 3′-UTR 调节 mRNA 稳定性。

17. 蛋白质磷酸化和去磷酸化是可逆反应，该可逆反应是由同一种酶催化完成的。（　　）

【答案】错误

【解析】蛋白质磷酸化是由蛋白激酶催化的，而去磷酸化是由蛋白质磷酸酯酶催化。

（四）问答题

1. 真核生物转录后水平的调控机制。

【答案】① 5′ 端加帽和 3′ 端多聚腺苷酸化的调控意义：5′ 端加帽和 3′ 端多聚腺苷酸化是

保持 mRNA 稳定的一个重要因素，它至少保证 mRNA 在转录过程中不被降解；② mRNA 选择性剪接对基因表达调控的作用；③ mRNA 运输的控制。

2. 简述组蛋白乙酰化和去乙酰化影响基因转录的机制。

【答案】核心组蛋白 H_2A、H_2B、H_3、H_4 通过组蛋白 N 端"尾巴"上赖氨酸残基的乙酰化中和了组蛋白尾巴的正电荷，降低了它与 DNA 的亲和性，导致核小体结构更加松散，使得转录调节蛋白更容易与染色质基因组的这一部分相接触，有利于提高基因的转录活性。组蛋白去乙酰化则与基因活性的阻遏有关。组蛋白去乙酰化酶（HDAC）/Rpd3 复合体专一性结合于某个或某类基因启动子区附近的组蛋白位点，并使之去乙酰化，导致染色质结构发生不利于基因转录的变化，核小体能相互靠近，在转录共抑制子的协同作用下，抑制基因的转录。

3. 类固醇激素对个体基因表达的调节存在组织特异性，在不同的组织中激活不同基因的表达，请简述出现这种现象的可能原因。

【答案】类固醇激素在不同的组织中有不同的类固醇激素受体，不同的受体所识别的 HRE（激素应答因子）也不同，所以能够表达不同的基因，也就是说在不同的组织中类固醇激素受体的表达也有组成特异性。

4. 以雌二醇为例，简述类固醇激素发挥作用的主要机制。

【答案】雌二醇为雌性性激素，能促进子宫的生长。雌二醇首先穿过子宫细胞的细胞膜，与细胞质内的专一性受体结合，使其构象发生改变，形成激素-受体复合物，此时雌二醇对 DNA 的亲和力大大增加，可以作为转录增强子，由细胞质中转移到细胞核内，与染色质中 DNA 的特定部位结合，使原来转录活性不甚高的结构基因表现出极大的转录活性，生成大量的专一性 mRNA，再合成出大量的特异蛋白质，从而调节代谢或生理功能。

5. 真核生物如何进行翻译后水平调节？

【答案】真核生物基因翻译的最初产物是一个大的蛋白质分子。有时，必须经酶切成更小的分子才能有生物活性。加工过程包括：①除去起始的 Met 或随后的几个残基；②切除分泌蛋白或膜蛋白 N 末端的信号序列；③形成分子内的二硫键；④肽键断裂或切除部分肽段；⑤氨基酸修饰；⑥加上糖基、脂类分子或配基。此外需在分子伴侣帮助下进行折叠，并正确定位，这种后加工过程在基因表达调控上起主要作用。

6. 举例说明蛋白质磷酸化如何影响基因表达。

【答案】蛋白质磷酸化就是在蛋白质激酶的催化下，把 ATP 或 GTP 上 γ 位的磷酸基转移到蛋白质氨基酸残基上的过程，其逆过程则为去磷酸化。蛋白质磷酸化与去磷酸化过程是生物体内普遍存在的信息转导调节方式，几乎涉及所有的生理及病理过程，如糖原代谢时，激素与受体在肌肉细胞外表面相结合，诱发细胞质 cAMP 的合成并活化 A 激酶，后者再将活化磷酸基团传递给无活性的磷酸化酶激酶，活化糖原磷酸化酶，最终将糖原磷酸化，进入糖酵解过程并提供 ATP。

7. 如何确定拟南芥基因组 T-DNA 的插入位点。

【答案】采用 CTAB 法提取拟南芥基因组，突变体 T-DNA 插入采用 PCR 法和 Southern 法检测，用 TAIL-PCR 扩增参试突变体 T-DNA 插入位点的侧翼序列，用 DNAstar 软件分析取得的测序资料，分析 T-DNA 边界剪切位点，通过与拟南芥基因组数据库进行比对，即可确定 T-DNA 的插入位点。

8. 如何确定影响某表型的相关基因?

【答案】可以采用基因图位克隆的方法来确定影响某表型的相关基因。一般流程为首先通过诱变获得表型并建立遗传分离群体,然后开展以下几项工作:①找到与目标基因紧密连锁的分子标记;②用遗传作图和物理作图将目标基因定位在染色体的特定位置;③构建含有大插入片段的基因组文库(BAC 库或 YAC);④以与目标基因连锁的分子标记为探针筛选基因组文库;⑤用获得阳性克隆构建目的基因区域的跨叠群;⑥通过染色体步行、登陆或跳跃获得含有目标基因的大片段克隆;⑦通过亚克隆获得含有目的基因的小片段克隆;⑧进行功能互补实验(最直接、最终鉴定基因的方法),通过转化突变体观察突变表型是否恢复正常或发生预期的表型变化。

9. 简述真核生物转录前水平的调控机制。

【答案】真核生物转录前水平的调控机制主要有如下几种:

(1)染色质丢失。某些低等真核生物,如蛔虫,在其发育早期卵裂阶段,所有分裂的细胞除一个之外,均将异染色质部分删除掉,从而使染色质减少约一半,而保持完整基因组的细胞则成为下一代的生殖细胞,在此加工过程中 DNA 发生了切除并重新连接。

(2)基因扩增。基因扩增是指某些基因的拷贝数专一性大量增加的现象,能使细胞在短期内产生大量的基因产物以满足生长发育的需要。某些脊椎动物的昆虫的卵母细胞,为贮备大量核糖体以供卵细胞受精后发育的需要,通常都要专一性地增加编码核糖体 RNA 的基因。

(3)基因重排。基因重排是指一个基因从远离启动子的地方移到距离它很近的位点从而启动转录的过程。重排可使表达的基因发生切换,由表达一种基因转为表达另一种基因,如免疫球蛋白结构基因和 T-细胞受体基因的表达。

(4)DNA 甲基化。DNA 的碱基可被甲基化,主要形成 5-甲基胞嘧啶(5-mC)、少量 N^6-甲基腺嘌呤(6-mA)和 7-甲基鸟嘌呤(7-mG)。DNA 甲基化能引起染色质结构、DNA 构象、DNA 稳定性及 DNA 与蛋白质相互作用方式的改变,从而控制基因的表达。

(5)异染色质化。异染色质是指凝缩状态的染色质,为非活性转录区。真核生物通过异染色质化而关闭某些基因的表达,如雌性哺乳动物细胞有两个 X 染色体,其中一个高度异染色质化而永久性失去活性,通常染色质的活性转录区没有或很少甲基化,非活性区甲基化程度高。

10. 信号转导中第二信使指的是什么?试举两个例子说明第二信使在细胞内的主要作用。

【答案】(1)第二信使是指能将细胞表面受体接受的细胞外信号转换为细胞内信号的物质,是信号得以正常逐级下传所不可或缺的物质。第二信使都是小分子或离子,如 cAMP、cGMP、二酰基甘油(DAG)、三磷酸肌醇(IP3)等。第二信使至少有两个基本特性:①是第一信使与其膜受体结合后最早在细胞膜内侧或胞浆中出现、仅在细胞内部起作用的信号分子;②能启动或调节细胞内稍晚出现的反应信号应答。

(2)第二信使在细胞内发挥作用的示例。①cAMP 活化糖原磷酸化。磷酸化酶是催化糖原分解的一种酶,有两种互相转变的形式:无活性的磷酸化酶 b 和有活性的磷酸化酶 a,蛋白激酶 A(PKA)可以催化其磷酸化。PKA 依赖于 cAMP,能把 ATP 分子上的末端磷酸基团加到某个特定蛋白质的丝氨酸或苏氨酸残基上。PKA 由两个调节亚基(R2)和两个催化亚基(C2)组成四聚体(C2R2),此四聚体无活性。当 cAMP 与调节亚基结合,调节亚基与催化亚基脱落,PKA 被激活,将 ATP 分子上的末端磷酸基团加到磷酸化酶 b 上,使无活性的磷酸化酶 b 转变为有活性的磷酸化酶 a,再由被激活的磷酸化酶 a 促进糖原的降解。

② C 激酶与 IP3 和 DAG。磷酸肌醇级联放大的细胞内信使是磷脂酰肌醇-4,5-二磷酸（PIP2）的两个酶解产物：肌醇-1,4,5-三磷酸（IP3）和二酰基甘油（DAG）。受体与配体（第一信使）结合后，受体构象变化，与 GTP 结合蛋白结合，激活磷脂酶 C，催化 PIP2 水解为 IP3 和 DAG。IP3 动员细胞内钙库释放 Ca^{2+} 到细胞质中与钙调蛋白结合，随后参与一系列的反应；DAG 在 Ca^{2+} 的协同下激活蛋白激酶 C（PKC），然后通过蛋白激酶 C 引起级联反应，进行细胞的应答。

11. 试说明真核细胞与原核细胞在基因转录、翻译及 DNA 的空间结构方面存在的主要差异，表现在哪些方面？

【答案】真核细胞与原核细胞在基因转录、翻译及 DNA 的空间结构方面存在如下差异：

（1）在真核细胞中，一条成熟的 mRNA 链只能翻译出一条多肽链；原核生物中常见的多基因操纵子形式在真核细胞中少见。

（2）在染色质结构上，真核细胞的 DNA 与组蛋白和大量非组蛋白结合，DNA 与组蛋白组成核小体成为染色体基本单位，只有一小部分 DNA 是裸露的。而原核细胞的 DNA 是裸露的。在原核细胞中染色质结构对基因的表达没有明显的调控作用，而在真核细胞中染色质的变化调控基因表达，并且基因分布在不同的染色体上，存在染色体间基因的调控问题。

（3）高等真核细胞 DNA 中大部分不转录，重复序列多。真核生物中编码蛋白质的基因通常是断裂基因，含有非编码序列即内含子，因此转录产生的 mRNA 前体必须剪切加工才能成为有功能的成熟的 mRNA，而不同的拼接方式可产生不同的 mRNA。原核生物的基因由于不含外显子和内含子，因此，转录产生的信使 RNA 不需要剪切、拼接等加工过程。

（4）真核生物能够有序地根据需要进行 DNA 片段重排，在需要时还可增加细胞内某些基因的拷贝数；在原核生物中鲜见。

（5）原核生物中转录的调节区很小，调控蛋白结合到调节位点上可直接促进或抑制 RNA 聚合酶对它的结合；真核生物调节区很大，与蛋白质结合，通过改变整个所控制基因 5′ 上游区 DNA 构型来影响它与 RNA 聚合酶的结合能力。

（6）真核生物的转录与翻译在时空上是分开的，有多种调控机制；原核基因的转录和翻译通常是相互偶联的。

現代分子生物学
重点解析及习题集

第九章

疾病与人类健康

第一节　肿瘤与癌症

一、重点解析

1. 癌基因的分类

一类是病毒癌基因，编码病毒癌基因的主要有 DNA 病毒和 RNA 病毒；另一类是细胞转化基因，它们能使正常细胞转化为肿瘤细胞，这类基因与病毒癌基因有显著的序列相似性。

2. 急性转化型和非急性转化型

根据反转录病毒转化细胞的能力，可将其分为两大类：一类为急性转化型，另一类为非急性转化型。急性转化型反转录病毒具有 3 个主要特征：①这类病毒感染动物后很短的时期内（几天或几周）就出现实体瘤或白血病；②它们所带的癌基因一般位于病毒基因组内部，也可位于基因组的 3' 端，但不会插入结构基因内部；③具有体外转化细胞的能力。非急性转化型则正好相反，它们感染宿主细胞后需要较长时间（几个月，数年甚至数十年）才会致癌。

3. V-onc 基因的起源

研究发现，反转录病毒基因组中所带的 omc 基因并非来自病毒本身，而是这些病毒在感染动物或人体之后获得的细胞原癌基因。这些动物或人原癌基因经病毒修饰和改造后，成为病毒基因组的一部分并具有了致癌性，其作用的靶分子也往往发生改变。

4. 原癌基因产物分类

根据原癌基因产物在细胞中的位置可将其分为 3 类：第一类是与膜结合的蛋白质，主要有 *erbB*、*neu*、*fms*、*mas* 和 *Src* 基因产物；第二类是可溶性蛋白，包括 *mos*、*sis* 和 *fps* 基因产物；第三类是核蛋白，包括 *myc*、*ets*、*jun* 和 *myb* 等基因产物。根据这些蛋白质的功能，它们又常被分为 6 类，即蛋白激酶类、生长因子类、生长因子受体类、GTP 结合蛋白类、核蛋白类和功能未知类。

5. 原癌基因的表达调控

原癌基因的致癌能力与其异常激活有关，异常激活可发生在以下情况：①点突变；② LTR 插入；③基因重排；④缺失；⑤基因扩增。

6. 基因互作与癌基因表达

（1）染色体构象对原癌基因表达的影响：基因表达不仅取决于基因本身及其相邻区域的

一级结构，也取决于其空间构象，即基因在染色体上的空间排列和染色质的结构。

（2）原癌基因终产物对原癌基因表达的影响：这种影响包括某种原癌基因产物对另一种原癌基因表达的调控作用，也包括某种原癌基因产物对自身表达的反馈调控作用两大类。

（3）抑癌基因产物对原癌基因表达的调控：因为抑癌基因产物能够抑制细胞的恶性增殖，所以它也被认为是一种隐性癌基因。当细胞内由某种原因造成这些基因的表达受抑制时，原癌基因就活跃表达，引起细胞癌变。

（4）外源信号对原癌基因表达的影响：细胞外信号（包括生长因子、激素、神经递质、药物等）作用于靶细胞后，通过细胞膜受体系统或其他直接途径被传递至细胞内，再通过多种蛋白激酶的活化，对转录因子进行修饰，进而引发一系列基因的转录激活。这一过程进行得很快，通常在几分钟至几十分钟内即可完成。

7. 抑癌基因与原癌基因在生物学上的差异

（1）在功能上，抑癌基因在细胞生长中起负调控作用，抑制增殖，促进分化、成熟和衰老，引导多余的细胞进入程序化死亡途径，而原癌基因的作用则正好相反。

（2）在遗传方式上，原癌基因是显性的，激活后即参与促进细胞增殖和癌变过程，而抑癌基因在细胞水平上是隐性的，因为抑癌基因的两个等位基因中失去任何一个都不影响其抑癌功能，只有两个等位基因全部失活才能失去抑癌功能。

（3）在突变发生的细胞类型上，不仅体细胞中可能发生抑癌基因突变，生殖细胞中也可能发生抑癌基因突变并通过生殖细胞得到遗传。原癌基因突变只发生在体细胞中。

二、名词解释

1. 癌
是一群不受生长调控而增殖的细胞，也称恶性肿瘤。

2. 癌基因
指体外能引起细胞转化，在体内诱发肿瘤的基因。它是细胞内遗传物质的组成成分。在正常情况下，这些基因处于静止或低表达状态，对正常细胞不仅无害而且不可缺少。

3. 病毒癌基因
是指一类存在于肿瘤病毒中的，能使靶细胞发生恶性转化的基因，这种基因不编码病毒的结构成分，对病毒的复制亦无作用，但是能使靶细胞发生恶性转化。编码病毒癌基因的主要有 DNA 病毒和 RNA 病毒。

4. 细胞转化基因
能使正常细胞转化为肿瘤细胞的基因，这类基因与病毒癌基因有显著的序列相似性。

5. 反转录病毒
一般指 RNA 病毒，它含有反转录酶，在宿主中能利用 RNA 作为模板合成 DNA，常引起宿主细胞恶变。

6. 反转录病毒致癌基因
反转录病毒中能够使细胞发生恶性转化的基因。

7. 原病毒
整合于宿主细胞染色体基因组中的病毒 DNA，包括 RNA 反转录病毒的反向转录物 DNA，又称为前病毒。

8.原癌基因

是细胞内与细胞增殖相关的基因，是维持机体正常生命活动所必需的，在进化上高度保守。当原癌基因的结构或调控区发生变异，基因产物增多或活性增强时，使细胞过度增殖，从而形成肿瘤。

9.抑癌基因

是一类抑制细胞癌基因过度表达，稳定细胞正常生长，同时能诱导细胞凋亡的基因。

10.基因领域效应

当同一 DNA 链上两个具有相同转录方向的基因间隔小于一定长度时，影响有效转录所必需的染色质结构的形成，从而使这两个基因中的一个或两个均不能转录或转录活性显著降低，产生所谓的基因领域效应。

三、课后习题

课后习题及答案

四、拓展习题

（一）填空题

1.编码病毒癌基因的主要有_____和_____。

【答案】DNA 病毒；RNA 病毒。

【解析】编码病毒癌基因的主要有 DNA 病毒和 RNA 病毒。

2.根据原癌基因产物在细胞中的位置可将其分为 3 类：第一类是_____、第二类是_____、第三类是_____。

【答案】与膜结合的蛋白；可溶性蛋白；核蛋白。

【解析】根据原癌基因产物在细胞中的位置可将其分为 3 类：第一类是与膜结合的蛋白质，主要有 *erbB*、*neu*、*fms*、*mas* 和 *Src* 基因产物；第二类是可溶性蛋白，包括 *mos*、*sis* 和 *fps* 基因产物；第三类是核蛋白，包括 *myc*、*ets*、*jun* 和 *myb* 等基因产物。根据这些蛋白质的功能，它们又常被分为 6 类，即蛋白激酶类、生长因子类、生长因子受体类、GTP 结合蛋白类、核蛋白类和功能未知类。

3.原癌基因的致癌能力与其异常激活有关，异常激活可发生在以下情况：_____、_____、_____、_____和_____。

【答案】点突变；LTR 插入；基因重排；缺失；基因扩增。

【解析】原癌基因的致癌能力与其异常激活有关，异常激活可发生在以下情况：①点突变；②LTR 插入；③基因重排；④缺失；⑤基因扩增。

4.不仅_____中可能发生抑癌基因突变，_____中也可能发生抑癌基因突变并通过生殖细胞得到遗传。原癌基因突变只发生在_____中。

【答案】体细胞；生殖细胞；体细胞。

【解析】不仅体细胞中可能发生抑癌基因突变，生殖细胞中也可能发生抑癌基因突变并通过生殖细胞得到遗传。原癌基因突变只发生在体细胞中。

（二）选择题

1.（单选）确定癌的主要依据是（　　　）。

A. 癌组织不典型性明显 　　　　　　B. 浸润性生长

C. 有癌巢形成 　　　　　　　　　　D. 转移多见

【答案】B

【解析】癌多发于老年人，呈浸润性生长、癌细胞异型性大，核分裂象多见，且可见病理性核分裂象；癌细胞排列为巢状。

2.（单选）低分化肿瘤的分化程度是（　　　）。

A. 恶性程度低 　　　B. 恶性程度高 　　　C. 对放射治疗效果差 　　D. 对化疗效果差

【答案】B

【解析】分化程度不同的肿瘤恶性程度不一样，分化程度越高，恶性程度越低。也就是说高分化肿瘤的恶性程度低，低分化肿瘤的恶性程度高。

3.（单选）肿瘤的形成是局部细胞（　　　）。

A. 不典型性增生所致 　　　　　　　B. 炎性增生所致

C. 化生所致 　　　　　　　　　　　D. 克隆性增生所致

【答案】D

【解析】肿瘤的形成是局部细胞克隆性增生所致。

4.（单选）肿瘤的实质是指（　　　）。

A. 神经组织 　　　B. 纤维组织 　　　C. 肿瘤细胞 　　　　D. 浸润的炎细胞

【答案】C

【解析】肿瘤的实质指的是肿瘤细胞，其实就是一群不正常的细胞。

（三）判断题

癌基因可分为病毒癌基因和细胞转化基因两大类。（　　　）

【答案】正确

【解析】癌基因的分类：一类是病毒癌基因，编码病毒癌基因的主要有 DNA 病毒和 RNA 病毒；另一类是细胞转化基因，它们能使正常细胞转化为肿瘤细胞，这类基因与病毒癌基因有显著的序列相似性。

（四）问答题

1. 癌基因激活的方式有哪些？

【答案】（1）突变。原癌基因中一个核苷酸的突变可以导致原癌基因的激活。

（2）启动子插入。某些反转录病毒本身并不含癌基因，当感染细胞后，其基因组中的长末端重复序列插入到细胞癌基因的附近或内部。LTYR 中含有较强的启动子和增强子，因此可以启动和促进原癌基因的转录使其表达增加，导致细胞癌变。

（3）甲基化程度降低。DNA 分子中的甲基化对于保持双螺旋的稳定、阻抑基因的转录，具有重要意义，如果原癌基因的甲基化水平偏低，则可以被激活。

（4）基因扩增与高表达。原癌基因扩增使其基因拷贝数目增加，则转录模板数增加，造成 mRNA 的水平增高，进而表达过量的癌蛋白。

（5）基因易位或重排。染色体易位在肿瘤中经常出现，其结果可导致原癌基因的易位或重排，可使原来无活性的原癌基因转移到某些强启动子或增强子的附近，从而被激活 HV 发生变异的主要原因是其自身的逆转录酶缺乏校对功能，不能及时切除错误引入的核苷酸而导致随机变异，而 HV 有很强的复制能力，这样可以产生大量病毒的变种控制花形态的 ABC 模型：正常花的四轮结构的形成是由 A、B、C 三个基因共同决定的。A 基因在第一、第二轮花器官中表达，B 基因在第二、第三轮花器官中表达，C 基因在第三、第四轮花器官中表达。A 基因决定萼片，A 和 B 决定花瓣，B 与 C 决定雄蕊，C 决定心皮。如果其中有任何组或更多的基因发生突变而丧失功能，则花的形态将发生异常。

2. 简述病毒与肿瘤之间的关系。

【答案】人类和动物肿瘤的形成除了与遗传和环境因素相关外，某些 DNA 和 RNA 病毒也可以通过不同的机制诱发恶性肿瘤。有些病毒直接作用于细胞的基因组，使细胞增殖，最终导致肿瘤形成；有些病毒则通过抑制机体的免疫系统，诱导细胞恶性转变，形成肿瘤，如在艾滋病患者中引发的 Kaposi's 肉瘤。有些病毒常伴随一些特定肿瘤的发生，但它们与肿瘤的关系还未得到确认。总之，大约 15% 的恶性肿瘤与病毒有关，因此研究肿瘤的病毒病因具有十分重要的意义。

3. 简述应用分子生物学的理论解释肿瘤发病的分子机制。

【答案】肿瘤发生的分子病因学主要涉及以下几个方面的科学问题：①细胞内生物大分子的结构与功能改变和细胞内各种小分子代谢失常与癌变产生的分子机制。②癌基因、抑癌基因、代谢基因、修复基因等的改变与肿瘤发生的关系。③生长因子、生长抑制因子、激素、信号传递蛋白质、受体、各种生物活性多肽和蛋白质、细胞周期蛋白、细胞骨架蛋白等基因产物，在肿瘤发生中的作用。

上述问题可以从不同侧面反映出基因、DNA、RNA、蛋白质的结构和功能改变是如何不断地将一个正常细胞转变为癌细胞的。

4. 已知癌症的发病与哪些因素相关？

【答案】致癌基因分为内源性和外源性两大类，两者可以互相影响。

（1）内源性因素包括：①遗传因素，如结肠息肉病综合征、乳腺癌等。②内分泌因素，如雌激素和催乳素、乳腺癌有关。③免疫因素，如丙种球蛋白缺乏症和白血病、淋巴网状系统肿瘤有关。

（2）外源性因素包括：①物理性致癌因素，如电离辐射、紫外线及异物等。②化学性致癌因素，如 3，4-苯并芘、亚硝胺等。③生物性致癌因素，病毒如 EB 病毒、单纯疱疹病毒、乙肝病毒、C 型 RNA 病毒、寄生虫，如埃及血吸虫、日本血吸虫、华支睾吸虫。

第二节　人类免疫缺陷病毒——HIV

一、重点解析

1. 人类免疫缺陷病毒（HIV）

俗称艾滋病（AIDS）病毒，诱发人类获得性免疫缺陷综合征。病毒在分类上属于反转录病毒科慢病毒属中的灵长类免疫缺陷病毒亚属。目前已发现 HIV-Ⅰ型和 HIV-Ⅱ型。

2. HIV 病毒颗粒的形态结构及传播

HIV 粒子是一种直径约为 100nm 的球状病毒，包被着由两层脂质组成的脂膜，这种结合有许多糖蛋白分子（主要是 gp41 和 gp120）的脂质源于宿主细胞的外膜。蛋白质 p24 和 p18 组成其核心，内有基因组 RNA 链，链上附着反转录酶。HIV 依靠血液制品以及人体分泌液，如精液和母液等传播。

3. HIV 基因组的结构

HIV 基因组由两条单链正链 RNA 组成，每个 RNA 基因组约为 9.7kb。在 RNA 5′端有一个帽子结构（m7G5′GmpNp），3′端有 poly(A) 尾巴。主要由 5′末端 LTR、结构蛋白编码区（gag）、蛋白酶编码区（pro）、具有多种酶活性的蛋白编码区（pol）、外膜蛋白（env）和 3′末端 LTR 组成。

4. HIV 编码的蛋白质及其主要功能

HIV 的结构蛋白主要包括 4 个基因。*gag* 基因编码病毒的核心蛋白，翻译时先形成一个的前体 p55，然后在 HIV 蛋白酶的作用下被切割成 p17、p24、p15 三个蛋白。p24 和 p17 分别组成 HIV 颗粒的外壳（CA）和内膜蛋白（MA），p15 进一步被切割成与病毒 RNA 结合的核衣壳蛋白（NC）p7 和 p6。*pol* 基因编码病毒复制所需的酶类，包括反转录酶 p66、整合酶 p32。*PR* 基因编码蛋白酶 p10，在切割 HIV 蛋白前体产生成熟蛋白的过程中起作用。*Env* 基因编码的蛋白质经糖基化成为包膜糖蛋白 gp160 的前体，可进一步被切割成 gp120 和 gp41。

主要功能区有以下几个：

（1）主要抗原决定簇，包括 V3 区（第 301～324 位的环状肽段）的主抗原决定簇及若干个较弱的决定簇。

（2）T 细胞决定簇，两个辅助性 T 细胞决定簇 T2 和 T1 分别在第 105～117 位的 C1 区和第 421～436 位的 C4 区。

（3）CD4 受体结合区，该区位于第 423～427 位（CA 区）。

5. HIV 的复制

主要过程如下：

（1）原病毒整合到宿主染色体上，无症状。

（2）原病毒利用宿主细胞的转录和合成系统转录产生病毒 mRNA，其中一部分编码病毒蛋白，与基因组 RNA 组装成新的病毒颗粒，从寄主细胞中释放出来侵染其他健康细胞。

（3）寄主细胞瓦解死亡。

6. HIV 基因表达调控

HIV 含有许多调控基因，这些基因编码相应的调控蛋白，它们在病毒 RNA 的转录、转录后加工、蛋白质翻译、包装以及病毒颗粒的释放等过程中发挥重要作用。

（1）LTR 序列。位于 H 基因两端，其序列高度保守，内有许多细胞转录因子结合位点。①核心调控元件：从 LTR 起始延伸至 -78 位核苷酸，至少包含 6 个可与细胞转录调控因子结合的区域。②核心转录单位：有 TATA 区和 SP1 结合位点，对转录激活有重要作用。③反式激活因子应答元件：在 $+1～+60$ 位的核苷酸序列是反式激活因子（Tat）激活 HIV-1 转录所必需的。

（2）参与 HIV 复制的调控蛋白。①Tat 蛋白是一个转录激活因子，是病毒复制所必需的。可能促进 RNA 聚合酶Ⅱ转录起始复合物的组装，同时它也是一个 RNA 沉默抑制因子。②Tat 与 TAR 对 HIV 复制的协同调控作用。③Rev 蛋白是一个重要的反式激活因子，调控 RNA 剪切和运输，对许多调控蛋白的编码基因有负调控作用，而对结构基因有正调控作用。④Nef 蛋白是一个负调控因子和磷酸化蛋白，是非 HIV 复制所需，但可抑制 HIV-Ⅰ前病毒基因的表达。⑤Vpr 蛋白又称病毒 R 蛋白，不是 HIV 复制所必需的，但存在于病毒颗粒中。可作用于 HIV-Ⅰ的 LTR 区，使它调控的 HIV 复制速度提高 2～3 倍。⑥VPu 蛋白是 HIV-Ⅰ特有的，主要存在于细胞膜中。可能促进其病毒粒子的组装、成熟和释放。⑦Vif 蛋白是 HIV-Ⅰ侵染所必需的，是病毒在巨噬细胞扩散所必需的。

7. HIV 的感染及致病机理

HIV 初次感染人体后，立即大量复制和扩散，此时，感染者血清中出现 HIV 抗原，从外周血细胞、脑脊液和骨髓细胞中均能分离出 HIV。这是 HIV 原发感染的急性期。70%以上的原发感染者在感染后 2～4 周内出现急性感染症状，包括发热、咽炎、淋巴结肿大、关节痛、中枢及外周神经系统病变、皮肤斑丘疹、黏膜溃疡等，持续 1～2 周后进入 HIV 感染的无症状潜伏期。在这个时期，感染者无任何临床症状，外周血中 HIV 抗原含量很低甚至检测不到。但随着感染时间的延长，HIV 重新开始大量复制并造成免疫系统损伤。临床上病人感染逐步发展到持续性全身性淋巴腺病（PCGL）、艾滋病相关综合征（APC）等，直至发展到艾滋病。

HIV 除在细胞内大量繁殖造成细胞死亡外，还可通过以下几种途径导致免疫功能下降：①HIV 粒子表面的 g120 蛋白脱落，与正常细胞膜上 CD4 受体结合，使该细胞被免疫系统误认为病毒感染细胞而遭杀灭；②因 T 细胞 CD4 受体被 mp120 封闭，影响了其免疫辅助功能；③HIV 的 120 蛋白可刺激机体产生抗 CD4 结合部位的特异性抗体，阻断 T 细胞功能；④带有病毒包膜蛋白的细胞可与其他细胞融合形成多核巨细胞而丧失功能。

8. 艾滋病的治疗及预防

（1）广泛开展宣传教育，普及 AIDS 的传播途径和预防知识，杜绝性滥交和吸毒等。

（2）建立和加强对 HIV 感染的监测体系，及时了解流行状况，采取应对措施。

（3）加强进出口管理，严格国境检疫，防止传入。

（4）应对供血者作 HIV 及其抗体检测，保证血源的安全性。

抗病毒药物治疗：目前已批准的抗 HIV 药物主要有三大类。

（1）核苷类药物系逆转录酶抑制剂：可干扰 HIV 的 DNA 合成，常用者有叠氮胸苷（AZT）、双脱氧次黄嘌呤、拉米夫定等。

（2）非核苷类药物：其作用与核苷类药物一样，具有抑制逆转录酶的作用，如地拉韦啶（delavirdine）、奈韦拉平（nevirapine）等。

（3）蛋白酶抑制剂：其作用是抑制 HIV 蛋白酶的作用，导致大分子聚合蛋白的裂解受阻，影响病毒的装配与成熟。如沙奎那韦（saquinavir）、茚地那韦（indinavir）、利托那韦（ritonavir）、奈非那韦（nelfinavir）等。

三类药物除分别应用外，也可采取联合用药，以迅速降低患者体液中 HIV-RNA 含量，延缓病程进展。

二、名词解释

1. 顺式激活

当带有病毒启动子或增强子的基因整合到癌基因的相应位点时，插入的病毒基因对毗邻的细胞癌基因产生激活作用，启动癌基因的转录，增强癌基因的表达。这一机制称为顺式激活。

2. 反式激活

病毒基因的产物与宿主细胞染色体上基因调节序列结合或与细胞协同因子，如细胞癌基因或抑癌基因产物相互作用所产生的对细胞癌基因的激活作用，称为反式激活。

3. 反式激活应答元件

在 HIV 基因组 +1 ～ +60 位的核苷酸序列是反式激活因子（Tat）激活 HIV- I 转录所必需的，称为反式激活应答元件。

4. 增强子区

由间隔 3 ～ 4 个核苷酸的两个 10bp 的 GGGACTTTCC 序列组成，负责调控 HIV 基因在多种细胞特别是 T 淋巴细胞中的高效表达。

三、课后习题

课后习题及答案

四、拓展练习

（一）填空题

1. HIV 基因组由两条单链_____组成，每个 RNA 基因组约为 9.7kb。在 RNA 5′ 端有_____，3′ 端有_____。

【答案】正链 RNA；帽子结构；poly(A) 尾巴。

【解析】HIV 基因组由两条单链正链 RNA 组成，每个 RNA 基因组约为 9.7kb。在 RNA 5′ 端有一个帽子结构（m7G5′GmpNp），3′ 端有 poly(A) 尾巴。

2. HIV 的结构蛋白主要包括_____、_____、_____和_____。

【答案】*gag* 基因；*pol* 基因；*PR* 基因；*Env* 基因。

【解析】HIV 的结构蛋白主要包括 *gag* 基因、*pol* 基因、*PR* 基因和 *Env* 基因。

（二）选择题

1.（单选）下列关于艾滋病和 HIV 的叙述，错误的是（　　　）。

A. 艾滋病患者是传染源

B. 艾滋病可以通过血液、精液、唾液、乳汁等体液传播

C. HIV 是由蛋白质外壳和内部遗传物质组成

D. HIV 是由一个细胞构成，没有成型的细胞核

【答案】D

【解析】病毒没有细胞结构。

2.（单选）HIV 传播必须具备的条件有哪些？（　　　）

A. 有大量的病毒从感染者体内排出

B. 排出的病毒要经过一定的方式传递给他人

C. 有足量的病毒进入体

D. 以上都是

【答案】D

【解析】HIV 传播必须具备的条件：有足量的病毒进入体内；有大量的病毒从感染者体内排出；排出的病毒要经过一定的方式传递给他人。

3.（单选）"鸡尾酒疗法"是指（　　　）。

A. 对艾滋病的中医疗法　　　　　　B. 防治艾滋病的各种机会性感染

C. 艾滋病对症治疗和营养支持治疗　　D. 艾滋病抗逆转录病毒治疗

【答案】D

【解析】"鸡尾酒疗法"原指"高效抗逆转录病毒治疗"（HAART），是通过三种或三种以上的抗病毒药物联合使用来治疗艾滋病。

（三）判断题

造成艾滋病的人类免疫缺陷病毒 HIV 是一种单链 DNA 病毒。（　　　）

【答案】正确

【解析】HIV 基因组由两条单链正链 RNA 组成。

（四）问答题

1. 以 HIV 为例简述反转录病毒的结构与生活周期？

【答案】HIV 颗粒呈球形，直径约为 110nm，表面具有包膜，病毒内部含有一个致密的锥形核心，将 HIV 颗粒分为包膜、衣壳和病毒核心三部分。核心内部是两个长度为 9.2kb 的相同单链正链 RNA，核心外侧为脂质双层组成的外膜，膜上有穿膜蛋白 gp41 和外膜蛋白 gp120。HIV 的生活周期包括以下阶段：①吸附；②侵入和脱壳；③反转录；④整合；⑤病毒 RNA 和蛋白质的合成；⑥装配；⑦释放；⑧成熟。HIV 在宿主细胞内的复制受许多因素的影响，其中涉及宿主的免疫调节、宿主细胞因子的作用、病毒自身调节蛋白的作用、其他病毒基因产物的调节等。

2. 从艾滋病感染人体和患者发病过程来说明如何预防艾滋病？

【答案】预防艾滋病的主要措施可包括：遵守性道德；怀疑自己或性伴侣可能受到艾滋病感染时一定坚持使用安全套；注意个人生活卫生；不以任何方式吸毒；不用未消毒的器械穿耳、文眉，不文身；有选择地使用干净卫生和消毒严格的理发店、美发店和公共卫生间；需要接受输血治疗时，一定使用经检验合格的血液；不与他人共用剃须刀、个人卫生用具和未经消毒的任何医疗器械；不直接接触他人的血液或血液制品。

第三节　乙型肝炎病毒——HBV

一、重点解析

1. 肝炎病毒的分类及病毒粒子结构

引起肝炎的病毒通称肝炎病毒。目前已经知道的至少有甲肝病毒（HAV）、乙肝病毒（HBV）、丙肝病毒（HCV）、丁肝病毒（HDV）和戊肝病毒（HEV）5 种病毒。

HBV 完整粒子的直径为 42nm，又称为 Dane 颗粒，由外膜和核壳组成，有很强的感染性。其外膜由病毒的表面抗原、多糖和脂质组成，核壳直径为 27nm，由病毒的核心抗原组成，并含有病毒的基因组 DNA、反转录酶和 DNA 结合蛋白等。

2. HBV 基因组结构

HBV 的基因组是一个有部分单链区的环状双链 DNA 分子，两条单链长度不同。长链 L（3.2kb）为负链，而短链 S 为正链，其长度不确定，为负链的 50% ～ 80%。基因组依靠正链 5′ 端约 240bp 的黏端与负链缺口部位的互补维持了环状结构。在两条链的互补区两侧各有一个 11 碱基的直接重复序列（5′TTCAC- CTCTGC-3′），分别开始于第 1842 和 1590 核苷酸处，称为 DR1 和 DR2。

3. HBV 基因转录的调控

1）顺式作用元件

PreC 启动子调控 3.5kb mRNA 的转录起始过程，位于第 1705 ～ 1805 位核苷酸处，启动子上有类似于 TATA 盒的序列；PreSl 启动子位于 -89 ～ -77 核苷酸处，调控 2.4kb mRNA 的转录起始过程，启动子上有 TATA 盒的序列及肝细胞特异性转录因子 HNFI 的结合位点；S 启动子调控 2.1kb mRNA 的转录起始过程，位于 RNA 转录起始位点上游 200 个核苷酸内，可分为 A、B、C、D、E、F 和 G 7 个区，这些区都可能通过与特异的调控蛋白结合而影响转录水平；X 启动子位于 -24 ～ -124 核苷酸处，调控 0.8kb mRNA 的转录过程。

2）增强子

HBV 的 DNA 中存在两个可以激活 HBV 启动子转录的增强子区域。增强子 I 位于表面抗原基因的 3′ 端、X 基因的 5′ 端，与 X 启动子相重叠，含有 NF-1a、NF-1b、NF-1c、AP1、C/EBP、EP 以及 X 蛋白等多种反式作用因子的结合位点。

增强子 II 位于增强子 I 下游 600 碱基处，是一个 148 碱基的 DNA 片段，可分为 A、B 两个区，A 区是正调控元件，与增强子 II 的肝细胞专一性有关，B 区是增强子 II 的基本单位，A 区必须与 B 区协同作用才有活性。

3）反式作用因子

X 蛋白具有转录水平上的反式激活作用，不仅能激活 HBV 自身启动子及增强子 I，还可激活多种异源启动子和增强子。

4. HBV 的编码区及产物

（1）S 编码区编码乙肝表面抗原蛋白，分别编码由 226 个氨基酸残基的表面抗原主蛋白（SHBS）、108 ～ 115 个氨基酸的原 S1 蛋白和 55 个氨基酸组成的原 S2 蛋白。

（2）P 编码区长 2532 碱基，约占全基因组 3/4 以上，是最长的编码区，包含全部 S 编码区并与 C 和 X 编码区有部分重叠。P 编码区由 3 个功能区和 1 个间隔区构成，末端蛋白是病毒进行反转录时的引物。P 编码区可能先翻译成 9.5×10^5 多肽，然后加工成较小的功能型多肽。

（3）C 编码区长 639 碱基，翻译产物为病毒核心抗原（HBcAg）。其原初翻译产物是前核心蛋白，切除 N 端 19 肽和富含精氨酸的 C 末端后，成为 E 抗原（HBeAg）。

（4）X 编码区是最小的编码区，编码 X 蛋白，覆盖了负链的缺口部位，虽然长度不等，但主要产物由 154 个氨基酸残基组成。

5. HBV 的复制

HBV 的复制是通过反转录途径实现的。

（1）病毒感染宿主后，首先脱掉外壳进入细胞质，基因组 DNA 进入细胞核，经 DNA 聚合酶修复正链缺失部分，形成共价闭环双链 DNA 作为转录模板。

（2）在宿主 RNA 聚合酶作用下开始转录，产生各种 mRNA，全长 3.5kb 产物为前基因组 RNA，其 5′ 端自 DR1 处开始，自 5′→ 3′ 延伸，经过 DR2 后继续合成至 DR1，最后终止于 DR1 后 85 碱基处的 TATAAA 序列。

（3）前基因组中部分 RNA 被包装到核心颗粒中并进行反转录。以与母本负链 DNA 5′ 端相连接的末端蛋白为引物，在反转录酶的作用下，自 DR1 处开始反转录合成负链 DNA，cDNA 合成后，由 RNase H 将模板降解，但 5′ 端从帽子结构到 DR1 不被降解区域作为正链合成时的引物。

（4）在 DNA 聚合酶的作用下合成正链，自 DR1 处开始，再经跳跃传位至 DR2。正链 5′ 端覆盖了负链的缺口，维持了双链 DNA 的环状。在正链合成尚未完成时，就可能由于某些障碍而被终止，外壳蛋白便将核衣壳包装成病毒颗粒，形成不完整的双链基因组。病毒复制增殖的过程就是干扰细胞正常代谢的致病过程。

二、名词解释

1. X 应答元件

分析 X 蛋白对 HBV 增强子Ⅰ的作用时发现，该增强子的 E 元件十分重要，所以又将这个由 26 碱基组成的元件命名为 X 应答元件。

2. 引物易位

在 DNA 聚合酶的作用下合成正链，自 DR1 处开始，再经跳跃传位至 DR2。这一过程称为"引物易位"。

三、课后习题

课后习题及答案

四、拓展练习

（一）填空题

1. HBV 的编码区：_____、_____、_____和_____。

【答案】S 编码区；P 编码区；C 编码区；X 编码区。

【解析】S 编码区编码乙肝表面抗原蛋白；P 编码区长 2532 碱基，约占全基因组 3/4 以上，是最长的编码区，包含全部 S 编码区并与 C 和 X 编码区有部分重叠；C 编码区长 639 碱基，翻译产物为病毒核心抗原（HBcAg）；X 编码区是最小的编码区，编码 X 蛋白。

2. X 蛋白具有转录水平上的反式激活作用，不仅能激活_____，还可激活_____。

【答案】HBV 自身启动子及增强子 I；多种异源启动子和增强子。

【解析】X 蛋白具有转录水平上的反式激活作用，不仅能激活 HBV 自身启动子及增强子 I，还可激活多种异源启动子和增强子。

（二）选择题

1.（单选）下列病毒中以逆转录方式进行基因组复制的是（　　）。

A. HIV　　　　　　　B. HBV　　　　　　　C. 腺病毒　　　　　　D. EB 病毒

【答案】B

【解析】考查病毒基因组复制方式，HBV 的复制是通过反转录途径实现的。

2.（单选）HBV 的核酸类型为（　　）。

A. 单正链 RNA　　　B. 单负链 RNA　　　C. 双链环状 DNA　　D. 双链 RNA

【答案】C

【解析】HBV 的基因组是一个有部分单链区的双链环状 DNA 分子。

3.（单选）HBV 感染的主要标志是（　　）。

A. 血中测出 HBsAg　　　　　　　　　　B. 血中测出-HBs

C. 血中测出 HBcAg　　　　　　　　　　D. 血中测出-HBe

【答案】A

【解析】HBsAg 阳性是乙肝病毒感染的主要标志。HBsAb（抗-HBs）：是由 HBsAg 诱导产生的，被认为是一种保护性抗体，它的出现标志着能对 HBV 感染产生特异性免疫。

4.（单选）关于乙型肝炎病毒表面抗原，下列叙述哪项正确？（　　）

A. 有感染性，有抗原性，能产生保护性抗体

B. 无感染性，有抗原性，能产生非保护性抗体

C. 有感染性，有抗原性，能产生非保护性抗体

D. 无感染性，有抗原性，能产生保护性抗体

【答案】D

【解析】乙型肝炎病毒表面抗原无感染性，有抗原性，能产生保护性抗体。

（三）判断题

乙肝病毒的基因组是一个有部分单链区的环状双链 DNA 分子，两条单链的长度不一样。（　　）

【答案】正确

【解析】乙肝病毒的基因组是一个有部分单链区的环状双链DNA分子，两条单链的长度不一样。长链L为负链，短链S为正链。

（四）问答题

1.HBV病毒基因组的主要结构如何？其编码的主要蛋白及其功能有哪些？

【答案】HBV基因组是一个有部分单链区的环状双链DNA分子，两条单链长度不同。长链L（3.2kb）为负链，而短链S为正链，其长度不确定，为负链的50%～80%。基因组依靠正链5′端约240bp的黏端与负链缺口部位的互补维持了环状结构。在两条链的互补区两侧各有一个11碱基的直接重复序列（5′TTCAC-CTCTGC-3′），分别开始于第1842和1590位核苷酸处，称为DR1和DR2。

（1）S编码区编码乙肝表面抗原蛋白，分别编码由226个氨基酸残基的表面抗原主蛋白（SHBS）、108～115个氨基酸的原S1蛋白和55个氨基酸组成的原S2蛋白。

（2）P编码长2532碱基，约占全基因组3/4以上，是最长的编码区，包含全部S编码区并与C和X编码区有部分重叠。P编码区由3个功能区和1个间隔区构成，末端蛋白是病毒进行反转录时的引物。P编码区可能先翻译成9.5×10^5多肽，然后加工成较小的功能型多肽。

（3）C编码区长639碱基，翻译产物为病毒核心抗原（HBcAg）。其原初翻译产物是前核心蛋白，切除N端19肽和富含精氨酸的C末端后，成为E抗原（HBeAg）。

（4）X编码区是最小的编码区，编码X蛋白，覆盖了负链的缺口部位，虽然长度不等，但主要产物由154个氨基酸残基组成。

2.在乙型肝炎诊断中常检测的3种抗原是什么？体内出现何种抗体表示机体有了免疫力？

【答案】乙型肝炎病毒是一种脱氧核糖核酸病毒，呈一种双层外壳球形颗粒，分为核心和外壳两个部分。核心部分（即核心抗原HbcAg）在肝细胞核内产生，外壳部分（即表面抗原HbsAg）在肝细胞浆内形成。由于胞浆内形成的HbsAg过多，没有足量的HbcAg与之装配成病毒，从而把过剩的HbsAg释放到血液循环中，还有一种e抗原（即HbeAg），和乙型肝炎病毒的数量及DNA聚合酶活力有很大的相关性。是乙型肝炎病毒（HBV）复制活跃的标志。3种抗原中，HbcAg抗原不单独在血清中出现，常检测抗-Hbc作为HBV复制的指标，如血清出现高效价的抗-Hbs抗体则表示机体已有免疫力。

3.乙型肝炎的传播源有哪些？人如何被传染？

【答案】乙型肝炎病毒通过非肠道或者不明显的非肠道途径传播，如血液、唾液、性液。乙型肝炎病人的体液和分泌物。HbsAg只是病毒的外壳，本身不具有传染性。

具体传播途径主要有：输血、注射、外科手术、针刺、公用剃刀、昆虫叮咬吸血、经口或性行为传播、分娩时胎儿被传染等。

4.如想获得乙肝病毒的免疫，必须在几个月内连续注射3次疫苗。根据有关免疫系统克隆选择和记忆的知识解释其必要性。

【答案】根据克隆选择假说，人体内存在许多淋巴细胞克隆，每一克隆由一个前体细胞产生，不同克隆识别不同的抗原决定簇并与之发生反应。抗原选择预先存在的特异性克隆并激活它，使其增殖和分化成效应或记忆细胞。当注射疫苗后，诱导出成熟B细胞，并作为初级应答分泌抗体IgM，IgM可以和抗原结合导致蛋白凝集，细菌溶解。

次级免疫应答要比初级免疫应答更快、更强，有质的区别，特异性免疫的这一特性称为免疫记忆性。当再次注射疫苗记忆B细胞能对低浓度的抗原发生应答，一旦受到抗原以及其他信号的刺激就成为激活的 B 淋巴细胞，进一步发生殖分化，成抗体分泌细胞，产生大量与抗原有高亲和力抗体到体液中，增强对乙肝病毒的免疫能力，其中 IgG 是体液中主要的抗体形式，是次数免疫应答中分泌的抗体，IgG 与抗原分子结合形成分子标记，引起巨噬细胞对其进行吞噬、杀死病原。

根据实践，乙肝疫苗需要在 6 个月内经过连续 3 次注射后方能产生足够的抗体在一定的时间内对乙肝病毒起到免疫作用。当然免疫力的产生和持续时间又因人而异。

第四节　人禽流感的分子机制

一、重点解析

1. 人禽流感

禽流行性感冒（avian influenza，AI）简称禽流感，是由 A 型禽流感病毒引起的从呼吸系统病变到全身败血症的一种高度急性传染病。人禽流感（human avian influenza，HAI）是人感染禽流感病毒（avian influenza virus，AIV）后引起的以呼吸道症状为主的临床综合征。引起 HAI 的病原为禽流感病毒，属于正黏病毒科流感病毒属 A 型流感病毒。

2. 人禽流感病毒特点及分型

禽流感病毒属于正黏病毒科流感病毒属 A 型流感病毒。病毒颗粒直径为 $80 \sim 120\text{nm}$，平均 100nm；典型的病毒粒子呈球状，基因组为多个负链 RNA 片段组成，是正黏病毒科中唯一感染禽类的病毒。禽流感病毒可以按病毒粒子表面对红细胞有凝集性的血凝素（HA）和能将吸附在细胞表面的病毒粒子解脱下来的神经氨酸酶（NA）糖蛋白进行分类，可分为 16 个 H 亚型和 9 个 N 亚型。导致禽流感暴发的主要是以 H5、H7 为代表的高致病性禽流感（HPAI）和以 H9 亚型为代表的低致病性禽流感（LPAI）毒株。

3. 禽流感病毒进入细胞及转录与复制

H5NI 禽流感病毒通过 HAI 蛋白上的凝集素位点与细胞表面含唾液酸的糖蛋白受体结合，通过受体介导的细胞内吞作用进入细胞。流感病毒启动转录时，病毒核酸内切酶将宿主细胞 mRNA 5′ 端的帽子结构切下作为病毒 RNA 聚合酶的引物，转录产生 6 个单顺反子的 mRNA，翻译成 HA、NA、NP 和 3 种聚合酶（PB1、PB2、PA），NS 和 M 基因的 mRNA 进行拼接后，每一个产生两个 mRNA，依不同可读框（ORF）进行翻译，产生 NS1、NS2、M1 和 M2 蛋白。

4. 禽流感病毒感染人类的机制

1）HAI 受体结合位点的突变导致禽流感病毒易于感染人类细胞

禽流感病毒与宿主细胞结合的特异性与 HAI 结合受体位点的第 226 位氨基酸密切相关，如果该位点氨基酸残基为谷氨酰胺，表现为 SAa22、3Gal 受体（禽类呼吸道上皮细胞表面受体）结合特性；该位点氨基酸残基为亮氨酸，表现为 SAa、6Gal 受体（人呼吸道上皮细胞表面受体）结合特性；该位点氨基酸残基为甲硫氨酸，对 SAa22、3Gal 受体和 SAa22、6Gal 受体具有相同的结合特性。

2）PB2 蛋白第 627 位氨基酸的点突变导致人禽流感病毒复制能力增强

禽流感病毒能否在人体细胞内进行有效复制，主要与病毒复制酶（PBI、PB2 和 PA）基因有关。当 PB2 蛋白基因来源于人流感病毒，无论其他基因片段来自禽流感或人流感病毒，重组病毒在哺乳动物体细胞中都能有效复制，但 PB2 蛋白基因来源于 AIV 时，重组病毒则不能在哺乳动物体细胞中进行有效复制。禽流感病毒株 PB2 的第 627 位氨基酸是谷氨酸，人流感病毒该位点上是赖氨酸。

3）NS1 第 92 位氨基酸的突变导致人禽流感病毒致病力显著增强

H5NI 亚型病毒的非结构蛋白基因（NS1 第 92 位氨基酸）发生变异，诱导机体淋巴细胞凋亡，显著降低 CDA：CD8 的比值，使机体的免疫功能下降。

二、名词解释

1. 禽流行性感冒

简称禽流感，是由 A 型禽流感病毒引起的从呼吸系统病变到全身败血症的一种高度急性传染病。

2. 抗原转换

甲型流感病毒包膜表面抗原发生大幅度变异，HA 氨基酸的变异率≥20%，达到质变水平，导致新亚型病毒的出现，称为抗原转换。

三、课后习题

课后习题及答案

四、拓展练习

（一）填空题

1. 人禽流感的传播途径包括_____、_____和_____。

【答案】呼吸道感染；消化道感染；损伤的皮肤和眼结膜感染。

【解析】主要经过呼吸道感染，经飞沫在空气中传播，人因吸入飘浮于空气中的病禽咳嗽和鸣叫时喷射出的带有 H5N1 的禽流感病毒而感染；通过消化道感染，进食病禽的肉及其制品等而感染病毒；经过损伤的皮肤和眼结膜感染 H5N1 病毒而发病，其传播源主要是病禽和带毒禽，包括水禽和飞禽。

2. H5N1 禽流感病毒通过 HAI 蛋白上的_____与细胞表面含唾液酸的_____结合，通过_____进入细胞。

【答案】凝集素位点；糖蛋白受体；受体介导的细胞内吞作用。

【解析】H5N1 禽流感病毒通过 HAI 蛋白上的凝集素位点与细胞表面含唾液酸的糖蛋白受体结合，通过受体介导的细胞内吞作用进入细胞。

（二）选择题

（单选）人感染高致病性禽流感被列为哪类法定传染病？（　　　　）

A. 甲类   B. 乙类

C. 丙类   D. 其他法定管理以及重点监测传染病

【答案】B

【解析】新的《中华人民共和国传染病防治法》中把传染病分为甲、乙、丙三类，共39种，其中甲类传染病有两种，分别为鼠疫和霍乱。乙类传染病常见的有非典型肺炎、人感染高致病性禽流感、艾滋病等。

（三）判断题

人感染高致病性禽流感的鉴别诊断依据是临床表现。（   ）

【答案】错误

【解析】人感染高致病性禽流感的鉴别诊断依据是病原学检查。

（四）问答题

1. 何为人感染高致病性禽流感？

【答案】禽流感是甲型禽流感病毒引起的一种禽类疾病，近年已确定可直接感染人类引起疾病，严重者可因并发症导致患者死亡，称为人感染高致病性禽流感。

2. 试述人感染高致病性禽流感的主要临床表现。

【答案】根据《中华人民共和国传染病防治法》规定，人感染高致病性禽流感为乙类传染病，并应采取甲类传染病的预防、控制措施。人感染高致病性禽流感的主要临床表现如下：该病潜伏期一般为 1～7 天。人类感染禽流感病毒后可引起轻重不同的临床表现。轻者仅有普通的感冒症状。重症患者一般为 H5N1 亚型病毒感染，急性起病，持续高热在 39℃以上，可伴有流涕、鼻塞、咳嗽、咽痛、头痛、肌肉酸痛和全身不适。部分患者可有恶心、腹痛、腹泻、稀水样便等消化道症状。重症患者病情发展迅速，几乎所有患者都有临床表现明显的肺炎，可出现急性肺损伤、急性呼吸窘迫综合征（ARDS）、肺出血、胸腔积液、全血细胞减少、多脏器功能衰竭、休克及 Reye(瑞氏)综合征等多种并发症。可继发细菌感染，发生败血症。发病 1 周内很快进展为呼吸窘迫，肺部有实变体征，随即发展为呼吸衰竭，大多数病例终致死亡。

3. 简述人感染高致病性禽流感的并发症。

【答案】人感染高致病性禽流感进展快可出现急性呼吸窘迫综合征、肺出血、胸腔积液、全血细胞减少、肾衰竭、败血症、休克及 Reye（瑞氏）综合征等多种并发症。患者常死于严重呼吸衰竭。

第五节　严重急性呼吸综合征的分子机制

一、重点解析

1. SARS-CoV 的结构与分类

严重急性呼吸综合征冠状病毒（severe acute respiratory syndrome coronavirus，SARS-CoV）属于冠状病毒科冠状病毒属，一般呈多形态，病毒颗粒直径为 80～160nm，有囊膜，表面镶嵌 12～14nm 的纤突，纤突之间有间隙。囊膜由两层脂质组成，其中镶嵌有两种糖蛋白：

纤突蛋白 S（又称 E2）和血凝素酯酶 HE（又称 E3），还有膜蛋白 M（又称 E1）和小包膜糖蛋白 E。病毒粒子内部为核衣壳蛋白 N 和核基因组 RNA 组成的核蛋白核心。

2. SARS-CoV 的基因组结构

SARS-CoV 的基因组为单链正链 RNA，全长为 27～30kb，其 5′ 端有甲基化帽状结构，前约 2/3 的区域编码病毒 RNA 聚合酶复合蛋白，后 1/3 的区域编码病毒的结构蛋白和非结构蛋白，按基因组上排列顺序依次为 S、E、M、N 蛋白，在 S 和 E 之间、M 和 N 之间以及 N 蛋白基因的下游有一些未知功能的可读框，3′ 端有不少于 50 个碱基的 poly(A) 尾巴。

3. SARS-CoV 的侵染过程

SARS-CoV 的生活周期包括病毒侵染、复制和组装及分泌几个阶段。

（1）侵染。SARS-CoV 侵染靶细胞时，病毒通过囊膜上的 S 蛋白与敏感细胞的受体结合，然后通过其编码蛋白的自身折叠与相互结合牵引将病毒的囊膜与宿主细胞的细胞膜拉近而融合，病毒的遗传物质以内吞作用的方式进入靶细胞。

（2）复制。SARS-CoV 侵入细胞后，基因组被释放到细胞质中，首先从其基因组 RNA 翻译出 RNA 依赖的 RNA 聚合酶。该聚合酶随后以病毒基因组 RNA 作为模板合成负链 RNA，再以其为模板转录生成新的病毒基因组 RNA。同时该聚合酶还会以负链基因组 RNA 为模板从基因组 RNA 的多个位点起始转录，产生 5～7 个亚基因组 mRNA 组分。亚基因组 RNA 都具有 5′ 端甲基化帽状结构和 3′ 端多 poly(A) 尾结构，且长度呈递减分布。除最短的 mRNA 为单顺反子外其余均为多顺反子，可以合成多聚蛋白前体，这些多聚蛋白再由病毒和宿主的蛋白切割，最终形成大小不同的功能蛋白质。

（3）组装及分泌：在病毒蛋白合成的同时，病毒基因组进行复制，当病毒蛋白和基因组完成翻译和复制时，子代基因组 RNA 通过基因组中的包装信号与新合成的 N 蛋白结合，形成螺旋状的核衣壳之后再通过 M 蛋白的作用与囊膜结组装出芽。在病毒粒子的出芽的过程中，M、S、E 蛋白嵌入到病毒粒子的囊膜中，形成的子代病毒粒子经细胞膜融合而释放到细胞外完成。

4. SARS-CoV 的起源及变异

目前，SARS-CoV 的起源仍不明了，基因组比较结果表明，果子狸的 SARS 样病毒比人类的 SARS-CoV 多 29 个核苷酸；从进化的角度看，果子狸 SARS 样病毒比人类的 SARS-CoV 更原始，认为动物的 SARS 样病毒是人类 SARS-CoV 的前体。

二、名词解释

1. 冠状病毒

一般呈多形态，病毒颗粒直径为 80～160nm，有囊膜，表面镶嵌 12～14nm 的球形梨状或花瓣状纤突，纤突之间有间隙。由于囊膜上的纤突呈规则状排列成皇冠状，故称之为冠状病毒。

2. 新冠病毒

新冠病毒一般指 2019 新型冠状病毒。2019 新型冠状病毒（2019-nCoV），由世界卫生组织于 2020 年 1 月命名；SARS-CoV-2，由国际病毒分类委员会于 2020 年 2 月 11 日命名。

3. 中东呼吸综合征（MERS）

是 2012 年 9 月发现的一种由新型冠状病毒引起的急性呼吸道疾病，又称"新非典"。

三、课后习题

四、拓展练习

（一）填空题

1. SARS-CoV 的基因组为_____，全长 27～30kb，其 5′端有甲基化帽状结构，前约 2/3 的区域编码_____，后 1/3 的区域编码病毒的_____。

【答案】单链正链 RNA；病毒 RNA 聚合酶复合蛋白；结构蛋白和非结构蛋白。

【解析】SARS-CoV 的基因组为单链正链 RNA，全长 27～30kb，其 5′端有甲基化帽状结构，前约 2/3 的区域编码病毒 RNA 聚合酶复合蛋白，后 1/3 的区域编码病毒的结构蛋白和非结构蛋白。

2. SARS-CoV 的生活周期包括_____、_____和_____几个阶段。

【答案】病毒侵染；复制；组装及分泌。

【解析】SARS-CoV 的生活周期包括病毒侵染、复制和组装及分泌几个阶段。

（二）选择题

1.（多选）传染性非典型肺炎的传播方式为（　　　）。

A. 短距离空气飞沫　　　B. 接触病人呼吸道分泌物　　　C. 密切接触

D. 性传播　　　　　　　E. 血液传播

【答案】A、B、C

【解析】传染性非典型肺炎的传播方式为接触病人呼吸道分泌物、短距离空气飞沫、密切接触。

2.（单选）将非典病人的 SARS 病毒灭活后注入马体内，使马体内产生 SARS 病毒的抗体，这一免疫反应和所用的 SARS 病毒分别是（　　　）。

A. 特异性免疫抗原　　　　　　　　B. 特异性免疫抗体

C. 非特异性免疫抗原　　　　　　　D. 非特异性免疫抗体

【答案】A

【解析】SARS 病毒作为抗原使马体内产生 SARS 病毒的抗体，此反应是后天获得，为特异性免疫。

3.（单选）新型冠状病毒感染可能的传播途径为（　　　）。

A. 飞沫传播和接触传播　　　　　　B. 飞沫传播和粪口传播

C. 接触传播和血液传播　　　　　　D. 血液传播和性传播

【答案】A

【解析】新型冠状病毒可以通过飞沫传播和接触传播。

4.（单选）新型冠状病毒感染的肺炎属（　　　）传染病。

A. 甲类   B. 乙类   C. 丙类   D. 其他类

【答案】B

【解析】新型冠状病毒感染的肺炎属乙类传染病，但按照甲类传染病进行管理。

5.（多选）新型冠状病毒感染引起的症状与 SARS、流感、普通感冒有什么区别？（   ）

A. 以发热、乏力、干咳为主要表现，患者会出现肺炎

B. 早期可能不发热，仅有畏寒和呼吸道感染症状，但 CT 会显示有肺炎现象

C. 新型冠状病毒感染引起的重症病例与 SARS 类似

D. 新型冠状病毒感染的临床表现有时可能会引起肺炎

【答案】A、B、C、D

【解析】新型冠状病毒感染以发热、乏力、干咳为主要表现，也存在无症状感染者。重症病例与 SARS 类似，临床表现有时可能会引起肺炎。

（三）判断题

1. SARS-CoV 侵入细胞后，SARS-CoV 的基因组 RNA 的两条链都可以作为模板进行复制。（   ）

【答案】错误

【解析】SARS-CoV 的基因组为单链正链 RNA。

2. 出门前后用盐水漱口可以帮助预防新冠病毒。（   ）

【答案】错误

【解析】用盐水漱口能清洁口腔和喉咙，对咽喉炎有帮助，但新冠病毒入侵的部位在呼吸道，漱口不能清洁呼吸道。

（四）问答题

1. 简述传染性非典型肺炎的症状和体征。

【答案】传染性非典型肺炎的症状与体征如下：起病急，以发热为首发症状，体温一般 >38℃，偶有畏寒；可伴有头痛、关节酸痛、肌肉酸痛、乏力、腹泻；可有咳嗽，多为干咳、少痰，偶有血丝痰；可有胸闷，严重者出现呼吸加速、气促，或明显呼吸窘迫。肺部体征不明显。

2. 简述重症传染性非典型肺炎的诊断标准。

【答案】重症传染性非典型肺炎的诊断标准如下，符合以下 5 项标准中的一种即可诊断：①呼吸困难，呼吸频率 >30 次 /min；②低氧血症，在吸氧 3 ～ 5L/min 条件下，动脉氧分压 <70mmHg，或脉搏容积血氧饱和度（SpO_2）小于 93%，或可诊断为急性肺损伤或急性呼吸窘迫综合征；③多叶肺病变且病变范围超过 1/3 或 X 线胸片显示 48h 内病灶进展大于 50%；④休克或多器官功能障碍综合征；⑤具有严重基础性疾病或合并其他感染或年龄大于 50 岁。

3. 试述传染性非典型肺炎的预防。

【答案】（1）培养良好的个人健康生活习惯：①保持良好的个人卫生习惯，打喷嚏、咳嗽和清洁鼻子后要洗手；②洗手后用清洁的毛巾和纸巾擦干；③不共用毛巾；④均衡饮食、根据气候增减衣物，定期运动，充分休息；⑤减轻压力和避免吸烟，以增强抵抗力。

（2）确保室内空气流通：①经常打开所有窗户，使空气流通；②保持空调的良好性能，并经常清洗隔尘网；③避免前往空气流通不畅、人口密集的公共场所。

4. 请简述新型冠状病毒的结构。

【答案】从外部来看，新型冠状病毒形状并不规则，但大部分呈球状颗粒，新型冠状病毒颗粒和其它冠状病毒一样，表面有许多排列整齐的突起，看起来很像皇冠上面的突起。从生物结构来看，新冠病毒颗粒是由五种成分构成：一个 RNA 基因链条和四种蛋白质。颗粒的最外层是刺突蛋白，刺突下面由小包膜糖蛋白和膜糖蛋白构成的病毒包膜，包膜里面藏着的核心是一个由 RNA 基因链条和核衣壳蛋白构成的螺旋折叠结构。

第六节　基因治疗

一、重点解析

1. 基因治疗的主要途径

1）*ex vivo* 途径

ex vivo 途径是将含外源基因的载体在体外导入人体自身或异体（异种）细胞，这种细胞被称为"基因工程化的细胞"，经体外细胞扩增后输回人体。这种方法易于操作，由于细胞扩增过程中对外源添加物质的大量稀释，不容易产生副作用。同时，治疗中用的是人体细胞，尤其是自体细胞，安全性好。但是，这种方法不易形成规模，且必须有固定的临床基地。

2）*in vivo* 途径

in vivo 途径是将外源基因装配于特定的真核细胞表达载体上，直接导入人体内。这种载体可以是病毒型或非病毒型，甚至是裸 DNA，有利于大规模工业化生产。这种方式导入的治疗基因及其载体必须证明其安全性，而且导入人体内之后必须能进入靶细胞，有效地表达并达到治疗目的。

2. 用于基因治疗的病毒载体应具备的基本条件

携带外源基因并能装配成病毒颗粒；介导外源基因的转移和表达；对机体没有致病力。

3. 病毒载体的产生

最简单的办法是将适当长度的外源 DNA 插入病毒基因组的非必需区，包装成重组病毒颗粒。

4. 病毒载体的分类

（1）重组型病毒载体。在不改变病毒复制和包装所需的顺式作用元件的情况下，有选择性地删除病毒的某些必需基因尤其是前早期或早期基因以控制其表达，所缺失的必需基因的功能由同时导入细胞中的外源基因表达单位提供。一般通过同源重组方法将目的基因插入到病毒基因组中。

（2）无病毒基因的病毒载体。往往由重组载体和辅助系统组成。在辅助系统的作用下，重组载体以特定形式（单链或双链 DNA 或 RNA）被包装到不含有任何病毒基因的病毒颗粒中。这类载体的优点为载体病毒本身安全性好，容量大；缺点为需要辅助病毒参与载体DNA 的包装，造成最终产品中辅助病毒污染，影响其应用。

5. 基因治疗中的问题

（1）靶向性基因导入系统。基因治疗中的关键问题是必须将治疗基因送入特定的靶细胞，并在该细胞中得到高效表达。这对于恶性肿瘤治疗尤为重要，如果不能有效地将治疗基因导入大多数肿瘤细胞中，则至少要求它尽可能不进入或较少进入正常细胞。目前针对恶性肿瘤的免疫基因治疗按 *ex vivo* 形式操作，很少有体内直接导入的治疗模式。病毒型载体中，除直接注射瘤体外，若用全身给药，在肿瘤细胞中分布极低，很难期望达到治疗作用。

（2）外源基因表达的可控性。最理想的可控性是模拟人体内基因本身的调控形式，需要全基因或包括上下游的调控区及内含子序列，将对导入基因的载体系统产生严峻的挑战，它要求今后设计的载体必须有几十个碱基对甚至成百上千个碱基对的包装能力。

（3）治疗基因过少。目前用于临床试验的治疗基因数量很少。绝大部分多基因疾病，如恶性肿瘤、高血压、糖尿病、冠心病、神经退行性疾病的致病基因还有待阐明，因此，可选择的靶基因不多。

6. 基因治疗中的非病毒载体

病毒载体存在很多不足，主要体现在免疫原性高、毒性大、目的基因容量小、靶向特异性差、制备较复杂及费用较高等。非病毒载体是目前发展较快的新型载体系统，具有明显优势。除了较病毒载体系统低毒和低免疫反应之外，具有携带的外源基因整合到宿主基因组中的概率也很低，而且非病毒载体系统不受基因插入片段大小的限制，使用简单、获得方便、便于保存和检验等特点。目前常用的非病毒载体包括裸 DNA、脂质体载体以及阳离子多聚物型载体等。

二、名词解释

1. 基因治疗

是指将人的正常基因或有治疗作用的基因通过一定方式导入人体靶细胞以纠正基因的缺陷或者发挥治疗作用，从而达到治疗疾病目的的生物医学新技术。狭义的基因治疗是指目的基因导入靶细胞后，与宿主细胞内的基因发生整合，成为宿主基因组的一部分，或不与宿主细胞内的基因整合而位于染色体外，但都能在细胞中得到表达，其表达产物起到治疗疾病的作用。而广义基因治疗则指采用分子生物学原理和方法在核酸水平上开展的疾病治疗方法。

2. 间接体内疗法

在体外将外源基因导入靶细胞内，再将这种基因修饰过的细胞回输病人体内，使带有外源基因的细胞在体内表达相应产物以达到治疗目的。

3. 直接体内法

是将含治疗基因的真核表达载体直接导入体内有关组织器官，使之进入相应细胞表达，从而达到基因治疗的目的。

4. 基因工程化的细胞

将含外源基因的载体在体外导入人体自身或异体（异种）细胞，这种细胞被称为"基因工程化的细胞"。

5. 基因缺失活疫苗

在 DNA 或 RNA 水平上定向缺失病毒基因的某一段，使病毒失去致病性，但保留增殖能力和免疫原性而制成的活疫苗。

三、课后习题

课后习题及答案

四、拓展练习

（一）填空题

1. 基因治疗的主要途径包括：＿＿＿＿＿＿＿＿和＿＿＿＿＿＿＿＿。

【答案】*ex vivo* 途径；*in vivo* 途径。

【解析】*ex vivo* 途径：是指将含外源基因的载体在体外导入人体自身或异体细胞（或异种细胞），经体外细胞扩增后，输回人体。*in vivo* 途径：是将外源基因装配于特定的真核细胞表达载体，直接导入体内。

2. 用于基因治疗的病毒载体应具备以下基本条件：＿＿＿＿＿＿；＿＿＿＿＿＿；＿＿＿＿＿＿。

【答案】携带外源基因并能装配成病毒颗粒；介导外源基因的转移和表达；对机体没有致病力。

【解析】用于基因治疗的病毒载体应具备以下基本条件：携带外源基因并能装配成病毒颗粒；介导外源基因的转移和表达；对机体没有致病力。

3. 病毒载体可分为：＿＿＿＿＿＿＿＿＿和＿＿＿＿＿＿＿＿＿。

【答案】重组型病毒载体；无病毒基因的病毒载体。

【解析】重组型病毒载体在不改变病毒复制和包装所需的顺式作用元件的情况下，有选择性地删除病毒的某些必需基因尤其是前早期或早期基因以控制其表达，所缺失的必需基因的功能由同时导入细胞中的外源基因表达单位提供。无病毒基因的病毒载体，往往由重组载体和辅助系统组成。

4. 目前常用的非病毒载体包括＿＿＿＿＿＿、＿＿＿＿＿＿以及＿＿＿＿＿＿等。

【答案】裸 DNA；脂质体载体；阳离子多聚物型载体。

【解析】目前常用的非病毒载体包括裸 DNA、脂质体载体以及阳离子多聚物型载体等。

（二）选择题

1. （单选）利用反义核酸阻断基因异常表达的基因治疗方法是（　　　）。

A. 基因置换　　　　　B. 基因替代　　　　　C. 基因矫正　　　　　D. 基因失活

【答案】D

【解析】反义核酸是天然存在的或人工合成的一类 RNA 分子，它不能编码蛋白质，但它的核苷酸顺序与某种 mRNA 可互补配对，所以这种反义 RNA 可与 mRNA 结合配对，从而干扰 mRNA 的翻译，使相应的基因失活。

2. （单选）目前在基因治疗的临床实施中，最常使用的载体是（　　　）。

A. 逆转录病毒载体　　　B. pBR322　　　　　C. λ 噬菌体　　　　　D. PUC18

【答案】A

【解析】病毒载体介导的基因转移效率较高，因此它也是使用最多的基因治疗载体，目前常用作基因治疗病毒载体系统的有逆转录病毒（为主）、腺病毒、腺相关病毒等。

3.（单选）目前基因治疗效果最确切的是下列哪类疾病（　　）。

A. 单基因遗传病　　　　B. 多基因遗传病　　　C. 感染性疾病　　　　D. 心血管疾病

【答案】A

【解析】单基因遗传病是基因治疗效果最确切的。

（三）判断题

基因治疗中的载体系统可分为病毒载体和非病毒载体。（　　）

【答案】正确

【解析】基因治疗中的载体系统可分为病毒载体和非病毒载体。病毒载体利用病毒天然的或改造的外壳和（或）外膜结构来装载目的基因，一般需要将携带目的基因的质粒或DNA 片段导入特定的宿主细胞中进行复制和包装。非病毒载体一般指裸 DNA 质粒或脂质体（DNA 复合物），体外组装的"人工病毒"一般也被看作非病毒载体。

（四）问答题

1. 简述基因治疗的策略。

【答案】基因治疗可以通过两个基本策略达到目的。

（1）正常基因取代。可通过在基因组中转入致病基因的正常等位基因，并使之受基因组的正常调节和表达。

（2）通过修饰致病基因中的缺陷，使之恢复功能。①基因矫正：是指将致病基因的异常碱基进行纠正，而保留正常部分。②基因置换：是指用正常基因替换病变基因。③基因增补：是将目的基因导入体内进行表达，其产物补偿缺陷基因的功能或使原有的功能得到加强。④基因灭活：是指特异性封闭或破坏某些有害基因的表达。⑤基因标记：基因治疗中，治疗基因需要标记。基因标记试验是基因治疗的前奏，标记假定对患者有治疗作用的细胞，用标记试验验证两个问题，外源基因能否安全地转移到患者体内；从患者体内取出的细胞能否检测到转移基因的存在。

2. 简述基因治疗的基本程序。

【答案】基因治疗的一般程序包括：①选择治疗基因；②选择基因治疗的靶细胞；③将治疗性基因导入细胞；④外源基因的筛检；⑤将外源基因导入体内。

3. 基因治疗选择靶细胞时应注意些什么？

【答案】理论上讲，无论何种细胞均具有接受外源 DNA 的能力。除了由于伦理问题，禁止将生殖细胞作为靶细胞外，其他体细胞还必须满足下列条件才可能作为基因治疗的靶细胞：①取材方便；②在人体内含量比较丰富；③易于在体外人工培养；④能够长期在体外培养传代。

4. 试述基因治疗目前的问题和解决途径。

【答案】现阶段基因治疗还存在许多理论和技术上的问题，有待进一步研究和解决，主要表现在：①需要更多的切实有效的治疗基因。这有赖于人类基因组计划，尤其是功能基因组学的发展。②缺乏高效特异的基因导入系统。解决这个问题的关键是载体构建。③治疗基因表达缺乏可调控性，实现可调控性表达的最理想方式是模拟人体内基因本身的调控形式，如采用特异的调控元件控制基因表达的时空性。

第七节　肿瘤的免疫治疗

一、重点解析

1. 主动免疫治疗

主要指接种肿瘤疫苗，利用肿瘤细胞或者肿瘤相关蛋白或多肽等抗原物质免疫机体，激活患者自身的免疫系统，诱导宿主产生针对肿瘤抗原的免疫应答，从而阻止肿瘤生长、转移和复发。主动免疫治疗可使患者产生免疫记忆，因此抗肿瘤作用比较持久。

1）肿瘤细胞疫苗

肿瘤细胞疫苗是采用灭活的患者自体或异体肿瘤细胞，引发特异性抗肿瘤免疫反应的一种治疗性疫苗。肿瘤细胞疫苗根据形式又可分为肿瘤全细胞疫苗、肿瘤细胞裂解物疫苗以及基因修饰的肿瘤细胞疫苗。

（1）肿瘤全细胞疫苗通过射线照射灭活肿瘤组织细胞，抑制其增殖力而保留其免疫活性，并通常加入卡介苗、弗氏完全佐剂等免疫佐剂以增强其免疫活性。

（2）肿瘤细胞裂解物疫苗是用肿瘤细胞的裂解物或外泌小体等亚细胞结构作为疫苗，这样既保留肿瘤抗原免疫活性，又保证疫苗的安全性，是肿瘤疫苗治疗常采用的方式。

（3）基因修饰的肿瘤细胞疫苗是指通过基因重组技术将不同的目的基因，如细胞因子、辅助刺激分子、MHCI 类抗原分子等导入肿瘤细胞而制备的疫苗。

2）肿瘤多肽（蛋白质）疫苗

肿瘤多肽疫苗是通过人工合成肿瘤抗原肽段，单独或者与佐剂一起输 / 注入患者体内，通过这些肿瘤抗原肽段来激发机体特异性抗肿瘤免疫反应。

3）树突状细胞疫苗（DC疫苗）

树突状细胞是最主要的 APC，也是唯一能激活初始细胞的专职 APC 并激活 CTL 反应。DC 疫苗首先分离患者体内树突状细胞的前体细胞，体外培养并使之负载肿瘤抗原肽段，然后回输到患者体内，通过树突状细胞激发特异性抗肿瘤 T 细胞反应。DC 疫苗分为肿瘤抗原致敏的 DC 疫苗和基因修饰的 DC 疫苗。

4）抗独特型抗体疫苗

抗原可刺激机体产生抗体 Ab1，该抗体可变区的独特型决定簇具有免疫原性，可诱导产生抗体 Ab2，后者被称为独特型抗体。将可以模拟原来抗原结构的具有内影像抗原性的 Ab2 作为肿瘤疫苗应用，可以诱导产生抗独特型抗体，具有模拟抗原和免疫调节的双重作用，即为抗独特型抗体疫苗。

5）DNA疫苗

DNA 疫苗也被称为基因疫苗，是通过基因工程技术将编码肿瘤抗原的基因与表达载体整合之后，将疫苗直接注入机体，借助机体内的基因表达系统表达肿瘤抗原，从而诱导出针对肿瘤抗原的细胞免疫应答。

6）溶瘤病毒疫苗

溶瘤病毒疫苗是将基因工程改造的溶瘤病毒注射到肿瘤内，由于溶瘤病毒优先感染瘤细胞，病毒复制导致肿瘤细胞溶解，释放增强免疫反应的细胞因子，刺激宿主抗肿瘤免疫反应，从而杀伤肿瘤。

2. 被动免疫治疗

又称为过继免疫治疗，是被动地将具有抗肿瘤活性的免疫制剂或者细胞过继回输到肿瘤患者机体进行治疗，以达到治疗肿瘤的目的。按治疗采用的载体分为单克隆抗体治疗和过继性细胞治疗两类。

1）单克隆抗体治疗

恶性肿瘤细胞表面表达的特异性抗原可以作为单克隆抗体的靶点应用于肿瘤治疗，因为针对这些靶位点的抗体可以引起细胞凋亡，并通过补体介导的细胞毒性以及抗体依赖细胞介导的细胞毒性杀死靶细胞，也可以通过自然杀伤细胞（NK细胞）和阻断信号转导通路起到抗肿瘤的作用。单克隆抗体还可以携带抗肿瘤物质进行导向治疗。

2）过继性细胞治疗

过继性细胞治疗又称为过继性细胞免疫疗法，是将抗原特异性识别的细胞经体外培养扩增和功能鉴定后输回患者体内，从而直接杀伤或激发机体的免疫应答杀伤肿瘤细胞。过继性细胞治疗主要包括非特异性免疫治疗和特异性免疫治疗。

（1）非特异性免疫治疗，主要包括淋巴因子激活的杀伤细胞疗法和细胞因子诱导的杀伤细胞疗法。

（2）特异性免疫治疗，是通过基因修饰获得携带识别肿瘤抗原特异性受体 T 细胞的个性化治疗方法。

3. 非特异性免疫调节剂治疗

非特异性免疫调节剂治疗主要包括效应细胞刺激剂和免疫负调控抑制剂。效应细胞刺激剂的主要作用是刺激活化免疫效应细胞。免疫负调控抑制剂主要作用是抑制免疫负调控细胞或分子，抑制免疫检查点，打破免疫耐受，增强 T 细胞活性，提高免疫应答。免疫检查点是指免疫系统中存在的一些抑制性信号通路。

二、名词解释

1. 主动免疫治疗

主要指接种肿瘤疫苗，利用肿瘤细胞、肿瘤相关蛋白或多肽等抗原物质免疫机体，激活患者自身的免疫系统，诱导宿主产生针对肿瘤抗原的免疫应答，从而阻止肿瘤生长、转移和复发。

2. 被动免疫治疗

又称为过继免疫治疗，是被动地将具有抗肿瘤活性的免疫制剂或者细胞过继回输到肿瘤患者机体进行治疗，以达到治疗肿瘤的目的。

三、课后习题

课后习题及答案

四、拓展练习

填空题

1. 按照免疫的作用机制，免疫治疗可以分为＿＿＿＿＿＿＿＿、＿＿＿＿＿＿＿＿＿和＿＿＿＿＿＿＿＿＿。

【答案】主动免疫治疗；被动免疫治疗；非特异性免疫调节剂治疗。

【解析】按照免疫的作用机制，免疫治疗可以分为主动免疫治疗、被动免疫治疗和非特异性免疫调节剂治疗。

2. 被动免疫治疗按治疗采用的载体分为＿＿＿＿＿＿＿＿＿和＿＿＿＿＿＿＿＿＿两类。

【答案】单克隆抗体治疗；过继性细胞治疗。

【解析】被动免疫治疗按治疗采用的载体分为单克隆抗体治疗和过继性细胞治疗两类。

第十章

基因与发育

现代分子生物学
重点解析及习题集

第一节　果蝇的发育与调控

一、重点解析

1. 果蝇发育周期

胚胎发育→幼虫→蛹化→变态→成虫。

2. 卵子发育与卵裂

1）果蝇卵子形成过程

卵原细胞经过 4 次有丝分裂成为 16 个细胞：其中 1 个细胞将发育成为卵母细胞，卵母细胞为双倍体，完成减数分裂后成为单倍体；其余 15 个姐妹细胞将发育成为抚育细胞，抚育细胞反复进行 DNA 复制成为多倍体。

2）果蝇的卵裂过程

（1）细胞核高频率复制，直至达到约有 6000 个核出现为止。在这段时间，卵子发育成为一个合胞体。

（2）当出现 256 个以上的细胞核时，这些细胞核开始向卵的外周移动，并定位到皮层组织。

（3）细胞质膜沿核间内陷，细胞质环绕每个核封闭成一个个小室（细胞产生），即细胞胚盘期。

（4）果蝇的细胞胚盘产生以后，其身体的发育和形成从生殖带腹部开始，并发展到卵背侧。

3. 胚胎发育

1）母源效应基因与前-后轴极性形成

（1）母源效应基因是指由母源抚育细胞及滤泡细胞等利用自身的基因和细胞资源提供遗传信息和营养物质，然后输入到卵母细胞中的基因。

（2）卵子前、后端的细胞质中含有决定果蝇身体模式形成有关的信息物质。

（3）果蝇胚胎轴决定是在母源效应基因而非胚胎本身基因的调控下发生的，这是由于卵母细胞自身细胞核不具转录活性。

（4）至少有 4 组母源效应基因与果蝇胚轴形成有关，其中前端系统、后端系统和末端系统与胚胎前-后轴的发育有关。

（5）果蝇胚胎、幼虫和成虫的前后极性均源于卵子期发生的极性。

2）分节基因

（1）果蝇躯体的分节分步发生的过程。

母源效应基因表达后，激活间隙基因表达，间隙基因激活成对控制基因，成对控制基因激活体节极性基因表达。同时，间隙基因、成对控制基因及体节极性基因产物与同源异形基因上游调控区发生相互作用，调节同源异形基因表达，最终决定每个体节的命运。

（2）与分节有关的基因。

间隙基因：间隙基因最初在整个胚胎中都有很弱的表达，随着卵裂的进行而逐渐转变成一些不连续的表达区带。

成对控制基因：成对控制基因的分布具有周期性，其功能是把间隙基因确定的区域进一步分化成体节。成对控制基因的表达是胚胎出现分节的最早标志之一。

体节极性基因：发育到细胞囊胚期时，体节极性基因把不同体节再进一步划分成更小的条纹。

4. 果蝇的末端系统及背腹极性基因的发育调控

（1）果蝇末端系统是一种前-后轴确定系统，包括约 9 个母源效应基因，这些基因缺失会导致胚胎的前端原头区和后端尾节缺失。

（2）母源性 *toll* mRNA 产物是卵细胞的跨膜受体，其作用是感知外部信号并提示胚胎在何处产生腹侧。

5. 果蝇的同源异形基因

同源异形基因最终决定躯体体节命运。在果蝇中，同源异形基因统称为 HOM 复合体（HOM-C）。

二、名词解释

1. 滤泡细胞

构成果蝇卵巢管管壁围绕未来卵细胞的细胞叫滤泡细胞，与脊椎动物卵巢中的卵泡细胞类似。在卵子发生后期，滤泡细胞为卵母细胞提供营养，尤其是保证卵黄的供给，而且还为胚胎发育提供末端和腹-背分化的信号。

2. 母源效应基因

母源滋养细胞、滤泡细胞和脂肪体细胞利用自身的基因和细胞资源制造所有输入卵母细胞中的物质，因此，基因产物是母源的，并携带母源信息。当这些基因影响卵子胚胎发育时，它们就被称为母源效应基因。

3. 间隙基因

这是一些受到母源影响基因调控的合子基因，在胚胎的一定区域（约 2 个体节的宽度）内表达，出现在宽的、重叠的带内，包括基因 hunchback（*hb*）、kriippel（*kr*）和 knirps（*kni*）的表达带。这些基因在整个胚胎中都有很弱的表达，以后随着卵裂的进行而逐渐转变成一些不连续的表达区带；这些基因突变产生的缺陷产物引起幼虫体内成串的副体节丢失。

4. 体节极化基因

这类基因的转录图式是受成对控制基因所调控，这类基因的功能是保持每一体节的某些重复结构，当这些基因发生突变后，会使每一体节的一部分结构缺失，而被该体节的另一部分的镜像结构所替代。

三、课后习题

课后习题及答案

四、拓展习题

（一）填空题

1. 果蝇发育周期：_____。

【答案】胚胎发育；幼虫；蛹化；变态；成虫。

【解析】果蝇发育周期：胚胎发育→幼虫→蛹化→变态→成虫。

2. 同源域基因最终决定躯体体节命运。在果蝇中，同源域基因统称为_____。

【答案】HOM 复合体。

【解析】同源域基因最终决定躯体体节命运。在果蝇中，同源域基因统称为 HOM 复合体（HOM-C）。

（二）选择题

（单选）细胞分化时不发生（　　）。

A. 重编程　　　　　　B. DNA 去甲基化　　　C. 基因沉默　　　　　D. 组蛋白乙酰化

【答案】A

【解析】细胞分化的本质是特异性基因的表达产生特异的蛋白质，从而在细胞的形态、结构和功能上产生差异。影响或改变基因的表达模式的因素，如发生 DNA 去甲基化、基因沉默、组蛋白乙酰化等，将导致细胞分化的产生。

（三）判断题

1. 免疫球蛋白基因在淋巴细胞发育过程中发生两次特异位点重排，首先是轻链基因发生 V-J 重排，然后是重链基因发生 V-D-J 重排。（　　）

【答案】错误

【解析】重链基因组合重排是指在 DNA 水平上由无转录功能的 V_H、D_H 和 J_H 基因片段组合重排为有转录功能的 $V_H D_H J_H$ 基因单位的过程，要经过两次重排才得以完成。第一次重排发生于 D_H 和 J_H 之间，第二次重排发生于 V_H 和 $D_H J_H$ 之间，形成有转录功能的 $V_H D_H J_H$ 基因。

2. 免疫球蛋白由两条轻链和两条重链组成，抗体与抗原的结合只涉及轻链，因为它有可变区域，重链的序列基本上都是恒定的，只起维持结构稳定的作用。（　　）

【答案】错误

【解析】免疫球蛋白由两条轻链和两条重链组成，每条链都有两个区，即位于 N 端的可变区（V 区）和位于 C 端的恒定区（C 区），可变区为抗体与抗原特异性结合的区域。

（四）问答题

homeobox（同源域保守框）指的是什么，有什么特点？

【答案】homeobox 是指同源域蛋白中保守结构域的编码序列，该结构域有 HTH 结构，识别特异的 DNA 序列，调节基因表达。homeobox（同源域保守框）简称同源框，是同源异型基因中一段高度保守的 DNA 序列，最初是通过对果蝇的同源异型突变和体节突变体的杂交分析发现的。同源框由 180 个碱基对组成的序列，可编码 60 个氨基酸。同源框普遍存在于果蝇、鼠、人和蛙等生物中。

第二节　高等植物花发育的基因调控

一、重点解析

根据分生组织的形态特征，将植物从营养生长到生殖生长的转变分为 3 个阶段：营养分生组织阶段、花序分生组织发生阶段和花分生组织发生阶段。

1. 植物的花器官结构

（1）种子植物的花由枝条变态产生，花器官由叶片变态产生。

（2）种子植物的成年花器官由花萼、花瓣、雄蕊、雌蕊（心皮）等 4 轮结构所组成。

（3）成年器官由顶端分生组织发育而来，营养分生组织产生花序分生组织，花序分生组织产生花分生组织，花分生组织产生花器官原基，最后产生花器官。

2. 调控花器官发育的主要基因

花分生组织决定基因促进从花序分生组织产生花分生组织并进一步分化产生花器官原基，但产生何种花器官则由同源域基因控制。花分生组织决定基因可以在一定程度上激活同源域基因。

3. 花器官发育的"ABC"模型

1）概述

正常花的 4 轮结构的形成是由 3 组基因共同作用而完成的。A 基因在第一、二轮花器官中表达，B 基因在第二、三轮花器官中表达，C 基因在第三、四轮花器官中表达。

2）每一轮花器官特征的决定

每一轮花器官特征的决定分别依赖于 A、B、C 3 组基因中的一组或两组基因的正常表达：① A 基因本身足以决定萼片；② A 和 B 基因共同决定花瓣；③ B 与 C 基因共同决定雄蕊；④ C 基因决定心皮。

3）对"ABC"模型的质疑

科学家通过实验对"ABC"模型提出质疑，得出"ABC"模型需要在其他辅助因子的协助下实现其功能。

4. 启动花发生的分生组织决定基因

（1）*LEAFY*（*LFY*）基因：① *LFY* 基因是最早分离到的花器官分生组织决定基因；② *LFY* 基因不仅决定花分生组织的特性，而且影响开花时间。

（2）*AP1*、*AP2* 和 *CAL* 基因

AP1、*AP2* 和 *CAL* 也是影响花分生组织决定基因，除了决定花器官的轮性外，*AP1*、

AP2 还参与决定花器官的发生。

二、名词解释

1. 顶端分生组织

顶端分生组织是维管植物根和茎顶端的分生组织，包括长期保持分生能力的原始细胞及其刚衍生的细胞。植物体其他各种组织和器官发生，均由它的细胞增生和分化而来。狭义的顶端分生组织只包括原分生组织，即一个或若干原始细胞和刚由它衍生的细胞。广义的顶端分生组织，还包括由原分生组织衍生的初生分生组织，所以人们常把茎端和根端的生长点作为顶端分生组织的同义词。

2. 花器官发育的"ABC"模型

正常花的 4 轮结构的形成是由 3 组基因共同作用而完成的。A 基因在第一、二轮花器官中表达，B 基因在第二、三轮花器官中表达，C 基因在第三、四轮花器官中表达。

三、课后习题

课后习题及答案

四、拓展习题

（一）填空题

根据分生组织的形态特征，将植物从营养生长到生殖生长的转变分为 3 个阶段：_____、_____、_____和_____。

【答案】营养分生组织阶段；花序分生组织发生阶段；花分生组织发生阶段。

【解析】根据分生组织的形态特征，将植物从营养生长到生殖生长的转变分为 3 个阶段：营养分生组织阶段、花序分生组织发生阶段和花分生组织发生阶段。

（二）选择题

（单选）同源异形基因（　　）。

A. 是控制果蝇体节形态模式的基因

B. 在植物中称为器官决定基因，它总是造成花器官发育的异常

C. 就是同源盒

D. 是与许多生物形态模式相关的控制基因表达的转录因子

【答案】D

【解析】同源异形基因是与许多生物形态模式相关的控制基因表达的转录因子。

（三）判断题

花结构中的心皮包括雄蕊和雌蕊。（　　）

【答案】错误

【解析】心皮是变态的叶,是花的雌蕊的组成部分。

(四)问答题

1.简述 *AP2* 基因在高等植物花器官发育中的作用。

【答案】(1) *AP2* 与 *AP1*、*LFY* 和 *CAL* 等基因相互作用参与花分生组织的建立。

(2)花器官如花瓣和萼片的识别。但是, *AP2* 在不同物种中功能存在差异,拟南芥的A功能基因 *APETALA2*(*AP2*)抑制C功能基因 *AGAMOUS*(*AG*)在外轮花器官中的表达,对萼片和花瓣的器官特征起决定作用。强 ap2 突变体的萼片和花瓣分别被心皮和雄蕊所代替。萼片缺失,雄蕊的数目也减少。矮牵牛的A功能基因也有两个,分别是 *phAp2A* 和 *phAp2B*,转基因拟南芥可以使 ap2-1 突变体的表型恢复,表明矮牵牛中的这两个基因可以分别承担A基因的功能。金鱼草的A功能基因也有两个,分别为 *LIP1* 和 *LIP2*,且在萼片、花瓣和胚珠发育中都起重要作用。与拟南芥 *AP2* 不同,它们不是抑制C功能基因在外轮花器官中表达所必需的。裸子植物云杉具有3个A功能基因, *PaAP2L1*(PiceaabiesAPETALA2LIKE1)、*PaAP2L2* 和 *PaAP2L3*。在拟南芥 ap1 突变体中过量表达 *PaAP2L2*,可以促进花瓣器官特征的发育,表明 *PaAP2L2* 在拟南芥中具有替代A功能基因的作用。

2.试述花发育时决定花器官特征的"ABC"模型和"ABCDE"模型的主要要点。

【答案】(1)"ABC"模型理论的主要要点是:正常花的4轮结构(萼片、花瓣、雄蕊和雌蕊)的形成是由A、B、C三类基因所控制的。A、AB、B、C这三类基因的4种组合分别控制4轮器官的发生,如果其中1个基因失活则形成突变体。人们把控制花结构的基因按功能划分为A、B、C三类,即为"ABC"模型。

(2)"ABCDE"模型理论的主要要点是:A基因控制第1、2轮发育;B基因控制第2、3轮发育;C基因控制第3、4、5轮发育;D基因控制第5轮发育;E基因调控除第1轮以外的其他4轮发育;D突变体缺乏胚珠;E突变体全部花器官发育成为萼片。

第三节　控制植物开花时间的分子机理

一、重点解析

1.影响拟南芥开花的因素
(1)主要的外部因素:光照和温度。
(2)主要的内部因素:自主途径因子和赤霉素(GA)。
2.拟南芥的开花诱导调控途径
1)光周期途径

CONATANS(CO)基因受昼夜节律钟的调控,CO是拟南芥中第一个被发现的受昼夜节律调控的开花基因,它编码一个锌指类转录因子,位于节律钟的输出途径。CO mRNA 的表达在昼夜交替的一天内呈现节律性变化。CO在转录后水平受光调控:拟南芥通过对CO基因转录丰度和CO蛋白稳定性的调节将光信号与昼夜节律钟统一起来,最终决定植物能否开花的核心因素是CO蛋白丰度。

2)春化作用
(1)春化作用是指低温处理可促使植物开花的现象。

（2）根据是否需要春化以完成生活周期，将拟南芥分为夏季生态型和冬季生态型。

3）自主途径

自主途径是指基因通过不同机制抑制 *FLC*（开花抑制因子）表达，促进 *SOCI*、*FT* 表达，从而促进开花的开花诱导调节途径。

4）赤霉素（GA）途径

GA 途径是指通过 GA 合成及信号转导有关组分影响 *SOCI* 和 *LFY* 表达，调控植物开花时间的开花诱导调节途径。

二、名词解释

1. 光周期现象

指一日之内昼夜长度的相对变化，也即日长，植物通过感受昼夜长短变化而控制开花的现象即光周期现象。

2. 昼夜节律钟

有机体在生理上或行为特征上的周期性或节律性变化，周期长度约为 24h。

3. 春化作用

低温处理可促使植物开花的现象。

4. 自主途径

自主途径是指基因通过不同机制抑制 *FLC*（开花抑制因子）表达，促进 *SOCI*、*FT* 表达，从而促进开花的开花诱导调节途径。

5. 赤霉素（GA）途径

GA 途径是指通过 GA 合成及信号转导有关组分影响 *SOCI* 和 *LFY* 表达，调控植物开花时间的开花诱导调节途径。

三、课后习题

课后习题及答案

四、拓展习题

（一）填空题

拟南芥的开花诱导调控途径：_____；_____；_____；_____。

【答案】光周期途径；春化作用；自主途径；GA 途径。

【解析】拟南芥的开花诱导调控途径：①光周期途径。光周期现象是指植物通过感受昼夜长短变化而控制开花的现象。②春化作用。春化作用是指低温处理可促使植物开花的现象。③自主途径。自主途径是指基因通过不同机制抑制 *FLC*（开花抑制因子）表达，促进 *SOCI*、*FT* 表达，从而促进开花的开花诱导调节途径。④GA 途径：GA 途径是指通过 GA 合成及信号转导有关组分影响 *SOCI* 和 *LFY* 表达，调控植物开花时间的开花诱导调节途径。

（二）选择题

1.（单选）在植物的光周期反应中，光的感受器官是（　　）。

A. 根　　　　　　　B. 茎　　　　　　　C. 叶　　　　　　　D. 根、茎、叶

【答案】C

【解析】根、茎、叶属于营养器官，是给植物提供营养的。其中根为植物生长的地下营养器官，会在地下吸收养分、水分，供植物的正常生长、萌发。而叶会进行光合作用，会给植物制造有机养料，在此过程中可以接受光能，感受光的波谱变化。

2.（单选）在赤道附近地区能开花的植物一般是（　　）植物。

A. 中日照　　　　　B. 长日照　　　　　C. 短日照　　　　　D. 长—短日照

【答案】A

【解析】赤道白天和黑夜永远平分，都是 12h，所以没有光周期。日中照植物（DNP）是指在任何日照条件下都可以开花的植物。

3.（单选）在温带地区，秋季能开花的植物一般是（　　）植物。

A. 中日照　　　　　B. 长日照　　　　　C. 短日照　　　　　D. 绝对长日照

【答案】C

【解析】短日照植物：只有当日照长度短于其临界日长（少于 12 小时，但不少于 8 小时）时才能开花的植物。在一定范围内，暗期越长，开花越早，如果在长日照下则只进行营养生长而不能开花。许多热带、亚热带和温带春秋季开花的植物多属短日照植物，如大豆、玉米、水稻、紫花地丁等。

4.（单选）春化作用的主导因素是（　　）。

A 高温　　　　　　B. 低温　　　　　　C. 光照　　　　　　D. 水分

【答案】B

【解析】因为冬性植物需要经历一定时间的低温才能形成花芽，冬性作物已萌动的种子经过一定时间低温处理，则春播时也可以正常开花结实，春化作用一词即由此而来。春化作用一般是指植物必须经历一段时间的持续低温才能由营养生长阶段转入生殖阶段生长的现象。

5.（单选）甘蔗只有在日长 12.5h 下才开花，它是属于（　　）。

A. 短日照植物　　　B. 长日照植物　　　C. 日中照植物　　　D. 中日照植物

【答案】D

【解析】中日照植物（IDP）：是指只有在某一特定的日照长度下才能开花的植物。如甘蔗只有在 11.5 ～ 12.5h 的日照长度下才能开花，若延长或缩短这一日照长度都抑制其开花，这类植物称为中日照植物。

（三）判断题

1. 花卉种植可以通过春化作用控制开花时间。（　　）

【答案】正确

【解析】花卉种植可以通过春化或去春化的方法提前或延迟开花。通过去春化处理还可以延缓开花，促进营养生长。

2. 对植物进行光周期诱导，其光照强度必须低于正常光合作用所需要的光照强度。（　　）

【答案】错误

【解析】自然条件下，光周期诱导所要求的光照强度是低于光合作用所要求的光照强度。对植物进行光周期诱导，其光照强度也可以高于正常光合作用所需要的光照强度。

3. 植物在适当光周期诱导下，会增加开花刺激物的形成，这种物质是可以运输的。（　　）

【答案】正确

【解析】在那些由光周期调节开花的植物中，叶片是光周期诱导的感受器官，但成花反应却发生在茎端生长点。也就是说，在诱导性光周期的作用下，有一种信息在叶片中产生，通过叶柄及茎传递到生长点，在那里引起了花芽的分化。这种信息被称为开花刺激物、开花激素或成花素。

（四）问答题

植物的成花诱导有哪些途径？

【答案】植物的成花诱导有 4 条途径：①光周期途径。光敏色素和隐花色素参与这个途径。②自主途径/春化作用。植物要达到一定的年龄才能开花。③糖类途径。蔗糖促进基因的表达，从而促进开花。④赤霉素（GA）途径。赤霉素促进基因的表达，从而影响开花。

上述 4 条途径集中增加关键花的分生组织决定基因 *AGL20* 的表达。

第一节　人类基因组计划

一、重点解析

1. 人类基因组计划

人类基因组计划于 20 世纪 90 年代启动，计划测定人类单倍体染色体组中约 30 亿碱基对序列，人类基因组计划从以下 8 个方面阐明这些编码的遗传信息：

（1）确定人类基因组中 2 万～ 2.5 万个编码基因的序列及其在基因组中的物理位置，研究基因的产物及其功能。

（2）了解转录和剪接调控元件的结构与位置，从整个基因组结构的宏观水平上理解基因转录与转录后调节。

（3）从整体上了解染色体结构，包括各种重复序列以及非转录调控序列的大小和组织，了解各种不同序列在形成染色体结构、DNA 复制、基因转录及表达调控中的影响与作用。

（4）研究空间结构对基因调节的作用。有些基因的表达调控序列与被调节基因在 DNA 一级结构上相距甚远，但若从整个染色体的空间结构上看则恰恰处于最佳的调节位置，因此，有必要从三维空间的角度来研究真核基因的表达调控规律。

（5）发现与 DNA 复制、重组等有关的序列。DNA 的忠实复制保障了遗传的稳定性，正常的重组提供了变异与进化的分子基础。局部 DNA 的推迟复制、异常重组等现象则导致疾病或者胚胎不能正常发育。因此，了解与人类 DNA 正常复制和重组有关的序列及其变化，将为研究人类基因组的遗传与进化提供重要依据。

（6）研究 DNA 突变、重排和染色体断裂等，了解疾病的分子机制，包括遗传性疾病、易感性疾病、放射性疾病甚至感染性疾病引发的分子病理学改变及其进程，为这些疾病的诊断、预防和治疗提供理论依据。

（7）确定人类基因组中转座子、逆转座子和病毒残余序列，研究其周围序列的性质。了解有关病毒基因组侵染人类基因组后的影响，可能有助于人类有效地利用病毒载体进行基因治疗。

（8）研究个体间各遗传元件的多态性。这些知识可被广泛应用于基因诊断、个体识别、亲子鉴定、组织配型、发育进化等许多医疗、司法和人类学的研究。此外，这些遗传信息还有助于研究人类历史进程、人类在地球上的分布与迁移以及人类与其他物种之间的比较。

2. 遗传距离

遗传距离是通过遗传连锁分析确定的。连锁分析是经典遗传学的重要手段。在同源染色体的同一遗传位点上可能存在不同的等位基因（多态性），而在产生配子的减数分裂过程中，同源染色体既能相互配对，也能发生片段互换，从而导致子代出现两个遗传位点等位基因的"重组"，该重组频率与这两个位点之间的距离呈正相关。于是，科学上用两个位点之间的交换或重组频率厘摩（cM）来表示其遗传学距离。cM 值越大，表明两者之间距离越远。一般说来，这一数值不会大于 50% 或 50cM，因为当重组率等于 50%（即遗传学距离等于 50cM）时，两个位点之间完全不连锁（相当于在不同的染色体上），只发生随机交换。

3. 遗传标记

（1）第一代 DNA 遗传标记是 RFLP。

（2）第二代 DNA 遗传标记利用了存在于人类基因组中的大量重复序列标记，包括长度在 15 ~ 65 个核苷酸的微卫星 DNA，重复单位长度在 2 ~ 6 个核苷酸之间的微卫星 DNA（简短串联重复多态性 STRP）。

（3）第三代 DNA 遗传标记是单核苷酸多态性（SNP）标记，是指分散于基因组中的单个碱基的差异，包括单个碱基的缺失和插入，但更常见的是单个核苷酸的替换。

（4）经典的遗传标记是可被电泳或免疫技术检出的蛋白质标记。

4. SNP 与 RFLP、STRP 标记的不同之处

SNP 与 RFLP、STRP 标记的不同之处主要在于，SNP 不再以 DNA 片段的长度变化作为检测手段，而直接以序列变异作为标记。SNP 遗传标记分析完全摒弃了经典的凝胶电泳，而是以新的 DNA 芯片技术替代，在人类基因组"遗传图"的绘制中发挥了重要作用。

5. 转录信息获取

通过分离特定组织在某一发展阶段或某种生理条件下的总 mRNA，合成 cDNA 并进行分析，即可得到该组织在特定条件下的转录信息。另外，通过测定同一转录物的数量，还可以进一步得到各转录物表达量信息。

6. 遗传图的意义

遗传图的建立为人类疾病相关基因的分离克隆奠定了基础。

7. 物理图的意义

基于序列标签位点（STS）的物理图把来自经典遗传学及细胞遗传学中的基因位点的信息转化为基因组上的物理位点信息。

8. 转录图的意义

转录图或基因表达谱使人类更系统、全面地研究特定细胞、组织或器官的基因表达模式并解释其生理属性，更深入地认识生长、发育、分化、衰老和疾病发生机制。

9. 全序列图的意义

全序列图蕴藏了决定人类生、老、病、死的遗传信息，必将成为人类认识自我、改造自我的知识源泉，为现代生物学和医学的发展提供物质基础。

二、名词解释

1. 基因组学

由美国人 T. H. Roderick 在 1986 年 7 月首次提出，着眼于研究并解析生物体整个基因组

所有遗传信息的学科。基因组学可以更加系统和全面地研究生命现象。

2. 遗传图

又称连锁图，是指基因或 DNA 标志在染色体上的相对位置与遗传距离。通过遗传图人们可以大致了解各个基因或 DNA 片段之间的相对距离与方向。

3. 遗传距离

是用两个位点之间的交换或重组频率厘摩（cM）来表示的，其值越大，表示两者之间的距离越远。

4. 物理图

人类基因组的物理图是指以已知核苷酸序列的 DNA 片段（STS）为"路标"，以碱基对（bp、kb、Mb）作为基本测量单位（图距）的基因组图。

5. 序列标签位点 STS

是指基因组中任何单拷贝的短 DNA 序列，长 100 ～ 500bp。

6. 转录图（cDNA 图）

又称表达序列标签图（EST），是人类基因组图的重要组成部分。实验中可通过一段 cDNA 或一个 EST，筛选出全长的转录物，并根据其序列的特异性将该转录物所代表的基因准确定位于基因组上。

7. 全序列图

即人类基因组的 30 亿个核苷酸序列图，是分子水平上最高层次的、最详尽的物理图，是人类基因组计划中最明确的任务。

三、课后习题

课后习题及答案

四、拓展习题

（一）填空题

1. 目前商业上常用的 DNA 测序方式有 Sanger 发明的＿＿＿＿＿＿＿＿＿＿＿。

【答案】双脱氧链终止法。

【解析】双脱氧链终止法原理是核酸模板在核酸聚合酶、引物、四种单脱氧核苷酸存在条件下复制或转录时，如果在试管反应系统中分别按比例引入四种双脱氧核苷酸，只要双脱氧核苷酸掺入链端，该链就停止延长，链端掺入单脱氧核苷酸的片段可继续延长。

2. DNA 物理图谱是 DNA 分子的＿＿＿＿＿＿＿＿＿＿＿位点的排列顺序。

【答案】限制性核酸内切酶酶切。

【解析】DNA 物理图谱又称脱氧核糖核酸物理图，是 DNA 分子的限制性核酸内切酶酶切位点的排列顺序，因此也称限制性核酸内切酶图谱。

3. 蛋白质组学研究某一物种、个体、器官、组织或细胞在特定条件、特定时间所表达的全部蛋白质图谱，通常采用_____方法将蛋白质分离，然后采用_____技术进行鉴定。

【答案】双向电泳；质谱。

【解析】蛋白质组学，是以蛋白质组为研究对象，研究细胞、组织或生物体蛋白质组成及其变化规律的科学。它是已有 20 多年历史的蛋白质（多肽）图谱和基因产物图谱技术的一种延伸多肽图谱，是依靠双向电泳和进一步的图像分析图谱；而基因产物图谱依靠多种分离后的分析，如质谱技术、氨基酸组分分析等。

（二）选择题

1.（单选）EXT 序列本质上是（　　）。

A. 基因组 DNA　　　　B. cDNA 序列　　　　C. mRNA 序列　　　　D. 以上都是

【答案】B

【解析】EST 序列是从一个随机选择的 cDNA 克隆进行 5′ 端和 3′ 端单一测序获得的短的 cDNA 部分序列，代表一个完整基因的一小部分，在数据库中其长度一般为 20 ～ 7000bp，平均长度为（360±120）bp。EST 来源于一定环境下一个组织总 mRNA 所构建的 cDNA 文库，因此 EST 也能说明该组织中各基因的表达水平。

2.（单选）寻找 STS 的方法有（　　）。

A. EST　　　　　　B. AST　　　　　　C. SSLT　　　　　　D. 以上都是

【答案】A

【解析】EST 作为表达基因所在区域的分子标签因编码 DNA 序列高度保守而具有自身的特殊性质，与来自非表达序列的标记（如 AFLP、RAPD、SSR 等）相比更可能穿越家系与种的限制，因此 EST 标记在亲缘关系较远的物种间比较基因组连锁图和比较质量性状信息特别有用。

3.（单选）用于作图的 STS 长度为（　　）。

A. 100 ～ 600bp　　B. 200 ～ 500bp　　C. 100 ～ 400bp　　D. 100 ～ 500bp

【答案】D

【解析】序列标签位点（STS），是已知核苷酸序列的 DNA 片段，是基因组中任何单拷贝的短 DNA 序列，长度为 100 ～ 500bp。

4.（单选）原位杂交是杂交技术的一种延伸，其杂交的靶子是（　　）。

A. 完整的染色体　　B. DNA 片段　　　　C. 染色体片段　　　　D. 完整的 DNA

【答案】A

【解析】原位杂交技术的基本原理是利用核酸分子单链之间有互补的碱基序列，将有放射性或非放射性的外源核酸（即探针）与组织、细胞或染色体上待测 DNA 或 RNA 互补配对，结合成专一的核酸杂交分子，经一定的检测手段将待测核酸在组织、细胞或染色体上的位置显示出来。

5.（单选）"人类基因组计划"中的基因测序工作是指测定（　　）。

A. DNA 的碱基对排列顺序　　　　　　　B. mRNA 的碱基排列顺序

C. 蛋白质的氨基酸排列顺序　　　　　　D. RNA 的碱基排列顺序

【答案】A

【解析】人类基因组计划需要测出人类基因组 DNA 的 30 亿个碱基对的序列，发现所有人类基因，找出它们在染色体上的位置，破译人类全部遗传信息。

第二节　高通量 DNA 序列分析技术

一、重点解析

1. Sanger DNA 序列测定基本原理

（1）传统 DNA 测序法-Sanger 双脱氧终止法和 Maxam-Gilbert 的化学修饰法。

（2）Sanger 双脱氧终止法测定核苷酸序列的方法：①在 DNA 测序反应中，加入模板 DNA（即待测序样本）、特异性引物、DNA 聚合酶、4 种 dNTP（带放射性标记）和一种 ddNTP；②当 2′, 3′-双脱氧 ddNTP 取代常规的脱氧核苷酸（dNTP）掺入到寡核苷酸链的 3′末端之后，由于 ddNTP 没有 3′-OH 基团，阻断了 DNA 聚合反应，寡核苷酸链不再继续延长，而在该位置上发生了特异性的链终止效应；③在同一个反应中，由于加入适量的某种 ddNTP，经过适当的温育之后，会产生不同长度的 DNA 片段混合物，它们都具有同样的 5′末端，并在 3′末端的 ddTTP 处终止；④将 DNA 片段混合物进行电泳分离，可获得一系列全部以 3′末端 ddTTP 为终止残基的 DNA 片段的电泳谱带模式；⑤分别加入另外三种 ddNTP，在不同试管中温育后，点样于同一变性凝胶上做电泳分离，再通过放射自显影的方法检测单链 DNA 片段的放射性带，即可直接读出 DNA 的核苷酸顺序。

2. 脱氧核苷酸 dNTP 和双脱氧核苷三磷酸 ddNTP 分子结构式

脱氧核苷酸 dNTP 和双脱氧核苷三磷酸 ddNTP 分子结构式如图 11-1 所示。

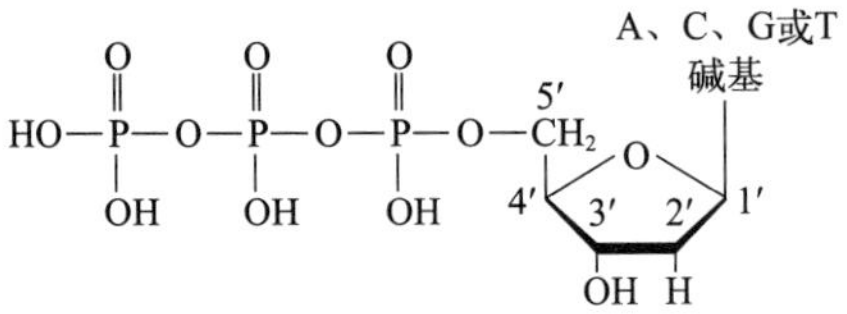

(a) dNTP

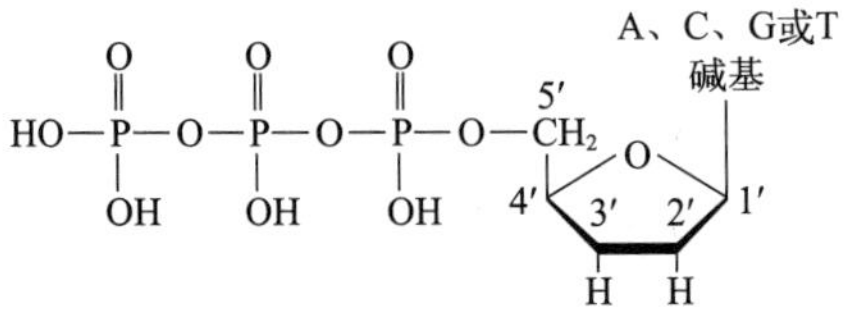

(b) ddNTP

图 11-1　dNTP 和 ddNTP 分子结构式

3. 酵母人工染色体技术（YAC）的优缺点

（1）优点：YAC 为创造基因组物理图及最终的基因组序列提供了一个极为方便的平台，同时它还是迄今容量最大的载体。

（2）缺点：一个 YAC 克隆中可能含有两个或多个本来不相连的独立 DNA 片段。部分克隆子不稳定，在继代培养过程中可能会发生缺失或重排。另外，由于 YAC 与酵母染色体具有相似的结构，实验操作中很难与酵母染色体区分开，操作时也容易发生染色体机械切割和断裂。

4. 鸟枪法序列测定及改良

随机挑选带有基因组 DNA 的质粒做测序反应，然后在计算机的帮助下，运用一些基于图论的近似算法进行序列拼接。在进行较大的真核基因组序列分析时采用大片段克隆法或靶标鸟枪法，用稀有限制性内切核酸酶先将待测基因组降解为几十万个碱基对的片段，再分别进行测序，或者根据染色体上已知基因或遗传标签的位置来确定部分 DNA 片段的排列顺序，逐步确定各片段在染色体上的相对位置。

5. Roche 454 焦磷酸测序

454 系统是第一个商用第二代测序平台。在待测 DNA 被片段化并接上接头序列后，454 系统采取了乳胶 PCR（emPCR）的方法进行扩增。首先将 DNA 变性形成单链并稀释到以每个磁珠至多一个 DNA 分子的水平被表面连有一端引物的磁珠捕获，随后每个磁珠在油包水的封闭乳胶小泡中经 PCR 扩增得到原来模板的数千个拷贝，并再次经过变性去除未固定在磁珠上的 DNA 链。带有大量扩增子的磁珠经富集，被置于刻蚀在光纤载片上，阵列容量在皮升级的小槽内。

测序引物在正确的方向和位置上与共同的接头序列杂交，在 DNA 聚合酶的催化下以 4 种天然核苷酸为底物开始合成待测模板的互补链。用焦磷酸测序原理对所产生的序列进行检测，当某个新添加的核苷酸被整合到延伸的 DNA 链中，它所释放的焦磷酸被硫酸化酶转化成 ATP，而荧光素酶则利用这个 ATP 催化荧光素生成氧合荧光素。最终释放的光信号被光纤束连接的 CCD 所检测。

6. Roche 454 焦磷酸测序的优缺点

（1）优点：相对于其他第二代测序平台，454 系统最显著的优点是其读长较长（平均读长已超过 330bp），测序时间较短（一轮测序只需 0.35 天），数据量较大（每轮测序可产生 0.45Gb 数据）。

（2）缺点：454 焦磷酸测序直接监测核苷酸整合时相应产物诱发的光信号，是基于合成的实时测序。由于并没有对底物核苷酸进行任何末端终止的修饰，该测序方法是异步的，且不能避免在一次循环周期中多个连续整合事件，因此 454 焦磷酸测序对一连串同一核苷酸形成的同多聚串的长度的检测只能间接由光信号的强度来推断。碱基插入和缺失成为 454 系统最主要的测序错误。

7. 新一代测序平台比较

各个测序平台性质比较如表 11-1 所示。

表 11-1　不同测序平台比较

平台	文库/模板准备	测序反应	读长/碱基	测序时间/天	测序通量/Gb	优点	缺点	生物学应用
454 GSFLX	片段化乳胶 PCR	焦磷酸测序	330	0.35	0.45	较长的读长有利于重复片段的测量；测序时间短	试剂成本高；测定同多聚串错误率高	从头拼装测序；元基因组
Illumiana	片段化桥连 PCR	可逆末端终止	75/100	4、9	18、35	目前运用最广的平台；测序成本低	样本倍增力低	重测序
SOLiD3	片段化乳胶 PCR	连接测序	50	7、14	30、50	双碱基编码提供内部纠错机制	测序时间长	重测序
HeliScope	片段化单分子	可逆末端终止	32	8	37	测序模板数量上无偏	高错误率	RNA-seq
Pacific Biosciences	片段化单分子	实时测序	20k	0.25	18	读长最长	中等误差	全长转录组测序

二、名词解释

1. 酵母人工染色体技术（YAC）

含有着丝粒、端粒和复制起点 3 种必需成分，是迄今容量最大的克隆载体，插片平均长度为 200 ～ 1000kb，最大的可以达到 2Mb，可用于创制基因组物理图以及最终的基因组序列测定。

2. 细菌人工染色体（BAC）

是指用细菌的 F 质粒及其调控基因构建的细菌染色体克隆载体，其克隆能力在 125 ～ 150kb。该质粒主要包括：oriS、repE（控制 F 质粒复制）、parA 和 parB（控制拷贝数）等成分。

3. 基因组文库

含有某种生物体全部基因的随机片段的重组 DNA 克隆群体。

三、课后习题

课后习题及答案

四、拓展习题

（一）填空题

YAC 即为酵母人工染色体，其中含有三种必需成分，分别是_____、_____和_____。

【答案】着丝粒；端粒；复制起点。

【解析】酵母人工染色体，是一种能够克隆长达 400kb 的 DNA 片段的载体，含有酵母细胞中必需的着丝粒、端粒和复制起始序列，是细胞内具有遗传性质的物体，易被碱性染料染成深色，所以叫染色体（染色质）。其本质是脱氧核苷酸，是细胞核内由核蛋白组成、能用碱性染料染色、有结构的线状体，是遗传物质基因的载体。必须含有着丝粒、端粒、复制起点。

（二）选择题

1.（单选）YAC 即为酵母人工染色体，具有酵母染色体的特性，以酵母细胞为宿主，能在（　　　）复制

A. 体细胞　　　　　　B. 酵母细胞　　　　　　C. 杂种细胞　　　　　　D. 染色体

【答案】C

【解析】酵母人工染色体，是一种能够克隆长达 400kb 的 DNA 片段的载体，含有酵母细胞中必需的着丝粒、端粒和复制起始序列，是细胞内具有遗传性质的物体，易被碱性染料染成深色，所以叫染色体（染色质）。其本质是脱氧核苷酸，是细胞核内由核蛋白组成、能用碱性染料染色、有结构的线状体，是遗传物质基因的载体。酿酒酵母是第一个被全基因组

测序的真核生物。

2.（单选）BAC 即细菌人工染色体，具有细菌染色体特性，以细菌细胞为宿主，能在（　　）复制。

A. 酵母细胞　　　　　B. 染色体　　　　　C. 细菌细胞　　　　　D. 体细胞

【答案】C

【解析】细菌人工染色体是指一种以 F 质粒为基础建构而成的细菌染色体克隆载体，常用来克隆 150kb 左右大小的 DNA 片段，最多可保存 300kb。

3.（单选）第一代 DNA 测序法有（　　）。

A. 链终止法　　　　B. 化学降解法　　　　C. 焦磷酸测序　　　　D. 双脱氧链终止法和化学修饰法

【答案】D

【解析】在分子生物学研究中，DNA 的序列分析是进一步研究和改造目的基因的基础。用于测序的技术主要有 Sanger（1977）发明的双脱氧核糖核酸链末端终止法，另一种是 Maxam-Gilbert 的化学修饰法。

4.（单选）（　　）决定了模板链的测序起点。

A. 引物　　　　　B. 内含子　　　　　C. 外显子　　　　　D. 终止子

【答案】A

【解析】引物是指在核苷酸聚合作用起始时，刺激合成的一种具有特定核苷酸序列的大分子，与反应物以氢键形式连接，这样的分子称为引物。引物通常是人工合成的两段寡核苷酸序列，一个引物与靶区域一端的一条 DNA 模板链互补，另一个引物与靶区域另一端的另一条 DNA 模板链互补，其功能是作为核苷酸聚合作用的起始点，核酸聚合酶可由其 3′ 端开始合成新的核酸链。

5.（单选）双脱氧链终止法测序反应中，催化合成待测 DNA 模板序列的新生互补链酶是（　　）。

A. DNA 连接酶　　　　B. Klenow 大片段　　　　C. T4 DNA 聚合酶　　　　D. T7 DNA 聚合酶

【答案】D

【解析】T7 DNA 聚合酶是具有 5′ → 3′ 聚合酶活性以及单链和双链 3′ → 5′ 外切酶活性的 DNA 聚合酶。

（三）问答题

细菌、多细胞动物、大型动物分别应采用什么样的测序策略？

【答案】（1）细菌：鸟枪法。细菌的基因组相对较小，要对其进行全基因组测序应利用全基因组鸟枪测序法。全基因组鸟枪测序法是直接将全基因组随机打断成小片段 DNA，构建质粒文库，然后对质粒两端进行随机测序。

（2）多细胞动物：鸟枪法（如果蝇）把基因组直接打碎成 3kb 左右的小片段，做成质粒文库，测序并拼接。研究者将果蝇的基因组随机地切成小片，然后测定每一个 DNA 小片段的核苷酸序列，这些小片段被称为测序工厂。测定这些小片段仅花了 4 个月时间。研究者用计算机来检测重叠序列，从而测定片段之间的顺序。最后，将这些小片段再拼接在一起，装配起整个基因组。在拼接之前，须在 DNA 全长中避开重复序列，才能确保成功。

（3）大型动物：采用图位法和鸟枪法，大型动物的基因组很大，所以对其测序先采用基因组序列测定的传统方法——基于 BAC 方法，得到 BAC 文库后，选择其中一些进行鸟枪法测序。

第三节　新测序平台的应用

一、重点解析

1. 高通量测序平台

高通量测序平台应用于对各种生物学问题的研究，主要包括：

（1）通过对全基因组或者特定区域进行重测序发现个体间的遗传差异，如单核苷酸变体（SNV）以及结构变体（SV）等。

（2）拼装细菌或低等真核生物基因组。

（3）测定不同生物、组织、细胞的转录组和表达谱。

（4）通过元基因组研究进行物种鉴定和分类，发现新基因。

（5）找出并研究参与调控疾病发生的稀有 SNP。

（6）开展癌症基因组工程。

（7）服务于个性化医疗的个人基因组测定计划。

2. 癌症基因组工程内容及目的

（1）内容：对各种癌症组织的基因组、表观遗传组、转录组、癌症患者体内大量的体细胞突变引起的 DNA 片段的插入、删除、易位等进行系统性深度序列分析。

（2）目的：阐明癌症发生机制，从而对癌症进行更好地预测和治疗。

二、名词解释

1. 单核苷酸变体（SNV）

在研究癌症基因组变异时，相对于正常组织，癌症中特异的单核苷酸变异（SNP）是一种体细胞突变。

2. 结构变体（SV）

是染色体变异的一种，是内因和外因共同作用的结果，外因有各种射线、化学药剂、温度的剧变等，内因有生物体内代谢过程的失调、衰老等。主要类型有缺失、重复、倒位、易位。

三、课后习题

课后习题及答案

第四节　其他代表性基因组

一、重点解析

1. 大肠杆菌基因组

大肠杆菌 K12：MG1655 基因组是包含 4639221bp 的双链环状分子，蛋白质编码基因占整个基因组的 87.8%，RNA 基因占 0.8%，非编码的重复序列占 0.7%，其余约 11% 为调控或其他功能区。共含有 4400 多个可能的编码基因，其中 3700 个可以通过生化实验或者生物信息学分析得到合理的注释，而其余未被注释的大约 700 个基因中有 650 个与其他细菌的基因显示出较高的同源性，只有 50 个基因与其他任何物种都没有明显的同源性。研究发现，大肠杆菌基因组重复序列的排布可能与 DNA 的复制相关。

2. 酵母基因组

酿酒酵母基因组是第一个完成测序的真核生物基因组。该基因组全长 13040000bp，比单细胞的原核生物和古细菌大一个数量级，是最小的真核基因组，基因密度为 1/2kb。裂殖酵母基因密度为 1/2.3kb。酵母基因组中共有 5885 个蛋白质编码基因，另有大约 140 个 rRNA、40 个 snRNA 和 275 个 tRNA 基因。其中约 4% 的编码基因（大多为 rRNA 基因）有内含子，并且通常位于靠近 rRNA 基因的起始部分。

比较不同酵母菌株发现，不同菌株之间遗传物质的差异非常大。许多酵母染色体由交替的高 GC 含量区段和低 GC 含量区段组成，并且 GC 含量的分布差异通常与这些染色体上的基因密度差异相一致。

3. 拟南芥基因组

拟南芥基因组是世界上第一个被测序的植物基因组，也是继线虫、果蝇之后第三个被测序的多细胞生物，全长约为 115.4 Mb。基因组分析表明，在整个拟南芥进化过程中至少包括两次全基因组的复制以及广泛的基因缺失和重复复制，基因组中含有许多从蓝藻中横向转移过来的 DNA 片段。

4. 水稻基因组

水稻共有 12 条染色体，籼稻基因组（常染色体部分）为 466 Mb，粳稻为 420 Mb，为人类基因组的 15%。

研究发现几乎所有的水稻基因至少有一个外显子区域表现出较高的 GC 含量，而在同一个基因内部 5′ 区的 GC 含量要比 3′ 区高出 25%。

另外，水稻基因的平均大小只有 4500bp，cDNA 中转座子的含量约为 1%，表明了水稻在进化中相对稳定。

5. 家蚕基因组

家蚕是一种独特的完全依赖于人类存活繁衍的驯养昆虫。用于家蚕基因组测序的 DNA 以及构建相应 cDNA 文库的 mRNA 来自一个纯驯养品种。家蚕一直是昆虫遗传学上的模式生物之一，其影响可能仅次于果蝇。

家蚕有 400 个可见的表型，其中大约 200 个分布在已知的连锁群。家蚕一共有 28 条染色体，测序的基因组大小为 428.7Mb，每个家蚕基因平均带有 1.15 个外显子，而果蝇基因几乎没有断裂。而且由于转座子主要插入内含子部分，家蚕的基因显著大于相应的果蝇基因。

6. 鸡基因组

科学家选择现代家鸡的祖宗——野生红原鸡作为基因组框架图的原型。鸡基因组草图由全基因组鸟枪法完成测定，基因组大小只有人类的1/3左右，但鸡基因组 DNA 的重复度极低，只有 11%。除了一对性染色体外，鸡有 38 对常染色体，因为每个染色体臂至少有一个交叉，所以，小染色体基因重组的概率较高，这就使鸡成为研究遗传连锁的理想对象。鸡的基因数量与哺乳动物相当，但它的假基因数量很少，只有 75 个，而哺乳动物一般有 15000 个左右。该现象与大量存在的重复元素（LINE）CRI 反转录酶的高度特异性密切相关，并使鸡种间和种内的变异程度相当接近。

二、名词解释

奢侈基因

又称组织特异性基因，是指不同的细胞类型进行特异性表达的基因，其产物赋予各种类型细胞特异的形态结构特征与特异的生理功能。

三、课后习题

课后习题及答案

四、拓展习题

填空题

1. 世界上第一个被测序的植物基因组是：_____。

【答案】拟南芥基因组。

【解析】拟南芥因组序列于 2000 年由国际拟南芥基因组合作联盟联合完成，研究结果"Analysis of the genome sequence of the flowering plant Arabidopsis thaliana"发表在国际期刊《自然》（Nature）上，是第一种完成全基因组测序和分析的植物。

2. 第一个被测序的真核生物基因组是_____，同时也是最_____的真核生物基因组。

【答案】酿酒酵母基因组；小。

【解析】酵母人工染色体，是一种能够克隆长达 400kb 的 DNA 片段的载体，含有酵母细胞中必需的端粒、着丝粒和复制起始序列，是细胞内具有遗传性质的物体，易被碱性染料染成深色，所以叫染色体（染色质）。其本质是脱氧核苷酸，是细胞核内由核蛋白组成、能用碱性染料染色、有结构的线状体，是遗传物质基因的载体。酿酒酵母是第一个被全基因组测序的真核生物。

3. 许多酵母基因组＿＿＿＿＿＿＿＿＿的分布差异与染色体上的基因密度差异相一致。

【答案】GC 含量。

【解析】许多酵母基因组 GC 含量的分布差异与染色体上的基因密度差异相一致。

4. 鸡的基因数量与哺乳动物相当，假基因数量很少，与大量存在的重复元素反转录酶的＿＿＿＿＿＿＿＿＿＿＿＿＿相关，使得鸡种内和种间的变异程度＿＿＿＿＿＿＿＿。

【答案】高度特异性；接近。

【解析】假基因也叫伪基因，它是基因家族在进化过程中形成的无功能的残留物。它与正常基因相似，但丧失正常功能的 DNA 序列，往往存在于真核生物的多基因家族中，常用 ψ 表示。假基因可视为基因组中与编码基因序列非常相似的非功能性基因组 DNA 拷贝，一般情况都不被转录，且没有明确的生理意义。

根据其来源可分为保留了间隔序列的复制假基因（如珠蛋白假基因家族）和缺少间隔序列的已加工假基因。

第五节　比较基因组学研究

一、重点解析

1. 比较基因组学的定义

比较基因组学是指基于基因组图谱和测序技术基础上，对已知的基因和基因组结构进行比较，来了解基因功能、表达机理和生物进化的学科。

2. 较基因组学的相关研究

对已基本完成的 DNA 序列分析的各种真核生物基因组数据的比较发现：

（1）低等真核生物如酵母、线虫以及高等植物拟南芥，基因组比较小，基因密度比较高，异染色质的比例较低，基因组 90% 以上由常染色质组成；而果蝇和人类基因组中异染色质的比例较高，占基因组的 20% ～ 40%。

（2）原核生物、低等真核生物和高等真核生物之间在所编码的蛋白质种类数上存在着巨大的差异。

（3）尿殖道支原体拥有目前已知最小的基因组，由此可确定能自我复制的细胞必需的一套最少的核心基因。

在进化系统树上，古细菌与真核生物亲缘关系比原核生物更近。

二、名词解释

1. 比较基因组学

是指基于基因组图谱和测序技术基础上，对已知的基因和基因组结构进行比较，来了解基因功能、表达机理和生物进化的学科。

2. 开放式阅读框（ORF）

在分子生物学中，开放式阅读框从起始密码子开始，是 mRNA 序列中具有编码蛋白质潜能的序列，结束于终止密码子连续的碱基序列。

三、课后习题

课后习题及答案

四、拓展习题

（一）判断题

1. 尿殖道支原体拥有目前已知最小的基因组，由此可确定其能自我复制细胞必需的一套最少的核心基因。（　　）

【答案】正确

【解析】尿殖道支原体拥有目前已知最小的基因组，由此可确定其能自我复制细胞必需的一套最少的核心基因。

2. 对流感嗜血杆菌能量代谢类群进行 ORF 分析，推断流感嗜血杆菌 TCA 缺失，不能合成谷氨酸。（　　）

【答案】正确

【解析】流感嗜血杆菌缺乏三羧酸循环（TCA）中必需的 3 个酶，即柠檬酸合成酶基因、异柠檬酸脱氢酶基因和顺乌头酸酶基因，故不能合成谷氨酸。

3. 古细菌产甲烷球菌与原核生物有着共同的染色体组织与结构，其能量产生和固氮的相关基因与原核生物也有很高的同源性。（　　）

【答案】正确

【解析】古细菌是一类很特殊的细菌，多生活在极端的生态环境中，具有原核生物的某些特征，如无核膜及内膜系统；也有真核生物的特征，如以甲硫氨酸起始蛋白质的合成、核糖体对氯霉素不敏感、RNA 聚合酶和真核细胞的相似、DNA 具有内含子并结合组蛋白。此外，还具有既不同于原核细胞也不同于真核细胞的特征，如细胞膜中的脂类是不可皂化的；细胞壁不含肽聚糖，有的以蛋白质为主，有的含杂多糖，有的类似于肽聚糖，但都不含胞壁酸、D 型氨基酸和二氨基庚二酸。

4. 在进化系统树上，古细菌与真核生物亲缘关系比原核生物更近。（　　）

【答案】正确

【解析】三者起源于共同的祖先，但真细菌较早地分离出去，因而古细菌与真核生物的亲缘关系相对较近。古细菌是一类很特殊的细菌，多生活在极端的生态环境中。古细菌与真细菌无核膜及内膜系统和在生命代谢活动方面有较大相似点，而古细菌和真核生物在基因的复制，转录及翻译等过程中比较相似，如以甲硫氨酸起始蛋白质的合成、核糖体对氯霉素不敏感、RNA 聚合酶和真核细胞的相似、DNA 具有内含子并结合组蛋白。

5. 在自养生物的三个分支，细菌、古细菌和真核生物中，细菌的分化发生较早。（　　）

【答案】正确

【解析】细菌的个体非常小，目前已知最小的细菌只有 0.2μm 长，因此大多只能在显微镜下被看到。细菌一般是单细胞，细胞结构简单，缺乏细胞核、细胞骨架以及膜状胞器，如线粒体和叶绿体。基于这些特征，细菌属于原核生物。原核生物中还有另一类生物称作古细菌，是科学家依据演化关系而另辟的类别。

（二）问答题

有一大型海洋经济动物，对其遗传背景了解极少，你认为对其基因组学研究应该如何制定研究计划。

【答案】应该对其结构基因组和功能基因组进行研究。

结构基因组的研究包括构建四张图谱：遗传图谱、物理图谱、序列图谱、基因图谱。

（1）遗传图谱：它是以具有遗传多态性的遗传标记为"路标"，以遗传学距离为图距的基因组图。遗传图谱的绘制需要应用多态性标志，对于海洋经济生物可以利用微卫星标志绘制图谱。现初步了解该种海洋生物基因组中基因的定位，利于以后的基因分离和研究。

（2）物理图谱：是指有关构成基因组的全部基因的排列和间距的信息，它是通过对构成基因组的 DNA 分子进行测定而绘制的。这一步可以确定该种海洋生物基因组中有关基因的遗传信息及其在每条染色体上的相对位置。

用部分酶解法测定 DNA 物理图谱：①完全降解。选择合适的限制性内切酶将待测 DNA 链（已经标记放射性同位素）完全降解，降解产物经凝胶电泳分离后进行自显影，获得的图谱即为组成该 DNA 链的酶切片段的数目和大小。②部分降解。以末端标记使待测 DNA 的一条链带上示踪同位素然后用上述相同酶部分降解该 DNA 链，即通过控制反应条件使 DNA 链上该酶的切口随机断裂，而避免所有切口断裂的完全降解发生。部分酶解产物同样进行电泳分离及自显影。比较上述两步的自显影图谱，根据片段大小及彼此间的差异即可排出酶切片段在 DNA 链上的位置。

（3）序列图谱：主要是测定该种生物基因上核苷酸的排列顺序。由于海洋生物的基因组较大，采用逐个克隆法较好，对连续克隆系中排定的 BAC 克隆逐个进行亚克隆测序并进行组装。再利用计算机信息处理系统分析所得到的序列。

（4）基因图谱：确定每一个基因，研究它的结构、特性和功能。最主要的方法是通过基因的表达产物 mRNA 反追到染色体的位置，最终确定基因上的开放阅读框架。

对功能基因组的研究计划如下：

（1）构建基因文库或 cDNA 文库。从该种海洋生物的功能基因组出发，构建特定部位组织的 cDNA。提取组织的基因组 DNA，用特定的限制性酶切，利用琼脂糖凝胶电泳回收一定长度的合适的片段，与经过酶切的并去磷酸化的 pUC 质粒进行连接重组，将重组体转到大肠杆菌的感受态中，利用菌落的蓝白斑指示筛选阳性克隆，建立该种海洋动物的部分基因组文库。

（2）重组克隆的进一步筛选。采用质粒的通用引物对质粒插入片段进行 PCR 检测，进一步确认每个克隆的插入片段的大小。将经 PCR 检测确认后的克隆再次进行 DNA 序列测定。

（3）功能基因的筛选。利用功能基因表达克隆的方法，将 cDNA 表达文库分成若干亚文库分别转染细胞，通过一些特定的灵敏的生理生化指标或抗体免疫反应来检测亚文库表达产物的功能，在检测得到阳性亚文库后，一种途径是进一步将亚文库分小，重复筛选，直至最后得到单克隆功能基因；另一种途径则是利用原位免疫组化的方法分离出呈阳性反应的单细胞，进而分离出相应的功能基因。

（4）基因的序列分析。利用荧光原位杂交、DNA 芯片、差异显示、稳定同位素探针、基因陷阱等分子生物学或生物信息学手段进行序列分析。

（5）基因功能研究。采用基因转移、基因改造及基因表达等基因工程技术来生产得到大量的功能基因的产物，用于进一步的研究。